# Les coups de cœur du jardinier paresseux

# Les coups de cœur du jardinier paresseux

 **Broquet**

97-B, Montée des Bouleaux,
Saint-Constant, Qc, Canada J5A 1A9,
Tél. : 450-638-3338, Téléc. : 450-638-4338
Internet : http://www.broquet.qc.ca
Courriel : info@broquet.qc.ca

**Catalogage avant publication de Bibliothèque et Archives Canada**

Hodgson, Larry

Les coups de cœur du jardinier paresseux

ISBN 978-2-89000-830-4

1. Plantes d'ornement. 2. Horticulture potagère. 3. Jardins faciles à entretenir. 4. Jardinage - Québec (Province). 5. Plantes d'ornement - Ouvrages illustrés. I. Titre.

SB404.9.H62 2007     635.9     C2006-942026-2

Pour l'aide à la réalisation de son programme éditorial, l'éditeur remercie :

le Gouvernement du Canada par l'entremise du Programme d'aide au développement de l'industrie de l'édition (PAIDÉ) ; la Société de développement des entreprises culturelles (SODEC) ; l'association pour l'exportation du livre canadien (AELC). Le Gouvernement du Québec - Programme de crédit d'impôt pour l'édition de livres - Gestion SODEC.

Copyright © Broquet Inc., Ottawa 2007
Dépôt légal - Bibliothèque nationale du Québec
1er trimestre 2007
Imprimé au Canada

**Réviseurs :** Denis Poulet, Marcel Broquet
**Infographie :** Josée Fortin, Sandra Martel
**Conception graphique de la page couverture :** Brigit Levesque

ISBN : 978-2-89000-830-4

Tous droits de traduction totale ou partielle réservés pour tous les pays. La reproduction d'un extrait quelconque de ce livre, par quelque procédé que ce soit, tant électronique que mécanique, en particulier par photocopie, est interdite sans l'autorisation écrite de l'éditeur.

# Table des matières

| | | |
|---|---|---|
| 007 | > | Introduction |
| 010 | > | **Les vivaces** |
| 232 | > | **Les bisannuelles** |
| 262 | > | **Les annuelles** |
| 328 | > | **Les bulbes** |
| 408 | > | **Les fougères** |
| 426 | > | **Les graminées ornementales** |
| 470 | > | Sources de plantes |
| 473 | > | Voyages horticoles |
| 474 | > | Glossaire |
| 475 | > | Bibliographie |
| 477 | > | Index |
| 496 | > | Carte des zones de rusticité |

# INTRODUCTION

Tout le monde a ses plantes préférées… pour différentes raisons. Certaines personnes adorent les plantes difficiles à cultiver parce qu'elles sont défaitistes et aiment l'échec, d'autres plantent des pelouses sans fin car elles adorent fondre en sueur ou ont besoin d'exercice, et d'autres encore sont fascinées par les bibittes et ne cultivent que des plantes que ces bestioles se font un plaisir de dévorer jusqu'au sol tous les ans. Il y a même des gens qui plantent des chênes juste pour attirer les écureuils afin de faire rager leurs voisins !

Personnellement, j'aime mieux les plantes faciles. Plus une plante est facile, plus je l'aime. Et tant mieux si elle est belle ou fait quelque chose d'intéressant en même temps. Ainsi, je ne plante pas de végétaux vulnérables aux insectes ou aux maladies, j'évite les plantes envahissantes, je déteste celles qui ont besoin de protection hivernale, de taille ou de tuteurage, je hais les végétaux à grosses feuilles qu'il faut ramasser à l'automne, et, quant à moi, les seuls gazons dignes d'un regard sont les gazons faits de couvre-sols qui n'ont pas besoin de tonte. L'unique entretien que j'assure aux végétaux consiste à creuser un trou, à installer une plante dedans, à combler de terre, à poser un bon paillis et à arroser une fois. Si la plante a besoin de plus, je la laisse vite crever.

À force de ne planter que des végétaux faciles et sans problèmes et d'éliminer les plantes nécessiteuses et maladives, j'ai découvert une chose intéressante. Quand on élimine les « plantes à problèmes » de son aménagement, le jardinage devient facile, même très facile. On n'a pratiquement plus rien à faire d'autre que d'admirer son aménagement paysager de son hamac et j'aime ça comme ça.

J'ai remarqué que je ne suis pas le seul à aimer profiter de son jardin plutôt que d'y travailler. Et c'est pour vous, les jardiniers paresseux en devenir pour qui jardiner est surtout un passe-temps contemplatif, que j'écris ce livre. Toutes les plantes que je vous présente sont de culture facile et, par surcroît, drôlement intéressantes; je le confesse : j'ai enlevé les plantes laides de ma liste; il fallait qu'une plante soit facile et belle pour être admise dans ce bouquin. Très belles par leur feuillage, leurs fleurs ou leur port, ces plantes sont mes chouchous, mes coups de cœur. Je vous invite à les découvrir… du moins en partie !

Eh oui, figurez-vous que je me suis tellement pris de passion pour les plantes que j'adore que j'ai écrit un peu trop longuement. Et il n'y avait pas de place dans ce livre pour tous mes coups de cœur ! Ainsi il y aura un tome 2, où j'aborderai les plantes ligneuses (conifères, arbustes, arbres, grimpantes, etc.), ainsi que les plantes comestibles et les plantes d'intérieur.

J'espère que vous aimerez mes plantes préférées… et qu'elles deviendront vite les vôtres.

Paresseusement,

*Larry Hodgson*

Le jardinier paresseux

P.S. Je vous invite à visiter mon site Internet :
**www.jardinierparesseux.com**.

# Les VIVACES

Je pourrais presque dire que les vivaces n'ont pas besoin de présentation tellement elles sont populaires, mais il ne faut pas faire des présomptions. Tout le monde débute un jour, et les novices ne savent pas toujours distinguer les catégories de plantes qui paraissent si évidentes aux jardiniers chevronnés.

Définissons donc d'abord les vivaces comme des plantes herbacées, c'est-à-dire sans bois (on élimine d'office les arbres, les conifères et les arbustes). La plupart des vivaces meurent au sol chaque automne pour renaître au printemps suivant. Elles se distinguent d'autres plantes herbacées en ce qu'elles vivent deux ans et plus, contrairement aux annuelles qui ne vivent qu'un an et aux bisannuelles qui meurent à la fin de leur deuxième année. Cependant cela ne veut pas dire qu'elles sont éternelles. On peut calculer une durée de vie moyenne d'environ 7 à 10 ans pour la plupart des vivaces. Par contre, on peut les multiplier avant qu'elles meurent pour assurer leur survie. Certaines vivaces peuvent toutefois vivre 60 ans et plus si on les plante aux bons endroits.

Les gens qui consultent un livre destiné aux jardiniers du Québec et des provinces limitrophes s'attendent à ce que les vivaces qu'on y présente puissent survivre aux hivers rigoureux. Or, toutes les vivaces décrites dans le présent livre peuvent survivre en zone 5 (Montréal) ou plus chaude, et la majorité en zone 4 (Québec) ou 3 (Saguenay).

Certaines « vivaces » se retrouvent dans d'autres chapitres. C'est que les graminées, les fougères et les bulbes sont, pour la plupart, des vivaces herbacées qui méritent une place à part. Les vivaces herbacées décrites dans ce chapitre, de loin le plus long du livre, sont surtout des plantes à fleurs attrayantes, bien qu'on en cultive certaines variétés pour leur feuillage ou leurs fruits.

## Des plantes de culture facile ?

La grande popularité actuelle des vivaces vient de l'idée qu'elles sont de culture plus facile que les annuelles, les vedettes de nos aménagements jusqu'aux années 1970. Il n'est pas toujours vrai que les vivaces soient plus faciles à cultiver que les annuelles (il y a des vivaces exigeantes ou aussi capricieuses que des annuelles, et il y a des annuelles très faciles à cultiver, notamment celles qui se ressèment spontanément), mais dans le cas des vivaces présentées ici, c'est vrai. Elles sont toutes *très* faciles à réussir.

Ce livre ne porte pas sur la culture des plantes. Vous trouverez des détails sur la culture des vivaces dans d'autres livres de la série *Le jardinier paresseux*. Néanmoins, je me permets de rappeler quelques concepts de base qui aideront les néophytes :

> Pour un succès assuré avec les vivaces, plantez-les dans les conditions recommandées dans les fiches de chaque espèce. « La bonne plante au bon endroit », voilà le leitmotiv du jardinier paresseux !

> Ne vous attendez pas à des résultats probants dès la première année. La plupart des vivaces prennent trois ans avant de vraiment prendre leur envol et de remplir toutes leurs promesses.

> En général, un paillis, soit une couche de 7 à 10 cm de matières organiques, leur fait le plus grand bien. En été, un bon paillis maintient le sol frais et humide et aide à prévenir les mauvaises herbes ; en hiver, le même paillis leur donne un peu de protection contre les éléments.

> La première année, même les vivaces « faciles » peuvent avoir besoin de votre aide. Il faut surtout bien les arroser en période de sécheresse. Une fois établies, elles auront moins besoin de votre attention.

> Évitez de faire un « ménage automnal » de vos vivaces en supprimant leurs feuilles et leurs tiges. Cela les exposerait aux pires froids de l'hiver, ce qui peut les tuer, notamment les vivaces à feuilles persistantes. S'il y a un ménage à effectuer, faites-le au printemps.

> AUCUNE des vivaces décrites ici n'a besoin de tuteurage, de la suppression des fleurs fanées ou de division régulière. Si vous cherchez des vivaces qui ont besoin de beaucoup de soins, cherchez dans d'autres livres !

Maintenant, découvrez mes vivaces « coups de cœur ».

## ACANTHE DE HONGRIE

Acanthus hungaricus | Photo : HortiCom

> Autre nom commun : acanthe de Bulgarie

> Nom botanique : *Acanthus hungaricus*, syn. *A. bulgaricus*

> Famille : Acanthacées

> Hauteur : 75 à 150 cm

> Largeur : 80 cm

> Exposition : soleil, mi-ombre, ombre

> Sol : bien drainé, léger

> Floraison : été

> Zone de rusticité : 4

Qu'est-ce qu'une acanthe, rendue célèbre par les Grecs anciens qui dessinaient son feuillage sur les colonnes corinthiennes, peut-elle bien faire dans un livre conçu pour les jardiniers de régions froides ? N'est-ce pas une plante méditerranéenne, mieux adaptée au climat de la Californie ?

Sans doute oui, mais il existe au moins une espèce très rustique et qui ressemble d'ailleurs comme deux gouttes d'eau à l'acanthe à feuilles molles (*Acanthus mollis*), celle des Grecs : c'est l'acanthe de Hongrie. Sa grande rusticité est demeurée un secret bien gardé. En effet, tous les livres semblent accorder à cette plante une rusticité très faible : zone 7, 6 à la limite. Mais elle est très rustique, je vous le jure ! La preuve est qu'elle pousse, sans protection aucune, au jardin botanique Roger-Van den Hende, à Québec (zone 4b) depuis 35 ans. C'est assez, je pense bien, pour avoir fait ses preuves, non ?

DESCRIPTION   L'acanthe de Hongrie est une plante de bonne taille, mesurant théoriquement jusqu'à 1,5 m de hauteur en fleurs (jamais plus de 1,2 m dans mes plates-bandes). La plante forme une rosette de grandes feuilles divisées en plusieurs lobes dentés. Par leur forme, elles rappellent vaguement des feuilles de chardon extra larges mais sans épines. Par contre, elles sont vert foncé et luisantes, une combinaison qui fait davantage « tropical » que « chardon ». Les feuilles sont d'ailleurs attrayantes en soi. Historiquement, l'acanthe était davantage cultivée pour son feuillage que pour ses fleurs. Contrairement à celles des autres acanthes, les feuilles de l'acanthe de Hongrie sont décidues : elles persistent jusqu'aux neiges, mais disparaissent au cours de l'hiver.

Les fleurs de l'acanthe de Hongrie sont portées en épi sur des tiges épaisses et solides qui ne cassent pas au vent. Chaque fleuron est composé d'une corolle rose très pâle (qui paraît

## ACANTHE DE HONGRIE

blanche par comparaison avec le calice) et d'un calice pourpre très foncé en forme de capuchon qui surplombe la corolle. Celle-ci est relativement éphémère, mais le calice, qui devient peu à peu rose pourpré, persiste tout l'été et une partie de l'automne avant de jaunir, ce qui donne l'impression d'une floraison qui dure et qui dure. Ceux qui voudraient sentir les fleurs le feront à leurs risques et périls. Sachez d'abord qu'elles n'ont aucun parfum, mais surtout qu'il y a des piquants sur le capuchon qui rend toute tentative de l'approcher risquée. Cela n'empêche pas les abeilles de butiner joyeusement les fleurs lorsqu'elles sont épanouies.

**CULTURE** La plupart des autorités semblent considérer l'acanthe comme une plante à l'ombre… et c'est sans doute vrai sous le soleil ardent de la Méditerranée. Vous trouverez cependant que, chez vous, l'acanthe préfère la mi-ombre et ne souffre nullement du plein soleil. C'est une plante de misère qui ne semble nullement souffrir de sols pauvres et secs. Par contre, il faut assurer un bon drainage. Contrairement à plusieurs autres plantes originaires de sols pauvres, l'acanthe ne semble nullement s'étioler dans les sols riches, c'est juste qu'elle n'en profite pas.

Plantez l'acanthe à demeure : sa croissance est plutôt sinon très lente et la plante n'apprécie pas particulièrement les dérangements. Normalement, elle n'est aucunement envahissante, se contentant de former des touffes de plus en plus denses avec le temps, mais tout cela change quand on essaie de la déplacer. Alors des bébés acanthes fusent de partout dans la zone où on avait prélevé la plante, produits sur les sections de racine laissées en terre.

**MULTIPLICATION** On peut multiplier l'acanthe de Hongrie par semences, mais il peut falloir quatre à six ans avant de voir les premières fleurs. Mieux vaut procéder par bouturage des racines. Pour obtenir quelques plants sans nuire à la plante-mère, il suffit d'enfoncer une bêche dans le sol près de son pied. Vous aurez nécessairement tranché quelques racines, et de nouveaux plants sortiront de terre là où les racines ont été coupées. Si vous voulez, vous pouvez aussi déterrer la plante et diviser les touffes, tout en prélevant quelques racines comme boutures, mais la plante-mère peut en être suffisamment traumatisée pour ne pas fleurir pendant un an ou deux.

**UTILISATIONS** En Europe, où les acanthes sont aussi populaires que des phlox ou des marguerites, on les utilise souvent comme couvre-sol, notamment le long des sentiers. Sur notre continent, où leur rareté en fait des plantes plus coûteuses, on les utilise avec plus de parcimonie, habituellement dans les plates-bandes. Comme elles tolèrent fort bien la compétition racinaire une fois qu'elles sont bien établies, elles sont un excellent choix pour le jardin de sous-bois où les racines d'arbres nuisent aux autres plantations. Elles ont une très longue saison d'intérêt et peuvent donc servir de plante-vedette.

*Acanthus hungaricus* | Photo : HortiCom

**ASSOCIATIONS** Les bulbes de printemps (narcisses, crocus, etc.) donnent un peu de couleur en attendant que les feuilles de l'acanthe sortent. Avec ses grosses feuilles, elle fait un beau contraste avec les vivaces au feuillage fin : achillées, fougères, asperges, etc.

**PROBLÈMES** Les limaces peuvent percer son feuillage et ses fleurs, mais les dégâts sont généralement mineurs. Ils sont surtout évidents en fin de saison, quand les épis floraux et le feuillage sont de toute façon sur le déclin. Chassez les pucerons, qui sont seulement un problème occasionnel, avec un fort jet d'eau.

ACANTHE DE HONGRIE

**AUTRES ACANTHES** Certains marchands ambitionnent sur le pain bénit en offrant l'acanthe à feuilles souples (*A. mollis*) ou l'acanthe épineuse (*A. spinosus*) comme des plantes de zone 5… mais il faut alors les traiter comme des rosiers hybrides de thé, avec maints buttages et protections. Il vaut mieux cultiver l'acanthe de Hongrie, qui pousse sous notre climat sans la moindre protection hivernale.

**ENCORE PLUS** De loin, l'épi floral de l'acanthe de Hongrie est réellement très joli, mais quand vous regardez des fleurs de proche, avec leur capuchon pourpre foncé et épineux, elles ont presque l'air menaçantes ! Vos adolescents gothiques tout de noir vêtus trouveront cette apparence sinistre tout à fait charmante.

## ACHILLÉE 'SCHWELLENBURG'

*Achillea* 'Schwellenburg' | Photo : HortiCom

> **Nom commun :** achillée
> **Nom botanique :** *Achillea* x 'Schwellenburg'
> **Famille :** Astéracées
> **Hauteur :** 30 à 45 cm
> **Largeur :** 30 à 60 cm
> **Exposition :** soleil, mi-ombre
> **Sol :** pauvre à ordinaire, bien drainé
> **Floraison :** tout l'été jusqu'à l'automne
> **Zone de rusticité :** 3

La première fois que j'ai vu l'achillée 'Schwellenburg', elle n'était même pas en fleurs et pourtant j'étais attiré tout de suite. Le feuillage était tout simplement fabuleux. Ce n'est qu'après l'avoir cultivée moi-même que j'ai pu apprécier que sa floraison n'était pas « piquée des vers » non plus. Une plante exceptionnelle qui mérite bien de monter de plusieurs grades dans le monde des achillées.

**DESCRIPTION** Il existe beaucoup d'achillées jaunes, à tel point que le jardinier ne sait souvent où donner de la tête. Une description sommaire fait penser qu'elles se ressemblent toutes : feuilles argentées très découpées et fleurs jaunes en bouquets aplatis. Pourtant, derrière cette description sommaire, il y a toute une gamme de variantes… et à mon avis, 'Schwellenburg' est la plus intéressante de toutes.

Ses petites fleurs jaune moutarde sont ramassées en un corymbe aplati de taille assez petite (ceux d'*A. filipendula* et d'*A.* 'Moonbeam', deux achillées jaunes plus connues, sont bien plus larges). L'achillée 'Schwellenburg' est aussi de taille plus petite que les autres achillées jaunes.

## ACHILLÉE 'SCHWELLENBURG'

Mais justement, à cause de sa taille moindre, ses tiges florales ne cassent pas au vent et n'exigent pas de tuteurage. Et depuis quand une taille moindre est-elle un problème ? Il s'agit de l'employer en avant-plan, voilà tout, et son feuillage sera davantage à l'honneur.

C'est tant mieux, car à mon avis, 'Schwellenburg' a le plus beau feuillage de toutes les achillées… et l'un des meilleurs feuillages chez les vivaces tout court. Il est extrêmement découpé, à la manière d'une fougère, mais d'une coloration totalement absente du monde des fougères : un bel argent bleuté. C'est précisément le bleu du feuillage qui fait ressortir cette plante de la foule des achillées à feuillage argenté. Même sans fleurs, cette plante serait une gagnante ! Allez-y, touchez au feuillage : il est même délicieusement parfumé.

La floraison est des plus durables. Chez moi, j'ai une première floraison qui commence au début de l'été et qui dure jusqu'à la mi-août, puis la plante recommence à fleurir de la fin d'août jusqu'en octobre. Dix semaines et plus de floraison, ce n'est pas à dédaigner !

**CULTURE** Les achillées ont la réputation d'être très envahissantes… mais pas 'Schwellenburg'. D'accord, sa touffe s'agrandit d'année en année, mais peu à peu. Même qu'il est presque regrettable qu'elle ne s'étende pas plus rapidement, car autrement la plante aurait fait un excellent couvre-sol.

'Schwellenburg' préfère le plein soleil, mais se contente d'une mi-ombre. Elle pousse mieux dans un sol bien drainé et tolère bien la sècheresse. En contrepartie, elle ne peut supporter les sols humides. Les sols pauvres ou ordinaires lui suffisent, mais elle ne dépérit pas dans les sols riches non plus. Et elle ne semble craindre ni les sols acides ni les sols alcalins. Enfin, on peut la laisser pousser de nombreuses années sans la diviser.

Sa première floraison est déjà assez durable (plus de six semaines), mais si vous supprimez les fleurs fanées avant qu'elles montent en graines, 'Schwellenburg' refleurit fidèlement. D'ailleurs, elle refleurit souvent même si on ne supprime pas les premières fleurs.

**MULTIPLICATION** On la multiplie par division des touffes, car elle ne se reproduit pas fidèlement par semences.

**UTILISATIONS** L'achillée 'Schwellenberg' est un excellent choix pour la bordure d'une plate-bande ensoleillée, aussi bien que pour une rocaille ou un muret. Pensez à elle aussi pour le pré fleuri. Plantée assez densément, elle fait un bon couvre-sol. On l'utilise comme fleur coupée fraîche ou séchée. Enfin, elle attire les papillons au jardin.

**ASSOCIATIONS** Il peut être intéressant d'utiliser cette plante avec d'autres végétaux à feuillage bleuté, comme la fétuque bleue (*Festuca glauca*) ou les petites épinettes bleues, comme *Picea pungens* 'St. Mary's Broom'. Autrement, on la mariera avec d'autres vivaces de taille modeste qui aiment le soleil, comme les scabieuses naines (*Scabiosa* spp.) et les népétas (*Nepeta* spp.).

**PROBLÈMES** La plante peut pourrir dans les sols mal drainés. Autrement, elle est peu sujette aux problèmes : même les cerfs de Virginie l'évitent !

Inflorescence d'*Achillea* 'Schwellenburg' | Photo : HortiCom

## ACONIT 'IVORINE'

*Aconitum* 'Ivorine' | Photo : HortiCom

> **Autre nom commun :** casque de Jupiter 'Ivorine'

> **Nom botanique :** *Aconitum* 'Ivorine', syn. *A. lycoctonum lycoctonum*, *A. septentrionale* 'Ivorine'

> **Famille :** Renonculacées

> **Hauteur :** 60-90 cm

> **Largeur :** 40 cm

> **Exposition :** soleil, mi-ombre, ombre

> **Sol :** bien drainé, humide et riche

> **Floraison :** fin du printemps - milieu de l'été

> **Zone de rusticité :** 2

Vous remarquerez que ce livre ne contient aucun pied d'alouette (*Delphinium*), malgré la grande popularité de cette plante dans nos jardins. C'est que je trouve les grandes variétés trop cassantes et sujettes aux maladies, alors que les variétés courtes, comme *D. grandiflorum*, ne sont pas fiables, du moins en tant que vivaces : ce sont presque des annuelles. Mais je ne me sens pas coupable de ne vous présenter aucun delphinium, puisque je propose des aconits à la place. Quant à moi, les aconits sont les delphiniums des jardiniers paresseux : solides (un tuteur est rarement nécessaire), d'une grande longévité, résistants aux insectes et aux maladies, et même proches parents des delphiniums, ils sont tout ce que les delphiniums rêvent d'être. Même la gamme de couleurs est semblable. La seule différence est que leurs fleurs ne sont pas grandes ouvertes comme celles des delphiniums. Les fleurs sont plutôt couvertes d'un petit capuchon (le « casque de Jupiter » du nom commun), ce qui donne un effet tout à fait sympathique.

## ACONIT 'IVORINE'

Je cultive des dizaines d'aconits chez moi et je les aime tous. Comment alors choisir un seul « coup de cœur » ? En fait, j'ai triché et j'en ai choisi deux (voir la fiche suivante), mais le premier était le plus évident. 'Ivorine' est le genre de plante que les jardiniers paresseux adorent: on la plante, on l'arrose une fois… et on s'assoit pour la regarder pousser.

**DESCRIPTION**   L'aconit 'Ivorine' est un aconit bien curieux. Dans un genre réputé surtout pour ses plantes aux épis gratte-ciel, aux fleurs bleues et violettes et à floraison tardive, voire automnale, 'Ivorine' est plutôt compact, pas du tout bleuté, et surtout très hâtif. Je n'oserais pas dire que c'est le plus hâtif des aconits, car ce genre possède plus de 100 espèces dont seulement une quinzaine sont cultivées, et qui sait pour les autres ? Quand une plante commence à fleurir avant le solstice d'été, on ne peut sûrement plus la classer parmi les « tardives ». 'Ivorine' continue de fleurir pendant cinq à six semaines, voire pendant presque deux mois si l'été n'est pas trop chaud.

Les feuilles de l'aconit 'Ivorine' sont plus ou moins en forme de feuille d'érable et joliment découpées. On pourrait aussi bien dire qu'elles sont en forme de feuilles de pied d'alouette (*Delphinium*), car c'est aussi vrai. Elles sont vert foncé et forment une belle masse qui cache complètement le sol.

Les épis de fleurs paraissent à partir de la fin du printemps, en même temps que les dernières pivoines. L'épi est court pour un aconit (environ 80 cm) et se ramifie avec le temps, rompant davantage avec l'image de « tour de fleurs » habituellement accolée aux aconits. Les fleurs penchées, plus étroites et tubulaires que chez la plupart des aconits, avec un capuchon peu visible, sont jaune crème au début, puis blanches, d'où le nom 'Ivorine' (dérivé du mot ivoire). La fleur n'est pas ivoire pur : les pétales sont colorés de vert tendre diffus.

**CULTURE**   'Ivorine' est exceptionnel parmi les aconits non seulement en raison de sa taille réduite, de sa précocité, de sa couleur inhabituelle et de ses fleurs plutôt tubulaires, mais aussi à cause de sa croissance rapide. Voyez-vous, les aconits sont habituellement lents à s'établir et détestent les déplacements (deux caractères qui vont bien ensemble, car une plante qui n'aime pas les déplacements n'arrivera sûrement pas à sa pleine croissance de sitôt), mais l'aconit 'Ivorine' est aussi rapide à s'établir que n'importe quelle vivace. Plantez-le à l'automne de préférence et il fleurira bien dès le premier printemps (si vous le plantez au printemps, il est possible qu'il saute la première année). Dans deux ou trois ans, il sera déjà en train de se diviser au pied et de produire des épis multiples.

*Aconitum* 'Ivorine' | Photo: HortiCom

Habituellement, les aconits préfèrent le soleil mais tolèrent bien la mi-ombre. Ici encore, 'Ivorine' est un peu différent. Il semble mieux se comporter à la mi-ombre, voire à l'ombre du moment qu'elle est percée de quelques rayons de soleil. Au soleil, du moins dans les régions aux étés chauds, la floraison est parfois écourtée. Préférez un sol riche en matières organiques et plutôt humide, sans être détrempé. Un bon paillis aidera à conserver le sol humide et frais, un grand atout pour cet aconit.

## ACONIT 'IVORINE'

**MULTIPLICATION** 'Ivorine' se prête bien aux divisions, contrairement à la majorité des aconits. Sa sève est toutefois toxique : portez des gants ou lavez-vous les mains après, tout simplement. Il se ressème parfois et semble fidèle au type. Pour faire des semis vous-même, récoltez les graines quand elles sont mûres (fin d'été) et semez sans tarder, de préférence en pleine terre, car les graines ont besoin d'une longue période de froid avant de germer. Une fois que les graines se sont desséchées, leur germination est difficile.

**UTILISATIONS** L'aconit 'Ivorine' est un excellent choix pour les jardins de sous-bois et le long des sentiers. Il peut aussi faire un très bon couvre-sol si on le plante assez densément.

**ASSOCIATIONS** Avec son feuillage très découpé et vert très foncé, il offre un contraste intéressant aux hostas à feuilles bleues ou jaunes (*Hosta* spp.) ou au gingembre sauvage (*Asarum canadense*).

**PROBLÈMES** Les limaces peuvent causer des problèmes mineurs.

**ENCORE PLUS** L'aconit 'Ivorine' est longtemps demeuré un mystère pour les botanistes. Est-ce une espèce ? Un hybride ? Autrefois, on l'avait classé sous le nom d'*A. septentrionale* 'Ivorine', puis d'*A. lycoctonum lycoctonum*, pour se rendre compte que ce n'était pas ça non plus. Aujourd'hui, *mon* autorité préférée, le Royal Horticultural Society Plant Finder, classe notre aconit tout simplement sous le nom d'*Aconitum* 'Ivorine'. Un expert allemand, qui a étudié son ADN, aurait découvert que c'est un hybride… sans nous confirmer de quels parents. Mystère (partiellement) résolu !

## ACONIT 'STAINLESS STEEL'

*Aconitum* 'Stainless Steel' | Photo : HortiCom

> **Autre nom commun** : casque de Jupiter 'Stainless Steel'
> **Nom botanique** : *Aconitum* 'Stainless Steel'
> **Famille** : Renonculacées
> **Hauteur** : 100 cm
> **Largeur** : 50 cm
> **Exposition** : soleil, mi-ombre
> **Sol** : bien drainé, humide et riche
> **Floraison** : début à fin de l'été
> **Zone de rusticité** : 2

Quand il s'est agi de trouver un bon aconit à floraison hâtive, le choix était facile : il n'y en a qu'un seul : *A.* 'Ivorine' (fiche précédente). Mais quand il s'est agi de trouver le meilleur aconit à floraison estivale, il m'a fallu faire un peu plus de creusage

## ACONIT 'STAINLESS STEEL'

de méninges. Après tout, j'en cultive plusieurs et tous donnent d'excellents résultats. J'ai donc dressé une liste pour comparer en cherchant parmi d'autres critères, une plante solide (pas de tuteurage), une longue période de floraison, une absence d'ennemis, une culture facile et une belle floraison (ce dernier facteur étant plutôt subjectif, bien sûr). Et le gagnant fut… 'Stainless Steel'.

**DESCRIPTION** L'aconit 'Stainless Steel' est en fait assez nouveau sur le marché, ayant été lancé en Europe en 1998 seulement. Il est né d'un croisement entre le populaire aconit bicolore (*A.* x *cammarum* 'Bicolor') et le moins connu aconit à épis (*A. spicatum*). Il a hérité des belles grosses fleurs du premier et de la tige florale plus courte et plus solide du deuxième. La coloration de sa fleur, par contre, est tout à fait originale.

'Stainless Steel' forme une touffe dense de feuilles vert foncé très découpées, un peu comme des feuilles d'érable du Japon, qui sont attrayantes en soi. Au-dessus de cette touffe poussent une série d'épis floraux solides portant des fleurs plus grosses que celles de la plupart des autres aconits et de couleur inhabituelle : violet pâle aux reflets métalliques. Le nom 'Stainless Steel' (acier inoxydable) est *très* approprié. Un autre facteur qui m'a beaucoup influencé est la durée de la floraison : plus de deux mois, soit presque tout l'été ! Chez ce cultivar, le « casque de Jupiter » typique des aconits est *très* évident.

**CULTURE** L'aconit 'Stainless Steel' préfère le plein soleil ou la mi-ombre, et un sol riche, plutôt humide et bien drainé. Il peut toutefois tolérer un peu de sécheresse à l'occasion, mais, pour une meilleure performance, utilisez du paillis qui maintiendra l'humidité du sol plus constante.

'Stainless Steel' s'établit assez rapidement… pour un aconit. Après quatre ou cinq ans, il sera déjà arrivé à sa pleine floraison. Il n'aime pas plus les dérangements que la plupart des autres aconits, car ses racines épaisses sont fragiles. Réservez les déplacements seulement aux cas exceptionnels : il préfère être installé à demeure.

**MULTIPLICATION** Vous n'avez pas d'autre choix que de diviser l'aconit 'Stainless Steel' si vous tenez à le multiplier : c'est la seule méthode possible. Faites-le tôt au printemps ou, mieux, à la

*Aconitum* 'Stainless Steel' | Photo : HortiCom

### ACONIT 'STAINLESS STEEL'

fin de l'automne. Attendez-vous cependant à ce que la plante-mère vous boude un an ou deux après cette intervention.

**UTILISATIONS**   L'aconit 'Stainless Steel' convient aux plates-bandes mixtes et aux sous-bois ouverts. Il est intéressant aussi comme fleur coupée.

**ASSOCIATIONS**   On peut faire ressortir la couleur inhabituelle des fleurs de 'Stainless Steel' en le plantant devant des arbustes à feuillage jaune lime, comme le physocarpe doré (*Physocarpus opulifolius* 'Nugget'). Chez moi, je l'ai combiné avec la grande marguerite 'Becky' (*Leucanthemum* x *superbum* 'Becky'), ce qui donne un très bel effet.

**PROBLÈMES**   Les limaces s'attaquent parfois aux jeunes feuilles, mais ne font pas de dégâts très notables. Les cas de pucerons sont plus rares et faciles à traiter : chassez-les avec un fort jet d'eau.

**ENCORE PLUS**   Attention ! Les aconits sont très toxiques. Il faut toujours porter des gants quand on les manipule, ou encore bien se laver les mains par la suite, car on doit éviter d'ingérer la sève.

*Aconitum* 'Stainless Steel'   |   Photo : HortiCom

## ACTÉE À GROS PÉDICELLES

> **Nom botanique :** *Actaea pachypoda*
> **Famille :** Renonculacées
> **Hauteur :** 30 à 90 cm
> **Largeur :** 30 à 60 cm
> **Exposition :** soleil à ombre
> **Sol :** bien drainé, humide et riche
> **Floraison :** fin printemps et début été
> **Fructification :** fin de l'été, automne
> **Zone de rusticité :** 2

Ce n'est pas parce qu'une plante est indigène qu'elle n'est pas digne d'intérêt ! Et l'actée à gros pédicelles en est une très belle preuve.

*Actaea pachypoda*   |   Photo : HortiCom

## ACTÉE À GROS PÉDICELLES

**DESCRIPTION**   Une vivace cultivée surtout pour ses fruits décoratifs ? Il faut admettre que c'est assez inhabituel (je n'en connais que très peu). Pourtant, les fruits constituent l'attrait principal de l'actée à gros pédicelles. Ce n'est pas que sa floraison n'est pas jolie : les minuscules étoiles blanches sont portées au-dessus du feuillage sur une grappe terminale et attirent toujours les regards. Elles durent trois à quatre semaines au printemps, soit plus longtemps que celles de la plupart des plantes de sous-bois. Et le feuillage vert foncé est joliment découpé, à mi-chemin entre celui d'un érable et celui d'une fougère. Donc, la plante est plus que présentable au printemps… mais pas d'apparence exceptionnelle.

C'est quand les fruits commencent à mûrir à la toute fin de l'été que les yeux sont vraiment rivés sur l'actée à gros pédicelles. À ce moment, les pédicelles, jusqu'ici minces et verts, enflent et deviennent rouge vif, alors que les fruits vert luisant deviennent blanc crème… avec un point noir à l'extrémité pour un peu de contraste, une caractéristique qui lui a valu le nom commun de « doll's eyes » (yeux de poupée) en Ontario. L'effet est tout à fait original… et charmant.

*Actaea pachypoda*  |  Photo : HortiCom

**CULTURE**   Les actées poussent dans les forêts denses à feuilles caduques et mixtes ; l'ombre ne leur fait pas peur ! Par contre, elles sont peut-être encore plus jolies dans les emplacements mi-ombragés, tout simplement parce qu'on les voit mieux. Curieusement, on peut aussi les cultiver au plein soleil, tant que le sol n'est pas trop sec.

Côté sol, elles les préfèrent riches en matières organiques et sont parfaitement à l'aise avec la litière forestière, cette couche de feuilles en décomposition qui recouvre le sol de nos forêts. De toute évidence, elles adorent aussi les paillis quand on les cultive en plate-bande. Elles préfèrent les sols humides et mêmes détrempés au printemps, de préférence au moins un peu acides. Les plantes bien établies sont toutefois assez résistantes à la sécheresse. Si l'été est très sec, le feuillage des actées peut jaunir et s'assécher prématurément, mais la plante revient quand même au printemps suivant.

Détail de grand intérêt pour les jardiniers aux prises avec un sous-bois envahi de racines d'arbres, c'est le milieu naturel des actées et même le sous-bois d'une érablière ne leur fait pas peur. Il faut cependant leur donner une chance. Les jeunes actées chétives seront vite étouffées par les racines des arbres dominants. Plantez de préférence des plantes de bonne taille avec un solide système racinaire. Et tapissez leur trou de plantation de papier journal pour éloigner les racines encore quelques mois. Vous verrez que, une fois bien établies, les actées profiteront malgré les racines des arbres et finiront même par s'étendre peu à peu.

La croissance des actées est quand même lente : il peut être nécessaire de masser plusieurs plants si vous voulez obtenir un effet rapide.

**MULTIPLICATION**   La division des touffes est la méthode usuelle, et se pratique à l'automne ou tôt au printemps. Oui, vous pouvez semer les graines, mais elles germent souvent très

## ACTÉE À GROS PÉDICELLES

lentement, parfois seulement après plusieurs traitements au froid. Par contre, les plantes se ressèmeront elles-mêmes, sans devenir envahissantes pour autant, dans un milieu boisé; on peut alors prélever les jeunes plants quand ils sont bien établis.

**UTILISATIONS**  On pense tout de suite aux jardins de sous-bois, mais les actées font aussi d'excellents couvre-sols. Rien n'empêche de les utiliser en plate-bande, même au soleil, ainsi qu'en bordure de jardin d'eau.

*Actaea rubra* | Photo: HortiCom

**ASSOCIATIONS**  Les fougères et le gingembre sauvage (*Asarum canadense*) font d'excellents compagnons. Et une plantation d'actées parsemée de trilles à grandes fleurs (*Trillium grandiflorum*) est tout simplement sublime.

**PROBLÈMES**  Il y a peu de problèmes d'insectes ou de maladies, et les limaces et les cerfs de Virginie ne les apprécient pas. Les plantes peuvent toutefois souffrir de brûlures au feuillage dans les milieux secs et ensoleillés.

**AUTRES ACTÉES**  L'actée à gros pédicelles est souvent accompagnée dans la nature par l'actée rouge (*A. rubra*), qui lui ressemble comme deux gouttes d'eau en début de saison car ses fleurs sont très similaires, mais qui se distingue par ses fruits rouge vif à la fin de l'été et à l'automne. Les deux ont les mêmes exigences culturales et on peut les cultiver ensemble pour un très joli effet.

Juste pour nous confondre, l'actée rouge produit souvent… des fruits blancs, notamment dans l'est du Québec. On appelle cette sous-espèce actée blanche (*A. rubra alba*). Elle se distingue quand même facilement de l'actée à gros pédicelles par ses pédicelles minces et verts plutôt qu'épais et rouges.

Pour compléter le portrait, pourquoi ne pas essayer l'actée en épi (*Actaea spicata*), l'équivalent européen de l'actée rouge ? Il ressemble aux trois autres, mais il est à fruits… noirs !

**ENCORE PLUS**  Les fruits de toutes les actées sont toxiques pour les humains. Cette toxicité leur a mérité le nom rebutant de « pain de couleuvre ». Pourtant, maints animaux et oiseaux sauvages les mangent impunément. Comme les fruits peuvent ressembler à des bonbons, mieux vaut les supprimer lorsqu'on a de jeunes enfants à la maison.

*Actaea spicata* | Photo: HortiCom

# AGASTACHE 'BLUE FORTUNE'

*Agastache foeniculum* 'Blue Fortune' | Photo : HortiCom

Les vivaces qui fleurissent tout l'été sont rares, et quand de plus elles sont attrayantes et sans problèmes particuliers, c'est encore plus intéressant. Eh bien, l'agastache fait tout cela et beaucoup plus encore.

> Nom botanique : *Agastache* 'Blue Fortune'
>
> Famille : Labiées
>
> Hauteur : 60-90 cm
>
> Largeur : 38-45 cm
>
> Exposition : soleil, mi-ombre
>
> Sol : bien drainé, humide
>
> Floraison : tout l'été, début de l'automne
>
> Zone de rusticité : 4

DESCRIPTION   L'agastache 'Blue Fortune' est un hybride de l'agastache fenouil (*Agastache foeniculum*), une vivace indigène, et de la menthe-réglisse coréenne (*A. rugosa*). Le résultat de cette hybridation est que 'Blue Fortune' est stérile et, n'étant pas capable de produire de semences, tend à fleurir encore et encore, du tout début de l'été jusqu'au mois de septembre. Elle forme une touffe de tiges carrées dressées portant des ovées lancéolées vert moyen sur le dessus et grisâtres à l'envers. Elles sont suavement parfumées, dégageant un mélange de menthe et d'anis. D'ailleurs, on appelle parfois son papa, *A. foeniculum*, anis hysope.

Les fleurs sont minuscules mais nombreuses, densément ramassées sur des épis de 10 cm. Elles sont tubulaires et sont de couleur bleu lavande. La floraison se répète durant tout l'été.

CULTURE   L'agastache 'Blue Fortune' préfère le plein soleil. Ses tiges, normalement solidement dressées, sont moins solides à la mi-ombre. Tout sol bien drainé convient, même les sols alcalins. Tenez le sol plutôt humide la première année ; une fois établie, la plante est assez

## AGASTACHE 'BLUE FORTUNE'

résistante à la sécheresse. Attention aux sols trop riches et aux engrais riches en azote, qui peuvent provoquer l'étiolement et des tiges qui cassent au vent. Si cela se produit, rabattez la plante : elle repoussera et refleurira rapidement.

J'avais des doutes sur la rusticité de cette plante, qu'on offrait comme plante de zone 6 dans les premières années, mais j'ai découvert qu'elle survit aux hivers de la zone 4 sans le moindre problème. Ce n'est pas surprenant, sachant que ses deux parents sont bien rustiques, même indigène dans un cas.

**MULTIPLICATION** On peut la diviser, bien sûr, mais pour avoir plus de plants plus rapidement, pensez aux boutures de tige.

*Agastache foeniculum* 'Blue Fortune' | Photo : Proven Winners

**UTILISATIONS** C'est un excellent choix pour une plate-bande ensoleillée, mais aussi pour la culture en contenant. Les feuilles et les fleurs sont comestibles, leur goût rappelant celui de la réglisse. On peut les récolter et les utiliser fraîches ou séchées dans des boissons froides, des tisanes, des mets et des pots-pourris. La plante mériterait donc une place dans le carré de fines herbes. Vous pouvez aussi l'utiliser pour attirer au jardin papillons et colibris ! Les fleurs peuvent servir à des arrangements frais ou séchés.

**ASSOCIATIONS** Essayez-la avec la rudbeckie trilobée (*Rudbeckia triloba*), l'euphorbe coussin (*Euphorbia polychroma*) ou l'avoine bleue (*Helictotrichon sempervirens*).

**PROBLÈMES** Elle est résistante aux insectes et aux maladies, même aux cerfs de Virginie.

**AUTRES AGASTACHES** L'agastache 'Black Adder' (*A.* 'Black Adder') résulte d'un croisement entre les deux parents de 'Blue Fortune', dont elle partage les mêmes caractéristiques de base, mais ses fleurs sont de couleur rouge violacé plutôt que lavande. Je n'ai pas pu l'essayer encore, mais elle est prometteuse. On lui donne une zone 6… mais les catalogues indiquaient la même zone pour 'Blue Fortune' au début alors qu'on sait maintenant qu'elle est bien rustique.

*Agastache foeniculum* 'Blue Fortune' | Photo : HortiCom

L'agastache 'Golden Jubilee' (*A. foeniculum* 'Golden Jubilee') est très différente des autres par son feuillage « doré » (vert lime lumineux) et ses fleurs pourpres, mais autrement elle est très semblable. C'est une gagnante Sélections All-America en 2003. Même si on la vend comme vivace, elle passe difficilement l'hiver et ne vit pas longtemps quand elle y parvient. Par contre, elle se ressème, et la couleur jaune de son feuillage se transmet par semences.

# ALCHÉMILLE MOLLE

*Alchemilla mollis* | Photo : HortiCom

Si vous trouvez que vos aménagements ont l'air trop rigides, trop organisés, trop «Wal-mart», c'est très facile à corriger. Il suffit de quelques plantes naturellement un peu indisciplinées et inégales… comme l'alchémille molle, couramment appelée alchémille tout court. Plantez-en et vous verrez. Quand même vous la planteriez en rang serré, elle réussira à déjouer vos plans en débordant de son emplacement avec une joyeuse irresponsabilité. Ainsi vos plantations prendront-elles une note de fantaisie qui fera l'envie de tous vos visiteurs !

> **Autres noms communs :** alchémille, manteau de Notre-Dame, patte de lion, mantelet de dame
> **Nom botanique :** *Alchemilla mollis*
> **Famille :** Rosacées
> **Hauteur :** 30 à 45 cm
> **Largeur :** 60 cm
> **Exposition :** soleil à ombre, mieux à mi-ombre
> **Sol :** bien drainé, humide
> **Floraison :** tout l'été
> **Zone de rusticité :** 3

**DESCRIPTION** L'alchémille molle est une plante aux multiples usages, au moins aussi intéressante pour son feuillage que pour ses fleurs.

De dimensions restreintes, elle produit des touffes basses de feuilles arrondies et lobées, crénelées en marge et couvertes d'un fin duvet qui donne un léger reflet argenté par-dessus le vert tendre de base du feuillage. Les feuilles ont une caractéristique surprenante : elles attrapent les gouttes de rosée, de pluie et d'arrosage, qui perlent à leur surface, argentées comme du mercure, et se déplacent au moindre mouvement du vent ; c'est un effet tout à fait charmant.

## ALCHÉMILLE MOLLE

*Alchemilla mollis* | Photo : HortiCom

Si vous voulez occuper des enfants en visite, donnez-leur quelques feuilles d'alchémille et une bouteille d'eau, et laissez-les s'amuser quelque temps.

Les masses mousseuses de petites fleurs jaune verdâtre sont portées sur de courtes tiges faibles, s'élevant à peine au-dessus du feuillage et donnant même l'impression de se reposer sur les feuilles. Elles sont naturellement un peu indisciplinées, poussent çà et là plutôt que de rester centrées sur la plante comme la plupart des fleurs, ce qui donne à l'alchémille une petite allure vagabonde tout à fait charmante. Elles durent plusieurs semaines au début de l'été, et se changent peu à peu en capsules de graines… qui ne diffèrent guère des fleurs ; ainsi la floraison semble-t-elle durer tout l'été ! Les jardiniers trop zélés ont vite fait de supprimer ces « fleurs fanées »… et ils manquent la moitié du spectacle. L'alchémille est une belle preuve que le jardinier devrait intervenir le moins possible.

**CULTURE**  Véritable plante passe-partout, l'alchémille molle ne semble pas faire beaucoup de cas de ses conditions de culture, du moins si on lui assure un bon drainage (ce qui est la moindre des choses). Elle pousse au soleil ou à la mi-ombre, et même à l'ombre du moment que quelques rayons solaires y pénètrent. Tous les sols semblent lui convenir, même la glaise pure (en veillant toujours au drainage) ; son comportement semble d'ailleurs rigoureusement identique dans la glaise ou le sable que dans une bonne terre riche. Pour assurer une belle croissance, veillez à ce que le sol soit humide en tout temps. Oui, la plante tolère la sécheresse, mais elle est plus attrayante si on ne la fait pas souffrir. Au soleil ou dans un sol sablonneux, un paillis s'impose.

L'alchémille molle se ressème vigoureusement, apparaissant çà et là dans la plate-bande, et même dans les sentiers et dans les fissures entre les dalles de la terrasse. Plutôt que de vous en offusquer, profitez de la manne. Avec sa petite taille, elle n'est pas très dérangeante et elle comble sans peine bien des trous dans l'aménagement. Là où elle n'est pas la bienvenue, arrachez-la, tout simplement. Dans les plates-bandes, elle s'installe surtout en bordure, exactement où on aime la voir, les semis craignant l'ombre dense des végétaux plus hauts.

**MULTIPLICATION**  On peut toujours la diviser, je suppose, mais habituellement on récolte les plants spontanés pour les repiquer aux endroits désirés. Les graines fraîches germent très bien, mais une fois séchées, elles sont lentes et difficiles à faire germer. Si vous voulez plusieurs plants, il vaut donc mieux en acheter un seul et le laisser se ressemer tout seul plutôt que d'acheter un sachet de semences.

# ALCHÉMILLE MOLLE

**UTILISATIONS**  C'est une excellente plante pour une bordure de plate-bande et qui adoucit harmonieusement les lignes trop raides quand on la plante le long d'un sentier ou d'une terrasse. Elle déborde joliment des murets et des jardins en contenant et fait un excellent couvre-sol, notamment dans les sous-bois ouverts et dans les pentes. Enfin, les feuilles et les fleurs sont superbes dans les arrangements floraux. On peut aussi faire sécher les fleurs pour les bouquets d'hiver.

**ASSOCIATIONS**  Avec sa floraison vert-jaune et son feuillage tout en douceur, l'alchémille molle se marie à presque toutes les plantes. Essayez-la comme couvre-sol dans une roseraie : chic !

**PROBLÈMES**  L'alchémille molle a peu de problèmes d'insectes et de maladies. Les limaces et les cerfs ne semblent pas l'apprécier. Une plante sans problèmes, quoi !

**AUTRES ALCHÉMILLES**  On a lancé plusieurs versions « améliorées » de l'alchémille molle depuis quelques années – 'Thriller', 'Auslese', 'Improved Form', 'Robusta, 'Senior', etc. – qui, à cause de leur nouveauté, coûtent la peau des fesses. Je peux vous faire épargner quelques dollars en vous disant qu'elles n'en valent pas la peine. Elles sont tellement similaires à l'espèce que même lorsqu'on les plante côte à côte, on voit à peine la différence. Et ce n'est pas juste moi qui le dis. Le directeur des essais végétaux du Chicago Botanic Garden, Richard G. Hawke, affirme qu'« il n'y a aucune bonne raison sauf celle de la disponibilité locale pour choisir un cultivar plutôt que l'espèce ». Et vlan pour les hybrideurs !

Il existe toutefois d'autres espèces d'alchémille drôlement intéressantes. Ce sont, pour la majorité, des plantes alpines, plus exigeantes en soleil et en bon drainage qu'*A. mollis*, qui est native des sous-bois ouverts. Toutes sont des plantes de taille plus modeste et aux feuilles plus petites que l'alchémille habituelle, qui est la « géante » du groupe. Parmi ces espèces, la petite alchémille (*A. erythropoda*) est la plus disponible et la plus intéressante, avec des feuilles trois fois plus petites et plutôt bleutées, aux dents marginales pointues. Elles rougissent à l'automne. Les fleurs sont ramassées en petites boules jaunes. L'alchémille pubescente (*A. glaucescens*) est similaire, mais moins attrayante. L'alchémille à folioles soudées (*A conjuncta*) est plus grosse, intermédiaire entre l'alchémille molle et les autres, mais elle est de culture plus difficile : intéressante peut-être pour un amateur de plantes alpines, mais pas pour la plate-bande moyenne.

Enfin, certains vendeurs entreprenants nous offrent l'alchémille d'Ellenbeck (*A. ellenbeckii*), une espèce stolonifère à petites feuilles, lui accordant la même cote zonière que les autres (zone 3), mais je ne connais personne qui ait réussi à lui faire passer l'hiver. En vérifiant, j'ai découvert qu'elle est originaire des montagnes d'Afrique et que sa vraie cote zonière est 7. Pas surprenant qu'elle ne réussisse pas chez nous !

*Alchemilla erythropoda* | Photo : HortiCom

**ENCORE PLUS**  Le nom « alchémille » renvoie bien sûr aux alchimistes, qui associaient cette plante au mercure, ce mystérieux métal liquide, car les gouttes d'eau argentées sur le feuillage rappelaient les billes que le mercure formait dans la paume de la main. Ainsi l'alchémille a-t-elle servi d'ingrédient dans maintes recettes pour la conversion du plomb en or. On utilisait aussi cette plante dans la magie, noire et blanche.

LES VIVACES

# AMSONIE BLEUE

*Amsonia tabernaemontana* | Photo : HortiCom

> - **Nom botanique** : *Amsonia tabernaemontana*
> - **Famille** : Apocynacées
> - **Hauteur** : 60-90 cm
> - **Largeur** : 60 cm
> - **Exposition** : soleil, mi-ombre
> - **Sol** : ordinaire, bien drainé, humide
> - **Floraison** : début de l'été
> - **Zone de rusticité** : 3

Les fleurs bleues, vraiment bleues, sont si rares dans le monde végétal qu'on les apprécie davantage que toute autre couleur. Or les amsonies, qui sont rustiques et de culture facile, n'offrent que du bleu. Que demander de plus ?

**DESCRIPTION** L'amsonie bleue (*A. tabernaemontana*) est l'espèce la plus disponible et aussi l'une des meilleures amsonies. On la cultive d'abord pour ses fleurs étoilées bleu ciel pâle, produites au bout de ses tiges solides pendant trois à cinq semaines au début de l'été, mais on s'aperçoit que sa saison d'intérêt s'étend bien au-delà de la floraison. C'est que l'amsonie compte parmi ces vivaces, comme la barbe de bouc (*Aruncus dioicus*), le baptisia (*Baptisia* spp.) et la fraxinelle (*Dictamnus albus*), qui ont un port et des feuilles d'arbuste. Après la floraison, l'amsonie révèle une jolie silhouette arrondie et des feuilles longues et pointues, vert foncé très luisant, ce qui est tout à fait charmant. Et ce n'est pas tout ! À l'automne, quand les nuits deviennent fraîches, les feuilles deviennent d'un superbe jaune beurre. Trois saisons d'intérêt et une culture facile, de surcroît ! Ça c'est une vivace à mon goût !

**CULTURE** L'amsonie bleue demande un minimum de soins pour bien se développer. Du soleil ou, du moins, la mi-ombre, et un sol bien drainé et pas trop sec. La qualité du sol et son acidité/alcalinité ne semblent pas être des facteurs d'importance. Dans la nature, cette plante pousse souvent dans la glaise ou le gravier, c'est dire à quel point tout sol peut lui convenir. L'amsonie bleue préfère un sol également humide, tout en pouvant supporter des sécheresses une fois établie. Un paillis est fortement recommandé. De plus, l'amsonie est « permanente » : là où vous la plantez, elle poussera *ad infinitum*. On n'a même pas besoin de la diviser.

**MULTIPLICATION** La méthode la plus facile est le bouturage des tiges, mais on peut aussi diviser les plantes bien établies (vous aurez peut-être besoin d'une scie ou d'une hache). L'amsonie

# AMSONIE BLEUE

bleue est fidèle au type à partir de semences qui germent lentement mais sûrement après un traitement au froid de six semaines.

**UTILISATIONS**   L'amsonie bleue est superbe en plate-bande mixte et dans les prés fleuris. Peu de vivaces ont une assez longue saison d'intérêt pour qu'on les utilise en massif, mais voilà une bonne exception ! Une bonne fleur coupée aussi. Essayez-la en haie : superbe !

**ASSOCIATIONS**   L'amsonie bleue n'a pas besoin de compagnes pour être saisissante, mais, avec sa coloration douce, elle partage bien la vedette quand il le faut. Elle est superbe avec des hémérocalles et des géraniums (*Geranium*), par exemple.

**PROBLÈMES**   Peu fréquents.

**AUTRES AMSONIES**   Les jardiniers ne font que commencer à s'éveiller aux charmes des amsonies, ce qui fait que leur disponibilité est encore limitée. D'ailleurs, si j'ai choisi *A. tabernaemontana* comme coup de cœur, c'est que c'est la seule qui soit facilement disponible sur le marché. Mais il y en a d'autres d'un très grand intérêt, dont les suivantes :

L'amsonie d'Arkansas (*A. hubrichtii*, syn. *A. hubrechtii*) vient au deuxième rang en termes de disponibilité, mais elle est aussi intéressante que l'amsonie bleue. Les fleurs sont très semblables, mais d'un bleu encore plus pâle. Les feuilles, par contre, sont

*Amsonia hubrichtii* | Photo : www.perennialresource.com

beaucoup plus étroites, presque comme des aiguilles, et tout aussi vert foncé et luisantes que celles de sa cousine. Après la floraison, on obtient un « arbuste » qui ressemble à un petit pin arrondi. Sa coloration automnale est superbe : on remarque cette plante de plus en plus dans les aménagements américains comme plante à feuillage. Légèrement plus courte que l'amsonie bleue (60-80 cm), elle est aussi moins rustique (zone 5).

Si vous êtes prêt à chercher davantage, vous pourrez peut-être trouver les amsonies suivantes, d'introduction plus récente, donc plus rares que les précédentes.

Il y a d'abord l'amsonie à feuilles de saule (*A. tabernaemontana salicifolia*, syn. *A. salicifolia*), identique à l'amsonie bleue, sauf ses feuilles qui sont plus étroites, comme des feuilles de saule. Elle fleurit abondamment : parfois toute la plante est couverte de fleurs bleues. Zone 3.

Une autre à découvrir absolument est l'amsonie du Texas (*A. illustris*), qui ressemble à l'amsonie bleue, mais qui fleurit plus hâtivement. Ses fleurs sont plus petites, mais elles sont très abondantes. Elles sont aussi plus épaisses que celles de l'amsonie bleue. Zone 4.

*Amsonia hubrichtii* à l'automne | Photo : www.perennialresource.com

Enfin, il y a un premier hybride parmi les amsonies, *A.* 'Blue Ice', une variété naine (40-50 cm) aux fleurs bleu plus foncé et aux pétales plus courts. Je l'aime moins que les autres, car sa coloration automnale est faible. Zone 4.

## ASTER 'PURPLE DOME'

Aster novae-angliae 'Purple Dome' |
Photo : www.perennialresource.com

> **Nom botanique :** *Aster novae-angliae* 'Purple Dome', syn. *A.* x *dumosus* 'Purple Dome'
> **Famille :** Astéracées
> **Hauteur :** 40-50 cm
> **Largeur :** 60 cm
> **Exposition :** soleil, mi-ombre
> **Sol :** bien drainé, riche et assez humide
> **Floraison :** fin de l'été à fin de l'automne
> **Zone de rusticité :** 3-4

**Je ne suis pas un grand amateur d'asters.** D'accord, j'apprécie leurs belles inflorescences automnales, mais que de niaiseries pour les obtenir ! Tuteurage, pinçage, traitements contre les maladies, divisions fréquentes, beurk ! Juste à y penser, je sens la fatigue m'envahir. Donc, je ne présente ici que quelques asters, et surtout un qui me rend de fidèles services depuis des années et qui ne semble demander aucun soin particulier en retour.

**DESCRIPTION** Le nom le dit bien : 'Purple Dome' est un aster bas qui pousse en forme de dôme arrondi et ses fleurs sont… pourpres. Curieusement, 'Purple Dome' n'est pas un hybride, mais une sélection d'*Aster novae-angliae* effectuée directement de l'état sauvage par le personnel du célèbre jardin de fleurs sauvages Mt. Cuba Gardens, dans le Delaware.

Le port arrondi et les petites feuilles vert foncé assez étroites donnent à la plante une apparence bien acceptable durant l'été, créant un genre de monticule vert en avant-plan (vous voudrez nécessairement avoir cette plante en avant-plan). Puis, fin août début septembre, quelques fleurs s'ouvrent et le spectacle commence. Avec leur œil jaune et leur nombreux rayons pourpres, les fleurs ressemblent à des mini-marguerites. À la mi-octobre, la plante peut être entièrement couverte de fleurs. En théorie, 'Purple Dome' peut fleurir pendant 10 semaines… si votre automne est assez long pour le permettre.

Sous les climats plus chauds, 'Purple Dome' fleurit plus tôt, même paraît-il dès la mi-août, et la saison sans gel s'étend jusqu'en décembre. Je présume alors que la plante arrête peu à peu de fleurir pour entrer tranquillement en dormance vers Noël. Mais je ne saurais le confirmer, car chez moi 'Purple Dome' s'épanouit si tardivement qu'il n'y a pas assez de jours sans gel pour le voir finir sa floraison. Ainsi il disparaît encore bien coloré sous un tapis de blanc jusqu'au printemps suivant. Il faut croire que cela ne le dérange pas, car le même spectacle se reproduit tous les ans.

**CULTURE** On peut planter 'Purple Dome' au printemps, en vert, ou encore en pleine floraison, à l'automne ('Purple Dome' est couramment vendu comme « potée fleurie » pour décorer l'aménagement automnal). Il préfère le soleil ou la mi-ombre et les sols riches, humides et bien drainés.

## ASTER 'PURPLE DOME'

Aster novae-angliae 'Purple Dome' | Photo : Nico Rijnbeek and Son Nursery

Sa croissance est très rapide : un jeune plant repiqué au printemps aura déjà 50 cm de hauteur et de diamètre le premier automne et portera des centaines de fleurs.

Un paillis est utile pour garder le sol humide en période estivale et protéger les racines peu profondes du gel l'hiver. Aucun tuteurage n'est nécessaire pour cet aster nain. Certains ouvrages recommandent de diviser les asters tous les deux ans. Je me demande pourquoi. Mes asters 'Purple Dome' ont six ans maintenant et sont à peine plus larges qu'à la plantation originale. Je les diviserai quand ils commenceront à empiéter sur d'autres plantations, pas avant !

**MULTIPLICATION**  On peut facilement bouturer ou diviser 'Purple Dome' au printemps. Il n'est pas fidèle au type par semences.

**UTILISATIONS**  C'est une excellente plante pour les bordures de plates-bandes. Les divisions empotées au printemps feront de magnifiques potées fleuries d'automne. C'est aussi un bon choix pour le jardin de papillons.

**ASSOCIATIONS**  Vu sa faible hauteur, on placera surtout l'aster 'Purple Dome' en avant-plan devant des végétaux plus gros, comme le calamagrostide 'Karl Foerster' (*Calamagrostis* x *acutiflorus* 'Karl Foerster') ou l'hélianthe à belles fleurs 'Lemon Queen' (*Helianthus* x *laetiflorus* 'Lemon Queen'). On pourrait faire aussi un tapis floral multicolore en combinant plusieurs des asters décrits ici.

**PROBLÈMES**  Les asters décrits ici sont résistants au blanc et peu dérangés par les insectes. Mêmes les cerfs de Viriginie ne les apprécient pas.

**AUTRES ASTERS**  'Purple Dome' a pris le monde astérin d'assaut après son lancement au milieu des années 1990, et bien sûr, maints hybrideurs ont fait des croisements dans le but de créer des asters d'autres couleurs, mais aussi compacts, aussi résistants aux maladies et d'aussi belle apparence. En voici quelques-uns, dont je ne donne que la couleur des fleurs, car autrement ils sont identiques à 'Purple Dome' :

Aster novi-belgii 'Kiestrbl' Aster novae-angliae Sapphire™ : bleu-lilas.

Aster novi-belgii 'Wood's Pink' : rose clair.

Aster novi-belgii 'Wood's Light Blue' : bleu lavande pâle.

Aster novi-belgii 'Wood's Purple' : pourpre.

**ENCORE PLUS**  « Aster » veut dire étoile en latin. Quand on voit les fleurs des asters, on comprend pourquoi !

Aster novi-belgii 'Kiestrbl' Sapphire™ | Photo : Proven Winners

Il y a cependant du rififi taxonomique dans le genre *Aster* : le genre a récemment éclaté, lancé aux quatre vents par des taxonomistes. Ainsi, j'aurais dû appeler l'aster 'Purple Dome' non pas *Aster novae-angliae* 'Purple Mound', mais *Symphotrichum novae-angliae* 'Purple Dome'. D'autres asters ont pris le chemin des genres *Brachyactis*, *Eurybia*, *Doellingeria* et *Virgulus*. Il faut croire qu'un nom botanique avec seulement deux syllabes était trop facile !

LES VIVACES ••• 31

## ASTILBE 'VISIONS'

*Astilbe chinensis* 'Visions' | Photo : HortiCom

> **Nom botanique** : *Astilbe chinensis* 'Visions'
> **Famille** : Saxifragacées
> **Hauteur** : 40-45 cm
> **Largeur** : 20 cm
> **Exposition** : soleil, mi-ombre
> **Sol** : humide, riche, bien drainé
> **Floraison** : fin de l'été
> **Zone de rusticité** : 3

Comment choisir le meilleur astilbe quand il y en a tant ? J'en étais réellement incapable : je les aimais tous. Donc, j'ai procédé à un véritable « essai en champ », cahier à la main, des 43 variétés que j'avais chez moi. En faisant des petites coches sur une feuille chaque semaine, on découvre des choses qui ne sont pas évidentes quand on ne fait que regarder comme ça. Après tout, tous les astilbes sont beaux dans leur genre (il y a des plantes hautes, des moyennes, des basses ; des hâtives, des mi-saison, des tardives ; des variétés à fleurs plus denses et d'autres plus plumeuses) et aucun n'a de problèmes d'insectes ou de maladies. J'ai découvert que les deux facteurs-clés pour moi était la durée de la floraison (certains astilbes fleurissent pendant plus d'un mois, d'autres pendant à peine une semaine) et la capacité de bien fleurir année après année sans division, car certains se fatiguent vite si on ne les divise pas aux deux ans, alors que d'autres sont encore magnifiques après 10 ans sans la moindre intervention.

Le gagnant de mon concours personnel a été 'Visions'. Avec une floraison qui dure tout près de cinq semaines et la capacité de bien fleurir année après année sans division, il est sans contredit l'astilbe le plus intéressant pour le jardinier paresseux.

DESCRIPTION  Comme tous les astilbes, *Astilbe chinensis* 'Visions' a des feuilles découpées à la manière d'une fougère. Les nouvelles feuilles sont vert moyen, mais les feuilles matures sont bronzées. C'est un astilbe de hauteur moyenne (environ 40-45 cm) aux fleurs plus denses que la plupart des autres, créant un effet de « doigts » plus que de « plumes ». Les fleurs sont rose pourpré et, à ma grande surprise, délicieusement parfumées. La floraison prolongée couvre deux saisons : mi-saison et tardive, commençant chez moi vers la fin de juillet pour se terminer au début de septembre. Notez que la floraison des jeunes plants est moins persistante ; cette

## ASTILBE 'VISIONS'

« floraison prolongée » était surtout notable sur les plants bien établis. Enfin, 'Visions' est plus résistant à la sécheresse que la plupart des astilbes ; une autre coche en sa faveur.

**CULTURE** Les astilbes ont la réputation d'aimer l'ombre… c'est faux ! Les astilbes aiment la mi-ombre et poussent parfaitement au soleil aussi, tant que le sol demeure humide. À l'ombre, on obtient du feuillage, mais pas beaucoup de fleurs. De plus, la plupart des astilbes ne tolèrent pas facilement la compétition racinaire des arbres, une autre raison d'éviter l'ombre. Par contre, leur besoin d'un sol humide est absolu : les astilbes dépérissent rapidement dans les sols trop secs. Les astilbes chinois (*A. chinensis* et ses hybrides) tolèrent mieux les conditions sèches, mais c'est quand même relatif. Un paillis est utile pour *tous* les astilbes, car il aide à maintenir le sol humide et frais, comme ils l'aiment. Et tant qu'à faire, rajoutez du compost souvent : ils préfèrent leur sol riche !

Les astilbes ont la réputation de demander des divisions fréquentes, sinon leur floraison diminue… mais 'Visions' et les autres astilbes présentés ici n'ont pas besoin de ce traitement. Ils peuvent s'épanouir des années sans qu'on les touche.

Les jardiniers forcenés s'empressent de supprimer les fleurs des astilbes à la fin de la floraison, non que cela les aide d'une façon ou d'une autre, mais parce que cela fait « plus propre ». Je trouve ce geste regrettable, car une des choses que j'aime le plus chez les astilbes est que leurs fleurs sèchent sur place et restent là, beige ou brunes maintenant plutôt que roses, rouges, pourpres ou blanches, mais créant quand même de l'intérêt.

**MULTIPLICATION** Les astilbes sont faciles à multiplier par division et par sections de rhizome prélevées lors de la division. Mais qu'une plante de taille si petite puisse être si difficile à diviser est surprenant : parfois il faut utiliser une hache ou une scie ! On peut multiplier les espèces par semences, mais pas les hybrides, qui ne sont pas fidèles au type.

**UTILISATIONS** Les astilbes sont très populaires et utilisés à toutes les sauces, même pour la culture en contenant, car ils sont beaux même quand ils ne sont pas en fleurs. Ils sont à leur plus beau groupés dans des sous-bois ouverts ou en bordure d'un jardin d'eau, peut-être comme couvre-sol. On les utilise parfois pour les massifs ; si c'est le cas, choisissez des cultivars au beau feuillage, car ils ne sont pas en fleurs très longtemps. On peut utiliser les fleurs fraîches ou séchées dans des arrangements floraux.

**ASSOCIATIONS** Combinez les astilbes avec des plantes qui aiment les mêmes conditions d'exposition modérée et de sol humide, comme les fougères, les hostas (*Hosta* spp.) et les ligulaires (*Ligularia* spp.).

*Astilbe* x *arendsii* 'Fanal' | Photo : HortiCom

**PROBLÈMES** La marge des feuilles peut brûler si les plantes sont tenues trop sèches. Autrement les astilbes sont peu vulnérables aux maladies et aux animaux ravageurs.

**AUTRES ASTILBES** Les astilbes suivants sont passés très proches de mériter mon coup de cœur ; je suis certain que vous les aimerez :

*A.* x *arendsii* 'Darwin's Margot' : fleurs rouge grenat très denses. Feuillage vert foncé luisant. Mi-saison/tardif. 50 cm.

## ASTILBE 'VISIONS'

*A.* x *arendsii* 'Ellie van Veen' (syn. 'Ellie') : fleurs plumeuses denses de couleur blanc crème. Plutôt que de brunir en séchant, elles deviennent vertes. Feuillage vert moyen. Mi-saison. 80 cm.

*A.* x *arendsii* 'Fanal' : un classique ! Panicules étroites rouge foncé, feuillage très rouge au printemps, vert l'été. Hâtif/mi-saison. 55 cm.

*Astilbe chinensis* x 'Vision in Pink' | Photo : HortiCom

*A.* x *arendsii* 'Rock and Roll' : beau contraste entre les fleurs plumeuses blanc pur et les feuilles et tiges rougeâtres. Mi-saison. 60 cm.

*A.* x *arendsii* 'Spinell' : beau grand astilbe tardif aux fleurs rouge très foncé. Mi-saison. 60 cm.

*A.* x *arendsii* 'Zuster Theresa' (syn. 'Sister Theresa') : variété assez courte aux fleurs rose saumon denses et duveteuses. Hâtif/mi-saison. 40-45 cm.

*A. chinensis pumila* : mini-astilbe, seulement 25 cm de hauteur, aux inflorescences rose pourpré moins divisées que les autres, presque en forme d'épi. C'est une variété tardive à très tardive, fleurissant en août et septembre chez moi. Excellent couvre-sol ! Probablement l'astilbe le plus résistant à la sécheresse.

*Astilbe chinensis* x 'Vision in Red' | Photo : HortiCom

*A. chinensis taquetii* 'Purpurkerze' ('Purple Candles') : variété tardive, très haute, à fleurs colonnaires pourprées. 90 cm.

*A. chinensis* 'Vision in Pink' : version rose pâle et plus haute de 'Visions'. Aussi parfumé et de port similaire, mais un peu plus hâtif et un peu moins durable. Une certaine résistance à la sécheresse. 65 cm.

*A. chinensis* 'Vision in Red' : malgré son nom, il n'est pas rouge, mais rose pourpre foncé à reflet rougeâtre. Fleurs parfumées. Tiges rouges et feuillage foncé et bronzé. Autrement, comme 'Visions'. 40-45 cm.

*A. japonica* 'Rheinland' (syn. 'Rhineland') : fleurs rose clair très plumeuses. Hâtif. 60 cm.

*A. japonica* 'Red Sentinel' : fleurs rouge vif, tiges rouges. Feuillage vert foncé. Mi-saison. 65 cm.

*Astilbe japonica* 'Red Sentinel' | Photo : HortiCom

# ASTRANCE RADIAIRE

*Astrantia major involucrata* 'Shaggy' | Photo : HortiCom

Je suis toujours déçu du manque d'attention que portent à l'astrance les jardiniers de nos régions. Elle devrait être une classique de la plate-bande mi-ombragée — après tout, combien de vivaces peuvent se vanter de fleurir tout l'été sans être au plein soleil ? —, et pourtant, peu de marchands l'offrent et encore moins de jardiniers la connaissent. Espérons que ce livre aidera à lui valoir la popularité qu'elle mérite.

> **Autres noms communs** : grande astrance, grande radiaire
>
> **Nom botanique** : *Astrantia major*
>
> **Famille** : Apiacées
>
> **Hauteur** : 50-80 cm
>
> **Largeur** : 45 cm
>
> **Exposition** : soleil ou ombre
>
> **Sol** : humide et riche
>
> **Floraison** : été
>
> **Zone de rusticité** : 3

**DESCRIPTION** L'astrance radiaire est une jolie plante des sous-bois et des prés européens. Sous sa forme naturelle, les inflorescences étoilées sont blanches ou roses, marquées de vert. Pour la culture, on a créé des cultivars aux couleurs plus soutenues ainsi que des cultivars à fleurs rouges. Cependant, ce qui semble être une fleur chez l'astrance n'en est pas une, mais une inflorescence. En effet, les petites « boules » à l'intérieur de la « fleur » sont les vrais fleurons. Ce qui semble être des pétales sont, comme chez le poinsettia, des bractées, c'est-à-dire des feuilles colorées. Et encore comme chez le poinsettia, les bractées persistent longtemps sur la plante, car une feuille, même déguisée en pétale, dure toujours plus longtemps qu'un vrai pétale. Les bractées forment une collerette autour des fleurons réunis dans une ombelle ouverte rappelant une pelote à épingles. Il faut presque une loupe pour voir à l'intérieur des vraies fleurs de cette plante !

## ASTRANCE RADIAIRE

Les inflorescences sont portées sur des tiges minces mais solides, plusieurs fois ramifiées. Les tiges se ramifient encore et encore, et ainsi les inflorescences se succèdent tout au long de l'été, parfois jusqu'au mois de septembre.

Les feuilles sont attrayantes aussi, palmées, dentées, à plusieurs lobes. On dirait une feuille d'érable, ou peut-être une étoile. Et justement, le mot « astrance » dérive du mot latin « aster » : étoile. Avec des inflorescences étoilées et des feuilles étoilées, elle mérite bien son nom.

**CULTURE** Un ami m'avait dit être déçu par ses résultats avec l'astrance radiaire. Quand j'ai vu où il l'avait plantée, j'ai tout de suite compris pourquoi. D'abord, la plante était trop à l'ombre. Pourtant, l'astrance est dite tolérante à l'ombre, mais entre « tolérer » et « profiter », il y a toute une marge. D'accord, si vous avez beaucoup d'astrances, plantez-en quelques-unes à l'ombre dense. Elles pousseront mais lentement, et la floraison ne sera pas abondante, surtout au début. Si vous débutez, placez plutôt la plante au soleil ou à la mi-ombre. Là, il va y avoir des fleurs. L'emplacement choisi se trouvait également au pied d'un grand érable de Norvège : les racines sortaient de terre partout et le sol avait été entièrement asséché par les racines assoiffées de l'arbre. Pourtant, l'astrance tolère bien mieux l'ombre que la sécheresse. Dans un milieu sec, elle ne sera jamais heureuse, même au soleil. Il lui faut un sol humide et de préférence riche. On peut donc la cultiver au pied des arbres, pourvu que ce soient des arbres aux racines profondes, comme les ormes ou les chênes, mais pas des arbres aux racines superficielles, comme les érables et les épinettes. Enfin, un paillis épais (7 à 10 cm) aidera à maintenir le sol frais et humide.

*Astrantia major involucrata* 'Shaggy' | Photo : HortiCom

Avec le temps, la plante grossira et s'étendra grâce à ses rhizomes souterrains. Elle n'est *pas* envahissante, mais la touffe grossira graduellement, voilà tout. Après 7 à 10 ans, il peut être nécessaire de la diviser pour freiner ses élans.

L'astrance radiaire se ressème, notamment dans des emplacements un peu ombragés comme un sous-bois ouvert où la compétition n'est pas aussi forte qu'au plein soleil. Si vous n'êtes pas un maniaque de cultivars spécifiques, vous pouvez laisser faire. Les couleurs se modifieront lentement : habituellement les rouges deviennent de plus en plus roses, les roses de plus en plus près du blanc. On hérite donc, avec le temps, d'un magnifique tapis multicolore.

Si vous êtes puriste et tenez à conserver les cultivars intacts, il ne faut pas, bien sûr, garder les plants spontanés, lesquels, même s'ils ressemblent souvent à leurs parents, sont toujours un peu différents. Un bon paillis suffit pour arrêter le gros des semis spontanés : les astrances ne peuvent pas se ressemer quand le paillis est épais !

**MULTIPLICATION** Les cultivars n'étant pas fidèles au type par semences, on multiplie surtout les astrances par division au printemps ou à l'automne.

**UTILISATIONS** Il n'y a rien de plus beau qu'une plate-bande parsemée d'astrances. Elles sont également fort intéressantes naturalisées dans un sous-bois ouvert ou un pré fleuri où elles attirent les papillons. Les astrances font de bonnes fleurs coupées et séchées.

## ASTRANCE RADIAIRE

**ASSOCIATIONS** Les astrances se marient très bien avec les astilbes (fiche précédente), les hostas (*Hosta* spp.) et les fougères, car elles exigent les mêmes conditions de culture.

**PROBLÈMES** Peu de problèmes d'insectes ou de maladies.

**AUTRES ASTRANCES** Tout probablement que vous ne planterez pas l'espèce-même (*A. major*), mais plutôt un de ses cultivars. Ce genre est énormément populaire auprès des jardiniers au parfum, ce qui stimule beaucoup les hybrideurs... et ainsi les cultivars ne manquent pas. Voici quelques exemples (mais ne vous gênez pas d'essayer d'autres cultivars si l'occasion se présente) :

*Astrantia* 'Hadspen Blood' | Photo : HortiCom

*A.* x 'Hadspen Blood' : fleurs rouge foncé sur un plant compact. 50 cm.

*A. major* 'Abbey Road' : fleurs aux extrémités rouge marron, mais à base blanche, donc bicolore. 60 cm.

*A. major involucrata* 'Shaggy' (syn. 'Majorie Fish') : grosses fleurs blanches aux nervures vertes. Longue période de floraison. 80 cm. Ma préférée !

*Astrantia major* 'Abbey Road' | Photo : HortiCom

*A. major* 'Lars' : fleurs rouge foncé. Longue période de floraison. 70 cm.

*A. major* 'Moulin Rouge' : fleurs rouge foncé, bractées pourpre foncé, presque noires. 45 cm.

*A. major* 'Pink Pride' : fleurs rose clair. Floraison hâtive et longue. 60 cm.

*A. major* 'Roma' : fleurs rose foncé. 70 cm.

*A. major* 'Rosensymphonie' : fleurs roses, bractées argentées. Variable, car produite par semences. 60 cm.

*Astrantia major* 'Moulin Rouge' | Photo : HortiCom

*A. major* 'Ruby Wedding' : fleurs roses, bractées rouges. 70 cm.

*A. major* 'Sunningdale Variegated' : fleurs blanches striées de vert. Feuillage panaché de jaune au printemps, mais la panachure disparaît souvent l'été. 60 cm.

*Astrantia major* 'Pink Pride' | Photo : HortiCom

LES VIVACES ••• 37

# BARBE DE BOUC

*Aruncus dioicus* | Photo : HortiCom

> **Nom botanique :** *Aruncus dioicus*
> **Famille :** Rosacées
> **Hauteur :** 120 à 200 cm
> **Largeur :** 120 cm
> **Exposition :** soleil à ombre
> **Sol :** humide, riche
> **Floraison :** début de l'été
> **Zone de rusticité :** 3

**La vivace qui se prend pour un arbuste !** En effet, tout chez la barbe de bouc rappelle un arbuste : la taille, le port, les tiges ligneuses, même sa souche carrément faite de bois. Sauf qu'il meurt au sol l'hiver, ce qui en fait une vivace herbacée.

**DESCRIPTION** La barbe de bouc est une grande vivace indigène occupant un vaste territoire sur les trois continents de l'hémisphère Nord. C'est une plante aux grosses feuilles vert foncé bipennées ou même tripennées avec maintes folioles dentées. Chaque feuille peut mesurer de 30 à 90 cm de longueur et, à cause de ses multiples divisions, il ne serait pas difficile de la confondre avec une branche. D'ailleurs, ce n'est qu'à l'automne, quand les feuilles sont tombées laissant les tiges asséchées nues et presque sans ramifications, qu'on se rend compte que l'effet de densité de cette plante vient entièrement de son feuillage.

Au début de l'été, de grosses panicules plumeuses de fleurs blanc crème apparaissent aux extrémités des branches. Les fleurs mâles, portées sur des plants différents que les fleurs femelles (*dioicus* veut dire « qui a les organes reproducteurs mâles sur un plant et les organes femelles sur un autre »), sont plus plumeuses que les femelles, paraît-il, mais la différence est sûrement mineure : je n'ai jamais vu une barbe de bouc dont la floraison n'était pas superbe ! Les petites fleurs persistent plusieurs semaines, puis sèchent sur place, laissant des pédicelles avec ou sans graines (selon que le plant est femelle ou mâle), d'abord verts puis bruns. Si on les laisse sur la plante, on a un joli effet hivernal.

# BARBE DE BOUC

Dans son ensemble, on peut dire que la barbe de bouc ressemble à un astilbe géant. Même si c'est une plante herbacée selon toutes les définitions du mot, il faut l'utiliser dans l'aménagement comme si c'était un arbuste, car elle en a la taille et la prestance. Et elle accapare autant d'espace, aussi.

**CULTURE** Prévoyez bien son emplacement avant de planter une barbe de bouc, car une fois établie, elle ne voudra plus bouger. Et calculez bien l'espace qu'elle occupera, autant en hauteur qu'en largeur. C'est toute une plante, notre barbe de bouc !

Dans la nature, la barbe de bouc pousse dans les sous-bois ouverts aux sols riches et humides. En culture, par contre, on peut la réussir dans tous les sols et aussi bien au plein soleil qu'à l'ombre. Elle sera aussi belle dans un cas que dans l'autre, mais attention ! Sa croissance, déjà très lente, sera encore plus lente si vous la cultivez à l'ombre, notamment s'il y a une compétition racinaire provenant d'arbres surplombants. Attendez-vous à quatre ou cinq ans avant de voir une barbe de bouc à sa pleine grosseur dans des conditions idéales, et à deux fois plus de temps à l'ombre dense ou dans un sol sec. Une combinaison plein soleil/sol sec peut mener à un feuillage brûlé : au soleil, un paillis est toujours recommandé, à moins que le sol soit naturellement humide.

**MULTIPLICATION** N'essayez même pas de diviser ce monstre : il vous faudrait un bulldozer pour sortir la plante de terre et une scie à chaîne pour découper la motte... et j'exagère à peine. On peut la semer, mais cela retarde d'autant sa croissance. C'est une de ces plantes qu'il vaut mieux acheter. Par contre, si vous insistez pour « tout faire vous-même », il y a un truc pour la diviser sans trop de peine. Achetez un plant, plantez-le en pleine terre... puis déterrez-le et divisez-le l'année suivante. On peut en effet diviser les jeunes plants sans trop de peine ; ce sont les acultes qui sont impossibles à diviser.

**UTILISATIONS** La barbe de bouc est un excellent choix pour l'arrière-plan des plates-bandes plus vastes, pour une plate-bande d'arbustes ou comme plante-vedette dans un emplacement mi-ombragé ou humide. Elle est superbe aussi en bordure de jardin d'eau. Et quelle haie magnifique !

**ASSOCIATIONS** On peut combiner la barbe de bouc avec des arbustes à feuillage doré, comme le physocarpe doré nain (*Physocarpus opulifolius* 'Nugget') ou des couvre-sols à feuillage argenté, comme les lamiers (*Lamium* spp.).

**PROBLÈMES** Peu fréquents.

**AUTRES BARBES DE BOUC** Il y a plusieurs variétés d'*A. dioicus*, notamment des sélections à feuilles plus découpées ou de plus petite taille, mais je préfère l'espèce, ce monstre sympathique qui mérite une place dans tous les terrains.

La barbe de bouc fait une excellente haie. | Photo : HortiCom

## BERGENIA REMONTANT

*Bergenia cordifolia* 'Winterglut' | Photo : HortiCom

> **Nom botanique :** *Bergenia*
> **Famille :** Saxifragacées
> **Hauteur :** 30 à 50 cm
> **Largeur :** 60 à 90 cm
> **Exposition :** soleil ou ombre
> **Sol :** tous les sols sauf les plus détrempés
> **Floraison :** printemps
> **Zone de rusticité :** 2

Parfois, je me demande où j'ai la tête ! Depuis des années que je cultive des bergenias, que je les adore pour leur beau feuillage et leurs fleurs printanières, que je lis à leur sujet, ce n'est que tout récemment que j'ai remarqué qu'il y avait des variétés remontantes, c'est-à-dire qui fleurissent plus d'une fois par année. C'est arrivé quand j'ai planté le cultivar *Bergenia* 'Tubby Andrews', décrit ci-dessous. La première année, quand il a fleuri à l'automne après avoir fleuri au printemps, j'ai pensé que c'était un accident. L'année suivante, quand il m'a fait la même chose, j'ai été surpris, mais quand la troisième année il a fleuri au printemps, en plein été et encore à l'automne, je me suis dit qu'il devait y avoir quelque chose. Depuis, j'ai découvert que cette caractéristique n'est pas si rare et que, avec le bon cultivar, on peut presque compter une floraison sporadique durant toute la belle saison… du moins une fois que la plante est bien établie.

**DESCRIPTION**  Les bergenias présentement cultivés sont surtout des hybrides associant *B. cordifolia* avec des soupçons de *B. crassifolia* et *B. purpurascens*. De toute façon, les trois espèces et les hybrides se ressemblent tellement que vous ne verrez pas où une espèce commence et l'autre se termine. On parle de plantes relativement basses, dont la caractéristique la plus

# BERGENIA REMONTANT

visible est le feuillage. Les feuilles des bergenias décrits ici sont toutes grosses, arrondies ou plutôt en forme de pagaie, lisses, vert foncé et très épaisses. Si elles avaient été un peu bleutées, on aurait dit des feuilles de chou. L'automne, les feuilles, qui sont persistantes, deviennent partiellement ou entièrement rouges ou pourpres pour reverdir au printemps. Certaines ont une marge pourprée en tout temps. Les feuilles sont regroupées dans des rosettes plutôt lâches.

Une tige florale épaisse, rougeâtre, quelque peu ramifiée et relativement courte (30 à 50 cm) s'élève de chaque rosette de feuilles, portant quelques dizaines de fleurs à cinq pétales habituellement rose vif, mais parfois rouges, pourpres ou blanches. La saison de floraison normale est le printemps; d'ailleurs, ils fleurissent si tôt qu'il n'y a presque que des bulbes pour les accompagner. Heureusement que les fleurs, même épanouies, résistent au gel, car c'est le lot des plantes qui fleurissent tôt au printemps. Mais les cultivars remontants refleurissent, à l'automne assurément, et parfois aussi l'été. Dans une colonie d'une bonne variété, comme 'Morgenröte', il y a presque toujours des fleurs, de la fonte des neiges à leur retour à l'hiver suivant. Dans les pays plus tempérés, il peut y avoir des fleurs à l'année.

C'est ce que l'on voit bien. Ce qu'on voit moins bien est la grosse tige rampante très épaisse qui court sur le sol, cachée par le feuillage et le paillis. Des tiges secondaires sortent de la première tige, et ainsi les bergenias réussissent à couvrir le sol dans leur secteur. Il ne faut toutefois pas les considérer comme envahissants, car ils avancent lentement, imperceptiblement, jusqu'à ce que vous vous rendiez compte qu'ils sont en train de gagner toute la plate-bande! Heureusement qu'il est facile de les remettre à leur place en coupant les sections excédentaires.

**CULTURE** Il n'y a probablement aucune vivace qui soit adaptée à une plus vaste gamme de conditions que le bergenia. Il peut pousser sous les tropiques et au-delà du Cercle arctique, au soleil ou à l'ombre, dans les sols riches ou pauvres, etc. Il préfère toutefois les sols moyennement humides, assez riches, et une exposition mi-ombragée. Au plein soleil dans le sud du Québec, les feuilles peuvent brûler un peu en période de sécheresse. Et si la plante est exposée aux vents hivernaux, les feuilles peuvent aussi être endommagées. Cela n'empêche pas la floraison, et la plante récupère bien avec le retour des beaux jours, mais il n'en reste pas moins que vous serez plus satisfait des résultats si vous le plantez là où la neige s'accumule. Ainsi, c'est l'une de ces plantes qui réussit souvent mieux dans le nord, là où la couche de neige est fiable, que dans le sud du Québec, où la neige n'est pas toujours au rendez-vous.

Le bergenia a la réputation de pousser à l'ombre et c'est vrai. Par contre, pour une bonne floraison, la mi-ombre ou le soleil est nécessaire. L'entretien des bergenias frise le zéro absolu. Il peut toutefois être nécessaire de rabattre les tiges rampantes trop longues après une dizaine d'années.

**MULTIPLICATION** On peut diviser les plants au printemps ou à la fin de l'été. Les espèces peuvent être multipliées par semences.

**UTILISATIONS** Le bergenia est un excellent choix pour les rocailles de bonne taille et les jardins de sous-bois, ainsi que pour les murets, d'où il va même, avec le temps, retomber en cascade. Évidemment, il est superbe en couvre-sol et se naturalise bien dans les sous-bois ouverts. Ou essayez-le en massif. Les fleurs sont très jolies dans les bouquets.

**ASSOCIATIONS** Évidemment, avec sa floraison hâtive et son feuillage persistant, c'est un compagnon idéal pour les bulbes à floraison printanière: tulipes, narcisses, crocus, etc. En été, les géraniums (*Geranium* spp.) et les phlox (*Phlox* spp.) lui servent de jolis compléments.

**PROBLÈMES** Peu fréquents. Même les cerfs de Virginie le boudent.

**VARIÉTÉS REMONTANTES** Ne sont inclus ici que les bergenias qui refleurissent de façon fiable. Maintenant qu'il y a des bergenias remontants sur le marché, pourquoi se contenter d'une seule floraison par année?

## BERGENIA REMONTANT

*B. cordifolia* 'Purpurglocken' (syn. 'Purple Bells') : fleurs rouge pourpré riche en forme de cloche. Fleurit au printemps et à l'automne. Feuilles plus grosses que l'espèce. 40 cm.

*B. cordifolia* 'Tubby Andrews' : j'ai acheté ce bergenia parce que son feuillage est panaché (bicolore) ; d'ailleurs, c'est le seul ayant cette caractéristique. Dans les photos des catalogues, la panachure – des striures jaunes de largeur variable – est remarquable, mais dans le jardin, elle est très diffuse et peu visible. Seules certaines feuilles sont assez panachées pour qu'on puisse les remarquer. J'étais donc déçu… jusqu'à ce que je découvre que la plante fleurit au moins deux fois par année, au printemps et à l'automne, et parfois même l'été. C'est donc une plante fort intéressante… mais pas pour les raisons pour lesquelles on la vend ! Je soupçonne que cette plante est une mutation de 'Winterglut', sans pouvoir le prouver. 25 à 45 cm.

*Bergenia cordifolia* 'Tubby Andrews' comme il paraît chez moi : la panachure n'est pas évidente. | Photo : HortiCom

Voici comment on présente *Bergenia cordifolia* 'Tubby Andrews' dans les catalogues. Dans la vraie vie, sa panachure n'est pas si nette. | Photo : Proven Winners

*Bergenia* 'Herbstblute' | Photo : HortiCom

*B. cordifolia* 'Winterglut' ('Winterglow') : fleurs rose vif. Floraison au printemps et à l'automne, parfois l'été. 30 à 45 cm.

*B.* 'Herbstblute' (syn. 'Autumn Glory', 'Autumn Magic') : le plus fiable des bergenias remontants : floraisons abondantes à tous les printemps et automnes, plus légères et plus sporadiques l'été. Fleurs rose vif. 45-50 cm.

*B.* 'Morgenröte' (syn. 'Morning Red') : bergenia classique qui refleurit assez fidèlement à l'automne. Fleurs rouge carmin. 35 cm.

*B.* 'Rosi Ruffles' : fleurs rose rosé au printemps, à l'automne et parfois l'été. Feuilles fortement dentées et aussi légèrement ondulées, mais pas autant que le nom le suggère. 30 cm.

**ENCORE PLUS** Saviez-vous qu'on peut faire chanter les bergenias ? J'ai appris à le faire enfant. On crache sur une feuille, on la serre entre le pouce et l'index et on tire rapidement. La feuille émettra un cri de cochonnet !

# BÉTOINE DE MONIER 'HUMMELO'

*Stachys monieri* 'Hummelo' | Photo : HortiCom

On peut difficilement imaginer deux plantes plus différentes que l'oreille d'agneau (*Stachys byzantina*), cultivée uniquement pour son feuillage duveteux blanc argenté et la bétoine de Monier (*S. monieri*), cultivée non pas pour son feuillage mais pour ses beaux épis floraux. Pourtant, les deux appartiennent au genre *Stachys*, signe que les taxonomistes leur ont trouvé une étroite parenté. Si jamais il vous tente de raser le poil soyeux qui recouvre le feuillage de l'oreille d'agneau, vous découvrirez que ses feuilles ont une forme et une texture similaires. Mais alors que l'oreille d'agneau est très populaire, sa sœur plus florifère et donc plus voyante demeure peu connue. À vous de la découvrir !

> **Nom botanique** : *Stachys monieri* 'Hummelo', syn. *S. densiflora* 'Hummelo'
> **Famille** : Labiées
> **Hauteur** : 45 à 60 cm
> **Largeur** : 45 à 50 cm
> **Exposition** : soleil, mi-ombre
> **Sol** : bien drainé, ordinaire
> **Floraison** : fin du printemps à la mi-été
> **Zone de rusticité** : 3

**DESCRIPTION** 'Hummelo' est une jolie plante avec ou sans fleurs. En effet, elle forme une dense rosette basale de feuilles merveilleusement matelassées aux marges festonnées et légèrement poilues : on dirait une courtepointe ! Les mêmes feuilles en plus petit se répètent sur la tige florale : une petite colonie de bétoines 'Hummelo' constitue une masse de vert très attrayante dans le jardin. Mais la floraison est encore plus saisissante : les tiges florales dressées et solides

## BÉTOINE DE MONIER 'HUMMELO'

(non, elles ne se couchent pas après la première pluie) portent à leur sommet un épi très dense de fleurs tubulaires rose-violet à deux lobes. En fait, il y a généralement plus d'une masse de fleurs par tige : une ou deux verticilles de fleurs plus bas sur la tige donnent un effet en candélabre, un peu comme les primevères japonaises (*Primula japonica*). L'effet est saisissant : c'est le genre de plante qu'on voit de loin. La plante refleurit fidèlement, donnant au total six à huit semaines de floraison, de la fin du printemps au milieu de l'été.

Pour une plante si peu connue des jardiniers ordinaires, 'Hummelo' a suscité beaucoup d'intérêt dans les grands jardins où elle fait partie de plusieurs plates-bandes. L'impression générale est que les bétoines sont d'excellentes plantes de jardin… et que 'Hummelo' est la meilleure des bétoines.

**CULTURE** Les bétoines préfèrent le plein soleil, mais tolèrent bien la mi-ombre. Elles s'adaptent à presque tous les sols bien drainés : secs ou plutôt humides, riches ou pauvres. La touffe s'élargit peu à peu pour former une petite colonie après quelques années, étouffant les mauvaises herbes au passage. On peut les laisser pousser toutes seules : ce sont de vraies plantes de jardinier paresseux.

La croyance voulant que les bétoines ne refleurissent que si l'on supprime les fleurs fanées ne tient pas la route. Elles refleurissent abondamment que vous supprimiez les fleurs fanées ou non. Et pour une fois, ce n'est pas juste moi qui le dis : une étude du très sérieux Jardin botanique de Chicago ne montre aucune augmentation de floraison chez les plantes dont on a supprimé les fleurs fanées.

*Stachys monieri* 'Hummelo' | Photo : HortiCom

## BÉTOINE DE MONIER 'HUMMELO'

**MULTIPLICATION** Plusieurs des variétés sont fidèles au type par semences. Toutefois, les plants se multiplient très abondamment à leur base ; la division est donc la méthode de choix dans la plupart de cas.

**UTILISATIONS** On peut planter les bétoines au milieu d'une plate-bande ou en bordure, aussi le long des sentiers. Elles remplacent bien les primevères, auxquelles elles ressemblent de loin, dans les emplacements chauds et secs. Essayez-les aussi en couvre-sol ou en massif.

**ASSOCIATIONS** Les teintes vert-jaune font ressortir le rose-violacé des bétoines. Essayez-les avec des plantes ayant des fleurs ou des feuilles de cette couleur, comme l'alchémille molle (*Alchemilla mollis*) et plusieurs euphorbes (*Euphorbia* spp.).

**PROBLÈMES** Peu fréquents.

**AUTRES BÉTOINES** Je suis tombé sur la table d'exposition de la British Stachys Society quand je visitais le Hampton Court Flower Show près de Londres il y a quelques années et j'ai été étonné du choix. Plus de 300 espèces, pour la plupart ornementales : le potentiel est énorme. Malgré toutes leurs possibilités, les bétoines demeurent cependant peu connues dans nos régions. Voici quelques autres espèces et cultivars que vous pourriez trouver. Ces plantes ressemblent beaucoup à *S. monieri* 'Hummelo', autant par leur feuillage que par leurs fleurs : il faut presque les voir pousser dans le même environnement pour voir la différence.

*S. monieri* : c'est l'espèce d'origine qui a donné 'Hummel' et qui lui ressemble... mais en plus petit. Les fleurs sont roses. 30 cm x 50 cm.

*S. macrantha* (syn. *S. grandiflora*) : la grande bétoine produit des fleurs deux fois plus longues que 'Hummelo' et presque de la même couleur, mais les bouquets en contiennent deux fois moins. Comme chez 'Hummelo', il y a d'habitude une première verticille de fleurs sur la tige, puis un peu de tige nue, enfin l'épi principal. Les feuilles sont presque en forme de cœur et sont très joliment bosselées. Fleurs rose violacé. 45 cm x 60 cm.

*S. macrantha* 'Alba' : comme l'espèce, mais à fleurs blanches. 45 cm x 60 cm.

*Stachys macrantha* 'Alba' | Photo : HortiCom

## BÉTOINE DE MONIER 'HUMMELO'

*Stachys macrantha* 'Superba' | Photo : HortiCom

*Stachys officinalis* et *S. officinalis* 'Alba' | Photo : HortiCom

*Stachys officinalis* 'Rosea' | Photo : HortiCom

*S. macrantha* 'Robusta' : c'est sans doute la forme la plus disponible de grande bétoine (*H. macrantha*). Les fleurs ont la même couleur que celles de l'espèce (rose violacé), mais sont plus nombreuses. 60 cm x 65 cm.

*S. macrantha* 'Superba' : fleurs pourpre violacé. 60 cm x 65 cm.

*S. officinalis* : c'est la bétoine officinale, utilisée depuis des millénaires comme plante médicinale en Europe où elle servait à faire baisser la fièvre et à traiter divers maux, mais elle fait aussi une belle plante de plate-bande. La plante en général est plus grande et plus étirée que les autres, et ses feuilles plus poilues sont vert moyen. Par contre, la couleur des fleurs est celle de presque toutes les bétoines sauvages : rose violacé ! 75 cm x 75 cm.

*S. officinalis* 'Alba' : comme l'espèce, mais à fleurs blanches. 75 cm x 70 cm.

*S. officinalis* 'Rosea' : les fleurs sont rose moyen, sans teinte pourprée. Très jolie ! 70 cm x 70 cm.

# BRUNNERA ARGENTÉ 'JACK FROST'

*Brunnera macrophylla* 'Jack Frost' | Photo : HortiCom

Je suis un amateur de brunneras de longue date et je ne pensais pas trouver mieux que le brunnera panaché (*Brunnera macrophylla* 'Variegata'), avec ses feuilles joliment et irrégulièrement panachées de blanc crème. J'avais tort. Il existe de nouveaux brunneras fortement panachés, non pas de blanc, mais d'argent, et ils sont non seulement très jolis, mais surtout plus robustes.

C'est que les panachures blanches des végétaux représentent des sections de feuille qui n'ont pas de chlorophylle (c'est pourquoi elles paraissent blanches), donc qui sont albinos. Pourtant, c'est grâce au chlorophylle que les plantes absorbent la lumière ; donc, une feuille qui est fortement panachée de blanc peut être très jolie à nos yeux, mais sa partie blanche n'aide pas la plante à pousser. Plus une plante est panachée, plus on la trouve attrayante… et moins elle est vigoureuse.

Mais les marques argentées sur les feuilles ne viennent pas de la même source. Sous les revêtements argentés, il y a des cellules vertes normales, remplies de

> **Autres noms communs :** myosotis du Caucase 'Jack Frost', buglosse de Sibérie 'Jack Frost'

> **Nom botanique :** *Brunnera macrophylla* 'Jack Frost'

> **Famille :** Boraginacées

> **Hauteur :** 40 à 50 cm

> **Largeur :** 40 cm

> **Exposition :** soleil à ombre

> **Sol :** bien drainé, humide et riche

> **Floraison :** fin du printemps au début de l'été

> **Zone de rusticité :** 3

## BRUNNERA ARGENTÉ 'JACK FROST'

chlorophylle, qui travaillent comme si de rien n'était. Les cellules argentées sont en fait comme des fenêtres qui laissent passer la lumière solaire. C'est comme si la marque argentée était due à des petites bulles d'air qui nous paraissent argentées, mais qui ne bloquent pas la lumière. Les brunneras à feuillage argenté sont donc aussi vigoureux que la forme naturelle de brunnera, soit *B. macrophylla*, à feuilles entièrement vertes. Il y a plusieurs brunneras à feuillage très argenté, mais ma préférence va à 'Jack Frost'.

**DESCRIPTION** Le brunnera est une plante curieuse du fait qu'il a deux phases de croissance très différentes. Au printemps, quand il sort de terre, il produit de petites feuilles ovales portées sur de nombreuses tiges florales. Ces tiges ramifiées porteront plus tard de nombreuses petites fleurs bleu ciel, exactement de la même taille et de la même couleur que celles du très populaire myosotis (« forget-me-not »). Celui qui voit le brunnera au printemps le prend généralement pour un myosotis, mais ce n'est que sa première phase. Au moment même où la floraison arrive à sa fin, une toute nouvelle feuillaison commence. Des feuilles beaucoup plus grosses, en forme de cœur, commencent à apparaître. Elles forment une rosette au-dessus du sol, et à ce stade, la plante pourrait presque passer pour un hosta. Cette forme durera le reste de l'été, disparaissant avec les gels d'automne.

La forme normale de cette plante a des feuilles entièrement vertes, mais le cultivar 'Jack Frost' a des feuilles presque entièrement couvertes d'argent. Seuls les nervures primaires et secondaires, ainsi qu'un peu du limbe environnant, sont verts. Même les jeunes feuilles du printemps sont passablement argentées, mais l'effet est surtout remarquable quand les grandes feuilles estivales sortent.

**CULTURE** Je n'ai aucune difficulté à recommander les brunneras aux jardiniers paresseux, tout en reconnaissant qu'ils ne sont pas pour tout le monde. C'est que leur besoin d'une bonne humidité du sol est absolu. Si la terre chez vous s'assèche un peu l'été, cette plante ne mérite pas place dans votre jardin. Et un bon drainage est nécessaire, c'est-à-dire que les racines ne peuvent pas toujours tremper dans l'eau. Malgré tout, cette plante se plaît dans les « coins

*Brunnera macrophylla* 'Jack Frost' | Photo : HortiCom

## BRUNNERA ARGENTÉ 'JACK FROST'

humides », comme près d'un ruisseau ou d'un étang où l'humidité du sol est plus élevée que la moyenne. Je ne veux pas dire que la plante ne peut tolérer aucune sécheresse, mais il faudrait qu'elle soit occasionnelle et peu profonde.

La plante aime un sol riche en matières organiques. Il va de soi que des apports annuels en compost sont nécessaires… à moins que vous ne posiez à son pied un paillis de matières organiques (feuilles déchiquetées, écailles de cacao, paillis forestier, etc.); vous combleriez alors ses deux besoins : le paillis gardera tout naturellement le sol plus humide et, en se décomposant, enrichira le sol en compost. D'une pierre deux coups!

La question du « soleil » est plus délicate. Dans les livres, on dit souvent que la plante ne supporte pas le soleil. Pas vrai. Dans le nord (où sans doute vous vivez, ce livre ne vise quand même pas les jardiniers du Deep South), le soleil est naturellement moins intense et il n'y a pas de danger qu'il « brûle » le feuillage fragile du brunnera… du moins tant que le sol reste humide. Donc, oui, vous pouvez le cultiver au sol si ce dernier reste humide. Et il est vrai que la plante peut pousser à l'ombre, mais seulement à l'ombre humide. Inutile de l'essayer si des arbres à racines superficielles, comme des érables ou des épinettes, assèchent tout le sol. Sa croissance sera plus lente et sa floraison moins abondante à l'ombre qu'au soleil. Il préfère d'ailleurs l'ombre des arbres à feuilles caduques, qui laisse quand même passer beaucoup de soleil direct au printemps, à l'ombre des conifères, où il fait toujours sombre. Pour la plupart des jardiniers, l'emplacement idéal est cependant la mi-ombre, peut-être un endroit qui reçoit du soleil le matin. À la mi-ombre, il est habituellement plus facile d'assurer une humidité de sol constante, car le soleil n'y plombe pas et l'évaporation est moindre.

Une fois que vous avez réglé les questions d'humidité et d'ensoleillement, il ne reste presque plus rien à dire. Le brunnera est si facile quand on lui donne les conditions culturales qu'il lui faut! Vous verrez que la touffe d'origine s'élargira peu à peu, créant avec le temps une belle talle qui peut un jour couvrir quelques mètres carrés. Mais on ne peut guère le traiter d'envahissant, et vous pouvez mettre fin à ses élans en découpant les parties excédentaires. Aussi, le brunnera se plaît à se ressemer. Les semis des brunneras argentés seront argentés à leur tour… mais ressembleront plus à leur lointain ancêtre, 'Langtrees', donc verts avec des taches argentées, qu'aux brunneras argentés modernes presque entièrement argentés.

Enfin, pas de ménage automnal sur cette plante! Ce n'est pas que je mets sa rusticité en doute, mais la plante a évolué en utilisant ses propres feuilles comme protection hivernale. En enlevant les feuilles « pour faire plus propre », vous pouvez le tuer! S'il y a du ménage à faire (habituellement il n'y en a pas, car rendu au printemps, ses anciennes feuilles sont aux trois quarts décomposées), c'est au printemps. Compris?

**MULTIPLICATION**  Division des touffes, au printemps ou à l'automne.

**UTILISATIONS**  Quelle magnifique plante-vedette pour les coins ombragés et mi-ombragés! Avec ses feuilles argentées, il ajoute une note de lumière bienvenue aux endroits sombres. Utilisez-le en plate-bande sombre ou dans un jardin de sous-bois, ou encore naturalisez-le dans un sous-bois ou près d'un jardin d'eau. C'est aussi un excellent couvre-sol et il est superbe en pot, pour autant que vous l'arrosiez régulièrement.

**ASSOCIATIONS**  Évidemment, il faut trouver des plantes qui aiment les mêmes conditions, mais ce n'est pas difficile. Là où le brunnera pousse bien, vous pourriez cultiver des astilbes (*Astilbe* spp.), des hostas (*Hosta* spp.), des épimèdes (*Epimedium* spp.) et des fougères de toutes sortes. Des plantes qui poussent avec vigueur paraissent toujours bien ensemble. Amusez-vous à faire contraster le feuillage argenté du brunnera 'Jack Frost' avec le feuillage argenté des nombreuses pulmonaires argentées (*Pulmonaria* spp.) ou de la fougère peinte (*Athyrium niponicum pictum* et ses variantes).

LES VIVACES

## BRUNNERA ARGENTÉ 'JACK FROST'

**PROBLÈMES** Le brunnera est peu vulnérable aux insectes et aux maladies. Les limaces en surnombre peuvent faire quelques dégâts.

**AUTRES BRUNNERAS ARGENTÉS** Il vaut peut-être la peine de raconter l'évolution des brunneras argentés. Il y eut d'abord le « vieux » cultivar B. macrophylla 'Langtrees', aussi appelé 'Aluminium Spot', qui est apparu sur le marché dans les années 1990, du moins en Amérique du Nord. Il se caractérisait par des taches argentées sur le feuillage, notamment sur la marge des feuilles. Il n'a jamais connu le succès du brunnera panaché (B. macrophylla 'Variegata'), à la panachure blanche, ni même du brunnera à feuilles vertes (B. macrophylla), qui commençaient alors tout juste à se faire connaître. Par contre, il a donné naissance, par mutation, à des cultivars beaucoup plus argentés : 'Silver Wings' et 'Jack Frost'. Fleurs bleues. 40 à 50 cm.

B. macrophylla 'Silver Wings' est un peu un 'Langtrees' amélioré ; son feuillage est davantage tacheté d'argent que 'Langtrees', mais l'argent demeure toujours surtout en marge de la feuille : le centre est entièrement vert. C'est en fait une introduction encore plus récente que 'Jack Frost', même s'il est moins argenté que ce dernier. Fleurs bleues. 40 à 50 cm.

*Brunnera macrophylla* 'Look Glass' : ici, les feuilles ne sont pas enroulées et il fait un bel effet. | Photo : Terra Nova Nurseries.

Ici, les feuilles de *Brunnera macrophylla* 'Look Glass' : s'enroulent vers le bas, un effet moins attrayant, du moins d'après moi. | Photo : Terra Nova Nurseries.

B. macrophylla 'Jack Frost' est décrit ci-dessus. Il est très argenté : seuls les nervures et le limbe autour des nervures sont verts. De plus, il est vigoureux et florifère. Lancé en 2004, il est très populaire.

B. macrophylla 'Looking Glass' est une mutation de 'Jack Frost' produite en culture *in vitro* et lancée en 2005. Il est encore plus argenté que 'Jack Frost' : tout le limbe est argenté, seules les nervures principales sont vertes, traçant quelques minces lignes vertes dans un paysage argent. Les amateurs de feuillage coloré pourraient penser que 'Looking Glass' est supérieur à 'Jack Frost', mais non. Il me paraît un peu moins vigoureux, et surtout je n'aime pas la façon dont ses feuilles s'enroulent vers le bas l'été, son petit péché mignon. 'Jack Frost', avec ses feuilles en forme de cœur pointu et ses nervures vertes qui mettent la surface argentée des feuilles si en valeur, me paraît le gagnant du concours… jusqu'à ce qu'un nouveau brunnera « encore plus argenté » sorte sur le marché, bien sûr ! Fleurs bleues. 40 à 50 cm.

**BRUNNERAS À FEUILLAGE VERT** Il ne faudrait pas passer sous silence l'espèce d'origine, le brunnera (B. macrophylla), à feuillage entièrement vert. On le cultive surtout pour ses nombreuses fleurs bleu ciel au printemps, mais ses belles feuilles cordiformes vert moyen ne sont pas à dédaigner non plus. C'est une plante solide et florifère qui mérite une place dans la plate-bande… même s'il n'est pas argenté.

## BRUNNERA ARGENTÉ 'JACK FROST'

*B. macrophylla* 'Betty Bowring' est à feuillage vert et ses fleurs sont blanches. Ses feuilles sont plus grosses que celles des autres brunneras et il est plus haut. Malgré tout, il n'est pas très vigoureux. Sa disponibilité est faible. 40 à 60 cm.

*B. macrophylla* 'Marley's White' est semblable, à 'Betty Bowring', donc à fleurs blanches et à feuillage vert, mais il est plus robuste. Au moment où j'écrivais ces lignes, sa disponibilité en Amérique du Nord était nulle. 40 à 50 cm.

**BRUNNERAS PANACHÉS** Les brunneras à feuillage panaché ne sont pas aussi faciles que les autres. Ils sont moins vigoureux, moins florifères et souvent peu stables : des sections à feuillage entièrement vertes apparaissent parfois. Il faut éliminer ses réversions au type primitif, car elles sont plus vigoureuses que les parties panachées et finissent par dominer le plant, éliminant la partie panachée. Ils sont cependant beaux en bibitte ; il est facile de se laisser séduire.

*B. macrophylla* 'Variegata' est le brunnera panaché classique. Ses feuilles sont fortement marbrées de blanc, de gris et de vert, et ses fleurs sont bleu ciel. Une très belle plante, mais sa panachure l'affaiblit. Il n'est pas aussi vigoureux que l'espèce, et d'ailleurs il tend à disparaître avec le temps. Aussi, à moins que l'humidité du sol ne soit constante et qu'il ne soit cultivé bien à l'abri du vent, la partie panachée de la feuille brunit l'été, ce qui diminue son attrait. Dans un milieu convenable, il est très beau, mais dans des conditions marginales, préférez-lui un autre brunnera. Fleurs bleues. 40 à 50 cm.

'Dawson's White' est une plante mystère. En Angleterre, on considère qu'il est *le* brunnera panaché et que son nom, lancé en 1969, devrait

*Brunnera macrophylla* 'Variegata' | Photo : HortiCom

prévaloir puisqu'il est le plus ancien. Ainsi, les Britanniques reclassent tous les *B. macrophylla* 'Variegata' sous le nom de 'Dawson's White'. Les Américains prétendent cependant que les deux clones sont différents : les feuilles de 'Dawson's White' seraient plus petites.

*B. macrophylla* 'Hadspen Cream' serait un peu plus vigoureux que 'Variegata' ; sa panachure est censée être jaune au début, puis blanc crème. Pourtant, il ressemble drôlement à 'Variegata' ! À vous de dire s'il est vraiment plus vigoureux et plus persistant. Fleurs bleues. 40 à 50 cm.

Enfin, *B. macrophylla* 'Gordano Gold' n'était pas disponible en Amérique du Nord au moment où j'écrivais ces lignes. Je n'ai donc pu l'essayer, mais son feuillage, entièrement vert au printemps, deviendrait marbré de jaune l'été. Fleurs bleues. 40 à 50 cm.

**ENCORE PLUS** Vous aurez noté que je préfère appeler cette plante « brunnera » plutôt que d'utiliser certains noms communs proposés jusqu'à maintenant, comme « myosotis du Caucase » ou « buglosse de Sibérie ». Je pense que les jardiniers modernes sont plus familiers qu'autrefois avec les noms botaniques et il me semble que, lorsqu'ils parlent de cette plante, ils l'appellent presque universellement « brunnera ».

# CAMPANULE LACTIFLORE 'PRITCHARD'S VARIETY'

*Campanula lactiflora* ' Pritchard's Variety' | Photo : HortiCom

> **Autre nom commun :** campanule à fleurs laiteuses
> **Nom botanique :** *Campanula lactiflora* 'Pritchard's Variety'
> **Famille :** Campanulacées
> **Hauteur :** 70-80 cm
> **Largeur :** 40 cm
> **Exposition :** soleil, mi-ombre
> **Sol :** tous les sols bien drainés
> **Floraison :** été, début de l'automne
> **Zone de rusticité :** 3

Comment choisir parmi les campanules ? Il y en a des centaines d'espèces (environ 300 d'après une autorité) et sûrement presque autant de cultivars. Si on se fiait à l'offre dans la plupart des pépinières, tout le monde cultiverait l'un des dizaines de cultivars de la campanule des Carpates (*Campanula carpatica*) ou encore l'une des autres espèces alpines (*C. portenschlagiana* ou *C. poscharskyana*, notamment). Voilà qui est très bien si l'on cherche à meubler une rocaille ou un muret, mais d'après mon expérience, la plupart des jardiniers préfèrent quelque chose de plus volumineux pour la plate-bande de fleurs. De plus, les variétés courtes sont facilement envahies de mauvaises herbes. Si donc vous cherchez une campanule assez grosse pour faire de l'effet, j'en ai une très bonne à vous proposer : la campanule lactiflore.

**DESCRIPTION** La campanule lactiflore n'est pourtant pas une nouveauté. Bien au contraire, c'est une vivace classique de la plate-bande à l'anglaise (si vous ne me croyez pas, allez en Angleterre observer de *vraies* plates-bandes à l'anglaise et vous verrez). Curieusement, elle n'a jamais connu un grand succès en Amérique du Nord, sans doute parce qu'elle ne tolère pas les températures chaudes des États du sud. Aucun problème dans le nord, cependant !

Je vous suggère, plutôt que l'espèce, qui atteint 1,2 m ou même 1,5 m de hauteur et qui tend à s'écraser au vent, le cultivar 'Pritchard's Variety'. Les tiges de 'Pritchard's Variety', à 70 à 80 cm de hauteur, sont assez courtes pour résister au vent tout en étant assez hautes pour qu'on voie leurs fleurs.

Et des fleurs, vous en verrez ! La plante produit une touffe de tiges dressées coiffées chacune d'une panicule de fleurs lilas vif : une plante peut en produire des centaines à la fois ! Et la floraison dure et dure : cinq à six semaines. Et juste quand vous pensez que la saison est terminée, elle recommence à fleurir, bien que plus modestement, jusqu'au début de l'automne. Cette capacité de fleurir longtemps et de refleurir une deuxième fois à la fin de la saison est une caractéristique de toutes les campanules lactiflores, pas seulement de 'Pritchard's Variety'.

## CAMPANULE LACTIFLORE 'PRITCHARD'S VARIETY'

Contrairement à plusieurs campanules dont les fleurs en clochette penchent vers le bas, les fleurs de la campanule lactiflore sont dressées, en forme d'étoile, ce qui fait qu'on les voit davantage.

Les feuilles, longues à la base du plant et petites et sans pétioles au sommet, sont vert moyen et à marge dentée, autrement dit assez typiques des campanules en général.

**CULTURE**   La campanule lactiflore 'Pritchard's Variety' est une bonne plante pour les jardiniers pressés, car elle atteint ses pleines dimensions et sa floraison (ou presque) dès la première année. Donnez-lui un emplacement au soleil ou à la mi-ombre dans tout sol, riche ou pauvre, humide ou plutôt sec. Il faut que le sol soit bien drainé cependant : elle n'aime pas avoir les pieds dans l'eau. Elle forme une touffe qui grossit peu à peu sans jamais devenir envahissante.

**MULTIPLICATION**   Toutes les campanules lactiflores se ressèment spontanément, mais les cultivars, comme 'Pritchard's Variety', ne sont pas fidèles au type par semences. Mieux vaut donc utiliser du paillis pour les empêcher de se ressemer trop abondamment si vous tenez à maintenir les caractéristiques du cultivar. On multiplie normalement les cultivars par division au printemps ou à l'automne.

**UTILISATIONS**   C'est un choix tout désigné pour la plate-bande à l'anglaise, mais elle convient aussi au pré fleuri ou au jardin de sous-bois ouvert. Elle attire les papillons.

*Campanula lactiflora* ' Pritchard's Variety' | Photo : HortiCom

**ASSOCIATIONS**   La couleur douce des fleurs de cette campanule se marie avec presque toutes les teintes. Essayez-la avec des marguerites (*Leucanthemum* spp.) et des hémérocalles (*Hemerocallis* spp.), par exemple.

**PROBLÈMES**   Peu fréquents.

### AUTRES CAMPANULES LACTIFLORES

*C. lactiflora* 'Favourite' : une nouveauté surtout impressionnante par sa coloration plus intense, car il n'y a rien de très « laiteux » dans le violet lilas prononcé de ses fleurs. Elle est un peu plus compacte que 'Pritchard's Variety' et ses tiges très solides ne penchent pas au vent. 60 cm.

*Campanula lactiflora* 'Favourite' | Photo : HortiCom

*C. lactiflora* 'Loddon Anna' est présentement la campanule lactiflore la plus populaire, sans doute à cause de ses fleurs « roses » (en fait, plutôt rose-lilas). Personnellement, je trouve que c'est une couleur insipide, beaucoup moins intéressante que les couleurs des autres campanules lactiflores, mais... à chacun ses goûts ! 'Loddon Anna' est plus haute que les autres décrites ici, et chez moi, elle a tendance à s'écraser sous les vents forts et la pluie. Je l'ai donc mise au compost... mais peut-être aurez-vous plus de chance ! 120 cm.

LES VIVACES ••• 53

## CAMPANULE LACTIFLORE 'PRITCHARD'S VARIETY'

*C. lactiflora* 'Pouffe', appellation anglaise de notre pouf, ce tabouret rembourré, est super populaire en Europe. C'est un peu une 'Pritchard's Variety', avec la même couleur lilas vif mais beaucoup plus compacte : seulement 25 à 45 cm de hauteur, formant un dôme de fleurs dans la plate-bande. Bien cultivée, 'Pouffe' peut être spectaculaire !

Je vous laisse vérifier la couleur de 'White Pouffe' dans votre dictionnaire bilingue. À part sa couleur, elle est identique à 'Pouffe'.

**ENCORE PLUS** La toute première campanule lactiflore décrite avait des fleurs blanches, d'où le qualificatif « lactiflora » (à fleurs laiteuses). Même si l'on a découvert plus tard que la couleur habituelle de la forme sauvage est le lilas, « lactiflora » lui est resté dans le nom botanique.

## CARLINE ACAULE

*Carlina acaulis* | Photo : HortiCom

> **Autre nom commun :** baromètre
> **Nom botanique :** *Carlina acaulis*
> **Famille :** Astéracées
> **Hauteur :** 15 cm
> **Largeur :** 30-60 cm
> **Exposition :** soleil
> **Sol :** bien drainé, plutôt pauvre
> **Floraison :** fin de l'été, automne
> **Zone de rusticité :** 3

**Bien curieuse plante que la carline acaule !** À peine quelques centimètres de hauteur et seulement une « fleur » par rosette, et pourtant, la fleur est gigantesque… et très originale.

**DESCRIPTION** La carline acaule est un chardon : ses feuilles rigides et très découpées sont nettement celles d'un chardon. Mais les chardons ne sont-ils pas des mauvaises herbes ? Pas tous… Vous trouverez d'ailleurs d'autres « chardons décoratifs » dans le chapitre sur les bisannuelles. Celui-ci est particulièrement attrayant… ou curieux. À vous de décider !

Il s'agit d'une plante très basse, seulement 15 cm de hauteur. Elle se compose d'une rosette de feuilles vert foncé, luisantes et très piquantes, coiffées d'une seule « fleur » (en fait, une inflorescence composée qui rappelle une fleur unique). L'inflorescence est posée directement sur la rosette, sans tige, d'où l'épithète « acaulis » (c'est-à-dire sans tige). Elle comporte un disque central crème devenant beige et des bractées blanc argenté à la texture intrigante. En effet, elles ont la même texture papyracée que celle des immortelles (*Bracteantha bracteata*, syn. *Helichrysum bracteatum*). L'effet d'ensemble est saisissant : on dirait une énorme fleur argent aux pétales verts découpés, mais sans feuilles ! La floraison dure un bon deux mois, à la fin de l'été et à l'automne.

# CARLINE ACAULE

La plante développe une rosette unique au début, puis une ou deux rosettes secondaires, jusqu'à former un jour ou l'autre un dôme élargi comprenant jusqu'à une dizaine de plantes de 1 m de largeur... mais cette évolution peut prendre une décennie ou plus.

L'inflorescence a une autre caractéristique surprenante : elle s'ouvre quand il fait beau et se referme à l'approche du mauvais temps. D'où le nom commun « baromètre ». Cet effet se poursuit même sur les fleurs séchées. Dans certaines régions de la France, on conserve l'inflorescence séchée dans la maison pour prédire le temps.

**CULTURE** Le côté « chardon » de cette plante ressort quand on la cultive, car, comme le chardon, elle aime le soleil et les sols pauvres et secs. Ainsi on peut la cultiver dans le sable, dans gravier ou la glaise. Elle tolère les sols alcalins et les sols légèrement acides. On peut quand même la cultiver dans un sol de jardin ordinaire ou même assez riche, mais pour une fois, évitez le compost ! Elle exige toutefois un drainage parfait.

Cette plante est difficile à déplacer à cause de sa longue racine en forme de carotte. Mieux vaut acheter de jeunes plants et les planter à demeure plutôt que d'essayer de transplanter une plante mature.

Déjà que je suis contre le « ménage automnal » des vivaces, mais couper au sol cette plante à feuillage persistant lui serait certainement fatal.

**MULTIPLICATION** Étant donné que la plante n'apprécie pas qu'on dérange ses racines, la division est hors de question. On la multiplie facilement par semences.

**UTILISATIONS** C'est un bon choix pour les rocailles et les murets. On peut aussi l'utiliser en bordure de plate-bande... mais pas trop en bordure. Car les feuilles sont piquantes ! Les fleurs attirent les papillons. Essayez l'inflorescence comme fleur séchée. Et si vous êtes courageux, vous pouvez récolter et faire cuire l'inflorescence lorsqu'elle est encore en bouton, car elle est comestible. On la mange à la manière d'un artichaut.

**ASSOCIATIONS** C'est le genre de plante à présenter plutôt à l'écart, entourée de roches peut-être. Ou encore donnez-lui comme voisines de succulentes rustiques basses, comme le delosperme des nuages (*Delosperma nubigena*) ou l'un des petits sédums (*Sedum* spp.), qui ne la cacheront pas à la vue.

**PROBLÈMES** Peu fréquents.

**AUTRES CARLINES** La carline à tige courte (*C. acaulis simplex*) rappelle la carline acaule, mais son inflorescence n'est *pas* acaule (sans tige) : elle est portée sur une courte tige. Contrairement à la carline acaule, cette sous-espèce tend à être bisannuelle ou seulement de courte vie. 20 cm x 30-60 cm. Zone 3.

*C. acaulis simplex* 'Bronze' est une version de la précédente à feuillage vert bronzé. C'est probablement la carline la plus facilement disponible sur le marché.

**ENCORE PLUS** C'est Charlemagne qui a prêté son nom à cette plante : *Carlina* dérive en effet de Carolus, ou Carolus Magnus, soit Charlemagne. Il avait eu une vision lui révélant que cette plante pouvait prévenir la peste. On ne l'utilise plus comme plante médicinale.

*Carlina acaulis* | Photo : HortiCom

LES VIVACES ••• 55

## CENTAURÉE À GROSSES FLEURS

*Centaurea macrocephala* | Photo : HortiCom

> **Autre nom commun** : centaurée à grosse tête
> **Nom botanique** : *Centaurea macrocephala*
> **Famille** : Astéracées
> **Hauteur** : 90 à 120 cm
> **Largeur** : 45 à 60 cm
> **Exposition** : soleil, mi-ombre
> **Sol** : bien drainé
> **Floraison** : milieu de l'été, automne
> **Zone de rusticité** : 3

Il y a plus de 500 espèces de centaurée (*Centaurea*), dont des vivaces, des bisannuelles et des annuelles. Plusieurs sont des mauvaises herbes. Malgré toutes les possibilités, je n'ai eu aucune difficulté à choisir un coup de cœur dans ce groupe : la centaurée à grosses fleurs s'est tout de suite imposée.

**DESCRIPTION** Si vous aimez des grosses plantes qui en mettent plein la vue, vous adorerez la centaurée à grosses fleurs. De 90 à 120 cm de hauteur, ce qui n'est tout de même pas petit, elle n'est pas la vivace la plus haute de la plate-bande, mais elle domine toujours lorsqu'elle est en fleurs. Au printemps, une rosette de grosses feuilles vert moyen couvertes de poils fins et ondulées produit bientôt des tiges feuillues épaisses et solides (*aucun* danger qu'elles ne cassent au vent) portant à leur sommet une seule mais énorme inflorescence. Avant même que la fleur s'épanouisse, déjà elle attire les regards grâce aux bractées dorées (oui, vraiment dorées : elles brillent au soleil comme de l'or en barre) qui recouvrent le bouton : on dirait un mini-ananas ! Les fleurons jaune vif très étroits, presque des poils, paraissent bientôt : ils sont massés au sommet de l'inflorescence, créant un effet de flambeau. L'inflorescence est de taille impressionnante aussi : parfois jusqu'à 10 cm de diamètre ! Les fleurs durent deux ou trois semaines, puis se retirent, mais les bractées sont toujours là, protégeant les graines à mesure qu'elles se forment. Au total, l'effet ornemental dure plus de huit semaines.

**CULTURE** La centaurée à grosses fleurs est une plante de plein soleil ou de mi-ombre qui tolère presque tous les sols bien drainés, même les sols secs, pauvres ou alcalins. C'est une de ces vivaces dont les tiges résistent aux neiges de l'hiver ; coupez-les au sol au printemps, tout simplement. Plantez-la à demeure, car elle n'apprécie pas les déplacements.

# CENTAURÉE À GROSSES FLEURS

Si l'on rabat la plante sévèrement après la première floraison, on peut parfois obtenir une deuxième floraison à l'automne, mais celle-ci est peu impressionnante. Je préfère laisser la plante vivre son cycle normal.

**MULTIPLICATION**   On multiplie la centaurée à grosses fleurs surtout par semences qui germent facilement sans traitement spécial. Elle fleurit alors la deuxième année après l'ensemencement. Vous pouvez également la diviser (si elle se divise au pied, ce qui n'est pas toujours le cas), mais ses racines résisteront à vos efforts.

**UTILISATIONS**   C'est une bonne plante pour la plate-bande ensoleillée et le pré fleuri. Les papillons visitent volontiers les fleurs, et par la suite, les oiseaux granivores, comme le chardonneret, les fréquentent à l'automne et à l'hiver à la recherche de leurs grosses graines. C'est une excellente fleur coupée fraîche ou séchée : les fleurs fraîches peuvent durer jusqu'à 10 jours en vase. Ce sont plutôt les boutons dorés qu'on récolte pour la fleur séchée.

**ASSOCIATIONS**   On entourera la centaurée à grosses fleurs de plantes de hauteur moyenne pour cacher sa dégénérescence en fin d'été : népétas (*Nepeta* spp.), marguerites (*Leucanthemum* spp.), gaillardes (*Gaillardia* spp.), etc.

**PROBLÈMES**   Peu fréquents. Elle a toutefois un petit défaut qu'il vaut mieux connaître : après la floraison, donc déjà au mois d'août, le feuillage commence à dégénérer à partir de la base. Il faut donc la planter en deuxième ou même troisième plan, où l'on ne verra pas sa base en fin d'été.

**AUTRE CENTAURÉE**   Je ne peux passer sous silence le « jumeau rose » de la centaurée à grandes feuilles, la centaurée élégante (vendue sous le nom de *Centaurea pulchra major*, mais récemment renommée *Stemmacantha centauriodes*). Elle est similaire par son port, ses inflorescences et sa culture, avec la différence que ses fleurons hirsutes sont roses. Tout à fait charmante, mais encore peu courante sur le marché. Une plante à rechercher ! 120 cm × 60 cm. Zone 4.

*Stemmacantha centauriodes* | Photo : HortiCom

LES VIVACES ••• 57

# CŒUR SAIGNANT DORÉ

*Dicentra spectabilis* 'Gold Heart' | Photo : HortiCom

> **Nom botanique** : *Dicentra spectabilis* 'Gold Heart'
> **Famille** : Fumariacées
> **Hauteur** : 60 à 90 cm
> **Largeur** : 90 cm
> **Exposition** : soleil à ombre
> **Sol** : riche, meuble, bien drainé
> **Floraison** : fin du printemps, début de l'été
> **Zone de rusticité** : 2

J'ai toujours adoré le cœur saignant remarquable (*Dicentra spectabilis*). Avec ses grandes feuilles découpées et ses tiges arquées portant des fleurs roses en forme de cœur, il est de toute beauté dans la plate-bande à la fin du printemps. C'est une vieille de la vieille, une plante connue de générations de jardiniers et dont l'apparence est nettement supérieure à celle de l'assez quelconque cœur saignant du Pacifique (*D. formosa*), pourtant très populaire actuellement, mais dont les fleurs sont d'un rose morne et même pas vraiment en forme de cœur. Chez le cœur saignant remarquable, la fleur est un véritable cœur rose bonbon, avec deux pétales extérieurs bouffis et arrondis au sommet comme il se doit, un cœur qui semble sortir tout droit d'une carte de la Saint-Valentin. La perfection faite fleur, je vous le jure !

Mais comment améliorer un chef-d'œuvre de la nature ? Je ne le croyais pas possible moi-même jusqu'à ce que je voie 'Gold Heart'.

## CŒUR SAIGNANT DORÉ

**DESCRIPTION** Le cœur saignant 'Gold Heart' est le portrait tout craché de l'espèce, mais avec un feuillage jaune lumineux plutôt que vert et des tiges rose orangé vif. Ces couleurs si radieuses mettent les fleurs cordiformes roses parfaitement en valeur : quelle combinaison superbe !

Évidemment, la floraison ne dure pas infiniment – trois semaines tout au plus –, mais le feuillage, qui devient peu à peu vert lime clair, continue d'éclairer le jardin même après le passage des fleurs. C'est une plante qui est particulièrement attrayante lorsqu'on la plante à l'ombre ou à la mi-ombre, ou devant des végétaux à feuillage foncé, car son feuillage phare éclaire les coins sombres.

'Gold Heart' partage toutefois un défaut important avec son ancêtre, le cœur saignant remarquable : il tend à entrer en dormance sous la chaleur et la sécheresse de l'été, perdant tout son beau feuillage. Notez que cette dormance estivale n'est pas inévitable : en zone 5, où les étés sont toujours chauds et humides, on peut difficilement l'éviter, mais là où les étés sont plus frais, soit dans le reste de la province, le feuillage peut persister jusqu'à l'automne. Il donne alors un dernier coup d'éclat, devenant d'un beau jaune clair avant de disparaître pour l'hiver. Chez moi, en zone 4b, le feuillage persiste jusqu'à la fin d'août au moins et jusqu'à la fin d'octobre la plupart des années. Comme je plains les jardiniers de zone 5 !

Le cœur saignant 'Gold Heart' est une plante très robuste, aux tiges solides qui résistent à tous les vents. Le feuillage est grossièrement découpé, rappelant un peu le panais, mais infiniment plus joli. Dans son ensemble, avec son amas de folioles, il donne l'impression d'un petit arbuste.

**CULTURE** Le cœur saignant doré est de culture extrêmement facile… mais un peu lent à démarrer. Il lui faudra quatre ou cinq ans, parfois plus, avant de vraiment remplir la place que vous lui avez désignée. Par contre, avec un feuillage tellement spectaculaire, même des jeunes plants de seulement deux ou trois feuilles sont déjà très attrayants.

'Gold Heart' est très polyvalent dans ses besoins, tolérant presque tous les sols et toutes les expositions, mais son feuillage peut devenir un peu délavé sous un soleil trop ardent. Il pousse très bien à l'ombre (ma plante ne voit jamais un rayon de soleil direct et est pourtant très heureuse), mais il pousse alors encore plus lentement. La mi-ombre est sans doute le milieu qui lui convient le mieux. La situation idéale est un sol humide et frais, riche en matières organiques et bien drainé, mais seul le dernier point est vital : les racines ne peuvent pas rester constamment dans l'eau.

*Dicentra spectabilis* 'Gold Heart'  |  Photo : HortiCom

Le cœur saignant remarquable est absolument permanent : il peut facilement rester 60 ans et plus à son emplacement et n'exige jamais de division. On peut présumer que 'Gold Heart' sera aussi durable.

LES VIVACES ••• 59

## CŒUR SAIGNANT DORÉ

Le cœur saignant 'Gold Heart' déteste les déplacements. Son régime ? Plantez-le et laissez-le pousser tout seul. Son feuillage fond au cœur de l'hiver, ne laissant vraiment rien à ramasser. Autant dire que c'est une plante parfaite pour le jardinier paresseux !

**MULTIPLICATION** On ne multiplie cette plante que par division des touffes ou par bouturage des racines. Autrement dit, il faut déranger une plante qui n'aime pas être dérangée si vous voulez la multiplier. Je suggère d'acheter d'autres plants, tout simplement. Si vous tenez à diviser votre cœur saignant (et c'est tout un travail, car les racines sont longues), sachez qu'on peut le faire au printemps ou à l'automne.

**UTILISATIONS** C'est un excellent choix pour les plates-bandes mixtes et le jardin de sous-bois. Pensez aussi à lui pour vos bouquets d'intérieur, car ses fleurs et son feuillage agrémentent joliment les vases. Enfin, il attire une faune intéressante : papillons, colibris, etc.

**ASSOCIATIONS** Plantez des végétaux à feuillage foncé à proximité pour faire ressortir sa coloration dorée : ifs (*Taxus* spp.), hellébores (*Helleborus* spp.), heuchères pourpres (*Heuchera* spp.), etc. Dans les régions où il entre en dormance estivale, prévoyez des plantes à feuillage évasé qui cacheront le trou laissé vide par son feuillage : hostas (*Hosta* spp.), fougères et graminées.

**PROBLÈMES** Il n'y en a vraiment pas. Peut-être des pucerons en de rares occasions.

**ENCORE PLUS** Quand j'étais petit, on s'amusait avec la fleur du cœur saignant qu'on appelait « femme nue dans une baignoire » (en fait, plutôt « naked lady in a bath », car je ne parlais pas encore français). Pour titiller les garçons de six ans donc, cueillez une fleur et tenez-la à l'envers. Tirez maintenant les deux pétales roses vers le bas : ils formeront une baignoire d'où émergera une jeune dame très blanche. Bof, il fallait avoir six ans pour l'apprécier !

Le cœur saignant normal (*Dicentra spectabilis*), à feuillage vert, est très bien aussi. | Photo : HortiCom

# CRAMBE MARITIME

*Crambe maritima* | Photo : HortiCom

Peu de vivaces peuvent se vanter d'être aussi attrayantes sans fleurs qu'en pleine floraison, aussi le crambe maritime est-il une exception. Même que c'est sans doute son feuillage que vous préférerez.

> - **Autre nom commun :** chou marin
> - **Nom botanique :** *Crambe maritima*
> - **Famille :** Crucifères
> - **Hauteur :** 70 cm
> - **Largeur :** 45 cm
> - **Exposition :** soleil
> - **Sol :** profond, sec, bien drainé
> - **Floraison :** début de l'été
> - **Zone de rusticité :** 4

**DESCRIPTION** Au printemps, les feuilles épaisses, cirées, irrégulièrement découpées, aux nervures saillantes et portées sur un pétiole enflé sortent et attirent immédiatement tous les regards par leur coloration, car elles sont d'un magnifique pourpre bleuté. À mesure que la saison avance, la couleur pâlit, devenant bleu-gris, mais elle conserve toujours son aspect ciré si original. Si la combinaison de feuillage épais, fortement nervuré et ciré vous paraît familière, vous aurez deviné que cette plante est un très proche parent du chou blanc de nos potagers. Le crambe forme une rosette ouverte et irrégulière, comme une masse tordue de lasagnes épaisses de couleur bleutée.

La tige florale très ramifiée, aussi bleu craie que le reste, se forme au début de l'été et crée un dôme ouvert au-dessus du plant. Pendant environ deux semaines, elle porte des fleurs blanches à quatre pétales divinement parfumées au miel. Plus tard, de petites boules bleu-vert (les capsules de graines) se forment sur les ramifications s'il y a eu pollinisation. L'effet serait enchanteur si davantage de ces « boules » étaient produites, mais habituellement elles sont peu nombreuses. Il serait drôlement intéressant d'avoir un cultivar plus fertile, car leur effet pourrait être magique.

# CRAMBE MARITIME

**CULTURE**   Dans la nature, le crambe maritime croît au plein soleil dans les galets en bordure de mer, habituellement dans des endroits où le sol est plus ou moins humide en tout temps, mais pas sec comme on pourrait l'imaginer. C'est néanmoins une plante du nord, habituée aux vents froids venant de la mer. La couche de cire qui recouvre les feuilles sert à repousser le sel.

Il n'est cependant pas nécessaire d'arroser votre plate-bande de Sifto et d'ouvrir des ventilateurs à « ouragan » pour réussir le crambe maritime. Il s'accommode de tout sol bien drainé, même pauvre. Sa longue racine pivotante fait en sorte qu'une plate-bande surélevée au sol profond est utile. Le plein soleil, ou à peine un peu d'ombre, est toutefois de rigueur. Il tolère bien la sécheresse.

**MULTIPLICATION**   Le crambe maritime produit des rhizomes souterrains qui donnent naissance à des plantules, parfois jusqu'à 2 m de la plante-mère. On peut alors les prélever et les replanter. Il n'est cependant pas envahissant dans la plate-bande, car les rejets sont peu nombreux et sont de toute façon vite étouffés par l'ombre des autres plantes de la plate-bande si on ne les prélève pas. On peut aussi prélever des sections de racines qui donneront de jeunes plants si on les enterre légèrement dans le sol. Les graines sont très dures et ont besoin d'être scarifiées (il faut pratiquer une brèche dans l'enveloppe) pour bien germer.

**UTILISATIONS**   Évidemment, un emplacement en bordure de mer sourirait au crambe maritime, mais aussi toute plate-bande ou rocaille bien drainée et ensoleillée. Essayez-la en rang en bordure : l'effet est enchanteur ! Ou sur un muret d'où le curieux feuillage ciré peut retomber un peu.

Les feuilles et les tiges du crambe maritime sont comestibles, comme le surnom « chou marin » le suggère. On les cueille au printemps et on les fait cuire dans l'eau salée. Leur goût serait semblable au chou. On peut aussi ajouter les fleurs aux salades. Ainsi le crambe maritime mériterait-il également une place dans le potager.

**ASSOCIATIONS**   Le crambe maritime se marie bien avec les fétuques bleues (*Festuca glauca* et autres), les échinacées (*Echinacea purpurea* et autres) et la sauge russe (*Perovskia atriplicifolia*).

**PROBLÈMES**   Le crambe maritime est peu vulnérable aux insectes et aux maladies, car ses feuilles épaisses et cirées sont difficiles à percer. Les limaces peuvent parfois percer des trous dans les jeunes feuilles.

**AUTRES CRAMBES**   Il existe plusieurs autres crambes, mais aucun ne ressemble vraiment au crambe maritime. Le plus connu est le crambe du Caucase (*Crambe cordifolia*), aux gigantesques feuilles vertes ondulées en forme de cœur, parfois lobées, qui produit au début de l'été de hautes tiges florales couvertes de petites fleurs blanches, comme un souffle de bébé (*Gypsophila paniculata*) géant. Il peut atteindre jusqu'à 2 m de hauteur en pleine floraison. Il fait un excellent rideau de végétation, laissant voir le reste du jardin comme à travers une voile blanche… et une voile suavement parfumée, de surcroît. Après la floraison, il retourne à un « modeste » 1,2 m x 1,2 m grâce à sa rosette de grosses feuilles vertes. Ses tiges florales sont peu solides et les jardiniers forcenés

*Crambe maritima* en pleine floraison | Photo : HortiCom

CRAMBE MARITIME

les supportent maladroitement à l'aide de tuteurs, ce qui leur donne l'effet d'une série de poteaux de tente restés debout après son démontage. Il est plus facile de laisser les tiges florales s'appuyer sur les plants environnants ou de les laisser pencher un peu, tout simplement : l'énorme nuage de fleurs n'a pas besoin d'être rigidement dressé pour être attrayant.

Comme son cousin maritime, le crambe du Caucase est comestible. Il est toutefois plus vulnérable aux insectes que le crambe maritime. Les chenilles qui s'attaquent aux choux de nos plates-bandes, comme la piéride du chou, raffolent aussi des feuilles du crambe du Caucase. Utilisez alors un paillis épais, qui va favoriser la présence des prédateurs des chenilles. Zone 4.

# ÉCHINACÉES

*Echinacea* 'Art's Pride' Orange Meadowbrite™ | Photo : HortiCom

Vous rappelez-vous qu'il n'y avait que deux couleurs chez l'échinacée, rose ou blanc ? Que l'inflorescence était nécessairement simple ? Que toutes les plantes mesuraient plus de 80 cm de hauteur ? Que le feuillage était toujours vert ? Qu'on l'appelait encore « rudbeckie pourpre » ? C'était hier ou presque, car ce n'est réellement qu'en 2004 que l'explosion dans la variété des échinacées a débuté. Depuis, il pleut

> Autre nom commun : rudbeckie pourpre
> Nom botanique : *Echinacea*
> Famille : Astéracées
> Hauteur : 40 à 120 cm
> Largeur : 60 cm
> Exposition : soleil, mi-ombre
> Sol : bien drainé
> Floraison : mi-été à mi-automne
> Zone de rusticité : 3

LES VIVACES

des jaunes, des orange, des quasi-rouges, des formes semi-doubles et doubles, des variétés naines et des feuillages panachés. Quelle révolution ! Et enfin, on a commencé à oser appeler les échinacées par leur nom, cessant de se référer à leurs cousines, les rudbeckies, pour les nommer. Avant 2004, il fallait que je les appelle « rudbeckies pourpres », sinon personne ne me comprenait. Subitement, tout le monde, même les novices en jardinage, ont su ce qu'était une échinacée. Pour moi, c'était le signe que les échinacées avaient enfin réussi à mériter une place à elles dans le firmament des étoiles du jardinage.

**DESCRIPTION** Derrière ses froufrous et ses teintes chaudes, l'échinacée n'a pas changé autant que ça. C'est une grande (disons, parfois une moyenne) vivace aux feuilles rugueuses et luisantes et aux tiges raides coiffées d'une inflorescence composée d'un disque piquant en forme de demi-lune et de rayons longs et colorés. Les « vraies fleurs », ou plutôt les fleurons, sortent, rang après rang, du disque central. Elles sont minuscules et peu voyantes. Les rayons, qui sont en fait des fleurons stériles, sont longs et colorés, passant pour des pétales. Après la longue floraison (chaque inflorescence peut durer huit semaines et même plus), il reste le disque hérissé, orange, jaune ou vert, selon le cultivar, qui a donné à l'échinacée son nom, car *Echinacea* vient du mot « echinos », qui signifie hérisson en grec.

L'espèce dominante derrière les échinacées hybrides modernes est l'échinacée pourpre, autrefois appelée rudbeckie pourpre (*Echinacea purpurea*), dont les rayons pendants n'ont jamais été pourpres mais au mieux rose pourpré. Elle a toutefois été mêlée avec des échinacées à rayons jaunes, comme *E. paradoxa*, à rayons étroits, comme *E. pallida*, et aux rayons plus dressés, comme *E. tennesseensis*, pour nous donner le superbe éventail de couleurs et de formes présentement sur le marché.

**VARIÉTÉS D'ÉCHINACÉES** Je ne prétends pas vous présenter *toutes* les échinacées sur le marché. Ce serait trop ambitieux, sans compter que de nouvelles variétés apparaissent chaque année. Faisons plutôt un survol rapide de ce qui est disponible.

*Echinacea purpurea* 'Magnus' | Photo : HortiCom

Détail à noter, la mode actuelle chez les échinacées est aux rayons horizontaux, et toute tendance que pourrait avoir une plante à présenter des rayons pendants est considérée comme un gros défaut par les « autorités ».

### ÉCHINACÉES CLASSIQUES

Il s'agit de la bonne vieille « rudbeckie pourpre » (*E. purpurea*), avec ses rayons roses simples, et il y en a des dizaines de variétés. Comme la plupart ont des rayons plutôt pendants, j'accorde la palme de la meilleure rudbeckie classique à *E. purpurea* 'Magnus' (80 cm), l'une des rares échinacées roses dont les rayons sont solidement horizontaux. Ce n'est pas une nouveauté – elle a été nommée « vivace de l'année 1998 » par la Perennial Plant Association, un prix décerné à une plante déjà sur le marché depuis plusieurs années –, mais elle demeure une bonne variété solide et performante qui n'a pas à avoir peur de la concurrence des nouvelles arrivées. Les vrais maniaques des échinacées considèrent les autres échinacées pourpres simples, comme E. purpurea 'Leuchtstern' (syn. 'Bright Star'), E. purpurea 'Rubinstern' (syn. 'Ruby Star') et E. purpurea 'Bravado' comme des has been.

## ÉCHINACÉES BLANCHES

J'aime bien E. purpurea 'White Lustre' en tant qu'échinacée à rayons blancs. Avec ses rayons plus horizontaux que ceux de la vieille variété E. purpurea 'White Swan', elle est plus attrayante, aussi robuste et florifère... et plus égale ('White Swan' était produite par semences, d'où une certaine variabilité). Mais 'White Lustre' est à mon avis déclassée par le cultivar E. purpurea 'Fragrant Angel', 1 m, qui, avec ses rayons horizontaux et son cœur jaune vert, rappelle 'White Lustre' tout en étant suavement parfumée.

Echinacea purpurea 'Fragrant Angel' | Photo : HortiCom

## ÉCHINACÉES NAINES

La toute première échinacée naine, et toujours la plus populaire, n'est pas si pire. E. purpurea 'Kim's Knee High' est apparue dans un champ d'E. purpurea, semée par la pépiniériste américaine Kim Hawkes. Comme son nom l'indique, elle atteint la hauteur des genoux, soit environ 45 à 60 cm, soit un peu plus que la moitié de la hauteur des formes standards. Les fleurs sont de taille moyenne pour une échinacée, avec un disque orangé et des rayons roses se recourbant vers le bas, forme typique de l'espèce. La plante fleurit abondamment et convient bien aux terrains plus petits.

E. purpurea 'Kim's Mophead' est une mutation à fleurs blanches de 'Kim's Knee High', et est aussi solide et florifère. C'est la meilleure échinacée blanche naine. 45 à 60 cm.

E. purpurea 'Little Giant' porte de grosses fleurs (de 10 à 12 cm de diamètre) sur la plante la plus compacte vue jusqu'à maintenant chez les échinacées : 40 cm. Les rayons sont roses et poussent plus ou moins à l'horizontale (d'accord, ils plient encore aux extrémités, mais si peu). Charmante !

Echinacea 'Kim's Knee High' | Photo : HortiCom

Echinacea purpurea 'Little Giant' | Photo : HortiCom

# ÉCHINACÉES

## ÉCHINACÉES SEMI-DOUBLES

Il arrive à l'occasion que l'échinacée pourpre (*E. purpurea*) produise quelques rayons supplémentaires au sommet de son disque. Des hybrideurs ont donc essayé de sélectionner une variété expressément pour cette caractéristique. Le premier résultat, *E. purpurea* 'Indiaca', produit par semences, n'était pas très réussi, car les plants étaient très inégaux. Certaines plantes portaient le deuxième étage si convoité, d'autres pas. Un hybrideur allemand, Eugen Schleipfer, a décidé de choisir les meilleurs plants produits par 'Indiaca' sur plusieurs générations, ce qui a donné une plante plus stable. Il a appelé cette nouveauté *E. purpurea* 'Doppelganger' (syn. 'Doubledecker'). Malgré tout, la première année, la plante produit rarement son étage supplémentaire de rayons. La deuxième année et par la suite, presque toutes les fleurs portent la « coiffe ». Il faut quand même comprendre que *toutes* les inflorescences de 'Doppelganger' sont simples au début : ce n'est que lorsque la floraison avance que les derniers fleurons du haut, normalement fertiles et minuscules, se convertissent en rayons stériles et allongés, donnant la coiffe tant désirée. Personnellement, je ne suis pas certain que j'aime cet effet dans le jardin, car il est encore très inégal : certaines fleurs ont une deuxième couronne complète de rayons de longueur égale, d'autres n'ont que quelques rayons supplémentaires, de longueur variable de surcroît. Cette irrégularité est en bonne partie due au fait que les producteurs continuent de produire cette lignée par semences. Pourtant, il serait si facile de trouver, parmi les lots des 'Doppelganger', une plante très fiable et de la multiplier désormais par division ou par culture *in vitro*.

*Echinacea purpurea* 'Doppelganger'  |  Photo : HortiCom

'Doppelganger' est une grande échinacée, à 1,2 m de hauteur, et ses tiges peuvent pencher si on ne la plante pas au plein soleil.

## ÉCHINACÉES DOUBLES

Probablement aucune échinacée n'a causé autant d'émoi qu'*E. purpurea* 'Razzmatazz'. Des photos de cette plante ont circulé avant même que la plante soit sur le marché et elles ont tellement attisé la convoitise des jardiniers du monde entier que le stock a vite manqué. Imaginez, toutes les compagnies l'avaient dans leurs catalogues et la photo a même paru à la une des meilleures revues de jardinage, mais au moment de livrer la marchandise, il n'y avait rien ! En raison d'une entente d'exclusivité, tout a été vendu à une seule pépinière américaine… et même-là, les 4000 plants offerts la première année n'étaient que des gouttes d'eau dans une mer de jardiniers assoiffés. Finalement, il a fallu plusieurs années avant que le stock soit suffisant pour que la plante soit disponible au Canada ; et encore, puisque 'Razzmatazz' demeure une plante rare, convoitée et coûteuse.

*Echinacea* 'Razzmatazz'  |  Photo : HortiCom

La fleur double de 'Razzmatazz' est composée de la rangée habituelle de rayons longs, mais son disque est couvert en outre de petits rayons roses à l'extrémité découpée, ce qui donne l'effet d'un pompon rose placé sur une collerette de la même couleur. La fleur est plutôt petite, mais elle est très attrayante et est parfumée. Elle ne produit pas de semences. 75 cm.

*E. purpurea* 'Pink Double Delight' est une autre échinacée double rose, mais ses fleurs sont plus grosses et le « pompon » plus large et plus aplati. La fleur est simple à l'épanouissement ; à mesure que les rangées de fleurons stériles montent, le disque passe peu à peu d'une apparence de fleur simple à semi-double, puis à double. C'est une plante compacte et solide, de 65 cm de hauteur. Comme toutes les échinacées doubles, elle est stérile et ne produit pas de graines.

*E. purpurea* 'Pink Sorbet' est similaire, mais de très grande taille : 120 cm.

*E. purpurea* 'Coconut Lime' est essentiellement une mutation blanche de 'Razzmatazz'. Les rayons inférieurs sont blancs, mais les petits fleurons stériles qui forment le pompon sont vert lime, ce qui en fait une plante vraiment unique. Vous l'aimez ou vous ne l'aimez pas. 75 cm.

## ÉCHINACÉES JAUNES

Il y a toujours eu des échinacées jaunes, car l'espèce *E. paradoxa* est de cette couleur, mais jusqu'à récemment, elles n'avaient jamais connu une grande popularité, ayant été enterrées par la vaste gamme des rudbeckies (*Rudbeckia*), une plante très similaire de la même couleur. Mais les modes changent et les jardiniers modernes semblent prêts à adopter cette « nouvelle teinte ».

Commençons par l'espèce jaune elle-même, *E. paradoxa* ou échinacée jaune. En fait, sur la plus grosse partie de son aire dans le Midwest américain, *E. paradoxa* produit des rayons roses à blancs comme toutes les échinacées sauvages, mais dans une petite partie de l'Oklahoma, les rayons sont jaunes. Croisée avec *E. purpurea* et d'autres échinacées à fleurs roses, elle a réussi à injecter non seulement du jaune chez les échinacées hybrides, mais aussi toutes les teintes d'orange et de pêche qui sont si populaires. Ses rayons sont très étroits et carrément pendants, une caractéristique qui va à contre-courant des tendances actuelles mais qui lui donne un effet original non négligeable. Son disque, presque rond, est brun foncé, ce qui rappelle une rudbeckie. Les feuilles vert foncé sont étroites, presque en ruban. On peut obtenir *E. paradoxa* par semences, mais elle tend alors à être plutôt bisannuelle. Il y a un cultivar spécialement sélectionné pour sa longévité, *E. paradoxa* 'Yellow Mellow', autrement identique à l'espèce. 70 cm.

*Echinacea* 'Pink Double Delight' | Photo : HortiCom

*Echinacea paradoxa* 'Yellow Mellow' | Photo : HortiCom

## ÉCHINACÉES

*Echinacea* 'CB Cone3' Mango Meadowbrite™ | Photo : HortiCom

*Echinacea* Big Sky™ 'Sunrise' | Photo : HortiCom

*E.* 'CB Cone 3' Mango Meadowbrite™ est une mutation de 'Art's Pride' (voir ci-dessus, parmi les échinacées orange). Lorsqu'ils sont produits *in vitro*, une certaine proportion des plants d'échinacée 'Art's Pride' ne sont pas orange mais jaunes, et ils gardent cette coloration en permanence. Ses hybrideurs ont vu dans ce jaune une couleur qui rappelle la chair de mangue, d'où le nom de cultivar. Les rayons sont légèrement pendants et assez minces. Les feuilles sont étroites. Le disque est orangé et parfumé. Hauteur : 75 cm.

*E.* Big Sky™ 'Sunrise' est une belle variété à grosses fleurs jaune citron et à disque vert devenant orangé à maturité. La fleur est parfumée, sentant la rose. Les plantes de cette série (Big Sky™) semblent avoir nettement hérité du côté *E. purpurea* dans le croisement, car leurs rayons sont larges et presque horizontaux, et les feuilles aussi sont larges, alors qu'*E. paradoxa* a des rayons minces et pendants et des feuilles étroites. 75-90 cm.

*E.* Big Sky™ 'Harvest Moon' est similaire à la précédente par ses grosses fleurs, son parfum à la rose et ses tiges solides, mais elle est de couleur jaune or avec un disque orange. Elle est aussi plus courte (60 à 75 cm).

*Echinacea* 'Matthew Saul' Big Sky™ 'Harvest Moon' | Photo : Darwin Plants

ÉCHINACÉES

*Echinacea* 'Art's Pride' Orange Meadowbrite™ | Photo : HortiCom

## ÉCHINACÉES ORANGE

Il faut d'abord mentionner *E.* 'Art's Pride', vendue sous le nom d'Orange Meadowbrite™, car c'est la première des échinacées hybrides, résultat d'un croisement entre une échinacée pourpre (*E. purpurea* 'Alba') et l'échinacée jaune (*E. paradoxa*). C'est une plante solide et très florifère, surtout à partir de la deuxième année. Les fleurs sont grosses et parfumées, avec des rayons étroits plutôt pendants orange cuivré et un disque brun. Les feuilles sont étroites et luisantes. 75 cm.

*Echinacea* Big Sky™ 'Sunset' | Photo : HortiCom

*E.* Big Sky™ 'Sunset', comme toutes les échinacées de la série Big Sky™, produit de grosses fleurs aux rayons larges et assez horizontaux, et sent la rose. Ses promoteurs décrivent la couleur des fleurs comme « orange électrique »; je vois plutôt un orange un peu rosé. Le disque bombé est brun. 60-75 cm.

*E.* 'Evan Saul', vendue sous le nom de commerce Big Sky™ Sundown™, est de couleur plus foncée que la précédente, d'un orange-roux, et est aussi plus haute (environ 80 à 105 cm), mais autrement elle est très semblable.

*Echinacea* 'Evan Saul' Big Sky™ Sundown™ | Photo : Darwin Plants

LES VIVACES

## ÉCHINACÉES

*Echinacea purpurea* 'Green Envy'
Photo : Pride of Place Plants

### ÉCHINACÉES VERTES

Il y a bien *E. purpurea* 'Jade' qu'on prétend à fleurs vertes, mais en fait le centre est vert et les rayons n'ont qu'une toute petite touche de vert. Je la considère plutôt comme une échinacée blanche. Par contre, *E.* 'Green Envy' serait vraiment verte, avec un disque vert foncé et des rayons vert lime prenant une teinte pourprée à la base avec le temps. Je n'ai jamais vu cette plante et ne peux commenter ni son apparence ni sa performance au jardin, mais à voir la photo dans les catalogues, je ne suis pas sûr de l'aimer. 75-90 cm.

### ÉCHINACÉES PANACHÉES

Je ne fait que mentionner les échinacées à feuillage bicolore en passant, car très honnêtement, leur panachure n'est pas très attrayante, même à mes yeux (normalement, j'*adore* les plantes panachées). Aussi, je trouve les plants faiblards et peu florifères… et même la panachure semble disparaître après quelques semaines. Les deux que je connais sont *E. purpurea* 'Prairie Frost', aux feuilles irrégulièrement marbrées de blanc, 45 cm de hauteur, et *E. purpurea*, 'Sparkler', dont les feuilles sont picotées de blanc, comme si des gouttes de peinture leur étaient tombées dessus, 65 cm de hauteur. Les deux ont des fleurs roses.

**CULTURE**  Les échinacées sont des plantes solides et faciles à cultiver. Tous les sols conviennent pour autant qu'ils soient bien drainés, même la glaise ou le sable. Dans la nature, la plante pousse souvent dans des sols très pauvres ; elle n'exige donc pas beaucoup d'engrais. Malgré ses origines à la dure, la plante s'accommode facilement des sols enrichis de nos jardins et, contrairement à certaines plantes habituées aux sols pauvres, ne s'étiole pas dans un sol riche.

Côté ensoleillement, le plein soleil convient le mieux, mais les échinacées tolèrent la mi-ombre. Là, par contre, les tiges florales peuvent plier si l'ombre est trop intense.

Les échinacées n'exigent que peu ou pas d'entretien une fois qu'elles sont solidement établies.

**MULTIPLICATION**  Par division ou par bouturage des racines pour les cultivars. Seules les espèces sont réellement fidèles au type par semences.

**UTILISATIONS**  Les échinacées sont des classiques des prés fleuris, mais elles conviennent très bien aussi aux plates-bandes plus ordonnées. On peut en faire des fleurs coupées fraîches (qui durent parfois 10 jours) ou encore attendre que les rayons tombent et sécher le disque pour des arrangements d'hiver. Elles attirent les papillons au jardin l'été et les bons jardiniers paresseux qui ne font pas le ménage à l'automne découvriront à leur grand plaisir que les oiseaux granivores viennent manger leurs graines l'hiver. Notez que les variétés doubles ne produisent pas de nectar ni de graines et n'attirent donc pas les papillons ou les oiseaux.

Enfin, les racines charnues des échinacées sont utilisées pour traiter toute une gamme de maladies, des maux de dents aux maux de gorge en passant par… les morsures de serpent à sonnette. Si d'aventure un tel reptile vous mord, je vous suggère plutôt de vous rendre rapidement aux urgences plutôt que d'essayer de déterrer des racines dans votre plate-bande !

**ASSOCIATIONS**  J'aime bien l'allure « prairie » qu'on obtient en combinant échinacées et rudbeckies (*Rudbeckia* spp.) avec des graminées ornementales. Même dans une plate-bande classique, la combinaison échinacée/rudbeckie est magique.

**PROBLÈMES**  Peu fréquents. Parfois quelques taches foliaires dans les emplacements protégés du vent ou mi-ombragés. Il paraît cependant que les scarabées japonais peuvent parfois les attaquer.

## ÉPHÉMÉRINE DORÉE

*Tradescantia* x *andersoniana* 'Sweet Kate' | Photo : HortiCom

**J'aurais dû déclasser cette plante,** car elle a un défaut si frappant qu'il paraît impardonnable : elle s'écrase subitement, en plein été, laissant s'effondrer mollement par terre feuilles et fleurs comme si elle avait pris une énorme cuite la veille. Mais comment ne pas tomber amoureux de ses fleurs pourpre riche qui semblent briller comme des saphirs contre un feuillage jaune brillant ? Et il y a des solutions vraiment faciles pour remédier à sa déchéance (voir *Problèmes*).

> - **Autre nom commun :** éphémère de Virginie doré
> - **Nom botanique :** *Tradescantia* x *andersoniana* 'Sweet Kate', syn. *T.* 'Blue and Gold', *T. virginiana* 'Sweet Kate'
> - **Famille :** Commélinacées
> - **Hauteur :** 50 cm
> - **Largeur :** 60 cm
> - **Exposition :** soleil, mi-ombre
> - **Sol :** humide, riche en matières organiques
> - **Floraison :** début à fin de l'été
> - **Zone de rusticité :** 4

**DESCRIPTION** Tôt au printemps, des feuilles orange v f sortent de terre. D'accord, cela ne dure que quelques jours, mais il faut admettre que des feuilles orange, c'est original ! Elles deviennent vite jaune clair vif, puis vert lime l'été, mais leur éclat demeure : quel beau feuillage ! Les feuilles sont longues et étroites, en forme de sabre, pincées ensemble à la base : on dirait une graminée. Cette illusion s'évanouit quand la première fleur pourpre riche fait son apparition : aucune graminée n'a jamais eu de fleurs aussi grosses et aussi saisissantes. Ce sont les fleurs à trois pétales qui révèlent la supercherie : cette plante appartient à la famille

## ÉPHÉMÉRINE DORÉE

des « misères », soit les si populaires plantes d'intérieur (*T. fluminensis* et autres), une famille surtout tropicale mais qui compte quelques membres rustiques.

Les fleurs de 2 cm de diamètre ne durent qu'une journée (d'où le nom éphémérine)… mais elles sont très nombreuses, et surtout elles se succèdent durant tout l'été.

La combinaison de couleurs est tout à fait saisissante : jaune et pourpre, un mariage fait au ciel ! N'est-ce pas qu'on pardonnerait n'importe quoi à une si jolie plante ?

**CULTURE**  L'éphémérine 'Sweet Kate' s'accommode des conditions normales de jardin, soit le plein soleil ou la mi-ombre, et un sol riche ou ordinaire, humide ou assez sec. Toutefois, pour obtenir la meilleure coloration possible du feuillage, préférez un emplacement au soleil, mais qui reste protégé des rayons les plus chauds de l'après-midi et qui est toujours un peu humide.

'Sweet Kate' s'élargit avec le temps et il peut être nécessaire de la diviser pour contrôler un peu sa croissance. Il est également possible de l'entourer de plantes solides qui l'empêcheront de prendre de l'expansion. On peut difficilement dire qu'elle est envahissante, disons qu'elle est juste un petit peu entreprenante, et seulement lorsqu'on lui en donne l'occasion.

**MULTIPLICATION**  Par division au printemps ou à l'automne. L'éphémérine 'Sweet Kate' n'est pas fidèle au type par semences. Elle donne des plantes à feuillage vert, sans la moindre trace de jaune.

**UTILISATIONS**  Avec une si belle combinaison de couleurs, on peut la mettre en vedette en avant-plan ou en contenant. Utilisez-la aussi en bordure de plate-bande ou dans un sous-bois ouvert où sa coloration si vive allumera tout le voisinage.

**ASSOCIATIONS**  Rien de mieux pour faire ressortir un feuillage jaune que la proximité de plantes à feuillage pourpre, comme les heuchères pourpres (*Heuchera* spp.) ou les cimicifuges pourpres (*Cimicifuga racemosa* 'Atropurpurea' et autres).

**PROBLÈMES**  Peu fréquents, sauf que… le feuillage de l'éphémérine 'Sweet Kate' s'écrase au milieu de l'été. La solution la plus facile consiste à l'entourer de plantes solides sur lesquelles elle pourra s'appuyer. C'est ce qu'elle fait dans la nature. Et c'est un poids plume : presque n'importe quelle plante voisine peut la soutenir. Ou encore plantez-la en avant-plan, en bordure du gazon… et quand elle s'écrase, passez la tondeuse sur elle en tondant la pelouse. Ainsi, vous la taillez sans dépenser aucune énergie supplémentaire. Curieusement, une taille sévère ne la dérange nullement ; même qu'elle repoussera rapidement et continuera de fleurir le reste de l'été.

**AUTRES ÉPHÉMÉRINES**  Les autres éphémérines sont jolies et fleurissent aussi tout l'été, mais elles n'ont pas ce feuillage exceptionnel qui leur ferait pardonner leurs défauts. Je les trouve très bien pour l'aménagement paysager, mais de là à leur accorder un coup de cœur !

*Tradescantia* x *andersoniana* 'Sweet Kate'
Photo : HortiCom

# EUPATOIRE MACULÉE 'ATROPURPUREA'

*Eupatorium maculatum* 'Atropurpureum' | Photo : HortiCom

L'eupatoire maculée (*E. maculatum*) pousse presque partout dans l'est de l'Amérique du Nord et partout au Québec jusqu'à la taïga. Dans le sud, on la remarque notamment dans les fossés… dans tous les fossés! Sa floraison rose, bien que jolie, passe souvent inaperçue juste parce que c'est une plante sauvage parmi tant d'autres; hélas, on ne prend pas toujours le temps de regarder nos propres plantes indigènes. En jardin, elle brille et mérite d'être plus souvent cultivée.

> **Nom botanique:** *Eupatorium maculatum* 'Atropurpureum'
> **Famille:** Astéracées
> **Hauteur:** 1,5 à 2 m
> **Largeur:** 1 à 1,5 m
> **Exposition:** soleil, mi-ombre
> **Sol:** humide
> **Floraison:** milieu de l'été, automne
> **Zone de rusticité:** 2

Mais le cultivar 'Atropurpureum' est encore plus spectaculaire. Cette sélection de l'espèce effectuée aux États-Unis fait fureur en Europe où elle figure dans tous les aménagements, permettant aux jardins européens de finir la saison en beauté.

**DESCRIPTION**   Avec sa grande taille, l'eupatoire maculée 'Atropurpureum' passe souvent pour un arbuste. Elle en a d'ailleurs l'allure: de hautes tiges rigides donnant un port évasé arrondi et des verticilles de quatre à cinq feuilles rugueuses, sans pétiole, placées également autour de la tige. Si l'espèce a la tige maculée de pourpre (d'où le nom *E. maculatum*), chez 'Atropurpureum' elle est entièrement pourpre, ainsi que les nervures des feuilles, ce qui lui donne une apparence foncée très élégante.

## EUPATOIRE MACULÉE 'ATROPURPUREA'

À la mi-été et durant une bonne partie de l'automne, des bouquets un peu aplatis allant jusqu'à 20 cm de diamètre et portant des centaines de petites fleurs rose pourpré apparaissent au sommet des tiges. Les boutons floraux sont déjà teintés de pourpre bien avant que les fleurs plumeuses s'ouvrent, ce qui fait que la plupart des gens ne remarquent même pas quand les fleurs s'épanouissent enfin, sinon que la plante commence alors à être fortement visitée par les papillons, attirés par son parfum doux et suave. Par la suite, les fleurs sèchent sur place, devenant beiges, et offrent un joli spectacle sur un fond de neige blanche.

**CULTURE** Dans la nature, les eupatoires poussent surtout (mais pas toujours) dans les lieux humides – fossés, marécages, bordure de tourbières, etc. –, ce qui nous porte à croire qu'il leur faut en culture un sol très humide, voire détrempé. Mais non, elles semblent pousser très vigoureusement dans tout sol de jardin moyennement humide. Évidemment, un bon paillis pour aider le sol à ne pas se dessécher complètement serait utile.

Le plein soleil est parfait, mais l'eupatoire se comporte bien à la mi-ombre aussi. Malgré la hauteur des tiges, aucun tuteurage n'est nécessaire. Si vous trouvez que vos plants plient un peu trop, placez-les davantage au soleil et leurs tiges seront plus solides la saison suivante.

Ces plantes semblent se balancer royalement des soins humains. On les plante, on les arrose la première année et on les laisse pousser, paillant occasionnellement. Elles demeurent en touffe et ne sont jamais envahissantes, et elles poussent si densément que les mauvaises herbes n'en veulent rien savoir.

**MULTIPLICATION** Les espèces et 'Atropurpureum' sont fidèles au type par semis et poussent d'ailleurs très rapidement. Pour les autres, il faut passer par la division. Faites-la au printemps ou à l'automne, après la floraison. Il faut une bêche tranchante, parfois une scie ou une hache, pour passer à travers la souche dense.

**UTILISATIONS** En cherchant une place pour l'eupatoire maculée 'Atropurpureum' dans votre aménagement, considérez-le comme un arbuste plutôt qu'une vivace, car il a un port d'arbuste et occupe autant d'espace. En raison de ses origines marécageuses, il est évident que cette plante convient très bien aux emplacements en bordure des ruisseaux et des plans d'eau, mais aussi à tout aménagement en sol humide. Elle est également superbe en pré fleuri… ou dans une plate-bande mixte. Ses fleurs sont très populaires auprès des papillons, et les oiseaux viennent manger les graines l'hiver… si vous n'avez pas coupé la plante au sol dans un accès de zèle.

*Eupatorium maculatum* 'Atropurpureum'
Photo : HortiCom

**ASSOCIATIONS** J'aime bien utiliser cette plante au fond d'une plate-bande avec d'autres grandes plantes d'automne comme le miscanthe de Chine (*Miscanthus sinensis*) et la vernonie de New York (*Vernonia noveboracensis*).

**PROBLÈMES** Peu fréquents en culture. Dans les fossés le long des routes où elle est si abondante, l'eupatoire maculée est souvent attaquée par des chenilles de papillons de nuit qui en percent les feuilles. En culture, nada, mais je ne sais pas pourquoi. Peut-être ses prédateurs exigent-ils le milieu d'un fossé pour prospérer ou encore faut-il une dense concentration de plantes pour les attirer ? Les cerfs peuvent la manger s'il n'y a rien d'autre d'intéressant dans les environs.

## EUPATOIRE MACULÉE 'ATROPURPUREA'

**ENCORE PLUS** Je vous ai menti lorsque je vous ai dit que les eupatoires maculées aux feuilles verticillées étaient des *Eupatorium*… mais c'est un pieux mensonge. Les taxonomistes viennent tout juste de créer un nouveau genre pour ces plantes afin de les distinguer de la majorité des autres espèces d'eupatoire, qui présentent des feuilles opposées. Ce nouveau genre s'appelle *Eupatoriadelphus*. Les taxonomistes ont toutefois maintenu les quatre espèces d'origine, qui sont devenues *Eupatoriadelphus dubium*, *Eupatoriadelphus fistulosum*, *Eupatoriadelphus maculatum* et *Eupatoriadelphus purpureum*.

Personnellement, j'avais espéré qu'on fonde les quatre espèces en une seule, car on ne peut les différencier du point du vue d'un jardinier. Cela nous laisse dans la confusion totale quant aux vrais noms de nos plantes. Tel cultivar est identifié comme une sélection d'*E. maculatum* par un marchand, d'*E. fistulosum* par un autre, d'*E. dubium* par un troisième et d'*E. purpureum* par un dernier. Je suggère surtout de retenir les noms des cultivars ('Gateway', 'Bartered Bride', etc.), car au moins ils restent inchangés peu importe l'espèce à laquelle on pourrait un jour les rattacher.

**AUTRES EUPATOIRES** Limitons-nous ici aux proches parents de l'eupatoire maculée, soit les espèces aux feuilles verticillées, car, au sens le plus large du mot *Eupatorium*, il y a plus de 600 espèces, beaucoup trop pour ces quelques pages !

*E. dubium* 'Little Joe' (syn. *E. maculatum* 'Little Joe') est la variété la plus naine du groupe, mesurant « seulement » 1 m de hauteur sur 80 cm de diamètre. Quand même, c'est suffisamment petit pour convenir aux jardins plus restreints. Ses fleurs sont rose lavande. Zone 3.

*Eupatorium dubia* 'Little John' | Photo : HortiCom

*E. maculatum*, soit la forme sauvage de l'eupatoire maculée, est disponible chez les spécialistes en plantes indigènes… et le long des routes partout dans la province. La forme trouvée au Québec est plus compacte que l'espèce en général, ne mesurant que 1 à 1,5 m. Ses fleurs sont roses sans trace de pourpre et les tiges sont seulement légèrement pourprées. Zone 2.

*Eupatorium maculatum* 'Bartered Bride' | Photo : HortiCom

*E. maculatum* 'Bartered Bride' (aussi vendue sous le nom de *E. fistulosum* 'Bartered Bride') est censée être une version à fleurs blanches du populaire 'Atropurpureum'. Je trouve plutôt que les fleurs paraissent gris malade !

*E. maculatum* 'Carin' (aussi vendue sous le nom de *E. purpureum* 'Carin') diffère des autres par son feuillage vert moyen, sans trace de pourpre, et ses fleurs lavande pâle. Seul, il est très beau. N'essayez pas de le combiner avec 'Atropurpureum', car il paraîtrait très fade. 1,5 à 2 m. Zone 3.

*E. maculatum* 'Gateway' (aussi vendue sous le nom de *E. purpureum* 'Gateway') est plus

LES VIVACES ••• 75

## EUPATOIRE MACULÉE 'ATROPURPUREA'

courte que la moyenne, seulement 1,2 à 1,5 m, mais c'est quand même une grande plante. Ses fleurs sont un peu plus rosées que celles de 'Atropurpureum'. Zone 3.

*E. maculatum* 'Joe White' (aussi vendue sous le nom de *E. purpureum* 'Joe White') est une nouveauté à fleurs blanc pur. Elle remplace facilement la si fade 'Bartered Bride'. 1,7 à 2 m. Zone 3.

*E. maculatum* 'Little Red' (aussi vendue sous le nom de *E. purpureum* 'Little Red') serait le plus compact de tous les cultivars de *E. maculatum*, n'atteignant que 1,2 m. Malgré le nom, les fleurs ne sont pas rouges, mais de la même teinte rose pourpré que 'Atropurpurea'. Zone 3.

*E. purpureum*, soit l'eupatoire pourpre, est souvent offerte en pépinière, mais je ne vois aucune différence avec *E. maculatum* 'Atropurpureum' et pense que c'est la même chose. Même s'il devait y avoir des différences, elles sont tellement mineures qu'il ne vaut pas la peine de se chamailler sur le sujet. Dans le jardin, l'effet de *E. purpurea* et celui de *E. maculatum* 'Atropurpureum' sont identiques. 1,5 à 2 m. Zone 2.

## EUPHORBE COUSSIN 'FIRST BLUSH'

*Euphorbia polychroma* 'First Blush' | Photo : HortiCom

- > **Autre nom commun :** Euphorbe polychrome 'First Blush'
- > **Nom botanique :** *Euphorbia polychroma* 'First Blush', syn. *E. epithymoides* 'First Blush'
- > **Famille :** Euphorbiacées
- > **Hauteur :** 30 cm
- > **Largeur :** 45 cm
- > **Exposition :** soleil, mi-ombre
- > **Sol :** sec, bien drainé
- > **Floraison :** fin du printemps
- > **Zone de rusticité :** 3

## EUPHORBE COUSSIN 'FIRST BLUSH'

Il faut faire attention avec les euphorbes. Plusieurs sont des envahisseurs agressifs, au moyen de rhizomes souterrains vagabonds ou de graines qui germent partout. D'autres encore ne sont pas rustiques. Mais il y a une euphorbe que j'ai toujours pu recommander à tout jardinier, l'euphorbe coussin (*E. polychroma*), qui reste fidèlement à sa place, année après année, et qui résiste aux pires froids. Or, j'ai maintenant trouvé mieux, ou du moins, plus beau : le cultivar 'First Blush'.

**DESCRIPTION** L'euphorbe coussin forme, comme son nom le dit, un coussin parfait, véritable monticule en dôme. 'First Blush' aussi, mais plutôt que de sortir vert au printemps, il apparaît panaché. En effet, les petites feuilles en forme de cuiller sont tricolores au début : le centre est vert pâle, les marges blanches et roses. La plante monte rapidement à sa pleine hauteur et se met aussitôt à fleurir. Et quelle floraison ! Tout le sommet de la plante change de couleur. Les feuilles supérieures (en fait, des bractées) deviennent jaune vert à marge jaune citron, alors que les petites fleurs sont jaune or. Tout cela pendant que les autres feuilles sont encore tricolores : quel smorgasborg de couleurs ! La floraison dure environ un mois, puis la plante entreprend sa coloration estivale : les feuilles et les bractées deviennent alors vert bleuté à marge blanche, ce qui crée un bel effet tout l'été. Enfin, à l'automne, la couleur rose diffuse encore le feuillage, le laissant tricolore pour finir l'année. À part le début du printemps, où la plante est encore en dormance, elle est donc toujours attrayante... Qui pourrait se plaindre d'une vivace belle à couper le souffle cinq mois par année ?

**CULTURE** L'euphorbe coussin 'First Blush' convient aux emplacements ensoleillés ou mi-ombrages, au soleil ou à la mi-ombre. Tout sol bien drainé convient et la plante est très résistante à la sécheresse. De plus, même si la plante arrive au maximum de sa modeste taille dès la deuxième année, elle ne bouge plus par la suite. Quarante ans plus tard, elle sera toujours à la même place sans avoir pris un centimètre de tour de taille : si seulement nous étions tous faits ainsi !

Dans les plates-bandes sarclées, où on laisse beaucoup de terre nue exposée, il arrive que 'First Blush' produise des semis spontanés... sans la panachure habituelle. Autrement dit, ce sont des réversions au type primitif *E. polychroma*. On ne peut toutefois pas dire que la plante est envahissante. Dans la plate-bande du jardinier paresseux, jonchée de végétaux et au sol bien paillé, vous ne verrez aucun semis spontané.

**MULTIPLICATION** On peut diviser la plante au printemps ou à l'automne. Les boutures de tige prises après la floraison (supprimez les fleurs fanées) prennent assez bien. Ce cultivar n'est pas fidèle au type par semences.

**UTILISATIONS** Avec sa petite taille et son port parfaitement symétrique, l'euphorbe coussin 'First Blush' fait une superbe plante de bordure. Elle convient aussi aux rocailles, aux murets et à l'avant-plan des plates-bandes, ainsi qu'à la culture en pot. Essayez de la planter entre les dalles d'une terrasse :

*Euphorbia polychroma* 'First Blush' | Photo : Plant Haven

## EUPHORBE COUSSIN 'FIRST BLUSH'

l'effet est magique. Si votre budget le permet (ou si vous prenez le temps de la multiplier), elle fait un excellent couvre-sol. Il faut toutefois la planter densément, car elle ne s'étend pas.

**ASSOCIATIONS** Essayez l'euphorbe coussin avec d'autres plantes basses, comme les sédums (*Sedum* spp.) et les œillets de Grenoble (*Dianthus gratianopolitanus*).

**PROBLÈMES** Il n'y en a pas. Mêmes les mulots et les cerfs ne veulent rien savoir de sa sève toxique.

**AUTRES EUPHORBES** Il y a littéralement des milliers d'*Euphorbia*, mais peu sont des plantes pour jardiniers paresseux. Il reste que l'espèce d'origine, l'euphorbe coussin tout court (*E. polychroma*) est une classique du jardin de vivaces. Elle est aussi beaucoup plus disponible que 'First Blush'. Son feuillage est d'un beau bleu vert, alors que ses bractées sont jaune vert lumineux. 30 cm. Zone 3.

Ou essayez *E. polychroma* 'Candy' ('Purpurea') : ses feuilles bleutées sont rehaussées de pourpre, ce qui fait ressortir le jaune lumineux des bractées. 30 cm. Zone 3.

**ENCORE PLUS** La sève de la plupart des euphorbes est irritante et légèrement à très toxique ; dans le cas de notre euphorbe coussin, c'est très légèrement. Portez donc des gants quand vous la manipulez ou lavez-vous les mains après. Faites attention que la sève blanche ne pénètre pas dans votre bouche ou dans vos yeux : elle provoque une désagréable sensation de brûlure.

*Euphorbia polychroma* 'First Blush' | Photo : HortiCom

# FRAXINELLE

- **Nom botanique :** *Dictamnus albus*
- **Famille :** Rutacées
- **Hauteur :** 60 à 90 cm
- **Largeur :** 90 cm
- **Exposition :** soleil, mi-ombre
- **Sol :** bien drainé, moyennement riche
- **Floraison :** début de l'été
- **Zone de rusticité :** 3

*Dictamnus albus purpureus* | Photo : HortiCom

**Cette superbe plante était de toutes les plates-bandes à l'époque de nos grands-parents,** mais elle peine à se faire une place dans nos jardins modernes. Que voulez-vous, dans ce monde de gratification instantanée, une vivace qui prend trois à quatre ans avant de fleurir et six à dix ans avant de se remplir complètement n'a plus la cote. Malgré tout, je considère que c'est l'une des meilleures vivaces pour le jardinier paresseux, car sa beauté est légendaire et son entretien, presque nul.

**DESCRIPTION** Pour comprendre de quoi cette plante a l'air, il est intéressant de se reporter à son nom commun, car « fraxinelle » veut dire petit frêne. Maintenant, regardez ses feuilles vert foncé, pennées… une parfaite imitation d'un frêne, n'est-ce pas ? D'ailleurs, comme le feuillage est visible plus longtemps que les fleurs, il est bon de savoir que la plante est belle même sans fleurs. Avec ses tiges rigides et robustes qui ne cèdent pas un centimètre sous le plus intense des vents et son beau feuillage vert foncé qui n'est jamais tacheté ou jauni, notre fraxinelle sans fleurs fait office de petit arbuste.

Ses fleurs sont toutefois remarquables. Des épis érigés produisent des fleurs de 2,5 cm de diamètre a cinq pétales. Elles sont blanches ou rose très pâle, mais les nervures pourpres donnent un effet de rose plus soutenu. Les fleurs sont particulièrement attrayantes lorsqu'on les regarde de près, car les nervures pourprées sur fond blanc sont très jolies. La fleur me fait beaucoup penser à une fleur de phalænopsis (*Phalaenopsis*), une orchidée populaire. Avec le temps, les tiges se multiplient et le spectacle est de plus en plus saisissant.

Après la floraison, ont peut toujours admirer les capsules de graines étoilées. Pourprées à noires, en forme d'étoile, elles se vendent à prix d'or pour les arrangements floraux. Dire que les jardiniers méticuleux, qui suppriment toute fleur à la fin de la floraison, manquent complètement ce spectacle !

## FRAXINELLE

Il reste le parfum à souligner. Les fleurs sont légèrement parfumées au citron, mais le feuillage est encore plus parfumé. Il suffit de le frotter pour libérer les effluves.

**CULTURE** Plantez la fraxinelle à demeure, car elle *déteste* les déplacements. Elle préfère un sol bien drainé, un peu humide et moyennement riche, et une place au soleil ou légèrement ombragée.

Trouver cette plante est compliqué. Les pépiniéristes ne tiennent pas à l'offrir, car il faut plusieurs années de culture pour produire une plante vendable; or, les clients ne sont pas toujours intéressés à payer plus cher pour ce qui leur paraît si malade en pot. Il n'y a pas moyen de contenir ses longues racines en forme de carotte dans un petit pot… et quand celles-ci sont à l'étroit, elle refuse de bouger. Il faut beaucoup de conviction pour acheter une fraxinelle en pépinière quand toutes les autres plantes des environs débordent de leur pot et que la fraxinelle ne montre qu'une ou deux feuilles malingres. Une fois sortie de son pot et mise en terre, par contre, la fraxinelle reprendra peu à peu sa croissance pour devenir, quelques années plus tard, une des grandes vedettes de votre plate-bande.

Au printemps, rabattez les tiges, qui sont presque ligneuses, au sol. Par ailleurs, une fraxinelle établie n'exige aucun soin.

*Dictamnus albus purpureus* | Photo : HortiCom

**MULTIPLICATION** Produire cette plante par semences, c'est l'enfer (elle peut mettre six ans avant de faire une première fleur) et les boutures de tige sont très difficiles à réussir. La division est possible, mais alors la plante-mère mettra plusieurs années à se remettre du choc. En trois mots, si vous voulez d'autres fraxinelles, achetez des plants!

**UTILISATIONS** La fraxinelle est intéressante en plate-bande ensoleillée, en rocaille et en massif. Elle fait une excellente haie de vivaces. Les fleurs coupées sont attrayantes et les capsules sont idéales pour les arrangements séchés.

Curieusement, on peut aussi en faire… une torche. Par une soirée de grosse chaleur sans vent, favorable à l'accumulation de l'huile volatile dégagée par les fleurs, approchez une allumette vers l'inflorescence et voilà qu'elle flambe, brièvement, en émettant des étincelles bleues! Cette mise à feu se fait à basse température, sans même endommager la fleur.

**ASSOCIATIONS** Essayez la fraxinelle avec d'autres plantes qui n'ont pas besoin de divisions fréquentes, comme les hémérocalles (*Hemerocallis* spp.) ou les campanules (*Campanula* spp.).

**PROBLÈMES** La fraxinelle n'a aucun ennemi connu, ni insecte, ni maladie, ni mammifère.

# FRAXINELLE

*Dictamnus albus purpureus* | Photo : HortiCom

Son huile volatile au citron, qu'on trouve si suave, repousse les prédateurs. Le vrai problème avec la fraxinelle ne réside pas dans sa culture, mais dans sa propriété allergène : certaines personnes sont allergiques à sa sève. L'huile dégagée par les feuilles peut provoquer des rougeurs ou même des cloques, mais seulement après exposition au soleil. D'où l'importance de porter des gants en manipulant la plante et de bien se laver après.

## AUTRES FRAXINELLES

La forme « normale » de l'espèce, *D. albus*, a des fleurs blanches. Elle est disponible, mais plus rarement que la forme à fleurs roses. À part les couleurs des fleurs, les deux sont identiques.

# FUCHSIA DE CALIFORNIE

- **Nom botanique** : *Zauschneria californica*, syn. *Epilobium canum*
- **Famille** : Onagracées
- **Hauteur** : 10 cm
- **Largeur** : 45 cm
- **Exposition** : soleil, mi-ombre
- **Sol** : très bien drainé, sec
- **Floraison** : fin de l'été et automne
- **Zone de rusticité** : 4

*Zauschneria californica* | Photo : HortiCom

Un fuchsia qui peut pousser en plein air toute l'année dans nos régions ? Eh bien, pas tout à fait. Le fuchsia de Californie n'est pas un vrai fuchsia, mais c'est quand même un proche parent. Et c'est vrai qu'il peut pousser dans nos régions. Quand on me l'avait dit, j'avais de forts doutes (le mot « Californie » ne me donnait pas très confiance), mais après 10 ans d'essais au cours desquels la plante a toujours eu un comportement exemplaire, je dois maintenant l'admettre : oui, cette plante si voyante peut pousser chez vous… et sans le moindre soin, de surcroît !

**DESCRIPTION** Le fuchsia de Californie est en fait un sous-abrisseau : il produit des tiges semi-ligneuses, mais meurt jusqu'au sol l'hiver pour renaître de ses racines au printemps. Les tiges ramifiées peuvent théoriquement s'arquer légèrement vers le haut, mais la plante se comporte comme une rampante chez moi, ne dépassant pas 10 cm de hauteur. Les feuilles sont petites et linéaires, sans pétiole. Elles sont souvent persistantes à la base de la plante, mais autrement tombent au cours de l'hiver.

Les fleurs tardent à venir, apparaissant à la toute fin de l'été et surtout à l'automne, mais elles durent presque huit semaines. Elles sont spectaculaires. Longues, tubulaires, s'ouvrant en cinq lobes, elles sont de couleur rouge orangé vif et attirent tous les regards. Elles sont produites en bouquets à l'extrémité des tiges et peuvent être si nombreuses qu'on voit à peine le feuillage du plant. On dit que la plante est un tétraploïde naturel et que c'est pour cette raison que sa floraison est si abondante. Peu importe le pourquoi, je suis preneur.

**CULTURE** On pense habituellement que la Californie est un vaste désert, ce qui est loin d'être le cas, car on y trouve de tout, des montagnes froides et enneigées aux marécages débordant de vie en passant par des forêts denses et verdoyantes, en plus des coins arides que nous voyons à la télé. Notre plante ne vient pas des régions arides, mais plutôt des montagnes. Il reste quand même que dans son milieu naturel, les pluies sont bien espacées. Ainsi cette plante tolère mieux la sécheresse que les excès d'eau. C'est d'ailleurs le facteur le plus important pour lui choisir un emplacement : le sol doit être très bien drainé. Ainsi, on devrait cultiver

*Zauschneria californica* | Photo : HortiCom

## FUCHSIA DE CALIFORNIE

davantage le fuchsia de Californie sur une butte, une pente ou un muret ou dans une plate-bande surélevée qu'au ras du sol. Et la terre utilisée doit être drainante : plutôt du sable ou du gravier que de la glaise ! Il n'y a pas à paniquer avec cette idée de drainage parfait (ma plante est située dans une plate-bande à peine surélevée à la terre riche en humus, et elle pousse très bien), mais sous un climat qui peut parfois être très pluvieux, c'est un détail à retenir. Côté lumière, le soleil brûlant de la Californie n'est pas obligatoire : le soleil ordinaire ou la mi-ombre conviennent parfaitement.

Comme il faut assurer que le sol ne reste pas toujours humide (soit la situation contraire à presque toutes les autres plantes rustiques), ne paillez pas cette plante avec des matières organiques habituelles, comme des feuilles déchiquetées ou des écales de cacao, mais plutôt avec des graviers ou des cailloux. Ainsi tout surplus d'eau sera bien évacué.

La résistance au froid de cette plante, pourtant indigène en Californie et au Mexique, est surprenante. Dans les livres de référence, on voit souvent la zone 7. Ce sont des amis d'Ottawa, en zone 5a, qui m'ont encouragé à l'essayer, et j'ai eu un succès énorme dans mes jardins en zone 4b. Maintenant je vois des pépiniéristes oser l'offrir comme plante de zone 4, ce qui me semble assez juste.

La plante n'apprécie pas les déplacements : plantez-la à demeure et laissez-la tranquille, à moins d'avoir une bonne raison de faire le contraire.

**MULTIPLICATION** Par bouturage au début de l'été ou par semences.

**UTILISATIONS** Avec sa croissance au ras du sol, le fuchsia de Californie est à son plus beau dans une situation où il est surélevé, comme dans une rocaille, dans une pente ou sur un muret. Il fait une excellente plante de bordure et de contenant. Enfin, il attire les colibris comme pas un ; ils viennent s'y nourrir du nectar abondant des fleurs juste avant de commencer leur grand périple vers le sud. Essayez-le pour voir.

**ASSOCIATIONS** On peut facilement combiner le fuchsia de Californie avec d'autres plantes basses, comme les plantes alpines et les plantes couvre-sol, par exemple les petits sédums (*Sedum* spp.) et la sagine (*Minuartia verna*, syn. *Sagina subulata* et *Arenaria verna*).

**PROBLÈMES** Peu fréquents. Pourriture dans les emplacements détrempés.

**AUTRES FUCHSIAS DE CALIFORNIE** À voir le faible choix de variétés que nous avons présentement au Canada, il est difficile de croire qu'il existe des dizaines de cultivars de cette plante dans des teintes aussi variées que le blanc, le rose, le saumon, l'orange et le rouge, avec feuillage vert ou argenté. Peut-être qu'une rusticité moindre expliquerait l'absence de ces variétés dans notre pays ? Je pense plutôt que, comme moi, les pépiniéristes d'ici ont de la difficulté à croire que cette plante puisse même être rustique, encore moins offrir des choix de couleur.

Voici toutefois deux variétés que vous pourriez peut-être trouver sur le marché… du moins si vous êtes prêt à les faire venir par la poste.

*Z. californica cana* : à feuilles plus petites que l'espèce et gris-vert. Fleurs rouge orangé. 10 cm x 45 cm.

*Z. californica garrettii* : à feuilles vertes. Fleurs comme la variété précédente. C'est la variété la plus disponible. 10 cm x 45 cm.

# GAILLARDE 'FANFARE'

*Gaillardia* 'Fanfare' | Photo : Plant Haven

> **Nom botanique** : *Gaillardia* 'Fanfare'
> **Famille** : Astéracées
> **Hauteur** : 40 cm
> **Largeur** : 60 cm
> **Exposition** : soleil, mi-ombre
> **Sol** : bien drainé
> **Floraison** : début été à automne
> **Zone de rusticité** : 3

Il y a plusieurs années, dans un lot de gaillardes que j'avais semées, une plante très différente des autres est apparue : au lieu d'avoir des rayons plats comme il se doit pour une gaillarde, ils étaient enroulés sur une bonne partie de leur longueur, puis ouverts à leur extrémité, comme une trompette. J'ai surveillé ma plante unique pendant quelques années en me disant qu'il vaudrait la peine de la multiplier pour la montrer aux autres et peut-être même la lancer sur le marché, car c'était une fort jolie plante. Mais comme je remets toujours les choses à plus tard et que les gaillardes ne sont pas éternelles à moins de les diviser régulièrement, un beau printemps il se trouva que ma plante n'était plus là… C'est ainsi que j'ai raté ma chance de devenir un hybrideur célèbre.

Richard Read, un pépiniériste anglais, ne l'a pas ratée, lui. Il a trouvé une gaillarde avec une fleur semblable et l'a bouturée sans tarder pour faire plus d'essais. Deux ans plus tard seulement, il la lançait sur le marché international où elle se vend très bien merci, et chaque plante vendue lui rapporte une petite

## GAILLARDE 'FANFARE'

commission. Il l'a appelée 'Fanfare' et elle est désormais la gaillarde la plus vendue de la planète.

Pour conclure l'histoire, je dois admettre que, même si ses fleurs sont identiques par leur forme à celles de ma plante, la gaillarde 'Fanfare' est plus jolie que ma gaillarde bizarre, car son port est plus compact et plus égal.

**DESCRIPTION** La gaillarde 'Fanfare' donne une plante compacte de seulement 45 cm de hauteur, formant une rosette basse de feuilles vert moyen avec des dents grossières, un peu comme un pissenlit un peu duveteux. Les gaillardes ne gagneront jamais de prix pour leur feuillage ; ce sont les fleurs qui comptent. Et dans ce cas-ci, quelles fleurs ! Sur des tiges relativement courtes est portée une inflorescence en forme de marguerite composée d'une auréole de rayons (fleurons stériles) autour d'un disque centre rougeâtre où les petits fleurons fertiles sont situés. Les rayons servent à attirer les pollinisateurs par leurs couleurs, tandis que les fleurons fertiles, avec leur nectar abondant, assurent la fécondation. Et nos yeux sont aussi attirés par l'effet de l'ensemble que les yeux des insectes.

'Fanfare' diffère de toute autre gaillarde par ses rayons en forme de trompette. Les rayons sont rouge orangé avec une pointe jaune, le disque est rouge vin. Comme les rayons sont plus minces que les rayons d'une gaillarde ordinaire et ne se touchent pas, l'inflorescence a une apparence plus aérée que la normale, une allure dentelée. L'effet est si original que même les non-initiés sont saisis.

Bon, une belle fleur, et puis après ? Eh bien après, il y a la durée de la floraison. Sur ce plan, toutes les gaillardes sont très intéressantes, car elles fleurissent principalement tout l'été et continuent même de fleurir à l'automne. Chez moi, 'Fanfare' finit dans le peloton de tête avec des fleurs de la mi-juin jusqu'en octobre.

**CULTURE** Il y a des jardiniers qui regardent les gaillardes avec dédain. Après tout, elles fleurissent tout l'été sans demander le moindre bichonnage. Où donc est le défi ? Le point de vue d'un jardinier paresseux est un peu différent. Une plante qui fleurit tout l'été… sans soins ? C'est en plein ce qu'il nous faut !

La gaillarde, donc, se plaît dans des conditions de jardin normales. Soleil (ou mi-ombre), bon drainage, pas trop de compétition de la part des autres plantes, il n'en faut pas plus pour réussir les gaillardes. Même la qualité du sol n'a que peu d'importance : vous ne verrez pas beaucoup de différences entre une gaillarde cultivée dans un sol riche et une autre dans un sol pauvre ou moyennement acide, ou encore alcalin. Enfin, elle tolère assez bien la sécheresse une fois établie.

Les gaillardes échouent à mon test habituel des « vivaces pour paresseux » à cause de leur faible longévité. Je préfère les vivaces qui vivent longtemps et qui n'ont jamais besoin de division. Or les gaillardes doivent être divisées de temps en temps, sinon elles meurent sans crier gare. Tout était beau à l'automne, vous les pensiez bien endormies sous une bonne couche de neige, mais au

*Gaillardia* 'Fanfare' | Photo : Plant Haven

LES VIVACES 85

## GAILLARDE 'FANFARE'

printemps, plus rien! Et c'est normal: la vaste majorité des gaillardes « vivaces » vendues en pépinière sont de l'espèce *G.* x *grandiflora*, une espèce hybride issue de croisements entre *G. aristata*, une vraie vivace, et *G. pulchella*, une espèce annuelle. Avec un bagage génétique moitié vivace, moitié annuelle, est-il surprenant qu'elles crèvent après quelques années?

Sachant que la durée de vie sans intervention des *Gaillardia* x *grandiflora* est d'environ quatre à cinq ans, il est sage de les diviser aux trois ans, en gardant les jeunes sections et en compostant le cœur noueux.

*Gaillardia* 'Fanfare' | Photo: Plant Haven

Pour compenser l'idée que je doive me remuer le popotin aux trois ans (ce qui me déplaît royalement) pour diviser mes gaillardes, j'en suis venu à les considérer comme des annuelles qui repoussent. Ça, j'aime! Et s'il faut faire un tout petit peu d'effort pour garder une annuelle en vie plus d'un an, j'arrive à trouver l'énergie de le faire.

Soit dit en passant, *G.* 'Fanfare' était sur le marché depuis seulement deux années au moment où j'ai écrit ce texte et son obtenteur n'a rien révélé de ses origines. Il l'a vendue comme *Gaillardia* 'Fanfare' sans autres explications. Est-ce un *G.* x *grandiflora*, donc sujet à mourir après quelques années? Ou est-il dérivé d'une espèce plus vivace? Nous verrons bien avec le temps… mais je vous suggère de le diviser aux trois ans, au cas où!

Curieusement, à son lancement, on avait accordé une cote zonière 5 à 'Fanfare'. Il faut croire que les vendeurs ont préféré pécher par excès de prudence, car il est certain que, dans son Angleterre d'origine, on ne pouvait vérifier la vraie rusticité de la plante. Deux ans après son lancement, j'ai reçu des témoignages qui indiquent que 'Fanfare' est bien plus rustique que la zone 5; elle pousse d'ailleurs à merveille chez moi depuis deux ans. Je pense donc qu'on peut lui attribuer une zone 3, soit la zone de rusticité habituelle des gaillardes vivaces, sans la moindre crainte.

**MULTIPLICATION**  Par division ou par bouturage des tiges.

**UTILISATIONS**  Avec sa taille limitée, c'est un bon sujet pour une rocaille ou l'avant-plan d'une plate-bande. Ou encore la culture en pot. Malgré sa hauteur limitée, la tige florale est assez longue pour qu'elle fasse une bonne fleur coupée, fraîche ou séchée. Enfin elle attire les papillons, et, à l'automne, les oiseaux granivores viennent s'empiffrer de ses semences.

**ASSOCIATIONS**  Plantez la gaillarde 'Fanfare' avec d'autres vivaces basses, comme l'œillet 'Feuerhexe (*Dianthus* 'Feuerhexe'), la campanule des Carpates (*Campanula capartica*) ou divers sédums (*Sedum* spp.).

**PROBLÈMES**  Les insectes, les limaces et les mammifères (certs, mulots, etc.) semblent peu intéressés par les gaillardes. Seule exception, les pucerons, qui infestent parfois les plantes. En soi, cela ne serait pas si grave car on peut facilement les éliminer avec un jet d'eau, mais les pucerons transmettent parfois une maladie appelée phyllodie dont le symptôme est des plus originaux: au lieu de produire des fleurs colorées, la plante ne donne plus que des fleurs vertes sans rayons. Une fois la plante infestée, il n'y a rien à faire: il faut l'arracher et la détruire.

## GAILLARDE 'FANFARE'

**AUTRES GAILLARDES**  Il y a beaucoup d'autres gaillardes : des hautes et des basses, des jaunes, des rouges, des rouges et jaunes, et même des oranges (*G.* 'Summer's Kiss' était même censée avoir des fleurs abricot). Mais je ne ferai pas d'autres recommandations. Pourquoi ? D'abord 'Fanfare' est si originale qu'elle méritait bien une fiche à part. Par ailleurs, j'ai souvent été déçu des résultats avec les gaillardes modernes. *G. aristata* 'Arizona Sun' et *G. aristata* 'Oranges and Lemons', par exemple, ne se sont pas avérées assez rustiques pour notre climat, les prétentions de *G.* 'Summer's Kiss' de produire des fleurs abricot ont été vaines (les fleurs sont orange, pâlissant vers quelque chose comme « orange pâle », mais elles sont réellement peu impressionnantes). Il y a toutefois une foule de gaillardes plus anciennes qui sont solides ('Baby Cole', 'Burgunder' ('Burgundy'), 'Kobold' ('Goblin'), 'Tokajer', etc.) ; toute pépinière en vend. Si les gaillardes vous intéressent, essayez-les !

## GALANE OBLIQUE

*Chelone obliqua* | Photo : HortiCom

Quand je pense à une plante solide pour un coin ombragé, c'est toujours la galane qui me vient à l'esprit. Elle tient toujours si solidement debout, jamais penchée, jamais brisée, même quand la lumière est très faible ou le vent très fort. Si seulement toutes les plantes se comportaient ainsi !

**DESCRIPTION**  La galane oblique est une plante indigène au Québec et d'ailleurs presque partout dans l'est de l'Amérique du Nord. Elle forme des touffes denses de tiges dressées,

> Autre nom commun : chélone oblique
> Nom botanique : *Chelone obliqua*
> Famille : Scrofulariacées
> Hauteur : 60-90 cm
> Largeur : 60 cm
> Exposition : soleil, mi-ombre, ombre
> Sol : riche, très humide
> Floraison : fin de l'été à l'automne
> Zone de rusticité : 3

LES VIVACES

## GALANE OBLIQUE

sans ramification, portant de grandes feuilles lancéolées légèrement dentées et vert très foncé. Les pétioles sont très courts, une caractéristique importante pour son identification. Les feuilles sont opposées (en paires) avec la paire immédiatement inférieure placée à 90 degrés, ce qui donne un effet de croix quand on regarde la plante du dessus.

À la toute fin de l'été ou à l'automne, des fleurs roses tubulaires ovales se forment sur un court épi au sommet de chaque tige. Elles sont curieusement assemblées, avec une ouverture en forme de bec. Les Acadiens trouvaient que la fleur ressemblait à une tête de tortue, d'où son nom botanique, car *Chelone* signifie tortue en grec. Par contre, mes recherches ne m'ont pas permis de déterminer l'origine du nom galane.

**CULTURE** Le facteur le plus important dans la culture des galanes est l'approvisionnement constant en eau. Quand le sol est humide, les galanes sont très heureuses ; quand l'eau manque sérieusement, ça ne va pas, surtout si c'est une disette permanente. Elles peuvent même pousser dans les sols mal drainés, par exemple un marécage ou un lieu où les flaques d'eau persistent après une pluie. Ce n'est pas qu'elles ne peuvent pas pousser dans un sol de jardin ordinaire, mais… mettez-y du paillis pour maintenir une humidité plus constante et soyez prêt à arroser au besoin.

La plupart de nos sols de jardin sont très riches parce qu'on y dépose régulièrement du compost et d'autres matières organiques. Du point de vue d'une galane, c'est tant mieux, car elle adore les sols riches en humus ; elle poussera correctement, mais avec moins d'enthousiasme, dans les sols ordinaires. C'est le genre de plante qui apprécie grandement un ajout régulier de compost.

*Chelone obliqua* | Photo : HortiCom

Côté ensoleillement, tout va. Oui, cette plante pousse aussi bien au soleil qu'à l'ombre. Dans la nature, on la trouve habituellement à la mi-ombre. Évidemment, un soleil ardent qui assèche le sol ne convient pas, mais dans un coin humide, le plein soleil, c'est parfait. L'ombre sèche sous un arbre à racines superficielles ne convient pas non plus, mais l'ombre d'un édifice ou d'un arbre à racines profondes, oui.

Les galanes poussent lentement mais sûrement. La touffe grossira peu à peu et, après une dizaine d'années, il pourrait être nécessaire de la diviser pour réprimer son élan.

**MULTIPLICATION** Pour une multiplication rapide et facile, prenez des boutures de tige. On peut aussi diviser la plante, au printemps de préférence, mais aussi à l'automne ; vous perdrez toutefois les fleurs pour une saison si vous la divisez à l'automne, car il faut les supprimer avant de diviser la plante. Elle est fidèle au type par semences.

**UTILISATIONS** C'est une plante idéale pour les jardins de sous-bois humides et les emplacements près des jardins d'eau et des ruisseaux. Aussi pour les plates-bandes de fleurs et les prés fleuris. Enfin, on peut l'utiliser comme fleur coupée.

**ASSOCIATIONS** Pour un peu de couleur en attendant que la galane produise ses fleurs plutôt automnales, pensez aux pulmonaires (*Pulmonaria* spp.), aux astilbes (*Astilbe* spp.) et aux cœurs saignants (*D. formosa* et *D. eximia*).

## GALANE OBLIQUE

**PROBLÈMES** Peu fréquents. Habituellement les mammifères (mulots, cerfs, etc.) n'y prêtent aucune attention. Il y a toutefois un joli papillon, le baltimore (*Euphrydras phaeton*), dont les chenilles percent son feuillage. Le papillon est si rare et si joli que je suggère de laisser faire sa larve.

**AUTRES GALANES** Ma galane préférée demeure la galane oblique (*Chelone obliqua*), décrite ci-dessus, mais vous trouverez d'autres galanes d'intérêt, dont les suivantes :

Galane glabre (*C. glabra*) : autre espèce indigène, cette fois dans les marécages ombragés jusqu'à la baie James. Sa croissance est moins dense que la galane oblique et elle forme des touffes plus ouvertes. Elle court un petit peu et peut, avec le temps, former une bonne colonie, mais on ne peut guère la traiter d'envahissante. Les fleurs sont blanches ou blanc légèrement rosé. Les feuilles étroites sont sessiles, c'est-à-dire sans pétiole, donc fixées directement à la tige. La floraison a lieu à la toute fin de l'été et à l'automne. C'est le plus rustique des galanes, jusqu'à la zone 2 ou même 1. C'est aussi la galane la plus vulnérable aux chenilles. 60 à 90 cm.

*Chelone glabra* | Photo : HortiCom

Galane de Lyon (*C. lyonii*) : originaire de régions plus au sud que les autres, du Kentucky à l'Alabama, la galane de Lyon est cependant aussi rustique que la galane oblique. Ses fleurs sont roses, d'ailleurs de la même teinte de rose que la galane oblique, mais elle s'en distingue facilement par ses pétioles plus longs (on se rappelle que les pétioles de la galane oblique sont très courts et que la galane glabre est sans pétioles), ce qui lui confère une apparence plus ouverte et aérée que les autres galanes. C'est aussi la galane la mieux adaptée aux sols secs. 60-90 cm. Zone 3.

Il y a peu de cultivars parmi les galanes. L'exception est la très jolie *C. lyonii* 'Hot Lips', d'un rose plus soutenu que l'espèce et aux pétioles rougeâtres. 60-90 cm. Zone 3.

**ENCORE PLUS** Saviez-vous que Chélone était une nymphe dans la mythologie grecque ? Elle insulta les dieux en n'assistant pas au mariage de Zeus avec Héra et fut changée en tortue.

*Chelone lyonii* | Photo : HortiCom

# GÉRANIUM D'ARMÉNIE

*Geranium psilostemon* | Photo : HortiCom

> **Nom botanique :** *Geranium psilostemon*, syn. *G. armenum*
>
> **Famille :** Géraniacées
>
> **Hauteur :** 90 à 150 m
>
> **Largeur :** 100 cm
>
> **Exposition :** soleil, mi-ombre
>
> **Sol :** bien drainé
>
> **Floraison :** fin du printemps à fin de l'automne
>
> **Zone de rusticité :** 4b

**Il ne m'était jamais venu à l'esprit de cultiver le géranium d'Arménie.** On le disait peu rustique (zone 6 ou 7) et d'allure un peu « sauvage ». De toute façon, ce n'est pas comme s'il manquait de géraniums à essayer ; il y en a plus de 250 espèces et 500 cultivars, de quoi meubler une dizaine de terrains ! Un jour, cependant, j'ai remarqué un géranium inconnu dans une de mes plates-bandes, une grosse plante aux fleurs magenta nombreuses. Mais qu'est-ce que c'était ? Il ne répondait à aucune des descriptions des géraniums, actuels ou passés, que j'avais cultivés. Pendant un temps, je l'ai appelé tout simplement « le géranium géant à fleurs magenta ». C'est lors d'un voyage en Écosse que j'ai vu une plante identique... avec une étiquette d'identification. Mon géant était le *Geranium psilostemon*, aujourd'hui un de mes préférés. D'où était-il venu ? Sans doute via une graine accidentellement transportée d'un autre jardin. Il n'est pas rare que des plantes « jouent les passagers clandestins » dans les pots des autres.

## GÉRANIUM D'ARMÉNIE

**DESCRIPTION**  Le géranium d'Arménie est un géant parmi les géraniums vivaces*: il est probablement le plus haut de tous. Dans le nord, il atteint jusqu'à 1,5 m; dans les régions aux étés chauds, il est plus modeste: moins de 1 m. Il produit une rosette basale aux feuilles cordiformes assez grosses (15 à 20 cm de diamètre) et fortement lobées. Mais vous ne verrez pas le feuillage à sa base très longtemps. Rapidement il produit une foule de tiges minces légèrement entremêlées et couvertes à intervalles réguliers de petites feuilles découpées un peu en forme de feuille d'érable et c'innombrables fleurs magenta vif avec un cœur noir contrastant. En climat froid, les fleurs se succèdent tout au long de la saison, de la fin du printemps jusqu'aux gels. Chez moi, c'est l'une des vivaces à la floraison la plus longue: plus de cinq mois. La floraison, curieusement, peut ne durer que deux semaines dans les régions aux étés chauds.

La plante forme un énorme monticule assez amorphe: sans s'écraser au sol, elle n'a pas nécessairement beaucoup de tonus. S'il n'y a pas de pluies torrentielles, elle se tient assez bien, mais après une bonne séance de grêle, votre plante de 1 m pourrait ne plus mesurer que 60 cm. Mais elle repousse. Attendez-vous donc à une masse qui gonfle et dégonfle, puis regonfle à l'occasion comme de la pâte à pain. Les mordus du tuteurage seront au désespoir: comment soutenir un tel fouillis? Et quand on insère des tuteurs çà et là, la plante ressemble à une tente qu'on démonte. C'est pourquoi je préfère laisser le géranium d'Arménie pousser au naturel. Si vous tenez à le voir à sa hauteur maximale, plantez-le parmi des arbustes qui pourront le soutenir à mi-hauteur.

À l'automne, la floraison continue même quand la plante commence à changer de couleur, car ses feuilles rougissent avec l'arrivée des nuits fraîches.

**CULTURE**  Le géranium d'Arménie s'adapte bien aux conditions générales de nos aménagements. Il pousse mieux à la mi-ombre dans les régions aux étés chauds, au plein soleil dans les régions aux étés frais. Quant au sol, toute terre bien drainée est parfaite. Dans les sols très riches, ses tiges sont un peu trop lâches; il préfère une terre de jardin ordinaire. Une bonne humidité en tout temps aide à maintenir une floraison abondante.

**MULTIPLICATION**  On peut multiplier ce géranium par division ou par bouturage des tiges. L'espèce se multiplie fidèlement par semences et se ressème un peu, peut-être trop dans certains emplacements. Un paillis épais ralentira son ardeur. Les hybrides (voir plus loin) sont stériles et ne donnent pas de semis spontanés.

**UTILISATIONS**  Ce grand géranium convient bien aux plates-bandes mixtes et aux jardins de sous-bois ouvert.

**ASSOCIATIONS**  La couleur magenta vif du géranium d'Arménie et de ses hybrides est parfois regardée avec horreur par les fidèles du cercle chromatique pour les aménagements,

*Geranium psilostemon* | Photo: HortiCom

car ils prétendent qu'une couleur aussi criarde jure avec toutes les autres. Au contraire, je trouve que cette «dissonance» donne de la vie à l'aménagement. Le géranium d'Arménie est très joli avec des plantes rigidement dressées, comme le calamagrostide 'Karl Foerster' (*Calamagrostis* x *acutiflorus* 'Karl Foerster'), le nerprun à feuilles de capillaire (*Rhamnus frangula* 'Ron Williams' Fine Line™) et les iris de Sibérie (*Iris sibirica*), qui contrastent si joliment avec sa silhouette arrondie.

---

\* Pour connaître la différence entre un géranium vivace et un géranium des jardins ou pélargonium, voir Encore plus à *la fin de cette fiche.*

## GÉRANIUM D'ARMÉNIE

**PROBLÈMES** Peu fréquents.

**AUTRES GÉRANIUMS D'ARMÉNIE** Les cultivars et hybrides du géranium d'Arménie ont habituellement hérité de la floraison sans arrêt et de la coloration magenta à œil noir qui caractérisent l'espèce. Ils sont tous fort intéressants… même si mon coup de cœur actuel va à *G. psilostemon* lui-même. Les cinq cultivars suivants sont stériles et ne produisent pas de graines.

*G.* 'Anne Folkard' (*G. procurrens* x *G. psilostemon*) est le plus célèbre des hybrides de *G. psilostemon*. Sans être tout à fait rampantes, ses longues tiges s'étalent un peu dans tous les sens, se mêlant aux végétaux environnants : un effet charmant dans une plate-bande à l'anglaise, moins désirable dans une plate-bande plus classique. Les feuilles ont beaucoup d'éclat, jaunes au printemps et vert lime l'été. Les fleurs ont la même couleur que celles de son parent, soit magenta à cœur noir, et la floraison est aussi durable. Ce cultivar exige une bonne protection de neige pour survivre en zone 4, mais il est rustique en zone 5. 45 cm x 45 à 70 cm. Zone 5.

*G.* 'Anne Thompson' (*G. procurrens* x *G. psilostemon*) est le frère de 'Ann Folkard' et se présente dans les mêmes couleurs (feuillage jaune, fleurs magenta), mais son port est plus dressé. 60 cm x 60 cm. Zone 5 (zone 4 sous couvert de neige).

*G.* 'Bressingham Flair' (*G. endressii* x *G. psilostemon*) passe pour une variété plus compacte du géranium d'Arménie et aussi florifère (certains diront encore plus florifère, mais est-ce possible ?), avec des fleurs un peu plus pâles et un peu plus petites. 60 cm x 40 cm. Zone 4b.

*Geranium* 'Dragon Heart' | Photo : HortiCom

*G.* 'Dragon Heart' (*G. procurrens* x *G. psilostemon*) : autre frérot de 'Ann Folkard'. Ses fleurs, de la même couleur magenta vif que les autres, sont presque deux fois plus grosses, assurant une excellente couverture. L'effet d'un tapis doré fortement maculé de magenta est *très* réussi. 60 cm x 50 cm.

*G.* 'Patricia' (*G. endressii* x *G. psilostemon*) produit des fleurs de la même couleur magenta à œil noir que les autres hybrides de *G. psilostemon*, mais elles sont beaucoup plus grosses. Les grosses feuilles vert foncé mesurent 25 cm de diamètre et la plante croît avec beaucoup de vigueur. Zone 4b. 60-75 cm x 80 cm.

*Geranium* 'Patricia' | Photo : HortiCom

### ENCORE PLUS

JARDINAGE 101 : COMMENT DISTINGUER UN PÉLARGONIUM D'UN GÉRANIUM

Le pélargonium (*Pelargonium* spp., parfois appelé géranium des jardins) ne survit pas à l'extérieur l'hiver. On le cultive comme annuelle ou plante d'intérieur. Il a habituellement d'épaisses tiges plutôt ligneuses. Le plus connu est le pélargonium ou géranium des jardins (*Pelargonium* x *hortorum*).

Le géranium (*Geranium* spp.) est habituellement une plante herbacée rustique qu'on plante en permanence en pleine terre et qui meurt au sol l'hiver. Il pousse à partir d'une rosette collée au sol, les tiges sont minces.

# GÉRANIUM 'ROZANNE'

*Geranium* 'Rozanne' | Photo : HortiCom

Je me souviens de l'époque où le géranium 'Johnson's Blue' (*G.* 'Johnson's Blue') était le nec le plus ultra des géraniums… C'était si loin, dans les années 1990 ! Aujourd'hui, on le trouve encore, mais il est un peu dépassé. Pourquoi se contenter de deux ou trois semaines de floraison quand on peut avoir des fleurs tout l'été ?

Voici donc mon « nouveau » critère de base pour un géranium : en plus d'une culture facile et d'une belle apparence, je veux une floraison tout l'été, sans arrêt. Et c'est la raison de mon coup de cœur pour le géranium 'Rozanne'.

> **Nom botanique** : *Geranium* 'Rozanne'
> **Famille** : Géraniacées
> **Hauteur** : 50 cm
> **Largeur** : 60 cm
> **Exposition** : soleil, mi-ombre
> **Sol** : bien drainé
> **Floraison** : début de l'été à l'automne
> **Zone de rusticité** : 3

**DESCRIPTION**    Chez moi, 'Rozanne' bat tous les autres géraniums pour la floraison. Non seulement les fleurs sont-elles abondantes, grosses et belles, mais elles recouvrent la plante presque entièrement… durant tout l'été jusqu'à la fin d'octobre (même une partie de novembre si la température le permet). L'effet est difficile à imaginer : il faut le voir pour le croire. Cette plante a remporté le prix du Mérite horticole 2004 du Jardin botanique de Montréal, et pour cause !

Les fleurs à cinq pétales sont d'un bleu-mauve iridescent avec un cœur presque blanc, des nervures magenta et des anthères noires. Elles mesurent 6 cm de diamètre : énormes pour un géranium ! Les feuilles sont plus ou moins orbiculaires avec cinq lobes et sont vert foncé durant l'été. Elles deviennent rouges à l'automne.

## GÉRANIUM 'ROZANNE'

La plante a un port dressé au début, jusqu'à 45 cm de hauteur, puis elle s'étale, couvrant une largeur de 60 cm avant la fin de l'été.

Cette plante est un hybride naturel de G. wallichianum 'Buxton's Variety' et G. himalayense. C'est un couple de jardiniers amateurs britanniques, Donald et Rozanne Waterer, qui a trouvé ce géranium dans une plate-bande.

**CULTURE**   Donnez à ce géranium une exposition mi-ombragée dans les régions aux étés chauds. Le plein soleil convient ailleurs. Le sol doit être bien drainé, mais les géraniums ne sont pas difficiles quant à sa qualité : riche ou ordinaire, même plutôt pauvre, tout va. Un bon paillis qui aide le sol à rester plutôt humide est bien, mais les géraniums peuvent tolérer un peu de sécheresse. La division n'est presque jamais nécessaire.

**MULTIPLICATION**   'Rozanne' est stérile, tout comme la plupart des géraniums hybrides. On le multiplie surtout par bouturage des tiges ou par division.

**UTILISATIONS**   Ce géranium est plus compact que les hybrides de G. psilosostemon et convient donc très bien aux bordures et aux rocailles, voire comme couvre-sol. Il débordera très joliment d'un panier de fleurs.

**ASSOCIATIONS**   'Rozanne' accompagne bien les vivaces plus hautes, commes les hémérocalles (Hemerocallis spp.) et les phlox des jardins (Phlox paniculata).

**PROBLÈMES**   Peu fréquents.

**AUTRES GÉRANIUMS**   Il y a plusieurs autres géraniums avec une jolie floraison abondante qui dure tout l'été. En voici quelques-uns :

G. 'Brookside' (G. pratense x G. clarkei 'Kashmir Purple') produit de grandes fleurs bleu-violacé clair avec un centre blanc et fleurit tout l'été et au début de l'automne. Les feuilles sont finement divisées et mesurent environ 15 cm de diamètre. On dit qu'il est « le remplaçant de 'Johnson's Blue' », jusqu'à récemment le géranium à battre. 60 cm x 70 cm. Zone 3 :

Geranium 'Jolly Bee'
Photo : Rijnbeek and Son

Geranium 'Orion' | Photo : HortiCom

G. 'Jolly Bee' est issu d'une hybridation semblable à celle qui a donné naissance à 'Rozanne'. Ses fleurs sont presque de la même couleur (bleu-mauve à cœur blanc), mais elles sont encore plus grandes, mesurant 7 cm. Son port est plus dressé que Rozanne'. 60 cm x 90 cm. Zone 4.

G. 'Nova' produit de belles fleurs mauves aux nervures et au cœur noir tout l'été et l'automne. Son feuillage vert clair fait ressortir la couleur des fleurs. C'est une plante très compacte, plutôt tapissante, très jolie en panier suspendu. 15 cm x 30 cm. Zone 3.

## GÉRANIUM 'ROZANNE'

*G.* 'Orion' (*G.* 'Brookside' x *G. himalayense* 'Gravetye') est une autre variété à grandes fleurs bleu-mauve, similaire à son parent 'Brookside', mais produisant encore plus de fleurs sur une plus longue saison. Elle est très florifère et vigoureuse. 50 cm x 50 cm. Zone 3.

*G.* 'Sweet Heidy' est une nouveauté aux fleurs multicolores. Elle a un cœur blanc entouré de rose vif qui se fond dans une extrémité bleu-mauve, le tout rehaussé de nervures noires. Les fleurs sont produites en grand nombre sur une très longue saison. La plante a un port arrondi rampant, comme 'Rozanne'. Zone 4.

*Geranium* 'Orion' | Photo : Darwin Plants

## GILLÉNIE TRIFOLIÉE

> **Nom botanique :** *Gillenia trifoliata*

> **Famille :** Rosacées

> **Hauteur :** 60 à 90 cm

> **Largeur :** 30 à 60 cm

> **Exposition :** soleil, mi-ombre

> **Sol :** riche, humide, bien drainé

> **Floraison :** début de l'été

> **Zone de rusticité :** 4

**Il y a de ces plantes qui sont sur le marché depuis belle lurette** mais que les jardiniers ne semblent pas avoir remarquées. La gillénie trifoliée est de ce groupe.

*Gillenia trifoliata* | Photo : HortiCom

**DESCRIPTION** Originaire des forêts du nord-est des Etats-Unis, la gillénie est une vivace herbacée, mais elle me fait toujours penser un peu à un arbuste. D'abord ses racines sont carrément ligneuses, et ses tiges minces, malgré leur apparence délicate, ont aussi leur part de lignine, résistant parfaitement aux pires vents. Leur coloration rougeâtre donne une impression d'écorce et elles sont mêmes ramifiées à la manière d'un arbuste. Les petites feuilles trifoliées contribuent aussi à cette apparence d'arbuste. Comme chez les arbustes, elles deviennent rouge vif à l'automne.

Les fleurs sont portées en abondance par les tiges et, avec leurs cinq pétales blancs étroits et souvent légèrement tordus qui dansent au moindre vent, elles donnent l'impression d'une volée

LES VIVACES ••• 95

## GILLÉNIE TRIFOLIÉE

de papillons. On dit que des formes à fleurs roses existent, mais je n'en ai jamais vues. Le calice (à la base de la fleur) est rougeâtre, donnant une touche de couleur supplémentaire aux fleurs, mais son rôle ornemental se joue surtout après la chute des fleurs, car elles restent sur la plante pour le reste de l'été et même une partie de l'hiver, ce qui prolonge la saison d'intérêt.

**CULTURE** La gillénie est une vivace des sous-bois à feuilles caduques du nord-est des États-Unis, jusque dans l'État de New York. On peut en déduire qu'elle tolère l'ombre et c'est vrai, mais elle donne de meilleurs résultats à la mi-ombre. La gillénie peut aussi pousser au plein soleil pour autant que le sol demeure toujours humide.

Côté sol, elle aime un sol riche en matières organiques, humide et bien drainé. Elle ne tolère donc pas l'ombre sèche qu'on retrouve sous les érables et les épinettes, et d'ailleurs elle préfère les sols libres de racines agressives, même là où le sol est humide. Cette plante est très habituée à la litière forestière des forêts. En culture, on peut remplacer cette couche par un bon paillis organique qui aidera à conserver l'humidité du sol.

Comme c'est souvent le cas des plantes forestières, la gillénie est lente à s'établir; elle peut prendre jusqu'à trois ans avant de fleurir. Une fois que la touffe est bien enracinée, elle commence à s'agrandir. Elle le fait très lentement, mais il n'est pas rare de voir une colonie de plusieurs mètres d'envergure se développer dans un sous-bois approprié. En plate-bande, réprimez ses élans par une division aux 7 à 10 ans.

*Gillenia trifoliata* | Photo: HortiCom

Les tiges sont presque ligneuses et sont encore debout au printemps. La plante produit rapidement de nouvelles tiges qui les cacheront, ou encore vous pouvez les rabattre à la fonte des neiges.

**MULTIPLICATION** Par division ou par semis.

**UTILISATIONS** Cette plante brille surtout dans les jardins de sous-bois où on peut la naturaliser, ce qui donne un très bel effet, mais on peut aussi la cultiver en plate-bande.

**ASSOCIATIONS** La gillénie se marie très bien avec d'autres plantes des sous-bois comme les trilles (*Trillium* spp.), les uvulaires (*Uvularia grandiflora*), les fougères et les hostas (*Hosta* spp.).

**PROBLÈMES** Peu fréquents.

**AUTRES GILLÉNIES** En Europe, on offre un cultivar de la gillénie trifoliée qui ne mesurerait que 15 cm de hauteur. (Comment se fait-il que les nouveaux cultivars des plantes typiquement nord-américaines viennent toujours d'Europe?) Il s'appelle *G. trifoliata* 'Pixie' et on l'offre comme couvre-sol. Pour autant que je sache, ce cultivar n'est pas disponible chez nous.

Il n'y a qu'une seule autre espèce de gillénie au monde, la gillénie stipulée (*Gillenia stipulata*), aussi des États-Unis. Elle est très semblable à la gillénie trifoliée, mais ses feuilles ont… cinq folioles. En fait, ses feuilles ont seulement trois folioles, mais avec deux prolongements, les stipules, qui passent pour des folioles supplémentaires. Cette espèce est moins rustique que la gillénie trifoliée: zone 6. 60 à 120 cm x 90 cm.

# GRANDE MARGUERITE 'BECKY'

*Leucanthemum* x *superbum* 'Becky' | Photo : HortiCom

C'est le célèbre hybrideur américain Luther Burbank, plus connu pour sa pomme de terre 'Burbank', qui a créé, en 1890, la grande marguerite (*Leucanthemum* x *superbum*) en croisant la marguerite du Portugal (*L. lacustre*) avec la marguerite des Pyrénées (*L. maximum*). Le résultat fut une marguerite blanche à disque jaune ressemblant beaucoup à notre marguerite des champs (*L. vulgare*), du moins par sa fleur, mais beaucoup plus grosse. Et sa floraison est plus durable, chaque fleur dure un mois ou plus.

> **Nom botanique :** *Leucanthemum* x *superbum* 'Becky', syn. *L. maximum* 'Becky', *Chrysanthemum* x *superbum* 'Becky'
> **Famille :** Astéracées
> **Hauteur :** 90 cm
> **Largeur :** 60 cm
> **Exposition :** soleil, mi-ombre
> **Sol :** riche, bien drainé
> **Floraison :** tout l'été, début de l'automne
> **Zone de rusticité :** 3

Le cultivar 'Becky' a une longue histoire aussi, mais quand même pas centenaire ! Dans les années 1960, l'horticultrice américaine Ida Mai a remarqué une grande marguerite particulièrement vigoureuse dans une plate-bande à Atlanta, en Georgie, et en a acheté une division. Elle ne l'a jamais nommée, mais elle l'a abondamment distribuée dans sa région. Dans les années 1980, un horticulteur du nom de Bill Funkhouser l'a aperçue dans le jardin de Becky Stewart, qui l'avait obtenue de sa voisine,

## GRANDE MARGUERITE 'BECKY'

la fille d'Ida Mai. Il la nomma 'Becky', croyant qu'elle avait été découverte par Becky Stewart. Il a alors commencé à la distribuer dans toute l'Amérique du Nord après que la célèbre pépinière américaine de ventes par correspondance Wayside Gardens l'eut embauché. Sur la scène internationale, 'Becky' s'est vite acquis la réputation d'être une marguerite très performante, à tel point qu'en 2003 elle fut désignée « vivace de l'année » par la Perennial Plant Association.

**DESCRIPTION** La grande marguerite 'Becky' est d'apparence très classique pour son espèce : ses fleurs simples, composées d'un disque central jaune entouré de rayons blancs sont, à environ 7,5 cm de diamètre, de taille normale, et ne sont ni frangées ni ondulées comme chez d'autres marguerites. Ses feuilles entières vert foncé, lancéolées et dentées, longues à la base et courtes sur la tige florale, sont également très typiques de l'espèce. Elle est peut-être un peu plus haute que la moyenne (90 cm plutôt que 75 cm), mais tout de même rien d'exceptionnel. Ce qui surprend est la vigueur de la plante (vous ne trouverez pas de tiges florales qui plient sur cette variété) et la longue durée de la floraison : trois mois et plus (11 à 15 semaines) à partir du début de l'été jusqu'au début de l'automne... au moins ! La raison de cette floraison continue est que Becky est stérile. Comme ses premières fleurs n'arrivent pas à produire des graines, la plante en produit davantage, et quand la deuxième génération de fleurs n'arrive pas non plus à donner des graines, elle essaie encore une fois... et ainsi de suite le reste de l'été.

*Leucanthemum* x *superbum* 'Becky' | Photo : HortiCom

**CULTURE** Les grandes marguerites sont assez adaptables, sinon elles ne seraient pas ce qu'elles sont : des vivaces classiques cultivées par des générations de jardiniers. Elles préfèrent le plein soleil, mais tolèrent la mi-ombre (le prix à payer est une floraison moins durable). Toute bonne terre de jardin bien drainé convient et même les sols pauvres sont acceptables.

Ce qui me plaît beaucoup de 'Becky' est sa longévité. Jusqu'à récemment, la plupart des grandes marguerites avaient la malheureuse habitude de disparaître sans crier gare après deux ou trois saisons. Seulement par divisions régulières pouvait-on les garder en vie, ce qui est inacceptable pour un jardinier paresseux. Jamais je n'accepterais une plante qui fait du chantage (« Si vous ne me divisez pas, je vais crever ! »). Heureusement 'Becky' fait partie d'une nouvelle génération de grandes marguerites de longue vie. Plutôt que de mourir après deux ou trois ans, elle prolifère, formant des touffes qui grossissent tous les ans.

Je suis aussi très heureux de la bonne rusticité de 'Becky'. C'est que la rusticité des grandes marguerites varie d'une variété à une autre. Certaines sont de zone 3 et d'autres de zone 4, et jusqu'à récemment, la majorité n'allaient pas bien au-delà de la zone 5. 'Becky' s'accommode fort bien de la zone 3.

**MULTIPLICATION** Division au printemps ou à l'automne.

**UTILISATIONS** J'adore les prés fleuris remplis de marguerites. Or 'Becky', avec sa floraison constante, fait encore mieux que les marguerites des champs (*L. vulgaris*) dans cette perspective.

## GRANDE MARGUERITE 'BECKY'

Elle est intéressante en massif, vu sa longue, très longue période d'intérêt. Évidemment, elle est un classique des plates-bandes ensoleillées, notamment à l'anglaise, et du jardin de fleurs coupées, car elle fait une jolie et durable fleur coupée. Les papillons en raffolent !

**ASSOCIATIONS** Essayez un mariage avec l'achillée jaune (*Achillea* 'Coronation Gold'), le grand népéta (*Nepeta* 'Six Hills Giant') ou le sédum 'Herbstfreude' (*Sedum* 'Herbstfreude').

**PROBLÈMES** Peu fréquents.

**AUTRES GRANDES MARGUERITES** Très franchement, la floraison incessante de 'Becky', conjuguée à sa bonne résistance au froid (certaines grandes marguerites sont un peu fragiles sur ce plan) et à son exceptionnelle longévité au jardin, écrase toutes les autres grandes marguerites au point il ne vaut presque pas la peine d'en parler. Voici quand même quelques variétés dignes de mention.

On offre *L.* x *superbum* 'Brightside' comme une « amélioration » de 'Becky', mais, à mon avis, elle a beau ressembler à 'Becky' et fleurir abondamment comme elle, elle n'en a pas la vigueur. Pour obtenir une deuxième floraison, il faut supprimer les fleurs fanées, une tâche très ingrate. Par contre, 'Brightside' est fertile et est d'ailleurs offerte par semences. 75 cm. Zone 3.

**DES MARGUERITES JAUNES ?** Jusqu'à tout récemment, toutes les grandes marguerites avaient des rayons blancs, mais ça commence à changer, notamment depuis le lancement du superbe cultivar *L.* x *superbum* 'Sonnenschein' (syn. 'Sunshine') il y a quelques années. C'est la seule grande marguerite à fleurs vraiment jaunes : le disque est jaune d'œuf, les rayons sont jaune citron au début, devenant crème après une semaine ou deux. Pour mieux maintenir la coloration jaune, il faut la cultiver à la mi-ombre, ou encore au soleil matinal. Les fleurs sont très grosses : jusqu'à 12 cm de diamètre. De surcroît, elle fleurit une bonne partie de l'été (environ huit semaines), ce qui est quand même moins que 'Becky' avec ses 11 semaines et plus. Attention ! 'Sonnenschein' est un peu moins rustique que les autres décrites ici. 75-90 cm. Zone 4.

Oubliez 'Broadway Lights', une « grande nouveauté » qu'on dit jaune, mais qui déçoit quand ses fleurs jaunes à peine crème deviennent rapidement blanches. Au moins, 'Sonnenschein' tient le coup plusieurs semaines, pas seulement deux à trois jours ! 75 cm. Zone 3.

*Leucanthemum* x *superbum* 'Sonnenschein' | Photo : HortiCom

**ENCORE PLUS** La nomenclature de la grande marguerite est quelque peu confuse. Autrefois les marguerites étaient classées avec les chrysanthèmes dans le genre *Chrysanthemum*, et certaines pépinières ont conservé ce vieux nom. De plus, il y a beaucoup de confusion entre la grande marguerite (*L.* x *supberbum*) et l'une de ces aïeules, *L. maximum*, ce qui fait qu'on vend parfois les grandes marguerites aussi sous ce nom.

## HÉLIANTHE À BELLES FLEURS 'LEMON QUEEN'

*Helianthus* x *laetiflorus* 'Lemon Queen' | Photo : HortiCom

> Autres noms communs : soleil vivace 'Lemon Queen', tournesol à belles fleurs 'Lemon Queen'

> Nom botanique : *Helianthus* x *laetiflorus* 'Lemon Queen'

> Famille : Astéracées

> Hauteur : 1,5-2 m

> Largeur : 90-120 cm

> Exposition : soleil

> Sol : bien drainé, ordinaire

> Floraison : fin de l'été, automne

> Zone de rusticité : 4

Qui dit tournesol pense toujours au tournesol annuel (*Helianthus annuus*), le populaire « soleil » aux grosses graines comestibles et aux fleurs gigantesques décrit d'ailleurs à la page 316. Mais dans le genre strictement nord-américain *Helianthus*, qui comprend quelque 150 espèces, la majorité des espèces sont vivaces. Et la plus jolie de toutes, à mon avis, est l'hélianthe à belles fleurs 'Lemon Queen'. Cette plante est loin d'être une nouveauté et a toujours été disponible en jardinerie, mais elle demeure peu connue. J'espère que cette mention l'aidera à devenir ce qu'elle mérite d'être : une grande vedette de la plate-bande automnale.

DESCRIPTION  L'hélianthe à belles fleurs (*H.* x *laetiflorus*) est un hybride naturel de l'hélianthe rigide (*H. pauciflorus subrhomboideus*) et du topinambour (*H. tuberosus*). Même si ce croisement donne une plante stérile, cela n'a pas empêché l'hélianthe à belles fleurs de faire le tour du quartier : il est considéré comme indigène dans presque tout le centre et l'est de l'Amérique. Au Québec, l'espèce figure dans la *Flore Laurentienne*, mais en tant que plante

## HÉLIANTHE À BELLES FLEURS 'LEMON QUEEN'

adventice (amenée d'ailleurs). Elle s'est en effet propagée par accident en voyageant dans du ballast de chemin de fer provenant de l'Ouest canadien. 'Lemon Queen' en est une sélection effectuée aux États-Unis qui diffère de l'espèce, aux fleurs jaune d'or, par ses fleurs jaune citron et sa croissance en touffe.

Il s'agit d'une grande plante, d'environ 1,5 m dans les régions aux étés courts, de 2 m ailleurs. Même si l'un de ses parents est le topinambour, un tournesol-légume réputé pour sa capacité de dominer le paysage par ses rhizomes envahissants, 'Lemon Queen' pousse plutôt en touffe dense qui grossit lentement avec le temps. Les tiges légèrement poilues sont rigidement dressées et ne nécessitent aucun tuteur en temps normal. Les feuilles nombreuses simples et vert foncé sont légèrement poilues elles aussi, rêches au toucher et plutôt petites pour un tournesol.

Les fleurs sont typiques des tournesols en ce qu'elles imitent le soleil avec leur disque et leurs rayons jaunes. Si vous avez l'habitude des tournesols en tant qu'annuelles, vous les trouverez petites, car elles ne mesurent qu'environ 5 cm de diamètre alors que les fleurs de l'annuelle peuvent mesurer 30 cm et plus. Petites, oui, mais nombreuses : chaque plante en produit des centaines à la fois. Leur couleur jaune citron, unique parmi les hélianthes vivaces, les rend facilement reconnaissables.

La période de floraison de *H.* x *laetiflorus* 'Lemon Queen' semble varier selon les conditions climatiques. Elle survient parfois dès le mois d'août, parfois seulement à partir de la mi-septembre. Ce n'est donc pas un bon sujet pour les régions nordiques, où les hivers hâtifs risquent d'arrêter la floraison avant qu'elle commence. Par contre, plus au sud, aux États-Unis, la floraison peut débuter en juillet. Peu importe la saison, elle est abondante et durable : huit semaines et plus. Les fleurs tolèrent sans peine un peu de gel et peuvent donc étirer la saison d'intérêt de votre aménagement jusqu'aux neiges ou presque. Si les premières gelées dures n'arrivent pas dans votre région avant la mi-octobre, cette plante vous conviendra.

**CULTURE**  L'hélianthe à belles fleurs 'Lemon Queen' préfère le plein soleil. À la mi-ombre, ses tiges sont plus minces et ne suffisent pas à la tâche. Tous les sols conviennent, riches ou pauvres, acides ou alcalins, humifères, sablonneux ou glaiseux, pour autant qu'ils soient bien drainés et plus ou moins humides. Une fois établi, 'Lemon Queen' tolère la sécheresse… mais préfère un peu d'humidité en tout temps. Ainsi un paillis sera utile. Avec le temps, les touffes peuvent déborder de l'espace désigné et alors une division s'impose… mais 'Lemon Queen' peut autrement pousser et fleurir chez vous sans le moindre soin.

**MULTIPLICATION**  Par division. Cette plante est stérile et ne produit pas de graines viables.

**UTILISATIONS**  Une si grande plante trouvera sa place au fond d'une plate-bande ensoleillée ou naturalisée dans un pré fleuri. Elle fait un excellent écran végétal ou une haie… et quelle extraordinaire fleur coupée ! Les papillons l'adorent, mais contrairement aux autres tournesols, elle n'attire pas les oiseaux granivores l'hiver, car elle ne produit pas de graines.

**ASSOCIATIONS**  Essayez cet hélianthe en arrière-plan avec d'autres grandes vivaces d'automne, comme l'eupatoire maculée (*E. maculatum* et ses cultivars) et le miscanthus (*Miscanthus sinensis*). Sa couleur si douce lui permet de s'associer très bien avec presque toute plante de mi-hauteur que vous planterez devant elle.

*Helianthus* x *laetiflorus* 'Lemon Queen'  |  Photo : HortiCom

## HÉLIANTHE À BELLES FLEURS 'LEMON QUEEN'

**PROBLÈMES**  Peu fréquents.

**AUTRES HÉLIANTHES VIVACES**  Il existe de nombreux autres hélianthes ou tournesols vivaces, mais plusieurs sont soit envahissants, soit à floraison trop tardive pour les régions nordiques ou trop dépendants d'un tuteur pour un jardinier paresseux. Je n'en présente donc pas d'autres ici. Vous trouverez les détails d'un curieux hélianthe vivace qu'on ne cultive pas pour ses fleurs dans la fiche suivante.

**ENCORE PLUS**  Attention, il existe deux *Helianthus* 'Lemon Queen'! En effet, il y a un tournesol annuel qui s'appelle *H. annuus* 'Lemon Queen', que vous trouverez facilement dans les catalogues sous forme de graines. Notre 'Lemon Queen', soit *H.* x *laetiflorus* 'Lemon Queen', généralement vendue sous le nom *H.* 'Lemon Queen' tout court (son épithète botanique ne semble pas connue des pépiniéristes), est une vivace stérile. Pour éviter toute déception, retenez que l'espèce vivace n'est jamais vendue sous forme de graines, mais seulement sous forme de plants. Si l'on vous offre des graines de 'Lemon Queen', ce n'est pas la bonne plante!

## ••• HÉLIANTHE À FEUILLES DE SAULE

*Helianthus salicifolius* | Photo: HortiCom

> **Autres noms communs:** tournesol à feuilles de saule, soleil à feuilles de saule

> **Nom botanique:** *Helianthus salicifolius*

> **Famille:** Astéracées

> **Hauteur:** 1,2 à 2,5 m

> **Largeur:** 30 cm à illimitée

> **Exposition:** soleil

> **Sol:** ordinaire, moyennement humide, bien drainé

> **Floraison:** Noël (peut-être)

> **Zone de rusticité:** 5

## HÉLIANTHE À FEUILLES DE SAULE

**Mea culpa!** *Dans mon livre Le jardinier paresseux: Les vivaces*, j'ai présenté cette plante, avec une belle photo de ses fleurs, en écrivant « petites fleurs jaunes survenant très tard en saison », sauf que vous ne verrez jamais ses fleurs, du moins pas au Québec! En effet, la saison de croissance doit être très longue pour que cette plante arrive à la floraison, tellement qu'il n'y aucune chance qu'elle fleurisse dans notre province. Les lecteurs du sud de l'Ontario, du sud des Maritimes, de la Colombie-Britannique et de l'Europe (soyez les bienvenus) auront de beaux petits soleils jaunes en grand nombre sur des plants s'élevant jusqu'à 2,5 m de hauteur, mais pour les autres, nada! Par contre, le feuillage est superbe…

**DESCRIPTION** Pour les besoins de ce livre, qui s'adresse surtout aux gens vivant dans des régions aux étés courts, je considère l'hélianthe à feuilles de saule strictement comme une plante à feuillage décoratif. Mais quelle plante à feuillage décoratif! Les tiges assez minces s'élèvent peu à peu durant l'été, portant des centaines de feuilles vert moyen, étroites, rubanées, qui s'arquent gracieusement vers le bas. On dirait un lis aux feuilles particulièrement élégantes. L'hélianthe à feuilles de saule est sans doute à son plus beau quand une bonne brise fait bouger son feuillage, à la manière d'une graminée.

Quant à la hauteur de cette « touffe de feuilles sur tige », tout dépendra de l'été que vous avez. S'il fait froid et pluvieux, la plante plafonnera à 1,2 m. S'il fait beau et chaud, que le printemps est hâtif et l'automne tardif, elle peut devenir deux fois plus haute.

**CULTURE** C'est une plante de culture très facile (même un peu entreprenante) pour les emplacements ensoleillés et plutôt humides. Tous les types de sol lui conviennent pour autant qu'ils soient bien drainés: il ne faut quand même pas que les racines trempent constamment dans l'eau. Si vous craignez que votre sol soit un peu sec, l'utilisation d'un bon paillis peut aider à maintenir une humidité adéquate.

Cette plante produit des rhizomes souterrains rampants et se développe assez rapidement. Non pas qu'elle soit super envahissante, car elle ne se développe que là où il n'y a pas d'ombre jetée par des plantes voisines, mais si vous laissez un espace dénué de végétation, elle le remplira, c'est certain. L'idéal est de la cultiver à l'intérieur d'une barrière enfoncée dans le sol, comme un seau dont on a enlevé le fond (voir *Les 1500 Trucs du jardinier paresseux* pour plus de détails) ou de l'entourer de végétation dense. Sinon, soyez prêt à découper et à offrir en cadeau les sections qui déborderont du lieu qui lui est destiné.

Théoriquement, cette plante est de zone 5, mais sous une bonne couche de neige, on peut la cultiver en zone 4 et sans doute même en zone 3.

**MULTIPLICATION** Par division au printemps. La division à l'automne n'est pas recommandée.

*Helianthus salicifolius* | Photo: HortiCom

LES VIVACES

## HÉLIANTHE À FEUILLES DE SAULE

**UTILISATIONS** L'hélianthe à feuilles de saule fait un écran végétal ou une haie fort intéressante, et quelle beauté dans un massif seul ! Ou naturalisez-le dans un emplacement ensoleillé comme un pré fleuri. Avec son allure de graminée, on peut l'utiliser pour remplacer les grandes graminées, comme les miscanthus (*Miscanthus* spp.).

**ASSOCIATIONS** Je dirais que cette plante est presque à son plus beau sans compagnons végétaux. On peut toutefois l'utiliser comme arrière-scène pour toute vivace, annuelle ou arbuste bas.

**PROBLÈMES** Peu fréquents.

**AUTRES TOURNESOLS SANS FLEURS** Il n'y en a pas : *H. salicifolius* est unique en son genre (dans les deux sens du mot).

# HÉMÉROCALLES

*Hemerocallis* 'Happy Returns' | Photo : HortiCom

- > Autre nom commun : lis d'un jour
- > Nom botanique : *Hemerocallis* X
- > Famille : Liliacées
- > Hauteur : 20 à 120 cm
- > Largeur : 45 cm à 1 m
- > Exposition : soleil, mi-ombre
- > Sol : tous les sols
- > Floraison : tout l'été et l'automne
- > Zone de rusticité : 3

**Hémérocallophiles du monde, je vous l'accorde, votre plante est presque parfaite,** autant pour le jardinier paresseux que pour le jardinier forcené. Beau feuillage, beau port, belles fleurs, longue saison de floraison et presque pas de travail, que peut-on demander de plus ? On pourrait garnir une plate-bande exclusivement d'hémérocalles (hum, en ajoutant quelques bulbes pour assurer la floraison printanière) et obtenir quand même un bel effet.

J'accorde donc un « coup de cœur » global à toutes les hémérocalles, sauf les rares plantes envahissantes, comme l'hémérocalle fauve (*Hemerocallis fulva*). Maintenant, comment présenter les quelque 50 000 variétés en quelques pages? Je ne peux pas, c'est certain. Je me suis réservé le droit de présenter mes préférées: mes coups de cœur parmi les coups de cœur, quoi! Je me suis cependant montré très sévère dans ma sélection.

À mon avis, dans un genre où toutes les plantes sont belles, faciles, résistantes aux insectes et aux prédateurs, etc., deux critères priment. Ce ne sont pas, n'en déplaise aux hybrideurs, la fleur la plus grosse, la plus colorée, la plus joliment texturée, la plus symétrique, la plus originale, ou quelque autre critère. Je considère que l'hémérocalle parfaite doit: 1) avoir un comportement impeccable au jardin et 2) fleurir tout au long de la saison, de juin jusqu'aux gels. Le second critère est le plus facile à évaluer: soit la plante est toujours en fleurs, soit elle ne l'est pas. Juger si une hémérocalle a un comportement impeccable est par contre difficile. Il faut l'avoir vue dans plusieurs jardins (ce n'est pas parce qu'une plante va bien chez moi qu'elle réussit ailleurs) et elle doit avoir été cultivée depuis plusieurs années, car les étés se suivent et ne se ressemblent pas: une variété peut être magnifique trois années sur cinq et faire patate les deux autres années.

Je m'excuse d'avoir à le dire, mais un des pires endroits pour trouver une liste d'hémérocalles intéressante est chez les hybrideurs eux-mêmes ou dans les sociétés d'hémérocalles. C'est que ces deux groupes sont trop près de leur sujet, trop prompts à donner l'accolade à une hémérocalle présentant un trait qu'ils jugent désirable mais qui n'intéresse pas le commun des mortels. Donc, j'ai dressé ma propre liste, au fil de plus de 30 années d'intérêt pour les hémérocalles. Évidemment que cette liste va paraître vieux jeu après des hémérocallophiles – il y a sûrement des variétés plus modernes aussi faciles à cultiver et avec une aussi longue saison de floraison –, mais ce sont des plantes qui m'ont donné satisfaction encore et encore... et je les aime! Aussi, et c'est un facteur non négligeable, le « conservatisme » de ma liste fait que ces hémérocalles sont faciles à trouver sur le marché, alors que la disponibilté des nouveautés pose problème.

*Hemerocallis* 'On and On' | Photo: Heemskerk Plants

# HÉMÉROCALLES

Je vous encourage à vous joindre à une société d'amateurs d'hémérocalles : on y apprend énormément et l'on a accès aux dernières nouveautés. Et comme c'est parmi les dernières nouveautés d'aujourd'hui qu'on retrouvera les classiques de demain, vous serez en avance sur tout le monde.

**DESCRIPTION** L'hémérocalle ou lis d'un jour (référence au fait que les fleurs des hémérocalles ne durent habituellement qu'une seule journée) forme des touffes denses de feuilles lancéolées et arquées, donnant un effet de fontaine. Elle produit des tiges, ramifiées ou non, qui portent à leur extrémité des fleurs en forme de trompette. Il y a six tépales : trois sépales, souvent plus étroits, qui constituent l'extérieur de la corolle, et trois pétales, souvent plus larges, qui en forment l'intérieur. Les sépales et les pétales peuvent être de la même couleur ou de couleurs différentes. Les couleurs de base chez l'hémérocalle sont le jaune et l'orange, mais on trouve maintenant des cultivars à fleurs blanches (ou crème très pâle), rouges, roses, pourpres et même vertes.

Bien que chaque fleur ne dure qu'une seule journée, il y a plus d'un bouton par tige et plus d'une tige par plante (sur les plantes matures), ce qui assure au moins deux semaines de floraison même chez les variétés à floraison unique. Les plantes présentées ici sont toutes remontantes et mêmes plusieurs fois remontantes, fleurissant ainsi durant toute la belle saison.

**CULTURE** Les hémérocalles ont la réputation d'être très faciles à cultiver et c'est vrai : elles poussent bien au soleil et à la mi-ombre (plusieurs peuvent même pousser à l'ombre, mais leur floraison est alors faible ou nulle) et dans tous les sols bien drainés. Pour une performance maximale, offrez-leur un sol riche en matières organiques, légèrement acide et plutôt humide. Elles tolèrent la sécheresse une fois établies, mais cette condition peut mener à un feuillage qui jaunit prématurément. Un paillis organique qui fournit compost, humidité et fraîcheur leur plaira beaucoup.

Les amateurs d'hémérocalles recommandent souvent la division aux quatre ou cinq ans pour assurer une floraison maximale. Les cultivars présentés ici fleuriront abondamment même si vous ne les avez pas divisés depuis 20 ans. « Plantez et regardez pousser », voilà le leitmotiv du jardinier paresseux !

**MULTIPLICATION** Par division, au printemps ou à l'automne. Les hémérocalles hybrides (la plupart le sont) ne sont pas fidèles au type par semences.

**UTILISATIONS** L'hémérocalle est un peu une plante passe-partout, qu'on utilise à presque toutes les sauces. Selon la taille de l'hémérocalle, vous pouvez l'utiliser en bordure ou au centre d'une plate-bande, même au fond pour les très hautes variétés. Elle convient aux massifs, aux rocailles, aux murets, aux marges des jardins d'eau, et paraît bien en haie ou en bac. Les hémérocalles attirent les papillons et les colibris, et elles font d'excellentes fleurs coupées (attention au pollen qui peut tacher les vêtements). Enfin, la plante est comestible : les pousses printanières, les racines en forme de carotte, les boutons et même les fleurs sont comestibles, crus ou cuits. Si vous vous lassez d'une hémérocalle, arrachez-la et servez-la au souper !

**ASSOCIATIONS** Les hémérocalles, avec leur grande variété de tailles et de hauteurs, ainsi que leur capacité d'adaptation à des conditions diverses, se marient bien avec presque toutes les plantes.

**PROBLÈMES** Peu fréquents.

**CULTIVARS** Plantez les hémérocalles qui vous plaisent : il y a tellement de variétés qu'il y en a pour tous les goûts. La plupart ne fleurissent que deux ou trois semaines, mais on peut

# HÉMÉROCALLES

créer de magnifiques tableaux floraux qui s'enchaînent durant tout l'été en combinant des variétés de deux à trois semaines qu'on aura choisies parmi les hémérocalles hâtives, mi-saison, tardives et très tardives. Ou choisissez des variétés remontantes, comme les plantes suivantes :

*Hemerocallis* 'Stella d'Oro' : c'est la grand-maman des hémérocalles à floraison remontante et l'hémérocalle la plus vendue au monde. Les petites fleurs jaune doré se succèdent tout l'été jusque tard à l'automne, du moins si celui-ci n'est pas trop pluvieux (il leur faut quand même un peu de soleil direct). 25 à 40 cm.

*H.* 'Big Time Happy', aussi vendue sous le nom de Happy Ever Apster® : elle porte de grosses fleurs (10 cm de diamètre) jaune citron doux avec une marge ondulée et une gorge verte. Toujours en fleurs ! 40 à 45 cm.

*H.* 'Golden Zebra' (syn. 'Malija') : j'ai triché en insérant cette hémérocalle parmi les variétés à floraison remontante car elle est à floraison unique. C'est que son feuillage est si joliment panaché, vert fortement strié de blanc, qu'elle pourrait se passer de fleurs ! Pourtant, elle fleurit bien, produisant de petites fleurs orange. C'est l'unique hémérocalle panachée que j'ai pu trouver qui était à la fois stable et de culture facile. 30 cm.

*H.* 'Happy Returns' : un « classique » du genre ! Les fleurs de 7,5 cm de diamètre

*Hemerocallis* 'Stella de Oro' | Photo : HortiCom

*Hemerocallis* 'Happy Returns' | Photo : HortiCom

*Hemerocallis* 'Pardon Me' | Photo : HortiCom

sont jaune pâle et délicieusement parfumées. Elle fleurit abondamment au début et au milieu de la saison, un peu moins vers la fin. 45 cm.

*H.* 'Pardon Me' : les fleurs sont petites mais attrayantes, rouge vin avec une gorge jaune verdâtre très contrastante, et elles sont parfumées, de surcroît. Longue période de floraison. 45 cm.

*H.* 'On and On' : les grosses fleurs (11 cm) parfumées sont rose pastel et leur marge est joliment ondulée avec les tépales recourbés vers l'arrière. Cette hémérocalle a les allures d'une prima donna et la constitution d'une bête de somme. Fleurit de juin au début de l'automne. 45 cm.

*H.* 'Purple d'Oro' : petites fleurs pourpre-lavande à gorge jaune, fleurit abondamment au début de l'été puis remonte encore et encore. 60 cm.

*H.* 'Rosy Returns' : comme 'Happy Returns', mais à fleurs rose foncé de 10 cm de diamètre avec une gorge jaune. Très florifère et remontante. 40 cm.

LES VIVACES

## HEUCHÈRES À FEUILLAGE COLORÉ

*Heuchera micrantha diversifolia* 'Palace Purple' | Photo : HortiCom

> Nom botanique : *Heuchera*
> Famille : Saxifragacées
> Hauteur (feuillage) : 15 à 23 cm
> Hauteur (fleurs) : 40 à 90 cm
> Largeur : 30 à 90 cm
> Exposition : soleil, mi-ombre, ombre
> Sol : riche et bien drainé
> Floraison : fin du printemps, début de l'été
> Zone de rusticité : 3

Il me semble qu'il y a des siècles que l'heuchère 'Palace Purple' a pris le monde horticole d'assaut avec son feuillage si coloré, mais c'était en 1986… donc pas si loin ! Jusqu'alors, on cultivait les heuchères, ces plantes des sous-bois, pour leurs étroits épis de fleurs en clochette, mais 'Palace Purple', avec son feuillage pourpre foncé sans la moindre trace de vert et ses fleurs insignifiantes, a changé la donne. Désormais on rechercherait des heuchères surtout pour les coloris de leur feuillage. Depuis le milieu des années 1990 surtout, c'est la folie furieuse : chaque année apporte son lot d'heuchères à feuillage coloré, chacune plus extraordinaire que la précédente. Des pourpres, bien sûr, mais aussi des roses, des oranges, des argentées, des vert lime et bien d'autres. La folie furieuse, je vous dis.

**DESCRIPTION** D'abord, les heuchères sont des plantes relativement basses formant une rosette de feuilles généralement persistantes autour d'une couronne à fleur de sol. Les feuilles, qui peuvent être lisses ou poilues, sont portées sur des pétioles de longueur inégale et sont

## HEUCHÈRES À FEUILLAGE COLORÉ

habituellement en forme soit de cœur soit de feuille d'érable, avec des lobes plus ou moins découpés. La marge des feuilles porte habituellement des dents arrondies ou pointues. Chez bien des cultivars, la feuille est un peu ou très ondulée. Le revers est souvent pourpre ou, du moins, de couleur plus foncée que la surface supérieure.

La tige florale est dressée, portant souvent de petites feuilles à la base. Bien que mince, elle est robuste. Elle est de la même couleur que les pétioles des feuilles, soit pourpre, orange, vert lime, etc. Les fleurs en forme de clochette sont minuscules et souvent blanches ou rose pâle. Chez les heuchères à feuillage coloré, elles sont d'importance secondaire.

**CULTURE** Originaires des forêts denses, les heuchères n'ont pas besoin du plein soleil, mais elles le tolèrent bien. Le feuillage de certains cultivars peut cependant être délavé par les rayons solaires en plein été, notamment les teintes orangées et vert lime. L'ombre convient aussi, mais la croissance est plus rapide à la mi-ombre.

Dans la nature, les heuchères croissent dans un sol riche en humus et plutôt humide, mais quand même bien drainé. En culture, elles tolèrent les sols moins organiques et plus secs, mais pour assurer une meilleure croissance, appliquez un bon paillis organique. De tels paillis ont l'avantage de garder le sol plus frais et plus humide tout en nourrissant les plantes quand ils se décomposent. Les heuchères sont également moins portées à se déchausser (se dégarnir à la base) quand on les cultive dans un paillis épais.

Ne coupez surtout pas les feuilles à l'automne! Je sais que c'est tentant pour les jardiniers forcenés qui sont convaincus qu'ils savent mieux faire que Dame Nature, mais ce n'est pas pour rien que les feuilles des heuchères sont persistantes: elles font partie de leur stratégie de survie, protégeant du froid la couronne de la plante, soit sa partie la plus fragile. J'entends souvent des gens se plaindre qu'ils perdent leurs heuchères l'hiver… mais chaque fois, c'est leur propre zèle qui les a tuées.

Dans les emplacements exposés et sans couverture de neige, les feuilles persistantes peuvent toutefois être en piètre état au printemps. Coupez-les alors… et transplantez la plante ailleurs. Quand une heuchère est correctement située, son feuillage devrait être en état très acceptable au printemps. C'est après que les nouvelles feuilles de la saison sont sorties que les anciennes meurent… pour se décomposer hors de vue au pied du plant, la fertilisant en même temps.

Que faire des fleurs? Certains jardiniers les suppriment à vue. Je les laisse pousser. Elles forment alors un nuage translucide au-dessus du feuillage qui n'est pas sans charme.

**MULTIPLICATION** La division est la méthode la plus évidente pour multiplier les heuchères, mais beaucoup de cultivars peuvent repousser à partir d'une bouture de tige florale (supprimez toutefois l'épi de fleurs lui-même) ou même d'une bouture de feuille. C'est une opération délicate, mais qui fonctionne. Les heuchères à feuillage coloré sont des

Les fleurs forment une brume translucide au-dessus du feuillage. Ici, *Heuchera* 'Frosted Violet' | Photo: HortiCom

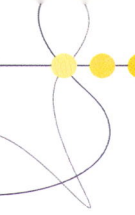

## HEUCHÈRES À FEUILLAGE COLORÉ

hybrides complexes et ne sont pas fidèles au type par semences. Par contre, en récoltant et en ressemant les graines, on obtient une foule de plantes de couleurs différentes, ce qui peut être une expérience intéressante.

**UTILISATIONS** Avec leur feuillage persistant de couleur souvent unique, les heuchères méritent une place de choix dans une plate-bande mi-ombragée ou dans un jardin de sous-bois. Grâce à leur faible hauteur, elles conviennent parfaitement aux rocailles et aux bordures de plate-bande, ainsi que le long des sentiers. Elles font un couvre-sol coûteux mais superbe : multipliez-les vous-même pour économiser. Enfin, elles sont superbes en contenant.

**ASSOCIATIONS** Faites contraster les heuchères pourpres et rouges avec des plantes à feuillage doré, comme des hostas jaunes (*Hosta* spp.), l'herbe-aux-écus dorée (*Lysimachia nummularia* 'Aurea') ou l'hakonéchloa doré (*Hakonechloa macra* 'Aureola'). Les variétés vert lime et orange seront mises en valeur par la proximité… d'heuchères pourpres !

**PROBLÈMES** Les heuchères souffrent peu de problèmes d'insectes et de maladies dans nos régions, et leurs feuilles coriaces rebutent habituellement les limaces. Quant aux cerfs de Virginie, c'est couci-couça : dans certaines régions, les cerfs les évitent. Ailleurs, et surtout si d'autres sources de nourriture se font rares, ils les mangent goulûment.

Problème fréquent cependant avec les heuchères qui ne sont pas paillées : leur couronne finit par se déchausser peu à peu, ce qui un jour peut tuer la plante. Le problème est facile à corriger : pilez sur la couronne avec le pied pour la repousser dans le sol. C'est beaucoup moins de travail que de déterrer la plante pour la replanter. Bien sûr, si vous aviez paillé la plante comme il le fallait, vous n'auriez pas ce problème !

**CULTIVARS** Il y a plus de 50 espèces d'*Heuchera*, toutes originaires d'Amérique du Nord. Les plantes vendues présentement sont presque toutes des hybrides complexes, ressemblant souvent peu à leurs lointains parents sauvages. Le problème, c'est qu'il y a trop de choix : quatre ou cinq heuchères noires, trois ou quatre orangées, des dizaines de pourpres, etc. On ne sait plus où donner de la tête… surtout que plusieurs s'avèrent superbes en photo mais sont nulles au jardin. Combien reste-t-il de plants de 'Lime Rickey', une heuchère vert lime qui s'est valu tout de suite la réputation d'être très capricieuse un an après la plantation ? Très peu, je pense.

Mettons donc un peu d'ordre là-dedans. Je vous présente *mes* préférées, des plantes qui réussissent parfaitement bien chez moi et qui sont donc adaptées à notre climat. Notez bien que je ne mentionne les fleurs que s'il y a quelque chose à en dire… mais il y a généralement *très* peu de choses à dire sur les fleurs insignifiantes des heuchères colorées. Pour les variétés cultivées pour leurs fleurs, voir la fiche suivante.

**Note :** comme ces heuchères sont surtout des plantes à feuillage ornemental, j'indique la hauteur du feuillage *et* des fleurs de ces plantes. Par exemple, 25 cm (60 cm) x 40 cm veut dire que la plante en feuilles mesure 25 cm de hauteur sur 40 cm de diamètre si vous ne calculez que le feuillage, mais que ses épis floraux atteignent 60 cm. Il est pratique de connaître les deux hauteurs quand on prévoit aménager une plate-bande.

*H. americana* 'Green Spice' : variété populaire au feuillage rappelant celui du bégonia rex : argenté avec une marge grise et de larges nervures pourpres. Le feuillage devient orange vif à l'automne. 23 cm (70 cm) x 40 cm.

*H.* 'Amethyst Mist' : une des « survivantes », soit un hybride plus ancien (1996) qui a résisté à l'épreuve du temps. Feuilles luisantes pourpre bourgogne légèrement teinté d'argent. 23 cm (65 cm) x 42 cm.

## HEUCHÈRES À FEUILLAGE COLORÉ

*H.* 'Caramel': grosses feuilles veloutées de couleur jaune abricot au printemps, ambrée l'été. Elles mesurent jusqu'à 30 cm de diamètre. Tolère mieux les sols secs et le soleil que les autres heuchères à cause de sa parenté avec l'heuchère velue (*H. villosa*). 20 cm (45 cm) x 50 cm.

*H.* 'Citronelle': mutation de 'Caramel' aux feuilles vert lime lumineux: la plus solide des heuchères « chartreuses » sur le marché. 20 cm (45 cm) x 50 cm.

*H.* 'Crimson Curls': malgré son nom, cette plante n'a rien de cramoisi. Les feuilles sont plutôt rouge betterave au début, devenant plutôt pourpres l'été. Son trait le plus intéressant est la marge de la feuille qui est fortement ondulée, presque bouclée. 25 cm (45 cm) x 45 cm.

*H.* 'Frosted Violet': variété résultant d'un croisement avec l'heuchère velue (*H. villosa*), ce qui lui donne des feuilles plus grosses à la texture veloutée et une meilleure résistance au soleil et à la sécheresse. Les feuilles sont rose-violet aux nervures plus foncées, puis pourpre bourgogne l'hiver. C'est un très bon choix pour les endroits venteux, car elles ne brûlent pas l'hiver. Fleurs roses au printemps. 30 cm (75 cm) x 60 cm.

*H.* 'Marmalade': au printemps, les feuilles sont rose riche devenant rose saumon pour devenir plutôt jaune rosé l'été. À l'ombre, elles pâlissent davantage pour devenir vert lime. Attention: le soleil trop ardent peut brûler les feuilles en période de sécheresse! 25 cm (40 cm) x 45 cm.

*H.* 'Mocha : les feuilles sont effectivement couleur café, une couleur riche et veloutée qui s'améliore au soleil, devenant presque noire, car, grâce aux gènes de l'heuchère velue (*H. villosa*), 'Mocha' tolère davantage le soleil que les autres heuchères. Les nervures plus pâles font ressortir la couleur de base. 25 cm (38 cm) x 60 cm.

*H. micrantha diversifolia* 'Palace Purple': c'était le nec le plus ultra des heuchères à son lancement en 1986 et encore plus quand elle a été nommée « Vivace de l'année » par la Perennial Plant Association en 1991. Maintenant, elle passe pour plus ordinaire. Les feuilles sont grandes et pourpre foncé, en forme de feuille d'érable. Plusieurs producteurs ont multiplié cette plante par semences, avec les petits changements que cela donne, et comme conséquence elle n'est plus très fiable dans sa coloration. Dans une pépinière locale, j'en ai vues qui étaient plus vertes que pourpres ! À cette fin, il y a une sélection appelée 'Palace Purple Select', multipliée végétativement, qui représente la coloration d'origine. Si vous avez la nostalgie de la « vraie » 'Palace Purple' des

*Heuchera* 'Caramel' | Photo: HortiCom

*Heuchera* 'Marmalade' | Photo: HortiCom

## HEUCHÈRES À FEUILLAGE COLORÉ

années 1990, c'est la variété à choisir. 50 cm (70 cm) cm x 45 cm.

H. 'Obsidian': la plus foncée de toutes les heuchères, aux feuilles presque noires. Les feuilles sont lustrées, ce qui produit un très bel effet. 25 cm (60 cm) x 40 cm.

H. Dolce Key Lime Pie™ : cette plante est, avec 'Lime Rickey', la plus « jaune » des heuchères. Elle est en fait jaune citron au printemps, mais vert lime lumineux l'été avec de nouvelles feuilles jaune citron. Dolce Key Lime Pie™ est pourtant aussi solide que 'Lime Rickey' est faible. 20 cm (40 cm) x 40 cm.

*Heuchera* 'Obsidian' | Photo : HortiCom

H. Dolce Peach Melba™ : il s'agit une heuchère très vigoureuse au feuillage orange pêche changeant un peu selon la saison, assez proche de 'Marmalade'. Sans être identiques, les deux s'équivalent et il ne vaut probrablement pas la peine de planter les deux. 20 cm (40 cm) x 40 cm.

H. 'Plum Pudding': c'est l'une des premières heuchères « colorées » qui soit sortie après 'Palace Purple', mais malgré son « grand âge » (elle a été lancé en 1996), elle se montre solide et facile à cultiver. Les feuilles très lobées sont pourpre riche rehaussé d'argent et très luisantes. 20 cm (65 cm) x 40 cm.

H. 'Sparkling Burgundy': le feuillage est rouge vin au printemps et en été, devenant pourpre foncé l'hiver. Les petites fleurs printanières blanches font un joli contraste. 30 cm (50 cm) x 45 cm.

*Heuchera* Dolce Key Lime Pie™ | Photo : HortiCom

H. 'Stormy Seas': grosse heuchère à feuillage pourpre foncé rehaussé d'argent, joliment ondulé et découpé. Plante très solide, excellente pour les massifs et en tant que couvre-sol. Pousse absolument sans aucun soin. 45 cm (90 cm) x 90 cm.

H. 'Venus': ce cultivar produit de grosses feuilles très argentées avec des nervures vertes. Au printemps, les petites fleurs blanches sont un attrait supplémentaire. 15 cm (40 cm) x 30 cm.

H. *villosa* 'Brownies': cette heuchère présente des feuilles veloutées vert chocolat au revers rouge-pourpré d'assez bonne taille (environ 12 cm de diamètre). Les tiges florales sont également brunes et duveteuses. Elle produit des fleurs blanches minuscules sur des panicules ouvertes et aérées, très différentes des épis étroits de la plupart des heuchères, et fleurit aussi à une saison inhabituelle : à la fin de l'été et à l'automne. 30 cm (50-60 cm) x 30 cm.

# HEUCHÈRES À FLEURS

- **Nom commun**: heuchère
- **Nom botanique**: *Heuchera*
- **Famille**: Saxifragacées
- **Hauteur (feuillage)**: 15 à 23 cm
- **Hauteur (fleurs)**: 33 à 60 cm
- **Largeur**: 30 à 50 cm
- **Exposition**: soleil, mi-ombre
- **Sol**: riche et bien drainé
- **Floraison**: début de l'été au début de l'automne
- **Zone de rusticité**: 3

*Heuchera* 'Hollywood' | Photo : Terra Nova

**Au début de la révolution « feuillage » chez les heuchères,** les pépiniéristes et les jardiniers ont balayé de la main les anciennes heuchères, de jolies petites plantes aux petites clochettes roses, mais si insignifiantes comparativement aux feuillages si voyants des heuchères colorées. Pourtant, depuis quelques années, on commence à jeter un nouveau coup d'œil sur les « heuchères à fleurs », que l'on trouve non seulement pas si mal mais même très bien.

**DESCRIPTION**  À l'origine, les heuchères à fleurs formaient de modestes rosettes de feuilles vertes persistantes et portaient des épis étroits de fleurs rose-rouge en forme de clochette. La floraison avait lieu au début du printemps. L'espèce d'origine était *H. sanguinea*, mais on a vite ajouté d'autres espèces aux croisements.

Je me souviens que je trouvais ces plantes difficiles à photographier. Les épis de petites fleurs étaient si minces que l'appareil n'arrivait pas à faire la mise au point. Vingt ans plus tard, les nouveaux cultivars ont beaucoup changé, à tel point que les heuchères à fleurs en vogue à la fin des années 1990, comme *H.* x *brizoides* 'Pluie de Feu', sont presque disparues de la carte.

Les « nouvelles » heuchères à fleurs sont des plantes souvent plus imposantes avec beaucoup plus de tiges florales et beaucoup plus de fleurs par tige, ce qui assure donc une floraison plus consistante (fini le problème de mise au point !). Pour la plupart, la floraison est remontante. Presque toutes fleurissent maintenant tout l'été et certaines continuent à l'automne. Autre changement, le feuillage des nouvelles variétés est presque toujours coloré (il était vert uni au début). Sans nécessairement avoir les couleurs flamboyantes des heuchères à feuillage (car, avec un feuillage dominant, on ne remarque plus les fleurs), presque toutes ont des feuilles marquées d'argent ou de pourpre, ou des deux, ou du moins des feuilles joliment ondulées.

**CULTURE**  Pour bien fleurir, une plante a besoin de plus d'énergie qu'une plante à feuillage. Alors que les heuchères à feuillage coloré étaient de bons sujets pour l'ombre, les heuchères à fleurs sont à leur meilleur à la mi-ombre ou même au soleil. Elles préfèrent un sol riche, humide et bien drainé, mais tolèrent des sols ordinaires et même des sécheresses occasionnelles. Un bon paillis aide non seulement à garder le sol plus frais et plus humide, mais aussi à prévenir le déchaussement, un problème avec les heuchères après trois ou quatre années.

## HEUCHÈRES À FLEURS

Évitez les endroits exposés au vent l'hiver : le feuillage persistant peut brûler. Et bien sûr, puisque le feuillage est persistant, il ne faut pas le supprimer à l'automne.

**MULTIPLICATION** Par division ou par bouturage des tiges florales. Certaines lignées sont offertes par semences.

**UTILISATIONS** Les heuchères à fleurs font de jolies plantes pour les bordures de plate-bande mi-ombragée, les rocailles et les jardins de sous-bois. Malgré leur petite taille, elles attirent les colibris. Enfin, les fleurs sont très belles dans les arrangements floraux.

**ASSOCIATIONS** Essayez les heuchères à fleurs avec les saxifrages (*Saxifraga* spp.) et les fougères.

**PROBLÈMES** Peu fréquents. Corrigez le déchaussement en repoussant la couronne dans le sol avec le pied.

**CULTIVARS**

**Note :** comme à la fiche précédente, je donne ici la hauteur du feuillage *et* des fleurs. Par exemple, 25 cm (60 cm) x 40 cm veut dire que la plante en feuilles mesure 25 cm de hauteur sur 40 cm de diamètre ; en fleurs, elle atteint 60 cm.

*H.* 'Chinook' : variété très florifère aux gros boutons roses donnant des fleurs saumon. Le feuillage vert foncé est très ondulé et luisant, et il devient brun au soleil. 18 cm (40 cm) x 40 cm.

*Heuchera* 'Chinook' | Photo : Terra Nova Nurseries

*Heuchera* 'Cinnabar Silver' | Photo : Terra Nova Nurseries

*H.* 'Cinnabar Silver' : petite plante aux fleurs rouge vif, excellente pour la rocaille. Les feuilles sont d'abord pourpres, puis argentées. 23 cm (40 cm) x 33 cm.

*H.* 'Gypsy Dancer' : feuillage ondulé argenté aux nervures pourpre foncé. Floraison abondante et durable de petites clochettes rose pâle. Variété compacte, intéressante en avant-plan. 20 cm (50 cm) x 30 cm.

*H.* 'Hollywood' : superbe plante, la meilleure heuchère à fleurs que j'ai jamais essayée, avec des épis assez courts portant des fleurs corail densément serrées. Chez moi, en fleurs de juin jusqu'aux gels ! Les feuilles sont vert luisant aux nervures blanches et joliment ondulées. 20 cm (40 cm) x 30 cm.

## HEUCHÈRES À FLEURS

*Heuchera* 'Rave On' | Photo : Terra Nova Nurseries

*H.* 'Rave On' : variété très florifère portant des fleurs roses. Feuilles vertes aux nervures argentées. 20 cm (50 cm) x 36 cm.

*H.* 'Silver Scrolls' : bonne variété si vous aimez fleurs et feuillage ! Les feuilles sont très argentées avec des nervures bronze foncé très contrastantes, comme celles d'un bégonia rex. Jolies fleurs blanches en forme de cloche pendant tout l'été. 30 cm (60 cm) x 45 cm.

*H.* 'Silver Veil' : les feuilles sont argentées avec des nervures vertes très nettes. Les fleurs sont rouge cerise et se succèdent du printemps à l'automne. 20 cm (50 cm) x 38 cm.

*H.* 'Snow Angel' : la plupart des heuchères panachées que j'ai essayées (dont une plante marbrée trouvée en pépinière au milieu d'un lot d'heuchères normales) manquaient malheureusement de vigueur. 'Snow Angel', par contre, est aussi robuste que n'importe quelle autre heuchère. Ses petites feuilles vertes sont abondamment tachetées de blanc et elle produit une abondance de fleurs roses du printemps à l'automne. 15 cm (38 cm) x 30 cm.

*H.* 'Vesuvius' : parfaite combinaison de beau feuillage et de belles fleurs. Les fleurs rouge orangé sur de hauts épis se succèdent durant tout l'été et le feuillage est d'un beau pourpre royal rehaussé de gris. 18 cm (60 cm) x 42 cm.

*Heuchera* 'Silver Scrolls' | Photo : HortiCom

LES VIVACES ••• 115

# HOSTAS

*Hosta* 'Sum and Substance' | Photo : HortiCom

> Nom botanique : *Hosta*
> Famille : Liliacées
> Hauteur (feuillage) : 10-120 cm
> Hauteur (fleurs) : 15 à 150 cm
> Largeur : 25-200 cm
> Exposition : soleil à ombre
> Sol : humide, bien drainé
> Floraison : été
> Zone de rusticité : 3

Il paraît évident que les hostas méritent un coup de cœur. Après tout, ces bêtes de somme de l'ombre sont si populaires et si faciles à cultiver ! Mais il y a deux nuages sombres à l'horizon.

La première est l'avidité des limaces pour ces plantes. Souvent les feuilles des hostas sont réduites en charpie par ces mollusques dégoulinants. Et les limaces, il y en a partout : pas moyen d'y échapper ! Or, une telle menace est totalement inacceptable pour une plante de jardinier paresseux. Il aurait donc fallu éliminer les hostas de notre liste des vivaces coups de cœur, sauf que… ce ne sont pas tous les hostas qui sont victimes des limaces. Il existe des variétés qui, par la nature de leur feuillage (en général, il est particulièrement charnu ou couvert de pruine), ne plaisent pas aux limaces. Avez-vous déjà vu un hosta bleu mangé par des limaces ? Même lorsqu'il y a des dizaines d'autres hostas au feuillage en gruyère dans les environs, les hostas résistants demeurent intacts. Donc, premier critère de base : seuls les hostas résistants aux limaces peuvent apparaître dans notre liste.

HOSTAS

Le deuxième nuage ? Les cerfs, qui aiment brouter leur feuillage. En une seule nuit, ils peuvent raser les hostas à 15 cm du sol. Pire, ils attendent que les plantes soient bien formées avant de passer à l'attaque… habituellement la nuit avant que la Société d'horticulture passe visiter votre jardin d'ombre ! Là, il n'y a pas de solution aussi facile que pour les limaces. En effet, les cerfs aiment tous les hostas, sans exception. Faut-il donc déclasser les hostas ?

Pas si vite ! Le problème des limaces, d'abord, est universel. S'il n'y avait pas de solution aussi facile que de choisir tout simplement des hostas que les limaces ignorent, je les aurais écartés du livre sur-le-champ. Le problème des cerfs, lui, est très localisé. Il n'y a pas de cerfs de Virginie en ville ni même dans la plupart des villes de banlieue. Ce sont des bêtes de campagne et de grands terrains. Il n'y a pas un jardinier sur dix qui sera confronté à ce problème.

D'où ma conclusion : si les cerfs ne fréquentent pas votre terrain, il n'y a aucune raison de dédaigner les hostas. Lisez plus loin pour découvrez des variétés résistantes aux limaces, voilà tout. Si, au contraire, les cerfs causent des dommages chez vous, arrachez vos hostas. Vous pouvez même arracher les pages sur les hostas dans ce livre. Problème réglé ! (C'est si facile d'être un jardinier paresseux !)

**DESCRIPTION** Les hostas, ces maîtres de l'ombre, sont très bien connus des jardiniers. Il y a plus de 5 000 cultivars et environ 43 espèces de hostas, c'est dire à quel point vous avez du choix. Même si on pense presque toujours aux hostas comme à de grosses plantes aux feuilles plutôt ovées, il existe des cultivars de toutes les tailles, certains d'à peine plus de 10 cm de diamètre à pleine maturité et d'autres de plus de 2 m de diamètre, et les feuilles peuvent varier de rondes ou cordiformes à lancéolées, même linéaires.

Les feuilles sont toujours lisses et sans poils, mais elles peuvent être couvertes de pruine, cette poudre blanche qui donne aux hostas bleus leur coloration unique. Elles ont habituellement les nervures enchâssées et parfois la feuille paraît très bosselée. Quant aux couleurs du feuillage, il y a des hostas panachés (verts et blancs), bleutés, « dorés » (jaunes ou vert lime) et même verts. Le tout dernier « must » des maniaques de hostas, ce sont des pétioles et des tiges florales rougeâtres. Et il ne faut pas passer sous silence les coloris automnaux lumineux des hostas. Dire que certains jardiniers coupent leurs feuilles à l'automne ! Vraiment, c'est triste de ne pas savoir apprécier la beauté !

Le port des hostas est moins varié : presque tous forment un dôme autour une couronne simple ou multiple grâce à leurs feuilles arquées. Certains ont toutefois des feuilles plus dressées, donc un port plutôt évasé.

Les hostas, sauf de rares exceptions, sont cultivés surtout pour leur feuillage. Il reste quand même que les fleurs, qui peuvent être en forme d'entonnoir, de cloche ou d'étoile, être grosses ou petites, parfumées ou inodores, blanches ou de différentes teintes de violet, sont un attrait supplémentaire pour la plupart des jardiniers. Et il y en a qui les coupent à vue !

**CULTURE** Les hostas ont la réputation de pousser à l'ombre… et c'est bien vrai. On peut les cultiver même dans les emplacements qui semblent être toujours à l'ombre. Par contre, ils ne poussent pas nécessairement très bien, et surtout pas très vite, à l'ombre profonde. Vous

LES VIVACES ••• 117

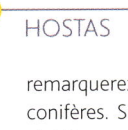

## HOSTAS

remarquerez que les hostas préfèrent l'ombre des arbres à feuilles caduques à l'ombre des conifères. Si votre emplacement est très, très sombre, plantez des gros plants bien établis plutôt que des jeunes plants qui y mettraient une éternité à grandir. Cependant tous les hostas se plaisent à la mi-ombre. C'est le milieu idéal pour un massif de hostas.

Et le soleil ? Dans bien des livres, on vous met en garde contre les méfaits du plein soleil, mais tout dépend de votre climat. Dans le nord, où les rayons du soleil sont moins intenses, on peut généralement cultiver les hostas au soleil sans trop de problème. Et même là où les étés sont torrides, un emplacement « ensoleillé » mais qui reçoit le gros de ses rayons dans la matinée, est superbe pour tous les hostas.

Généralement, les hostas à feuillage bleuté réussissent mieux plutôt à l'ombre (le soleil fait disparaître la pruine blanche qui leur donne leur coloration bleutée), tandis que les hostas aux fleurs parfumées (*H. plantaginea* et ses hybrides, comme 'Fragrant Bouquet') sont les plus tolérants au soleil intense. Les hostas « jaunes » ont une coloration plus intéressante au soleil.

Les hostas tolèrent des sols très divers pour autant qu'ils soient bien drainés, mais ils préfèrent les sols frais, riches en humus et toujours un peu humides. À cette fin, un bon paillis organique peut faire des merveilles, car il enrichit le sol en humus tout en le gardant frais et humide. Les hostas peuvent tolérer la sécheresse une fois établis, mais ils ne l'apprécient pas : leurs feuilles peuvent s'assécher aux marges dans un sol trop sec.

Cela dit, peut-on cultiver des hostas à l'ombre sèche, comme dans une érablière ? Oui, mais commencez avec de gros plants, paillez-les abondamment et arrosez-les régulièrement. Un tuyau suintant (disponible en jardinerie) ou un autre système d'irrigation rendra l'entretien moins pénible.

Une fois bien établis dans des conditions appropriées, les hostas n'ont vraiment plus besoin de vous. En fait moins on les divise, plus ils sont beaux ! On voit régulièrement des hostas quinquagénaires en parfait état.

Les hostas ont aussi un attrait important pour le jardinier paresseux : ils créent une ombre si dense que les mauvaises herbes qui poussent à leur pied sont vite étouffées.

Et si vous vous intéressez aux hostas, pourquoi ne pas devenir membre d'une société de hostas ? Vous découvrirez beaucoup plus à leur sujet… et vous obtiendrez des tuyaux sur les meilleures nouvelles variétés.

**MULTIPLICATION** On peut diviser les hostas au printemps ou à l'automne. Les cultivars ne sont pas fidèles au type par semences.

**UTILISATIONS** Les hostas sont tout simplement les maîtres de l'ombre, convenant aussi bien aux aménagements très classiques qu'aux aménagements très libres. On peut en faire des massifs superbes ou les naturaliser dans les sous-bois. Pensez aux petits hostas pour les rocailles ombragées, aux gros pour faire des haies. Et des hostas en contenant sont très attrayants. Enfin, n'oubliez pas que les hostas font d'excellentes fleurs coupées. Même leurs feuilles peuvent servir dans les arrangements floraux.

**ASSOCIATIONS** L'association classique est de mélanger hostas et fougères… et c'est vrai que l'on obtient un très joli contraste. Comme les hostas sont lents à lever au printemps, ils font bon ménage avec les plantes éphémères qui fleurissent au printemps mais qui entrent en dormance l'été, comme les bulbes, les pavots d'Orient (*Papaver orientale*) et le cœur saignant des jardins (*Dicentra formosa*).

# HOSTAS

**PROBLÈMES** À part les limaces (dont nous avons réglé le cas en bannissant tous les hostas qui y sont vulnérables) et les cerfs (voir à ce sujet le texte d'introduction aux hostas à la page 117), les hostas ont peu d'ennemis. Quand le printemps très hâtif est suivi d'un gel tardif, les feuilles encore tendres peuvent en être endommagées. Heureusement que ce n'est que temporaire : de nouvelles feuilles pousseront bientôt et cacheront les feuilles abîmées. Si vous paillez vos hostas (ce qui retarde un peu leur début de croissance au printemps), vous n'aurez plus de problème. Enfin, les hostas peuvent être très endommagés par la grêle, mais ce dégât est purement esthétique et ne nuit pas à leur santé. Les variétés à grosses feuilles qui sont à découvert sont les plus vulnérables aux dommages dus à la grêle ; la même variété plantée sous des arbres s'en sortira souvent indemne.

**CULTIVARS** Tous les cultivars présentés ici sont résistants aux limaces. La plupart sont des « classiques », bien connus depuis longtemps (du moins parmi les amateurs de hostas) et facilement disponibles. Vous vous demandez pourquoi je n'ai pas choisi des hostas plus exotiques ou rares ? C'est que les hybrideurs brassent les gènes des hostas depuis plus d'un siècle maintenant et que les meilleurs commencent à remonter à la surface ! Avec les plantes moins connues, je n'aurais pas eu le choix : il aurait fallu que j'expérimente moi-même pour vous présenter les résultats de mes propres découvertes, même partiels. Mais avec une plante aussi populaire que le hosta, je peux ajouter à mes expériences la sagesse des autres.

**Note :** traditionnellement on mesure la hauteur d'un hosta d'après son feuillage, en faisant abstraction des fleurs. C'est parfait si vous avez l'intention de supprimer les fleurs, mais si vous voulez les conserver, il est utile de connaître aussi leur hauteur. Donc, dans les descriptions qui suivent, j'indique à la fois la hauteur du feuillage et celle des fleurs en plaçant la deuxième mesure entre parenthèses. Ainsi, 30 cm (70 cm) x 50 cm veut dire que la plante en feuilles mesure 30 cm de hauteur sur 50 cm de diamètre, alors que, en fleurs, elle atteint 70 cm.

*H.* 'Blue Angel' : l'un des plus solides hostas bleus. Il produit des feuilles cordiformes épaisses et très froissées, bleu vert au soleil, bleues à l'ombre. Les clochettes blanches abondantes poussent densément sur l'épi, créant un joli effet, un peu comme une jacinthe. Ils paraissent au début de l'été. 90 cm (120 cm) x 120 cm.

*H.* 'Blue Mammoth' : autre « grand bleu », qui produit des feuilles épaisses, rugueuses et bleu pâle au printemps, devenant vert foncé à la fin de l'été. Sa coloration, comme chez tous les hostas bleus, persiste plus longtemps à l'ombre. Les clochettes allongées blanches fleurissent au début de l'été. 90 cm (80 cm) x 165 cm.

*H.* 'Fragrant Bouquet' : son nom suggère une floraison parfumée et c'est bien le cas ; les fleurs nombreuses, en forme d'entonnoir, sont blanches et s'épanouissent à la mi-été. Le feuillage n'est pas à dédaigner non plus, car les feuilles cordiformes sont vert pâle aux marges jaunes à blanches. 45 cm (90 cm) x 65 cm.

*H.* 'Fried Bananas' : cette mutation de 'Guacamole' est vert lime à l'ombre, jaune chartreuse au soleil. Les feuilles sont en forme de cœur aux nervures proéminentes, et les fleurs tubulaires lavande très pâle ou même blanches sont odorantes et s'épanouissent à la mi-saison. 25 cm (80 cm) x 45 cm.

*Hosta* 'Fragrant Bouquet' | Photo : HortiCom

LES VIVACES ••• 119

## HOSTAS

*H.* 'Guacamole' : cette mutation de 'Fragrant Bouquet' produit des feuilles vert lime à marge vert foncé qui deviennent jaune vif à l'automne. Il tolère bien le soleil. Les fleurs parfumées lavande pâle s'épanouissent à la mi-été. 25 cm (85 cm) x 45 cm.

*H.* 'Invincible' : le nom suggère une bonne résistance à tout et c'est bien le cas : il est résistant aux limaces ainsi qu'au soleil intense. Les feuilles vert foncé sont en forme de cœur allongé à la marge un peu ondulée. Les fleurs lavande très pâle, en forme d'entonnoir, sont parfumées et apparaissent à la mi-été. 25 cm (50 cm) x 38 cm.

*Hosta* 'June' | Photo : HortiCom

*H.* 'June' : les feuilles cordiformes aux nervures prononcées sont jaune verdâtre à bordure bleu vert foncé. Les fleurs lavande pâle, en entonnoir, apparaissent à la mi-été. 38 cm (40 cm) x 75 cm.

*H.* 'Krossa Regal' : les feuilles bleu acier très cireuses sont en forme de cœur allongé et se tiennent plus droites que celles de la plupart des hostas, donnant au plant une forme évasée. Les fleurs lavande en entonnoir fleurissent au début de l'été. 90 cm (180 cm) x 150 cm.

*H.* 'Patriot' : ses curieuses feuilles se redressent un peu sur le bord pour former une coupe. Elles sont ovales et luisantes, vert foncé à la marge crème. Les fleurs lavande fleurissent aux premiers jours de l'été. 38 cm (75 cm) x 75 cm.

*H. plantaginea* : on l'appelle « le hosta parfumé »… et avec raison ! Ses gigantesques fleurs blanches si odorantes sont en forme de trompette. La première fois que je l'ai vu, je pensais que quelqu'un avait piqué des lis à travers ! Il fleurit très tardivement, au début de l'automne. Les feuilles sont vert très foncé et bien lustrées. Ce hosta tolère bien le soleil et fleurit mieux dans un emplacement plutôt ensoleillé. 63 cm (75 cm) x 145 cm.

*Hosta* 'Praying Hands' | Photo : HortiCom

*H.* 'Praying Hands' : curieux hosta dont les feuilles très rugueuses s'enroulent un peu et sont dressées vers le ciel, donnant l'impression de mains en prière (il faut toutefois user d'un peu d'imagination). À planter devant votre grotte dédiée à la Vierge Marie ou à Bouddha ! Les feuilles sont vert foncé avec une mince marge crème. Les clochettes sont lavande très pâle et s'épanouissent à la mi-été ; elles sont peu apparentes. La plante a un port inhabituel très évasé, même plus haut que large. Ce hosta ne se trouve pas sur les listes de hostas résistants aux limaces que j'ai consultées, et pourtant je n'ai jamais eu de problèmes chez moi. De toute façon, c'est moi qui choisis les coups de cœur, donc si je veux faire une petite entorse au règlement, j'en ai le droit ! 45 cm (35 cm) x 35 cm.

## HOSTAS

*H.* 'Regal Splendor' : cette mutation de 'Krossa Regal' produit des feuilles cordiformes bleu gris à marge irrégulière jaune crème. Les fleurs hâtives lavande pâle s'épanouissent au début de l'été. Son port est plutôt arrondi. Plantez-le à la mi-ombre pour conserver sa coloration bleutée. 90 cm (120 cm) x 90 cm.

*H.* 'Sagae' (*H. fluctuans* 'Variegated') : les feuilles cordiformes allongées pointent vers le haut, donnant à la plante un port évasé. Elles sont bleu vert à marge jaune crème devenant blanc. Les fleurs lavande très pâle s'épanouissent à la fin de l'été. 50 cm (85 cm) x 137 cm.

*H. sieboldiana* 'Elegans' : ce « classique », cultivé par des générations de jardiniers, a été importé du Japon il y a plus d'un siècle. C'est le parent, direct ou indirect, de presque tous les hostas bleus. Son feuillage en forme de cœur arrondi est épais et bosselé, bleu devenant vert foncé vers la fin de la saison. Les fleurs blanches odorantes apparaissent au début de l'été ; 'Elegans' est d'ailleurs l'un des premiers hostas à fleurir. Malheureusement, les fleurs sont souvent cachées par le feuillage. 50 cm (60 cm) x 100 cm.

*H. sieboldiana* 'Frances Williams' : il s'agit d'une mutation de *H. sieboldiana* 'Elegans' qui est, comme lui, un classique, connu depuis 1936. Il préfère l'ombre au soleil, mais surtout ne le laissez pas s'assécher. Les feuilles cordiformes rondes, très rugueuses, sont bleutées avec une large bordure jaune. Les fleurs tubulaires blanches s'épanouissent pendant une longue saison, du début jusqu'à la mi-été. 45 cm (75 cm) x 90 cm.

*H.* 'Spilt Milk' : voici un hosta qui serait peut-être plus intéressant pour le collectionneur que pour le jardinier ordinaire, car on le cultive pour la panachure originale de son feuillage… et il faut le voir de près pour le remarquer. Les feuilles cordiformes épaisses aux nervures très prononcées, bleu-vert, sont parcourues de lignes blanches inégales plutôt que des marges larges blanches ou des cœurs jaunes plus frappants et plus saisissants qui sont plus typiques des hostas panachés. Les clochettes blanches s'épanouissent au milieu de l'été. Croissance lente. 35 cm (50 cm) x 60 cm.

*Hosta* 'Sagae' | Photo : HortiCom

*Hosta sieboldiana* 'Elegans' | Photo : HortiCom

*Hosta sieboldiana* 'Frances Williams' | Photo : HortiCom

## HOSTAS

*H.* 'Stained Glass' : superbe hosta assez nouveau sur le marché, mais qui gagne rapidement en popularité. Cette mutation de 'Guacamole' offre un feuillage jaune reluisant entouré d'une large bordure vert foncé. Les fleurs lavande pâles sont parfumées et paraissent à la fin de l'été. 38 cm (75 cm) x 80 cm.

*H.* 'Sum and Substance' : c'est l'un des plus massifs, sinon *le* plus massif, de tous les hostas : on a déjà vu un spécimen atteindre 2,9 m de diamètre ! On le reconnaît facilement à ses énormes feuilles épaisses, de véritables pagaies, de forme arrondie et aux nervures très prononcées de couleur chartreuse, presque jaune dans les coins les plus ombragés. Fleurs blanches à la mi-été. Ce hosta gagne tous les concours de popularité… et il semble se plaire dans toutes les conditions, même au soleil. 90 cm (180 cm) x 150 cm.

## ••• IRIS DE SIBÉRIE

*Iris sibirica* 'Pansy Purple' | Photo : HortiCom

> - Nom botanique : *Iris sibirica*
> - Famille : Iridacées
> - Hauteur : 40 à 120 cm
> - Largeur : 20 à 40 cm
> - Exposition : soleil à ombre
> - Sol : riche, humide
> - Floraison : début de l'été
> - Zone de rusticité : 3

**Quand je vois le mot « Sibérie » dans le nom d'une plante,** mon cœur se met à battre plus rapidement, car je sais que je vais pouvoir la cultiver sans problème. Je vois la Sibérie comme une région au climat comme le nôtre, mais « pire encore ». À tout le moins, on sait que la plante sera rustique ! Donc, vous pouvez imaginer que je dresse davantage l'oreille quand on dit « iris de Sibérie » (*Iris*

# IRIS DE SIBÉRIE

*sibirca*) que « iris de Louisiane » (*I. louisiana*) ou « iris de Californie » (*I.* x *californica*). À ce jour, l'épithète « de Sibérie » (comme d'ailleurs les épithètes « de Mandchourie » et « de l'Amour », qui indiquent d'autres régions du nord asiatique) ne s'est jamais démentie. Toutes les plantes « de Sibérie » se sont montrées d'excellents plantes de jardin.

L'iris de Sibérie est-il l'iris parfait pour le jardinier paresseux ? Peut-être ! Il est très rustique, porte de belles fleurs, offre une bonne gamme de couleurs, est adapté à une grande variété de conditions, n'est pas du tout envahissant, et surtout il est résistant au perceur d'iris qui est en voie de faire de la culture de l'iris des jardins (*I.* x *germanica*) un enfer. Je dois admettre que je suis vendu à la cause. Vive l'iris de Sibérie, le roi des iris nordiques !

**DESCRIPTION**  Sous sa forme sauvage d'origine, l'iris de Sibérie (*I. sibirica*) est une plante à petites fleurs bleu-pourpré aux pétales dressés de taille assez réduite et aux sépales horizontaux plus longs et larges avec à leur base une marque jaune et blanche nervurée de pourpre. Sous la main des hybrideurs, qui ont souvent doublé le nombre de chromosomes pour créer des tétraploïdes, les fleurs sont plus grosses, et les sépales beaucoup plus larges et voyants. Surtout, la gamme des couleurs est plus variée : toutes les teintes possibles de violet et de pourpre sont disponibles, mais aussi des jaunes, des blancs, des roses et même des teintes proches du rouge. Plusieurs cultivars ont les pétales et les sépales de couleurs différentes. Non, les fleurs n'égalent pas celles de l'iris des jardins (*I.* x *germanica*), ni en taille, ni en choix de couleurs, mais ça s'en vient, les amis, ça s'en vient. Tout porte à croire que l'iris de Sibérie sera au XXIe siècle ce que le grand iris des jardin a été au XXe.

Les fleurs sont portées sur des tiges rigidement dressées au tout début de l'été, à peu près en même temps que celles de l'iris des jardins. Les tiges sont solides et ne cassent ou ne plient pas au vent, contrairement à celles de certains iris que l'on connaît.

L'une des raisons du grand intérêt des jardiniers pour l'iris de Sibérie est son feuillage. Ses feuilles linéaires, vert foncé, pointues, dressées au début puis légèrement arquées vers l'extérieur avec le temps ressemblent à celles d'une graminée ; d'ailleurs le port de la plante, en touffe dense, est également celui d'une graminée. Autrement dit, même après la floraison, la plante est attrayante et le reste jusqu'aux premières neiges. Comparez avec le feuillage du célèbre iris des jardins (*Iris* x *germanica*), que l'on s'empresse de couper ou de cacher après la floraison tellement il dépare la plate-bande.

*Iris siberica* 'Dance Ballerina Dance' | Photo : Heemskerk Plants

**CULTURE**  L'iris de Sibérie pousse dans les marécages saisonniers dans la nature, il peut donc être inondé au printemps et complètement au sec l'été, ce qui explique en bonne partie son excellente adaptation à toutes les conditions de plate-bande.

## IRIS DE SIBÉRIE

Il préfère toutefois les sols qui demeurent humides même en été, mais il tolère très bien la sécheresse une fois qu'il est bien enraciné. Dans son milieu d'origine, les sols sont très organiques et plutôt acides, et il est vrai que, dans le jardin, il aime un sol riche en matières organiques, mais il croît bien sur les sols neutres ou légèrement alcalins. Il est bien adapté au soleil et à la mi-ombre, mais il réussit parfois à l'ombre si elle n'est pas trop dense.

L'iris de Sibérie a toutefois le défaut, commun à bien des plantes « permanentes », d'être lent à s'établir. Il peut ne pas fleurir avant deux ou trois ans, mais ensuite sa floraison augmente annuellement. On voit des touffes qui poussent au même endroit depuis 15 ans et plus et qui fleurissent encore très abondamment. Les touffes denses ont l'avantage de repousser les mauvaises herbes.

*Iris siberica* 'Sparkling Rose' | Photo : Heemskerk Plants

**MULTIPLICATION** On multiplie l'iris de Sibérie uniquement par division, normalement au début de l'été, après la floraison. Par contre, le diviser le renvoie en enfance et il peut s'écouler quelques années avant qu'on puisse voir à nouveau des fleurs. C'est pourquoi bien des jardiniers préfèrent acheter de nouveaux plants plutôt que de déranger un spécimen performant.

**UTILISATIONS** On voit trop peu souvent cette plante dans les jardins d'eau et le long des ruisseaux, pourtant des milieux très proches de son environnement marécageux d'origine et où il poussera avec vigueur. On peut aussi l'utiliser en plate-bande, car il se mélange merveilleusement avec d'autres vivaces, et en pré fleuri. Grâce à son feuillage décoratif, on peut même l'utiliser en massif. Il fait une excellente fleur coupée, bien que la fleur ne dure que deux ou trois jours une fois coupée.

**ASSOCIATIONS** Vous n'aurez aucune difficulté à trouver des partenaires floraux pour l'iris de Sibérie, dont l'allure délicate met en valeur presque toutes les autres fleurs. Pour un milieu humide, pensez à l'asclépiade des marais (*Asclepias incarnata*), la galane oblique (*Chelone obliqua*) et la lobélie cardinale (*Lobelia cardinalis*). Dans un milieu plus sec, j'aime bien voir le contraste entre la délicatesse de l'iris de Sibérie et la lourdeur des pivoines (*Paeonia* spp.), car les deux fleurissent simultanément.

**PROBLÈMES** L'iris de Sibérie (et la plupart des iris de milieu humide) est rarement dérangé par les insectes, les limaces, les mammifères ou les maladies, même pas par le perceur de l'iris.

**CULTIVARS** Le choix de cultivars d'iris de Sibérie sur le marché augmente peu à peu (et le nombre de nouveaux cultivars d'iris des jardins lancés sur le marché diminue peu à peu… existe-t-il un lien entre les deux phénomènes ?), mais n'est pas encore énorme. Toutefois, comparativement à il y a 20 ans, où le seul cultivar disponible était 'Caesar's Brother', le choix est plus intéressant. Au moins peut-on trouver des iris de Sibérie autres que violets dans les jardineries ordinaires ! Chez les spécialistes, donc par catalogue, on découvre des centaines de cultivars. Vous trouverez ici un choix assez représentatif de cultivars offerts dans les jardineries du Québec. Comme tous les iris de Sibérie sont excellents, vous aurez de bons résultats avec toutes ces plantes ainsi qu'avec tout autre iris de Sibérie que vous découvrirez.

Un petit bémol, cependant, sur les iris de Sibérie « remontants ». Ces cultivars sont censés faire une deuxième floraison à la fin de la saison, du moins une fois arrivés à maturité. Mon expérience

## IRIS DE SIBÉRIE

en ce sens est décevante : aucun iris remontant n'a jamais honoré le jardin Hodgson de la moindre fleur automnale. Je crois que c'est une question climatique : dans le nord, la saison estivale est trop courte et trop fraîche pour permettre une deuxième floraison. Sans doute qu'un jour, à mesure que les hybrideurs amélioreront l'espèce, nous aurons des variétés qui fleuriront fidèlement deux fois par année sinon plus, même dans le nord, mais pour l'instant, nenni.

*I. sibirica* 'Butter and Sugar' : grosse fleur. Sépales horizontaux jaunes, pétales blancs. Théoriquement remontant. 60 cm.

*I. sibirica* 'Caesar's Brother' : l'iris de Sibérie classique. Fleur violette aux sépales joliment nervurés. Gorge jaune. Performance solide. 110 cm.

*I. sibirica* 'Chartreuse Bounty' : fleur large mais aplatie, car les pétales, extra larges, poussent aussi à l'horizontale. La fleur est blanche dans son ensemble, mais les pétales sont rehaussés de jaune vert clair. 75 cm.

*I. sibirica* 'Gatineau' : grosses fleurs bleu azur aux pétales nervurés d'or. 75 cm.

*I. sibirica* 'Gulls Wings' : grosse fleur blanche à gorge jaune. Bonne vigueur. 80 cm.

*I. sibirica* 'Harpswell Happiness' : blanc rehaussé de crème aux pétales ondulés. 60-75 cm.

*I. sibirica* 'Lady Vanessa' : pétales violet pâle au-dessus de grands sépales ondulés rouge violacé. 90 cm.

*I. sibirica* 'Pansy Purple' : grosses fleurs d'un pourpre riche. 70 cm.

*I. sibirica* 'Pink Haze' : fleurs rose-lavande aux nervures rouge vif. 90 cm.

*I. sibirica* 'Rimouski' : blanc à marques jaunes. Un classique ! 95 cm.

*I. sibirica* 'Ruffled Velvet' : violet foncé. Sépales ondulés. 70 cm.

*I. sibirica* 'Shirley Pope' : belles fleurs rouge pourpré foncé. 80 cm.

*I. sibirica* 'Silver Edge' : bleu foncé à marge blanches. Fleur fortement nervurée de blanc et de jaune. 70 cm.

*Iris sibirica* 'Chartreuse Bounty' | Photo : HortiCom

*Iris sibirica* 'Lady Vanessa' | Photo : HortiCom

*I. sibirica* 'Sparkling Rose' : fleurs rose-mauve nervurées de pourpre et rehaussées de jaune. 90 cm.

*I. sibirica* 'Welcome Return' : fleur pourpre foncé velouté portant une tache contrastante blanche. Théoriquement remontant. 60 cm.

*I. sibirica* 'White Swirl' : grande fleur blanche à base jaune. Sépales arrondis et ondulés. 100 cm.

**ENCORE PLUS** Iris signifie arc-en-ciel en grec. Dans la mythologie grecque, Iris était la messagère des dieux et voyageait jusqu'à la Terre sur le dos d'un arc-en-ciel, vêtue d'une robe multicolore.

# IRIS PÂLE PANACHÉ

*Iris pallida* 'Argentea Variegata' | Photo : HortiCom

> **Autres noms communs :** iris à parfum panaché, iris dalmatien panaché
>
> **Nom botanique :** *Iris pallida* 'Argentea Variegata'
>
> **Famille :** Iridacées
>
> **Hauteur :** 60 à 80 cm
>
> **Largeur :** 30 à 60 cm
>
> **Exposition :** soleil (mi-ombre)
>
> **Sol :** riche et humide
>
> **Floraison :** début de l'été
>
> **Zone de rusticité :** 4

Avec son beau feuillage si coloré, ses belles fleurs si parfumées et une constitution de fer, l'iris pâle panaché (*Iris pallida* 'Argentea Variegata') trouvera toujours preneur.

**DESCRIPTION** Commençons par le feuillage, qui est quand même sa caractéristique la plus remarquable. Les feuilles bleu-gris sont longues et pointues, comme une épée, et surtout fortement striées de blanc pur. D'ailleurs, 'Argentea Variegata' veut dire « panaché d'argent ». Le feuillage sort tôt au printemps et persiste jusqu'aux neiges. Il est théoriquement persistant, mais sous notre climat, il ne reste souvent que la base des feuilles au printemps.

Les feuilles plates sont imbriquées les unes dans les autres à la base, formant un éventail aplati attaché à un rhizome. Contrairement à son très proche parent, l'iris des jardins ou iris barbu (*I.* x *germanica*), aux rhizomes très espacés qui donnent une plante très ouverte à la base, l'iris pâle produit des rhizomes serrés les uns contre les autres, ce qui résulte en une croissance en touffe. Il faut alors plus de temps pour obtenir une grosse touffe, mais au moins la croissance très dense de l'iris pâle ne laisse aucune place aux mauvaises herbes.

Portées sur d'épaisses tiges dressées, les fleurs apparaissent au tout début de l'été (ou à la toute fin du printemps, selon votre définition de la saison), environ en même temps que l'iris

# IRIS PÂLE PANACHÉ

des jardins. Elles sont grosses et bleu violacé pâle, d'où le nom de la plante (*pallida* veut dire pâle). Encore plus surprenant est le parfum intense et inhabituel : la fleur sent le jus de raisin ! La floraison dure environ deux semaines, après quoi l'iris pâle panaché redécouvre son rôle de plante à feuillage décoratif.

**CULTURE** L'iris pâle préfère le plein soleil. À la mi-ombre, il pousse assez bien, mais il ne fleurit pas ou très peu. Il tolère tous les sols de jardin tout en préférant un sol riche et humide. Une fois qu'il est bien établi cependant, il peut tolérer un peu de sécheresse.

Contrairement à l'iris des jardins (*I.* x *germanica*), qui demande des divisions fréquentes pour rester en bonne forme, l'iris pâle n'a jamais besoin de division : moins vous le divisez, plus il est beau ! Par contre, si vous en voulez d'autres…

**MULTIPLICATION** Par division à l'automne.

**UTILISATIONS** Avec sa très longue période d'intérêt, il fait une excellente plante-vedette. Ou employez-le pour créer une tache de couleur durable dans une plate-bande.

**ASSOCIATIONS** L'iris pâle panaché est particulièrement efficace lorsque planté devant des plantes plus hautes à feuillage foncé, comme l'if (*Taxus* spp.) ou le physocarpe pourpre (*Physocarpus opulifolius* 'Monlo' et autres). Pour ne pas voir son pied, souvent enlaidi par le feuillage de l'année précédente en décomposition, plantez en avant-plan des plantes basses ou des couvre-sols, comme la pachysandre (*Pachysandra terminalis*).

**PROBLÈMES** Peu fréquents. Le rhizome très parfumé a la réputation d'éloigner le perceur de l'iris qui cause tant de problèmes à l'iris des jardins (*Iris* x *germanica*). Par contre, l'iris pâle n'est que *résistant* au perceur, pas à l'épreuve de l'insecte. Si votre jardin contient d'autres iris infestés, il faudra craindre pour la santé de votre iris pâle. Vraiment, l'iris des jardins et l'iris pâle ne font pas bon ménage !

## AUTRES IRIS PÂLES

*I. pallida* (iris pâle, iris à parfum, iris dalmatien) : c'est le papa de l'iris pâle panaché, aux feuilles bleu-vert sans panachure. Autrement, il est identique à son fils panaché célèbre. Mais vous ne le trouverez pas facilement. 60 à 80 cm x 30 à 60 cm.

*I. pallida* 'Variegata' : si vous trouvez la coloration blanc pur et vert trop intense pour votre aménagement, essayez ce cultivar aux feuilles bleu-vert striées de jaune crème. Autrement, il est identique à 'Argentea Variegata'. On le trouve en pépinière, mais plus rarement que 'Argentea Variegata'. Curieusement, en Europe, c'est 'Variegata', soit l'iris jaune et vert, qui est populaire, alors que 'Argentea Variegata' est plus rare. 60 à 80 cm x 30 à 60 cm.

*Acorus calamus* 'Variegatus' (acore aromatique panaché) : non, ce n'est pas un iris, mais si vous cherchez un feuillage semblable à celui d'*I. pallida* 'Argentea Variegata' pour

*Iris pallida* 'Variegata' est panaché de jaune crème, non pas de blanc. | Photo : HortiCom

### IRIS PÂLE PANACHÉ

un coin détrempé ou même un jardin d'eau, l'acore aromatique panaché est un excellent substitut. Avec son feuillage strié de blanc et ses feuilles en forme d'épi rigidement dressé, il est tellement similaire à l'iris pâle panaché qu'il faut être *très* calé pour les distinguer. Si votre « iris panaché » n'émet qu'un « pouce » blanc à partir du côté d'une feuille plutôt qu'une belle fleur violacée sur une tige florale, vous vous êtes fait passer un acore, car ce pouce est son épi floral ! 60 à 120 cm. Zone 4.

**ENCORE PLUS** On appelle parfois l'iris pâle « iris à parfum », mais ce n'est pas à cause du parfum de sa fleur, aussitôt suave soit-il. C'est que son rhizome aussi est parfumé. On l'utilise en parfumerie depuis déjà plus de 2 000 ans, avec les rhizomes d'autres iris (*I. florentina*, notamment). On réduit le rhizome en poudre pour l'utiliser comme fixatif pour les parfums. La « poudre de riz » autrefois utilisée comme maquillage de théâtre (pensez au kabuki japonais) n'est pas faite de riz mais de rhizome d'iris.

## KIRENGESHOMA À FEUILLES PALMÉES

*Kirengeshoma palmata* | Photo : HortiCom

> Nom botanique : *Kirengeshoma palamata*
> Famille : Hydrangacées
> Hauteur : 80 à 120 cm
> Largeur : 80 à 120 cm
> Exposition : soleil à ombre
> Sol : riche, bien drainé, humide
> Floraison : fin de l'été, automne
> Zone de rusticité : 4

**Parfois on se trompe sur la vocation d'une plante.** Pendant des années, j'ai cultivé le kirengeshoma à feuilles palmées pour ses fleurs jaunes automnales ; je l'avais donc relégué au fond d'une plate-bande, derrière d'autres plantes, pour ne voir que la floraison. Mais à force de le côtoyer, je me suis rendu compte que son vrai charme tient surtout à son feuillage et que, plutôt que de le cacher toute la saison

# KIRENGESHOMA À FEUILLES PALMÉES

en attendant sa floraison tardive, il valait mieux l'installer en pleine vue où l'on peut suivre son extraordinaire performance en tout temps.

**DESCRIPTION** Personne ne prendrait cette plante pour une vivace. Avec ses tiges semi-ligneuses et son feuillage harmonieusement découpé, elle passe à coup sûr pour un arbuste. Ce n'est qu'au printemps, quand de nouvelles pousses sortent de terre alors que les tiges jaune paille asséchées de l'année précédente ne montrent aucune signe de vie, qu'on se rend compte de la méprise. Et c'est dès le printemps que le kirengeshoma commence son travail de séduction.

C'est en effet très tôt dans la saison qu'on remarque d'épaisses tiges vert foncé au reflet pourpré sorties de terre en portant d'étranges feuilles en forme d'ailes de chauve-souris à moitié déployées et recouvertes d'un duvet argenté : on dirait une asperge diabolique. Quand les feuilles se déploient pour prendre leur pleine forme, elles ressemblent à de grosses feuilles d'érable aux marges joliment dentées et à la surface un peu veloutée. Les feuilles inférieures présentent de longs pétioles, mais à mesure que la tige grandit, les pétioles raccourcissent. Au sommet de la plante à la mi-été, les feuilles n'ont plus de pétioles et se rejoignent à la base, entourant la tige, rappelant de nouveau des ailes de chauve-souris. Plus la plante se développe, plus elle a l'air d'un arbuste, car le nombre de tiges augmente avec le temps, ce qui forme un gros dôme arrondi.

Juste au moment où toute autre plante sage commence à se préparer pour l'hiver, le kirengeshoma se met à fleurir, faisant apparaître une dizaine de gros boutons jaunes sur de minces tiges ramifiées à leur sommet. Le poids des fleurs fait pencher la tige, ce qui donne maintenant une allure légèrement pleureuse à la plante. Les boutons s'épanouissent sur environ six semaines, à la toute fin de l'été et durant une bonne partie de l'automne. Ils forment des cloches jaune citron de bonne taille : on dirait des fleurs d'érable de maison (*Abutilon*).

**AUTRES KIRENGESHOMAS** Il existe une variante naine de *K. palmata*, sans nom botanique ou de cultivar pour l'instant : elle se vend sous le nom de *K. palmata* Dwarf et ne mesure que 60 à 80 cm de hauteur.

Il n'y a qu'une seule autre espèce, mais peut-être est-ce une sous-espèce, les taxonomistes sont hésitants. Il s'agit du kirengeshoma de Corée (*K. koreana* ou *K. palmata koreana*, selon l'autorité citée). C'est une plus grande plante, donc encore plus arborescente en apparence, aux feuilles plus arrondies et moins profondément lobées. Les fleurs sont moins pendantes, s'arquant vers l'avant pour s'ouvrir en étoile plutôt

*Kirengeshoma koreana* | Photo : HortiCom

que de pendre mollement en forme de cloche, un effet qu'on apprécie davantage. On le dit moins rustique (zone 6), mais je n'ai aucune difficulté en zone 4. 150 à 200 cm.

**CULTURE** Le kirengeshoma est une plante de sous-bois qui semble pousser aussi bien à l'ombre profonde qu'à la mi-ombre. Il réussit très bien au soleil aussi, du moins dans le nord, pour autant que son sol reste humide en tout temps.

Il préfère d'ailleurs un sol riche en matières organiques et humides ; les feuilles brûlent si le sol devient trop sec. C'est un sujet parfait pour un paillis de feuilles déchiquetées, soit une abondante source de matières en décomposition constante qui reproduit les conditions prévalant dans les forêts caduques japonaises d'où il est originaire.

LES VIVACES ••• 129

## KIRENGESHOMA À FEUILLES PALMÉES

C'est une de ces plantes qui pousse lentement mais sûrement, et qui est beaucoup plus intéressante quand elle est bien développée. Un jeune blanc-bec avec trois tiges et un port aéré, c'est bien, mais un « arbuste » de 120 cm sur 120 cm si dense qu'on ne voit pas à travers, c'est beaucoup, beaucoup mieux. Cependant, une plante de cette taille a probablement 15 ans ou plus ! Ainsi, on installe le kirengeshoma à demeure là où l'on prévoit ne jamais avoir à le déranger et on le laisse aller.

Comme il s'étend peu à peu, même à maturité, il y a un risque réel qu'il devienne trop entreprenant avec le temps. Au Japon, on observe des touffes de 30 m de diamètre qui sont plus que centenaires. Si votre kirengeshoma devient trop gros après 20 ou 25 ans, prélevez les sections à l'extérieur de la masse pour limiter son développement.

**MULTIPLICATION** Le kirengeshoma est terriblement lent à partir de semences, mais diviser les jeunes plants le dérange au plus haut point. Par contre, si vous avez un spécimen mature, formant une touffe de 120 cm et plus, vous pouvez prendre des divisions de l'extérieur de la touffe sans altérer son effet. Prévoyez une hache ou une scie pour le prélèvement. Peut-être le plus facile est-il de prélever des boutures de tige en début d'été.

**UTILISATIONS** Idéalement, cette plante devrait servir en tant que couvre-sol géant naturalisé dans un sous-bois ouvert, ce qui reproduirait sa façon de croître dans la nature. Le kirengeshoma est également intéressant dans les vastes plates-bandes ombragées, où il faut le considérer, à cause de son port, comme un arbuste. C'est aussi un superbe choix pour un jardin japonais. Je n'ai jamais vu cette plante en haie, mais l'effet doit être incroyable.

**ASSOCIATIONS** Une belle association avec d'autres plantes de sous-bois riche et humide pourrait comprendre des fougères de tailles différentes et des anémones japonaises (*Anemone* x hybrida). J'aime aussi l'effet de rappel lorsqu'on le plante avec le grand rodgersia podophyllé (*Rodgseria podophylla*), au feuillage découpé de façon un peu similaire.

**PROBLÈMES** Peu fréquents. Les marges des feuilles peuvent brunir et s'assécher en cas de sécheresse prolongée.

**ENCORE PLUS** Juste à entendre son nom, on devine que le kirengeshoma vient du Japon. D'après mon japonais très limité, ça veut dire quelque chose comme « fleur à chapeaux jaunes ». Logique, non ?

Même sans fleurs, *Kirengeshoma palmata* est saisissant. | Photo : HortiCom

# KITAÏBÉLA

> **Nom botanique** : *Kitaibela vitifolia*, syn. *Kitaibelia vitifolia*
>
> **Famille** : Malvacées
>
> **Hauteur** : 1,5 m à 2 m
>
> **Largeur** : 1 à 1,5 m
>
> **Exposition** : soleil, mi-ombre
>
> **Sol** : bien drainé, ordinaire
>
> **Floraison** : milieu de l'été à fin de l'automne
>
> **Zone de rusticité** : 3

*Kitalbela vitifolia* | Photo : HortiCom

J'ai découvert le kitaïbéla dans le catalogue du célèbre fournisseur de semences ontarien Gardens North, toujours un trésor pour les amateurs de plantes qui sortent de l'ordinaire. J'achète presque toutes les nouveautés qu'offre Kristl Walek, la propriétaire… et peu m'ont autant surpris que le kitaïbéla.

Je ne sais pas si vous êtes comme moi, mais entre le moment où je commande des graines en pleine connaissance de cause, après avoir bien lu la description, et celui où je les sème, j'ai le temps d'oublier ce que j'ai acheté et pourquoi. Évidemment, j'avais noté le nom de la plante sur l'étiquette, mais pour une raison quelconque, j'avais oublié que les petites graines de kitaïbéla donnent des plantes de 2 m de hauteur et de 1,5 m de largeur. Et je n'avais surtout jamais pensé que mes spécimens atteindraient leur pleine hauteur l'été même ! Quand vous avez des monstres de 2 m sur 1,5 m à l'avant-plan d'une plate-bande, vous faites quoi ? J'ai agrandi la plate-bande, bien sûr, qui mesure maintenant 6 m de large, avec les kitaïbélas en plein milieu.

**DESCRIPTION**   Il s'agit d'une plante massive et vigoureuse, il n'y a pas à dire. À partir d'une souche ligneuse, se pointent au printemps des tiges semi-ligneuses et très solides qui forment une plante évasée, en pyramide inversée. Les tiges sont couvertes de feuilles vert moyen « en forme de feuille de vigne », car c'est ce que *vitifolia* veut dire (si j'avais eu à le décrire, je l'aurais appelé plutôt *acerifolia*, soit « en forme de feuille d'érable », ce qui trahit sans doute mes origines nord-américaines).

À partir du milieu de l'été, et tout le reste de la saison jusqu'à la fin de l'automne, des fleurs en forme de coupe aplatie à cinq pétales blancs (on dit que des formes rose pâle existent, mais je

## KITAÏBÉLA

n'en ai jamais vues) se succèdent. Elles sont portées par petits groupes à l'aisselle des feuilles. La floraison est abondante, sans être dense ; sur une plante aussi grosse, même 100 fleurs par jour peuvent paraître un peu perdues. C'est le genre de végétal qui pourrait réellement profiter des bons soins d'un hybrideur : avec des fleurs juste un peu plus grosses et une taille un peu plus compacte, la plante serait saisissante plutôt que juste attrayante.

Les fleurs ressemblent beaucoup aux fleurs de la mauve et de la lavatère (deux autres Malvacées) par leur forme. La couleur de la fleur et sa texture satinée avec une touche iridescente rappellent même la mauve musquée blanche (*Malva moschata alba*).

**CULTURE**   Le kitaïbéla demande le plein soleil ou la mi-ombre et s'adapte à tous les sols bien drainés, même les plus pauvres. Il semble totalement indifférent à la chaleur et à la sécheresse. C'est une plante à croissance très rapide (à partir d'un ensemencement en février, il fleurit (et atteint 2 m de hauteur) l'été même. Comme c'est généralement le cas des Malvacées de climat tempéré, une fois bien établi, il n'apprécie pas les déplacements. On peut réprimer sa tendance à se ressemer un peu trop abondamment en appliquant un bon paillis sur le sol dans les environs.

**MULTIPLICATION**   Il ne se multiplie que par semences, mais il est particulièrement facile d'obtenir de bons résultats. Si vous n'avez jamais semé de graines de vivaces de votre vie, voici un bon sujet.

**UTILISATIONS**   Le kitaïbéla fait un excellent écran végétal ou haie estivale. On peut aussi le planter à l'arrière-scène d'une plate-bande… mais seulement d'une *vaste* plate-bande. Imaginez aussi son effet dans un pré fleuri !

**ASSOCIATIONS**   À l'avant-plan, essayez des plantes à floraison voyante, comme la verveine bonne à rien (*Verbena bonariensis*), la knautie macédonienne (*Knautia macedonica*) ou la valériane rouge (*Centranthus ruber*), qui sont elles aussi adaptées aux sols secs et plutôt pauvres.

**PROBLÈMES**   Peu fréquents. Par contre, comme cette plante est une Malvacée, il y a fort à parier que les scarabées japonais l'aimeront si vous vivez dans une région qui en est infestée.

Fleur de *Kitalbela vitifolia*   |   Photo : HortiCom

# KNAUTIE MACÉDONIENNE

*Knautia macedonica* | Photo : HortiCom

Je le confesse, je n'arrive pas à prendre une photo de cette plante qui ait du bon sens. Avec tant de fleurs à tous les niveaux – plus haut, plus bas, en avant, en arrière – mon œil saisit parfaitement l'effet charmeur, mais mon appareil photo se fixe sur une seule fleur et laisse toutes les autres floues. Parfait pour les gros plans, mais quand il s'agit de vous montrer une vue d'ensemble d'une plante qui est pourtant mieux vue à distance, il n'y a rien à faire. Voici donc l'habituel gros plan… mais vous devriez imaginer l'effet d'ensemble !

> **Autre nom commun :** knautie de Macédoine
> **Nom botanique :** *Knautia macedonica*, syn. *Scabiosa rumelica*
> **Famille :** Dipsacacées
> **Hauteur :** 60 à 75 cm
> **Largeur :** 30 cm
> **Exposition :** soleil
> **Sol :** tout sol bien drainé
> **Floraison :** début de l'été à l'automne
> **Zone de rusticité :** 3

**DESCRIPTION** Que la knautie soit proche parente de la scabieuse ne fait aucun doute : les fleurs, en forme de pelote d'épingles, sont presque pareilles. La fleur n'est pas une véritable fleur cependant, mais une inflorescence composée d'une multitude de petites fleurs. La floraison débute dès les premiers jours de l'été pour ne cesser que tard à l'automne. Les fleurs sont portées sur des tiges maintes fois ramifiées ; elles paraissent frêles mais sont relativement résistantes. La plante est tout de même en mouvement constant sous la moindre brise. Comme les fleurs sont bien séparées sur la plante, l'effet est très aéré et donne une note de légèreté à l'aménagement. Avec la knautie, la seule façon d'obtenir des fleurs groupées, c'est de les cueillir dans un bouquet !

## KNAUTIE MACÉDONIENNE

La caractéristique la plus originale de l'inflorescence est sa couleur, un rouge bordeaux riche et sombre que je n'ai jamais vu sur d'autres plantes… à l'exception de quelques pivoines (*Paeonia* spp.).

Mon meilleur effort pour montrer l'effet que *Knautia macedonica* pourrait avoir dans votre plate-bande. | Photo : HortiCom

Quand les fleurs tombent, il reste un réceptacle en forme de bouton entouré d'un calice étoilé, vert d'abord, puis beige. Je trouve que les réceptacles ajoutent de l'intérêt à l'ensemble même si certains jardiniers insistent pour les supprimer.

Enfin, il y a deux sortes de feuilles. Les feuilles à la base de la plante sont entières ou légèrement lobées ; celles sur les tiges florales sont pennées.

**CULTURE** La knautie se contente de très peu tant qu'il y a du soleil. Tous les sols conviennent s'ils sont bien drainés, même les sols pauvres et secs. D'ailleurs, la plante est plus solide dans les sols ordinaires ou pauvres que dans les sols riches. Aucune fertilisation n'est nécessaire.

Plusieurs experts suggèrent toutes sortes de travaux pour garder sa beauté à cette plante : tuteurage, suppression des fleurs fanées, rabattage du plant au milieu de l'été pour stimuler « une floraison renouvelée », etc. Je me demande bien pourquoi. La knautie fleurit pendant cinq mois complets, qu'on supprime ses fleurs ou qu'on la taille ou non. Quant au tuteurage… eh bien, il est dans la nature de la knautie d'être un peu moins que rigide. Elle plie un peu à gauche, à droite, se redresse… C'est ce mouvement qui est si intéressant. Quand on essaie de convertir la knautie en une plante droite et parfaitement rangée, ce n'est plus une knautie ! De toute façon, comment tuteurer une plante aux tiges aussi minces sans qu'il n'y paraisse ? Je vous suggère de planter la knautie en masse de façon à créer un nuage de fleurs rouges, et de laisser les tiges pousser, plier, se redresser et s'entremêler à leur guise ; l'effet sera bien plus joli que sur une plante taillée et tuteurée.

La knautie macédonienne se ressème volontiers dans les sols dénudés, mais pas trop dans une plate-bande chargée. Utilisez un paillis pour couvrir le sol et vous éliminerez le problème… si c'est un problème. Il y a dans la vie des problèmes pires qu'une petite plante rouge qui apparaît çà et là dans votre plate-bande.

**MULTIPLICATION** On pourrait toujours diviser une knautie au printemps ou à l'automne, mais pourquoi le faire quand elle est si facile à produire par semences ? Les graines semées en février fleuriront un peu tardivement le premier été, mais elles fleuriront quand même.

**UTILISATIONS** Une knautie seule est une knautie perdue : il faut toujours la planter par groupes d'au moins cinq. Et il n'y a pas de limite supérieure ! Utilisée ainsi, c'est un classique de la plate-bande à l'anglaise et du jardin de fleurs coupées. D'ailleurs, avec quelques plants de knautie, vous aurez de quoi faire des bouquets tout l'été ! On peut aussi l'utiliser dans des plates-bandes ensoleillées de tout style et dans des prés fleuris. Enfin, elle attire les papillons au jardin.

**ASSOCIATIONS** J'aime bien l'effet de cette plante quand elle flotte au-dessus d'un couvre-sol à feuillage argenté, comme l'armoise blanche (*Artemisia canescens*) ou l'armoise de Steller (*Artemisia stelleriana*). Essayez-la avec des échinacées (*Echinacea* spp.), l'achillée 'Terracotta' (*Achillea* 'Terracotta) ou des miscanthes (*Miscanthus sinensis*).

# KNAUTIE MACÉDONIENNE

*Knautia macedonica* 'Mars Midget' | Photo : HortiCom

**PROBLÈMES**  Peu fréquents.

**AUTRES KNAUTIES MACÉDONIENNES**

*K. macedonica* 'Mars Midget' est en tous points identique à l'espèce, mais plus court. Il est offert à la fois sous forme de semences et de plant, et il est fidèle au type par semences. 40 cm.

*K. macedonica* 'Melton Pastels' est un mélange qui se présente dans des couleurs pastel : bleu, mauve, rouge, rose et saumon. Quel sacrilège ! Le rouge bordeaux de la knautie macédonienne est son attrait principal, et voilà qu'on introduit une lignée colorée comme chez n'importe quelle autre vivace ! Rebellez-vous et tenez-vous-en à l'original. 50 cm.

## LAMIER JAUNE 'HERMANN'S PRIDE'

*Lamium galeobdolon* 'Hermann's Pride' | Photo : Proven Winners

> Autres noms communs : ortie jaune 'Hermann's Pride', lamier galéobdolon 'Hermann's Pride'

> Nom botanique : *Lamium galeobdolon*, syn. *Lamiastrum galeobdolon*, *Lamium luteum*, *Galeobdolon luteum*

> Famille : Labiées

> Hauteur : 30 à 38 cm

> Largeur : 45 cm

> Exposition : soleil, mi-ombre, ombre

> Sol : tous les sols bien drainés

> Floraison : fin du printemps, début de l'été

> Zone de rusticité : 3

LES VIVACES

## LAMIER JAUNE 'HERMANN'S PRIDE'

**Merci, Hermann Dykhousen, vous avez raison d'être fier ('Hermann's Pride' veut dire « fierté d'Hermann »).** Ce Hollandais a découvert cette forme non envahissante de lamier jaune lors d'un voyage en Yougoslavie. C'est le seul lamier jaune que je peux recommander aux jardiniers paresseux... et une très jolie plante de surcroît.

Il faut comprendre comment les lamiers jaunes croissent normalement pour savoir pourquoi 'Hermann's Pride' est si merveilleux. C'est qu'ils produisent deux sortes de tiges : des tiges dressées qui donnent des fleurs, et des tiges rampantes, les stolons, qui courent sur le sol pour s'enraciner ailleurs. Or, le stolon des lamiers jaunes peut atteindre jusqu'à 3 m de long au cours d'une seule saison ! Vous voyez le problème ? Oui, le lamier jaune ordinaire (le cultivar le plus connu est *Lamium galeobdolon montanum* 'Florentinum', mieux connu sous le nom *L. galeobdolon* 'Variegatum') fait un couvre-sol à couverture rapide (sur ce plan, il n'a pas son égal dans le monde végétal), mais sa propension à aller où on ne veut pas est légendaire. Même le lamier maculé (*L. maculatum*), décrit dans la section sur les couvre-sols et pourtant une plante assez agressive, a l'air bien malingre à ses côtés. Le lamier jaune quitte souvent les jardins pour prendre d'assaut les forêts naturelles au Canada, envahissant toute la surface au sol au détriment des plantes indigènes ; on le considère ainsi comme une menace environnementale. Si votre voisin en a planté, vous ne finirez pas d'en arracher, car inévitablement il traversera la clôture.

Heureusement 'Hermann's Pride' n'est pas comme les autres lamiers jaunes : il ne produit pas de stolons, seulement des tiges dressées. Même qu'il ne s'étend pas du tout ! Si vous voulez en avoir plusieurs, il faut le multiplier vous-même. Voilà donc un lamier jaune bien discipliné dans une telle famille de vagabonds !

**DESCRIPTION** Le lamier jaune 'Hermann's Pride' forme un dôme un peu plus large que haut composé de tiges dressées au milieu et un peu inclinées sur les bords. Les tiges sont couvertes de feuilles ovales dentées plus grosses à la base et plus petites au sommet. Leur caractéristique la plus remarquable est qu'elles sont très argentées, une coloration mise en valeur par des nervures contrastantes vertes. Le 'Hermann's Pride' croît rapidement au printemps, et bientôt l'extrémité des tiges est décorée de jolies fleurs jaunes à capuchon. En tombant, les fleurs laissent un calice vert d'allure piquante, d'où le nom commun « ortie jaune », mais ce calice n'est pas le moindrement agressif. Le reste de l'été, la plante reste au beau fixe ; tout au plus les tiges plient un peu plus vers l'extérieur et la touffe devient alors un peu moins dense. Le feuillage est persistant et garde sa coloration argentée à l'année. Les nervures vertes prennent toutefois une teinte pourprée dans les journées froides d'automne.

**CULTURE** Peut-on imaginer une plante plus facile à cultiver ? Le lamier jaune pousse au soleil comme à l'ombre, dans les sols secs ou humides, riches ou pauvres, acides ou alcalins, argileux, pierreux ou sablonneux. Il reste que le sol doit au moins être bien drainé : le lamier aime l'humidité, mais il ne faut pas qu'il ait les pieds dans l'eau.

Chose intéressante, le lamier jaune tolère la compétition racinaire et l'ombre sèche. On peut donc le cultiver sous des arbres à racines abondantes et superficielles, comme les érables (*Acer*

## LAMIER JAUNE 'HERMANN'S PRIDE'

spp.) et les marronniers d'Inde (*Aesculus* spp.). Il pousse même à l'ombre des conifères, comme les épinettes (*Picea* spp.) et les sapins (*Abies* spp.), dont le feuillage persistant jette une ombre permanente. Dans une telle situation, vous feriez mieux de planter des lamiers bien développés plutôt que des boutures ou des jeunes plants, et de très bien surveiller les arrosages la première année. Une fois qu'ils seront bien établis cependant, l'ombre sèche ne leur fera plus peur.

**MULTIPLICATION**   Le lamier jaune 'Hermann's Pride' peut être multiplié par division ou bouturage de tige pratiquement en toute saison. Il est fidèle au type et peut se ressemer un peu, mais rarement au point de déranger.

**UTILISATIONS**   La croissance contrôlée de 'Hermann's Pride' en fait un moins bon couvre-sol que la plupart des lamiers, car, contrairement aux autres, il ne couvre pas de vastes surfaces tout seul. Vous pouvez toutefois l'employer comme couvre-sol ; il suffit d'espacer les plants d'environ 30 cm afin qu'ils se touchent à maturité. Il est intéressant en massif à cause de son feuillage qui reste beau en tout temps. C'est aussi un excellent choix pour les bordures de plate-bande, notamment dans les emplacements ombragés, et pour la culture en bac. Il est particulièrement utile dans les coins jugés « trop sombres », car, par son feuillage luisant et clair, il apporte un effet de lumière.

**ASSOCIATIONS**   Comme le lamier jaune 'Hermann's Pride' n'est nullement agressif, on peut le planter en toute confiance avec d'autres végétaux. Son feuillage argenté paraît doublement intéressant quand il fait contraste avec des plantes à feuilles sombres, comme l'if (*Taxus* spp.) et les heuchères à feuillage pourpre (*Heuchera* 'Obsidian' et autres).

**PROBLÈMES**   Peu fréquents : parfois quelques trous dans les jeunes feuilles dus aux limaces. Les cerfs ne semblent pas le trouver attirant… peut-être à cause de l'odeur désagréable des feuilles froissées d'où il tire son nom botanique, car l'épithète *galeobdolon* veut dire « qui pue la belette ».

**AUTRES LAMIERS JAUNES**   La majorité des autres lamiers jaunes sont trop agressifs pour satisfaire les jardiniers paresseux. Il y a toutefois une exception : le nouveau cultivar *L. galeobdolon* 'Petit Point'. Cette sélection de 'Hermann's Pride' lui est identique en tous points, sauf qu'il est plus compact, n'atteignant que 25 cm de hauteur.

*Lamium galeobdolon* 'Hermann's Pride' | Proven Winners

**ENCORE PLUS**   La valse des noms est-elle enfin terminée ? Cette plante a été « officiellement » renommée non moins de quatre fois en moins de 20 ans. L'ortie jaune s'est d'abord appelée *Lamium luteum*, puis les taxonomistes ont décidé qu'elle n'était pas un *Lamium*, mais plutôt un *Lamiastrum*, et son nom fut changé pour *Lamiastrum galeobdolon* (*galeobdolon* était son nom commun à l'époque des Romains). Ça n'allait pas non plus et elle est devenue *Galeobdolon luteum*. Enfin, les taxonomistes se sont ravisés, c'était bien un *Lamium*, mais il existait déjà un *Lamium luteum*, qui avait donc la priorité. Notre plante est donc devenue *Lamium galeobdolon*… mais pour combien de temps encore ?

# LAVATÈRE DE THURINGE

*Lavatera thuringiaca* | Photo : HortiCom

> Autre nom commun : lavatère vivace
> Nom botanique : *Lavatera thuringiaca*
> Famille : Malvacées
> Hauteur : 120 à 150 cm
> Largeur : 90 à 120 cm
> Exposition : soleil
> Sol : bien drainé, sec, pauvre
> Floraison : milieu à fin de l'été
> Zone de rusticité : 4

À lire les publications américaines, on croirait que les lavatères vivaces ne sont nullement rustiques dans le nord. On leur attribue généralement une côte zonière 6 ou 7… américaine (zones 7 ou 8 selon le système canadien). Peu de chances qu'elles puissent pousser au Québec, n'est-ce pas ? Mais si les Américains se trompaient, si les lavatères vivaces, ou du moins certaines d'entre elles, étaient solidement rustiques, même jusqu'en zone 4 ? Car en guise de pied de nez à la classification américaine, et à l'insu des jardineries du Québec, du moins jusqu'à récemment, des jardiniers amateurs ont cultivé chez eux une lavatère vivace qui est bien rustique : la vraie lavatère de Thuringe (*Lavatera thuringiaca*), qu'on appelle plus souvent « lavatère vivace », tout simplement. J'ai vu cette lavatère au jardin botanique Roger-Van den Hende à Québec il y a bien des années, d'où elle a été largement distribuée aux jardiniers en visite dans la région grâce à sa généreuse production de semences. Ce n'est cependant que récemment que les jardineries l'ont adoptée, ce qui la rend enfin plus facile à trouver sur le marché.

## LAVATÈRE DE THURINGE

L'estimation limitative de sa rusticité provient, d'après moi, de la confusion au sujet de ce qui constitue la « vraie lavatère de Thuringe ». En effet, la lavatère de Thuringe, originaire de l'Europe continentale à partir de la France jusqu'en Russie et même en Sibérie, donc bien résistante au froid, a été souvent croisée avec une lavatère beaucoup moins rustique de la Méditerranée, la mauve en arbre ou lavatère arborescente (*L. olbia*), au point où les résultats de ces croisements, maintenant appelés officiellement *L. x clementii*, passent souvent sous le nom de *L. thuringiaca*. Or, ils ont hérité souvent de la rusticité bien méditerranéenne de la mauve en arbre : zone 7 ou 8 au Canada. Il n'est donc pas surprenant qu'il y ait confusion.

**DESCRIPTION**  La lavatère de Thuringe (*L. thuringiaca*) est une grande vivace de 1,2 m à 1,5 m de hauteur aux tiges semi-ligneuses. Avec son port évasé et ses tiges si solides, elle passe souvent pour un arbuste, mais elle meurt jusqu'au sol, ou presque, tous les ans. Les feuilles plus ou moins en forme de cœur ont de trois à cinq lobes arrondis et sont duveteuses, de couleur vert moyen. La plante porte, durant presque tout l'été, de juillet jusqu'en septembre, des fleurs rose mauve iridescent en forme de soucoupe. Chaque pétale est plus ou moins triangulaire.

Il est facile de confondre cette plante avec la mauve musquée (*Malva moschata*), une proche parente. Les couleurs sont absolument identiques, et les fleurs ont la même taille et à peu près la même forme. Le port est similaire, bien que la mauve soit plus petite (rarement plus de 90 cm de hauteur). On les distingue cependant facilement par l'encoche que la mauve porte à l'extrémité de son pétale et par les feuilles vert foncé luisantes et très découpées de la mauve musquée.

**CULTURE**  Pensez « soleil » et « bon drainage » si vous voulez avoir du succès avec la lavatère. Elle va particulièrement bien dans les sols pauvres à ordinaires et plutôt secs. Dans les milieux humides et riches, ses tiges, habituellement si robustes, sont plus molles. Aussi, sa floraison est plus durable dans des conditions « sévères ». Quand l'été est frais, gris et humide, sa floraison s'arrête avant la fin de l'été. Quand l'été est chaud, sec et ensoleillé, la lavatère fleurit jusqu'à la fin de septembre.

La lavatère de Thuringe croît rapidement, fleurissant sans trop de peine la première année, même à partir de semences. Par contre, une fois établie, elle tolère difficilement la transplantation ; plantez-la à demeure.

*Lavatera thuringiaca* | Photo : HortiCom

Il y a un risque réel de perdre cette plante si on la taille à l'automne, car c'est en réalité un sous-arbrisseau, soit une plante ligneuse dont les parties aériennes meurent l'hiver. Sauf qu'elle ne meurt pas complètement : il reste des bourgeons vivants sur les tiges de l'année précédente. Si vous rabattez la plante à l'automne dans le but de « faire le ménage », comme le font les jardiniers forcenés, vous risquez de la tuer. Je suggère d'attendre au printemps et, si vous tenez à la tailler, d'attendre de voir d'où part sa croissance printanière.

## LAVATÈRE DE THURINGE

**MULTIPLICATION**   Par semences en pleine terre au printemps ou à l'automne, ou en caissette dans la maison en février. La lavatère se ressème aussi, bien que pas aussi abondamment que sa cousine, la mauve musquée. En théorie, on peut aussi prendre des boutures de tige. Cette plante ne fait pas de rejets et, par conséquent, on ne peut la diviser.

**UTILISATIONS**   Comme elle a un port d'arbuste, il s'agit de l'utiliser comme vous le feriez d'un arbuste : en tant que haie ou écran de verdure, à l'arrière-plan des plates-bandes, etc. Elle fait une excellente fleur coupée et attire les papillons.

**ASSOCIATIONS**   J'aime bien faire un rappel avec des plantes aux fleurs rose-mauve, mais de forme contrastante, comme la liatride (*Liatris spicata*) et la reine-des-prairies (*Filipendula rubra* 'Venusta').

**PROBLÈMES**   Peu fréquents. Dans les régions où sévit le scarabée japonais, qui aime beaucoup les plantes de la famille des Malvacées, aussi bien en faire votre deuil.

**AUTRES LAVATÈRES**   Il faudrait expérimenter davantage avec les lavatères hybrides (*L.* x *clementii*). Même si le cultivar le plus vendu au Canada, 'Barnsley', s'est montré peu rustique (il faut presque le cultiver comme annuelle), je commence à expérimenter d'autres lavatères hybrides aux fleurs blanches, roses, crème, etc., et je les trouve souvent assez rustiques ; sans doute qu'elles ont hérité leurs gènes de rusticité du côté *L. thuringiaca* plutôt que du côté *L. olbia*. Mes expériences sont toutefois trop peu avancées pour faire des recommandations. Je veux quand même ouvrir une porte à l'expérimentation : oui, des lavatères hybrides rustiques existent, mais encore faut-il déterminer dans quelles conditions et jusqu'à quelle zone !

Il y a cependant une lavatère solidement rustique, la lavatère du Cachemire (*Lavatera cachemirana*). Elle est assez semblable à *L.* thuringiaca (d'ailleurs, certains taxonomistes la considèrent comme une variante de *L.* thuringiaca), mais aux fleurs rose plus doux et à feuilles plus en forme de cœur. Elle atteint également une plus grande hauteur, jusqu'à 2 m. J'ai vu cette plante pour la première fois aux Jardins de Métis et pensais à l'origine qu'une plante d'apparence aussi exotique devait profiter d'un microclimat spécial. Depuis, j'ai pu faire des expériences avec cette plante pour découvrir, finalement, qu'elle est aussi rustique et facile que *L. thuringiaca*. 2 m. Zone 4.

Enfin, il y a une superbe lavatère annuelle, *L. trimestris*, décrite à la page 297.

*Lavatera thuringiaca* | Photo : HortiCom

# LIGULAIRE DENTÉE 'BRITT MARIE CRAWFORD'

- Autre nom commun : ligulaire d'or 'Britt Marie Crawford'
- Nom botanique : *Ligularia dentata* 'Britt Marie Crawford'
- Famille : Astéracées
- Hauteur (feuillage) : 60 cm
- Hauteur (fleurs) : 100 cm
- Largeur : 90 cm
- Exposition : soleil à ombre
- Sol : riche, frais et humide à très humide
- Floraison : fin de l'été, début de l'automne
- Zone de rusticité : 3

*Ligularia dentata* 'Britt Marie Crawford' | Photo : HortiCom

De temps en temps arrive sur le marché une plante si fascinante qu'il *faut* l'obtenir coûte que coûte. Une fois que vous avez vu la ligulaire dentée 'Britt Marie Crawford', vous êtes perdu. Que ne feriez-vous pas pour obtenir cette superbe plante ?

**DESCRIPTION** *L. dentata* 'Britt Marie Crawford' a de qui tenir. Depuis une génération maintenant, les jardiniers du monde utilisent abondamment deux autres ligulaires dentées à feuillage bronzé : *L. dentata* 'Othello' et *L. dentata* 'Desdemona'. On peut se disputer longtemps pour déterminer laquelle des deux est la plus foncée (à mon avis, c'est 'Desdemona'), mais à quoi bon ? La ligulaire la plus foncée est désormais 'Britt Marie Crawford' ! Au printemps, quand elles sortent, les feuilles sont tellement foncées qu'elles sont presque noires. De surcroît, elle sont luisantes, ce qui donne une apparence encore plus unique. L'été, la surface supérieure est plutôt marron chocolat, alors que le revers de la feuille affiche un pourpre riche et sombre. La forme des feuilles, grosses, rondes ou réniformes et dentées sur la marge, comme le nom botanique le suggère, est jolie aussi. La plante fait une belle touffe très dense, plus large que haute, étouffant les mauvaises herbes au passage et grossissant peu à peu avec le temps. Spectaculaire ! Cette plante est si voyante qu'elle est nécessairement une plante-vedette.

Ai-je mentionné les fleurs ? Ce sont des « marguerites » jaune or portées bien au-dessus du feuillage sur des tiges pourpre foncé (naturellement), qui durent plusieurs semaines à la fin de l'été.

**CULTURE** De l'eau, de l'eau et encore de l'eau ! C'est ce qu'il faut aux ligulaires. Je vois régulièrement des gens qui les plantent dans les sols de jardin ordinaires. Tout va bien au printemps, quand le sol est encore détrempé, et à l'automne, quand c'est plus frais, mais l'été, quand la terre s'assèche un peu et que les journées sont chaudes, les voilà flétries comme laitue au

## LIGULAIRE DENTÉE 'BRITT MARIE CRAWFORD'

soleil! Vient la nuit, les feuilles remontent, comme par magie, même si on n'arrose pas. C'est la perte d'eau due à la forte transpiration des grosses feuilles dans la journée, combinée à l'incapacité des racines d'absorber assez d'eau rapidement pour compenser, qui fait que les feuilles se fanent, pas véritablement un manque d'eau. Comme il y a moins de transpiration la nuit, alors même si l'on arrose pas, les racines arrivent à trouver assez d'eau pour que les feuilles reprennent leur turgescence. Mais si la ligulaire pousse dans un sol bien humide en tout temps, son système racinaire sera plus développé et, même durant les canicules d'été, il absorbera assez d'eau pour maintenir les feuilles dans toute leur splendeur.

Autrement dit, préférez un emplacement humide à très humide. Plantez 'Britt Marie Crawford' dans un sol riche en matières organiques (qui retient plus d'eau que les sols minéraux) et paillez abondamment.

Côté exposition, tout va. Certains jardiniers croient que les ligulaires ne vont pas au soleil, et d'autres qu'elles ne vont pas à l'ombre. Ils ont tort tous les deux. Au soleil, dans un sol détrempé, pas de problème! À l'ombre, la plante tolère une humidité moindre… mais arrive rarement à fleurir. Sans doute que, pour la plupart des jardiniers, la mi-ombre conviendra mieux: la plante ne sera pas aussi stressée par le manque d'eau et elle aura quand même assez de lumière pour fleurir.

Comme toutes les ligulaires, 'Britt Marie Crawford' est une plante qui vit longtemps et ne demande que peu de soins. La division n'est jamais nécessaire… à moins de vouloir la multiplier ou réduire l'ampleur de la « colonie » qui se forme peu à peu avec le temps.

*Ligularia dentata* 'Britt Marie Crawford'
Photo: HortiCom

**MULTIPLICATION**  Par division au printemps ou à l'automne.

**UTILISATIONS**  Après avoir lu un peu sur la culture de la ligulaire dentée 'Britt Marie Crawford', vous saurez probablement que la plante serait à son plus beau dans un jardin de marécage, en marge d'un jardin d'eau ou le long d'un ruisseau. Évidemment, elle est superbe en plate-bande si vous la paillez suffisamment, et naturalisée dans les sous-bois humides. On peut aussi la planter en massif ou l'utiliser comme plante-vedette.

**ASSOCIATIONS**  Les ligulaires aiment les mêmes conditions de culture que la galane oblique (*Chelone obliqua*) et la lobélie cardinale (*Lobelia cardinalis*), ainsi que les fougères et les hostas (*Hosta* spp.). Pour fasciner vos visiteurs, plantez la toute petite ficaire 'Brazen Hussy' (*Ranunculus ficaria* 'Brazen Hussy') tout autour de la grosse ligulaire. Ses minuscules feuilles rondes et noires sont presque une copie conforme des feuilles gigantesques de 'Britt Marie Crawford' et recouvriront le sol tôt au printemps avant que « sa majesté » apparaisse.

**PROBLÈMES**  Les limaces! Elles adorent le feuillage printanier tendre des ligulaires. Mais une fois que les feuilles ont mûri, leur texture coriace semble les rebuter. Utilisez beaucoup de paillis et vous verrez que la population de limaces commencera à chuter: elles *détestent* les paillis. Autrement, la ligulaire a peu d'ennemis. Même les cerfs de Virginie la laissent tranquille… la plupart du temps!

**AUTRES LIGULAIRES**  Il y a quelque 80 espèces de ligulaires, mais seulement une dizaine sont couramment cultivées, et parmi celles-là, seulement deux sont bien connues: la ligulaire à épis étroits (*L. stenophylla* 'The Rocket'), aux feuilles en forme de fer de lance et aux fleurs jaunes

## LIGULAIRE DENTÉE 'BRITT MARIE CRAWFORD'

ébouriffées portées sur des épis minces (120 à 180 cm, zone 3), et sa sosie plus petite, aux feuilles plus découpées, la ligulaire de Prezwalski (*L. prezwalskii*). Les deux sont d'excellentes plantes, mais avec leur feuillage résolument vert, elles n'arrivent pas à la cheville de la coloration de 'Britt Marie Crawford'.

Évidemment, la plus belle des ligulaires est sans aucun doute la ligulaire de Hodgson (*L. hodgsonii*) ! Sans farce, cette plante existe, mais je ne saurais dire si elle est belle au non, car je ne l'ai jamais vue. On semble seulement la trouver dans certains grands jardins botaniques.

## MERTENSIE MARITIME

Chez moi, les tiges florales de *Mertensia maritima* poussent complètement prostrées. | Photo : HortiCom

**Le grand mystère de la mertensia maritime**, c'est... pourquoi a-t-on pris tant de temps à la découvrir ? Je comprends qu'une plante qui pousse dans la toundra sibérienne éloignée ou dans les régions sauvages de la Mongolie, où la population humaine locale frise le zéro, puisse prendre du temps avant d'atteindre le marché horticole en Amérique du Nord, mais une plante indigène qui pousse sur les plages de galets sur les deux côtes du Canada, et aussi en Europe et en Asie, dans des lieux où des milliers d'estivants

> Nom botanique : *Mertensia maritima*
> Famille : Boraginacées
> Hauteur (feuillage) : 10 cm
> Hauteur (fleurs) : 7 à 20 cm
> Largeur (rosette principale) : 25 à 30 cm
> Largeur (avec les tiges florales) : jusqu'à 50 cm
> Exposition : soleil
> Sol : pauvre, sec
> Floraison : début à fin de l'été
> Zone de rusticité : 1

## MERTENSIE MARITIME

passent l'été tous les ans ? Une plante si voyante, avec ses feuilles bleu craie pâle, qui ne peut guère passer inaperçue ? Comment se fait-il qu'on ne l'ait pas remarquée auparavant ? Horticulture Indigo d'Ulverton, au Québec, spécialiste en plantes indigènes, ne l'a lancée comme « nouveauté » qu'en 2005, et elle remporta d'ailleurs un prix Mérite horticole du Jardin botanique de Montréal pour meilleure introduction parmi les plantes indigènes. Ça ne se peut presque pas. Et pourtant, c'est ce qui est arrivé.

**DESCRIPTION** À lire la description de la plante, ou pourrait penser qu'on la cultive pour ses fleurs. Après tout, elle fleurit longtemps, de juin à août, et la description paraît si séduisante : « petits boutons roses pendants s'épanouissant pour montrer des clochettes bleu ciel ». Après tout, les fleurs bleues, et par là je veux dire vraiment bleues, pas le genre de bleu-lavande qui passe habituellement pour bleu parmi les horticulteurs, c'est si rare : on peut compter le nombre de plantes à fleurs vraiment bleues sur les doigts des deux mains ! Pourtant, je vous le jure, vous ne remarquerez pas trop les fleurs. D'abord, elles sont petites, et même si la tige florale est plutôt dressée en début de saison, dominant le feuillage de… à peine 10 cm (oui, si peu), elles ne durent pas. La plante se couche rapidement sur le sol pour devenir rampante. Donc, le spectacle perd beaucoup d'intérêt. Non pas que vous ne remarquerez pas les fleurs en tant que propriétaire, mais pour vraiment profiter de ce que la mertensie maritime a à offrir, il faut la cultiver… sur une falaise, ou du moins un haut muret, au niveau des yeux !

On cultive surtout la mertensie maritime pour son beau feuillage bleuté. | Photo : Isabelle Dupras, Horticulture Indigo

La vraie raison pour laquelle les fleurs passent plutôt inaperçues est cependant que le feuillage est très dominant. Les petites feuilles en forme de cuillère sont d'un superbe bleu poudre pâle, tranchant avec les feuilles de toute autre plante dans les environs. Dans un concours de « plantes à feuillage bleu », la mertensie gagne la palme haut la main : le meilleur hosta bleu a l'air vert olive à côté !

Il y a deux formes de feuillage sur la plante : les feuilles basales, qui forment une rosette arrondie d'environ 30 cm de diamètre, d'un bleu blanc saisissant, alors que les feuilles sur les tiges prostrées sont un peu plus sombres. L'apparence de la rosette principale est tellement spectaculaire que certains jardiniers jugent les tiges florales prostrées, qui poussent çà et là à la va comme je te pousse, comme une distraction oculaire et les suppriment à vue. Moi, j'aime bien… et de toute façon, je suis trop paresseux pour me mettre à genoux pour couper les tiges florales.

**CULTURE** Sachant que la mertensie pousse en bordure de mer, vous allez probablement la planter dans le carré de sable et l'arroser avec de l'eau salée, n'est-ce pas ? En effet, vous pourriez… mais ce n'est pas nécessaire. Quand j'ai planté cette plante il y a une dizaine d'années (oui, je le confesse, je la connaissais bien avant son lancement « officiel » au Québec en 2005), la personne qui me l'avait vendue m'avait expliqué que c'était une plante difficile, qu'il fallait un drainage absolument parfait, que le sol devait être pauvre et de préférence alcalin, et que je ne devais sous aucune prétexte l'arroser. J'ai écouté attentivement, puis

# MERTENSIE MARITIME

je l'ai plantée en pleine terre dans un sol de jardin ordinaire, plutôt acide, sans lui donner le moindre soin spécial (je n'ai pas l'habitude de dorloter les plantes : chez moi, elles ont droit à une plantation dans les règles, à un bon arrosage, puis après… c'est vogue la galère !). Elle a poussé sans problème. Sans doute qu'elle peut *tolérer* les sols pauvres, le sel de mer, les vents brûlants, etc., mais elle n'en a *pas besoin*. Tout emplacement ensoleillé et bien drainé (évitez les sols compactés où se forment des flaques d'eau) semble lui convenir parfaitement. Évitez tout simplement de la planter là où des végétaux plus gros pourraient dominer et lui couper le soleil : elle est si petite !

Cette plante appartient à l'école des « plante-moi-puis-laisse-moi-tranquille » : elle n'aime pas qu'on farfouille près de ses racines et encore moins qu'on la divise ou la déplace. Achetez un plant en pot, ne dérangez pas trop la motte de racines en le plantant, et voilà, il n'y a plus rien à faire ! J'aime bien imaginer, en rigolant, les jardiniers zélés couchés à plat ventre pour installer un mini-tuteur sur chacune des tiges florales prostrées afin de les faire tenir debout. Je leur suggère fortement d'apprendre à aimer les tiges florales prostrées.

**MULTIPLICATION**  Surtout par semences en pot au printemps ou à l'automne, sans traitement spécial. La croissance est lente au début. Repiquez les plants en pleine terre quand ils auront environ un an. Les boutures des tiges rampantes réussissent parfois. On peut diviser avec grand soin les plants aux rosettes multiples, mais c'est une manœuvre risquée, autant pour le « bébé » que pour la mère. Ne récoltez jamais cette plante à l'état sauvage, car son milieu naturel est très fragile… et les chances de réussir la transplantation très minimes. Personnellement, je vous suggère d'acheter des plants.

**UTILISATIONS**  Ai-je même besoin de suggérer un emplacement au bord de la mer, dans des rochers ou des galets au-delà de la limite des marées ? Ou encore le long d'un chemin que l'on traite aux déglaçants ? Ce n'est pas que la mertensie ait besoin de sel pour pousser, mais comme c'est l'une des rares plantes qui le tolèrent, aussi bien en profiter. Par ailleurs, vous mettrez cette plante dans un milieu aéré loin de toute végétation envahissante : dans une rocaille, sur un muret, dans une auge. La mertensie peut aussi être très attrayante en bordure d'une plate-bande ou le long d'un sentier, pour autant, dans les deux cas, que le sol soit bien drainé.

**ASSOCIATIONS**  Amusez-vous à mettre son feuillage spectaculaire en valeur en l'entourant de plantes encore plus petites, comme les saxifrages (*Saxifraga* spp.) et les petits sédums (*Sedum* spp.). J'aime bien aussi le contraste entre les feuilles si étroites des fétuques bleues (*Festuca glauca* et autres) et les « cuillères » parfaitement aplaties de la mertensie maritime.

**PROBLÈMES**  Tristement, la petite mertensie est très vulnérable aux limaces. J'aurais donc dû la déclasser, mais un coup de cœur est un coup de cœur. N'est-ce pas qu'on aime nos adolescents hirsutes, boutonneux et irrespectueux de toutes les règles ? C'est ainsi avec la mertensie : je l'aime tellement que je suis prêt à oublier les trous dans ses feuilles. Par ailleurs, la mertensie est peu vulnérable aux insectes et aux maladies.

**AUTRES MERTENSIES**  Il y a une quarantaine de mertensies, dont plusieurs très jolies, mais elles sont presque toutes des plantes de la forêt dense qui exigent une culture très différente de la mertensie maritime. Pour ne pas mêler les cartes, je ne vous les présente donc pas ici.

**ENCORE PLUS**  Saviez-vous que le feuillage de la mertensie maritime est comestible ? Les Américains l'appellent d'ailleurs « oyster plant » en prétendant que ses feuilles goûtent les huîtres. Je ne suis pas d'accord. Ma plante ne goûte en rien les huîtres (peut-être parce que, loin de la mer, elle n'a pas eu sa part d'eau salée !), mais la texture mucilagineuse de la feuille rappelle bien celle des huîtres.

## MONARDE NAINE 'PETITE DELIGHT'

*Monarda* 'Petite Delight' | Photo : HortiCom

> **Nom botanique :** *Monarda* 'Petite Delight'
>
> **Famille :** Labiées
>
> **Hauteur :** 45 cm
>
> **Largeur :** 30 cm
>
> **Exposition :** soleil, mi-ombre
>
> **Sol :** riche, humide à très humide
>
> **Floraison :** été
>
> **Zone de rusticité :** 3

**Les monardes ont la réputation de souffrir terriblement du blanc,** cette maladie sournoise en début d'été mais tellement fulgurante en fin de saison. Pourquoi alors en inclure dans un livre pour jardiniers paresseux ? La réponse est facile : ce ne sont pas *toutes* les monardes qui ont cette faiblesse. Comme certaines sont bien résistantes, pourquoi ne pas les mettre en vedette ?

J'aime particulièrement les « nouvelles » monardes naines (peut-être pas fraîchement lancées mais de cuvée assez récente). Je les trouve florifères, très rustiques (elles ont été développées par le Centre de recherche de Morden, au Manitoba) et moins enclines à envahir tout le paysage comme certaines des grandes monardes. Surtout, j'aime pouvoir dire aux jardiniers que toutes les monardes naines sont résistantes au blanc. Avec les grands cultivars, je dois débiter une longue liste ; avec les naines, j'explique tout en deux mots.

Pourquoi avoir choisir 'Petite Delight' comme coup de cœur plutôt que d'autres monardes naines ? Tout simplement parce c'est la plus accessible sur le marché. Autrement dit, je pense vraiment à vous, chers lecteurs. Je ne tiens

## MONARDE NAINE 'PETITE DELIGHT'

pas *toujours* à vous envoyer chercher des plantes dans les pépinières obscures et les catalogues postaux de Saint-Glin-Glin. Pour une fois, voici une plante qui est disponible partout… ou presque.

**DESCRIPTION** 'Petite Delight' pousse en touffe dense. Sur des tiges carrées poussent des feuilles opposées vert foncé, ovale lancéolé, et légèrement dentées. Les fleurs sont tubulaires et à deux lèvres, massées en inflorescences arrondies au sommet des tiges et de longueur un peu inégale, ce qui leur donne une allure ébouriffée enchanteresse. Rose-lavande, elles s'épanouissent pendant cinq semaines et plus en juillet-août. Parfois, une deuxième inflorescence se forme au-dessus de la première, mais c'est plutôt rare chez les variétés naines ('Red Pagoda', une grande monarde rouge, d'ailleurs bien résistante au blanc, le fait régulièrement, d'où son nom).

Les fleurs ont une agréable odeur de citron, mais le feuillage aussi et même les tiges : froissez-les et vous verrez !

**CULTURE** Dans la nature, la monarde (*M. didyma*) pousse dans les marécages et le long des lacs et cours d'eau. Il n'est donc pas surprenant qu'elle et ses hybrides préfèrent les sols frais et humides, voire très humides. Elles s'acclimatent aux sols de jardin de moindre humidité, mais un bon paillis organique est toujours recommandé. Les monardes préfèrent un sol riche, mais acceptent bien les sols de moindre qualité. Côté ensoleillement, le soleil est idéal si vous pouvez assurer une bonne humidité du sol en même temps. Plusieurs jardiniers préfèrent les cultiver à la mi-ombre, où elles poussent quand même très bien, tout simplement parce qu'il est plus facile de maintenir le sol humide à la mi-ombre qu'au plein soleil.

Les monardes ont généralement des tendances envahissantes, car elles produisent des rhizomes souterrains qui poussent à l'horizontale, chacun produisant une nouvelle tige à son extrémité. Par contre, l'importance de l'envahissement varie selon la longueur des rhizomes. Les rhizomes longs de certains des grands cultivars sont donc très envahissants. Les monarde naines ont des rhizomes correspondant à leur taille. Certes, la touffe grossit un peu tous les ans, mais il ne faut pas penser que la plante va dominer toute la plate-bande.

**MULTIPLICATION** C'est un jeu d'enfant que de multiplier les monardes par bouturage. On peut aussi procéder par division.

**UTILISATIONS** La monarde 'Petite Delight' fait une excellente plante dans les bordures de plate-bande et les massifs. Un emplacement le long d'un jardin d'eau est très bien aussi. Les fleurs et les feuilles sont comestibles et ajoutent un goût citronné aux boissons et aux mets. On appelait autrefois la monarde « thé d'Oswego », du nom d'une localité dans l'État de New York où l'on préparait des tisanes avec ses feuilles. Vous pouvez utilisez la monarde pour attirer les papillons et les colibris au jardin.

**ASSOCIATIONS** La monarde 'Petite Delight' fait une excellente compagne à l'achémille molle (*Alchemille mollis*) et à l'aster de Nouvelle-Angleterre 'Purple Dome' (*Aster novae-angliae* 'Purple Dome').

**PROBLÈMES** Si vous voulez absolument forcer votre monarde naine à être victime du blanc, faites-la souffrir de la sécheresse durant l'été. Autrement, il y a peu de problèmes.

**AUTRES MONARDES NAINES** Toutes les monardes naines que je connais sont issues du programme d'hybridation du Centre de recherche de Morden. Voici les variétés disponibles en 2006, autres que *M*. 'Petite Delight' :

*M*. 'AChall' Grand Marshall® : un peu plus haute que 'Petite Delight', avec des fleurs pourpre-fuchsia riche. 50 cm. Zone 3.

## MONARDE NAINE 'PETITE DELIGHT'

*M.* 'ACrade' Grand Parade® : les mêmes port et hauteur que 'Petite Delight', mais les fleurs sont de couleur pourpre-lavande vif. 45 cm. Zone 3.

*M.* 'Petite Wonder' : la « petite sœur » de 'Petite Delight', seulement 25 cm de hauteur. Fleurs rose plus pâle. Zone 3.

**ENCORE PLUS** Les monardes naines sont presque toutes des hybrides complexes associant plusieurs espèces, mais ayant comme point de départ *M. didyma*, appelée tout simplement « monarde » en français. Certains pépiniéristes appellent les hybrides *M. didyma*, mais en fait, à cause de leur « sang mêlé », on devrait plutôt les appeler *Monarda*, tout simplement.

*Monarda* 'ACrade' Grand Parade® | Photo : Jeffries Nurseries Ltd.

## OPUNTIA FRAGILE

*Opuntia fragilis* | Photo : HortiCom

> **Autre nom commun** : raquette fragile
> **Nom botanique** : *Opuntia fragilis*
> **Famille** : Cactacées
> **Hauteur** : 5 à 10 cm
> **Largeur** : 10 à 90 cm

> **Exposition** : soleil
> **Sol** : très bien drainé, sec
> **Floraison** : été
> **Zone de rusticité** : 2

## OPUNTIA FRAGILE

**Des cactées qui poussent au Québec? Pourquoi pas!** La plupart des gens considèrent les cactées exclusivement comme des plantes de désert, mais c'est faux. En fait, cette famille du Nouveau Monde s'étend du nord de l'Alberta au sud de la Patagonie et d'une côte à l'autre. On n'a pas encore trouvé de cactées sauvages au Québec, mais on est passé très proche. Il y a une colonie naturelle d'*Opuntia fragilis* sur une colline juste au sud d'Ottawa en Ontario... d'où l'on peut voir notre frontière!

Pour avoir du succès avec les cactées en région froide, il faut planter les espèces les plus rustiques. Or, les cactées que votre jardinerie vous offre en guise de plantes d'intérieur n'ont aucune chance d'être rustiques.

Il n'y a qu'un seul cactus offert commercialement au Québec qui puisse prétendre à ce titre: *O. humifusa* (présentement, son nom botanique officiel semblerait plutôt être *O. compressa*), que certains considèrent, à tort, comme le cactus le plus rustique. Malheureusement, c'est un très mauvais choix pour notre climat, car il ne tolère pas la neige mouillée; il ne pousse dans la nature que sur les plages libres de neige. Ce cactus produit des raquettes à l'horizontale qui, à l'automne, se recroquevillent vers le haut, formant une coupe qui retient l'eau et la neige. Cette accumulation d'eau stagnante froide mène à la pourriture, et bientôt la raquette est soit morte soit en très piteux état. Il faut donc protéger la plante de la neige et de la pluie hivernale (certains construisent une structure de bois par-dessus). Que de travail pour rien! Il y a plein de cactus aussi rustiques (même plus rustiques) qui, par la structure de leurs raquettes, laissent écouler l'eau qui y tombe. Je vous en présente quelques-uns, en commençant par le plus rustique de tous, l'opuntia fragile.

La première chose qui frappe chez les opuntias, c'est leur curieux mode de croissance. Elles produisent des «raquettes», soit des segments de tige fortement comprimés, qui peuvent parfois prendre justement la forme d'une raquette. Souvent les gens prennent les raquettes pour des feuilles, mais ce sont des tiges. Les raquettes sont soudées les unes sur les autres, formant peu à peu ce qui peut devenir une vaste colonie.

L'absence de feuilles est sans doute la deuxième caractéristique que les gens remarquent. Les opuntias, en effet, n'ont pas de feuilles, du moins pas très visibles. La photosynthèse s'accomplit par les tiges vertes.

Autre constatation immédiate: les opuntias sont épineux, très épineux. Il y a en fait deux sortes d'épines: les épines acérées très visibles et de tout petits aiguillons appelés glochides, semblables à des petits poils en forme d'hameçon, qui sont concentrés dans des coussinets blancs appelés aréoles. Les épines pénètrent rapidement dans la peau, font crier, jurer et couler le sang, mais

## OPUNTIA FRAGILE

habituellement elles restent sur la plante. Les glochides sont plus sournoises : très fines, elles cassent au moindre toucher et pénètrent dans la peau graduellement. On ne remarque pas leur présence au début, mais on ressent de plus en plus une intense démangeaison ; il s'agit des glochides à l'œuvre. Dans les boutiques de farces et attrapes, on trouve des glochides, réduites en poudre, dans la poudre à gratter ! Pour les enlever après une rencontre avec un opuntia, pressez une section de ruban-cache sur la zone affectée, puis tirez.

Notez bien que toutes les cactées très rustiques sont des plantes très basses, des « couvre-sols désertiques » si vous voulez. Les grandes cactées à la Lucky Luke, avec des bras qui remontent aux étoiles, poussent toutes sous des climats plus modérés que le nôtre.

**DESCRIPTION** Notre sujet, l'opuntia fragile, est légèrement atypique pour un opuntia. D'abord, ses raquettes ne sont pas aplaties mais plutôt sphériques ; ainsi elles ne retiennent pas la neige. Elles sont d'ailleurs très petites pour des raquettes de cactus : environ 2 à 5 cm de long et 1 à 5 cm de large. Chez cette plante aux caractéristiques très variables, il peut ne pas y avoir d'épines, mais il peut y en avoir de très longues ; les glochides, par contre, sont toujours présentes.

Le nom « opuntia fragile » n'est pas très encourageant pour qui veut essayer ce cactus sous un climat sévère, mais cette fragilité n'a pas le sens que vous croyez. Au contraire, c'est le cactus le plus nordique, avec une ultime population à 56° de latitude Nord près de Fort St-John (au nord de Dawson Creek) : plus proche du Yukon que de Vancouver ! C'est aussi le cactus couvrant l'aire la plus vaste au pays, soit de l'île de Vancouver jusqu'aux portes du Québec. La « fragilité » de ce cactus vient de la facilité avec laquelle ses raquettes s'en détachent. Le résultat est douloureux… pour nous : les épines entrent dans la peau, y restent, et vous avez la surprise déplaisante d'avoir une raquette solidement fixée à votre cheville ! C'est ainsi que l'opuntia fragile se reproduit : un animal passe, ramasse une raquette bien involontairement et se gratte jusqu'à ce que la raquette tombe ; si tout va bien, la raquette s'enracine dans un nouveau chez-soi.

Les raquettes arrondies de l'opuntia fragile sont vert foncé, souvent pourpré au soleil. Elles forment un tapis dense au sol. Ses fleurs sont généralement jaunes, parfois rouges, mais il n'a pas la réputation de fleurir très abondamment.

**CULTURE** Les cactées rustiques sont-elles faciles à cultiver ? Absolument… si vous leur donnez de bonnes conditions, soit le plein soleil et un drainage parfait. Dans nos sols de jardin enrichis de compost et de matières organiques, les cactées risquent de mal réagir, mais plantez-les dans du sable ou du gravier, ou encore dans une pente raide où l'eau ne pénètre pas facilement, et c'est du gâteau.

Placez un paillis de petites pierres autour pour empêcher les mauvaises herbes de pousser : les paillis organiques habituels tiennent le sol trop humide pour convenir à ces cactées. Si de mauvaises herbes devaient s'y installer malgré tout, arrachez-les avec une pince à long manche… Vous ne voudriez quand même pas risquer vos doigts près de ces plantes !

Il ne faut pas vous inquiéter si les raquettes des opuntias semblent se ratatiner à l'automne : c'est une partie de leur stratégie de survie en climat froid. Comme l'eau prend de l'expansion en gelant, les cellules pleines de liquides pourraient éclater sous la pression, mais les cactées de climat froid ont la capacité d'expulser la majeure partie de l'eau de leurs cellules à l'automne, même quand il pleut. Ainsi leurs tiges passent l'hiver ratatinées mais elles sont en parfait état, reprenant une apparence plus dodue au printemps.

## OPUNTIA FRAGILE

Où se procurer des opuntias ? Pour des raisons peu compréhensibles, les marchands du Québec (et probablement des provinces limitrophes) persistent à offrir comme seul cactus rustique le très mal adapté *O. humifusa,* soit l'espèce qui ne tolère pas la neige mouillée. Pour trouver des « vraies cactées rustiques », jamais disponibles en magasin jusqu'à présent, il faut faire des commandes postales. Plusieurs spécialistes en offrent : recherchez-les sur Internet. Habituellement, ce sont des boutures de raquette qu'on livre par la poste, car elles s'expédient sans problème et reprennent facilement.

**MULTIPLICATION** En général, on multiplie les opuntias en cassant une raquette. Laissez-la sécher quelques jours avant d'insérer la partie inférieure (là où elle était fixée à la raquette voisine) dans du sable pour l'enracinement. N'arrosez pas tout de suite. Après quelques semaines, quand on sent une résistance lorsqu'on tire sur la raquette, signe que des racines se sont formées, on peut commencer à arroser. On peut aussi diviser les opuntias.

Il vaut mieux ne pas toucher aux raquettes lors du bouturage ou de la division. Utilisez plutôt une pince à spaghettis quand vous avez à les manipuler.

On peut multiplier les cactus par semences. Les graines fraîches germent sans problème lorsqu'on les sème à la température de la pièce, mais une fois séchées, elles ont besoin de traitements alternatifs de froid et de chaud pour germer.

**UTILISATIONS** Avec leur taille basse et leur apparence exotique, on utilise habituellement les cactées dans une rocaille ou sur un muret, soit des endroits où elles seront mises en valeur. On peut également les naturaliser dans un pré fleuri sec et sablonneux ou sur des dunes de sable. Elles réussissent très bien dans les fortes pentes toujours asséchées où les autres végétaux ne réussissent pas.

**ASSOCIATIONS** Les cactées ont évolué dans des régions où il y peu d'eau et donc peu de végétaux autres que des graminées très éparses et d'autres plantes à feuillage mince qui laisse passer beaucoup de lumière. Elles souffrent donc beaucoup de la compétition avec les plantes plus hautes et très feuillues, soit la plupart des plantes de jardin. Mieux vaut donc les cultiver dans un isolement relatif (comme dans une rocaille où les roches dominent) ou leur offrir comme compagnes des petites plantes non envahissantes à feuillage mince, comme les fétuques bleues (*Festuca glauca* et autres).

**PROBLÈMES** Peu fréquents, autres que la pourriture dans les emplacements trop humides.

*Opuntia macrorhiza* | Photo : HortiCom

## OPUNTIA FRAGILE

### AUTRES CACTÉES RUSTIQUES

*O. macrorhiza* (opuntia tubéreux, raquette tubéreuse) : très grosses raquettes rondes et aplaties aux longues épines blanches pointées vers le sol. Placées de façon verticale, elles ne retiennent pas la neige. Fleurs jaunes. Fruits rouges comestibles. Comme son nom le suggère, cette plante conserve de l'eau dans des tubercules enterrés. 15-30 cm x 15-30 cm. Zone 4.

*Opuntia polyacantha* | Photo : HortiCom

*O. polyacantha* (opuntia à plusieurs aiguilles, raquette à plusieurs aiguilles) : ce cactus de l'Alberta et de la Saskatchewan produit des touffes denses et rampantes de raquettes verticales circulaires et aplaties. Les épines blanches sont nombreuses. Les fleurs sont abondantes et jaunes, parfois roses. 10-30 cm x 20-150 cm. Zone 2.

*O.* 'Rutilans' : longues raquettes verticales en forme de massue, parfois teintées de pourpre. Souvent sans épines, mais les glochides forment des coussinets jaunes très voyants. Fleurs rose foncé en abondance. 15 cm x 45 cm. Zone 3.

*Escobaria vivipara*, syn. *Coryphantha vivipara* (mamillaire vivipare) : ce cactus n'est pas un opuntia, mais appartient à une autre tribu de la vaste famille des Cactacées. Elle a une façon bien curieuse de se protéger contre le froid : elle s'enfonce dans le sol l'hiver, disparaissant presque de vue. C'est un petit cactus globulaire qui forme, avec le temps, de nombreux rejets. Les plants sont densément recouverts de petites épines. Les fleurs roses sont étonnamment grosses vu la petite taille de la plante. C'est probablement le cactus rustique le plus facile à cultiver, car il semble tolérer toutes les conditions de jardin, même les coins au sol riche et plutôt humide, pour autant qu'il y ait du soleil et un drainage raisonnable. Dans une étude en laboratoire, on l'a exposé a des températures de -220 °C sans qu'il soit le moindrement endommagé, ce qui a incité l'un des scientifiques à suggérer que cette plante pourrait être l'une des seules à pouvoir survivre sur la planète Mars. Au Canada, elle est indigène en Alberta, en Saskatchewan et au Manitoba, soit le territoire qui se rapproche le plus de Mars sur notre Terre, il faut croire. 3 à 5 cm x 5 à 60 cm. Zone 3.

*Escobaria vivipara* | Photo : HortiCom

**ENCORE PLUS** Les autochtones des régions arides utilisaient les épines courbées de certaines cactées comme hameçon. Bonne pêche !

# PANICAUT À FEUILLES DE YUCCA

> Nom botanique : *Eryngium yuccifolium*

> Famille : Apiacées

> Hauteur : 120-150 cm

> Largeur : 45-60 cm

> Exposition : soleil

> Sol : humide, bien drainé

> Floraison : tout l'été

> Zone de rusticité : 3

*Eryngium yuccifolium* | Photo : HortiCom

**Vous aimez les plantes d'allure exotique,** mais vous n'avez pas le goût d'avoir à rentrer des bananiers et des palmiers dans la maison l'hiver ? Avec le panicaut à feuilles de yucca, une vivace des plus solides, vous aurez un effet tropical en toute saison.

**DESCRIPTION** Vous avez deux plantes en une avec le panicaut à feuilles de yucca : d'abord une plante basse à feuilles succulentes qui ressemblent justement à celles d'un yucca, puis une grande plante à inflorescences rondes en forme de boule. C'est la basse qui vous fascinera le plus avec ses feuilles lisses, longues, argentées et pointues comme une baïonnette formant une rosette sculpturale ; on dirait quelque chose provenant directement du désert de Sonora. Les feuilles portent des poils rigides le long de leur marge et ajoutent à l'allure féroce de la plante, mais on ne pourrait guère les traiter d'épines. L'extrémité de la feuille est cependant munie d'une épine acérée.

Les hautes tiges tubulaires, avec leurs ramifications peu nombreuses et leurs « boules » vertes devenant blanches, ne sont pas à dédaigner non plus, et elles durent très longtemps. Heureusement que vous pouvez profiter des deux !

Malgré son apparence exotique, cette plante est indigène dans l'est de l'Amérique, jusqu'à la hauteur du New Jersey et du Minnesota.

**CULTURE** Malgré sa ressemblance avec un yucca, le panicaut à feuilles de yucca pousse plutôt dans les milieux humides ; en anglais, on l'appelle parfois « water-eringo ». Toutefois, une fois établi, il tolère bien les sécheresses. Tous les sols lui conviennent, riches ou pauvres. Le plein soleil est préférable. Une fois qu'il est bien enraciné, ne le dérangez plus : avec sa longue racine pivotante et épaisse, il est difficile à transplanter.

**MULTIPLICATION** On procède surtout par semences, car la plante est difficile à diviser. Ou enfoncez une bêche dans le sol près du plant : de jeunes plants surgiront des racines secondaires blessées.

**UTILISATIONS** Avec son air de plante désertique, le panicaut à feuilles de yucca convient très bien aux rocailles et aux murets, ou encore à la culture en pot. Mettez-le en avant-plan d'une

## PANICAUT À FEUILLES DE YUCCA

*Eryngium yuccifolium* | Photo : HortiCom

plate-bande où l'on pourra admirer son feuillage curieux : les tiges florales créeront un effet de rideau à travers lequel on pourra encore admirer le reste de l'aménagement. Pensez aussi à cette plante le long d'un sentier dans un aménagement méditerranéen. C'est une excellente fleur coupée et une plante médicinale, que les Amérindiens utilisaient pour traiter divers maux, dont les morsures de serpent. L'un de ses noms anglais est d'ailleurs « rattlesnake master » (maître des serpents à sonnette).

**ASSOCIATIONS**  Avec son apparence exotique, le panicaut à feuilles de yucca est probablement à son plus beau entouré d'un paillis de pierres.

**AUTRES PANICAUTS**  Il y a des dizaines d'autres panicauts (*Eryngium*), mais seulement un qui rappelle par sa forme le panicaut à feuilles de yucca… et il porte un nom semblable : panicaut à feuilles d'agave (*E. agavifolium*, syn. *E. bromeliifolium*). Cette espèce est même encore plus exotique en apparence, car ses feuilles sont fortement épineuses. On pourrait vraiment croire que c'est un agave.

Le panicaut à feuilles d'agave est un peu plus tolérant à la sécheresse que le panicaut à feuilles de yucca. Sa rusticité devrait être faible puisqu'il vient d'Argentine, pas vraiment un pays très froid ; les rares livres de référence qui en font mention lui attribuent une cote zonière 7. Pourtant, chez moi en zone 4, aucun problème. Je pense qu'on peut présumer que c'est une plante de zone 5 au moins, mais que la protection d'une bonne couche de neige est utile. 120 cm à 150 cm x 45 à 60 cm.

**PROBLÈMES**  Peu fréquents.

*Eryngium agavifolium* | Photo : HortiCom

# PAVOT DES BOIS

*Stylophorum diphyllum* | Photo : HortiCom

Il y a de ces plantes qui ne sont pas faites pour les plates-bandes très ordonnées, mais qui sont merveilleuses naturalisées dans des milieux moins perturbés. Le pavot des bois est de ce groupe. Cette plante des sous-bois nord-américains, présente de l'Ontario à l'Alabama, se ressème trop abondamment pour une plate-bande classique, où elle pourrait rapidement être perçue comme une mauvaise herbe, car elle ne reste pas à sa place. Par contre, dans un aménagement plus libre, comme un sous-bois naturel que l'on veut égayer de quelques fleurs supplémentaires, quoi de mieux qu'une plante qui se répand lentement et sûrement, agrémentant toute la forêt de ses belles fleurs jaunes ? Et pour ceux qui s'inquiètent de l'effet sur l'environnement d'une plante qui pousse aussi librement dans un milieu naturel, ne soyons pas trop à cheval sur les principes : cette plante est presque indigène au Québec et elle l'est carrément si on considère l'Amérique du Nord dans son ensemble. Son absence du Québec

> **Autre nom commun** : stylophore à deux feuilles
> **Nom botanique** : *Stylophorum diphyllum*
> **Famille** : Papavéracées
> **Hauteur** : 30 à 45 cm
> **Largeur** : 25 à 30 cm
> **Exposition** : ombre, mi-ombre
> **Sol** : riche, humide, bien drainé
> **Floraison** : fin du printemps jusqu'à fin de l'été
> **Zone de rusticité** : 3

## PAVOT DES BOIS

(où vous vivez probablement) n'est que temporaire : on la trouve à moins de 500 km de notre frontière et elle est pleine expansion. Elle serait arrivée chez nous éventuellement de toute façon : nous ne faisons qu'accélérer sa diffusion, voilà tout !

**DESCRIPTION** Juste à regarder la fleur, vous voyez que cette plante est un pavot (du moins au sens large du terme) : le bouton vert est recouvert de poils bien espacés, exactement comme celui du pavot d'Orient (*Papaver orientale*), et il s'ouvre pour révéler quatre pétales crêpés jaune vif (les pavots ont toujours les pétales un peu froissés). Quand les pétales tombent, les capsules qui restent ont une apparence similaire, bien qu'un peu plus allongée, à celle des pavots de nos jardins. Les fleurs s'épanouissent en grand nombre à la fin du printemps, mais la floraison se répète de façon intermittente tout au long de l'été quand les conditions conviennent à la plante. Les fleurs sont produites par bouquets ouverts de trois à cinq fleurs dans une inflorescence terminale.

Le feuillage de cette plante est remarquable par sa coloration vert tendre, une couleur qu'on associe au plein soleil plutôt qu'aux coins ombragés que le pavot des bois préfère. Ainsi il ressort à travers les autres feuillages sombres des environs. Les feuilles sont fortement découpées, parfois jusqu'au pétiole, et les folioles aux lobes arrondis rappellent une feuille de chêne. Les feuilles sont légèrement poilues. Elles sont opposées, d'où le nom *diphylla* (à deux feuilles).

Cassez une tige et vous verrez un phénomène curieux : le latex qui en coule est jaune vif, la même couleur que les fleurs. Les Amérindiens s'en servaient comme teinture.

**CULTURE** Qui aurait pensé qu'un pavot pouvait pousser en forêt ? Ces belles fleurs à la texture crêpée ne sont-elles pas l'apanage des champs, des terrains vagues et d'autres terres exposées ? Rares exceptions à cette règle, certaines Papavéracées (c'est la famille du pavot) peuvent pousser en forêt, et en voilà une. Le pavot des bois et son cousin asiatique, le pavot des bois aux fruits laineux (décrit plus loin), font partie de ce groupe sélect.

La situation idéale pour le pavot des bois est à la mi-ombre dans un sol riche et humide où justement il germe çà et là, porté par ses graines vagabondes. Il croît et fleurit bien même à l'ombre, mais il ne s'y étend pas aussi bien, tendant à rester sagement à la place où vous l'avez planté.

Il tolère les sols moins riches et plus secs aussi, mais alors son comportement est moins intéressant. En effet, il a tendance à entrer en dormance estivale et à se soustraire à la vue lorsque c'est trop sec à son goût. Pire, si le sol est juste un peu trop sec, le pourtour des feuilles brunit, mais la feuille reste en place pour l'été. Tout cela est évitable si vous lui assurez une humidité constante. À cette fin, un bon paillis organique est fortement recommandé… ou encore plantez votre pavot des bois dans une forêt où la litière naturelle lui assurera une bonne croissance. Dans tous les cas, il est recommandé d'arroser en période de sécheresse.

Comme bien des plantes de sous-bois, le pavot des bois n'apprécie pas les dérangements. Biner ou cultiver le sol à son pied n'empêche pas seulement les graines de germer, mais peut tuer la plante. Mieux vaut la planter et la laisser tranquille par la suite.

**MULTIPLICATION** Théoriquement, on peut diviser le pavot des bois. En pratique cependant, on attend plutôt qu'apparaissent des semis spontanés qu'on pourra transplanter à sa guise. On peut aussi récolter les graines et les semer en été, mais il faut le faire rapidement, car leur capacité de germination diminue rapidement après la récolte. Quelques firmes vendent des graines, mais elles les gardent au frais et à l'humidité jusqu'à l'expédition.

# PAVOT DES BOIS

**UTILISATIONS** C'est la plante par excellence pour la naturalisation dans un sous-bois, où ses fleurs vivement colorées et son feuillage vert tendre éclaireront les coins sombres comme des rayons de soleil. On peut aussi l'employer dans des plates-bandes ombragées ou mi-ombragées.

**ASSOCIATIONS** Le pavot des bois se marie merveilleusement bien avec les pulmonaires (*Pulmonaria* spp.) et les épimèdes (*Epimedium* spp.), ainsi qu'avec sa cousine à sève rouge, la sanguinaire (*Sanguinaria canadensis*).

**PROBLÈMES** Peu de problèmes d'insectes et de maladies, mais la plante souffre beaucoup de la sécheresse. Elle peut être envahissante par ses semences dans les milieux forestiers.

**AUTRES PAVOTS DES BOIS** Le pavot des bois aux fruits laineux (*S. lasiocarpum*), d'origine asiatique, est parfois offert. Il est à ce point similaire au pavot des bois à deux feuilles qu'on peut difficilement les distinguer, du moins par leurs fleurs, qui sont du même jaune vif. Ses feuilles sont moins découpées toutefois, et elles ont des lobes pointus plutôt qu'arrondis, ce qui fait penser à des feuilles d'érable… ou plutôt d'érable de maison (*Abutilon*), car elles ont la même coloration vert tendre et la même texture légèrement poilue. Il n'y a pas vraiment assez de différences entre les deux pour préférer l'une ou l'autre espèce, ni pour devoir cultiver les deux. Je vous suggère de cultiver le premier pavot des bois qui vous tombe sous la main, voilà tout. 30 à 45 cm x 25 à 30 cm.

Il y a aussi une plante européenne proche des *Stylophorum*, la chélidoine majeure (*Chelidonium majus*). Non seulement ressemble-t-elle au pavot des bois (truc d'indentification : les pétales jaunes ne se touchent pas chez la chélidoine, laissant ainsi un jour entre les pétales ; chez les pavots des bois, ils se chevauchent un peu, du moins la plupart du temps). Aussi, sa sève est orange plutôt que jaune et les capsules de graines sont beaucoup plus minces. 30 à 50 cm x 25 à 30 cm.

*Stylophorum lasiocarpum* | Photo : HortiCom

# PHLOMIS DE RUSSELL

*Phlomis russelliana* | Photo : HortiCom

> **Nom botanique** : *Phlomis russelliana*
> **Famille** : Labiées
> **Hauteur** : 90 à 120 cm
> **Largeur** : 60 à 90 cm
> **Exposition** : soleil ou mi-ombre
> **Sol** : ordinaire à pauvre, bien drainé
> **Floraison** : début à fin de l'été
> **Zone de rusticité** : probablement 5

**On a toujours des surprises quand on jardine**, et si vous êtes comme moi et que vous aimez expérimenter avec des plantes, vous en avez souvent. C'est le cas avec le phlomis de Russell. Je l'avais déjà vu en Europe et aux États-Unis, mais on lui attribuait une zone 7 ou 8. À quoi bon l'essayer alors ? Dans ma zone 4, j'étais si loin du but. Pourtant, j'ai lu dans un catalogue américain cette mention intéressante : « Ne sous-estimez pas la rusticité de cette plante. Nous le cultivons ici en zone 4 depuis des années. » Évidemment, une zone 4 américaine est plus proche d'une zone 5 canadienne, mais néanmoins... Aucune difficulté pour commander la plante par la poste, car elle est communément plantée en Colombie-Britannique. Je l'ai donc fait venir... et plus de 10 ans plus tard, elle est toujours là, fidèle à son poste.

**DESCRIPTION** Le phlomis de Russell produit une rosette basale de grosses feuilles attrayantes : gaufrées, duveteuses, lancéolées avec une base cordiforme à marge crénelée. Au début de l'été, il produit des tiges droites et duveteuses, carrées en coupe transversale, qui porte des paires de feuilles un peu pendantes qui deviennent de plus en plus petites à mesure que la tige monte. Elles ont la même texture que et les feuilles basales.

## PHLOMIS DE RUSSELL

Dès le début de l'été, la floraison commence : une inflorescence arrondie se forme à chaque aisselle portant une verticille de fleurs jaune beurre essentiellement tubulaires, mais qui paraissent enroulées, puisque le lobe supérieur forme un capuchon en demi-lune. Il y a quatre à sept inflorescences superposées, donnant un très bel effet, quasiment comme une pagode aux étages jaunes. Les fleurs persistent presque tout l'été, bien qu'à la fin seules les inflorescences supérieures soient encore épanouies. Qu'à cela ne tienne, car même sans fleurons, les inflorescences arrondies, d'abord vertes puis brunes, restent sur la plante tout l'automne et ne sont pas du tout désagréables à voir. Les tiges et leurs « boules superposées » persistent tout l'hiver s'il n'y a pas trop de neige, ce qui finit bien la saison.

Le feuillage est « semi-persistant » : sous d'autres climats, il passe l'hiver… mais pas sous le nôtre.

**AUTRES PHLOMIS JAUNES** Il existe plus de 100 espèces de *Phlomis* dont peu ont été essayées en culture et moins encore en climat froid. C'est un genre très attrayant qui offre sûrement bien des surprises.

**CULTURE** Le phlomis de Russell provient de l'Asie Mineure où il pousse à bonne altitude en plein soleil. Le climat local est humide l'hiver, très sec l'été, et le sol est pauvre et pierreux. En culture, on pourrait présumer qu'il aime les mêmes conditions… sauf que la mienne pousse dans un sol riche et à la mi-ombre ! L'emplacement est tout de même bien drainé (dans une pente). Je pense que le plein soleil et un sol ordinaire à pauvre constituent la combinaison idéale. La plante pousse sans le moindre problème dans les sols sableux et minéraux et tolère les sols calcaires.

Comme les tiges semi-ligneuses sont encore debout au printemps, vous pouvez alors les couper au sol.

Côté rusticité, je ne sais trop que vous dire. Si on se fie au catalogue où je l'ai « découvert » (voir l'introduction de cette fiche), elle serait rustique jusqu'en zone 5. Chez moi, en zone 4, pas de problème, mais l'emplacement est bien protégé par la neige.

**MULTIPLICATION** On peut diviser la plante au printemps ou à l'automne ou prendre des boutures de tige. Elle pousse facilement et assez rapidement à partir de semences.

**UTILISATIONS** C'est une très jolie plante pour le milieu ou le fond d'une plate-blande ensoleillée ou un pré fleuri. En Allemagne, je l'ai vu utiliser à bon escient comme haie estivale.

**ASSOCIATIONS** Dans la photo de la page 158, vous voyez le phlomis de Russell devant la campanule à fleurs laiteuses (*Campanula lactiflora*) : n'est-ce pas que c'est une belle combinaison ? L'achillée jaune (*Achillea* 'Coronation Gold') et le grand népéta (*Nepeta* 'Six Hills Giant') sont deux autres bons compagnons.

**PROBLÈMES** Peu fréquents. Pourriture dans les sols mal drainés.

*Phlomis russelliana* | Photo : HortiCom

# PHLOMIS TUBÉREUX

*Phlomis tubermosa* | Photo : HortiCom

- > **Nom botanique :** *Phlomis tuberosa*
- > **Famille :** Labiées
- > **Hauteur :** 120 à 180 cm
- > **Largeur :** 75 à 90 cm
- > **Exposition :** soleil
- > **Sol :** ordinaire à pauvre, bien drainé
- > **Floraison :** début de l'été à mi-été
- > **Zone de rusticité :** 3

Il existe des plantes qui ont été injustement négligées par les jardiniers, ce qui est vraiment le cas du phlomis tubéreux. Comment se fait-il qu'une plante aussi jolie, aussi solide et aussi permanente dans nos jardins ne soit pas plus connue ? Je dois admettre que, même si j'en avais déjà entendu parler, j'ai moi-même tardé à l'essayer. Ce n'est qu'après l'avoir vue au Jardin botanique de Montréal il y a quelques années que j'y ai pensé. Maintenant, je ne m'en passerais plus !

**DESCRIPTION** Cette plante est typique d'un phlomis (voir la fiche précédente) par son port dressé, ses feuilles matelassées, ses inflorescences en boules superposées bien espacées sur une tige dressée, etc., mais elle est atypique à cause de la couleur de ses fleurs : un joli rose-lavande dans un genre reconnu pour ses fleurs jaunes.

La plante forme une rosette de grosses feuilles vert foncé gaufrées à marge crénelée et des tiges dressées rouge pourpré et duveteuses portant des feuilles plus petites. Comme tous les phlomis, elle produit des inflorescences sphériques bien espacées aux aisselles des feuilles, créant un effet de pagode à étages multiples. Les fleurs rose-lavande sont tubulaires, mais couvertes d'un capuchon en demi-lune, ce qui renforce l'apparence sphérique de l'ensemble. Les fleurs s'épanouissent pendant environ quatre à six semaines du début au milieu de l'été.

## PHLOMIS TUBÉREUX

Mais l'intérêt ne tombe pas avec la chute de la dernière feuille : les inflorescences sphériques étagées, vertes teintées de rouge, portées sur les tiges rouge pourpré, continuent de plaire aux passants le reste de l'été et de l'automne, et même, maintenant brunies, durant l'hiver.

Comme son nom le suggère, la plante produit des tubercules, comme des petits bulbes souterrains, mais vous ne les verrez que si vous déterrez la plante.

**CULTURE** Plantez le phlomis tubéreux au soleil dans un sol bien drainé. Il réussit mieux dans un sol ordinaire ou même pauvre. Dans les sols très riches ou très fertilisés, notamment à l'azote, il lui arrive de ne pas fleurir. Il semble bien supporter la sécheresse aussi. Un peu de stress ne semble donc pas lui être néfaste.

Ne coupez pas les tiges florales après la floraison, car il perdrait la moitié de son attrait. Au printemps, vous pouvez toutefois rabattre toute tige encore debout.

*Phlomis tuberosa* 'Amazone'  |  Photo : HortiCom

Le phlomis tubéreux est essentiellement permanent, pouvant pousser au même emplacement pendant des années sans exiger de division.

**MULTIPLICATION** Facile, par division des tubercules ou en prélevant quelques tubercules. On peut aussi le multiplier par semis.

**UTILISATIONS** C'est un excellent ajout pour la plate-bande à l'anglaise ou le pré fleuri. Il peut aussi faire un bon écran de verdure ou une haie estivale.

**ASSOCIATIONS** Vous pouvez l'utiliser avec beaucoup de vivaces, notamment des variétés à fleurs jaune tendre, comme certaines hémérocalles (*Hemerocallis* sp.) et même le phlomis de Russell (*Phlomis russelliana*).

**PROBLÈMES** Peu fréquents.

### AUTRE PHLOMIS TUBÉREUX

*Phlomis tuberosa* 'Amazone' : je ne vois aucune différence entre l'espèce et ce cultivar. Il ne vaut certainement pas la peine de payer plus cher si jamais vous trouvez les deux dans la même pépinière. 120 à 180 cm.

# PHLOX DES JARDINS 'DAVID'

*Phlox paniculata* 'David' | Photo : HortiCom

> **Nom botanique** : *Phlox paniculata* 'David'
>
> **Famille** : Polémoniacées
>
> **Hauteur** : 90 à 120 cm
>
> **Largeur** : 60 cm
>
> **Exposition** : soleil ou mi-ombre
>
> **Sol** : ordinaire à riche, moyennement humide
>
> **Floraison** : mi-été à début de l'automne
>
> **Zone de rusticité** : 3

Si vous connaissez le phlox des jardins (*Phlox paniculata*), sans aucun doute vous savez que cette plante a un très grave défaut : il est *très* sujet à une maladie qui fait blanchir puis noircir son feuillage, le blanc. Mérite-t-il alors une place dans le cœur d'un jardinier paresseux ? Bien sûr, car plutôt que d'appliquer des traitements aussi ennuyeux que futiles, il s'agit tout simplement de choisir un phlox… résistant à la maladie ! À cette fin, j'ai un sérieux coup de cœur pour 'David', qui a été le premier phlox des jardins reconnu pour sa résistance au blanc.

*P. paniculata* 'David' a été découvert dans les années 1980 dans une aire de stationnement en gravier (oui, sans farce !) où des phlox s'étaient ressemés. Contrairement à tous les autres, qui étaient sérieusement attaqués par le blanc, 'David' n'avait pas une trace de la maladie. Des boutures furent prélevées et 'David' fut distribué aux jardineries, où il fit un malheur parmi les amateurs de phlox. En 2002, il a même été nommé vivace de l'année par la Perennial Plant Association. Si vous ne le connaissez pas encore, qu'attendez-vous ?

## PHLOX DES JARDINS 'DAVID'

**DESCRIPTION** Le phlox des jardins 'David' compte parmi les plus grands phlox des jardins, atteignant habituellement 1,2 m une fois bien établi. Il forme une touffe dense de tiges dressées et solides; sauf dans les cas où la plante manque de lumière, les tiges résistent parfaitement au vent. Les feuilles lancéolées opposées sont vert foncé. À partir de la mi-été et jusqu'au début de l'automne, les tiges portent à leur extrémité des bouquets de fleurs tubulaires qui s'ouvrent grandes en cinq pétales. Elles sont blanc pur et très parfumées.

**CULTURE** Le phlox des jardins porte bien son nom: il aime les conditions de jardin! Nos sols améliorés, meubles, riches en matières organiques et maintenus également humides lui plaisent beaucoup. Il peut cependant tolérer presque tous les sols bien drainés, sauf les plus secs. Un paillis est presque de rigueur pour les phlox: le blanc dont ils peuvent souffrir est exacerbé quand la plante subit un stress hydrique (d'accord, tous ces cultivars décrits ici sont résistants au blanc, mais si on les affaiblit par de mauvais traitements, leur ancienne bête noire n'hésite pas à venir les revisiter).

Il préfère le plein soleil, mais tolère la mi-ombre. Parfois ses tiges deviennent lâches si on le cultive trop à l'ombre.

Les phlox de jardin sont des plantes très permanentes, formant des touffes denses qui ne grossissent que lentement et que les mauvaises herbes ne peuvent pas envahir. Quand la touffe est réellement trop grosse pour l'espace disponible, on peut la diviser.

**MULTIPLICATION** Par division ou bouturage. Les graines ne sont pas fidèles au type.

**UTILISATIONS** Le phlox des jardins est un classique des plates-bandes mixtes, qu'elles soient à l'anglaise ou plus traditionnelles. On peut aussi le naturaliser dans un pré fleuri ou un sous-bois ouvert. Il fait une excellente fleur coupée, et les colibris et les papillons le visitent assidûment.

**ASSOCIATIONS** On peut cacher sa base peu intéressante par des annuelles basses, comme l'agérate (*Ageratum houstonianum*) ou la lobéline érine (*Lobelia erinus*).

**PROBLÈMES** Le seul vrai problème avec les phlox, du moins en climat froid, est le blanc, cette maladie qui fait d'abord blanchir les feuilles comme si elle les couvrait de sucre en poudre, puis les fait noircir et sécher. Ce n'est pas que le blanc nuit vraiment à la plante (les phlox repoussent toujours au printemps, même s'ils ont été très affectés l'automne précédent), mais côté esthétique, c'est très moche. Différents traitements maison sont couramment utilisés avec un succès plus que mitigé (une étude n'a montré *aucun* effet bénéfique); mentionnons l'éclaircissement des plants pour augmenter la circulation d'air, des vaporisations à l'urine humaine et le brûlage des feuilles à l'automne pour « détruire la source d'infestation ». Il y a quand même les fongicides qui, si on les applique régulièrement depuis le début de la saison, peuvent contrôler efficacement la maladie. Les jardiniers paresseux qui choisissent de planter les variétés résistantes à la maladie et qui gardent le sol humide et frais ne devraient jamais plus voir cette maladie faucher leurs phlox.

*Phlox paniculata* 'André' | Photo : HortiCom

**AUTRES PHLOX DES JARDINS** Il fut un temps où les phlox résistants au blanc étaient rares; rares comme neige en juillet. Plus maintenant. C'est même probablement le critère que les hybrideurs recherchent le

## PHLOX DES JARDINS 'DAVID'

plus dans un nouveau phlox… tout comme les jardiniers le moindrement paresseux. Voici quelques variétés qui vous donneront une belle floraison sans s'enlaidir en fin de saison.

*P. paniculata* 'André' : bleu violacé à œil blanc. 85 cm.

*P. paniculata* 'Becky Towe' : rose carmin saumoné à œil foncé. Feuillage fortement panaché de jaune crème. 60 cm.

*P. paniculata* 'Blue Paradise' : phlox intéressant qui change de couleur quotidiennement.

*Phlox paniculata* 'Becky Towe' | Photo : Plant Haven

Les fleurs sont bleu indigo le matin, violettes le soir. 90 cm.

*P. paniculata* 'Bright Eyes' : variété naine à fleurs rose pâle à œil rouge. 45 à 60 cm.

*P. paniculata* 'David's Lavender' : semis de 'David' à fleurs lavande. 90 à 120 cm.

*P. paniculata* 'Delta Snow' : fleur blanche, œil pourpre. 60 à 120 cm.

*P. paniculata* 'Eden's Crush' : rose vif à œil plus foncé. 60 à 75 cm.

*P. paniculata* 'Eva Cullum' : rose à œil rose foncé. 60 à 90 cm.

*Phlox paniculata* 'Eva Cullum' | Photo : HortiCom

*P. paniculata* 'Franz Schubert' : fleur lilas à œil blanc. 60 à 90 cm.

*P. paniculata* 'Laura', syn. 'Uspech' : pourpre violet avec des marques blanches autour de l'œil. 90 cm.

*P. paniculata* 'Lilac Time' : mauve à cœur blanc. 80 cm.

*P. paniculata* 'Little Boy' : variété très naine. Fleurs bleu-lilas à œil blanc. 30 à 40 cm.

*P. paniculata* 'Nicky' : fleur pourpre riche, la plus pourpre des phlox. 75 à 100 cm.

*P. paniculata* 'Norah Leigh' ('Darwin's Choice', 'Darwin's Joyce') : vieille variété qui vient de refaire surface sous un nouveau nom. C'est totalement contraire à l'éthique botanique, mais peu importe. Il y a des pépiniéristes qui ont fait fortune en lançant 'Norah Leigh', une

*Phlox paniculata* 'Laura' | Photo : HortiCom

## PHLOX DES JARDINS 'DAVID'

*Phlox paniculata* 'Norah Leigh' | Photo : HortiCom

variété des années 1960, sous le tout nouveau nom de 'Darwin's Choice'! (Curieusement, quelqu'un a mal compris le nouveau nom et, en Amérique, plusieurs pépinières l'ont vendu sous le nom de 'Darwin's Joyce'. J'ai moi-même payé cher pour un plant de 'Darwin's Choice' quand il est sorti, alors que j'avais déjà 'Norah Leigh'. Choquant, n'est-ce pas! Malgré la controverse au sujet de son « relancement » sous un faux nom, 'Norah Leigh' est un excellent phlox, surtout reconnaissable par son feuillage fortement panaché de blanc crème. Les fleurs sont rose pâle à œil plus foncé et bien parfumées. Sa floraison s'étend sur une partie de l'automne. 60 à 90 cm.

*P. paniculata* 'Orange Perfection' : le plus orangé des phlox, mais à mes yeux plutôt saumon que vraiment orangé. Œil rouge. 80 cm.

*P. paniculata* 'Peppermint Twist' : nouveauté à fleurs bicolores : chaque pétale blanc est marqué d'une large bande rose saumon. 90 cm.

*P. paniculata* 'Prime Minister' : rose pâle à blanc avec un œil rose foncé. 90 à 120 cm.

*P. paniculata* 'Red Magic' : rouge foncé. 75 à 80 cm.

*P. paniculata* 'Robert Poore' : fleurs lavande assez vif. 90 à 120 cm.

*P. paniculata* 'Rubymine' : fleurs rose rouge. Feuillage panaché bleu vert à marge crème, parfois rehaussé de rouge. 80 cm

*P. paniculata* 'Shortwood' : fleur rose moyen à œil plus foncé. Très grand phlox : 110 à 150 cm.

*P. paniculata* 'Speed Limit 45' : rose bonbon à œil rouge. 60 à 90 cm.

*P. paniculata* 'Starfire' : rouge cerise ; sans doute le plus rouge de tous les phlox. Feuillage rougeâtre au printemps. 60 à 90 cm.

*Phlox paniculata* 'Peppermint Twist' | Photo : HortiCom

## PHYSOSTÉGIE 'MISS MANNERS'

*Physostegia virginiana* 'Mannerss' | Photo : Plant Haven

> **Nom botanique :** *Physostegia virginiana* 'Miss Manners'
> **Famille :** Labiées
> **Hauteur :** 60 à 75 cm
> **Largeur :** 30 cm
> **Exposition :** soleil ou mi-ombre
> **Sol :** tout sol au moins un peu humide
> **Floraison :** mi-été à début de l'automne
> **Zone de rusticité :** 2

Les physostégies normales sont bannies d'office des plates-bandes des jardiniers paresseux. La raison en est évidente si vous en avez déjà cultivé une : elles courent trop ! C'est que les plantes produisent des rhizomes souterrains plutôt longs ; peu importe où vous la plantez au printemps, il y a déjà des tiges égarées un peu partout dans la plate-bande à l'automne. Je me souviens de la fois que j'ai planté *Physostegia virginiana* 'Variegata', une belle variété à fleurs roses et à feuillage panaché vert et blanc qu'on m'avait recommandée comme « moins envahissante » que les autres. Eh bien, cette plante a pris de force 2 mètres carrés de plate-bande en seulement trois ans ! J'en suis venu à la conclusion que la physostégie de Virginie était belle, mais beaucoup trop envahissante pour le jardinier qui veut profiter de son jardin plutôt que d'y travailler.

C'est pour cette raison que j'étais si content de découvrir *P. virginiana* 'Miss Manners'. Notre chère demoiselle (« Miss Manners » veut dire « Mademoiselle Manières ») pousse strictement en touffe, sans jamais produire le moindre rhizome vagabond. Enfin la paix pour le jardinier paresseux !

DESCRIPTION  *P. virginiana* 'Miss Manners' est différente de la forme normale de l'espèce par plusieurs aspects. D'abord, elle est à fleurs blanches (la norme pour l'espèce est rose). La petite fleur ressemble vaguement à celle du muflier ou gueule-de-loup (*Antirrhinum* spp.), donc un peu en forme de tête d'animal la gueule ouverte, d'où son nom anglais de « False Dragonhead » (fausse tête de dragon). Les fleurs sont portées en quatre rangs très égaux : regardées du dessus, elles forment une croix parfaite. Elles sont insérées de façon très serrée sur un épi étroit.

## PHYSOSTÉGIE 'MISS MANNERS'

'Miss Manners' diffère aussi de l'espèce par sa hauteur moindre : seulement 60 à 75 cm de hauteur plutôt que les 90 à 120 cm habituels. Il y a des avantages pour le jardinier paresseux, car la plante est plus solide et n'a pas tendance à ployer sous la pluie ou le vent. Aucun besoin de tuteur !

Enfin, contrairement à l'espèce, elle pousse en touffe dense et serrée, sans la moindre tendance à l'envahissement. Les feuilles sont étroites et dentées en marge, vert très foncé.

**CULTURE** Les physostégies sont de solides plantes de jardin, s'adaptant à la plupart des conditions, pour autant qu'elles reçoivent du soleil ou la mi-ombre et qu'elles ne subissent pas trop de sécheresse. Dans la nature, elles poussent dans les milieux humides et peuvent le faire aussi bien dans le jardin : les sols humides ou même détrempés ne leur font peur aucunement. Mais les sols bien drainés conviennent également. Chez l'espèce, les sols trop riches peuvent provoquer un étiolement, donc des tiges moins solides qui s'écrasent lors d'une pluie et nécessitent alors un tuteurage. 'Miss Manners', plus courte, n'a pas ce défaut, donc aucun tuteur n'est nécessaire. Un bon paillis pour garder le sol frais et humide serait apprécié. Évitez les sols sablonneux, à moins que la nappe phréatique ne soit près de la surface du sol. Par contre, physostégie et glaise vont très bien ensemble. Arrosez en période de sécheresse ; oui, une physostégie bien établie tolère la sécheresse, mais il ne faut pas exagérer. Elle préfère les sols acides mais tolère les sols légèrement alcalins.

Une fois la plante établie, elle est essentiellement permanente et n'aura jamais besoin de division.

**MULTIPLICATION** On peut diviser cette plante presque en toute saison. Les boutures de tige faites à partir de tiges non fleuries ou débarrassées de leurs fleurs se font en été. 'Miss Manners' n'est pas fidèle au type par semences.

**UTILISATIONS** Son port rigidement dressé et ses fleurs blanches voyantes, en plus de sa capacité de pousser dans des conditions très diverses, vous donnent l'embarras du choix ; essayez de penser à un endroit où *P. virginiana* 'Miss Manners' ne serait pas la bienvenue ! Plate-bande ensoleillée ou légèrement ombragée, dans ou près d'une pièce d'eau, pré fleuri, massif, même les grandes rocailles : tout lui sied bien. C'est aussi une excellente fleur coupée, idéale pour le jardin de fleurs coupées. Après la floraison, on peut couper et faire sécher les tiges florales avec leurs capsules de graines ; on obtient alors un bon substitut pour un épi de blé dans un arrangement hivernal.

**ASSOCIATIONS** On sait que le blanc va avec toutes les couleurs, et comme cette plante pousse dans presque toutes les conditions, voilà une combinaison qui ouvre la porte à beaucoup d'associations. Laissez-vous donc aller au gré de vos fantaisies. J'ai vu notamment de très belles plantations avec des échinacées (*Echinacea* spp.) et des monardes (*Monarda* spp.).

**PROBLÈMES** Peu fréquents.

*Physostegia virginiana* 'Miss Mannerss'
Photo : Plant Haven

## PHYSOSTÉGIE 'MISS MANNERS'

**AUTRES PHYSOSTÉGIES** Toutes les physostégies sont d'excellentes plantes de jardin… si vous les plantez tout de suite à l'intérieur d'une barrière enfoncée dans le sol (comme un seau dont le fond a été supprimé) pour ne pas qu'elles envahissent tout. Mais pourquoi passer par ce travail supplémentaire quand 'Miss Manners' fait le travail toute seule ? J'ai cependant hâte de voir une variante de 'Miss Manners' à fleurs roses (la couleur typique de l'espèce) arriver sur le marché. J'ai même un nom à suggérer : 'Mr. Manners' (M. Manières) !

**ENCORE PLUS** Les physostégies ont une caractéristique que je crois unique dans le règne végétal : les fleurs sont mobiles, déplaçables, comme si leur petit pétiole était en fil de fer flexible. Vous pouvez les tasser à gauche ou à droite et elles garderont leur nouvel emplacement. Dans la nature (c'est une plante indigène), les plantes exposées au vent voient toutes leurs fleurs s'orienter dans le sens contraire des vents dominants, poussées par les forces de la nature. En jardin, vous pouvez tourner toutes les fleurs vers l'avant pour faire face aux visiteurs, ce qui augmente leur effet. Les designers floraux connaissent bien cette caractéristique ; ils l'utilisent à bon escient en insérant les tiges de cette plante dans les arrangements floraux. C'est en vertu de ce trait qu'on a donné à la physostégie le nom de « fleur-charnière » en France, mais je n'ai jamais entendu ce terme en Amérique francophone.

Les enfants s'amuseront longtemps avec ces fleurs déplaçables. Si vous projetez d'aménager un jardin d'enfants, la physostégie est un bon choix.

## ••• PHYTOLAQUE D'AMÉRIQUE

*Phytolacca americana* | Photo : HortiCom

> **Autres noms communs** : raisin d'Amérique, teinturier, épinard des Indes, morelle en grappe

> **Nom botanique** : *Phytolacca americana*

> **Famille** : Phytolaccacées

> **Hauteur** : 180 cm

> **Largeur** : 200 cm

> **Exposition** : soleil, mi-ombre

> **Sol** : humide

> **Floraison** : tout l'été

> **Zone de rusticité** : 4b

Si vous cherchez une plante solidement vivace mais qui a une allure tropicale, la phytolaque d'Amérique vous comblera. Cette grande plante est même indigène au Québec et à l'est de l'Amérique du Nord. Son allure d'arbuste tropical est tout à

## PHYTOLAQUE D'AMÉRIQUE

fait naturelle puisque les phytolaques sont des plantes presque exclusivement tropicales. Notre espèce indigène est une égarée qui a gardé sa forme tropicale et même une susceptibilité au gel surprenante pour une plante rustique (la moindre touche de givre la fait noircir), mais qui a développé une souche capable de supporter le froid.

Curieusement, cette plante nord-américaine est peu connue chez nous, mais très connue en France où elle a été introduite il y a plusieurs siècles. Elle y pousse maintenant parfaitement naturalisée.

*Phytolacca americana* | Photo : HortiCom

**DESCRIPTION** La phytolaque d'Amérique est une grande plante, même une très grande plante, qui ressemble plus à un arbuste qu'à une vivace. Ou même qu'à une grande annuelle. Elle produit une tige haute et épaisse, rose pourpré et légèrement ramifiée. Les rameaux, qui poussent d'abord légèrement vers le haut, ploient bientôt sous le poids des fleurs et des fruits, donnant à la plante un port un peu pleureur. Les feuilles vert franc font une joli contraste avec les tiges colorées. À partir du début de l'été, des grappes très symétriques de petites fleurs blanches se forment à l'extrémité des rameaux. Le pédoncule est vert au départ, mais devient du même rose pourpré que la tige. Des baies se forment à la chute des fleurs. Même au stade vert, elles sont très voyantes à cause des pédoncules rosés tout près ; quand elles deviennent pourpre foncé à la toute fin de l'été, l'effet est encore plus beau ! On dirait qu'elle ne sait pas que le gel s'en vient et qu'il vaudrait mieux se préparer pour l'hiver. Elle continue de fleurir tout l'été et l'automne, jusqu'à ce que le gel mette fin définitivement à son élan. À cause de cette croissance continuelle, la plante offre fleurs, fruits verts et baies mûres en même temps. Quel spectacle !

**CULTURE** La phytolaque d'Amérique est une plante de culture facile poussant dans presque tous les sols, mais préférant un sol humide, riche ou pauvre et plutôt acide. Le plein soleil donne une plante plus haute, mais elle pousse bien à la mi-ombre. Malgré une apparence tropicale qui peut suggérer une plante plutôt éphémère en climat froid, elle forme une souche presque ligneuse très durable. Autrement dit, une fois qu'elle a bien pris racine, la phytolaque est là pour longtemps.

La phytolaque est cependant encline à quitter son emplacement d'origine à cause des fruits que les oiseaux mangent goulûment et transportent un peu partout. Si vous paillez abondamment, il n'y aura cependant aucun problème. Et il ne faut pas vous inquiéter des « dommages environnementaux qu'elle pourrait causer si elle devait s'échapper », comme c'est le cas des plantes introduites qui se ressèment trop librement. C'est une plante indigène, et si elle se ressème, elle ne fera que reprendre sa place dans la nature.

## PHYTOLAQUE D'AMÉRIQUE

Dans les régions où les printemps sont très hâtifs, il peut y avoir des dégâts si un gel tardif frappe quand la plante est déjà en croissance, car le moindre gel tue ses parties aériennes. Heureusement qu'elle repoussera aussitôt ! Là où les printemps sont tardifs, ce n'est pas un problème, car alors la plante tarde à sortir du sol et évite donc les derniers gels.

**MULTIPLICATION**   Elle se fait si facilement par semences (les graines semées à l'intérieur en février fleuriront même la première année) qu'on pense rarement à d'autres méthodes, mais on peut aussi diviser la souche.

*Phytolacca americana* | Photo : HortiCom

**UTILISATIONS**   Cette grande plante sera plantée à l'arrière-plan des plates-bandes et le long des cours d'eau. Ou plantez-la en vedette dans un îlot. Si vous cherchez à créer un biome pour attirer les oiseaux, c'est un excellent choix ; les oiseaux frugivores sont *fous* de la phytolaque.

Cette plante a une longue histoire d'utilisation par les peuples indigènes, d'abord comme plante médicinale, mais aussi comme légumier, fruitier et teinturier. Les jeunes feuilles et tiges sont comestibles, tout comme les fruits... après cuisson, d'où les noms communs, qui ont surtout cours en France, de raisin d'Amérique et épinard des Indes. Pourquoi la cuisson ? C'est que la plante est toxique, surtout les feuilles et les tiges mûres et les fruits immatures. En faisant cuire la récolte, vous détruisez les substances toxiques que la plante contient. Je connais toutefois des gens qui mangent les fruits crus et qui disent qu'il n'y a aucun danger, mais les experts sont partagés et j'aime autant prêcher par excès de prudence. Le fruit mûr fait une excellente teinture pourpre pour les vêtements et sert de colorant alimentaire. Enfants, nous nous amusions à nous barbouiller les mains et le visage de baies écrasées ; la couleur disparaissait facilement avec de l'eau et du savon. En France, on fait encore usage de cette plante comme plante teinturière, d'où le nom commun de « teinturier ». On utilise notamment le fruit pour donner une belle coloration aux vins rouges.

**ASSOCIATIONS**   Essayez cette plante entourée de grandes marguerites (*Leucanthemum* x *superbum*) ou d'alchémilles molles (*Alchemilla mollis*), ou encore avec tout couvre-sol à feuillage vert.

*Phytolacca americana* 'Silberstein' | Photo : HortiCom

**PROBLÈMES**   Peu fréquents, car sa toxicité semble éloigner beaucoup de prédateurs. D'ailleurs, on étudie cette plante comme traitement éventuel contre les limaces et les escargots. Ne la plantez pas près d'un sentier, d'une aire de stationnement, d'une corde à linge ou de tout autre lieu où les fruits pourpres pourraient tacher les objets ou les vêtements.

### AUTRES PHYTOLAQUES

*P. americana* 'Silberstein' est une très jolie variété à feuillage panaché fortement tachetée de jaune ou de crème. Le contraste entre les tiges pourpres, les fruits presque noirs et les

## PHYTOLAQUE D'AMÉRIQUE

feuilles, qui paraissent jaune crème de loin, est remarquable. Il est intéressant de savoir que 'Silberstein' est généralement fidèle au type à partir de semences ; il s'agit d'éliminer toute plante entièrement verte, voilà tout ! 180 cm x 200 cm. Zone 5.

Je ne connais qu'une autre espèce de phytolaque rustique sous notre climat : *P. acinosa*. Contrairement à l'espèce indigène, au port semi-pleureur, elle tient ses tiges et ses grappes de fleurs/baies dressées. Les tiges sont vert moyen, donc sans la belle coloration de l'espèce américaine, mais les fleurs (blanches) et les fruits (qui deviennent pourpre foncé, presque noirs) sont très semblables à ceux de notre plante indigène. C'est une plante à croissance plus dense dont les grandes feuilles cachent la structure, alors que la phytolaque d'Amérique est plus ouverte. 90 à 120 cm x 90 cm à 120 cm. Zone 5.

*Phytolacca acinosa* | Photo : HortiCom

## PIGAMON À FEUILLES D'ANCOLIE

> **Autre nom commun :** sabot de la vierge (comté de Charlevoix)
> **Nom botanique :** *Thalictrum aquilegifolium*
> **Famille :** Renonculacées
> **Hauteur :** 80 à 120 cm
> **Largeur :** 90 cm
> **Exposition :** soleil, mi-ombre
> **Sol :** bien drainé, humide et riche
> **Floraison :** début au milieu de l'été
> **Zone de rusticité :** 4

Le pigamon à feuilles d'ancolie est une vieille de la vieille, cultivée depuis des générations en tant que plante médicinale pour traiter la peste et la jaunisse, et plus tard comme fleur coupée. Il semble toutefois être passé de mode depuis la Deuxième

*Thalictrum aquilegifolium* | Photo : HortiCom

## PIGAMON À FEUILLES D'ANCOLIE

Guerre mondiale, car on le voit très peu dans nos jardins. Heureusement qu'il a subsisté dans plusieurs vieux jardins et qu'on le retrouve naturalisé dans les champs et les sous-bois ouverts de plusieurs régions de notre pays. Il ne mérite pas un tel abandon, car c'est une si belle plante et si facile à cultiver.

**DESCRIPTION** Il faut bien sûr commencer par le feuillage, car il est très original. Il ressemble énormément à celui des ancolies, comme son nom le suggère (ai-je besoin de dire que *aquilegifolia* veut dire à feuilles d'ancolie?): de petites folioles bleu-vert à trois à cinq lobes irréguliers portées sur de minces pétioles qui dansent au vent. Les feuilles ressemblent tellement à celles des ancolies qu'on me demande souvent des renseignements au sujet de cette « grande ancolie aux fleurs plumeuses » qui est, bien sûr, non pas une ancolie, mais le pigamon à *feuilles d'ancolie*. Les tiges sont solidement dressées, mais les feuilles, petites et nombreuses, sont toutes en légèreté, donnant à l'ensemble de la plante une apparence vaporeuse.

*Thalictrum aquilegifolium* à fleurs rose pâle obtenu en semant un sachet de semences | Photo: HortiCom

L'effet vaporeux ne fait qu'augmenter quand la plante se met à fleurir, car les fleurs sont plumeuses à souhait. En effet, il n'y a pas de pétales, et même les sépales tombent rapidement, ne laissant qu'une masse arrondie de longues étamines diversement colorées. La couleur d'origine était, je présume, quelque chose comme lavande, mais en culture, toutes sortes de teintes roses, lavande et violacées apparaissent, même du blanc. Il ne sert à rien de se fier à la couleur des fleurs sur la photo de l'étiquette si vous achetez l'espèce *T. aquilegifolium* plutôt qu'un cultivar spécifique, car votre plante a sans doute été produite par semences; or, elle n'est *pas* fidèle au type par semences: toutes les couleurs sont alors possibles.

J'accorde mon « coup de cœur » à tous les pigamons à feuilles d'ancolie: tous sont de superbes plantes. Je vous en présente quelques-uns ici.

*T. aquilegifolium* 'Alba': vous aurez deviné qu'il s'agit de la forme à fleurs blanches, une couleur qui ressort particulièrement bien sur fond de feuilles bleu-vert. 80 à 120 cm x 90 cm.

*T. aquilegifolium* 'Purpureum' (syn. 'Atropurpureum'): fleurs pourpres et tiges pourprées également. 80 à 120 cm x 90 cm.

*T. aquilegifolium* 'Roseum': fleurs de couleur variable, mais toujours dans des teintes de rose. 80 à 120 cm x 90 cm.

*T. aquilegifolium* 'Sparkler': grosses fleurs blanches. 80 à 120 cm x 90 cm.

*T. aquilegifolium* 'Thundercloud': grosses fleurs pourpre foncé. 80 à 120 cm x 90 cm.

*Thalictrum aquilegifolium* 'Sparkler' | Photo: Terra Nova Nurseries

## PIGAMON À FEUILLES D'ANCOLIE

T. 'Black Stockings' : hybride à longues tiges pourpre très foncé, presque noires, et aux fleurs lavande présentées en bouquets aplatis. Plus haut que la plupart des pigamons à feuilles d'ancolie. 120 cm x 60 cm.

**CULTURE** Quand on sait qu'une plante réussit à survivre dans des jardins abandonnés depuis plus de 60 ans, on sait que c'est une dure à cuire. Il n'y a pas grand-chose qui puisse déranger le pigamon à feuilles d'ancolie : soleil ou mi-ombre, sol riche ou ordinaire, humide ou assez sec. Il faut toutefois préciser que si les pigamons bien établis sont résistants à la sécheresse, les jeunes recrues ont encore besoin d'être un peu dorlotées le temps qu'elles s'enracinent bien.

Voilà pour ce que le pigamon à feuilles d'ancolie tolère. Pour qu'il soit vraiment très heureux, donnez-lui un sol riche et plutôt humide, mais bien drainé, et une place au plein soleil, mais protégée des rayons les plus chauds de l'après-midi.

Le pigamon donne des résultats intéressants dès l'année qui suit l'ensemencement (la première année à partir d'un plant acheté), mais il devient encore plus beau après quatre ou cinq ans, quand le nombre de tiges augmente. La division n'est jamais nécessaire : on voit des pigamons vieux de 40 ans et plus qui fleurissent encore allègrement.

**MULTIPLICATION** On peut diviser la plante tôt au printemps en prenant bien soin de ne pas trop déranger ses racines. Les graines ne sont pas fidèles au type, mais il peut être intéressant d'en semer (elles sont disponibles commercialement) pour voir les belles couleurs qu'on peut obtenir. La plante se ressème spontanément à l'occasion, mais pas assez pour créer des problèmes.

**UTILISATIONS** Traditionnellement on plantait cette plante dans les jardins de simples (plantes médicinales) ou les jardins de fleurs coupées, une idée qu'il vaut la peine de répéter en ces temps modernes. Le pigamon est superbe dans les plates-bandes mixtes à l'anglaise comme dans les aménagements classiques plus rigides. Enfin, on peut le naturaliser dans un pré fleuri ou un sous-bois. Il attire les papillons au jardin.

*Thalictrum* 'Black Stockings' | Photo : Terra Nova Nurseries

**ASSOCIATIONS** Vous pouvez créer un joyeux contraste en mélangeant le pigamon à feuilles d'ancolie avec des plantes à texture plus grossière, comme les hémérocalles (*Hemerocallis* spp.) ou le phlomis tubéreux (*Phlomis tuberosa*).

**PROBLÈMES** Peu fréquents. Même si ses feuilles ressemblent à celles des ancolies, les insectes qui dévorent les feuilles d'ancolie ne semblent pas voir la ressemblance, car ils ne touchent pas aux pigamons.

**AUTRES PIGAMONS** *T. actaeifolium brevistylum* (syn. *T. actaefolium* 'Twinkling Star', *T. actaeifolium* Perfume Star™) : le pigamon à feuilles d'actée est peu connu et était, jusqu'à récemment, peu disponible, mais maintenant qu'un pépiniériste lui a donné une marque de commerce (Perfume Star™), la donne va sûrement changer. Avec ses fleurs parfumées plumeuses et *bicolores*, l'intérêt est grand. Les étamines sont lavande, mais avec une pointe de

LES VIVACES ••• 173

PIGAMON À FEUILLES D'ANCOLIE

blanc pur sur chacune. À part les fleurs et un feuillage bleuté découpé un peu différemment, la plante ressemble beaucoup au pigamon à feuilles d'ancolie. 100 cm x 90 cm.

Même si je voulais me limiter au pigamon à feuilles d'ancolie et à ses très proches parents, je ne peux passer sous silence qu'il existe des dizaines d'autres espèces de pigamon (*Thalictrum*). Toutes celles que j'ai essayées, sauf quelques très grandes plantes qui avaient parfois besoin de tuteur, étaient excellentes pour le jardinier paresseux. Et si jamais vous êtes fasciné par les plantes miniatures, vous adorerez *T. kiusianum*, de seulement 10 à 15 cm de hauteur, qui crée un tapis de feuilles en forme de feuilles d'ancolies et qui porte de superbes petites fleurs lilas (roses ou blanches chez certains cultivars) au milieu de l'été, à l'ombre de surcroît. Tout à fait charmant !

## ••• PIVOINE À FEUILLES DE FOUGÈRE

*Paeonia tenuifolia* | Photo : HortiCom

> **Nom botanique :** *Paeonia tenuifolia*
> **Famille :** Paéoniacées
> **Hauteur :** 30 à 40 cm
> **Largeur :** 60 cm
> **Exposition :** soleil
> **Sol :** bien drainé, riche
> **Floraison :** mai
> **Zone de rusticité :** 4

D'accord, les pivoines communes (*Paeonia lactiflora*), officinales (*P. officinalis*) et intersectionnelles, décrites dans la fiche suivante, sont jolies, mais il y a bien plus de choix dans le genre *Paeonia*. En voici une qui va vous séduire autant sinon plus par son feuillage que par ses fleurs.

**DESCRIPTION** Depuis que j'ai vu cette plante au jardin botanique Roger-Van den Hende, il y a plus de 30 ans, je l'ai désirée. Il m'a fallu un

## PIVOINE À FEUILLES DE FOUGÈRE

certain temps pour la trouver, mais je n'ai jamais regretté l'achat, même si je l'ai payée assez cher. Depuis, son prix a baissé des deux tiers et sa disponibilité a beaucoup augmenté, mettant enfin la pivoine à feuilles de fougère à la portée de tous les jardiniers.

Avec la pivoine à feuilles de fougère, vous avez vraiment une longue saison d'intérêt. Dès la fonte des neiges, le spectacle commence : un gros bouton rond sort de terre entouré d'une rosette de feuilles très découpées et rougeâtres, semblable à une collerette de dentelle frisée que portaient les nobles du XV$^e$ siècle. Malgré le nom commun, je ne trouve pas que les feuilles ressemblent à des frondes de fougère ; elles rappellent plutôt le feuillage finement denté d'un cosmos (*Cosmos bipinnatus*). La tige s'allonge peu à peu et les feuilles suivent, recouvrant toute la tige comme dans un brouillard de vert (la couleur rougeâtre s'estompe assez rapidement pour laisser des « aiguilles » vert moyen). Bientôt le bouton grossit et rougit, s'ouvrant pour révéler une fleur en forme de coupe aux pétales rouge éclatant avec une masse d'étamines jaunes au centre. La fleur n'est pas aussi large que celle des pivoines communes, mais, à environ 8 cm de diamètre, elle l'est suffisamment pour les besoins de la cause. La pivoine à feuilles de fougère est alors au sommet de sa gloire… au moment où les autres pivoines sont encore en dormance !

Après la floraison (qui ne dure que 7 à 10 jours), la plante se redéfinit. Elle n'est plus une plante à fleurs mais un « arbuste » à feuilles dentelées. Dans les régions où l'été est chaud et sec, les feuilles brunissent et tombent en plein été, et la plante entre en dormance estivale. Chez moi, en zone 4, elles persistent tout l'été ; la dormance débute avec le retour de l'automne. Cette pivoine n'a rien des teintes automnales rouge bourgogne courantes chez les pivoines hybrides l'automne : ses feuilles passent brièvement du vert au jaune au brun ou, si les conditions sont sèches, vont directement au brun. Même en brunissant, les feuilles super découpées sont attrayantes quelque temps, du moins jusqu'à ce que les tiges s'affaissent à leur tour et disparaissent.

Comme pour toutes les pivoines, l'effet de cette plante s'améliore avec le temps. Les jeunes plants sont tout simplement beaux et curieux, mais une grande plante bien établie, avec des dizaines de tiges si délicatement feuillues et son port en mini arbuste arrondi, est sublime.

*Paeonia tenuifolia* 'Rubra Plena' | Photo : HortiCom

## PIVOINE À FEUILLES DE FOUGÈRE

**CULTURE** La culture de la pivoine à feuilles de fougère est identique à celle de la pivoine herbacée commune (voir la fiche suivante). Pour éviter la dormance estivale dans les régions aux étés chauds, paillez et arrosez au besoin.

**MULTIPLICATION** On procède par semis (dans ce cas, soyez patient, car il peut falloir sept ans ou plus avant de voir la première fleur) ou par division. Comme pour les autres pivoines herbacées (fiche suivante), on le fait surtout à l'automne.

**UTILISATIONS** Avec sa petite taille et son élégante apparence mousseuse, cette pivoine peut convenir à l'avant-plan, dans une rocaille, ou former une bordure pour un sentier. Elle fait aussi une excellente mini-haie.

**ASSOCIATIONS** Il est toujours amusant de faire contraster les plantes à feuillage très fin avec des plantes au feuillage plus grossier, comme le bergenia (*Bergenia* spp.) ou les hostas (*Hosta* spp.).

**PROBLÈMES** Peu fréquents. Voir la fiche suivante.

**AUTRES PIVOINES À FEUILLES DE FOUGÈRE** L'espèce *P. tenuifolia* demeure plutôt rare en culture. La variété la plus connue et la plus disponible est *P. tenuifolia* 'Rubra Plena', aussi appelée 'Plena', à grosses fleurs rouges très doubles qui ne laissent paraître aucune trace d'étamines jaunes. Elle est habituellement un peu plus haute que l'espèce – 40 à 50 cm – et fleurit un peu plus tardivement.

*P. tenuifolia* 'Itoba': forme à pétales simples rouge foncé avec un cœur composée de pétaloïdes jaunes, comme les pivoines de type japonais (voir la fiche suivante). Son feuillage est moins finement coupé que l'espèce.

*Paeonia tenuifolia* 'Rubra Plena' | Photo: HortiCom

*P. tenuifolia* 'Rosea': identique à l'espèce, mais à fleurs simples roses. Difficile à trouver sur le marché. 30 à 40 cm.

*P.* 'Smouthi': cette pivoine aux origines incertaines est sûrement très apparentée à *P. tenuifolia*. Ses petites fleurs rouge rosé sont bien parfumées et portées tôt dans la saison. Les feuilles sont très découpées. 45 à 70 cm.

Avant de vous présenter les populaires pivoines herbacées hybrides de la fiche suivante, j'aurais voulu vous montrer d'autres espèces de pivoine herbacée que *P. tenuifolia*, mais l'espace a manqué. D'ailleurs, elles sont toujours un peu difficiles à trouver et coûteuses. Néanmoins, les collectionneurs de plantes inhabituelles seront très intéressés à découvrir des plantes comme *P. veitchii*, *P. pelegrina*, *P. mlokosewitschii*, *P. obovata*, etc.

# PIVOINES HERBACÉES HYBRIDES

*Paeonia* 'Friendship' | Photo : La Pivoinerie D'Aoust

Il est quand même incroyable que des plantes aussi ratées que les grosses pivoines doubles qui tombent face dans la boue à la première pluie aient pu être aussi populaires. Vous m'excuserez de le dire, ce sont des échecs de l'hybridation. Je ne connais aucune autre plante dont la fleur est si lourde qu'elle ne tient pas debout qui soit considérée comme une belle réussite. En général, quand un hybrideur obtient une telle plante, il la jette carrément à la poubelle. Mais chez les pivoines, certaines grosses variétés doubles « face-dans-la-boue » sont les plus populaires, et dans plusieurs cas depuis plus d'un siècle. Et on les vend toujours en pépinière. Ahurissant, non ? Et les jardiniers forcenés acceptent l'idée que le tuteurage d'une pivoine est normal. Le pire de l'histoire, c'est qu'il a toujours existé des pivoines aux tiges parfaitement solides, aussi jolies que les variétés « face-dans-la-boue ».

Est-il normal de devoir tuteurer les fleurs de pivoine ? Non ! Ma suggestion, alors ? Balancez au compost toutes les pivoines qui n'ont pas assez d'échine pour rester debout et ne cultivez que les variétés (il y en a des centaines) qui ont des tiges solides. Ainsi vous aurez de belles fleurs sans devoir travailler !

> Nom botanique : *Paeonia lactiflora* et autres
> Famille : Paéoniacées
> Hauteur : 30 à 120 cm
> Largeur : 90 cm
> Exposition : soleil
> Sol : bien drainé, riche
> Floraison : fin du printemps
> Zone de rusticité : 4

## PIVOINES HERBACÉES HYBRIDES

**DESCRIPTION**   Il y a quelque 3 000 cultivars de pivoines herbacées, pour la plupart dérivés de la pivoine commune (*Paeonia lactiflora*,), bien que la plus petite et plus hâtive pivoine officinale (*P. officinalis*) ait son lot de cultivars elle aussi. Il y a également des hybrides de ces deux plantes et d'autres pivoines. Enfin, il y a les pivoines intersectionnelles (pivoines Itoh), issues de croisements entre les pivoines herbacées et les pivoines arbustives, mais qui se comportent comme des pivoines herbacées.

Contrairement aux pivoines arbustives, qui ont des tiges ligneuses s'allongeant d'année en année, les pivoines herbacées repartent du sol tous les ans. Elles poussent en touffe, les touffes plus âgées étant plus larges et portant un plus grand nombre de feuilles. Chaque touffe produit de quelques-unes à des dizaines de tiges dressées qui portent des feuilles grossièrement découpées, habituellement à surface lisse et luisante. Une touffe de pivoines forme un grand dôme arrondi qui fait penser à un arbuste. L'un des attraits des pivoines est que leur feuillage demeure attrayant même après la floraison. Le feuillage de plusieurs pivoines herbacées rougit joliment à l'automne, prenant une teinte rouge bourgogne.

Les fleurs des pivoines sont grosses, en forme de coupe, et parfois très parfumées. Elles peuvent être simples, semi-doubles, doubles ou « japonaises » (avec un amas de pétaloïdes – étamines modifiées en pétales étroits – au centre, donnant l'effet d'une boule entourée de pétales). Les couleurs habituelles sont le blanc, le rose et le rouge, mais la variété de teintes à l'intérieur de ces trois couleurs est très vaste. Quelques variétés, notamment parmi les pivoines intersectionnelles, ont des fleurs jaunes.

La floraison des pivoines commence assez tôt au printemps chez certaines espèces, suivies des pivoines officinales et de quelques pivoines hybrides à la mi-printemps, mais la floraison de la majorité des pivoines communes et intersectionnelles est concentrée à la fin du printemps. La floraison est brève (rarement plus de deux semaines) mais spectaculaire.

*Paeonia* 'Lankaster Imp'   |   Photo : La Pivoinerie D'Aoust

## PIVOINES HERBACÉES HYBRIDES

**CULTURE**   Les pivoines herbacées sont des plantes très solides, mais de croissance très lente. Avant de vraiment prendre leur envol et de vous donner beaucoup de fleurs, il faut attendre quatre à cinq ans. En contrepartie de cette lenteur, elles sont absolument permanentes. Des pivoines centenaires ? Il n'y a rien pour écrire à sa mère, c'est courant. La plupart des problèmes de pivoines surviennent lorsque les gens essaient de déplacer des plantes adultes. Ma suggestion ? Ne touchez pas à vos pivoines. Et si jamais vous devez déplacer une pivoine mature, divisez-la : les jeunes plants réagissent mieux aux déplacements que les vieux.

La culture de la pivoine est facile mais particulière. Il faut lui accorder une tout petite attention au moment de la plantation, puis après, c'est du gâteau. Mais si on commence du mauvais pied…

D'abord, l'emplacement. D'accord, les pivoines peuvent pousser à la mi-ombre, mais leur tige florale est encore moins solide qu'elle devrait l'être et les risques que les fleurs s'écrasent au sol augmentent. J'ai aussi appris avec l'expérience que les jardins deviennent plus ombragés avec le temps. Or, un coin mi-ombragé s'en va plus rapidement au diable du point de vue d'une pivoine. Un emplacement ensoleillé risque de le rester plus longtemps. Si vous n'avez que de la mi-ombre à leur offrir, préférez les pivoines à fleur simples : elles semblent plus florifères dans des conditions d'éclairage un peu faible.

Deuxièmement, le sol. Les experts vous diront tous que les pivoines exigent un sol riche et bien drainé. Côté richesse, ce n'est pas si vrai : la pivoine se contente de sols plutôt ordinaires. D'ailleurs, les pivoines préfèrent des sols plutôt glaiseux, pour autant qu'ils soient bien drainés. Le sable n'est pas leur fort. Côté drainage, les experts ont absolument raison : un bon drainage est obligatoire. Il faut aussi que le sol soit profond : leurs racines sont longues et une mince couche de bonne terre par-dessus de la roche impénétrable ne leur convient pas.

Essayez de maintenir le sol humide, mais sans exagération. Les plants fraîchement mis en place ne doivent jamais sécher complètement. Les plantes matures, par contre, n'auront probablement besoin d'arrosage que lors des pires sécheresses, surtout si vous les paillez.

On voit des pivoines abandonnées fleurir à profusion tous les ans sans la moindre fertilisation, mais pour obtenir une floraison abondante, on peut bien les nourrir en minéraux de temps en temps. À cette fin, un paillis décomposable est idéal, car il libère constamment des minéraux, mais on peut aussi leur offrir du compost de temps à autre.

À propos du paillis, certains experts prétendent qu'il faut le placer autour des tiges, mais jamais directement sur la souche afin de prévenir les maladies. Quel non-sens ! Qu'il est triste que des spécialistes qui devraient en savoir un bout continuent de véhiculer des idées du XIXe siècle ! Parole de paresseux, mettez votre paillis également sur toute la plante et vous aurez *moins* de problèmes de maladie.

On a pu prétendre avec des airs de mystification que la technique de plantation des pivoines était très particulière et qu'il fallait suivre le procédé à la lettre. En fait, les pivoines se plantent comme toute autre plante. Il faut juste se rappeler que les bourgeons dormants ne doivent jamais être enterrés à plus de 5 cm. Quand ils sont trop enterrés, la plante devient « borgne » : elle ne produit que du feuillage. Alors, n'ameublissez pas le sol sous vos pivoines à la plantation, sinon elles risqueraient de s'enfoncer quand le sol se tasse.

La taille des pivoines provoque bien des questionnements. On vous dira par exemple de supprimer les fleurs fanées pour ne pas que la plante monte en graines, que produire des graines affaiblit la plante et réduit la floraison de l'année suivante. Quelle absurdité ! Faites l'expérience suivante : supprimez systématiquement les fleurs d'une pivoine, mais pas celles de sa voisine parfaitement identique. Répétez pendant plusieurs années. Vous ne verrez aucune

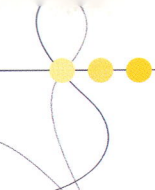

## PIVOINES HERBACÉES HYBRIDES

différence de vigueur et de floraison entre les deux pivoines. Si la formation des capsules de graines vous dérange, supprimez-les; il n'y a pas de mal à le faire. Je ne l'ai jamais fait, car j'adore l'apparence des capsules à l'extrémité des tiges, et mes pivoines ne se sont pas affaiblies pour autant. Je trouve très laide, par contre, l'apparence estivale de tiges de pivoine dont la fleur a été supprimée en la coupant n'importe comment. Si vous devez supprimer les fleurs fanées, faites-le juste au-dessus du feuillage pour ne pas que la blessure trop évidente blesse les yeux des passants.

Faut-il supprimer les feuilles à l'automne ? Voilà une question plus embêtante. La théorie veut que les maladies des pivoines hivernent dans le feuillage et qu'elles seront alors transmises aux plants au printemps suivant. Mais les spores des maladies des pivoines sont présentes dans le sol aussi. Est-ce qu'il faut alors enlever et remplacer la terre tous les ans ? Je ne peux que parler de mes propres expériences, bien sûr. Je ne supprime pas les feuilles: je les laisse s'écraser au sol à l'automne, comme elles le font dans la nature, et elles se décomposent sur place au cours de l'hiver, enrichissant le sol; et mes pivoines n'ont jamais eu de maladies. Où donc est le mal ? Par contre, si vos pivoines ont été atteintes de maladies dans le passé, couper le feuillage à l'automne ne peut leur faire de tort et pourrait même aider… du moins en théorie.

On peut planter les pivoines en pot en toute saison. Le moment idéal pour planter les pivoines à racines nues (c'est ainsi que les pivoines sont habituellement vendues par les pépinières spécialisées) se situe à la fin d'août ou à l'automne. On peut toutefois les planter tôt au printemps si elles sont disponibles.

**MULTIPLICATION** Il n'y a que la division qui soit réellement possible pour les pivoines hybrides, à moins de vouloir tenter l'expérience de produire vos propres hybrides par semences (les pivoines hybrides ne sont pas fidèles au type par semences). Mais diviser une pivoine la renvoie en enfance, et vous aurez à attendre plusieurs années avant de voir une nouvelle floraison satisfaisante. Idéalement donc, je vous suggère d'acheter des pivoines plutôt que de déranger des plants établis et florifères en les divisant.

Si vous avez à *déplacer* une pivoine, par contre, aussi bien la diviser, car les plants matures réagissent très mal aux déplacements. En la divisant, vous la renvoyez en enfance, lui permettant de se refaire graduellement.

Le moment idéal pour la division est la fin d'août ou le début de septembre. Commencez par couper le feuillage à 15 cm du sol pour mieux voir ce que vous faites: la partie inférieure de la tige laissée en place servira de manche par lequel vous pourrez manipuler les plants. Contrairement à la majorité des vivaces, où il suffit de découper à la pelle une section de l'extérieur de la motte pour la planter ailleurs, sans déranger la plante-mère, la division des pivoines exige que vous déterriez la plante au complet. La motte est énorme et lourde, et les racines sont longues et en forme de carotte: vous n'aurez presque pas d'autre choix que de les trancher pour sortir la plante, mais essayez de les garder aussi longues que possible. Rincez maintenant à grande eau pour enlever la terre, sinon vous ne verrez pas ce que vous faites.

Vous remarquerez que dans ce qui paraissait être une souche unie, il y a en fait plusieurs souches plus petites. Essayez de distinguer entre les différentes sections naturelles. À moins de vouloir produire un grand nombre de plants qui ne fleuriront pas avant plusieurs années, évitez de diviser la plante en petits éclats à seulement un ou deux bourgeons. Préférez des divisions de trois à cinq bourgeons. Tranchez entre les sections avec un couteau stérilisé (trempez-le dans de l'alcool à friction entre chaque coupe). Maintenant plantez les divisions, en vous assurant que les bourgeons ne soient pas enterrés à plus de 5 cm, arrosez et paillez.

## PIVOINES HERBACÉES HYBRIDES

**UTILISATIONS**  Traditionnellement, on utilisait les pivoines pour faire de courtes haies estivales, une idée qui refait surface depuis quelque temps. Évidemment, elles sont superbes en plate-bande ou dans le jardin de fleurs coupées. Les pivoines font d'ailleurs d'excellentes fleurs coupées.

**ASSOCIATIONS**  La floraison des pivoines est si spectaculaire et dominante qu'il est inutile d'essayer de leur faire compétition avec d'autres plantes qui fleurissent en même temps. Essayez plutôt de les entourer de végétaux qui fleuriront avant et après leur floraison : des bulbes au printemps et tout un mélange de vivaces le reste de l'été.

**PROBLÈMES**  La majorité des jardiniers n'auront jamais de problèmes avec leurs pivoines. Si vos plantes ont des problèmes, c'est habituellement parce que le sol est mal drainé. Personnellement, en presque 50 ans de culture de pivoines (je pense bien avoir le droit de compter les pivoines de mon père que je côtoyais enfant), je n'ai jamais eu un seul cas de maladie ou un seul cas de prédation. Mais voici quelques mises en garde pour les « moins chanceux ».

Commençons du côté positif. Je doute que vous ayez le moindre problème d'insectes ou de mammifères avec les pivoines. Même les limaces ne sont pas intéressées à les manger ! Et les célèbres fourmis qui montent sur les boutons floraux ne sont *pas* là pour leur nuire, malgré une croyance bien tenace. Au contraire, en montant sur les boutons à la recherche du nectar sucré dégagé par les fleurs, elles sont plutôt bénéfiques, car elles nettoient le bouton et suppriment parfois des spores de maladies. L'autre croyance, connexe, voulant que si les fourmis ne « lèchent » pas les fleurs, elles ne s'ouvriront pas, est tout aussi fausse.

Les deux maladies qui provoquent le plus d'inquiétude chez les amateurs de pivoine sont la pourriture grise (botrytis) et le blanc. La première est surtout causée par un emplacement

*Paeonia* 'Coral Charm'  |  Photo : La Pivoinerie D'Aoust

## PIVOINES HERBACÉES HYBRIDES

mal drainé et mal aéré, car c'est une maladie « d'humidité ». Le symptôme principal est le pourrissement des tiges près de la base, qui tombent alors au sol. Secondairement, il peut y avoir des boutons floraux qui noircissent et qui ne s'ouvrent pas. Contrairement à ce qui se dit parfois, les paillis aident à *prévenir* la pourriture grise, pas à la favoriser. Sarcler les pivoines, soit la technique utilisée pour désherber et ameublir le sol quand on ne paille pas, est une bonne façon de transmettre la maladie. Évidemment, si celle-ci apparaît, supprimez les parties atteintes.

Le blanc, qui est une nouvelle maladie dans ma région (il semble profiter des étés de plus en plus chauds) cause surtout un préjudice esthétique. À la toute fin de l'été, les feuilles deviennent gris-vert, comme si elles étaient recouvertes d'une poudre blanche. Je trouve pourtant cet effet très joli et j'aimerais bien que mes pivoines s'en prévalent, mais je n'ai pas eu ce plaisir jusqu'à maintenant. J'ai toutefois remarqué que les plantes affectées semblaient toujours être dans des situations où elles étaient sujettes à la sécheresse : dans les sols sablonneux, près des fondations des maisons, au plein vent, etc. Or, chez d'autres plantes, le blanc a la réputation d'affecter surtout des plantes ayant subi un stress hydrique. Je me demande si ce n'est pas aussi le cas des pivoines.

Enfin, je répète que, selon mon expérience, un bon paillis étendu sur toute la plate-bande et même sur la souche des pivoines ne provoque pas les maladies, mais, bien au contraire, aide à les *prévenir*.

**VARIÉTÉS**  Il y a beaucoup de pivoines herbacées aux tiges très solides, en commençant par les variétés à fleurs simples et à fleurs semi-doubles, qui sont presque toujours capables de rester debout dans les pires intempéries (si vous cherchez une pivoine et que vous n'avez pas en main de liste de « variétés recommandées », vous ne vous tromperez pas en achetant une variété simple ou semi-double). Mais il ne faut pas penser qu'il n'existe aucune pivoine double qui n'ait pas besoin de tuteurage ! Il y en a des centaines… Si seulement on les offrait plus

*Paeonia* 'Illini Warrior'  |  Photo : La Pivoinerie D'Aoust

## PIVOINES HERBACÉES HYBRIDES

couramment que les variétés inférieures qui pullulent dans les jardineries actuellement! Voici quelques variétés que je trouve particulièrement intéressantes. *Aucune* n'a besoin de tuteur.

*P. lactiflora* 'Angel Cheeks': grosses fleurs roses très doubles, parfois avec quelques striures rouges. Gagnante d'une médaille d'or de l'American Peony Society en 2005. 80 à 90 cm.

*P.* 'Belle Center': pivoine hybride semi-double aux fleurs rouge foncé au centre contrastant jaune. 60-90 cm.

*P. lactiflora* 'Bowl of Beauty': pivoine japonaise aux pétales rose fuchsia et au centre composé de pétaloïdes étroits blanc crème. Assez bonne distribution commerciale. 90 cm.

*P. lactiflora* 'Charles Burgess': variété à fleurs japonaise; centre jaune et rouge, pourtour rouge bourgogne. Légèrement parfumée. 80 à 90 cm.

*P. lactiflora* 'Cheddar Gold': pivoine japonaise aux pétales blancs et aux pétaloïdes centraux jaune crème. Très parfumée. 75 cm.

*Paeonia* 'Krinkled White' | Photo: La Pivoinerie D'Aoust

*P. lactiflora* 'Cora Stubbs': pivoine japonaise à pétales extérieurs roses et au centre bombé blanc. Parfum intense. 80 à 85 cm.

*P.* 'Coral Charm': variété hybride à fleurs semi-doubles rose pêche corail. Première pivoine corail! Gagnante d'une médaille d'or de l'American Peony Society en 1986. 100 cm.

*P.* 'Crazy Daisy': fleurs simples aux pétales blanc rehaussé de vert et irrégulièrement découpées et marquées de rouge pourpré. Légèrement parfumée. Floraison hâtive. 90 cm.

*P.* 'Dandy Dan': jolie variété semi-double bien hâtive. Fleurs rouges frangées sur feuillage vert clair. 60 à 90 cm.

*P.* 'Ellen Cowley': fleurs semi-doubles rose cerise. Feuillage très attrayant. 85 cm.

*P.* 'Friendship': belle grosse fleur simple qui commence rose foncé pour devenir presque blanche. Fleurit très abondamment. 60 cm.

*P.* 'Garden Treasure': vous cherchez une pivoine vraiment jaune? Voici une pivoine intersectionnelle aux fleurs semi-doubles qui ne sont pas jaune crème pâle, mais d'un vrai jaune doux avec des taches rouges près du centre. Longue floraison. Bon parfum un peu citronné. Gagnante d'une médaille d'or de l'American Peony Society en 1996. 90 cm.

*P.* 'Gold Standard': fleur double aux pétales extérieurs blanc crème et aux pétaloïdes étroits jaunes au centre. Parfum agréable. 90 cm.

*P.* 'Illini Warrior': produit une quantité incroyable de fleurs simples rouge bourgogne aux étamines dorées. Parfum faible. 90 à 100 cm.

*P. lactiflora* 'Krinkled White': variété très florifère aux fleurs simples blanc pur à la texture de papier crêpé et aux étamines dorées. Parfum léger. Facile à trouver sur le marché. 80 à 90 cm.

*P.* 'Laddie': surprenante variété à tiges courtes. Floraison hâtive. Fleurs rouge vif simples. 30 à 35 cm.

## PIVOINES HERBACÉES HYBRIDES

*P. lactiflora* 'Lancaster Imp': plant compact aux fleurs petites et très doubles, blanc crémeux et légèrement parfumées. 45 à 55 cm.

*P.* 'Lemon Dream': variété intersectionnelle aux fleurs simples à semi-doubles jaune pâle, parfois striées de lavande. 75 à 90 cm.

*Paeonia* 'Lemon Dream' | Photo: HortiCom

*P. lactiflora* 'Madame de Verneville': jolie variété ancienne (1885) pleinement double aux tiges solides; une belle preuve qu'il n'a jamais été nécessaire d'endurer les pivoines « face-dans-la-boue »! Fleurs blanches tachetées de rouge. De petite taille, mais fortement parfumée, sentant la rose. 60 à 90 cm.

*P. lactiflora*. 'Maestro': bonne pivoine rouge double à tige solide qui porte sa fleur bien au-dessus du feuillage. 90 cm.

*P.* 'Montezuma': fleur simple rose-rouge vif légèrement parfumée, avec un grand cœur doré. 60 à 90 cm.

*P. lactiflora* 'Nice Gal': plante basse aux fleurs semi-doubles rose riche devenant rose argenté. Légèrement parfumée. Feuillage vert moyen. 45 à 55 cm.

*P. lactiflora* 'Petite Elegance': fleur semi-double un peu plus petite que la normale mais de couleur originale: rose foncé devenant blanc crémeux avec des marques rouges. Bien parfumée. 55 cm.

*P. lactiflora* 'Petite Porcelaine': magnifique fleurs semi-doubles blanches joliment ondulées et bien parfumées. 55 cm.

*P. lactiflora* 'Philippe Rivoire': belle petite fleur rouge très double avec un excellent parfum. 60 à 90 cm.

*Paeonia* 'Spiffy' | Photo: La Pivoinerie D'Aoust

## PIVOINES HERBACÉES HYBRIDES

*P. lactiflora* 'Rosalie' : plante assez basse portant de belles fleurs roses bien doubles et légèrement parfumées. 45 cm.

*P. lactiflora* 'Sea Shell' : superbe variété rose clair à fleurs simples au centre très jaune. Bien parfumée. 100 cm.

*P. lactiflora.* 'Sparkling Star' : fleur rose simple. Parfum faible. Gagnante d'une médaille d'or de l'American Peony Society en 1995. 60 à 90 cm.

*P. lactiflora* 'Spiffy' : fleur de type japonais rouge rosé à l'extérieur et rose foncé marqué de crème au centre. Bien parfumée. 60 à 90 cm.

*P.* 'Viking Full Moon' : pivoine intersectionnelle à grosses fleurs simples jaune vert très pâle. 80-90 cm.

*P.* 'Zuzu' : fleurs semi-doubles rose très pâle devenant rapidement blanc. Léger parfum. 60 à 90 cm.

*Paeonia* 'Viking Full Moon' | Photo : HortiCom

**ENCORE PLUS**    Le prix des pivoines peut surprendre. Nous n'avons pas l'habitude de payer des vivaces très cher, alors quand on voit des plantes à 15 $, on pense qu'on a tout vu. Or, pour des pivoines de qualité, attendez-vous à payer entre 30 et 300 $ Il faut comprendre que les pivoines sont lentes et difficiles à multiplier : quand vous achetez une pivoine, il a fallu plusieurs années pour produire une plante de taille intéressante. Et la demande fait beaucoup augmenter le prix : il faut des décennies pour produire une assez grande quantité d'un nouveau cultivar. En attendant, des dizaines d'amateurs sérieux attendent impatiemment pour avoir un seul plant. Plus la variété est désirée, plus la plante coûtera cher. Heureusement que les pivoines sont très permanentes : votre pivoine de 300 $ ne vous aura coûté que 10 $ par année si vous en profitez pendant 30 ans. Vu de cette façon, il vaut la peine d'acheter sans tarder une pivoine que vous aimez vraiment : ainsi vous allez en profiter plus longtemps !

Enfin, en plus des pivoines herbacées décrites dans les 2 fiches précédentes, il y a aussi de très jolies pivoines arbustives.

# PLANTAIN MOYEN

*Plantago media* | Photo : HortiCom

> **Nom botanique :** *Plantago media*
> **Famille :** Plantaginacées
> **Hauteur (feuillage) :** 2 à 5 cm
> **Hauteur (fleurs) :** 30 à 60 cm
> **Largeur :** 20 à 30 cm
> **Exposition :** soleil (mi-ombre)
> **Sol :** bien drainé
> **Floraison :** fin du printemps à fin de l'été
> **Zone de rusticité :** 3

Très souvent des visiteurs remarquent cette plante chez moi et veulent savoir ce que c'est. Cela m'amuse beaucoup, car ils sont tout à fait étonnés quand je leur dis que c'est du plantain ! Non pas le plantain majeur (*Plantago major*) si courant dans nos gazons, mais son cousin plus sophistiqué, le plantain moyen (*P. media*). Eh oui, cette plante est aussi une mauvaise herbe… en Europe du moins. Chez moi, ce plantain se comporte en vrai gentleman. Je vous explique pourquoi ci-dessous (voir *Culture*).

**DESCRIPTION** Le plantain moyen forme une rosette très basse, sans tige, composée de feuilles obliques aux nervures très apparentes et d'une texture légèrement duveteuse. Pour une quasi-mauvaise herbe, ça commence bien ! Mais l'attrait principal de la plante est sa tige florale. Mince mais solide, généralement beaucoup plus haute que la largeur de la plante, elle porte à son sommet un épi de fleurs plumeuses blanc à peine rosé qui sont, de surcroît, parfumées. L'effet est des plus charmeurs ! La floraison commence tôt et dure tout le reste de l'été, jusqu'aux portes de l'automne.

**CULTURE** Quand vous savez qu'une plante est considérée par la moitié de la planète comme une mauvaise herbe, vous pouvez présumer qu'elle sera de culture facile. Effectivement, tous les sols bien drainés conviennent au plantain moyen, même les sols compacts et durs comme de la pierre. Côté ensoleillement cependant, cette plante est plus difficile : il faut le plein soleil ou presque pour qu'elle se développe vraiment.

Vous serez peut-être surpris que le plantain moyen ne soit nullement envahissant au jardin. Il se divise au pied un peu (mais pas plus que toute autre vivace), mais jamais il ne se ressème. Pourquoi ? C'est qu'il est autostérile : il faut un plantain moyen d'un autre clone dans les environs pour que la fécondation puisse avoir lieu. Comme le plantain moyen n'est pas très

## PLANTAIN MOYEN

courant dans la nature dans nos régions – dans la *Flore Laurentienne*, Marie-Victorin suggère qu'il est naturalisé d'Europe « dans certains lieux », mais je ne l'ai jamais vu au Québec et ne pense pas qu'il y en ait dans mon quartier –, tant que je reste avec ma plante originale et ses divisions (qui sont des clones et qui ne peuvent donc pas se féconder), il n'y a pas de danger qu'il échappe à mon contrôle.

Le plantain moyen est donc une plante de culture facile, jolie longtemps et totalement permanente. Pas mal proche de la perfection pour une plante de jardinier paresseux, n'est-ce pas ?

**MULTIPLICATION**   Uniquement par division pour le plantain moyen, mais on peut obtenir des graines par la poste. Attention ! Si vous cultivez plus d'un plantain moyen à partir de semences, là il y a risque d'envahissement, car vous auriez alors plusieurs clones. Je vous suggère de choisir le plant le plus fort et d'éliminer les autres. Ainsi votre seul spécimen n'aura pas de partenaire avec qui frayer et vous n'aurez pas à penser à supprimer les fleurs fanées pour empêcher qu'il prenne votre environnement d'assaut. Si vous en voulez plus, il suffira de diviser votre seul plant par la suite.

**UTILISATIONS**   Grâce à leur résistance au piétinement, les plantains ornementaux sont drôlement intéressants dans les fissures des sentiers, les allées de stationnement et les terrasses. Ils font d'excellents couvre-sols aussi. Autrement, à cause de leur petite taille, il vaut mieux les mettre en valeur en les plantant le long des sentiers, dans une rocaille ou sur des murets. Essayez-les en pot également.

**ASSOCIATIONS**   Souvent on utilise les plantains isolément pour les mettre en valeur – et parce qu'ils poussent là où rien d'autre ne veut pousser –, mais on peut les associer à d'autres plantes basses, comme les sédums (*Sedum* spp.) et les thyms (*Thymus* spp.).

**PROBLÈMES**   Une chenille poilue, noire aux deux extrémités et rouge brique au milieu, se nourrit des feuilles de certains plantains. Elle donne un papillon de nuit pas particulièrement intéressant (*Isa isabella*). Vous pouvez l'écraser ou la déplacer sur un plantain sauvage. Autrement, les plantains sont peu touchés par les ravageurs.

*Plantago media* | Photo : HortiCom

**AUTRES PLANTAINS**   L'idée que le plantain majeur ou grand plantain (*P. major*) puisse être une plante ornementale fait frissonner de peur les amateurs de gazons parfaits. N'est-ce pas la plante qui s'installe dans le gazon et qui, avec ses feuilles coriaces et aplaties, écrase les graminées et prend leur place ? Et qui pousse aussi dans la moindre fissure des pavés et de l'asphalte ? Oui ! Et si elle est si solide dans la pelouse et même dans l'asphalte, imaginez à quel point elle doit être facile à cultiver en plate-bande. (Idée à retenir : ce sont souvent les mauvaises herbes qui sont les plantes les plus faciles à cultiver !) Il reste quand même que cette plante, avec ses feuilles « correctes » mais pas plus et ses épis floraux verts sans attraits véritables, n'a rien de très excitant comme plante ornementale. Pourtant elle a donné des cultivars qui sont très intéressants. Avis

## PLANTAIN MOYEN

important cependant: *tous se ressèment*! Paillez ou supprimez les fleurs fanées si vous ne voulez pas qu'ils deviennent envahissants.

Le plantain majeur est autofécond et même ses cultivars sont généralement fidèles au type par semences. C'est aussi une plante médicinale utilisée dans plusieurs traitements maison.

*P. major* 'Frills': comme l'espèce, mais les feuilles sont fortement ondulées à la marge. Excellent pour meubler les fissures dans les pavés. 30 cm x 30 cm. Zone 2.

*P. major* 'Rosularis', 'Bowles Variety': plutôt que de produire un épi mince, 'Rosularis' forme, au bout de la tige florale, une rosette de petites bractées vertes autour d'une inflorescence crêtée et arrondie de la même couleur. L'effet d'ensemble est celui d'une grosse fleur verte. C'est bizarre à coup sûr, mais joli? À vous de le dire! (Mon fils m'a déjà dit qu'il ressemblait à une plante extraterrestre.) 15 cm x 30 cm. Zone 2.

*P. major* 'Rubrifolia' ('Atropurpurea'): cette forme est identique au plantain majeur sauvage, mais ses feuilles sont rouge pourpré; la tige florale aussi. La coloration est plus intense au soleil. Fidèle au type par semences. 30 cm x 30 cm. Zone 2.

*P. major* 'Variegata' (*P. asiatica* 'Variegata'): comme l'espèce, mais plus petite et aux feuilles fortement panachées de blanc crème. On dirait un mini hosta! 25 cm x 20 cm. Fidèle au type par semences. Zone 2.

*Plantago major* 'Rosularis' | Photo : HortiCom

*Plantago major* 'Rubrifolia' | Photo : HortiCom

# PULMONAIRE ROUGE 'DAVID WARD'

*Pulmonaria rubra* 'David Ward' | Photo : HortiCom

**Avec les pulmonaires, vous avez deux plantes en une seule.** Au printemps, une touffe de tiges sort du sol portant des masses de petits boutons floraux et des petites feuilles, souvent légèrement tachetées d'argent. Elles sont plus ou moins dressées et forment un monticule fleuri des plus attrayants. Après la floraison, les tiges florales disparaissent, et un nouveau lot de feuilles, beaucoup plus grosses et généralement plus colorées, apparaît. Cette fois, il n'y a pas de tige : les feuilles sortent directement du sol et forment un deuxième monticule fait de feuilles arquées. Il y a donc deux plantes : une plante plus ou moins éphémère à floraison printanière, puis une plante à feuillage qui restera sur place tout l'été, même jusqu'aux gels d'automne.

> **Nom botanique :** *Pulmonaria rubra* 'David Ward'
> **Famille :** Boraginacées
> **Hauteur :** 30 cm
> **Largeur :** 50 cm
> **Exposition :** soleil à ombre
> **Sol :** tout sol bien drainé
> **Floraison :** milieu à fin du printemps
> **Zone de rusticité :** 3

J'admets que j'ai été très sévère dans mes sélections de pulmonaires. Je trouve qu'il y a beaucoup d'espèces et de cultivars sur le marché (plus de 100 en fait), mais que plusieurs ont des défauts marqués. Pourquoi alors les cultiver ? Je vous présente ici les variétés les plus solides et très jolies. Voici mes critères de base :

## PULMONAIRE ROUGE 'DAVID WARD'

> belle floraison : ça, c'est facile ; presque toutes les pulmonaires fleurissent abondamment et en beauté ;

> beau feuillage estival : une pierre d'achoppement pour bien des pulmonaires ; j'adore les fleurs bleu azur de la pulmonaire à feuilles étroites (P. angustifolia), mais elle n'a aucun attrait estival ; une masse verte fade et même poussiéreuse, voilà tout !

> bonne vigueur : certaines pulmonaires ont une floraison et une feuillaison correctes mais… manquent d'énergie ; P. 'Sissinghurst White', par exemple, a toujours l'air à peine en vie ;

> bonne résistance au blanc : certaines plantes souffrent sérieusement du blanc, la première génération de feuilles devenant blanche puis noire ; la deuxième génération a beau les cacher, mais pourquoi endurer ça ?

> bonne résistance aux limaces : certaines pulmonaires sont très vulnérables aux limaces ('Marjorie Fish', par exemple, se fait dévorer tous les ans dans la plate-bande de mon voisin), alors que d'autres ne subissent aucun dommage.

J'ai utilisés ces critères (plus, je dois l'admettre, mes propres goûts) pour choisir les huit cultivars suivants.

**DESCRIPTION** Ma pulmonaire préférée est… celle qui ressemble le moins à une pulmonaire ! Les pulmonaires ont des feuilles tachetées d'argent et des fleurs bleu-violet, mais pas *Pulmonaria rubra* 'David Ward'. Ses fleurs sont rouge-corail et ses feuilles n'ont pas l'ombre d'une tache argentée. Elles sont plutôt vert moyen avec une large marge blanche. C'est d'ailleurs l'une des rares pulmonaires à feuillage panaché de blanc (l'argent des autres pulmonaires n'est pas dû à une véritable panachure mais à une couche de cellules réfléchissantes, comme chez les brunneras). L'effet au printemps est superbe (le rouge-corail saute aux yeux sur le fond de feuillage bicolore) et la plante attire tous les regards l'été avec ses grandes bicolores. Une plante en or !

Même sans fleurs, les pulmonaires peuvent être superbes : ici *Pulmonaria* 'Excalibur' | Photo : Terra Nova Nurseries

Toutes les autres pulmonaires décrites ici sont des variétés hybrides (est-ce ma faute si les hybrides dépassent, par leur vigueur, la plupart des espèces d'origine ?). Toutes aussi sont à feuillage argenté. Notez que la coloration est la plus intense sur les feuilles estivales : plusieurs variétés à feuillage estival argenté ont quand même des feuilles printanières vertes aux taches argentées.

*P.* 'Excalibur' : les feuilles sont couvertes d'un argent particulièrement brillant ; il n'y a qu'une mince marge vert foncé. Les fleurs sont roses devenant bleu pourpré. Très résistante au blanc. 33 cm x 65 cm.

*P.* 'Glacier' : la plupart des pulmonaires à fleurs blanches ne sont pas très vigoureuses, mais

## PULMONAIRE ROUGE 'DAVID WARD'

'Glacier' est l'exception. Les boutons rose pâle s'épanouissent en fleurs blanc pur. Le feuillage est vert foncé couvert de petites taches blanches. 32 cm x 65 cm.

P. 'Majesté': hybride français au feuillage presque entièrement couvert d'argent: il ne reste qu'un filet de vert en marge de la feuille! Les fleurs sont roses au début, puis deviennent bleu cobalt. 25 cm x 30 cm.

P. 'Milchstrasse' ('Milky Way'): les feuilles lancéolées sont fortement tachetées d'argent. Les fleurs sortent rose pourpré puis deviennent bleu. 30 cm x 50 cm.

P. 'Pierre's Pure Pink': plusieurs pulmonaires argentées ont des fleurs roses à l'épanouissement, mais peu maintiennent cette couleur durant toute la période de floraison. 'Pierre's Pure Pink' est une exception: ses fleurs sont rose doux de l'épanouissement jusqu'à la déchéance. Ses feuilles sont vertes tachetées d'argent. 30 cm x 50 cm.

P. 'Roy Davidson': fleurs rose bonbon devenant bleu-violet. Feuilles vert foncé tachetées d'argent. Variété d'une vigueur exceptionnelle. 30 cm x 45 cm.

P. 'Trevi Fountain': les feuilles sont longues et plutôt étroites, joliment arquées et fortement et également marbrées d'argent. Les fleurs sont bleu cobalt. 30 cm x 62 cm.

**CULTURE** Les pulmonaires sont de culture très facile et font d'excellentes plantes pour le novice. L'emplacement idéal d'une pulmonaire est à la mi-ombre dans un sol riche en matières organiques et toujours un peu humide, mais quand même bien drainé, notamment l'hiver. Par contre, la plante est très tolérante. Sous nos latitudes, il n'y a aucun danger à cultiver les pulmonaires au plein soleil (pour autant qu'on assure une humidité de sol adéquate). On peut aussi les cultiver à l'ombre où leur croissance sera toutefois moins rapide. Elles tolèrent la sécheresse tout en préférant plus d'humidité. On peut même les cultiver à l'ombre sèche où leur performance sera correcte à tout le moins. Dans une telle situation, bien sûr, un paillis et une certaine irrigation seront les bienvenus. Même les sols pauvres, argileux ou sablonneux sont acceptables.

*Pulmonaria* 'Majesté' | Photo: HortiCom

*Pulmonaria* 'Roy Davidson' | Photo: HortiCom

*Pulmonaria* 'Trevi Fountain' | Photo: HortiCom

## PULMONAIRE ROUGE 'DAVID WARD'

Les pulmonaires poussent en touffe dense, mais s'étendent graduellement. Il peut falloir 10 ans ou plus avant que la plante ait pris suffisamment d'expansion pour qu'une division soit envisagée. D'ailleurs, s'il reste de l'espace, vous pouvez les laisser intactes : la division n'est pas nécessaire pour leur bonne croissance.

**MULTIPLICATION** Le meilleur moment pour les diviser est immédiatement après la floraison. Elles ne sont pas fidèles au type par semences.

**UTILISATIONS** Utilisez les pulmonaires abondamment dans les jardins de sous-bois où, par leur coloration argentée, elles ajoutent une touche de lumière. On peut les utiliser en bordure de plate-bande ou en rocaille, ou même les naturaliser dans une forêt ouverte. Elles font d'excellentes plantes couvre-sol si on les plante assez densément. Ou encore essayez-les en massif.

**ASSOCIATIONS** Les pulmonaires font d'excellentes compagnes pour les hostas (*Hosta* spp.) et les fougères.

**PROBLÈMES** Les pulmonaires ont deux bêtes noires : le blanc et les limaces. Le blanc frappe principalement les feuilles de la première génération après la floraison. Ce n'est pas une maladie mortelle, mais elle défigure les plantes, qui se recouvrent de blanc puis noircissent. Les jardiniers travaillants traitent les feuilles aux fongicides pour prévenir la maladie ou coupent les feuilles de la première génération quand elles commencent à se dégrader (on peut même y passer la tondeuse), mais il est encore plus facile de choisir des variétés résistantes comme celles décrites ici.

C'est la même chose pour les dégâts causés par les limaces : la solution la plus facile est de cultiver des variétés résistantes… et tous les cultivars proposés ici le sont !

## REINE-DES-PRÉS DORÉE

> **Autres noms communs :** filipendule des prés dorée, ulmaire dorée
> **Nom botanique :** *Filipendula ulmaria* 'Aurea'
> **Famille :** Rosacées
> **Hauteur :** 60 à 90 cm
> **Largeur :** 35 à 90 cm
> **Exposition :** soleil, mi-ombre, ombre
> **Sol :** humide et riche
> **Floraison :** été
> **Zone de rusticité :** 3

**Vous cherchez une plante lumineuse qui attire l'œil ? Vous l'avez trouvée. La coloration jaune vert de cette plante est pétante : là où elle pousse, on n'a d'yeux que pour elle !**

*Filipendula ulmaria* 'Aurea' | Photo : HortiCom

## REINE-DES-PRÉS DORÉE

**DESCRIPTION**  La reine-des-prés dorée est une vivace, c'est vrai, mais elle a des allures d'arbuste. Ses tiges sont presque ligneuses (ce n'est pas une de ces vivaces dont vous pouvez cueillir les fleurs sans sécateur) et ses racines le sont carrément. Autrefois les taxonomistes classaient les reines-des-prés avec les spirées (*Spiraea* spp.), c'est tout dire! Mais c'est un arbuste assez bas, car la forme dorée n'atteint pas la hauteur de l'espèce : elle ne fait habituellement que 75 cm alors que *Filipendula ulmaria* peut atteindre un respectable 1,2 m.

La plante produit des feuilles pennées à 7 à 11 folioles joliment texturées (les nervures sont très visibles) et dentées. La foliole individuelle ressemble à une feuille d'orme (*Ulmus*), d'où l'épithète *ulmaria*. Leur couleur est une jaune lumineux au printemps, devenant vert lime clair l'été. Au plein soleil, les feuilles supérieures peuvent être délavées et paraître presque blanches ; à l'ombre et à la mi-ombre, elles gardent leur couleur.

Ce *Filipendula ulmaria* 'Aurea' commence à fleurir, mais n'est-ce pas que ce sont ses feuilles qui dominent ?  |  Photo : HortiCom

Les fleurs parfumées sont minuscules et blanches, réunies en bouquets plumeux terminaux, et elles persistent une bonne partie de l'été. Toutefois elles sont peu visibles, dominées par la couleur du feuillage. Certains jardiniers suppriment les tiges florales de la reine-des-prés dorée sous prétexte qu'elles nuisent à son apparence. Personnellement, je trouve qu'elles ajoutent une note de douceur bienvenue... mais c'est vrai qu'il faut être près pour les remarquer.

**CULTURE**  La reine-des-prés dorée préfère un sol riche et humide, mais s'adapte sans problème aux sols plus pauvres et plus secs. Néanmoins, un bon paillis organique, qui tient le sol plus humide tout en l'enrichissant, est très apprécié.

La mi-ombre et l'ombre sont préférables pour maintenir la coloration lumineuse du feuillage. La mi-ombre est idéale : la plante pousse vigoureusement, fleurit bien et maintient parfaitement sa coloration. La plante pousse plus lentement à l'ombre et y fleurit peu... mais on ne tient pas particulièrement à ses fleurs de toute façon, et comme elle éclaire les coins sombres de ses feuilles lumineuses...! Au soleil, il faut faire attention : trop de soleil direct peut délaver les feuilles, notamment le soleil chaud de l'après-midi. Préférez un soleil du matin, plus frais et moins intense.

La reines-des-prés est à croissance lente. On ne peut la considérer comme vraiment envahissante, mais elle s'élargit régulièrement avec le temps. Après une dizaine ou une quinzaine d'années, il peut être nécessaire d'enlever les plants en trop.

**MULTIPLICATION**  On peut seulement multiplier *F. ulmaria* 'Aurea' par division : elle n'est pas fidèle au type par semences. La division est cependant toute une tâche, car la souche très fibreuse est difficile à déterrer et encore plus difficile à sectionner. Une scie ou une hache sera sûrement nécessaire.

**UTILISATIONS**  Idéale pour créer de vaste taches lumineuses dans les paysages sombres, notamment dans les sous-bois humides. On peut aussi l'établir en marge d'un jardin d'eau.

## REINE-DES-PRÉS DORÉE

Essayez un massif composé uniquement de cette plante, qui est quand même belle six mois et plus par année. Et quel couvre-sol merveilleux !

**ASSOCIATIONS** Son jaune lumineux fait ressortir les couleurs sombres. Essayez-la près des heuchères à feuillage pourpre (*Heuchera* spp.) ou avec les physocarpes pourpres (*Physocarpus opulifolius* 'Monlo' et autres).

**PROBLÈMES** Peu fréquents.

*Filipendula ulmaria* 'Flore Pleno' | Photo : HortiCom

Malgré la tache jaune sur les feuilles de *Filipendula ulmaria* 'Variegata', c'est le floraison qui domine. | Photo : HortiCom

**AUTRES REINES-DES-PRÉS** Toutes les filipendules (*Filipendula vulgaris*, *F. rubra*, *F. purpurea* [ma préférée] et les autres) sont de très bonnes plantes pour les jardiniers paresseux, offrant une longue saison de beauté pour un minimum d'efforts. Je me limite toutefois à décrire ici quelques autres sélections de l'espèce *F. ulmaria*.

*F. ulmaria*, la reine-des-prés ou ulmaire, est l'espèce à l'origine de notre cultivar. Ses feuilles sont vert foncé, ce qui met en valeur ses fleurs plumeuses blanches. Plus grande que la forme dorée (elle atteint environ 90 à 120 cm de hauteur, parfois même 180 cm), elle a encore plus un port d'arbuste. Zone 3.

*F. ulmaria* 'Flore Pleno' produit des feuilles vert foncé et des fleurs doubles. Bien que les fleurs soient trop petites pour qu'on puisse vraiment remarquer qu'elles sont doubles, la multiplication des pétales donne plus de masse à l'inflorescence, qui paraît alors plus imposante. 90 à 150 cm.

*F. ulmaria* 'Variegata' ('Aureo-Variegata') porte une tache jaune sur la feuille, mais cette coloration n'est pas particulièrement remarquable, sauf de près. Ses belles fleurs plumeuses attirent davantage les regards. 60 cm x 90 cm.

**ENCORE PLUS** C'est de la reine-des-prés qu'on a extrait pour la première fois l'acide acétylsalicylique : c'était en 1838, le chimiste était un Français nommé Piria. Ce n'est cependant que 60 ans plus tard qu'un scientifique allemand, Félix Hoffmann, qui travaillait pour la compagnie Bayer, s'est rendu compte de l'utilité du produit. Il l'a nommé « aspirine », le « a » venant d'acétylsalicylique et le « spir » de *Spiraea ulmaria*, le nom utilisé à l'époque pour *F. ulmaria*. On peut mâcher les feuilles de cette plante, parfois appelée aspirine végétale, pour calmer les maux mineurs.

# RENOUÉE POLYMORPHE

- > **Autres noms communs**: grande renouée, grande renouée blanche, persicaire à forme variable, persicaire géante, persicaire polymorphe
- > **Nom botanique**: *Persicaria polymorpha*, syn. *Polygonum polymorphum*
- > **Famille**: Polygonacées
- > **Hauteur**: 1,5 à 2,5 m
- > **Largeur**: 1,2 à 2,5 m
- > **Exposition**: soleil, mi-ombre, ombre
- > **Sol**: riche et frais
- > **Floraison**: tout l'été et automne
- > **Zone de rusticité**: 3

*Persicaria polymorpha* | Photo: HortiCom

Et voilà! Nous sommes enfin rendus à ma vivace préférée: la renouée polymorphe. Spectaculaire, gigantesque, sculpturale… les mots manquent pour décrire ce monstre (dans le sens le plus positif du mot), qui peut atteindre 2,5 m de hauteur et presque autant en largeur dans de bonnes conditions.

J'adore cette plante pour sa « présence ». Avec sa grande taille, son feuillage dense et sa floraison qui ne veut pas s'arrêter, la renouée polymorphe domine toujours le paysage. Évidemment, sa floraison qui dure tout l'été, de la fin de juin ou du début de juillet (selon le climat) jusqu'au mois d'octobre, ne nuit pas non plus.

**DESCRIPTION** De loin, on dirait un astilbe ou une barbe de bouc géante, car les panicules de fleurs blanches à l'extrémité des tiges ont la même apparence plumeuse. De proche cependant, on découvre que le feuillage n'a rien du feuillage découpé des astilbes ou des barbes de bouc: il est entier, elliptique et pointu, vert foncé et plutôt reluisant. Les tiges sont très épaisses à la base, rappelant, avec leurs nœuds bien marqués (une caractéristique des renouées, le « nou » du mot se rapportant justement à ces nœuds), des tiges de bambou. Et les tiges sont vides comme celles des bambous aussi. Les tiges se ramifient en abondance, formant un masse très dense dans la partie supérieure. La plante, en plein été, rappelle davantage un arbuste qu'une vivace et, côté design, il faut presque considérer cette plante comme un arbuste, car elle en joue le rôle par sa taille et sa prestance. La différence est bien sûr l'absence de bois: les tiges meurent au sol tous les ans, comme chez toute plante herbacée.

Un mot sur la couleur des fleurs. Elles sont blanc très pur au début, mais prennent une teinte crème à mesure que l'été avance. À l'automne, elles s'éclaircissent et prennent une teinte rosée. C'est que les fleurs sont graduellement remplacées par des capsules de graines plutôt rougeâtres ; en combinaison avec les fleurs blanches, car la plante continue de fleurir presque jusqu'aux gels, l'effet est plutôt rosé.

Les fleurs de la renouée polymorphe sont parfumées aussi, mais leur fragrance n'est pas typiquement florale. À mes narines, elles sentent le foin coupé ! Chaque fois que je passe à côté de cette plante, j'ai toujours l'impression d'être en pleine campagne.

**CULTURE** Notre renouée est au moins aussi polyvalente que polymorphe. Il est d'ailleurs difficile d'imaginer une combinaison de conditions qui lui convient pas. Soleil ou ombre, sol riche ou pauvre, sec ou humide, acide ou alcalin, tout semble la satisfaire. Je ne l'ai pas encore essayée en marécage, mais je ne serais pas surpris si elle y poussait plutôt bien. La hauteur de la plante est cependant très influencée par les conditions : à l'ombre, dans un sol pauvre ou dans un sol très sec, elle reste plus petite (mais pas chétive... et elle fleurit quand même). On voit parfois des spécimens de « seulement » 90 à 120 cm de hauteur. Au plein soleil dans un sol riche et humide, elle dépasse 1,8 m ! Là où l'été est frais et humide, elle est encore plus énorme : on trouve des spécimens de 2,5 m de hauteur... et autant de diamètre !

À part les arrosages la première saison, le temps qu'elle s'établisse, la plante exige peu de soins, semblant pouvoir se passer de fertilisation et de bichonnage. Il vaut la peine de noter qu'elle n'est pas envahissante, car plusieurs renouées le sont, notamment la terrible renouée du Japon (*Fallopia japonica*). Au contraire, elle forme une belle touffe très dense et ne vagabonde nullement. Je ne l'ai jamais vue se ressemer non plus. Sage comme une image, juré craché !

La plante prend trois ou quatre ans avant de prendre son véritable envol. N'inquiétez-vous donc pas si votre géante atteint seulement 90 cm le premier été : c'est une fois bien établie qu'elle prendra son véritable essor.

Les tiges sont généralement assez résistantes au vent, mais lorsqu'un spécimen qui a toujours poussé à l'abri est exposé subitement à des rafales très fortes avant que les tiges aient eu le temps de s'endurcir, il peut y avoir de la casse. Coupez les tiges brisées : la plante reprendra

*Persicaria polymorpha* | Photo : HortiCom

## RENOUÉE POLYMORPHE

bien, faisant même une deuxième floraison sur les tiges renouvelées. Dans un sol plutôt pauvre, elle est moins cassante ; évitez les engrais riches en azote, qui favorisent une croissance rapide mais fragile.

Le feuillage de la renouée polymorphe est si dense qu'elle jette une ombre particulièrement dense. Il y a donc peu de risques que des mauvaises herbes l'envahissent. Il serait toutefois sage de placer un bon paillis à son pied, au cas où. Par contre, si les mauvaises herbes ne poussent pas bien à son pied, les plantes ornementales ne le feront pas non plus. Situez toute plantation voisine basse à au moins 60 cm de sa base, 90 cm pour les plantes hautes ou de taille moyenne. La renouée a besoin d'autres plantes dans son environnement, car, si elle est parfaitement dense sur sa partie supérieure, sa base est plutôt dégarnie sur les premiers 45 cm. À moins de vouloir mettre ses épaisses tiges en évidence (elles sont quand même curieuses), mieux vaut flanquer la plante de compagnes de hauteur moyenne, comme des marguerites ou des hémérocalles, ou, plus à l'ombre, des fougères ou des hostas.

*Persicaria polymorpha* | Photo : HortiCom

Étant donné ses dimensions (habituellement, elle est aussi large que haute), il faut songer à limiter la renouée polymorphe aux plates-bandes larges… mais alors, une plate-bande se doit d'être large, ce qui règle le problème. Tout de même, ce n'est pas une bonne plante pour une petite cour. Il faudrait toujours l'éloigner d'un sentier d'au moins 1 m, car il serait désagréable de toujours devoir la contourner.

Tristement, cette grande plante est absolument nulle l'hiver. Même moi qui trouve de la beauté dans presque toutes les plantes hors saison, aussi tristes et grises qu'elles puissent paraître, je dois admettre que, une fois les feuilles tombées, cette plante n'a vraiment, mais *vraiment* aucun attrait. Les tiges creuses, privées de sève, brunissent, sèchent et cassent sous la neige et le vent. Mieux vaut les couper vous-même. Une fois déchiquetées, par contre, elle font un excellent paillis.

**MULTIPLICATION**  La division est probablement la méthode de multiplication la plus facile. En général, les plantes aux grosses racines comme des carottes tolèrent mal la division ; ce n'est pas le cas de la renouée polymorphe. Carottes ou non, ses racines ne craignent pas les manipulations. Habituellement, on divise au printemps ou à l'automne. Coupez les tiges avant de la diviser si vous choisissez l'automne, sinon impossible de voir ce que vous faites. Étant donné l'importance des racines, diviser cette plante demande quand même un peu d'huile de bras.

Peu d'établissements offrent des graines, mais la plante pousse rapidement et facilement à partir de semences si vous pouvez en trouver. Enfin, on peut aussi prendre des boutures de tige.

**UTILISATIONS**  La renouée polymorphe peut servir de plante-vedette, dans une plate-bande d'arbustes ou à l'arrière-plan d'une vaste plate-bande mixte. On peut également la naturaliser dans un sous-bois ou un pré fleuri. Elle fait une excellente haie estivale, notamment en bordure de chemin, car les souffleuses et les produits de déglaçage ne l'importunent pas.

## RENOUÉE POLYMORPHE

**ASSOCIATIONS**  Avec sa grande taille, son feuillage dense et ses fleurs blanches, la renouée polymorphe fait une excellente plante d'arrière-plan et peut aussi servir de faire-valoir pour presque toute plante de taille moyenne. De toute façon, elle a besoin d'autres plantes pour cacher sa base dénudée. Pensez entre autres au phlox des jardins (*Phlox paniculata*), à la grande marguerite (*Leucanthemum* x *superbum*) et à l'hémérocalle (*Hemerocallis*) pour les emplacements ensoleillés, et aux fougères ou aux hostas (*Hosta* spp.) pour les coins plus sombres.

**PROBLÈMES**  On dit que la renouée polymorphe est parfois légèrement endommagée par les scarabées japonais, mais pas au point que ceux-ci deviennent une plaie. Malheureusement, je ne peux pas le confirmer, cet insecte ne se trouvant pas dans mon environnement. Autrement, elle ne semble vulnérable à aucun insecte ou maladie.

**ENCORE PLUS**  La renouée polymorphe a une ribambelle d'autres noms communs : grande renouée blanche, persicaire à forme variable, persicaire géante, etc. Cela est dû, curieusement, à son introduction très récente (elle a été introduite à la culture en 1995 seulement). Or, chaque chroniqueur horticole (et qui n'a pas parlé de cette plante tellement elle est performante ?), face à une nouvelle plante sans nom commun, en invente un. Je l'avais appelée moi-même « grande renouée blanche », mais je concède la victoire à « renouée polymorphe » qui avait, quand j'ai fait mes recherches, le plus grand nombre d'occurrences sur Internet.

La renouée polymorphe me donne beaucoup d'espoir dans l'avenir des introductions horticoles. Si une vivace de 2 m de hauteur qui fleurit tout l'été peut ne pas se faire remarquer des jardiniers jusqu'à la toute fin du XX$^e$ siècle, imaginez combien il doit y avoir de plantes sauvages extraordinaires qu'il reste encore à découvrir ! Et je me demande aussi ce que la population sauvage de cette plante nous réserve, car « polymorpha » veut dire « de forme variable » ; or, en culture, toutes les renouées polymorphes se ressemblent comme deux gouttes d'eau. Il serait drôlement intéressant qu'un botaniste explorateur retourne dans l'Himalaya à la recherche de cette plante afin de nous en ramener d'autres variantes. Imaginez notre belle renouée en rose ou même en rouge, de différentes tailles, aux feuillage diversement marqués !

*Persicaria polymorpha* | Photo : HortiCom

# RODGERSIA PODOPHYLLÉ

> Autres noms communs : rodgersia à feuilles en pied de canard, rodgersie podophyllée

> Nom botanique : *Rodgersia podophylla*

> Famille : Saxifragacées

> Hauteur : 150 cm (fleurs), 90 cm (feuillage)

> Largeur : 90 cm

> Exposition : soleil, mi-ombre, ombre

> Sol : riche, humide à détrempé

> Floraison : début à milieu de l'été

> Zone de rusticité : 4

**Si vous rêvez d'un décor tropical pour votre terrain,** vous avez la plante qu'il vous faut. Le rodgersia podophyllé semble sortir tout droit d'une jungle africaine !

*Rodgersia podophylla* | Photo : HortiCom

**DESCRIPTION**   Je dois admettre que j'adore *tous* les rodgersias et aurais aimé vous présenter chaque espèce, mais puisque ce livre doit s'en tenir à mes coups de cœur, allons-y avec mon préféré, l'extraordinaire rodgersia podophyllé. Malheureusement, ce n'est pas le rodgersia le plus courant sur le marché (cet honneur va au rodgersia à feuilles de marronnier, *R. aesculifolia*), mais il mériterait de l'être. Et comment ne pas l'adorer ? Peu de plantes rustiques ont une feuille aussi grosse, aussi joliment découpée, aussi superbement texturée. Par ailleurs, les fleurs plumeuses, blanches chez l'espèce, roses chez certains cultivars et portées en étages sur de hautes tiges, sont très bien, mais chez les rodgersias, ce sont les feuilles qui dominent.

Les feuilles sont grosses, les plus grosses de tous les rodgersias, parfois de 60 cm de diamètre. Elles sont portées sur un pétiole solide, formant un parasol à son extrémité. La feuille palmée est formée de cinq à sept folioles plutôt triangulaires, irrégulièrement et profondément découpées, un peu comme une feuille de chêne. Son découvreur y a vu une silhouette de patte de canard, car « podophylla » veut dire à feuille en forme de pied. La feuille est profondément nervurée et souvent bronzée au printemps, mais vert foncé luisant l'été. Elle redevient rougeâtre à l'automne, puis jaune riche avant de disparaître pour l'hiver.

La plante pousse à partir d'épais rhizomes qui sont parfois à moitié exposés, rampant sur le sol (vous ne les voyez que s'il n'y a pas de litière forestière ou de paillis). Avec le temps, la plante peut ainsi s'étendre peu à peu pour former de grosses talles de 2 m de large ou plus… mais elle ne dépassera pas 90 cm de diamètre avant plusieurs années, car sa croissance est lente.

Le rodgersia podophyllé est assez rare sur le marché dans nos régions ; ses cultivars sont presque impossibles à trouver. Mais un de ces jours, peut-être que vous dénicherez un des suivants :

## RODGERSIA PODOPHYLLÉ

*R. podophylla* 'Braunlaub': feuilles bronze pourpré au printemps et jusqu'au début de l'été, devenant toutefois vert foncé durant l'été. Les fleurs crème sont rehaussées de rose foncé.

*R. podophylla* 'Rotlaub': comme le précédent, mais au feuillage teinté plutôt de rouge que de bronze au printemps.

*R. podophylla* 'Smaragd': feuilles vert foncé, même au printemps. Fleurs blanches.

**CULTURE** Les rodgersias sont des plantes de marécage dans la nature et poussent mieux en culture dans des conditions semblables : en bordure de jardin d'eau, dans des dépressions humides, au pied des pentes, etc. Ils peuvent tolérer les sols temporairement inondés au printemps, mais ne peuvent croître les pieds dans l'eau tout le temps. Cela ne veut pas dire qu'ils ne peuvent pas bien s'adapter aux sols de jardin ordinaires, mais il reste quand même qu'il faut leur assurer toujours un peu d'eau en tout temps. Disons que ce ne sont pas des plantes xérophiles ! Un paillis épais, bien sûr, est toujours recommandé dans les emplacements exposés à la sécheresse.

*Rodgersia podophylla* | Photo : HortiCom

Côté sol, ils préfèrent la terre riche en matières organiques et plutôt acide habituelle des marécages, mais ils croîtront bien, quoique plus lentement, dans les sols moins riches. En milieu très humide, le plein soleil convient parfaitement, mais ils peuvent s'assécher au soleil dans les endroits plus secs. Ailleurs, préférez la mi-ombre. L'ombre aussi est acceptable, notamment dans une forêt à la voûte élevée qui laisse pénétrer un éclairage diffus.

La croissance du rodgersia podophyllé, comme celle de tous les rodgersias, est lente. Il atteint assez rapidement sa pleine hauteur, mais il prend quelques années avant de se remplir. Avec le temps, il peut devenir trop entreprenant, mais il est facile à contrôler : coupez tout simplement ses rhizomes vagabonds.

*Rodgersia podophylla* | Photo : HortiCom

Le paillis qui garde son sol plus humide et plus frais l'été est aussi utile en hiver, car il protège contre le froid, notamment dans les emplacements où la couverture de neige n'est pas fiable. Idéalement, on devrait donc toujours utiliser du paillis avec les rodgersias.

**MULTIPLICATION** On multiplie habituellement le rodgersia podophyllé par division au printemps ou à l'automne, ou par bouturage de sections de rhizome. L'espèce (mais pas les cultivars) est fidèle au type par semences.

**UTILISATIONS** Cette plante est bien sûr intéressante dans les plates-bandes humides ainsi qu'en marge des pièces d'eau, mais on peut la naturaliser dans un sous-bois. Elle fait une excellente fleur coupée.

## RODGERSIA PODOPHYLLÉ

**ASSOCIATIONS** Le rodgersia podophyllé serait très heureux de partager son milieu avec d'autres plantes aimant un sol humide et la mi-ombre, comme les fougères et les hostas, ainsi qu'avec d'autres rodgersias si vous avez de l'espace.

**PROBLÈMES** Je n'ai jamais vu de dommages dus aux insectes, aux maladies, ni même aux limaces, même s'il pousse souvent dans des milieux humides où les limaces prolifèrent. Une croissance rabougrie et des folioles à marges noircies indiquent habituellement un manque d'eau.

**ENCORE PLUS** Le rodgersia podophyllé fait un excellent substitut pour le gunnera (*Gunnera manicata*), plante aux feuilles gigantesques qui intrigue tant les jardiniers en visite dans des régions aux climats tempérés doux, comme Vancouver ou l'Irlande. Il pousse dans les mêmes conditions et lui ressemble en plus petit par son port et son feuillage.

## RUDBECKIE À FEUILLES BLEUES

> **Nom botanique** : *Rudbeckia maxima*
> **Famille** : Astéracées
> **Hauteur** : 150 à 200 cm
> **Largeur** : 60 cm
> **Exposition** : soleil
> **Sol** : bien drainé
> **Floraison** : milieu de l'été à l'automne
> **Zone de rusticité** : 4

*Rudbeckia maxima* | Photo : HortiCom

C'est grâce à un sachet de semences « pré fleuri » que j'ai découvert cette plante. À travers le lot de cosmos et de coréopsis habituels, une plante très différente des autres est apparue. Le premier été, il n'y avait que du feuillage... mais déjà un feuillage unique, bleu craie en début d'été, plus vert vers la fin. Je ne savais pas ce que ça pouvait être. Un genre de hosta peut-être ? L'été suivant, quelle n'a pas été ma surprise de voir une haute tige florale sortir de la rosette bleutée, une tige qui finit par porter une belle grosse inflorescence typique d'une... rudbeckie ! Qui l'aurait cru ?

**DESCRIPTION** La rudbeckie à feuilles bleues (*R. maxima*) n'a rien de la rudbeckie 'Goldsturm' (*R. fulgida sullivantii* 'Goldsturm'), cette vedette de nos jardins de fin d'été, du moins si on ne

## RUDBECKIE À FEUILLES BLEUES

regarde que son feuillage. Les feuilles de 'Goldsturm' sont lancéolées, vert foncé, légèrement poilues, un peu rêches au toucher. Les feuilles de la rudbeckie à feuilles bleues sont trois fois plus grosses, en forme de pagaie, parfaitement lisses et sans poils, et d'un très joli bleu-craie. Cette coloration vient de la pruine blanche qui recouvre la feuille : son rôle dans la nature est de protéger la plante contre les rayons trop ardents du soleil texan. La pruine s'efface au toucher et avec le temps, notamment sous notre climat pluvieux : à la fin de l'été, les feuilles sont davantage bleu-vert que bleu-craie.

Les feuilles sont assemblées en une rosette basale d'environ 45 cm de hauteur. Au début de l'été, une tige florale monte lentement, portant les mêmes feuilles bleu craie que la rosette, se divisant un peu en grossissant. Sa taille est impressionnante : 1,8 à 2 m environ. On ne s'attend pas à ce qu'une plante si basse produise une tige florale si haute ! Malgré sa hauteur, la tige est solide et ne casse pas au vent.

À partir du milieu de l'été jusqu'au début de l'automne, des fleurs s'épanouissent au sommet des tiges. Là, c'est de la rudbeckie pur sang, impossible de se tromper. Une grosse inflorescence avec un disque bombé vert qui devient rapidement brun foncé presque noir entouré d'une auréole de rayons jaunes. Chaque inflorescence dure un bon cinq à six semaines. Ne vous trompez pas cependant : il n'y a pas abondance de fleurs comme sur 'Goldsturm', mais quatre à sept par tige. Et l'effet de la plante n'est pas le même non plus. La rudbeckie à feuilles bleues a une apparence dépouillée et architecturale à mille lieues de l'apparence « bouquet de fleurs » de la rudbeckie 'Goldsturm'.

**CULTURE** Même si elle est originaire du sud-est des États-Unis (Texas, Lousiane et Arkansas), ce qui donne à penser qu'elle trouverait nos étés un peu gris et frisquets, la rudbeckie à feuilles bleues semble parfaitement s'adapter à nos conditions de jardin. Elle préfère le plein soleil, mais pousse quand même très bien à la mi-ombre. Elle réussit mieux dans un sol riche et plutôt humide, mais tolère la plupart des sols et peut supporter la sécheresse. Un paillis est fortement conseillé non seulement pour aider à modérer l'humidité et la température du sol l'été, mais aussi pour protéger un peu la souche l'hiver. Effectivement, dans les emplacements où la neige n'est pas fiable, l'action du gel et du dégel pourrait endommager ses racines.

Le feuillage bleu vert de *Rudbeckia maxima* est son trait le plus original. | Photo : HortiCom

Avec les années, les touffes deviennent plus denses et plus larges, mais cela ne semble pas réduire la floraison. Bien au contraire, plus il y a de rosettes qui composent la touffe, plus il y aura de fleurs.

**MULTIPLICATION** On procède à la division à l'automne. Il est important de pailler, le premier hiver au moins. Les graines germent facilement après un traitement au froid de trois mois.

**UTILISATIONS** Avec son allure des prairies, la rudbeckie à feuilles bleues convient très bien aux prés fleuris, mais aussi aux plates-bandes plus classiques. Malgré sa hauteur importante, on la plantera plutôt au milieu de la plate-bande de façon à pouvoir admirer ses feuilles :

## RUDBECKIE À FEUILLES BLEUES

quand ses très grandes tiges florales apparaissent, elles créent un joli effet de rideau translucide qui ajoute de l'intérêt au fond de la plate-bande sans vraiment cacher la vue.

La rudbeckie à feuilles bleues est très populaire auprès des spécialistes en aménagement paysager qui apprécient son effet dans les jardins modernes où les structures dominent. Avec son port architectural presque austère, elle donne un note de rigidité et de maîtrise que peu d'autres végétaux peuvent offrir.

**ASSOCIATIONS** Pour que son feuillage ressorte bien, on peut planter la rudbeckie à feuilles bleues devant un écran d'arbustes à feuillage foncé comme le houx 'China Girl' (*Ilex* 'China Girl'), le buis (*Buxus* spp.) ou l'if (*Taxus* spp.).

**PROBLÈMES** Peu fréquents.

## RUDBECKIE TRILOBÉE

*Rudbeckia triloba* | Photo : HortiCom

J'aime bien la rudbeckie 'Goldsturm' (***Rudbeckia fulgida sullivantii* 'Goldsturm'),** une vraie bête de somme de l'aménagement paysager... mais suis-je la seule personne qui pense qu'on la surutilise dans les jardins au Québec ? Il me semble qu'il serait temps d'essayer autre chose... et j'ai trouvé un substitut qui me satisfait pleinement : la rudbeckie trilobée (*R. triloba*).

> Nom botanique : *Rudbeckia triloba*
> Famille : Astéracées
> Hauteur : 60 à 90 cm
> Largeur : 45 cm
> Exposition : soleil
> Sol : bien drainé
> Floraison : fin de l'été et automne
> Zone de rusticité : 3

## RUDBECKIE TRILOBÉE

**DESCRIPTION**   La rudbeckie trilobée est une vivace très ramifiée au port presque arbustif. Malgré son nom, toutes les feuilles vert foncé ne sont pas trilobées. Celles près du sommet, par exemple, sont presque toujours entières. Elle produit, pendant presque quatre mois, de juillet à octobre, une très grande quantité de petites inflorescences aux rayons jaunes et à disque bombé noir. Elle est même beaucoup plus florifère que 'Goldsturm', aussi difficile à croire que cela puisse paraître. Il n'y a pas de danger de les confondre, car, même si les fleurs sont de la même couleur et qu'elles fleurissent environ à la même période, non seulement les fleurs de la rudbeckie trilobée sont-elles plus petites, mais la plante, avec ses tiges plus ramifiées, paraît moins rigide, donnant une allure plus « légère » à l'aménagement. Je trouve les petites « marguerites jaunes » tout à fait sympathiques. Quelle belle fleur coupée !

Et si les deux rudbeckies commencent à fleurir en même temps, à la fin de juillet, c'est la trilobée qui fleurit le plus longtemps, car la floraison 'Goldsturm' est déjà terminée au début d'octobre alors que la rudbeckie trilobée fleurit souvent jusqu'aux premières neiges.

**CULTURE**   Plantez la rudbeckie trilobée dans un emplacement ensoleillé ou semi-ombragé. Trop d'ombre donne cependant des plantes aux tiges moins solides qui risquent de plier sous la force du vent. Le sol sera idéalement riche en matières organiques et assez humide tout en étant bien drainé. Mais comme tant de plantes de jardin, elle tolère bien moins que la perfection. En fait, presque tout sol peut lui convenir pour autant qu'il n'est pas détrempé. La plante tolère même la sécheresse une fois qu'elle est établie.

Là où la rudbeckie trilobée diffère vraiment de la rudbeckie 'Goldsturm', c'est dans sa durée au jardin. Elle peut être vivace ou bisannuelle, selon la provenance des graines, mais elle vit rarement au-delà de quatre ou cinq ans.

**MULTIPLICATION**   La rudbeckie trilobée se multiplie surtout par semences. À la manière de bien des bisannuelles, elle se ressème de façon spontanée si efficacement que, même si la plante-mère meurt, il y a toujours des bébés prêts à la remplacer. Pour une fois, ne paillez pas la base de cette plante : un peu de sol dégagé est nécessaire pour qu'elle puisse se ressemer.

Les graines sont assez faciles à trouver sur le marché. Les graines semées à l'intérieur germent rapidement et arrivent à la floraison le premier été.

*Rudbeckia triloba* | Photo : HortiCom

**UTILISATIONS**   Comme la rudbeckie trilobée fleurit dans les mêmes teintes et même beaucoup plus longtemps que la rudbeckie 'Goldsturm', on peut facilement l'utiliser pour remplacer cette dernière. Pensez à elle pour une plate-bande ensoleillée, mais aussi pour le pré fleuri, le jardin de fleurs coupées et les grandes rocailles. Elle se naturalise très bien dans les prés fleuris… et attire les papillons. Son abondance de fleurs suggère une excellente fleur coupée… et c'est vrai. De plus, les fleurs coupées durent presque un mois en vase.

**ASSOCIATIONS**   Cette plante bien adaptée aux conditions de jardin se marie très bien avec une foule de plantes, dont les sédums d'automne (*Sedum* spp.), les échinacées (*Echinacea* spp.) et les graminées.

**PROBLÈMES**   Peu fréquents.

# SAUGE RUSSE HYBRIDE

*Perovskia* x *hybrida* 'Blue Spire' | Photo : HortiCom

La lavande (*Lavandula angustifolia*) n'est pas une valeur sûre sous les climats nordiques. D'accord, on peut la cultiver avec un certain succès, mais la survie hivernale de cette plante méditerranéenne, de zone 6 ou 7 selon le cultivar et ainsi plus acclimatée aux hivers doux de la garrigue française qu'aux hivers enneigés du nord-est de l'Amérique, est toujours un peu douteuse. Peu importe, car il existe une plante qui imite très bien la lavande, du moins par son port et sa coloration, sinon par son parfum et sa taille : la sauge russe.

> **Nom botanique :** *Perovskia* x *hybrida* (*P. atriplicifolia* hort.)
> **Famille :** Labiées
> **Hauteur :** 60 à 120 cm
> **Largeur :** 60 à 90 cm
> **Exposition :** soleil
> **Sol :** bien drainé, sec
> **Floraison :** milieu de l'été, début de l'automne
> **Zone de rusticité :** 3

**DESCRIPTION** Cette plante rappelle beaucoup une lavande géante, à la différence que les feuilles froissées ne sentent pas la lavande, mais… la sauge (d'où le nom commun). Il s'agit d'un sous-arbrisseau, soit une plante à mi-chemin entre un arbuste et une vivace herbacée. Notre plante a le port d'un arbuste, avec des tiges ligneuses dressées et des petites feuilles, mais un comportement proche de la vivace, car elle meurt au sol, ou presque, tous les ans. Sous les climats plus cléments, les tiges persistent d'une année à l'autre.

Les ramifications, nombreuses, partent d'une souche ligneuse et dure, poussant vers le haut et légèrement vers l'extérieur, ce qui donne un port évasé. Elles sont de couleur blanc argenté

## SAUGE RUSSE HYBRIDE

et atteignent entre 90 et 120 cm de hauteur. Les feuilles sont gris-vert, très découpées et presque plumeuses. Elles recouvrent la moitié inférieure de la plante.

Le sommet des tiges se convertit en une panicule ouverte composée de ramifications étroites portant d'innombrables calices argentés d'où sortent des petites fleurs tubulaires bleu-violet à deux lèvres. L'effet d'ensemble des tiges et des calices argentés et des fleurs bleu-lavande donne une coloration violet pâle argenté des plus agréables, alors que le port ouvert de la plante et le feuillage très découpé contribuent à créer un effet de nuage dans le jardin.

Après la longue floraison (qui peut durer du début de juillet jusqu'aux gels), les tiges blanc argenté demeurent pour assurer un effet fantomatique durant l'hiver.

**CULTURE** Si votre plate-bande contient un sol riche, meuble et humide, la sauge russe n'est pas pour vous. Oui, elle va pousser, et même trop vigoureusement (jusqu'à 1,5 m de hauteur), mais ses tiges seront trop faibles et cassantes. Ce que la sauge russe aime, ce sont les sols ordinaires à pauvres, voire sablonneux, et très bien drainés, voire secs. Cela donne des plantes solides et uniformes, de coloration plus argentée. La plante pousse dans les sols alcalins dans la nature, mais s'adapte quand même bien aux sols légèrement acides. Il va sans dire que la sauge russe ne nécessite pas beaucoup d'engrais, surtout pas d'engrais riche en azote.

*Perovskia* x *hybrida* | Photo : HortiCom

La sauge russe est la plante héliophile par excellence, un terme signifiant « qui cherche le soleil ». Non seulement aime-t-elle pousser au plein soleil, mais elle penche toujours en direction des rayons les plus intenses. Si rien ne lui jette ombrage, son port sera très symétrique. S'il y a ne serait-ce que l'ombre d'un arbre éloigné qui passe sur son feuillage, elle penchera dans le sens opposé. Remarquez qu'une sauge russe penchée n'est pas désagréable à voir, mais ne la plantez pas près d'un sentier où il n'y a aucune végétation pour créer de l'ombre, sinon elle y penchera et en bloquera l'accès.

Plusieurs jardiniers ont découvert à leur dépens que tailler une sauge russe à l'automne peut la tuer. En effet, cette plante est sérieusement rabattue par le froid l'hiver, mais pas tout à fait : les nouvelles pousses de l'année partent de

## SAUGE RUSSE HYBRIDE

la base ligneuse des tiges de l'année précédente. Si vous avez envie de la tailler, attendez qu'elle recommence à pousser au printemps ; vous rabattrez alors les branches juste au-dessus des bourgeons actifs supérieurs. Si vous taillez sévèrement à l'automne, vous risquez de supprimer les futures pousses de l'année suivante et de tuer la plante.

**MULTIPLICATION** Parfois la plante produit quelques rejets indépendants qu'on peut séparer et repiquer ailleurs, mais autrement on ne peut pas diviser sa souche ligneuse. Par contre, elle se multiplie facilement par bouturage de tige. On peut aussi récolter et semer des graines : peu importe leur parent, elles donnent inévitablement des plants qui ressemblent au cultivar 'Blue Spire'.

**UTILISATIONS** À port d'arbuste, rôle d'arbuste : traitez cette grande vivace comme l'arbuste auquel elle ressemble. On peut ainsi en faire des haies ou des écrans de verdure, ou encore la placer à l'arrière-scène d'une plate-bande ensoleillée. La sauge russe convient très bien aux prés fleuris et fait une bonne fleur coupée et séchée.

**ASSOCIATIONS** Avec sa coloration douce lavande argenté et son port plumeux, la sauge russe peut servir de faire-valoir à de nombreuses plantes plus basses, notamment à fleurs roses, pourpres, blanches ou jaune pâle. Pensez au coréopsis verticillé 'Moonbeam' (*Coreopsis verticillata* 'Moonbeam') ou aux hémérocalles jaunes (*Hemerocallis* spp.).

**PROBLÈMES** Peu fréquents.

**CULTIVARS**

*P.* x *hybrida* 'Blue Spire' : c'est le cultivar habituel. Si vous achetez une plante étiquetée seulement *P. atriplicifolia* (i.e. *P.* x hybrida), sans nom de cultivar, c'est probablement cette plante. Sa description correspond à celle de l'espèce hybride. 90 à 120 cm.

*P.* x *hybrida* 'Filigran' : son feuillage est encore plus finement découpé que les autres. 90 à 120 cm.

*P.* x *hybrida* 'Little Spire' : variété naine de 60 cm de hauteur, mais autrement identique à 'Blue Spire' dont c'est une sélection. Cette plante a été désignée vivace de l'année 1995 par la Perennial Plant Association.

*P.* x *hybrida* 'Longin' : essentiellement identique à 'Blue Spire'. Certains pépiniéristes prétendent que c'est la même plante. 90 à 120 cm.

**ENCORE PLUS** La nomenclature des sauges russes ne pourrait pas être plus confuse. Non seulement certains cultivars se ressemblent comme deux gouttes d'eau, mais le nom botanique aussi est mal employé. L'espèce la plus vendue est théoriquement *P. atriplicifolia,* sauf que les plantes vendues sous ce nom ne correspondent nullement à la description de l'espèce, qui porte des feuilles simples en forme de feuille d'arroche (*Atriplex hortensis*), d'où son nom. Or, tous les plants vendus au Québec ont un feuillage découpé. L'espèce qui ressemble le plus à nos cultivars est *P. abrotanoides*, en provenance des steppes de Russie, car son feuillage est découpé, mais même là, il y a des différences. Les taxonomistes ayant étudié les *Perovskia* en culture sont arrivés à la conclusion que toutes ces plantes sont d'origine hybride, probablement issues de croisements entre *P. abrotanoides* et *P. atriplicifolia*.

## SAUGE VERTICILLÉE 'PURPLE RAIN'

*Salvia verticillata* 'Purple Rain' | Photo : HortiCom

> Nom botanique : *Salvia verticillata* 'Purple Rain'
>
> Famille : Labiées
>
> Hauteur : 60 cm
>
> Largeur : 45 cm
>
> Exposition : soleil (mi-ombre)
>
> Sol : pauvre, sec
>
> Floraison : été
>
> Zone de rusticité : 3

Le genre *Salvia*, qu'on appelle couramment « sauge », est sûrement l'un des plus diversifiés dans la palette du jardinier avec plus de 700 espèces trouvées presque partout dans le monde. L'on connaît avant tout, bien sûr, la sauge de notre cuisine, soit la sauge officinale (*S. officinalis*), mais il y a aussi des sauges annuelles populaires, comme la sauge écarlate (*S. splendens*) et la sauge farineuse (*S. farinacea*), des bisannuelles, comme la sauge argentée (*S. argentea*) et la sauge d'Afrique (*S. aethiopis*), décrites dans ce livre, des fines herbes comme la sauge sclarée ou toute bonne (*S. sclarea*), aussi décrite dans le livre, et même des arbustes et des petits arbres… tropicaux. Mais les sauges vivaces rustiques, qui peuvent donc servir en permanence dans nos jardins, sont plutôt rares.

J'ai cultivé beaucoup de sauges vivaces au cours de ma vie de jardinier, ce qui me donne une bonne possibilité de les comparer… et j'en ai trouvé une bonne : une sauge qui fleurit sans faillir de juin jusqu'à la fin d'octobre, soit l'une des plus longues saisons de floraison de toutes les vivaces. Il s'agit de la sauge verticillée 'Purple Rain' (*S. verticillata* 'Purple Rain').

## SAUGE VERTICILLÉE 'PURPLE RAIN'

**DESCRIPTION**  Si vous pensez connaître les sauges vivaces, 'Purple Rain' va vous surprendre. Elle ne ressemble que très vaguement aux sauges superbes (*S. nemerosa*, *S.* x *splendens* et *S.* x *sylvestris*).

Il s'agit d'une plante qui pousse en touffe composée de tiges carrées supportant des feuilles en forme de flèche, dentées, ondulées et couvertes d'un duvet blanc mince qui lui confère une texture très douce nous donnant envie de la flatter. Et quel plaisir de le faire, puisque les feuilles sont non seulement soyeuses au toucher mais délicieusement aromatiques!

Pourtant, personne ne cultiverait cette plante uniquement pour son feuillage velouté, aussi aromatique soit-il. Ce qui nous attire, ce sont ses épis floraux, hauts de 30 cm et portés au sommet des tiges. Les fleurs ne sont pas tassées les unes sur les autres comme chez les autres sauges, mais placées par verticilles bien espacés. Comme la tige est de couleur rouge vin, cela donne l'effet d'un collier à fil bourgogne portant des perles violet cendré. Ce qui est doublement intéressant est que le calice aussi est violet, à peu près de la même couleur que les petites fleurs tubulaires. Ainsi, quand les fleurs tombe, l'effet persiste. L'épi n'est pas parfaitement droit; il penche un peu, s'arquant parfois un peu vers l'extérieur et adoucissant son effet (les sauges superbes, décrites ci-dessous, ont une apparence beaucoup plus rigide).

L'effet de « petites boules superposées » est unique à la sauge verticillée, ce qui la rend facile à distinguer dans un genre où il y a beaucoup de confusion.

**CULTURE**  Comme la sauge verticillée provient des régions arides de l'Europe et de l'Asie, 'Purple Rain' en a hérité d'un amour pour le soleil et les sols pauvres et bien drainés, même secs et sablonneux. Elle s'adapte bien aux sols plus riches et plus humides, mais son besoin d'un drainage parfait demeure absolu : une sauge verticillée qui passe l'hiver dans un sol détrempé est une sauge verticillée morte. Par contre, elle peut tolérer moins que le plein soleil, mais ses tiges sont alors plus fragiles. Évitez les engrais riches en azote (le premier chiffre sur l'étiquette de l'engrais) qui provoquent, eux aussi, des tiges fragiles aux éléments.

Petit défaut, autant chez la sauge verticillée 'Purple Rain' que chez les diverses sauges superbes : oui, elles fleurissent longtemps (presque cinq mois chez 'Purple Rain'!), mais c'est surtout vrai si l'on supprime les fleurs fanées. Or, pourquoi se mettre à genoux pour supprimer les épis fanés un par un, un travail si fastidieux ? Quand la première floraison s'achève, rabattez-les plants de moitié au coupe-bordure électrique : le travail est fait vite et bien.

**MULTIPLICATION**  Surtout par bouturage de tige, car la division est difficile avec les sauges.

**UTILISATIONS**  Ce sont des plantes idéales pour une plate-bande ensoleillée ou une grande rocaille. Les variétés basses font de bons couvre-sols. Elles font aussi bel effet en pot ou peuvent servir à attirer colibris et papillons au jardin.

**ASSOCIATIONS**  Essayez des plantes qui aiment les mêmes conditions de plein soleil et de sol pauvre et sec, comme les sédums (*Sedum* spp.), les achillées (*Achillea* spp.) et le souffle de bébé (*Gypsophila paniculata*).

**PROBLÈMES**  Peu fréquents. Attention aux sols trop humides en hiver, car il y a risque de pourriture!

**AUTRES SAUGES VIVACES**  Habituellement, quand on pense aux sauges vivaces, on n'a pas en tête la sauge verticillée, mais plutôt les sauges superbes, beaucoup plus communes en culture. Le nom « sauge superbe » s'applique en fait à trois espèces : *S. nemorosa* et deux espèces hybrides, *S.* x *superba* et *S.* x *sylvestris*, dont *S. nemorosa* est d'ailleurs l'un des parents (d'où l'air de famille). Il ne vaut pas la peine d'essayer de distinguer les trois, car elles confondent même les meilleurs botanistes; eux aussi les appellent « sauges superbes » pour simplifier les choses.

## SAUGE VERTICILLÉE 'PURPLE RAIN'

Les sauges superbes ont besoin des mêmes soins que 'Purple Rain', mais tolèrent davantage la mi-ombre et les sols humides. Malgré leur grande popularité, les sauges superbes ont un défaut qui me dérange beaucoup : elles tendent à s'écraser par suite d'un vent fort ou d'une pluie intense. Évidemment, on peut toujours les tuteurer. Dans un lointain passé, quand je n'étais pas encore assez paresseux, je posais un support à pivoines sur ces plantes au printemps pour ne pas les voir s'écraser durant l'été. Je n'ai plus besoin de le faire : j'ai trouvé des variétés super-solides qui ne s'écrasent jamais. Et elles s'appellent...

*S. nemorosa* 'Marcus' : cette variété naine étant si petite, comment voulez-vous qu'elle s'écrase ? Les fleurs sont violet-pourpre foncé. Sa floraison dure une bonne partie de l'été, mais pas jusqu'à l'automne, comme 'Purple Rain'. 20 à 30 cm x 30 cm.

*Salvia* x *sylvestris* 'Blauhügel'  |  Photo : HortiCom

*S.* x *sylvestris* 'Blauhügel' (syn. 'Blue Hill') : cette variété compacte forme un monticule assez arrondi de feuilles aromatiques lancéolées, coiffé de nombreux épis rigidement dressés de petites fleurs serrées bleu lavande. C'est la plus « bleue » de toutes les sauges superbes. Fleurit tout l'été et, plus faiblement, à l'automne. 40 à 50 cm x 45 cm.

*S.* x *sylvestris* 'Schneehügel' (syn. 'Snow Hill') : c'est une mutation à fleurs blanches de 'Blue Hill'. Elle est d'ailleurs la seule sauge superbe à fleurs blanches. Les épis sont rigidement dressés, un trait commun à toutes les sauges superbes. Longue floraison. 40 à 50 cm x 45 cm.

*Salvia* x *sylvestris* 'Schneehugel'  |  Photo : HortiCom

# SÉDUM D'AUTOMNE

- Autre nom commun : orpin d'automne
- Nom botanique : *Sedum* 'Autumn Fire', syn. *Hylotelephium* 'Autumn Fire'
- Famille : Crassulacées
- Hauteur : 50 cm
- Largeur : 45 à 60 cm
- Exposition : soleil
- Sol : ordinaire, bien drainé, même pauvre
- Floraison : fin de l'été et automne
- Zone de rusticité : 3

*Sedum* 'Autumn Fire' | Photo : Proven Winners

Il y a peu de plantes aussi faciles à cultiver que les sédums d'automne : tant qu'elles ont un minimum de soleil et n'ont pas les racines dans l'eau stagnante, ces succulentes au feuillage charnu poussent… et elles sont belles. Elles sont belles longtemps, car leur feuillage épais et glauque, à texture inhabituelle parmi les plantes de climat froid, forme un beau dôme très égal dès le début de l'été, suivi de bouquets de boutons très serrés (oui, même les boutons sont attrayants) à la fin de l'été. Les fleurs étoilées automnales massées si densément sont superbes et durent deux mois et plus ; à la toute fin de l'automne, elles sèchent sur place et assurent de la couleur même à travers les premières neiges. Ça, c'est ce qu'on appelle de la performance !

Mais définissons ce que sont les sédums d'automne pour commencer. Il s'agit essentiellement de deux espèces du genre *Sedum*, soit *S. telephium* et *S. spectabile*, et de leurs hybrides, parfois avec quelques gènes provenant d'autres espèces similaires. Contrairement à la majorité des sédums, les sédums d'automne ne sont pas des plantes à tiges prostrées, mais dressées, mesurant de 35 à 70 cm de hauteur. Autrement dit, des géants parmi les sédums. Leur floraison aussi est très caractéristique : des inflorescences bombées, multiples, aux fleurs très densément serrées, ressemblant à une grosse tête de brocoli (leurs détracteurs, et il y en a, disent justement qu'elles ressemblent à du vulgaire brocoli), mais en plus coloré. Ils perdent tout leur feuillage l'hiver (la majorité des autres sédums sont à feuillage persistant). Enfin, comme leur nom le dit, ils fleurissent à l'automne, alors que la plupart des autres sédums

## SÉDUM D'AUTOMNE

fleurissent en plein été. Ces plantes font partie de la section *Telephium* du genre *Sedum* et ont été pendant plusieurs années classées dans leur propre genre, *Hylotelephium*. Présentement, la tendance taxonomique est de les remettre dans le genre *Sedum*.

Que de mots pour définir quelque chose que l'œil voit en un instant! Si votre sédum a des tiges dressées et ressemble à du brocoli rouge, rose ou blanc lors de sa floraison tardive, c'est un sédum d'automne, d'accord? Ces plantes se ressemblent tellement de par leur port et leur apparence que même les experts ont de la difficulté à les classer selon leur véritable espèce. Quelle plante relève de *S. telephium*, de *S. spectabile*, d'un croisement? Laissons les botanistes en débattre. Entre jardiniers, on sait ce que c'est un sédum d'automne et c'est tout ce qui compte!

Choisir un coup de cœur principal parmi tant d'espèces et de variétés de sédum d'automne (il doit bien y avoir une cinquantaine d'espèces et de cultivars) n'a pas été du gâteau. Il y a tellement de plantes intéressantes, mais mon penchant pour les plantes à feuillage coloré m'attirait vers les plantes au feuillage pourpre comme S. 'Purple Emperor'. Il a fallu toutefois que je me raisonne. Quel sédum d'automne donnait réellement les meilleurs résultats au jardin, année après année? Il m'a fallu conclure que c'était… S. 'Autumn Fire', une plante bien de chez nous, de surcroît.

**DESCRIPTION**  S. 'Autumn Fire' est une sélection québécoise faite par HortClub qui est maintenant distribuée sur toute la planète. Il s'agit tout simplement d'une sélection de S. 'Herbstfreude' (syn. S. 'Autumn Joy'), qui est, il faut l'admettre, une mautadite bonne plante, absolument permanente et fiable, avec un beau feuillage et une belle floraison colorée. Mais 'Herbstfreude', qui demeure encore le sédum le plus vendu au monde, a un petit défaut: après quelques années de culture, quand la touffe devient plus dense, il a tendance à s'écraser au sol en pleine floraison. Quel désastre! Mais si facile à pardonner, disent les jardiniers plus travaillants que moi, car il suffit de le diviser pour le rajeunir… Mais je ne tiens pas à le diviser, même si ce n'est qu'aux 7 à 10 ans. Je veux un sédum qui ne s'écrase pas! Et voilà que 'Autumn Fire' entre en scène. Il est strictement identique à 'Herbstfreude', mais environ 10 cm plus court. Et ces 10 cm font toute la différence. Plus court, plus trapu, 'Autumn Fire' ne s'écrase pas, même après des années au jardin. Il frise la perfection en tant que sédum d'automne.

S. 'Autumn Fire' commence à sortir du sol très tôt au printemps, formant déjà une masse de petites tiges vert pâle, alors que la plupart des vivaces avoisinantes dorment encore. Il produit rapidement une touffe de tiges charnues bleu-vert bien dressées et munies de feuilles charnues et dentées, sans pétiole, de la même couleur. Dès le milieu de l'été, ses boutons floraux plus pâles encore que le feuillage, presque blancs, s'amassent à l'extrémité des tiges, ajoutant de l'intérêt. C'est au mois d'août que les premières fleurs s'ouvrent: de jolies étoiles rose foncé. Elles durent presque deux mois, devenant graduellement rouge riche, puis elles commencent à brunir pour sécher sur place à la fin de l'automne. J'en profite encore, même à ce stade, car la coloration brun-roux des tiges et des fleurs demeure attrayante, surtout sur le fond des premières neiges.

**CULTURE**  Quand on voit une plante succulente, donc aux feuilles charnues d'apparence cirée, on pense toute de suite «soleil» et «sécheresse»… et c'est généralement correct. Pourtant

## SÉDUM D'AUTOMNE

les ancêtres des sédums d'automne ne viennent pas des déserts mexicains (bien qu'il y ait amplement de sédums qui poussent sous le soleil du Mexique), mais du nord de l'Europe et de l'Asie. Ils ne sont donc pas étrangers aux journées grises et pluvieuses et aux hivers froids et enneigés. On peut ainsi considérer les sédums d'automne comme des plantes d'origine désertique qui se sont acclimatées à des conditions plus humides similaires à celles de nos jardins. Le plein soleil est toutefois important pour assurer la meilleure coloration possible (variétés pourprées) ainsi que des tiges solides qui ne penchent pas. Les plantes tolèrent presque tous les sols, à condition bien sûr qu'ils soient bien drainés, même les sols sablonneux ou pauvres. La sécheresse ne leur cause aucun problème. Évitez toutefois les engrais très riches qui provoquent un étiolement et qui réduisent l'intensité de la couleur des feuilles. Pour tout dire, évitez les engrais chimiques tout court!

Pendant longtemps, il était de rigueur de réduire les tiges des sédums de moitié au mois de juin. Cette taille favorisait une repousse plus compacte et plus solide, car les sédums d'automne tendaient à s'écraser au sol sans un peu d'aide. Tant qu'on cultive au soleil les variétés recommandées ici, cela n'est plus un problème. Par contre, les plantes à la mi-ombre pourraient avoir besoin du même traitement.

Les sédums sont des plantes très permanentes: les bonnes variétés n'ont jamais besoin de division. Parfois on trouve des touffes de sédum d'automne qui poussent et fleurissent très bien dans un cimetière abandonné ou autour des ruines d'une vieille maison de ferme, ce qui donne une bonne idée de leur robustesse et de leur durabilité.

**MULTIPLICATION** La façon la plus facile de multiplier les sédums d'automne est par bouturage des tiges. On peut même bouturer des *feuilles* dans certains cas. Au besoin, on peut aussi les multiplier par division des touffes. Les sédums décrits ici sont des hybrides et ne sont pas fidèles au type par semences.

**UTILISATIONS** Avec leur feuillage succulent et leur port compact, les sédums sont de toute évidence des plantes de choix pour les rocailles, mais ces grands sédums sont excellents aussi en plate-bande, notamment en bordure. On peut en faire un très joli massif; on voit souvent les sédums utilisés de cette façon dans les aménagements municipaux. Les sédums font de magnifiques fleurs coupées fraîches ou séchées. Les fleurs attirent facilement les papillons, alors que ceux qui ne tondent pas leurs sédums au sol quand les gels les font brunir découvriront que les oiseaux sont très avides de leurs graines.

**ASSOCIATIONS** D'abord, les sédums se marient très bien ensemble: des sédums à feuillage vert ou panaché avec des sédums à feuillage pourpre, par exemple, ou deux sédums à fleurs de couleur contrastantes. Essayez-les aussi avec des graminées de hauteur moyenne, comme l'armoise 'Silver Mound' (*Artemisia schmidtiana*) ou la sauge russe (*Perovskia* spp.).

**PROBLÈMES** Peu fréquents.

**AUTRES SÉDUMS D'AUTOMNE**

**SÉDUMS D'AUTOMNE À FEUILLAGE VERT**

Il y a tellement de sédums d'automne coups de cœur qu'il m'a fallu les répartir en plusieurs catégories. Commençons par les variétés à feuillage vert (en fait, vert-bleu):

S. 'Citrus Twist': très différent des autres sédums par ses fleurs, qui sont vertes... ou plutôt jaune-vert. Le feuillage vert clair est porté par des tiges pourprées. 50 cm x 40 à 60 cm.

S. 'Cloud Walker': à mi-chemin entre un feuillage vert et un feuillage pourpre. Il a un port dressé évasé et porte ses fleurs à plusieurs niveaux, pas seulement dans une masse solide au-dessus

## SÉDUM D'AUTOMNE

du feuillage; ainsi, il ressemble moins à un chou-fleur que les autres sédums d'automne et plus à une achillée. Les fleurs roses sont hâtives. 50 cm x 45 cm.

S. 'Herbstfreude', syn. 'Autumn Joy': plus haute que 'Autumn Fire' de 10 cm, cette plante, dont 'Autumn Fire' est une sélection, est un hybride allemand issu d'un croisement entre S. telephium et S. spectabile datant de 1955. Il a le même feuillage vert-bleu et les mêmes fleurs rose foncé devenant brunes que 'Autumn Fire', mais ses tiges sont moins solides. Les plantes trop matures tendent à s'ouvrir en pleine floraison pour s'écraser bêtement sur le sol. 'Autumn Joy' est cependant superbe dans sa jeunesse (environ les premiers 7 à 10 ans) et demeure le sédum d'automne le plus populaire. 60 cm x 45 à 60 cm.

S. 'Indian Chief': je ne vois aucune différence entre cette plante et 'Herbstfreude'.

S. spectabile 'Brilliant': une bonne vieille variété, presque centenaire, aux fleurs rose brillant et aux feuilles bleu-vert pâle. Ce n'est pas parce que votre grand-maman la cultivait que ce n'est pas une bonne plante! 50 cm x 45 à 60 cm.

S. spectabile 'Carmen': comme 'Brilliant', mais à fleurs rose beaucoup plus foncé et à feuillage plus bleuté. Une variété très solide: pas du dernier cru non plus, mais à ne pas négliger. 40 cm x 45 à 60 cm.

S. spectabile 'Iceberg': similaire à 'Herbstfreude', mais à fleurs blanc crème. On le combine d'ailleurs souvent avec 'Herbstfreude' pour créer des massifs bicolores. 35 cm x 45 à 60 cm.

S. spectabile 'Meteor': fleurs rouges. 50 cm x 45 à 60 cm.

*Sedum spectabile* 'Neon' | Photo: Proven Winners

S. spectabile 'Neon': hybride dérivé de S. spectabile 'Brilliant', à grosse inflorescence rose bonbon électrique: sans doute la floraison la plus voyante de tous les sédums! Sa floraison est plus hâtive que celle des autres, commençant parfois dès la fin de juillet. Compact. 50 cm x 45 à 60 cm.

S. spectabile 'Stardust': le plus blanc des sédums d'automne à fleurs blanches, du moins à maturité (les fleurs sont rose pâle à l'épanouissement). Feuillage bleu-vert pâle. 45 cm x 45 à 60 cm.

### SÉDUMS D'AUTOMNE PANACHÉS

Ce groupe comprend des sédums au feuillage très coloré, mais il faut faire attention: la réduction de la surface chlorophyllienne donne souvent des plantes moins solides qui doivent être taillées en juin (voir *Culture*) si vous ne voulez pas les voir s'écraser par terre en pleine floraison. J'ai éliminé tout de go les variétés qui s'écrasent trop, comme le traditionnel sédum panaché (S. eryrthrostictum 'Variegatum'), vendu aussi sous les noms S. spectabile 'Mediovariegatum' et S. alboroseum 'Mediovarigatum, au feuillage jaune à marge verte et aux fleurs blanches, et la nouveauté S. eryrthrostictum 'Frosty Morn', aux feuilles bordées de blanc et à fleurs roses, qui finit toujours la face dans la boue chez moi. Je n'inclus ici que des variétés qui se sont montrées très solides.

## SÉDUM D'AUTOMNE

*Sedum* 'Lajos' : les boutons floraux sont attrayants bien avant que la plante fleurisse. | Photo : HortiCom

**S. 'Lajos' Autumn Charm**MC : peut-être le meilleur des sédums à feuillage blanc et vert. Cette mutation de 'Herbstfreude' porte des feuilles vertes à large bordure blanche, alors que les boutons floraux blancs donnent un effet de floraison dès la mi-été. Surprise ! Les vraies fleurs sont rose riche devenant couleur rouille vers la fin de la floraison. C'est mon coup de cœur parmi les sédums d'automne panachés. 60 cm x 35 à 45 cm.

**S. *spectabile* 'Pink Chablis'** : la plante se tient solidement debout et les feuilles, bleu-vert à marge blanche, sont superbe. Énorme « chou-fleur » rose pâle à l'automne. 35 à 45 cm x 45 à 60 cm.

**S. *telephium* 'Samuel Oliphant'** : ce sédum est tricolore à la mi-ombre et même quadricolore au plein soleil brûlant ! Ses feuilles sont vert gris avec une nervure pourpre et les marges des feuilles (et parfois presque toute la feuille) sont blanches à blanc crème, rehaussées de rose au soleil. Malheureusement, la panachure n'est pas très égale : certaines parties de la plante sont très panachées, d'autres peu ou pas. Les tiges pourpres rehaussent l'effet tricolore de l'ensemble. Et elles sont plus colorées au soleil. Grosse inflorescence de boutons crème donnant des fleurs rose pâle. Une mutation de S. *telephium* 'Matrona'. 60 cm x 45 à 60 cm.

*Sedum* 'Samuel Oliphant' | Photo : www.perennialresource.com

## SÉDUM D'AUTOMNE

### SÉDUMS D'AUTOMNE À FEUILLAGE POURPRE

Autrefois quand on parlait de sédum d'automne pourpre, il s'agissait nécessairement de S. *telephium maximum* 'Atropurpureum', aux feuilles pourpres et aux bouquets de fleurs rose carmin, mais sans taille en début de saison (voir *Culture*), il s'écrasait toujours et on ne le trouve principalement que dans de vieux jardins. Ce sédum a cependant été croisé avec d'autres pour donner des versions améliorées, enfin pas toujours : le prétendu « sédum pourpre 'Morchen' » (S. *telephium* 'Morchen') est plus gris que pourpré ! Toutes les plantes suivantes sont dérivées, de près ou de loin, de S. *telephium maximum* 'Atropurpureum'.

Notez que la course folle vers le sédum le plus foncé est prise très au sérieux par les hybrideurs. Pendant quelques années, au début des années 2000, une nouvelle variété encore plus foncée venait chaque année damer le pion aux précédentes. Quant à moi, la course est désormais gagnée par le S. *telephium* 'Black Jack' décrit ci-dessous.

*Sedum* 'Black Jack' | Photo : HortiCom

S. 'Garnet Brocade' : sédum très curieux, car les feuilles sont linéaires plutôt que larges et arrondies, ce qui donne une plante d'apparence plus dressée que les autres sédums. Son feuillage est plutôt gris-vert, mais la nervure centrale pourpre combinée avec une tige florale de la même couleur lui donne un effet pourpré. Les boutons rose pâle donnent des fleurs rose grenat. 35 à 45 cm x 30 à 45 cm.

S. 'Lynda Windsor : j'aime bien le feuillage presque rond et pourpre très foncé, ainsi que le port très symétrique de ce sédum compact. Les fleurs sont rouge-rubis. 40 cm x 35 à 45 cm.

S. 'Postman's Pride' : cette plante fut découverte dans une plate-bande par son propriétaire, un facteur belge, d'où son nom (« Postman's Pride » veut dire « fierté du facteur »). Son feuillage est pourpre foncé avec une touche de pruine blanche, donnant un effet bleuté à l'ensemble. Le boutons pourpre foncé donnent des fleurs rose-rouge devenant rouge vin à l'automne. 45 à 60 cm x 45 à 60 cm.

S. 'Picolette' : variété miniature aux feuilles rouge bronzé aux reflets argentés et à petites « boules » de fleurs roses. 30 cm x 30 cm.

S. 'Purple Emperor' : au moment où j'écris ces lignes, S. 'Purple Emperor' est de loin le plus populaire des sédums d'automne pourpres. Il forme un dôme arrondi plutôt ouvert de tiges pourpre foncé portant des feuilles charnues de la même couleur. Les fleurs roses, assez hâtives pour un sédum d'automne, sont portées en inflorescences plutôt arrondies d'environ 10 cm de diamètre. 40 cm x 45 à 60 cm.

S. 'Xenox' : les feuilles relativement petites sont vertes rehaussées de mauve au printemps, mais deviennent pourpre foncé en été. Les inflorescences de 5 à 8 cm de diamètre portent des boutons pourpres qui donnent des fleurs roses plutôt fades à l'automne. 30 à 35 cm x 30 à 35 cm.

S. *telephium* 'Black Jack' : Wow, ça c'est noir ! Il est même difficile à saisir en photo tellement ses feuilles et ses tiges sont foncées. C'était une nouveauté en 2006, au moment où je faisais de la recherche pour ce livre, mais je peux désormais dire que c'est un futur classique. Ce qui donne beaucoup de valeur à cette plante, en plus de ses grosses feuilles pourpre si foncé,

## SÉDUM D'AUTOMNE

c'est son bon comportement au jardin. Il reste solidement debout et porte une très grosse inflorescence (jusqu'à 20 cm de diamètre). Comparez-le à, disons 'Purple Emperor', qui a pourtant reçu plein d'éloges à son lancement quelques années auparavant, mais qui s'ouvre en croissant, laissant des trous à travers son feuillage et dont les inflorescences ont la moitié du diamètre de celles de 'Black Jack'. Ce cultivar a attiré tellement l'attention qu'il a remporté une médaille de bronze au concours Plantarium 2005 aux Pays-Bas. Attention ! Son feuillage est vert à peine pourpré au printemps et c'est en mûrissant qu'il devient si foncé. Oh là là, j'étais tellement excité au sujet de son feuillage que j'ai oublié de mentionner ses belles fleurs : elles sont rose vif. 60 cm x 45 à 60 cm.

*S. telephium* 'Matrona' : à la limite d'un sédum pourpre, cette variété est intéressante en partie par son importance historique. En effet, presque tous les sédums pourpres modernes sont issus de cette plante, soit par mutation soit par hybridation. Elle a notamment donné un port rigidement dressé à plusieurs de ses enfants. Les feuilles sont en fait gris-vert rehaussées de rose pourpré ; l'effet pourpré provient surtout de ses tiges pourpre foncé. Les fleurs durables sont rose-mauve et deviennent brun chocolat l'hiver. Cette plante a été nommée introduction de l'année par l'International Stauden Union (Union internationale des vivaces) en 2000. 60 cm x 45 à 60 cm.

**ENCORE PLUS** Autrefois, on appelait *S. telephium* herbe-à-la-coupure ou herbe-aux-charpentiers, car la sève gluante extraite d'une feuille écrasée était censée adoucir la douleur et hâter la cicatrisation, un peu à la manière de la sève de l'aloès (*Aloe vera*). On trouve d'ailleurs un peu partout en Amérique des populations de *S. telephium* poussant de façon spontanée, alors que la plante est d'origine eurasiatique. Il s'agit de descendants de plantes médicinales cultivées dans les jardins d'autrefois et qui ont échappé à la culture.

*Sedum* 'Purple Emperor' | Photo : www.perennialresource.com

# SÉNÉ AMÉRICAIN

*Senna marilandica* | Photo : HortiCom

> Nom botanique : *Senna marilandica*, syn. *Cassia marilandica*

> Famille : Fabacées (Légumineuses)

> Hauteur : 1 à 1,8 m

> Largeur : 60 à 100 cm

> Exposition : soleil

> Sol : riche, bien drainé

> Floraison : fin de l'été, début de l'automne

> Zone de rusticité : 4b

**Si vous cherchez à donner une allure tropicale à votre aménagement** mais que traîner un palmier à l'extérieur en juin pour le rentrer en septembre ne vous tente pas, vous pourriez toujours planter un séné américain. Cette plante fait partie d'un genre composé surtout d'arbres et d'arbustes tropicaux. J'ai encore les images en tête d'une allée de superbes sénés pluie dorée (*Senna multijuga*) en pleine floraison que j'ai vus une fois en Thaïlande. Avec le séné américain, j'ai l'impression de voir la même chose dans ma cour, mais à une échelle beaucoup plus réduite. Avec ses feuilles pennées (style mini-palmier) et ses fleurs jaunes, il fait mentir la météo. Il ne semble pas logique qu'une plante d'allure aussi tropicale puisse survivre à des températures de -30 °C, et pourtant c'est le cas.

**DESCRIPTION** Le séné américain se comporte comme un arbuste qui a dû apprendre à être une vivace ! C'est exactement ce qui s'est produit, d'ailleurs. Il s'est habitué, au cours des millénaires, à tolérer des climats de plus en plus froids. Sa stratégie ? Il se retire sous le sol, où c'est moins froid, pour l'hiver. Il insiste toutefois pour produire des branches ligneuses tous

# SÉNÉ AMÉRICAIN

les étés, même si elles gèlent au sol à l'hiver. Malgré ses origines tropicales, le séné américain est lui-même assez nordique ; on le retrouve à l'état sauvage du Midwest américain jusqu'en Pennsylvanie.

La plante commence à sortir tardivement au printemps, mais elle rattrape rapidement le temps perdu, produisant des tiges ligneuses qui atteignent jusqu'à 1,8 m à la fin de l'été. Elles partent directement de la souche, sans se ramifier, ce qui donne un « arbuste » au port évasé et très symétrique. Les feuilles vert mat sont pennées et composées de cinq à neuf paires de folioles ovales rappelant les feuilles du robinier (*Robinia pseudoacacia*). À la toute fin de l'été ou au début de l'automne, des masses de fleurs jaunes évoquant une fleur de pois, mais plus ouverte – ce qui est normal puisque le séné est une légumineuse, soit de la même famille que le pois – s'épanouissent sur plusieurs semaines.

Après la floraison apparaissent des gousses de graines en forme de cimeterre. Elles n'arrivent pas toujours à mûrir sous notre climat. Il n'y a pas de coloration automnale notable.

La plante forme une seule touffe dense au début, mais elle a des rhizomes latéraux qui peuvent produire des rejets, formant une colonie à la longue. Toutefois, cette multiplication se fait sur de nombreuses années et l'on ne peut guère traiter la plante d'envahissante.

**CULTURE**  Le séné américain est une plante de plein soleil (ses tiges deviennent lâches et retombantes, voire rampantes, quand il n'y a pas assez de lumière). Dans la nature, on le retrouve dans les sols riches et plutôt humides. Malgré tout, comme bien des plantes, le séné se montre plus adaptable en culture et pousse bien dans tous les sols bien drainés. En tant que légumineuse, il vit en symbiose avec des bactéries qui fixent l'azote de l'air, ce qui veut dire que la plante fournit son propre azote. Autrement dit, il n'est pas nécessaire de le fertiliser trop assidûment.

**MULTIPLICATION**  Habituellement, on multiplie les sénés par graines qui germent sans trop de problème. On peut aussi diviser les touffes matures, mais une scie ou une hache sera nécessaire.

**UTILISATIONS**  Comme les sénés sont de grandes vivaces qui ressemblent à des arbustes, on les utilisera comme des arbustes, c'est-à-dire comme écran, haie, fond de scène d'une plate-bande, etc. On peut aussi les naturaliser dans un pré fleuri ou le long d'un ruisseau.

**ASSOCIATIONS**  Essayez cette plante avec des végétaux à feuillage argenté, comme *Elaeagnos* 'Quicksilver' ou les armoises (*Artemisia* spp.). Elles sont jolies aussi en arrière-plan de grandes marguerites (*Leucanthemum* x *superbum*) ou d'hémérocalles (*Hemerocallis* spp.).

*Senna marilandica* | Photo : HortiCom

**PROBLÈMES**  Peu fréquents. Dans leur aire naturelle, les larves de certains papillons (très jolis, d'ailleurs) les attaquent, mais elles ne sont pas présentes dans nos régions. Les fourmis qui fréquentent la plante viennent chercher du nectar produit par le nectaire situé sur les tiges. Elles ne nuisent pas à la plante ; au contraire, on croit que la plante fait tout pour les attirer, car ce sont des prédatrices féroces qui ne laissent aucun autre insecte envahir leur territoire.

LES VIVACES

## SÉNÉ AMÉRICAIN

*Senna marilandica* | Photo : HortiCom

**AUTRE SÉNÉ RUSTIQUE** Il y a plus de 260 espèces de séné, mais la majorité sont d'origine tropicale. Une autre espèce au moins est tout à fait rustique, voire peut-être plus rustique que *S. marilandica* : le séné sauvage (*S. hebecarpa*, syn. *Cassia hebecarpa*). Cette espèce est indigène dans les États de la Nouvelle-Angleterre, soit un peu plus au nord que l'aire du séné américain. Les rares pépiniéristes qui l'offrent lui accordent une zone 4a, alors que le séné américain mérite une zone 4b. C'est peu de différence, mais si vous vivez en zone 4a, c'est important. Personnellement, je crois que les deux sénés sont probablement rustiques en zone 3 aussi, mais je ne connais personne qui les ait essayés. 1 à 1,8 m x 60 à 100 cm. Zone 4a.

Reste que la question vraiment importante est celle de la différence entre *S. marilandica* et *S. hebecarpa*. Les poils sur les graines sont légèrement différents et il y a des différences mineures dans les fleurs (si petites qu'on ne peut les voir à l'œil nu). Autrement dit, du point de vue d'un jardinier, il n'y a aucune différence. Achetez l'un *ou* l'autre, car, à moins d'avoir un micrcoscope et le goût de disséquer des fleurs, il est inutile d'avoir les deux.

**ENCORE PLUS** Le « séné », dérivé des feuilles d'une plante africaine apparentée aux *Senna*, soit le *Cassia angustifolia*, était déjà une plante médicinale connue des Européens à leur arrivée en Amérique. Ils ont découvert que les peuples indigènes employaient les feuilles des sénés indigènes de la même façon, notamment comme purgatif.

## SPIGÉLIE DU MARYLAND

> **Nom botanique :** *Spigelia marilandica*
> **Famille :** Loganiacées
> **Hauteur :** 30 à 60 cm
> **Largeur :** 40 à 60 cm
> **Exposition :** soleil à ombre
> **Sol :** fertile, bien drainé
> **Floraison :** début au milieu de l'été
> **Zone de rusticité :** 4

**Exotique à souhait, comme un fuchsia à fleurs dressées,** cette petite plante des sous-bois américains crée tout un effet. Encore peu répandue et d'une

*Spigelia marilandica* | Photo : HortiCom

## SPIGÉLIE DU MARYLAND

famille peu connue, les Loganiacées, elle est pourtant promise à un bel avenir. Essayez-la et vous comprendrez pourquoi.

**DESCRIPTION** La spigélie pousse en touffe dense, portant des tiges dressées minces mais très solides et des feuilles opposées ovées ou lancéolées vert foncé et luisantes ; sans pétioles et dos à dos, elles entourent la tige à sa base.

La floraison est tout à fait surprenante. À l'extrémité de la tige se forme une série de boutons floraux, tous du même côté. Ils sont verts au début, s'allongeant peu à peu et s'enflant à leur extrémité, comme une quille à l'envers, puis ils rougissent : un rouge riche et intense qui attire tous les regards. Mais ce n'est pas fini. Subitement, l'extrémité du bouton éclate pour révéler une étoile… jaune pâle ! Le contraste entre le rouge et le jaune est frappant.

La floraison dure un bon quatre à six semaines. Ensuite, la plante redevient une simple plante à feuillage pour le reste de l'été.

**CULTURE** La spigélie du Maryland est une plante des sous-bois ouverts de l'est des États-Unis. Elle se comporte donc mieux

*Spigelia marilandica* | Photo : HortiCom

dans un milieu qui ressemble à son environnement naturel : un emplacement mi-ombragé et un sol riche en matières organiques avec beaucoup de litière forestière. Cela dit, on peut la planter ailleurs que dans les sous-bois sauvages : elle est très attrayante dans une plate-bande classique et se montre très adaptable. Elle peut notamment tolérer sans problème le plein soleil, pour autant que son sol demeure humide, et elle est remarquablement vigoureuse à l'ombre. Tout sol peut lui convenir, pour autant qu'il soit bien drainé, mais un sol riche en matières organiques est préférable. Pour compenser le manque de litière forestière dans les plates-bandes, un bon paillis organique est tout à fait indiqué. Cette plante n'est pas très résistante à la sécheresse : arrosez-la en cas de disette.

**MULTIPLICATION** Voilà que les choses se compliquent… et on comprend pourquoi la plante n'est pas plus courante dans les jardineries. C'est que sa multiplication est difficile. La spigélie est une plante qui donne de bons résultats dès la première année, c'est vrai, mais avant qu'elle prenne assez d'expansion pour que vous soyez intéressé à la diviser, on parle de 7 à 10 ans. Oui, la touffe s'élargit… mais si lentement !

On peut la multiplier par semences… mais elles doivent être fraîches pour bien germer ; les faire sécher, c'est les faire mourir, alors peu de semenciers peuvent les offrir. Vous pouvez cependant récolter les graines de vos propres plants. Placez un petit sachet de tissu autour des fleurs fanés pour capturer les graines à mesure qu'elles mûrissent, sinon vous les perdrez. Un jour la capsule est bien verte et semble être à des lunes de vouloir mûrir, le lendemain non seulement est-elle mûre et brune, mais elle est déjà vide, les graines ayant été éparpillées par le vent au cours de la nuit.

Autre possibilité : naturalisez quelques plantes de spigélie dans un sous-bois et laissez-les se ressemer spontanément. Quand vous verrez de jeunes plants avec le même feuillage que les adultes, vous pourrez les déterrer et les transplanter où vous voulez.

### SPIGÉLIE DU MARYLAND

**UTILISATIONS** Évidemment, c'est une plante superbe pour les sous-bois, soit pour la naturalisation soit pour décorer une plate-bande ombragée. On peut aussi l'utiliser dans des plates-bandes à l'anglaise ou classiques.

La spigélie du Maryland est réputée pour sa capacité d'attirer les colibris. L'Opération Rubythroat, un centre de recherche international sur le colibri à gorge rubis, l'a mise sur sa liste des 10 meilleures plantes pour attirer les colibris.

**ASSOCIATIONS** Pensez aux fougères, aux petits hostas (*Hosta* spp.) ou aux bugles rampantes (*Ajuga reptans*) comme compagnons, car ils ont besoin des mêmes conditions de culture. La spigélie est tellement voyante qu'elle n'a pas vraiment besoin d'autres végétaux pour être mise en valeur.

**PROBLÈMES** Peu fréquents.

## SYNÉILÉSIS À FEUILLES D'ACONIT

Même sans fleurs, ou peut-être surtout sans fleurs, *Syneilesis acontifolia* impressionne avec ses feuilles en forme de parasol. | Photo : HortiCom

> **Nom botanique :** *Spigelia marilandica*
> **Famille :** Loganiacées
> **Hauteur :** 30 à 60 cm
> **Largeur :** 40 à 60 cm
> **Exposition :** soleil à ombre
> **Sol :** fertile, bien drainé
> **Floraison :** début au milieu de l'été
> **Zone de rusticité :** 4

Tout nouveau sur le marché horticole (il n'a été introduit à la culture qu'en 1997), *Syneilesis aconitifolia* n'a pas eu le temps d'acquérir un nom commun français distinctif ; je me suis contenté de garder le nom scientifique en le francisant avec des accents. Synéilésis à feuilles d'aconit est un peu trop proche du nom botanique, vous me dites ? Peut-être, mais au moins on ne

## SYNÉILÉSIS À FEUILLES D'ACONIT

peut le confondre avec celui de toute autre plante ! J'aurais pu l'appeler « plante parasol » ou « plante parapluie », mais il y a tant d'autres plantes parasol et parapluie. Sa distribution via les jardineries locales était encore inexistante quand j'ai écrit ce texte, mais j'ai eu un tel coup de foudre que je n'ai pu attendre : il *fallait* que je vous la montre ! De toute façon, si vous savez surfer sur le Net, vous n'aurez pas de difficulté à la trouver.

**DESCRIPTION**   Son attrait commence au début de la saison, quand la feuille sort de terre. D'abord on ne voit qu'un tube vert argenté à l'extrémité arrondie, soit la feuille encore enroulée autour du pétiole qui sort directement de la terre à partir du rhizome enterré. On dirait un curieux champignon étroit… ou un applicateur de tampon hygiénique. Quand les folioles se libèrent, encore minces et argentées, couvertes de fins poils blancs, toujours pendants, on dirait des doigts noueux de fantôme. Avec le temps, elles s'allongent et se redressent, perdant leur duvet d'enfance pour devenir vert foncé uniforme. Les folioles forment un cercle parfait autour du pétiole : leur point de jonction en plein centre conserve du duvet argenté, ce qui donne l'effet d'un œil blanc par contraste avec le feuillage si foncé. Chaque foliole est un chef-d'œuvre de beauté, adroitement ciselée en lobes allongés, légèrement dentés, profondément cannelés. C'est la beauté faite feuille !

Les fleurs, c'est moins excitant. Malgré le lien familial avec les asters et les marguerites, les fleurs du synéilésis ne leur ressemblent pas… à moins d'imaginer une marguerite dont un amoureux aurait arraché tous les rayons afin de connaître le degré d'intérêt de l'élue de son cœur. Elles sont portées en bouquets ouverts bien au-dessus du feuillage, se présentant comme des boutons rose pourpré qui s'ouvrent à peine à l'extrémité, laissant apparaître un masse d'étamines. Cela me fait vaguement penser à des volants de badminton. Certains recommandent de les éliminer à vue pour ne pas gâcher l'effet du feuillage. Je ne suis pas d'accord : leur beauté est subtile mais réelle, et l'effet augmente à mesure que la touffe s'élargit.

Quelques jours à l'automne, il y a une brève euphorie quand les feuilles deviennent jaune vif. Sautez sur votre appareil photo, car l'effet ne dure pas… Mais on ne peut pas dire que la plante ne sait pas finir la saison en beauté !

*Syneilesis acontifolia* en fleurs | Photo : HortiCom

**CULTURE**   Le synéilésis à feuilles d'aconit provient des forêts denses de l'Asie, préférant la mi-ombre et l'ombre. Dans mon ignorance (disons que les renseignements sur cette plante ne pleuvent pas), je l'ai placé au plein soleil où il pousse merveilleusement bien, mais sa coloration est un peu fade. Un deuxième plant, cette fois à l'ombre profonde, est vert très foncé luisant : superbe !

Cette plante pousse dans les sous-bois secs et riches en matières organiques, dit-on, mais elle semble très bien se comporter dans les sols moins riches. Et malgré sa réputation de tolérer la sécheresse, je la

## SYNÉILÉSIS À FEUILLES D'ACONIT

trouve plus jolie dans un sol plutôt humide. Certainement qu'un sol humide sera nécessaire si vous la cultivez au plein soleil.

Le synéilésis à feuilles d'aconit pousse à partir de rhizomes souterrains latéraux et prend une certaine expansion avec le temps : en quatre ans de culture, la colonie n'a toujours pas plus de 60 cm de diamètre, mais je peux imaginer qu'avec le temps, elle pourra s'agrandir passablement. Il serait donc bon de l'entourer de plantes solides capables de freiner tout élan expansionniste.

**MULTIPLICATION** La division est facile au printemps ou à l'automne. Les graines germent facilement à l'intérieur ou en pleine terre.

**UTILISATIONS** Avec ses feuilles en parasol, peut-on imaginer quelque chose de plus beau pour un jardin japonais ou pour ajouter une note tropicale à un paysage nordique ? Le synéilésis se naturalise très bien dans les sous-bois ; je peux voir dans ma tête un ravin ombragé orné de synéilésis, une vision qui me met carrément l'eau à la bouche ! Évidemment, on peut l'utiliser dans les plates-bandes plus classiques.

**ASSOCIATIONS** On pourrait faire des mariages intéressants avec des hostas (*Hosta* spp.), des épimèdes (*Epimedium* spp.) et des fougères.

**PROBLÈMES** Peu fréquents.

**AUTRES SYNÉILÉSIS**

Il n'y a qu'une seule autre espèce qui ait une certaine disponibilité commerciale (et même là, uniquement par vente postale), c'est le synéilésis palmé (*S. palmatus*). Il produit une feuille en forme de rouet semblable à celle de son cousin, mais à folioles plus larges et moins nombreuses. Les fleurs, toujours portées sur des tiges bien au-dessus du feuillage, sont similaires à celles du synéilésis à feuilles d'aconit. C'est une belle plante, certes, mais je la trouve moins spectaculaire que *S. aconitifolia*. 45 à 50 cm (75 à 90 cm pour les fleurs) x 60 cm.

Les fleurs en forme de volant de badminton de *Syneilesis acontifolia* | Photo : HortiCom

*Syneilesis palmata* | Photo : HortiCom

# TRÈFLE ROUGEÂTRE

> Nom botanique : *Trifolium rubens*
> Famille : Fabacées (Légumineuses)
> Hauteur : 60 cm
> Largeur : 30 à 45 cm
> Exposition : soleil, mi-ombre
> Sol : ordinaire, bien drainé
> Floraison : du début à la fin de l'été
> Zone de rusticité : 4

*Trifolium rubens* | Photo : HortiCom

**Du trèfle dans le gazon, ça peut toujours passer** (c'est même presque essentiel pour avoir une pelouse à entretien minimal), mais dans la plate-bande ? Monsieur le jardinier paresseux, n'auriez-vous pas perdu un peu la boule ? Mais pas du tout ! Il existe des trèfles ornementaux, même plusieurs trèfles ornementaux, qui méritent non seulement une place dans nos plates-bandes, mais une place d'honneur. Je vous en présente un ici.

**DESCRIPTION** Ce n'est pas l'un des petits trèfles des champs et des gazons, soit les trèfles blanc (*T. repens*) et rouge (*T. pratense*), mais leur cousin beaucoup plus gros, presque géant. Il forme des touffes de tiges dressées et ramifiées portant des feuilles trifoliées, comme il se doit pour un trèfle (*Trifolium* veut dire « à trois feuilles »). Elles sont vert moyen et plus allongées que celles des trèfles des champs et des pelouses qu'on connaît. Au début de l'été et presque jusqu'à sa fin, des inflorescences se forment : d'énormes boutons argentés, non pas ronds comme chez les autres trèfles, mais allongés comme des chandelles, qui se couvrent rapidement de petites fleurs rouge cramoisi. Comme pour la majorité des fleurs en épi, la floraison commence à la base pour monter peu à peu. Les fleurs sèchent en se parant d'un beau brun rouge, ce qui prolonge l'effet de la floraison. On ne remarque pas trop qu'il y a seulement une ou deux rangées de fleurs vraiment rouges en même temps, car le rouge s'impose sur l'ensemble. Même quand elles sèchent enfin, il reste une « chandelle » brun roux qui est encore attrayante et qui contribue à prolonger l'intérêt de la plante presque jusqu'à la fin de l'été.

**CULTURE** Le trèfle rougeâtre s'adapte à la plupart des conditions de jardin, pour autant qu'il soit placé au soleil ou à la mi-ombre. Les sols de riches à ordinaires lui conviennent, et même les sols pauvres car, en tant que légumineuses, les trèfles ont des nodules sur les racines. Ces nodules sont habités de bactéries particulières qui ont la capacité de transformer l'azote atmosphérique en azote qu'ils peuvent alors utiliser pour la croissance de la plante, même quand le sol qui les entoure est pauvre comme Job. Donnez à ce trèfle un sol bien drainé (pas de marécage, SVP), mais quand même légèrement humide. À cette fin, un bon paillis peut

## TRÈFLE ROUGEÂTRE

aider, car il gardera le sol plus également humide et plus frais. Le trèfle rougeâtre tolère bien la sécheresse aussi… du moins une fois qu'il est bien enraciné dans son nouveau milieu.

**MULTIPLICATION**  Par division au printemps ou à l'automne, ou par semences.

**UTILISATIONS**  Pouvez-vous imaginer cette plante dans un pré fleuri, avec ses chandelles rouges bougeant doucement sous une brise d'été, puis brunissant joliment, avec les graminées voisines, à l'automne ? Splendide ! Le trèfle rougeâtre convient aussi aux plates-bandes et aux massifs, même aux grandes rocailles. Évidemment, c'est une excellente fleur coupée… et les colibris et les papillons, sans parler des abeilles, l'adorent.

*Trifolium rubens* | Photo : HortiCom

**ASSOCIATIONS**  Cette plante de taille modeste se marie bien avec d'autres vivaces aimant les conditions de plate-bande ordinaire : hémérocalles (*Hemerocallis* spp.), agastache 'Blue Fortune' (*Agastache* 'Blue Fortune'), géraniums (*Geranium* spp.), etc.

**PROBLÈMES**  Peu fréquents.

**AUTRES TRÈFLES ORNEMENTAUX**  Si le trèfle rougeâtre est assez méconnu, le trèfle jaunâtre (*T. ochroleucon*) l'est encore plus. Il a un port assez semblable à celui de son cousin rouge et fleurit pendant une aussi longue saison, mais ses inflorescences sont plutôt en boule qu'en forme de chandelle. Les fleurs sont de couleur blanc crème, d'où son nom (*ochroleucon* veut dire blanc-jaune). Les deux ensemble font un très beau couple ! 40 à 60 cm x 30 à 45 cm. Zone 4.

*Trifolium ochroleucon* | Photo : HortiCom

# TROLLES 'ALABASTER' ET 'CHEDDAR'

*Trollius* x *cultorum* 'Alabaster' | Photo : HortiCom

Non, il ne s'agit pas des trolls scandinaves, ces petits lutins maléfiques qui vivent dans les cavernes ou sous les ponts et qui attrapent de jeunes enfants en passant. Il y a des trolles végétaux aussi, mais avec un « e » supplémentaire dans leur nom ; ce sont des fleurs du genre *Trollius*. Il s'agit d'un genre eurasiatique proche du bouton d'or (*Ranunculus* spp.) et portant comme lui des feuilles découpées, des tiges minces mais robustes, et des fleurs jaune soleil frappant. À la différence des boutons d'or, les fleurs de trolle sont grosses (relativement, à 5 à 7 cm de diamètre) et forment une boule plutôt que de s'ouvrir pleinement. En culture, on a réussi à étendre la gamme de couleurs de jaune franc à orange et, plus récemment, à un superbe blanc crème. C'est de ce dernier développement que je voulais vous parler, car cette couleur est tellement jolie que ce trolle fait presque honte aux autres, aussi beaux et faciles qu'ils puissent être.

> Nom botanique : *Trollius* x *cultorum* 'Alabaster' et 'Cheddar'
>
> Famille : Renonculacées
>
> Hauteur : 65 à 80 cm
>
> Largeur : 30 à 60 cm
>
> Exposition : soleil, mi-ombre
>
> Sol : riche, humide, détrempé
>
> Floraison : printemps
>
> Zone de rusticité : 3

**DESCRIPTION** Vous remarquerez que j'ai choisi deux trolles comme coups de cœur : 'Alabaster' et 'Cheddar' plutôt que l'un ou l'autre. C'est que je ne parviens pas à les distinguer ! Des deux, 'Alabaster' serait légèrement plus hâtif, alors que 'Cheddar' aurait un peu plus de vert dans les sépales extérieurs. J'ai les deux dans mes plates-bandes, mais comme les conditions ne sont pas exactement identiques d'un endroit à l'autre et que les floraisons varient, je ne peux pas faire une comparaison très juste. Je commence toutefois à soupçonner que les deux sont identiques et qu'un jour un pépiniériste, en manque de nouveautés pour l'année ou aimant

## TROLLES 'ALABASTER' ET 'CHEDDAR'

tout simplement semer la bisbille, a décidé de relancer 'Alabaster', le plus ancien des deux, sous le nouveau nom de 'Cheddar' pour gagner quelques sous de plus. Une telle situation arrive malheureusement trop souvent en horticulture. Mais peu importe les différences s'il y en a, elles sont si mineures que, quant à moi, vous pouvez planter l'un ou l'autre indifféremment. Vous n'avez pas, comme moi, à payer deux fois pour à peu près la même plante : achetez 'Cheddar' ou 'Alabaster', selon la disponibilité, voilà tout !

Deux mots sur les noms avant d'aller plus loin. 'Alabaster' se passe presque d'explication, l'albâtre étant une roche très blanche. Mais 'Cheddar' ? Pour nous, Nord-Américains, le cheddar est un fromage habituellement très orangé, ce qui fait que ce surnom conviendrait mieux à un trolle jaune orangé, mais il faut savoir qu'en Angleterre, pays d'origine du cheddar, ce fromage est habituellement blanc crème, comme la fleur de notre trolle.

Nos deux trolles ont donc des fleurs blanc jaunâtre à l'épanouissement, qui deviennent plus pâles, soit blanc crème, après quelques jours. Elles sont globulaires, avec des sépales enroulés vers le haut, mais elles s'ouvrent suffisamment pour qu'on puisse voir de jolies étamines jaunes à l'intérieur. La floraison a lieu au printemps, soit au milieu de la saison ou vers la fin, selon les conditions de culture. C'est une période où peu de vivaces sont en fleurs, ce qui fait qu'on les apprécie davantage. La floraison dure environ deux semaines, un peu plus s'il fait frais, un peu moins s'il fait chaud à crever.

Puisque vous aurez à passer le reste de la saison avec juste des feuilles à regarder, je peux vous rassurer en vous disant que les feuilles vert foncé sont très jolies. Les feuilles inférieures sont plus grosses et en forme d'étoile ou de feuille d'érable (à vous de choisir) ; celles sur les tiges florales ont la même forme, mais sont plus petites. Elles sont donc suffisamment intéressantes pour ne pas déparer la plate-bande, mais il reste quand même qu'on ne cultiverait pas les trolles uniquement pour leur feuillage. Je vous suggère de les planter au deuxième plan ; ainsi la plante, qui ne fait pas plus que 30 cm de hauteur sans ses fleurs, sera partiellement cachée durant l'été.

**CULTURE**  Dans la nature, les trolles sont des plantes de marécage, poussant avec leurs racines souvent inondées à la fonte des neiges et très humides durant la floraison. Par contre, bien des marécages s'assèchent complètement durant l'été et cela n'a pas l'air de les déranger. Au contraire, en cas de sécheresse totale, les feuilles des trolles meurent et la plante entre en dormance estivale. Par contre, pour ne pas laisser un trou dans la plate-bande, je vous suggère de préférer un emplacement où le sol demeure humide durant tout l'été ou d'utiliser un paillis pour aider à maintenir une bonne humidité en tout temps. Pour résumer, les trolles peuvent s'acclimater aux conditions plutôt sèches des plates-bandes ordinaires, mais ils préfèrent les coins plus humides. On peut bien sûr les cultiver dans des milieux très humides aussi, comme en bordure d'un jardin d'eau.

Selon vos conditions, les trolles iront mieux au plein soleil (si votre sol est naturellement humide et frais) ou à la mi-ombre (s'il tend à s'assécher l'été et si l'emplacement est très chaud). Pour les plates-bandes entre les deux, ni détrempées ni sèches, le soleil ou la mi-ombre conviennent. Mais trop à l'ombre, ils ne fleuriront pas.

Côté qualité de sol, dans la nature les trolles poussent souvent dans les sols très riches en matières organiques… ou dans la glaise presque pure ! En culture, toute bonne terre de jardin conviendra. Pour les « nourrir », il suffit de rajouter une couche annuelle de compost.

Les trolles se plantent aisément au printemps ou à l'automne. Ils sont lents à démarrer, prenant trois ou quatre ans avant d'arriver à une floraison abondante. Par la suite, ils se maintiendront sans votre aide pendant des décennies s'il le faut. On peut les transplanter, mais les déplacements représentent un choc pour cette plante qui préfère qu'on la laisse tranquille.

**MULTIPLICATION**  Par division au printemps ou à l'automne, en prenant soin d'abîmer les racines fragiles le moins possible. Les semis – parfois cette plante se ressème spontanément – ne sont pas fidèles au type.

**UTILISATIONS**  Une plante qui aime tant l'eau appréciera bien sûr une place en bordure d'un jardin d'eau, le long d'un ruisseau ou dans un jardin de marécage, mais elle convient bien aussi

## TROLLES 'ALABASTER' ET 'CHEDDAR'

aux plates-bandes bien drainées habituelles. Le trolle est un classique de la plate-bande mixte à l'anglaise où ses fleurs hâtives aident à bien démarrer la saison de floraison, mais on peut aussi l'utiliser dans une plate-bande plus ordonnée, car il forme une belle touffe ronde sans tendance à envahir ses voisins. On peut aussi le naturaliser dans un pré fleuri, un marécage naturel ou un sous-bois ouvert. Il fait une excellente et exotique fleur coupée.

**ASSOCIATIONS** Forts de leur doux coloris blanc crème, les trolles 'Cheddar' et 'Alabaster' se marient avec presque toutes les teintes. Essayez-les avec des tulipes (*Tulipa* spp.) et des narcisses (*Narcissus*, spp.) tardifs qui fleurissent en même temps. Pour étirer la saison de floraison vers l'été, pensez aux astilbes (*Astilbe* spp.) et aux hémérocalles (*Hemerocallis* spp.).

**PROBLÈMES** Peu fréquents. Le feuillage peut s'assécher ou mourir en été, ou le blanc peut le toucher si la plante souffre de sécheresse. Je vous suggère donc de le planter… là où il n'y a pas de danger de sécheresse !

**AUTRES TROLLES** Si je ne vous présente que deux trolles blanc crème ici, ce n'est pas que je juge les autres sans intérêt : au contraire, ils sont superbes et je vous encourage à les essayer. Il y a des dizaines de cultivars, chacun plus joli que l'autre, mais je n'ai pas de recommandations particulières à vous faire si ce n'est pas de choisir des trolles hâtifs, mi-saison et tardifs afin de prolonger la saison de floraison. Tous fleurissent au printemps, certains avec les premières tulipes, et d'autres, comme 'Alabaster' et 'Cheddar', plutôt avec les dernières.

## VÉRONICASTRE DE VIRGINIE

*Veronicastrum virginicum* 'Album' | Photo : HortiCom

> **Autre nom commun :** fausse véronique de Virginie
> **Nom botanique :** *Veronicastrum virginicum*, syn. *Veronica virginica*
> **Famille :** Scrofulariacées
> **Hauteur :** 90 cm à 1,5 m
> **Largeur :** 60 à 100 cm
> **Exposition :** soleil, mi-ombre
> **Sol :** riche et humide
> **Floraison :** fin de l'été
> **Zone de rusticité :** 3

## VÉRONICASTRE DE VIRGINIE

**Cette grande vivace d'arrière-plan ne fait que commencer à percer dans son continent d'origine, l'Amérique du Nord, après un franc succès lors de son voyage à travers les jardins d'Europe. Ainsi le grand sauvageon des champs et sous-bois ouverts de l'est, du Texas jusqu'à l'Ontario, revient nous voir après avoir acquis ses lettres de noblesse. Puisque les Européens l'aiment, ce n'est plus un quelconque végétal de broussailles, mais une plante respectable.**

**DESCRIPTION** Certains pépiniéristes l'appellent encore parfois « véronique de Virginie », car son nom botanique d'origine était *Veronica virginica*. Mais les taxonomistes ont décidé que, à cause de ses feuilles verticillées (les vraies véroniques ont des feuilles opposées), cette plante méritait son propre genre. C'est tant mieux, car autrement elle se noyait dans un genre (*Veronica*) de plus de 250 espèces souvent très différentes, assez pour étourdir le jardinier amateur ordinaire. Dans le genre *Veronicastrum*, il n'y a que deux espèces, *V. virginicum* et *V. sibericum*, décrites toutes les deux ici.

Il s'agit d'une grande plante qui vous surprendra par son port très dressé. Elle forme une touffe ouverte de tiges érigées qui, au début de l'été, commencent à monter vers le ciel. Elles se penchent légèrement au début, question de trouver un angle où rien ne bloque la lumière, ce qui donne un port évasé à la plante quand on voit sa base, puis elles montent rigidement vers le haut. Les feuilles longues et étroites, dentées en marge, font le tour de la tige. On dit qu'elles sont *verticillées* (placées comme les rayons d'une roue). Déjà, bien avant la floraison, on a un beau fond de verdure pour les plantes plus basses en avant-plan.

*Veronicastrum virginicum* 'Lavendelturm'
Photo : HortiCom

Les fleurs apparaissent surtout à la fin de l'été, même si certains cultivars commencent à fleurir plus tôt, vers la mi-juillet. Elles sont portées en épis terminaux pointus, comme des chandelles fuselées, qui peuvent mesurer de 15 à 25 cm de hauteur. Les fleurs sont en fait tubulaires, mais elles sont si serrées sur l'épi qu'on ne remarque que les lobes. D'ailleurs, ce que l'on voit de loin, ce sont surtout les étamines qui dépassent du reste, donnant à l'épi un effet plumeux des plus agréables. Pendant que les épis terminaux sont en fleurs, des épis secondaires moins hauts commencent à sortir, à angle droit d'abord, puis dressés, ce qui crée un joli effet de candélabre. La floraison dure un bon quatre à six semaines, selon l'emplacement.

La couleur des fleurs de l'espèce est variable : on la décrit parfois comme « rose lavande », mais le même épi peut paraître lavande en avant-midi et rose en après-midi, ce qui rend tout effort pour décrire ces plantes très hasardeux.

Quand la floraison se termine enfin, on n'a même pas besoin de couper les fleurs fanées : les capsules brunes serrées, combinées avec le port en candélabre des épis minces, font un très bel effet… et le feuillage demeure toujours aussi beau.

**CULTURE** La véronicastre est une plante des marécages qui apprécie un sol riche en humus et humide à très humide. Dans les sols plus secs, il vaut mieux lui offrir un paillis, ce qui aidera à

## VÉRONICASTRE DE VIRGINIE

empêcher la sécheresse. Il tolère la mi-ombre, mais si l'ombre est trop dense, ses tiges ne sont plus assez solides et peuvent alors pencher. Au plein soleil, ce n'est pas un problème.

À part un apport annuel de compost, c'est une plante à planter et à oublier : elle n'a pas besoin de vos attentions pointilleuses. Elle pousse assez rapidement pour une si grande vivace, mais elle peut tout de même prendre trois à cinq ans pour atteindre ses dimensions définitives.

**MULTIPLICATION** Par division au printemps ou à l'automne ; par bouturage des tiges en été. Les graines germent facilement, mais les cultivars ne sont pas fidèles au type.

**UTILISATIONS** Cette grande plante fait une excellente plante d'arrière-plan ainsi qu'un écran de verdure ou une haie estivale. On peut la naturaliser dans un pré fleuri, un marécage ou un sous-bois ouvert. Enfin, elle fait une bonne fleur coupée et attire les papillons.

**ASSOCIATIONS** On peut l'associer à d'autres grandes vivaces d'arrière-plan, comme l'eupatoire maculée (*Eupatorium maculatum*), l'aconit 'Stainless Steel' (*Aconitum* 'Stainless Steel') ou l'asclépiade des marais (*Asclepias incarnata*).

**PROBLÈMES** Peu fréquents.

**CULTIVARS** Curieusement cette plante, inconnue des jardiniers d'ici il y a seulement quelques années, est déjà disponible en de multiples cultivars, dont voici quelques exemples :

*V. virginicum* 'Album' : l'une des plus anciennes introductions, mais toujours une plante superbe. Les fleurs sont blanches. 1,2 à 1,5 m x 75 à 100 cm.

*V. virginicum* 'Apollo' : plant plus compact et plus hâtif à fleurs rose-mauve. 90 à 100 cm x 60 cm.

*V. virginicum* 'Erica' : plant plus compact. Boutons rouge pourpré donnant des fleurs roses. 90 à 100 cm x 60 cm.

*V. virginicum* 'Lavandelturm' (syn. : 'Lavender Towers') : fleurs lavande très pâle. 1,2 à 1,5 m x 75 à 100 cm.

*V. virginicum* 'Fascination' : fleurs violettes à reflets roses. Très semblable à 'Temptation' dont c'est une mutation, mais les épis sont souvent fasciés, c'est-à-dire qu'ils poussent aplatis un peu comme une crête de coq. Plus courte que la moyenne. 1,0 à 1,2 m x 75 à 100 cm.

*V. virginicum* 'Pink Glow' : fleurs rose pâle. 1,2 à 1,5 m x 75 à 100 cm.

*V. virginicum* 'Roseum' : fleurs roses. 1,2 à 1,5 m x 75 à 100 cm.

*V. virginicum* 'Spring Dew' : la plus hâtive, commençant parfois à fleurir dès le mois de juillet. Plant compact. Blanc pur. 90 à 1,2 m x 60 à 75 cm.

*V. virginicum* 'Temptation' : violette à reflets roses. 1,2 à 1,5 m x 75 à 100 cm.

*V. sibiricum* : la véronicastre de Sibérie est presque identique à l'espèce américaine, mais elle fleurit plus précocement, dès la mi-été. Aussi ses feuilles sont plus larges et ses fleurs sont plus bleutées et moins roses que ceux de sa cousine américaine. 1,2 à 1,5 m x 75 à 100 cm.

*Veronicastrum sibiricum* | Photo : HortiCom

LES VIVACES ••• 231

# Les BISANNUELLES

J'aurais dû appeler ce chapitre « les grandes oubliées », car c'est ce qu'elles sont. Aucun groupe de végétaux n'est aussi peu connu et pourtant aussi utile en aménagement. Vous avez sûrement vu des livres sur les vivaces, les annuelles et les arbustes, mais en avez-vous déjà vu un seul sur les bisannuelles ? Moi, non. Habituellement on les ajoute aux annuelles, comme un petit supplément anodin style « Les annuelles… ah oui, j'ai failli oublier… *et* les bisannuelles », puis le texte en question ne fait que les décrire, sans expliquer leur nature profonde.

Pourtant, les bisannuelles font partie du célèbre trio de la plate-bande mixte à l'anglaise, cet aménagement que dans le fond nous essayons presque tous de copier avec nos savantes combinaisons de plantes. Alors nous mélangeons vivaces et annuelles… et nos plates-bandes ne ressemblent pas aux images des magnifiques plates-bandes anglaises. Où est le problème ? C'est que nous avons oublié un ingrédient essentiel : les bisannuelles.

C'est comme faire un gâteau sans inclure le sucre. Or, ce sont les bisannuelles, avec leur croissance à deux vitesses – basse la première année, haute la deuxième – qui donnent à l'auguste plate-bande à l'anglaise son air fou-fou qu'on n'arrive pas à imiter avec les vivaces et annuelles si statiques. Car vous ne savez jamais où une bisannuelle va apparaître, ce qui déjoue tous vos plans… mais justement, la plate-bande à l'anglaise *doit* avoir un petit côté non planifié, un semblant d'ordre avec une touche chaotique. C'est justement là où les bisannuelles jouent leur rôle.

Voyez-vous, les bisannuelles se ressèment… toutes ! Un de leurs traits de base est une capacité de produire des milliers des graines qui germent très facilement dans les conditions de jardin. D'accord, il y a des annuelles qui se ressèment, mais elles arrivent alors rarement à une très bonne floraison dans une si courte saison. Et certaines vivaces se ressèment volontiers, mais elles ne sont pas toujours fidèles au type. Les bisannuelles, elles, se ressèment toutes, et à part un ou deux cultivars de digitale hybride, elles sont *toujours* fidèles au type. Et comme elles se donnent deux saisons pour préparer la floraison, les bisannuelles spontanées sont aussi belles et florifères que les bisannuelles vendues en pot.

Cette insistance à pousser là où on ne les avait pas prévues, donc à défaire nos plans, c'est ça la « touche chaotique » que tant de jardiniers recherchent.

## Qu'est-ce qu'une bisannuelle ?

Une bisannuelle n'est pas, comme bien des jardiniers semblent le croire, une plante qui fleurit pendant deux ans, puis qui meurt. Une telle plante, comme la pensée (*Viola* x *wittrockiana*), est plutôt une vivace de courte vie. Une bisannuelle a deux phases de croissance très particulières : elle produit une rosette la première année et des fleurs la deuxième. Puis elle meurt ; les bisannuelles, comme les vraies annuelles, sont en effet monocarpes : elles meurent après avoir produit des semences.

La première année est la période d'emmagasinage : la rosette souvent très robuste produit soit beaucoup de feuilles soit des feuilles très larges dont l'unique but est de capter de l'énergie solaire et de la convertir en sucres et en amidons pour utilisation future. La rosette est presque toujours basse et large, comme une antenne parabolique, de façon à capter le plus d'énergie possible. C'est l'année « basse vitesse ». L'année suivante, la plante utilise toute cette énergie emmagasinée pour faire une floraison spectaculaire sur une tige gratte-ciel. Pourquoi si haute ? Pour dépasser les autres plantes, pour que ses fleurs soient plus en évidence, pour s'assurer surtout qu'elles soient pollinisées. C'est l'année « haute vitesse ».

Après la floraison, la plante entre en mode pouponnière et mûrit ses graines. Elles tombent avant la fin de l'automne… et au printemps suivant, la prochaine génération germe. Mais pas de fleurs encore : il faut passer par l'année basse vitesse d'ici là.

Si jamais une bisannuelle n'est pas capable d'emmagasiner assez de lumière, si par exemple certaines de ses feuilles en forme d'antenne parabolique sont brisées ou si elle pousse un peu trop à l'ombre, c'est partie remise : la plante conservera sa forme en rosette un deuxième été. Mais quand elle fleurit au troisième, cette floraison est toujours suivie de la production de graines et de la déchéance de la plante.

## Pour pérenniser les bisannuelles

Les bisannuelles meurent après avoir produit leurs semences, c'est la règle. Mais que font-elles si vous les empêchez de produire des graines ? Souvent vous pouvez les renvoyer à la case de départ. Elles vont produire une nouvelle rosette, ou parfois deux, et fleuriront l'année suivante. Si vous les empêchez encore de produire des graines, elles vont encore faire une nouvelle rosette ou deux et fleurir l'année suivante… mais pas *ad infinitum*. Leur couronne finit par se lignifier, et alors c'est la fin, mais on peut obtenir au moins deux et parfois trois ou quatre floraisons d'une bisannuelle si on la pérennise.

La plupart des bisannuelles produisent des épis floraux aux fleurs multiples qui fleurissent en succession. Vers la fin de la floraison, donc, certaines capsules de graines sont déjà bien en voie de mûrissement. Or, des graines mûres signifient la mort pour une bisannuelle. Le moment pour supprimer la tige florale ne se situe donc pas *après* la floraison, car il est peut-être trop tard pour pérenniser la plante, mais juste avant la fin, quand il reste encore quelques fleurs.

## L'achat de bisannuelles

Comme les marchands n'ont pas de rayon « Bisannuelles », ils les placent avec les vivaces… au prix des vivaces. C'est plus qu'un peu injuste, car ils les produisent par semences en seulement quelques semaines comme les annuelles, mais c'est ainsi.

Personnellement, je n'ai jamais acheté de plant de bisannuelle de ma vie. D'abord, elles sont toujours si faciles à semer. De plus, les plants que vous aurez achetés à prix gonflé ne donneront pas des fleurs plus belles ni une floraison plus rapide que ce que vous auriez pu avoir, à beaucoup moins cher, en achetant un sachet de semences. Enfin, avec un sachet de semences, vous aurez des dizaines de plants pour moins que le prix d'un seul plant. Je ne vois donc aucune raison d'acheter des plants de bisannuelles.

## Comment semer les bisannuelles

On peut considérer les bisannuelles comme des annuelles qui font leur cycle de croissance sur deux ans plutôt qu'un seul. Les semis se font alors soit à l'intérieur soit à l'extérieur, comme les annuelles. Je vous suggère de lire l'introduction du chapitre *Les annuelles* si vous avez besoin de plus de renseignements sur la méthode.

Un petit détail cependant : puisque les bisannuelles fleurissent aux deux ans, semez la moitié du sachet la première année et l'autre moitié la deuxième. Ainsi vous commencerez deux cycles concurrents qui vous garantiront une floraison… annuelle.

J'aime bien démarrer mes semis de bisannuelles dans la maison quand je les reçois. Ce n'est cependant pas nécessaire, car je pourrais tout aussi bien les semer à l'extérieur où c'est moins de « trouble ». Mais je le fais pour le plaisir de les voir germer et faire leurs premières feuilles. Habituellement six à huit semaines avant la date du dernier gel est suffisant ; comme elles ne fleuriront pas la première année de toute façon, ce n'est pas comme si cela favorisait une floraison plus hâtive. Par la suite, je les repique en pleine terre, et je les laisse pousser et fleurir à leur propre rythme.

Les années suivantes, je n'ai plus besoin d'acheter des graines de la même bisannuelle : je sais très bien qu'elle se ressèmera spontanément. Il suffit de laisser quelques espaces libres de paillis, et elle s'y installera toute seule. Si elle ne pousse pas exactement où vous le voudriez, il est facile de la transplanter.

Vous ne voulez pas que les bisannuelles se ressèment du tout ? Recouvrez le sol de votre plate-bande de 7 à 10 cm de paillis organique et toutes vos bisannuelles vont disparaître à jamais après leur floraison.

## Aménager avec les bisannuelles

Une rosette basse la première année, un épi gratte-ciel la deuxième. Où pour l'amour placer les bisannuelles, ces plantes yoyos ? Tout dépend de leur feuillage.

Une minorité de bisannuelles ont un feuillage ordinaire. La julienne des dames (*Hesperis matronalis*), par exemple. Qu'on voie leurs feuilles ou non. Vous pouvez les placez vers le fond de la plate-bande et cela ne changera rien.

La majorité des bisannuelles, par contre, produisent un feuillage saisissant qui est souvent aussi attrayant que les fleurs. J'aime bien les placer vers le centre de la plate-bande. Ainsi on peut voir le feuillage la première année, et elles ne paraîtront pas trop mal placées la deuxième. Et c'est justement cette variation de hauteur qui donne aux plates-bandes la touche chaotique tant recherchée.

Enfin, il y a quelques bisannuelles qu'on cultive presque uniquement pour leur feuillage, au point qu'il est courant de supprimer les tiges florales dès qu'on les voit. Ces dernières, je les place en premier plan où leur feuillage sera vraiment mis en valeur.

## Des bisannuelles qui se mangent

Saviez-vous que beaucoup de vos légumes préférés sont des bisannuelles ? C'est le cas de la carotte, du chou, de l'oignon, du poireau, de la betterave… et de bien d'autres. Habituellement on les consomme la première année, ce qui fait qu'on ne voit jamais leurs fleurs souvent très jolies.

# CHARDON ÉCOSSAIS

*Onopordum acanthium* | Photo : HortiCom

- > **Autre noms communs :** chardon aux ânes, chardon à feuilles d'acanthe, herbe aux ânes
- > **Nom botanique :** *Onopordum acanthium*
- > **Famille :** Astéracées
- > **Hauteur (1re année) :** 30 à 50 cm
- > **Hauteur (floraison) :** 2 à 3 m
- > **Largeur :** 1 m
- > **Exposition :** soleil, mi-ombre
- > **Sol :** bien drainé
- > **Floraison :** milieu de l'été
- > **Zone de rusticité :** 4

**Quelle plante spectaculaire… et féroce !** Le chardon écossais porte des épines très, très vilaines. Mais quand vous voyez son port sculptural et son feuillage si argenté, vous lui pardonnez facilement sa sournoiserie. Cette plante est *très* prisée de certains architectes paysagers de renom… peut-être un signe qu'elle mérite plus qu'un simple coup d'œil.

**DESCRIPTION** Le chardon écossais est surtout cultivé pour son feuillage. Les fleurs ne sont qu'une petite prime, la cerise sur le gâteau. S'il ne fleurissait jamais, on le cultiverait quand même. L'avantage, c'est qu'il est attrayant pas seulement la deuxième année, lors de sa floraison, mais tout au long de sa vie.

La première année, la plante forme une rosette assez aplatie de feuilles longues, arquées, très découpées, presque exactement comme les feuilles du chardon des champs (*Cirsium arvense*), mais plus grosses et, surtout, blanches. En effet, le chardon écossais est couvert de poils blancs, comme du coton. Cela vaut pour les feuilles, mais aussi pour les tiges florales et même les boutons de fleurs. Ainsi les jeunes feuilles, où les poils sont les plus concentrés, sont entièrement blanches, tandis que les feuilles matures sont plutôt bleu argenté. La texture paraît tellement

# CHARDON ÉCOSSAIS

douce qu'on a envie de flatter le feuillage… mais ne le faites pas : à l'extrémité de chaque feuille, il y a une solide et pénétrante épine jaune. Le chardon écossais est donc une plante à admirer de loin.

Après la belle rosette de la première année, vous obtenez un arbre la deuxième. D'accord, pas un vrai arbre, mais la plante a un port très dressé, très raide, avec des branches bien espacées, comme celles d'un arbre. La tige principale est très solide et épaisse, mesurant parfois 15 cm de diamètre à la base. Avec en plus une longue racine pivotante, ce n'est certainement pas une plante qui va « s'effoirer ». La tige et les branches ont des prolongements semblables à des ailes qui portent de longues aiguilles. Le port est si rigide qu'il justifie bien le qualificatif « architectural » qu'on lui donne souvent. Les paysagistes l'adorent ! Je n'hésite pas à dire que, dans sa deuxième année surtout, cette plante est parmi les plus saisissantes qu'on puisse cultiver en climat froid.

Le bouton floral terminal est entièrement couvert d'épines argentées ; c'est d'ailleurs la partie la plus piquante de toute la plante. Seules les fleurs étroites, rose pourpré, portées en denses bouquets, n'ont pas d'épines. Si vous trouvez qu'elles ressemblent à des fleurs d'artichaut, vous avez raison : les deux plantes sont de proches parents. Les fleurs s'épanouissent pendant plusieurs semaines à la mi-été. Ensuite, la tige reste solidement debout pour le reste de la saison.

Les graines plumeuses volent partout à l'automne.

**CULTURE**  Le chardon écossais s'est montré très adaptable en culture, réussissant dans tous les sols bien drainés, qu'ils soient riches ou pauvres, acides ou alcalins. Il peut même pousser dans du gravier ! Il exige toutefois du soleil : on peut le planter et même le faire fleurir dans un endroit mi-ombragé, mais il ne s'y ressèmera pas.

Durant sa vie, il n'a aucun besoin de soins, même pas d'arrosages en période de sécheresse. Par contre, à sa mort, ses tiges très dures n'abandonnent pas la partie facilement. Coupez-les au printemps avec un sécateur à manche long. Pourquoi à manche long ? D'abord, les poignées extra longues vous donneront un meilleur appui et beaucoup plus de force (car la tige est difficile à couper), puis vous n'aurez pas à vous approcher de cette plante piquante : aussi bien la rabattre à distance !

Cette plante de climat méditerranéen n'est pas considérée comme envahissante dans l'est de l'Amérique, car les conditions sont trop humides pour qu'elle puisse proliférer dangereusement, mais c'est une mauvaise herbe redoutable dans certains États de l'ouest américain. Si vous ne voulez pas la voir s'étendre du tout, supprimez les fleurs fanées.

*Onopordum acanthium* | Photo : HortiCom

La première année, *Onopordum acanthium* pousse sous la forme d'une rosette piquante. | Photo : HortiCom

LES BISANNUELLES ••• 237

## CHARDON ÉCOSSAIS

**MULTIPLICATION** Semez les graines à l'intérieur six à huit semaines avant le dernier gel, ou en pleine terre à l'automne ou tôt au printemps, avant le dernier gel. Les graines germent aisément au frais ou au chaud.

**UTILISATIONS** Le chardon écossais est tout naturellement une plante-vedette pour la plate-bande ou le contenant. On peut aussi en faire une haie défensive très efficace. Il attire les oiseaux granivores et fait une excellente et sculpturale fleur coupée.

**ASSOCIATIONS** Une plante aussi spectaculaire n'a pas besoin de compagnons pour être en vedette. On voit parfois les architectes paysagers d'avant-garde la planter toute seule dans un aménagement dépourvu d'autres plantes ornementales, et ça marche. Sinon, le chardon écossais s'accommode de presque tout, notamment les graminées ornementales.

**PROBLÈMES** Peu fréquents.

**ENCORE PLUS** Pourquoi les Écossais ont-ils choisi un chardon comme fleur emblème ? N'y avait-il pas une fleur plus… accueillante ? Une légende raconte que, lorsque des Vikings tentèrent de prendre d'assaut subrepticement le château Stirling dans l'obscurité, l'un d'eux marcha sur une tige de chardon et lâcha un cri ; ainsi le chef des Écossais, Robert Bruce, fut-il alerté et put-il repousser l'attaque ; et le pays fut sauvé. Évidemment, il n'y a aucune preuve que cela soit vraiment arrivé, ni même que *O. acanthium* est le chardon de l'histoire (il ne manque pas de chardons en Écosse), mais ce chardon fera sans doute toujours la fierté de l'Écosse.

## CHARDON LAITEUX

*Galactites tomentosa* | Photo : HortiCom

> Nom botanique : *Galactites tomentosa*
> Famille : Composées
> Hauteur (1re année) : 30 à 50 cm
> Hauteur (floraison) : 1 m
> Largeur : 50 cm
> Exposition : soleil
> Sol : normal à sec
> Floraison : milieu de l'été
> Zone de rusticité : 4

**Tout le monde n'a pas assez d'espace pour un chardon écossais,** mais pas d'excuses quand il s'agit du chardon laiteux (*Galactites tomentosa*) ! Sa rosette ne dépasse pas 50 cm de hauteur ou de largeur, et même la

LES BISANNUELLES

## CHARDON LAITEUX

fleur atteint à peine 1 m. Et son feuillage est si beau que vous lui pardonnerez sûrement d'être un peu piquant. Ai-je dit un peu piquant ? Eh bien, disons plutôt super piquant. Mais quel beau feuillage !

**DESCRIPTION** Regardez-moi ce beau feuillage. N'est-ce pas extraordinaire ? Les feuilles étroites sont extrêmement découpées – une vraie dentelle ! – et chaque pointe (et il y en a des dizaines) finit en épine. Les feuilles sont vert foncé, mais les nervures sont très argentées : on dirait qu'on y a fait couler de l'aluminium liquide. Les Grecs pensaient sûrement que cette plante avait trempé dans le lait, car c'est le sens de son nom botanique, *Galactites*. Par ailleurs, *tomentosa* vient des tiges qui sont duveteuses, mais je ne pense pas que vous voudriez les flatter ; non pas qu'elles soient piquantes (seuls les feuilles et les boutons floraux le sont), mais les feuilles sont *si* proches…

*Galactites tomentosa* : la forme à fleurs blanches
Photo : HortiCom

La première année, la plante forme une rosette très égale, ronde en silhouette si vous voulez, car les jeunes feuilles sont dressées et les plus âgées sont couchées, alors que les feuilles moyennes sont portées à des angles intermédiaires ; toutes sont de longueur égale. Les feuilles restent telles quelles durant l'hiver et sont même superbes sous un léger saupoudrage de neige. Avec son apparence austère et menaçante, je trouve que cette plante ressemble beaucoup à un agave ou à un yucca, deux plantes qu'il n'est pas évident de cultiver sous notre climat.

La deuxième année, la plante produit une tige florale duveteuse et ramifiée portant des boutons floraux très couverts de piquants. Ils s'épanouissent en fleurs composées plumeuses rose pourpré ou, plus rarement, blanches, qui persistent environ trois semaines. La fleur est une parfaite imitation des fleurs des chardons sauvages. Je ne peux pas dire que le chardon laiteux est à son plus beau durant la floraison : je trouve les fleurs relativement ordinaires. Heureusement que les feuilles sont encore là pour rehausser leur intérêt ! Il faut dire que le chardon laiteux est une de ces plantes qu'on cultive vraiment plus pour leur feuillage que pour leurs fleurs.

Après la floraison, des graines plumeuses se forment… et bientôt une nouvelle génération commence.

**CULTURE** La culture du chardon laiteux est très facile, car la plante s'acclimate à presque toutes les conditions pour autant que le sol soit bien drainé et que l'emplacement reste ensoleillé. Il est particulièrement intéressant dans les sols pauvres et secs où d'autres plantes ont de la difficulté, mais où il pousse aussi vigoureusement que s'il se trouvait dans le sol le plus riche au monde.

**MULTIPLICATION** Semez les graines en pleine terre au printemps ou à l'automne. Vous pouvez aussi les semer dans la maison au printemps, mais il ne faut surtout pas les semer trop tôt si vous voulez profiter du beau feuillage longtemps. C'est que le chardon laiteux est un opportuniste qui peut se comporter comme une annuelle dans les régions à saison longue. Si vous le semez trop tôt, il va réagir comme s'il poussait dans la région méditerranéenne et fleurir la première année sur un plant moins développé et moins beau. Ne semez donc

LES BISANNUELLES ••• 239

## CHARDON LAITEUX

les graines que quatre à cinq semaines avant la date du dernier gel, ce qui vous donnera des jeunes plants assez solides à repiquer qui produiront une belle rosette piquante la première année, mais pas de fleurs avant la deuxième.

Le chardon laiteux, comme toutes les bisannuelles, se ressème lorsque les conditions lui plaisent.

**UTILISATIONS**  Faites abstraction de sa hauteur à la floraison et plantez cette plante selon les dimensions de son feuillage, soit en premier plan d'une plate-bande, dans une rocaille ou à n'importe quel endroit où vous pouvez la mettre en valeur. Vous pouvez aussi cultiver le chardon laiteux en contenant puisqu'il est beau en tout temps. Il est particulièrement intéressant dans les pentes ensoleillées et les sols sablonneux et pierreux où d'autres végétaux échouent. C'est un choix tout naturel pour les jardins xérophytes. Essayez-le pour dresser une barrière contre les mammifères qui passent sur votre terrain, comme les chats errants et les marmottes. Excellente fleur coupée.

**ASSOCIATIONS**  On peut créer un joli « jardin de succulentes » (le chardon laiteux n'est pas une vraie succulente, car il n'emmagasine pas d'eau dans ses tissus, mais il y ressemble drôlement) en le combinant avec des cactées rustiques (*Opuntia* spp. et autres), des sédums (*Sedum* spp.) et des joubarbes (*Sempervivum* spp.).

**PROBLÈMES**  Peu fréquents.

**AUTRES CHARDONS LAITEUX**  Il n'existe aucun cultivar de chardon laiteux, et les deux autres espèces de *Galactites* sont peu connues.

Pour un effet semblable, mais avec des feuilles beaucoup plus larges et longues, il y a le chardon-Marie (*Silybum marianum*), dont les feuilles vertes sont aussi marquées de nervures argentées, mais moins que le chardon laiteux. Le chardon-Marie est également une bisannuelle, produisant une rosette de feuillage persistant et piquant de 60 à 90 cm de diamètre et de 50 cm de hauteur la première année, puis une tige florale de 1,2 à 1,8 m la deuxième. Les fleurs sont habituellement rose pourpré, mais elles peuvent être blanches (le cultivar 'Adriana'). Zone 4.

*Silybum marianum* | Photo : HortiCom

# DIGITALE POURPRE

*Digitalis purpurea* | Photo : HortiCom

**Pour bien des gens, la digitale pourpre est la quintessence de la plate-bande à l'anglaise.** Avec ses hauts épis de fleurs tubulaires dans un dégradé de couleurs tout naturellement bien harmonieuses et sa tendance à paraître çà et là au gré de ses ensemencements spontanés, elle donne du mouvement et de l'élégance à l'aménagement, et en même temps un petit air nonchalant. Elle est justement à son meilleur quand on la laisse se ressemer abondamment pour créer un mur de couleurs. Essayez-la pour voir : elle est spectaculaire !

> **Nom botanique :** *Digitalis purpurea*
> **Famille :** Scrophulariacées
> **Hauteur :** 60 à 200 cm
> **Largeur :** 60 à 75 cm
> **Exposition :** soleil, mi-ombre
> **Sol :** bien drainé, humide
> **Floraison :** début de l'été
> **Zone de rusticité :** 3

**DESCRIPTION** Cette grande bisannuelle commence sa vie assez modestement avec une dense rosette de feuilles oblongues, nervurées, crénelées à la marge et un peu grisâtres, car elles sont couvertes d'un mince duvet. L'effet est joli mais pas extraordinaire.

La deuxième année, au tout début de l'été, de chaque rosette sort une unique tige florale solide et sans ramifications portant quelques feuilles à la base, mais surtout de nombreux boutons floraux. Ceux-ci s'allongent peu à peu pour créer un tube plutôt pendant qui se courbe vers l'avant et s'ouvre à l'extrémité en cinq lobes, une forme qui rappelle un peu un saxophone. Chez l'espèce sauvage, les fleurs sont pourpres avec une gorge blanche tachetée de noir, mais en culture on trouve plusieurs tons de rose, de rouge, de blanc et de crème, avec

## DIGITALE POURPRE

ou sans taches. Les fleurs sont portées très serrées sur l'épi, donnant beaucoup de volume à l'ensemble. Notez que les fleurs sont portées d'un seul côté de la tige, faisant face plus ou moins au soleil. La tige florale mesure environ 1,5 m de hauteur chez l'espèce, parfois un peu plus. Certains cultivars sont plus hauts ou plus bas.

Après la floraison, le feuillage a tendance à dépérir peu à peu pour disparaître complètement avant l'automne, un détail à retenir quand il s'agit de trouver un emplacement.

**CULTURE**   La digitale pourpre n'est pas très difficile, s'adaptant bien aux conditions de jardin et aux sols variables. Par contre, même si un bon drainage lui est nécessaire, elle n'est pas pour autant très bien adaptée à la sécheresse. Idéalement donc, on la plantera dans un sol riche en matières organiques, car ces sols tendent à rester un peu humides en tout temps. Il peut être nécessaire d'arroser un peu en période de sécheresse. Le soleil lui sied bien, mais c'est quand même essentiellement une plante de mi-ombre. Le soleil du matin lui va à merveille, car il est plus frais que le soleil de l'après-midi, et la digitale aime la fraîcheur.

Comme le feuillage d'une digitale commence déjà dépérir avant la fin de l'été et que le feuillage est de moindre attrait de toute façon, vous pouvez profiter de sa hauteur assez considérable pour la planter en arrière-plan, où son feuillage ne sera pas trop visible mais où ses fleurs seront en vedette.

Quand on rabat la tige florale de *Digitalis purpurea* avant la formation des graines, parfois elle refleurit à la fin de la saison sur une tige plus courte. | Photo : HortiCom

La digitale est particulièrement facile à pérenniser (voir à la page 234). Si vous supprimez la tige florale avant la fin de la floraison, disons quand il ne reste plus que deux ou trois feuilles, une ou deux nouvelles rosettes se formeront et fleuriront l'année suivante. Parfois même, une de ses rosettes fleurira l'été même, mais elle sera alors plus basse que la normale et portera moins de fleurs.

**MULTIPLICATION** La digitale n'a pas besoin d'un été complet pour produire une rosette assez grosse capable de fleurir l'année suivante. On peut alors semer les graines en pleine terre en juin ou même juillet pour une floraison abondante l'année suivante. Si vous préférez, vous pouvez la semer à l'intérieur au printemps, mais la rosette ne sera pas plus grosse que si elle se formait à l'extérieur.

La digitale se ressème abondamment pour autant qu'on laisse quelques emplacements libres de semis.

**UTILISATIONS**   La digitale pourpre est une plante classique de la plate-bande à l'anglaise, et elle est tout aussi jolie naturalisée dans un sous-bois ouvert. Un massif de digitales est un plaisir pour les yeux ! Bonne fleur coupée. La digitale attire les colibris.

**ASSOCIATIONS**   Les rosiers arbustifs (*Rosa* spp.) et les lavatères (*Lavatera* spp.) font de bons compagnons pour la digitale pourpre.

**PROBLÈMES**  Peu fréquents. La digitale pourpre est toxique pour plusieurs prédateurs, notamment les mammifères. On dit cependant qu'elle est vulnérable aux scarabées japonais.

## DIGITALE POURPRE

**CULTIVARS** Cette plante est populaire depuis très longtemps, ce qui entraîne habituellement une foule de cultivars, et c'est bien le cas chez la digitale pourpre. Il est quand même intéressant de savoir que, sauf pour les rares hybrides $F_1$ (de première génération), les cultivars de digitale sont fidèles au type si on les plante isolés, c'est-à-dire loin de toute digitale d'une autre lignée.

Malgré la grande variété de cultivars, il y aurait peut-être intérêt à semer tout simplement de bonnes vieilles digitales en mélange, la forme utilisée dans les plates-bandes à l'anglaise du monde entier, plutôt que des cultivars plus sophistiqués. Parfois il est difficile de faire mieux que Dame Nature.

Voici quelques lignées populaires :

*D. purpurea albiflora* (syn. *D. purpurea* 'Alba') : comme l'espèce, mais à fleurs blanches, habituellement à gorge tachetée de noir. 90 à 150 cm.

*D. purpurea* série Camelot : lignée conçue pour fleurir la première année à partir de semences si on amorce la croissance à l'intérieur en février. L'épi floral produit des épis secondaires, ce qui prolonge la floraison. Les fleurs sont grosses et toujours tachetées. Vous pouvez opter pour le mélange ou les couleurs séparées : 'Camelot Cream', jaune crème, 'Camelot Rose', rose, 'Camelot Lavender', violet pâle, ou 'Camelot White', blanche. C'est un hybride $F_1$, ce qui veut dire qu'elle n'est pas fidèle au type par semences. C'est donc une variété qui ne m'intéresse nullement : je veux des digitales qui reviennent fidèlement d'année en année sous à peu près la même forme. 60 à 120 cm. Moins rustique que les autres : zone 5.

*D. purpurea* 'Candy Mountain' : très belle variété à fleurs rose riche tachetées de noir… mais surtout, les fleurs sont légèrement dressées (donc ne sont pas pendantes) et portées tout autour de la tige. Une sélection de la lignée 'Excelsior Hybrids'. 90 à 140 cm.

*D. purpurea* 'Excelsior Hybrids Mixed' : très grande lignée aux fleurs plus grosses que

*Digitalis purpurea* 'Camelot Lavender'
Photo : Thompson & Morgan

*Digitalis purpurea* 'Candy Mountain'
Photo : Thompson & Morgan

*Digitalis purpurea* 'Excelsior Hybrids Mixed'
Photo : Thompson & Morgan

LES BISANNUELLES ••• 243

## DIGITALE POURPRE

la normale. Ses deux traits principaux sont cependant que les fleurs sont portées presque horizontalement et surtout tout autour de la tige, ce qui leur donne beaucoup de prestance. La gamme des couleurs comprend le pourpre, le rose et le blanc, et les fleurs sont toujours tachetées. 150 à 200 cm.

*D. purpurea* 'Foxy': variété naine qui a la caractéristique de pouvoir fleurir la première année si vous la semez à l'intérieur en février. Si vous la semez plus tard ou à l'extérieur, elle sera aussi bisannuelle que toute autre digitale pourpre. Il y a souvent plus d'une tige florale par rosette. Curieusement, cette gagnante d'un prix Sélections All-America en 1967 fut récemment présentée par certaines pépinières comme une «nouveauté»! Couleurs habituelles pour une digitale pourpre: pourpre, rose, crème et blanc, aux fleurs tachetées. Les fleurs sont portées tout autour de l'épi. 75 cm.

*D. purpurea* 'Glittering Prizes Mixed': fleurs roses, pourpres ou blanches à l'extérieur, mais à l'intérieur très foncées. 120 à 180 cm.

*D. purpurea heywoodii* 'Silver Fox': sélection unique due à sa faible hauteur et à la coloration argentée de son feuillage. Les fleurs sont rose lavande à l'extérieur et blanches légèrement tachetées à l'intérieur. 60 cm. Moins rustique que les autres: zone 5.

*Digitalis purpurea heywoodii* 'Silver Fox' | Photo: Thompson & Morgan

*D. purpurea* 'Pam's Choice': ce cultivar produit des fleurs blanc crème à l'extérieur, mais à gorge complètement pourpre et très foncée, avec des taches de pourpre qui «coulent» sur les lobes des fleurs. Unique! 90 à 150 cm.

*D. purpurea* 'Primrose Carousel': variété naine avec des fleurs de couleur inhabituelle: jaune primevère. C'est probablement la plus jaune de toutes les digitales pourpres. 75 cm.

*D. purpurea* 'Sutton's Apricot': fleurs d'une couleur inhabituelle: diverses teintes d'abricot et de saumon. 120 à 150 cm.

**AUTRES DIGITALES** Il y a plusieurs autres digitales (*Digitalis*) et la majorité sont très attrayantes, mais aucune n'a autant de panache que la digitale pourpre. La plupart des autres espèces sont des vivaces.

**ENCORE PLUS** La digitale est très toxique en toutes ses parties, mais les cas d'empoisonnement sont rares, car il n'y a rien qui semble particulièrement comestible dans cette plante, donc rien qui pourrait pousser les humains à tenter de la manger. Plusieurs toxines peuvent toutefois être utiles à l'être humain si on les dilue suffisamment. C'est le cas de la digitaline, qu'on tire de la digitale pourpre et qu'on utilise dans le traitement des maladies cardiaques.

# JULIENNE DES DAMES

> **Nom botanique :** *Hesperis matronalis*
> **Famille :** Crucifères
> **Hauteur :** 60 à 90 cm
> **Largeur :** 30 cm
> **Exposition :** soleil, mi-ombre
> **Sol :** riche, bien drainé
> **Floraison :** début de l'été
> **Zone de rusticité :** 3

*Hesperis matronalis* | Photo : HortiCom

La julienne des dames (*Hesperis matronalis*), d'origine eurasienne, est pourtant bien établie un peu partout dans les régions tempérées de l'Amérique du Nord et partout dans le Québec habité. Elle aurait été importée de France en tant que plante médicinale (l'épithète *matronalis* pour « des dames » indique qu'elle servait surtout à traiter les problèmes féminins) et a depuis pris la clé des champs. Vous l'avez sûrement déjà aperçue à l'orée d'un bois, le long d'une route ou près d'un cours d'eau. C'est cette plante qui ressemble tant, avec ses masses de fleurs roses, violettes ou blanches, à un phlox des jardins (*Phlox paniculata*), mais qui fleurit beaucoup trop tôt dans la saison pour être un phlox. Ce n'est pas que son apparence qui plaît, mais aussi son parfum nocturne. Mieux encore, c'est l'une des plantes les mieux adaptées aux jardiniers paresseux, car elle se ressème si abondamment qu'elle est toujours là sans que vous ayez à lever le petit doigt, même 15 à 30 ans après l'avoir semée la première fois.

**DESCRIPTION** La première année, la julienne forme une rosette de feuilles vert foncé étroites et pointues, légèrement poilues. La deuxième année, apparaît une tige florale ramifiée portant beaucoup de petites fleurs blanches, violettes ou roses à quatre pétales disposés en croix, ce qui est typique des Crucifères. Les fleurs sont fortement parfumées, mais seulement le soir et la nuit, dégageant alors une fragrance douce et mielleuse. Le nom *hesperis* veut d'ailleurs dire « du soir ».

Après la floraison, de longues capsules étroites se forment à la place des fleurs. Elles mûrissent rapidement, libérant jusqu'à 20 000 graines par plante. Les graines peuvent rester en dormance pendant des décennies avant de surgir, apparemment de nulle part, après qu'on a remué le sol ou coupé des arbres pour ajouter du soleil à un coin longtemps sous la dominance de la forêt.

LES BISANNUELLES ••• 245

## JULIENNE DES DAMES

Cette profusion de graines explique aussi pourquoi cette plante s'est si habilement libérée du joug de l'humain pour devenir une plante sauvage. La julienne des dames est d'ailleurs tellement bien établie dans nos paysages qu'on la prend pour une plante indigène.

**CULTURE**  La julienne des dames poussera dans tout sol bien drainé et humide, mais de préférence riche en humus. Sa tolérance à la sécheresse est minimale : un bon paillis aidera à garder le sol plus humide. Sinon il faudra penser à l'arroser en période de sécheresse. Laissez toutefois des emplacements libres de paillis pour permettre son réensemencement.

La julienne des dames préfère la mi-ombre, mais pousse très bien aussi au plein soleil.

Pour stimuler la pérennisation, coupez les tiges florales avant qu'elles montent en graines. Par contre, cette plante se ressème si abondamment qu'il est encore plus facile de la laisser s'occuper de son propre maintien.

La julienne est l'une des rares bisannuelles qui poussent si rapidement qu'elles fleurissent annuellement et paraissent alors être des vivaces. Autrement dit, les graines tombent au sol en juillet et produisent une rosette de pleine taille en août et septembre, ce qui donne une plante déjà en fleurs au début de l'été suivant. Quand le feuillage de la génération précédente disparaît en août, les feuilles de la nouvelle génération sont déjà là pour le cacher à la vue ! Elle est donc « bisannuelle » au sens où elle germe une année et fleurit la suivante, mais elle semble vivace, car il y a des fleurs chaque année.

Le fait que la julienne des dames se naturalise si bien est une preuve qu'elle n'a besoin d'aucune attention de votre part pour survivre. Par contre, si elle pousse si librement dans le jardin d'un paresseux, elle disparaît rapidement des plates-bandes des jardiniers forcenés. Car, avec leur manie de sarcler encore et encore, ils tuent les jeunes semis et empêchent la plante de se maintenir. Lâchez le sarcloir et vous aurez de belles juliennes !

*Hesperis matronalis* naturalisée dans un sous-bois | Photo : HortiCom

## JULIENNE DES DAMES

**MULTIPLICATION**  Semez les graines en pleine terre entre avril et la fin de juillet. Vous pouvez aussi les semer dans la maison, mais ça ne vous donnera pas grand-chose. Certes on vend des plants de julienne en pépinière, mais il n'y a aucune raison de préférer un plant individuel à un sachet de semis moins cher qui donnera des centaines de plants.

Notez que les plants pérennisés produisent des rejets qu'on pourrait diviser, mais habituellement on limite cette forme de multiplication plus laborieuse aux seules plantes à caractères spéciaux (les variétés doubles, notamment).

**UTILISATIONS**  La belle julienne des dames (*Hesperis matronalis*) a un rôle très clair à jouer dans nos plates-bandes : c'est une plante de remplissage ! Le mot paraît un peu ingrat, comme si on la plantait juste en supplément, mais c'est le cas. On planifie l'aménagement de son terrain avec soin, en disposant toutes les plantes au bon espacement, puis on « libère » la julienne pour qu'elle viennent boucher les trous, ce qu'elle fait très gracieusement. Évidemment, c'est un excellent choix aussi pour la naturalisation dans les prés fleuris humides et les sous-bois ouverts… où elle pousse probablement déjà, de toute façon ! Plantez-la près d'une terrasse que vous utilisez en soirée ou près d'une fenêtre ouverte la nuit, afin de profiter de ses fleurs parfumées au crépuscule. Ou rentrez des fleurs coupées dans la maison.

**ASSOCIATIONS**  Essayez un mélange de myosotis (*Myosotis sylvatica*) et de julienne des dames. Le myosotis fera un beau tapis bleu ciel qui mettra parfaitement en valeur la julienne rose ou blanche. D'ailleurs, le myosotis a exactement les mêmes besoins culturaux que la julienne, et il se ressème aussi abondamment. Encore, la julienne aide à faire la transition entre les tulipes (*Tulipa* spp.) et les narcisses (*Narcissus* spp.), dont elle cache le feuillage jaunissant, et les fleurs d'été comme les hémérocalles (*Hemerocallis* spp.) et les géraniums vivaces (*Geranium* spp.).

*Hesperis matronalis albiflora* | Photo : HortiCom

**PROBLÈMES**  Peu fréquents.

**CULTIVARS**  La julienne des dames se vend presque uniquement en mélange. Même si vous achetez un plant à fleurs roses, à la génération suivante les trois couleurs ressortiront.

On peut parfois trouver *H. matronalis albiflora* sur le marché, sous forme de semences ou de plants : elle est à fleurs blanches et se maintient ainsi d'une génération à la suivante s'il n'y a pas de juliennes roses ou violettes dans le coin pour se mêler à ses gènes.

Il existe toutefois des formes doubles et panachées de julienne, maintenues strictement par division de plants pérennisés. Étant donné leur culture délicate, elles sont rarement disponibles.

# MOLÈNE SOYEUSE

*Verbascum bombyciferum* | Photo : HortiCom

> Nom botanique : *Verbascum bombyciferum*
> Famille : Scrophulariacées
> Hauteur (rosette) : 60 cm
> Hauteur (épi floral) : 120 à 200 cm
> Largeur : 60 cm
> Exposition : soleil, mi-ombre
> Sol : bien drainé
> Floraison : été
> Zone de rusticité : 3

**Avec ses feuilles grosses comme des rames mais si joliment couvertes de duvet blanc**, la molène soyeuse est si attrayante la première année qu'on ne pense même pas qu'elle a besoin de fleurir pour être belle. Mais quand vous la verrez en fleurs l'année suivante, avec ses hauts épis blanc cotonneux et ses fleurs d'un jaune si franc, vous en tomberez encore plus amoureux. C'est l'une des plus belles plantes qui existent pour les jardins de climat tempéré… et de surcroît, si facile à cultiver.

DESCRIPTION    La première année, la molène soyeuse produit une énorme rosette de grandes feuilles ovales. Les jeunes feuilles sont tellement couvertes de duvet blanc qu'elles en paraissent blanc argenté. Le duvet est moins dense sur les feuilles matures, donnant plutôt une coloration bleu argenté avec une nervure centrale blanche. Les feuilles sont aussi douces au toucher qu'elles en ont l'air : du coton fait feuille.

La deuxième année, une épaisse tige florale sort du centre de la rosette. Elle est encore si couverte de duvet blanc qu'on ne voit aucune trace de vert. Elle porte quelques feuilles à sa base, de la même couleur bleu argenté que les feuilles de la rosette, mais à mesure que la tige monte, elles deviennent de plus en plus petites pour disparaître entièrement à mi-hauteur. La tige florale est souvent curieusement recourbée au début, mais se redresse en montant. Elle se ramifie, produisant bon nombre de tiges courbées à leur base, puis elle devient très droite, comme un grand candélabre blanc mousseux. Selon les conditions, les tiges peuvent atteindre jusqu'à 2 m de hauteur.

De ces masses de coton surgissent des fleurs jaune soufre, une couleur tout à fait surprenante vu la blancheur des environs. La floraison commence à la base de la tige pour monter vers le haut. Et comme chaque plante produit des centaines de fleurs, elle peut durer plus d'un mois.

Les capsules de graines libèrent des milliers de semences à la fin de l'été et à l'automne… Ainsi la génération suivante peut-elle prendre son envol !

## MOLÈNE SOYEUSE

**CULTURE** Cette plante provient des hautes montagnes du Moyen-Orient où les températures oscillent rapidement entre des nuits sous le point de congélation et des journées chaudes à crever ; son dense duvet sert alors à la protéger de ces extrêmes. On pourrait donc présumer qu'elle exigerait des conditions de haute montagne : sol pierreux, pauvre, sec, soleil aveuglant, etc., mais si elle tolère de telles conditions, elle ne les exige pas. Ainsi on peut cultiver la molène soyeuse même dans les sols riches et relativement humides ; le drainage doit toutefois être excellent. Et loin de nécessiter un soleil intense, elle pousse parfaitement bien à la mi-ombre. Cela dit, on peut profiter de sa grande résistance aux conditions difficiles pour la planter dans les sections sèches ou au sol pauvre du terrain. Malgré sa grande hauteur, placez-la toujours où vous pourrez bien voir la rosette de la première année.

L'entretien consiste surtout à couper la tige florale au printemps suivant la floraison.

Si vous aimez surtout le feuillage, vous pouvez maintenir la molène soyeuse sous forme d'une rosette en coupant les tiges florales dès qu'elles montrent le bout du nez. Cette opération l'oblige à produire une ou des rosettes supplémentaires. On peut la répéter pendant trois ou quatre ans avant que la plante se fatigue du jeu et meurt. À un moment donné donc, il est sage de la laisser fleurir et produire des semences afin de ne pas la perdre.

**MULTIPLICATION** Les graines germent facilement, qu'on les sème à l'intérieur au printemps ou à l'extérieur au printemps ou à l'automne, et elles donnent de jolis petits semis duveteux en seulement quelques semaines. Ne les recouvrez pas : elles ont besoin de lumière pour germer.

La plante se ressèmera sans difficulté si vous lui laissez un emplacement bien drainé et sans paillis, plus ou moins au soleil.

**UTILISATIONS** La molène soyeuse est une plante à mettre en vedette dans une plate-bande, une grande rocaille, un pré fleuri, etc. Les concepteurs paysagers seront ravis de son effet mélangé, à la fois tout en douceur et très rigidement architectural. Très intéressante aussi dans une plate-bande xérophyte où elle sera à coup sûr la vedette ! Les tiges florales laissées debout l'automne et l'hiver attirent les oiseaux granivores.

**ASSOCIATIONS** On peut facilement la faire contraster avec des végétaux à feuillage foncé, comme l'if (*Taxus* spp.), ou encore faire le contraire au moyen d'un aménagement composé entièrement de plantes à feuillage argenté, comme l'armoise de Steller (*Artemisia stelleriana*) et le chardon écossais (*Onopordum acanthium*).

**PROBLÈMES** Peu fréquents. Les cerfs ne l'apprécient pas du tout. La punaise de la molène (*Campylomma verbasci*) cause peu de problèmes aux molènes (vous ne remarquerez même pas les dégâts), mais elle peut s'attaquer aux pommes, laissant de petites marques qui pourraient réduire leur valeur commerciale. Mieux vaut donc ne pas planter de molènes près des pommiers.

*Verbascum bombyciferum* 'Silver Lining'
Photo : Thompson & Morgan

**CULTIVARS** On vend parfois la molène soyeuse sous des noms de cultivar, mais honnêtement je ne sais pas en quoi ces cultivars diffèrent de l'espèce. On peut donc considérer *V. bombyciferum* 'Silver Lining', 'Arctic Summer', 'Polar Summer', etc. comme assez identiques à l'espèce pour les utiliser de la même façon et dans les mêmes conditions.

## MOLÈNE SOYEUSE

**AUTRES MOLÈNES** Il y a plus de 120 espèces de molène (*Verbascum*), pour la plupart des bisannuelles souvent très attrayantes. Mais comme le public jardinier ne connaît pas les bisannuelles ou ne les comprend pas, rien n'incite les pépiniéristes et les semenciers à nous en présenter d'autres variétés intéressantes. En voici deux cependant qui sont faciles à trouver :

*V. olympicum* (molène olympique) : directement du mont Olympe, superbe bisannuelle formant la première année une grosse rosette de feuilles vert gris (mais pas aussi argenté que chez la molène soyeuse), pointues et légèrement tordues, ce qui crée un très bel effet. C'est toutefois la floraison qui est le trait le plus spectaculaire. La deuxième année, la plante produit une énorme tige florale très ramifiée qui rappelle un sapin de Noël, mais de couleur jaune ! Les centaines de fleurs (il doit bien y en avoir près de 1000) sont jaune or avec des étamines orange. La floraison est très durable : deux mois, du milieu de l'été jusqu'à l'automne. 120 à 180 cm x 60 à 90 cm. Zone 4.

*Verbascum olympicum* | Photo : HortiCom

*V. thapsus* (molène commune, bouillon blanc, tabac du diable) : nul besoin de chercher très loin cette plante d'origine eurasiatique, car elle est si bien établie presque partout en Amérique du Nord que la plupart des gens la prennent pour une plante indigène. Quand vous roulez en voiture presque partout au Québec, vous pouvez apercevoir ses épis fleurs en candélabre le long des routes et dans les champs. Elle est superbe en jardin aussi, avec une belle rosette de feuilles gris vert, presque de la même couleur et texture que chez la molène olympique, mais les feuilles sont moins tordues. La grosse différence réside dans la floraison, car la tige florale est peu ramifiée, voire sans branches. S'il y a des branches, elles poussent tout droit vers le haut, près de la tige principale. Les fleurs sont jaunes. Cette plante apparaissait fréquemment chez moi autrefois, car la cour arrière était asphaltée et c'était l'une des rares plantes qui réussissait à pousser dans les fissures du macadam. Maintenant que l'asphalte est parti, que le sol est plus riche et que la compétition pour la lumière est plus intense, je la vois moins souvent, mais de temps en temps elle réapparaît comme par magie (en fait, il n'y a rien de magique là-dedans : les graines peuvent survivre au moins 30 ans sous la terre jusqu'à ce que quelque chose les expose à la lumière). Les graines sont peu disponibles commercialement : allez en chercher à la fin de l'été ou à l'automne dans un champ près de chez vous ! 90 à 200 cm x 60 cm. Zone 3.

*Verbascum thapsus* | Photo : HortiCom

**ENCORE PLUS** Les tiges florales séchées des molènes servaient autrefois de torches.

# ROSE TRÉMIÈRE RUGUEUSE

> Nom botanique : *Alcea rugosa*
> Famille : Malvacées
> Hauteur : 120 à 180 cm
> Largeur : 60 à 90 cm
> Exposition : soleil
> Sol : bien drainé
> Floraison : été
> Zone de rusticité : 4

*Alcea rugosa* | Photo : HortiCom

**Depuis une dizaine d'années,** je m'amuse à essayer différentes roses trémières (*Alcea* spp.) pour voir s'il n'existerait pas des variétés résistantes à la rouille, une maladie foliaire qui fait beaucoup de dégâts sur la rose trémière commune (*A. rosea*). À ma grande surprise, j'ai découvert que la rose trémière commune est l'une des rares roses trémières que la rouille peut atteindre. Pourquoi alors les pépinières nous vendent-elles surtout une plante maladive alors qu'elles pourraient nous offrir des plantes exemptes de maladie ? Je n'ai pas la réponse, mais j'espère du moins que ce n'est pas dans le but de nous vendre davantage de pesticides !

**DESCRIPTION** La rose trémière rugueuse est très semblable à la rose trémière commune si bien connue, sauf que le choix de couleurs des fleurs est plutôt limité : en fait, il n'y a que le jaune !

La plante forme une rosette basale de feuilles cordiformes à trois, cinq ou sept lobes. Elles sont persistantes et gris-vert, à la texture rugueuse, plus duveteuses que chez la rose trémière commune. Le deuxième été, elle produit de hautes tiges florales, épaisses et solides, portant quelques feuilles plus petites, mais surtout une bonne quantité de grosses fleurs jaune pâle en forme de coupe avec une colonne centrale jaune plus foncé. Il n'y a pas de variétés à fleurs doubles, contrairement à la rose trémière commune.

**CULTURE** Cultivez-la au plein soleil dans tout sol bien drainé, riche ou pauvre. Elle tolère bien la sécheresse une fois établie. Étant donné la courte vie de la plante, il est plus logique d'acheter des semences que des plants. Malgré sa grande hauteur, un tuteur est rarement nécessaire. Si vous découvrez que vos plants tendent à plier au vent, faites le contraire de la logique et plantez-les dans un emplacement exposé. C'est que les roses trémières plantées à l'abri du vent ne développent pas des tiges très robustes ; un seul coup de vent vagabond et les voilà sur le dos ! Les plants qui se sont toujours fait brasser par le vent depuis leur jeunesse forment des tiges plus fibreuses qui sauraient résister à un ouragan.

## ROSE TRÉMIÈRE RUGUEUSE

Normalement la plante ne produit du feuillage que la première année et fleurit la deuxième, après quoi elle produit des graines et meurt. On peut cependant prévenir ce dépérissement en supprimant la tige florale avant la fin de la floraison, tel qu'expliqué à la page 233.

**MULTIPLICATION** Semez des graines en pleine terre au début de l'été pour avoir des fleurs l'été suivant. Ou semez des graines au mois de février pour obtenir (peut-être) des plants qui fleuriront la première année. La technique traditionnelle consiste tout simplement à laisser les roses trémières se ressemer elles-mêmes, ce qu'elles font sans se faire prier, et à enlever tout simplement les plants excédentaires.

**UTILISATIONS** La rose trémière, à la forme si architecturale, est depuis toujours un classique de la plate-bande à l'anglaise, où ses hauts épis ponctuent joliment un ramassis multicolore de plantes diverses. On peut aussi l'utiliser pour briser la monotonie d'un mur ou d'une clôture. N'oubliez pas qu'elle attire les colibris et les papillons au jardin.

**ASSOCIATIONS** Pensez à donner à la rose trémière rugueuse des voisins d'une certaine hauteur tels que la campanule à fleurs laiteuses (*Campanula lactiflora*), le miscanthus de Chine (*Miscanthus sinensis*) ou de grandes hémérocalles (*Hemerocallis* spp.). La rose trémière compte parmi les rares plantes qui poussent bien au pied des noyers (*Juglans* spp.), ces arbres qui dégagent un produit (la juglone) toxique pour la plupart des végétaux.

*Alcea rugosa* | Photo : HortiCom

*Alcea pallida* | Photo : HortiCom

**PROBLÈMES** Les espèces décrites ici résistent parfaitement à la rouille dans la plupart des conditions (attention toutefois aux emplacements détrempés où cette maladie peut quand même les atteindre). Dans les régions où le scarabée japonais sévit, la rose trémière est une de leurs victimes préférés. Autrement, les insectes s'y intéressent rarement. Les cerfs ne s'intéressent pas aux roses trémières.

**AUTRES VARIÉTÉS** Il y a quelque 60 espèces de rose trémière (*Alcea*) et presque toutes sont attrayantes avec de belles grosses fleurs ; elles sont aussi de culture facile. De plus, toutes semblent résistantes à la rouille qui fait tant de dégâts chez la rose trémière commune (*A. rosea*).

*A. pallida* (rose trémière pâle) : fleurs rose lilas ou blanches. Feuillage plus charnu et moins découpé que chez les autres roses trémières. 120 à 180 cm x 60 à 90 cm.. Zone 3.

*A. ficifolia* (rose trémière à feuilles de figuier) : c'est la plus disponible des roses trémières résistantes à la rouille et la seule qui offre un certain choix de couleurs : rose, magenta, fuchsia, rouge et pêche. Il y a même des cultivars pourpre foncé et des variétés doubles ! Le feuillage profondément lobé, en forme de feuille de figuier, permet de distinguer cette espèce. Elle est aussi plus pérenne que les autres. 150 à 225 cm x 60 à 90 cm. Zone 3.

## ROSE TRÉMIÈRE RUGUEUSE

*A. ficifolia* 'Antwerp Mixed' : le mélange le plus souvent offert. Fleurs simples de couleur pastel (jaune, rose, pêche, etc.). 150 à 180 cm x 60 à 90 cm.

*A. ficifolia* 'Happy Lights Mix' : mélange à fleurs simples de toutes les couleurs. 150 à 200 cm x 60 à 90 cm.

**ENCORE PLUS**  Autrefois en Angleterre, on plantait toujours des roses trémières près des latrines. Pourquoi ? Pas parce qu'elles cachaient grand-chose ou masquaient les odeurs (les roses trémières sont pratiquement inodores), mais parce qu'il était beaucoup plus délicat de dire qu'on sortait « admirer les roses trémières » que d'admettre qu'on avait des besoins naturels !

*Alcea ficifolia* | Photo : HortiCom

## SAUGE ARGENTÉE

*Salvia argentea* | Photo : HortiCom

> Nom botanique : *Salvia argentea*
> Famille : Labiées
> Hauteur (rosette) : 25 cm
> Hauteur (floraison) : 60 à 90 cm
> Largeur : 50 à 75 cm

> Exposition : soleil, mi-ombre
> Sol : bien drainé
> Floraison : été
> Zone de rusticité : 3

LES BISANNUELLES ••• 253

## SAUGE ARGENTÉE

*Salvia argentea* | Photo : HortiCom

**La première fois que j'ai vu la sauge argentée,** on m'a gentiment expliqué qu'on la cultivait comme annuelle pour son beau feuillage mais que c'était une plante de zone 9 en réalité, donc impossible à considérer comme rustique sous notre climat. J'ai donc semé une douzaine de plantes et j'ai profité de leur beauté tout l'été, et même l'automne, car le feuillage a persisté jusqu'à ce qu'il disparaisse sous la neige. Évidemment, si j'avais été un jardinier forcené, je l'aurais arrachée à l'automne, car « c'est ce qu'on fait avec les annuelles ». Mais non ! En bon jardinier paresseux, je n'arrache jamais mes annuelles, me contenant de les couper au sol au printemps… s'il reste quelque chose à couper. À ma grande surprise, le beau feuillage argenté de cette sauge était encore intact à la fonte des neiges. Elle est en fait bien plus rustique qu'on me l'avait dit. Ma deuxième surprise fut de la voir fleurir, sur une belle grande tige florale, en été. J'ai donc aussi appris que c'était une bisannuelle, car, après avoir produit des semences en fin d'été, elle est morte. Voyez-vous tout ce qu'on apprend quand on n'arrache pas des plantes à l'aveuglette ?

**DESCRIPTION** La première année (je sais, je sais, presque toutes mes descriptions de bisannuelles commencent par ces mots, mais il est si important de comprendre que ces plantes sont vraiment comme deux plantes en une seule, avec deux comportements très différents selon l'année, ce que je ne peux m'empêcher de souligner), la première année donc, la sauge argentée forme une rosette assez basse composée de paires de grosses feuilles épaisses, plus ou moins ovales, à marge largement dentée. La feuille au complet est recouverte de longs poils blancs, donnant une couleur presque blanche aux nouvelles feuilles et une teinte gris argenté aux feuilles matures. Les nervures enfoncées ajoutent à l'attrait de la feuille, créant une surface joliment texturée. Les feuilles ont l'air très « caressables » et c'est bien le cas : elles sont douces et lisses comme de la soie.

Au printemps suivant, la plante change complètement de forme. Les nouvelles feuilles, aussi grosses que celles de la première année, sont maintenant moins argentées et portées bien espacées sur une tige solide, puis une tige florale terminale ramifiée se forme. Les fleurs sont produites en verticilles de 4 à 10 bien espacés sur la tige, chaque verticille sous-tendu de deux bractées poilues vert-gris. Les fleurs sont à deux lobes, le lobe supérieur plus développé et en forme de capuchon arqué et pointu ; le lobe inférieur est plus large. Les boutons sont jaune crème, mais les fleurs sont blanches, parfois tachetées de mauve. La floraison est abondante

## SAUGE ARGENTÉE

et continue du début de l'été presque jusqu'à la fin, mais elle n'est pas si impressionnante que cela. C'est vraiment une plante où c'est le feuillage qui compte par-dessus tout.

**CULTURE** La sauge argentée est une plante d'origine méditerranéenne, habituée à des étés brûlants et secs et à des hivers frais et plutôt pluvieux (comment elle fait pour s'habituer à nos hivers congelés, je ne le sais pas). Logiquement, on la plantera au plein soleil dans un sol pauvre et bien drainé. En fait, elle tolère quand même les sols de toute qualité, du moment qu'ils sont bien drainés en tout temps (il ne faut surtout pas qu'elle passe l'hiver les pieds dans un sol détrempé). Ainsi, que le sol soit riche ou pauvre, acide ou alcalin change peu à sa croissance. Elle est bien résistante aux sécheresses. Même la mi-ombre lui convient, bien qu'elle risque de produire des feuilles moins argentées qu'au plein soleil.

Le feuillage de cette plante crée toujours de l'effet, et une plante seule sera attrayante. Pour une floraison plus spectaculaire cependant, groupez cinq à sept plantes, de sorte que vous n'aurez plus une seule tige florale assez aérée mais une masse de fleurs blanches.

Après la floraison, le feuillage commence à se détériorer et c'est bientôt la fin… sauf que la plante aura produit des milliers de graines pour assurer sa relève.

On peut légitimement argumenter que c'est le feuillage qui compte et que la floraison n'est pas la bienvenue. Si c'est votre opinion, pincez la tige florale dès qu'elle apparaît et votre plante gardera une belle croissance argentée. On peut maintenir la sauge argentée plusieurs années ainsi, mais mieux vaut laisser au moins une plante fleurir de temps à autre, car, comme pour la plupart des bisannuelles pérennisées, il y a une limite à prolonger leur vie au-delà de la durée habituelle.

Cette plante est aussi très jolie en pot et tolère bien les arrosages irréguliers qui sont le lot de la gent empotée. Sa rusticité en pot est toutefois limitée : mieux vaut la cultiver comme annuelle ou rentrer la potée dans un garage un peu chauffé pour l'hiver.

Quant à sa rusticité, il est évident que la zone 9 qu'on m'avait indiquée à l'origine est un non-sens. En me basant sur l'expérience de certains jardiniers de la zone 3, j'ai cru bon de lui accorder cette cote zonière.

**MULTIPLICATION** Semez les graines à l'intérieur au printemps, en février ou mars, sans les couvrir, car elles ont besoin de lumière pour germer. En les démarrant tôt, vous aurez déjà de beaux plants argentés à repiquer dans le jardin, ce qui donnera un effet instantané. Les années suivantes, vous pourrez compter sur les semis spontanés pour remplir tout trou dans l'aménagement.

Les plantes pérennisées (dont on a coupé la tige florale) produisent des rosettes secondaires qu'on peut diviser et repiquer ailleurs. Attention, les jeunes rosettes ainsi déplacées sont très fragiles !

**UTILISATIONS** La sauge argentée est une plante très intéressante en bordure de plate-bande, en rocaille et en pot. C'est aussi un excellent choix pour le jardin xérophyte et le jardin monochrome argenté.

**ASSOCIATIONS** On peut facilement mettre en valeur son feuillage argenté en la cultivant avec des vivaces ou des annuelles à feuillage vert, ou, au contraire, l'utiliser pour faire ressortir des feuillages ou des floraisons plus sombres. Une belle combinaison ? La sauge argentée avec des heuchères (*Heuchera* spp.) à feuillage foncé. Vous pouvez aussi composer un jardin argenté en la combinant avec d'autres plantes du même acabit.

**PROBLÈMES** Les limaces s'attaquent aux jeunes feuilles printanières, mais laissent tranquilles les feuilles estivales, et la pourriture est très possible dans les emplacements peu drainés.

## SAUGE ARGENTÉE

*Salvia argentea* 'Hobbit's Foot' | Photo : Proven Winners

*Salvia aethiopis* | Photo : HortiCom

Autrement, il y a peu de problèmes de maladies et d'insectes. On sait que les cerfs ne l'aiment pas : ils ont horreur des plantes poilues.

**CULTIVARS**  Il existe quelques cultivars de sauge argentée, en général assez semblables à l'espèce.

*S. argentea* 'Artemisia' : comme l'espèce, sauf à feuilles plus nettement dentées sur la marge.

*S. argentea* 'Hobbit's Foot' : encore une variété pas très différente de l'espèce.

**AUTRES SAUGES ORNEMENTALES**  Il existe plusieurs autres espèces ayant de grandes similarités avec la sauge argentée et d'ailleurs originaires de la même région : la Méditerranée. En voici deux :

*S. aethiopis* (sauge d'Éthiopie) : si j'étais surpris que la sauge argentée survive à l'hiver dans nos régions, imaginez mon étonnement quand j'ai appris qu'une plante originaire d'Afrique y résiste aussi. Sauf que, malgré son nom, cette plante ne vient pas d'Éthiopie, mais plutôt de la Méditerranée et du Moyen-Orient. La sauge d'Éthiopie est très semblable à la sauge argentée, mais ses feuilles sont nettement plus dentées sur la marge, presque découpées, et elles sont moins argentées, car le duvet qui les recouvre est plus mince. Leur couleur est plus grise qu'argentée.

La floraison est très semblable à celle de la sauge argentée, mais la tige florale est plus ramifiée. Le lobe inférieur de la fleur est jaune pâle. La floraison est plus dense et ainsi plus attrayante que celle de la sauge argentée. 60 à 120 cm x 50 à 75 cm. Zone 3.

*S. candidissima* (sauge blanche, sauge odorante) : malgré son nom (*candidissima* veut dire « la plus blanche »), elle est moins argentée que la sauge argentée, mais autrement semblable. Son trait principal est que son feuillage est très aromatique. Sa rusticité n'est toutefois pas connue. 50 à 60 cm x 90 cm.

Enfin, il y a beaucoup de sauges vivaces, dont plusieurs sont décrites à partir de la page 208.

*Salvia aethiopis* | Photo : HortiCom

# SAUGE SCLARÉE

- Autres noms communs : sclarée, toute bonne
- Nom botanique : *Salvia sclarea*
- Famille : Labiées
- Hauteur (rosette) : 40 à 50 cm
- Hauteur (floraison) : 75 à 120 cm
- Largeur : 60 cm
- Exposition : soleil, mi-ombre
- Sol : bien drainé
- Floraison : début de l'été au milieu de l'automne
- Zone de rusticité : 3

*Salvia sclarea* | Photo : HortiCom

**La sauge sclarée est une plante aromatique très utilisée en cuisine** qui est d'ailleurs vendue dans le rayon des fines herbes plutôt qu'avec les plantes ornementales. Cette plante est très apparentée à la précédente et a un cycle de croissance bisannuel semblable.

**DESCRIPTION** Contrairement à la sauge argentée, la sauge sclarée n'est pas cultivée pour son feuillage, même s'il n'est pas sans attrait, mais pour sa floraison spectaculaire de la deuxième année. Les feuilles ressemblent pourtant à celles de la sauge argentée, mais elles sont presque deux fois plus grosses et beaucoup moins argentées. Elles sont surtout vertes, avec un léger duvet rude qui donne un petit reflet argenté. Elles sont grossièrement dentées et aromatiques, dégageant un parfum musqué qui plaît ou déplaît selon les goûts. La première année, la plante se contente de former une grosse rosette de feuilles.

La deuxième, au début de l'été, une tige dressée, carrée et rougeâtre se forme, d'abord portant de grosses feuilles, plus une grappe recourbée de « feuilles » colorées. Ces feuilles sont en fait des bractées densément serrées les unes sur les autres, qui peuvent être blanches, roses, mauves ou lilas. Vous pensez alors que la plante est en fleurs et vous applaudissez poliment, mais ce n'est qu'un début, car la floraison de la sauge sclarée passe par de multiples étapes, chacune plus belle que la précédente. La tige florale se redresse et les bractées, toujours aussi colorées, commencent à se séparer par groupes de deux, portées en différentes directions par une tige florale qui se ramifie de plus en plus. Les bractées finissent par être bien espacées sur les tiges, ce qui crée des étages multiples, un peu comme une pagode. Au-dessus de chaque paire de bractées se forme un verticille de deux à six petites fleurs de couleur variable, mais souvent avec un « capuchon » de même teinte que les bractées et un

## SAUGE SCLARÉE

*Salvia sclarea* entre feuillage et floraison : les bractées recouvrent encore les fleurs à venir. | Photo : HortiCom

lobe inférieur blanc. Les fleurs sont parfumées, sentant un peu le vermouth, mais le parfum est si faible qu'il faut normalement approcher les narines très proche pour les sentir. Par des journées chaudes et sans vent, le parfum est cependant diffusé plus largement dans le secteur et on les sent alors de loin. À ce stade, la tige florale est devenue une grosse masse plumeuse, presque comme un grand astilbe. Les bractées persistent longtemps après que les fleurs se soient fanées, jusqu'au milieu de l'automne. Au total, la floraison dure trois bons mois !

Après la floraison, la plante produit des milliers de graines et dépérit peu à peu, son cycle terminé.

Les feuilles de Salvia sclarea ne valent pas celles de la sauge argentée (*Salvai argentea*), mais elles sont quand même très belles. | Photo : HortiCom

**CULTURE** Plantez la sauge sclarée dans un sol bien drainé, voire sec, de toute qualité. Évitez toutefois les sols très riches (et évitez de fertiliser avec des engrais riches en azote), car ils peuvent favoriser une production massive de feuilles et une floraison réduite. Dans les régions de l'Europe et de l'Asie occidentale d'où elle provient, la sauge sclarée pousse souvent dans les sols calcaires, mais elle ne semble pas du tout dérangée par les sols plus acides typiques de nos régions.

Le plein soleil est idéal, mais la mi-ombre peut convenir.

On peut rabattre la tige florale après la floraison, ce qui stimule la pérennisation. Parfois il y a une deuxième floraison, très tardive, sur des tiges plus courtes. Si on laisse la plante monter en graines, elle se ressèmera volontiers.

# SAUGE SCLARÉE

**MULTIPLICATION**  Par semis à l'intérieur ou à l'extérieur au printemps. On peut aussi diviser les rejets produits lorsqu'on supprime la tige florale.

**UTILISATIONS**  Cette plante est une classique du jardin de simples (plantes médicinales), qui peut donc égayer le potager chez vous. Par contre, je suggère de la sortir de son emplacement strictement utilitaire, car c'est une très belle plante qui mérite d'être en vedette. On peut alors la cultiver en plate-bande, en rocaille ou même en contenant. Sa résistance à la sécheresse en fait un bon sujet pour le jardin xérophyte et les pentes asséchées. C'est une excellente fleur coupée et séchée (les bractées peuvent durer plusieurs années si on les assèche correctement) qui attirera au jardin abeilles et papillons. En Europe, on en fait un miel très apprécié.

**ASSOCIATIONS**  Les couleurs pastel et la floraison plumeuse de la sauge sclarée lui permettent de se marier avec presque toutes les autres plantes.

**PROBLÈMES**  Peu fréquents.

**CULTIVARS**  On vend parfois les sauges sclarées à bractées et à fleurs blanches, sans trace de rose ou de lavande, sous le nom de *S. sclarea* 'Alba', mais en général on ne sait trop quelles couleurs on aura quand on sème des sauges sclarées.

*S. sclarea turkestanica* : c'est la forme considérée comme la plus ornementale, car ses bractées sont particulièrement bien développées. Elles sont blanches rehaussées de rose. Les fleurs sont roses ou lilas. 75 à 120 cm x 60 cm. Zone 3.

*S. sclarea turkestanica alba* : comme la précédente, mais à fleurs et à bractées blanches. 75 à 120 cm x 60 cm. Zone 3.

**ENCORE PLUS**  Le nom *sclarea* vient du latin *clarus* pour « clair », car les graines servaient autrefois à « clarifier » la vue. Quand quelqu'un avait une poussière dans l'œil, on y introduisait une graine de sauge sclarée. Au contact avec la muqueuse de l'œil, la graine libérait un mucilage qui entourait la poussière, rendant son élimination facile.

Quant au nom « toute bonne », c'est une référence à la longue histoire d'utilisations médicinales de cette plante. Comme elle servait à traiter presque tous les maux, on disait qu'elle était « toute bonne ».

La sauge sclarée est utilisée aussi comme assaisonnement, moins pour les mets que pour les boissons : c'est elle qui donne son goût particulier au vermouth et c'est un ingrédient de certains vins (l'odeur musquée des muscats provient de cette plante). C'est aussi un ingrédient de base de l'encens.

*Salvia sclarea turkestanica*  |  Photo : HortiCom

LES BISANNUELLES

## SÉSÉLI GOMMIFÈRE

*Seseli gummiferum* | Photo : HortiCom

> **Nom botanique :** *Seseli gummiferum*
> **Famille :** Apiacées
> **Hauteur :** 60 à 120 cm
> **Largeur :** 30 à 40 cm
> **Exposition :** soleil, mi-ombre
> **Sol :** bien drainé
> **Floraison :** été, début de l'automne
> **Zone de rusticité :** 4

**C'est une plante d'allure très intrigante**, à tel point que son nom commun anglais, « moon carrot », au départ farfelu, semble presque logique. Le séséli gommifère (*Seseli gummiferum*) est si unique qu'il semble venir d'une autre planète ou, pourquoi pas, de la lune ! Et il est bien de la famille de la carotte. On le cultive pour son apparence singulière… et très jolie !

**DESCRIPTION** Notre plante commence sa vie avec une rosette de feuilles bleu-vert charnues et très découpées, presque couleur clair de lune. La deuxième saison, elle produit une tige épaisse zigzagante et encore plus de ces feuilles bleutées qui nous avaient charmés la première année. Au sommet de la tige et sur les branches secondaires se forment de grosses ombelles de fleurs blanches ou roses qui persistent une bonne partie de l'été et même jusqu'au début de l'automne.

Comme toute bonne bisannuelle, la plante meurt après la floraison… à moins que vous ne la pérennisiez en supprimant les fleurs fanées.

**CULTURE** Cette plante originaire des régions montagneuses de l'Ukraine préfère le plein soleil ou la mi-ombre et un sol bien drainé. Elle est habituée aux climats secs et tolérera très bien les sécheresses somme toute modérées de nos régions. La qualité du sol semble avoir peu d'importance : elle pousse aussi bien dans un sol riche, humide et acide que pauvre, sec et calcaire. Évitez les sols très argileux qui tendent à rester trop humides au printemps : si le séséli gommifère demande une chose, c'est un drainage parfait.

**MULTIPLICATION** Par graines semées au printemps ou à l'automne à l'extérieur, ou environ 10 semaines avant la date du dernier gel si vous les semez à l'intérieur. Comme les graines ont besoin d'une période de froid pour germer, si vous les semez à l'intérieur, scellez le plateau ou le contenant de semis dans un sac de plastique transparent et placez-le au frigo pour trois semaines.

La plante se maintiendra chez vous en se ressemant spontanément.

## SÉSÉLI GOMMIFÈRE

**UTILISATIONS**  Avec son feuillage bleuté et ses fleurs curieuses, j'aurais tendance à recommander cette plante pour un emplacement bien en vue d'une rocaille ou d'une plate-bande.

**ASSOCIATIONS**  Pour accentuer son effet très lunaire, plantez-le avec des plantes qui ressemblent à des pierres vivantes, comme le sédum divergent (*Sedum divergens*) et le délosperme des nuages (*Delosperma nubigena*).

**PROBLÈMES**  Peu fréquents.

**AUTRES SÉSÉLIS**  Cette plante est la première d'un genre comprenant environ 65 espèces à connaître une certaine popularité horticole.

*Seseli gummiferum* | Photo : PlantSelect

*Seseli gummiferum* | Photo : PlantSelect

LES BISANNUELLES ••• 261

# Les ANNUELLES

Les annuelles dans un livre pour jardiniers paresseux ? Pourquoi pas ! C'est vrai qu'elles demandent plus d'entretien que les vivaces, mais ce ne sont pas toutes des prima donna. D'accord, il faut les replanter tous les ans, mais elles offrent tellement de couleur ! La vaste majorité des annuelles fleurissent en effet tout l'été et souvent une partie de l'automne. Il ne se fait pas mieux que les annuelles pour une floraison abondante et continue : ce sont en général les plantes les plus voyantes de nos aménagements.

## Qu'est-ce qu'une annuelle ?

Une annuelle est, par définition, une plante qui fait tout son cycle de croissance, de la germination à la floraison à la fructification à la mort, en une seule année ; beaucoup font même tout cela en moins de cinq mois. On l'appelle annuelle parce qu'elle ne vit qu'une seule année.

Une annuelle est une plante *monocarpe*, ce qui signifie qu'elle meurt tout naturellement après la production de semences. C'est du moins le cas des vraies annuelles. En horticulture, on considère certaines autres plantes comme des annuelles, notamment certaines plantes vivaces d'origine tropicale ou subtropicale qui croissent rapidement à partir de semences et arrivent à fleurir la première année, mais qui meurent à l'automne à cause de nos hivers froids. Le coléus (*Solenostemon scutellarioides*) est un bon exemple : il peut vivre plusieurs années sous un climat chaud et produire des fleurs et des graines à plusieurs reprises, mais il meurt à la fin de la saison chez nous. Par contre, il est impossible de conserver une vraie annuelle, comme le cosmos (*Cosmos bipinnatus*), plus d'une saison. À la fin de sa floraison, il produit des graines et il meurt ; il n'y a rien à faire pour l'en empêcher. Les vraies annuelles sont des va-vite, pressées à pousser, pressées à fleurir, pressées à mourir.

Notez que, dans les fiches, je ne donne aucune zone de rusticité pour les véritables annuelles, car elles meurent avant l'arrivée de l'hiver. Impossible de leur donner une zone : elles sont mortes ! Par contre, pour les « fausses » annuelles, ces plantes qui sont considérées comme des annuelles mais qui sont en fait des vivaces subtropicales ou tropicales, vous verrez une zone de rusticité dans la fiche… mais impossible sous notre climat, souvent 9 ou 10.

## Les annuelles et le jardinier paresseux

On ne peut nier que les annuelles demandent plus de travail que les vivaces, leurs concurrentes principales. Non pas qu'il soit plus difficile de planter une annuelle qu'une vivace (c'est essentiellement la même opération), mais comme la vivace survit plusieurs années, on n'a pas à la remplacer souvent. L'annuelle de son côté est à replanter tous les ans.

Les annuelles ont un rôle important à jouer surtout dans les premières années de la plate-bande du jardinier paresseux. Quand on vient de préparer une nouvelle plate-bande selon la méthode dite « paresseuse » (en recouvrant l'emplacement d'une barrière de papier journal et en recouvrant cette barrière d'une bonne couche de terre sans mauvaises herbes), on plante d'abord les vivaces selon leur espacement idéal (normalement leur diamètre maximal moins un petit 10 à 15 % pour que la couverture soit complète)… et on comble l'espace vide avec des annuelles.

Pourquoi y a-t-il de l'espace vide ? Parce qu'il faut normalement trois ans pour que les vivaces atteignent leur pleine taille et qu'on ne veut jamais laisser d'espace vide dans une plate-bande, car il serait aussitôt rempli de mauvaises herbes. De plus, les vivaces n'arrivent pas à leur pleine floraison avant trois ans en moyenne. Donc, les annuelles servent à combler les vides dans la plate-bande « en attendant », tout en garantissant une belle floraison durant les deux années « d'établissement ». Je les utilise abondamment la première année d'une nouvelle plate-bande, moins abondamment la deuxième année (elle commence à se remplir), et théoriquement je n'en ai plus du tout besoin la troisième année, alors que la plate-bande arrive à sa pleine maturité.

Notez que j'ai dit « théoriquement ». Je conserve toujours de l'espace pour quelques annuelles. Après tout, leur floraison est si durable ! Il est difficile de créer une plate-bande parfaitement fleurie uniquement avec des vivaces. En théorie, on combine des dizaines de vivaces différentes, chacune ayant sa propre saison de floraison, et avec le chevauchement des floraisons, on obtient une plate-bande toujours fleurie. C'est parfait en théorie mais très difficile à réaliser en réalité. Mais si on y incorpore assez d'annuelles toujours belles durant les « trous » inévitables de la floraison des vivaces, voilà que notre plate-bande prend vraiment une belle apparence en toute saison. Un petit 5 à 10 % d'annuelles à replanter annuellement dans une plate-bande dont l'entretien est autrement presque nul contre une floraison constante ? Pourquoi pas !

Enfin, les jardiniers paresseux utilisent aussi les annuelles en contenant. J'en reparlerai un peu plus loin.

## Des annuelles à la hauteur

Traditionnellement, les annuelles étaient, à quelques exceptions près, d'assez grandes plantes, avec de longues tiges pouvant servir à des fleurs coupées. D'ailleurs, toutes les statistiques indiquent que c'est ce que les jardiniers préfèrent. Comment se fait-il alors que la vaste majorité des annuelles modernes soient des plantes compactes, voire écrasées au sol? C'est que les grandes plantes ne sont pas pratiques pour les pépiniéristes. Les annuelles sont expédiées (vous ne pensiez pas que votre jardinerie produisait ses propres annuelles, j'espère?) sur des chariots à étages multiples. Or, on peut mettre plus de plantes basses dans les étagères que de plantes hautes. Alors les grandes annuelles ont cessé d'être les bienvenues. Et les hybrideurs du monde entier travaillent constamment à rendre les annuelles de plus en plus petites. Encore plus basses et elles fleuriront sous terre!

Vous devinez peut-être que je n'aime pas particulièrement les annuelles écrasées. Certaines, c'est vrai, ont les proportions qu'il faut… et en général il s'agit d'annuelles qui sont naturellement petites, comme l'alysse odorante (*Lobularia maritima*), mais les plantes qui poussent à ce point en boule qu'elles ont l'air artificielles, comme certains bégonias des plates-bandes (*Begonia* x *semperflorens-cultorum*)… disons que j'aimerais autant cultiver des plantes d'allure plus naturelle.

## Cultiver des annuelles

Il n'y a rien de très spécial dans la culture des annuelles si vous les achetez déjà en croissance, soit en caissette soit en pot. Supprimez les fleurs s'il y en a, et plantez-les en ajoutant un peu de mycorhizes et en recouvrant la motte, puis arrosez, voilà tout. Un paillis pour recouvrir la terre est presque toujours recommandé.

Pour beaucoup d'annuelles, on peut économiser une fortune en les semant dans la maison en caissette (godet de tourbe pour les annuelles à racines fragiles). Il ne faut que des semences, du terreau, des mycorhizes, des contenants et un emplacement ensoleillé. Je vous suggère de consulter le livre *Le jardinier paresseux: les annuelles* pour plus de détails.

Pour plusieurs annuelles, on peut économiser encore plus en faisant les semis directement en pleine terre à la fin du printemps. Ici encore, vous trouverez les détails dans *Le jardinier paresseux: les annuelles*. Ce n'est vraiment pas sorcier.

Dans tous les cas, l'entretien estival des annuelles est minimal: surtout des arrosages en cas de sécheresse profonde.

Laissez les annuelles en place à l'automne (les arracher alors causerait un tort considérable au sol et augmenterait l'érosion). Au printemps, s'il reste encore quelque chose (la plupart se décomposent au cours de l'hiver), vous pouvez couper les tiges au sol. Moi, je ne les arrache jamais, car en extrayant la plante, j'enlève toujours de la bonne terre, et j'aimerais autant que cette terre de qualité, que j'ai préparée peu à peu au cours des années, reste là où je l'ai placée.

## Les annuelles en contenant

Une autre utilisation importante des annuelles privilégie les contenants de toutes sortes : balconnières, bacs, paniers suspendus, pots sur les meubles de patio, etc. Les annuelles sont et seront toujours les plantes les plus populaires en contenant pour la simple raison que la majorité sont toujours en fleurs, et abondamment fleuries de surcroît. Mettre une plante en pot, c'est la mettre en vedette. Voudriez-vous mettre sous les feux de la rampe une plante qui n'est pas belle ? Bien sûr que non. Et les annuelles sont toujours superbes, toujours fleuries, alors que les autres plantes à fleurs ont des hauts et des bas.

Je présente en détail la culture en contenant, qui est quand même très différente de la culture en pleine terre, dans le livre *Le jardinier paresseux : Pots et jardinières,* que je vous encourage à consulter. En attendant, voici quelques renseignements utiles.

Vous pouvez cultiver les annuelles dans des pots individuels, à raison d'une variété par pot ou encore mélangées. Dans le dernier cas, on plante souvent une plante-vedette au centre, des plantes retombantes sur le bord et des plantes « de remplissage », de taille moyenne, entre les deux. Ce n'est pas une règle mais un concept qui a fait ses preuves.

Truc de base pour la culture en contenant sans peine : utilisez les pots les plus gros que vous puissiez manipuler. Tout sèche très rapidement dans les petits pots et vous passerez votre été à arroser. C'est plus lent dans les gros pots et les arrosages seront donc plus espacés. Mais vous devrez arroser ! Les plantes en pot sèchent beaucoup plus vite que les plantes en pleine terre. Vous ne pouvez pas compter sur Dame Nature pour arroser à votre place comme dans la plate-bande. Ça peut arriver lors d'une période pluvieuse, mais en général c'est vous qui devrez arroser.

Également, vous devrez fertiliser. Je ne fertilise pas les plantes en pleine terre : je les plante dans un sol convenant à leur type et j'ajoute un paillis qui se décompose lentement, ou je lance un peu de compost à leur pied, voilà tout. Il n'en faut pas plus pour la culture en pleine terre. Mais l'environnement dans un pot est très différent. D'abord les racines des plantes sont restreintes par les parois du pot et les plantes ne peuvent chercher des minéraux ailleurs quand elles en manquent. Mais surtout, le cycle habituel de décomposition se fait difficilement en pot. Même si vous y mettez du compost ou du paillis, la matière organique ne se décompose pas efficacement et rapidement, ne contribuant pas à enrichir le sol comme elle le devrait. De plus, on arrose beaucoup plus les annuelles en pot que les annuelles en pleine terre et chaque arrosage lessive le terreau d'un peu plus de minéraux. Enfin, on veut une floraison abondante et massive chez les annuelles en pot, car elles sont toujours en vedette, et pour y arriver, il faut de l'engrais.

Je suggère d'utiliser un terreau riche pour commencer et d'ajouter un engrais organique tout usage à dissolution lente, selon les recommandations du fabricant, pour assurer une certaine fertilisation constante. Mais même là, ce n'est pas assez ! À chaque arrosage, ajoutez 5 ml d'engrais soluble, toujours tout usage, dans l'arrosoir. Cette combinaison « double engrais » vous donnera une belle floraison tout l'été.

# AGÉRATE (GRANDES VARIÉTÉS)

*Ageratum houstonianum* 'Blue Horizon' | Photo : HortiCom

> **Nom botanique :** *Ageratum houstonianum*
>
> **Famille :** Composées
>
> **Hauteur :** 35 à 90 cm
>
> **Largeur :** 30 à 35 cm
>
> **Exposition :** soleil, mi-ombre
>
> **Sol :** bien drainé, humide
>
> **Floraison :** début de l'été jusqu'aux gels
>
> **Zone de rusticité :** 10

Qu'est-ce qui est arrivé aux grands agérates de mon enfance ? Les agérates que je vois le plus souvent en jardinerie de nos jours sont des petites affaires écrasées au sol, utilisables seulement en bordure. Pourtant, je me rappelle ces grandes plantes de 75 et même 90 cm, qui se trouvaient au milieu ou au fond de la plate-bande et qui étaient aussi très populaires en bouquets. Essayez donc de faire des bouquets avec un petit agérate écrasé de 10 cm de hauteur !

La bonne nouvelle est que les grands agérates existent toujours, du moins dans les catalogues de semences (en magasin, oubliez ça). Essayez-les : ils sont magnifiques.

**DESCRIPTION** L'agérate (*Ageratum houstonianum*) était à l'origine une mauvaise herbe centraméricaine (au Costa Rica, où on l'appelle « Santa Lucia », on en trouve des champs pleins) qui est devenue une annuelle populaire dans les années 40. C'est une plante aux grandes feuilles vert moyen plus ou moins cordiformes. Ce qu'on remarque le plus cependant sont les fleurs composées couvertes d'étamines bleu pâle violacé qui donnent un effet plumeux aux inflorescences en bouton. La forme sauvage produit des inflorescences assez aérées, mais les grands agérates modernes ont des inflorescences groupées à l'extrémité des tiges, formant de beaux bouquets.

# AGÉRATE (GRANDES VARIÉTÉS)

Il y a un certain choix de couleurs, mais pas autant que chez les petits agérates : différentes teintes de bleu-violet et de pourpre.

**CULTURE** L'emplacement idéal serait au soleil, mais protégé du plein soleil aux heures les plus chaudes de la journée ; toutefois la mi-ombre convient aussi. Tous les sols conviennent, mais un sol riche donnera de meilleurs résultats. L'agérate n'aime pas la sécheresse et aura besoin d'arrosage en été si la pluie manque.

**MULTIPLICATION** Les grands agérates sont difficiles à trouver en caissette, mais faciles à cultiver par semis faits à l'intérieur six à huit semaines avant le dernier gel. Ne recouvrez pas les graines de terreau : elles ont besoin de lumière pour germer. Repiquez les plants en pleine terre quand tout risque de gel est écarté. Ce sont presque tous des hybrides, qui ne seront pas fidèles au type si vous récoltez les semences. Par contre, cette plante n'est pas une « vraie annuelle » mais une vivace tropicale. Il est donc possible de prendre des boutures à la fin de l'été et de maintenir les plants à l'intérieur durant l'hiver.

**UTILISATIONS** Pour le milieu de la plate-bande et la culture en contenant. C'est une excellent fleur coupée, fraîche ou séchée.

**ASSOCIATIONS** Plantez les grands agérates avec des fleurs jaunes, comme les rudbeckies (*Rudbeckia* spp.) et les coréopsis (*Coreopsis* spp.).

**CULTIVARS**

*A. houstonianum* 'Blue Bouquet' : fleurs bleu lavande. Hauteur intermédiaire : 40 à 50 cm.

*A. houstonianum* 'Blue Horizon' : le plus connu des grands agérates modernes. C'est un cultivar triploïde stérile, ne produisant pas de semences. Fleurs bleu violacé. 60 à 75 cm.

*A. houstonianum* 'Blue Leilani' : variété de hauteur intermédiaire mais quand même aux tiges assez longues pour faire de petits bouquets. Fleurs bleu violacé. 35- 40 à 50 cm.

*A. houstonianum* 'Florist Blue' : développé pour la fleur coupée commerciale, mais une excellente fleur de jardin aussi. Fleurs bleu violacé. 70 cm.

*A. houstonianum* 'High Tide Blue' : fleurs bleu violacé. Très belle plante à floraison très durable. Autonettoyant (les fleurs ne brunissent pas). 60 cm.

*A. houstonianum* 'High Tide White' : comme le précédent mais à fleurs blanches. 60 cm.

*A. houstonianum* 'Red Sea' : les boutons sont rouges mais les fleurs sont en fait pourpres. 60 cm.

**PROBLÈMES** Peu fréquents. On trouve parfois des aleurodes sur les plants hivernés à l'intérieur.

*Ageratum houstonianum* | Photo : HortiClub

*Ageratum houstonianum* 'High Tide' | Photo : HortiClub

# AMARANTE QUEUE-DE-RENARD

*Amaranthus caudatus* | Photo : HortiCom

> **Nom botanique** : *Amaranthus caudatus*
> **Famille** : Amaranthacées
> **Hauteur** : 90 à 250 cm
> **Largeur** : 45 à 60 cm
> **Exposition** : soleil
> **Sol** : bien drainé, plutôt pauvre
> **Floraison** : début de l'été à début de l'automne
> **Zone de rusticité** : 10

J'adore le nom anglais très romantique de cette plante, « love lies bleeding » (quelque chose comme « amour gisant ensanglanté »), typique des noms donnés aux plantes à la fin du XVIIIe siècle quand cette amarante a été cultivée comme plante ornementale pour la première fois. Jugée trop grande et trop voyante par les jardiniers du milieu du XXe siècle, elle a été presque oubliée pour renaître comme nouveauté à la fin des années 1990. Aujourd'hui, elle est de nouveau populaire.

**DESCRIPTION** C'est une grande annuelle presque arbustive, atteignant jusqu'à 2,5 m… mais plus probablement entre 90 et 150 cm dans nos conditions. Les tiges ramifiées peuvent être vert moyen ou rougeâtres et portent des feuilles vert tendre ovales et pointues de 7 à 12 cm de diamètre. À l'extrémité des tiges se forment des épis minces et pleureurs de fleurs rouge sang qui peuvent tomber jusqu'à 60 cm. Le poids des fleurs fait pencher les tiges qui deviennent arquées à leur tour, ce qui accentue l'effet pleureur des fleurs.

La floraison commence vers la fin de juin pour continuer tout l'été et même au début de l'automne.

**CULTURE** L'amarante queue-de-renard est une plante pour un emplacement ensoleillé au sol bien drainé. Curieusement, elle est plus solide et plus jolie dans un sol plutôt pauvre. C'est une plante d'origine tropicale qui apprécierait un emplacement chaud.

Elle est difficile à transplanter quand elle arrive à la floraison. Si vous achetez des plants, essayer de trouver des jeunes qui n'ont pas encore fleuri. Par contre, elle est très facile à semer à la maison.

**MULTIPLICATION** Bien que cette plante soit vraiment une vivace tropicale qu'on peut multiplier par bouturage, elle pousse si facilement pas semences qu'on la multiplie rarement autrement que par semis. On peut la semer en pleine terre, mais alors la floraison tarde beaucoup et la

## AMARANTE QUEUE-DE-RENARD

plante n'a pas le temps d'arriver à sa pleine hauteur. Mieux vaut la démarrer dans la maison six à huit semaines avant le dernier gel, de préférence dans des godets de tourbe puisqu'elle n'aime pas que ses racines soient dérangées. Ne la repiquez pas en pleine terre tant que le sol n'est pas bien réchauffé et que tout risque de gel est passé. La plante se ressème aussi à partir de graines tombées au sol, mais alors, comme dans le cas de semis en pleine terre, elle n'arrive pas à atteindre sa pleine taille.

On peut récolter les graines, qui sont fidèles au type.

**UTILISATIONS** L'amarante queue-de-renard est une excellente plante-vedette pour un bac ou un îlot, mais aussi un bon choix pour l'arrière-plan de la plate-bande. Elle peut également servir de haie temporaire ou d'écran, ou cultivez-la dans un grand panier suspendu. C'est une superbe fleur coupée fraîche et encore plus populaire séchée. Les graines laissées sur le plant l'hiver attireront les oiseaux frugivores. Elles sont comestibles : on peut en faire une excellente farine riche en protéines. D'ailleurs, la farine d'amarante est un aliment de base dans plusieurs pays tropicaux. Les jeunes feuilles aussi sont comestibles.

*Amaranthus caudatus* | Photo : HortiCom

**ASSOCIATIONS** La floraison de l'amarante queue-de-renard est tellement spectaculaire que je suggère de la laisser prendre la vedette et de ne pas trop la cacher. Ainsi des plantes couvre-sol, comme la waldsteinie (*Waldsteinia* spp.) et l'armoise de Steller naine (*Artemisia stellerian* 'Boughton Silver'), ou des annuelles basses, comme l'alysse odorante (*Lobularia maritima*), feront d'admirables compagnes.

**PROBLÈMES** Peu fréquents. Chassez les pucerons avec un jet d'eau.

**CULTIVARS** La forme habituelle est à fleurs retombantes rouge un peu pourpré. Il n'y a pas vraiment de nom de cultivar, mais on la vend parfois sous le nom de 'Love Lies Bleeding' comme si c'était un nom de variété plutôt qu'un nom commun.

Notez aussi qu'il y a une certaine confusion dans les noms des amarantes et que souvent on attribue des noms de cultivar à des plantes qui ne semblent pas être *A. caudatus*,

*Amaranthus caudatus* 'Dreadlocks' | Photo : Park Seed Co.

comme *A. caudatus* 'Velvet Curtains', qui appartiendrait à l'espèce *A. cruentus*, et *A. caudatus* 'Red Cathedral', qui appartiendrait à *A. paniculata*.

*A. caudatus* 'Dreadlocks' : curieuse nouveauté dont les fleurs sont regroupées par touffes sur un long épi pendant plutôt que de couvrir l'épi complètement. On obtient un effet qui ressemble un peu à un collier de perles rouge pourpré. 90 cm.

*A. caudatus* 'Fat Spike' : très différente des autres, avec des épis non pas pleureurs mais érigés. Ils sont de la même couleur rouge pourpré mais plus épais et plus courts, arrondis à l'extrémité. 120 cm.

## AMARANTE QUEUE-DE-RENARD

*Amaranthus caudatus* 'Fat Spike' | Photo : HortiCom

*A. caudatus* 'Pony Tails' : pas vraiment un cultivar mais plutôt un mélange de la forme normale à fleurs rouges et du cultivar 'Viridis' (voir ci-dessous) à fleurs vert pomme. 90 à 120 cm.

*A. caudatus* 'Viridis' : très similaire à la forme normale rouge, mais aux fleurs pleureuses vert pomme. Très populaire auprès des fleuristes. 90 à 120 cm.

**AUTRES AMARANTES** Il existe plusieurs autres amarantes ornementales, mais aucune, à mon avis, n'a le charme de l'amarante queue-de-renard.

**ENCORE PLUS** Le nom *Amaranthus* veut dire « qui ne se fane jamais », car la plante est souvent utilisée comme fleur séchée.

## CALIBRACHOA HYBRIDE

*Calibrachoa* 'Cabaret Lavender' | Photo : HortiCom

> Autre nom commun : Million Bells
> Nom botanique : *Callibrachoa* x *hybrida*
> Famille : *Solanacées*
> Hauteur : 5 à 25 cm
> Largeur : 50 à 75 cm

> Exposition : soleil, mi-ombre
> Sol : bien drainé
> Floraison : début de l'été jusqu'aux gels
> Zone de rusticité : 7

LES ANNUELLES

## CALIBRACHOA HYBRIDE

Le calibrachoa (*Calibrachoa* x *hybrida*) est apparu, apparemment de nulle part, en 1998 quand la compagnie japonaise Suntory a lancé sur le marché la célèbre série Million Bells. Cette plante a connu une telle popularité que, pour bien des gens, elle s'appelle tout simplement Million Bells. Calibrachoa ? Connais pas ! (Félicitations à Suntory pour ce coup de maître dans la mise en marché ; ça, c'est ce qu'on appelle du « branding » !)

**DESCRIPTION** Bien sûr, je dois vous rappeler à la réalité. Cette plante n'est pas un « Million Bells », qui est juste une marque de commerce parmi des dizaines, ni même un pétunia, mais une petite vivace rampante sud-américaine. Il y en a plus de 30 espèces, originellement considérées comme membres du genre *Petunia*, mais les vrais pétunias ont tous 14 chromosomes, alors que les calibrachoas en ont 18. Les plantes qui sont présentement offertes sur le marché sont toutes des hybrides. Aucun calibrachoa en tant qu'espèce ne semble être sur le marché.

Le calibrachoa est une plante rampante et retombante, parfois légèrement buissonnante, avec des petites feuilles entières vert moyen. Il produit une profusion de petites fleurs en forme de trompette dans une vaste gamme de couleurs : blanc, rouge, orange, jaune, pourpre, violet et presque bleu. La gorge est généralement blanche ou crème, souvent séparée de la couleur principale par une auréole de couleur plus foncée. Certains cultivars sont bicolores. Les fleurs tombent quand elles se fanent, une nette amélioration sur les pétunias.

*Calibrachoa* 'Cabaret Pink Light' | Photo : HortiCom

**CULTURE** Plantez le calibrachoa dans un sol bien drainé de n'importe quelle qualité. Du moins, si vous vous contentez d'une floraison moyenne. Pour une floraison abondante, qui recouvre presque entièrement la plante, préférez un sol riche. Les plantes en contenant exigent des fertilisations régulières pour bien réussir.

Le plein soleil est idéal mais un peu d'ombre ne fait pas trop de tort. Les calibrachoas tolèrent assez bien la sécheresse, mais en contenant où le terreau peut passer de légèrement sec à très sec en seulement quelques heures, il vaut mieux essayer de maintenir le sol légèrement humide en tout temps.

Il est important de souligner que les calibrachoas sont très résistants au froid. Ainsi continuent-ils de fleurir longtemps à l'automne, presque plus longtemps que toute autre annuelle.

**MULTIPLICATION** Jusqu'à maintenant, les calibrachoas n'ont jamais été disponibles sous forme de semences, seulement de boutures enracinées. Cela augmente beaucoup leur prix et empêche les jardiniers de les utiliser autant qu'ils le mériteraient. Par contre, vous pouvez faire fi d'un tel prix en prélevant des boutures de vos plantes à l'automne pour les conserver à l'intérieur pendant l'hiver.

**UTILISATIONS** Le calibrachoa a surtout fait sa marque comme plante en panier suspendu, et c'est vrai qu'il est superbe en plante retombante. On peut aussi l'utiliser en bac, mais il ne faut

## CALIBRACHOA HYBRIDE

pas non plus l'oublier comme couvre-sol annuel en pleine terre : il forme un magnifique tapis de fleurs quand il court au ras du sol.

**ASSOCIATIONS**  Le feuillage gris argenté de l'armoise de Steller naine (*Artemisia stelleriana* 'Boughton Silver') met parfaitement en vedette les fleurs et les feuilles du calibrachoa. On peut aussi l'essayer avec la sauge farineuse (*Salvia farinacea*), la verveine bonne à rien (*Verbena bonariensis*) ou les zinnias 'Profusion' (*Zinnia* 'Profusion').

**PROBLÈMES**  Peu fréquents. Pucerons si on fertilise avec des engrais très riches en azote (le premier chiffre sur l'étiquette).

**CULTIVARS**  Tous les calibrachoas sont intéressants, et je n'ai vraiment pas de préférence sauf pour…

*Calibrachoa* 'Sunbelkist' Million Bells Terra Cotta. J'adore cette variété à port retombant pour ses fleurs changeantes. Elles peuvent être jaunes, orange ou rouge brique, mais chaque fleur porte un mélange de ces couleurs. Chic ! 5 à 25 cm x 50 à 75 cm.

**ENCORE PLUS**  Toutes les plantes ont des noms de cultivar, écrits habituellement entre guillemets anglais. C'est leur seul nom officiel. Les lois sur les marques de commerce permettent aussi à l'obtenteur de donner un nom commercial à la plante, mais théoriquement le nom de cultivar doit aussi apparaître sur l'étiquette… sauf que cette réglementation est très souvent bafouée, notamment dans le cas des calibrachoas, où les propriétaires semblent tenir à garder le nom de cultivar caché. C'est seulement depuis un an ou deux qu'on a pu découvrir les noms de cultivar des calibrachoas Million Bells (Million Bells Terra Cotta se trouve être *Calibrachoa* 'Sunbelkist', par exemple), même si la série a été lancée en 1998.

*Calibrachoa* 'Sunbelkist' Million Bells Terra Cotta  |  Photo : HortiCom

# CÉLOSIE À PANACHE (GRANDES VARIÉTÉS)

*Celosia cristata plumosa* série 'Century' | Photo : HortiClub

Où sont passées les grandes célosies du passé ? Elles sont toujours là, cachées derrière les petites variétés écrasées couramment vendues dans les jardineries. Cherchez dans les catalogues de semences, peut-être dans la section des fleurs coupées, et vous en trouverez. Et elles sont très, très jolies !

> **Nom botanique** : *Celosia cristata plumosa*
>
> **Famille** : Amaranthacées
>
> **Hauteur** : 60 à 90 cm
>
> **Largeur** : 30 à 40 cm
>
> **Exposition** : soleil, mi-ombre
>
> **Sol** : bien drainé, riche, humide
>
> **Floraison** : milieu de l'été jusqu'à l'automne
>
> **Zone de rusticité** : 10

**DESCRIPTION** Le feuilles des célosies peuvent être vertes ou bronzées, presque pourpres. Elles sont lisses et luisantes, généralement simples. La plante produit une tige unique ou ramifiée, selon le cultivar, avec au sommet une inflorescence tout à fait remarquable, très ramifiée, composée de multiples fleurons minuscules. L'effet d'ensemble est celui d'une énorme plume très dense. Quant aux couleurs, peut-on les décrire autrement que comme « électriques » ? Des teintes saisissantes de rouge, de rose, d'orange et de jaune ! Cette plante n'est *pas* pour les petits aménagements tout en douceur. Elle crie pratiquement : « Regardez-moi ! »

**CULTURE** La célosie à panache est une plante tropicale : il est essentiel d'attendre que le sol soit bien réchauffé avant de la planter à l'extérieur. Un emplacement au soleil ou légèrement ombragé est important, et elle peut tolérer presque tous les sols drainés. Par contre, pour une très belle croissance, préférez un sol riche en matières organiques. Elle est très tolérante aux sols secs mais peut pourrir dans les sols détrempés.

## CÉLOSIE À PANACHE (GRANDES VARIÉTÉS)

Détail important si vous achetez des plants en caissette, les célosies n'apprécient pas être repiquées quand elles sont en fleurs : leur croissance peut s'arrêter net ou au moins ralentir sérieusement. Malheureusement, les pépiniéristes offrent généralement des plantes en fleurs ! Idéalement, vous trouverez un marchand prêt à vous vendre des plants plus jeunes. Sinon, en supprimant toutes les fleurs, vous réussirez à la « renvoyer en enfance » de façon qu'elle reprenne. Faites très attention de ne pas briser la motte de racines lors de la plantation.

Vous pouvez rentrer une célosie en pleine floraison à l'automne et ainsi prolonger la floraison jusqu'à Noël. Par contre, il est difficile de lui offrir assez de soleil, de chaleur et d'humidité pour la conserver jusqu'au printemps.

**MULTIPLICATION**   Pour avoir de très belles célosies, il faut normalement les semer vous-même à l'intérieur environ six à huit semaines avant le dernier gel, de préférence dans des godets de tourbe. Semez trois graines par godet sans les recouvrir. Si plus d'un plant lève, supprimez les autres. En repiquant les plants en pleine terre, faites attention de ne pas recouvrir la motte de racines de terre : elle doit se trouver au même niveau qu'elle l'était en pot.

Il est aussi possible de semer la célosie à panache en pleine terre une fois que le sol est réchauffé. Il est certain que cela retarde la floraison, mais cette technique donne de très beaux plants, peut-être même les plus beaux de tous, car les racines se développent alors sans le moindre dérangement.

**UTILISATIONS**   Il ne se fait pas mieux comme plante-vedette pour la culture en pot ou en plate-bande. La célosie à panache est aussi très belle en massif. Enfin, c'est une excellent fleur coupée fraîche et surtout séchée. Justement, les grandes célosies sont couramment utilisées en fleuristerie pour les arrangements de toutes sortes.

**ASSOCIATIONS**   En contenant, on peut l'entourer de calibrachoas (*Calibrachoa* x *hybrida*) ou de pourpiers (*Portularia grandiflora*). En pleine terre, pensez aux agérates (*Ageratum houstonianum*) et aux piments d'ornement (*Capsicum annuum*).

**PROBLÈMES**   Pourriture en sols détrempés. Autrement, la plante est peu sujette aux problèmes.

**CULTIVARS**   Celosia *cristata plumosa* 'Apricot Brandy' : fleurs inhabituelles orange abricot sur une plante à feuillage vert. Gagnante Sélections All-America. 60 cm x 30 cm.

*C. cristata plumosa* série 'Century' : c'est de loin la plus populaire des grandes célosies à panache. La série comprend 'Century Red', à fleurs rouges, 'Century Yellow', à fleurs jaune vif, 'Century Pink', à fleurs rose très vif, 'Century Flame', à fleurs écarlates, et 'Century Cream', dont les fleurs sont jaune très pâle. On peut aussi acheter un sachet en mélange si on veut une variété de couleurs. Les plantes se ramifient bien à partir de la base et les fleurs se suivent tout l'été. Le feuillage vert offre un beau contraste aux panaches qui mesurent environ 30 cm de hauteur, soit la moitié de la hauteur de la plante. 60 cm x 40 cm.

*C. cristata plumosa* 'Forest Fire' : ses fleurs sont rouge écarlate et son feuillage, rouge bronzé. Peut-être la meilleure des très grandes célosies. 75 à 90 cm x 45 cm.

*C. cristata plumosa* 'Pampas Plume' : c'est un mélange des grandes variétés à feuillage vert. Les couleurs comprennent l'écarlate, le rose, le carmin, l'or, le crème et le bronze. 60 à 90 cm x 45 cm.

**AUTRES CÉLOSIES À PANACHE**   Je trouve les nouvelles variétés extra-naines, comme les séries 'Gloria', 'Geisha' et 'Kimono', affreuses : elles sont trop minuscules pour avoir beaucoup d'effet et on ne peut même pas les utiliser en fleurs coupées. Restent les célosies à panache de taille intermédiaire (environ 35 à 60 cm) où l'on trouve de très belles variétés, avec notamment des tiges florales suffisamment longues pour permettre leur utilisation comme fleurs coupées.

## CÉLOSIE À PANACHE (GRANDES VARIÉTÉS)

*Celosia cristata plumosa* 'Fresh Look Yellow' | Photo : All America Selections

Dans ce groupe, il faut surtout souligner les 'Fresh Look', des plantes superbes et résistantes au feuillage vert, produisant des masses de fleurs plumeuses sans arrêt tout l'été, toute l'année dans les pays tropicaux. Imaginez : trois cultivars ont remporté des prix Sélections All-America. Je pense que c'est un record de tous les temps. Au moment d'écrire ces lignes, il y avait 'Fresh Look Red', rouge, 'Fresh Look Yellow', jaune, 'Fresh Look Gold', jaune orangé, et 'Fresh Look Orange', orange pêche. Seule la dernière n'est pas une gagnante. 30 à 40 cm x 25 cm.

*C. cristata plumosa* 'New Look' : cette plante est dérivée des 'Fresh Look' mais est à feuillage rouge bronzé. Les fleurs sont rouges. Elle fait un beau contraste avec les 'New Look' à feuillage vert. 30 à 40 cm x 25 cm.

**ENCORE PLUS**  Dans les pays chauds, la célosie est largement utilisée comme légume pour ses feuilles crues ou cuites, et en tant que plante céréalière pour ses graines qui peuvent être réduites en farine.

# CHRYSANTHÈME À CARÈNE

*Chrysanthemum carinatum* | Photo : HortiCom

> **Autre nom commun :** chrysanthème tricolore

> **Nom botanique :** *Chrysanthemum carinatum*, récemment changé pour *Glebionis carinatum*

> **Famille :** Composées

> **Hauteur :** 45 à 90 cm

> **Largeur :** 30 à 40 cm

> **Exposition :** soleil, mi-ombre

> **Sol :** bien drainé

> **Floraison :** milieu à fin de l'été

Vous me trouverez peut-être un peu vieux jeu de tant aimer cette annuelle si simple d'apparence, si facile à cultiver... et si dépassée ! Ça fait des années que je n'ai pas vu de chrysanthème à carène dans d'autres jardins que le mien. Son problème est facile à comprendre : c'est une plante à semer directement en pleine terre... et cette technique est un art qui se perd. Les annuelles sont devenues des plantes qu'on achète en pot ou en caissette, ou qu'on sème soi-même dans la maison, mais presque personne ne les sème encore dans la plate-bande. Pourtant, dans le passé, à une période où les jardineries n'existaient pas encore, la seule façon de cultiver des annuelles était de les semer là où on voulait les voir fleurir. Les annuelles qu'on sème habituellement en pleine terre, comme le chrysanthème à carène, perdent donc du terrain et sont de moins en moins cultivées d'année en année. Malgré tout, je continue de cultiver le chrysanthème à carène, fasciné par ses superbes marguerites tricolores.

# CHRYSANTHÈME À CARÈNE

**DESCRIPTION**  Le chrysanthème à carène est à croissance très rapide, produisant très vite de belles feuilles vert foncé luisant très découpées et charnues, presque succulentes. On dirait une pièce de dentellerie verte : superbe !

Les fleurs apparaissent rapidement elle aussi, en cinq à sept semaines. Elles sont belles et grosses, d'environ 5 à 7 cm de diamètre, et ressemblent à des marguerites, ce qui n'est pas surprenant puisque chrysanthèmes et marguerites sont de très proches parents. Chaque « fleur » (en fait, une inflorescence) est composée de centaines de fleurons individuels. Les fleurs fertiles au centre forment un disque pourpre. Les rayons (les « pétales ») qui les entourent sont des fleurs stériles qui servent à attirer les pollinisateurs et à leur fournir une plate-forme d'atterrissage. Les rayons peuvent être unicolores, mais ils ont habituellement une couleur contrastante à la base, ce qui donne un effet d'auréole quand ils sont assemblés en cercle autour du disque. La gamme des couleurs comprend surtout diverses teintes de rouge, de rose, de jaune, de bronze, d'orange et de blanc. Cela donne une vaste gamme de possibilités, et les sachets en mélange permettent une incroyable variété de combinaisons. Ce trio de couleurs – disque, auréole et rayon – a donné l'un des noms communs de la plante, chrysanthème tricolore.

Pour comprendre le sens de « à carène », tournez une fleur à l'envers et regardez le calice (la partie verte). Il est muni de projections en forme de fond de bateau, c'est-à-dire de carène.

Voilà pour les fleurs simples. Les doubles ne produisent que des rayons et on n'en voit pas le centre : on dirait des dahlias. Cela cache l'auréole, et souvent la fleur paraît unicolore, mais chez certains cultivars, la pointe du rayon est ourlée d'une deuxième couleur ou les rayons centraux sont d'une autre couleur. Personnellement, je n'aime pas particulièrement les formes doubles. Je trouve que cette couche de rayons supplémentaires cache la plus belle caractéristique de cette plante : ses fleurs tricolores !

**CULTURE**  Le chrysanthème à carène est une fleur des champs, qui apprécie donc le plein soleil ou à peine un peu d'ombre, et qui poussera dans tout sol bien drainé, même dans les sols pauvres. Il offre une certaine résistance à la sécheresse, mais il peut être nécessaire d'arroser en cas de sécheresse prolongée.

*Chrysanthemum carinatum* | Photo : HortiCom

La floraison dure environ huit semaines, commençant vers le milieu de l'été, soit en juillet, pour les plantes semées en pleine terre. On peut les démarrer dans la maison, mais si la floraison commence environ un mois plus tôt, elle finira avant la fin de l'été. Pour une floraison prolongée, il suffit donc de semer la moitié des graines dans la maison et l'autre moitié en pleine terre. Notez qu'il est inutile de supprimer les fleurs fanées pour prolonger la floraison : ça ne fonctionne pas chez cette annuelle.

On peut parfois trouver des plantes à repiquer en pépinière, mais habituellement il faut semer la plante soi-même selon l'une des techniques expliquées ci-dessous.

LES ANNUELLES ••• 277

## CHRYSANTHÈME À CARÈNE

**MULTIPLICATION**  Semez le chrysanthème à carène en pleine terre de bonne heure au printemps ou même à l'automne, en recouvrant les graines de 3 mm de terre. Éclaircissez les plants à environ 30 cm quand ils ont quatre à six feuilles.

Vous pouvez également démarrer les plants dans la maison environ six à huit semaines avant le dernier gel. Semez les graines comme ci-dessus, mais placez le plateau à la noirceur pour stimuler une germination plus égale. Quand les semis ont levé, placez-les au soleil. Il faut pincer à la plantation les plants produits dans la maison, sinon ils seront moins solides que les plantes qui ont germé en pleine terre et pourront exiger un tuteur.

**UTILISATIONS**  On cultive habituellement le chrysanthème à carène en plate-bande, soit en touffes, en bordure ou en massif, mais aussi en contenant. On peut également le semer dans un pré fleuri ; d'ailleurs, les graines de cette plante font souvent partie des sachets de « fleurs sauvages » destinés justement à cette fin. Le chrysanthème à carène fait une excellente et durable fleur coupée. Enfin, les fleurs attirent les papillons au jardin.

**ASSOCIATIONS**  Ses couleurs variées ajoutent une note de fantaisie aux plantations d'agérates (*Ageratum houstonianum*), de phlox de Drummond (*Phlox drummondii*), de tagètes (*Tagetes* spp.) et d'autres annuelles.

*Chrysanthemum carinatum* 'German Flag'
Photo : Thompson & Morgan

**PROBLÈMES**  Peu fréquents.

**CULTIVARS**  D'abord, il faut savoir que chaque semencier semble avoir son propre nom pour les graines de chrysanthème à carène en mélange. Que vous achetiez 'Merry Mixture', 'Rainbow Mixture', 'Single Mixed' ou 'Monarch Court Jesters', vous avez essentiellement la même chose : des fleurs simples en mélange, avec un assortiment de couleurs très variés, la plupart tricolores. Seule la hauteur diffère un peu. Ce sont ces mélanges, et les combinaisons saisissantes et farfelues qu'elles donnent, que j'aime le plus.

Il existe aussi des lignées doubles, comme 'Coconut Ice' ou 'Dunnettii', ou associant des fleurs doubles, semi-doubles et simples, comme 'Summer Festival', mais elles ne m'épatent pas particulièrement. Si vous voulez une plante qui ressemble à un dahlia, pourquoi ne pas planter des dahlias ?

En plus des mélanges, simples et doubles, il existe plusieurs lignées de couleurs sélectionnées, donnant des combinaisons de couleurs qui se répètent dans chaque plante, comme 'Northern Star' (blanc auréolé de jaune) ou 'Polar Skies' (couleur crème). Malheureusement, à l'exception du cultivar suivant, elles sont rarement offertes.

*C. carinatum* 'German Flag' : les fleurs ont plus ou moins les couleurs du drapeau allemand : rouge brique foncé avec une auréole jaune vif et un cœur pourpre foncé presque noir. 45 à 60 cm x 30 à 35 cm.

**AUTRES CHRYSANTHÈMES ANNUELLES**  Il y a plusieurs autres chrysanthèmes annuels intéressants, dont le chrysanthème des jardins ou shungiku (*C. coronarium*, maintenant *Glebionis* coronarium) et le chrysanthème des moissons (*C. segetum*, maintenant *Glebionis*

## CHRYSANTHÈME À CARÈNE

*segetum*), les deux à fleurs jaunes, mais mon coup de cœur va encore aux fleurs tricolores du chrysanthème à carène.

**ENCORE PLUS** Les taxonomistes ont récemment transféré les chrysanthèmes annuels à un nouveau genre, *Glebionis*, même si le tout premier nom de chrysanthème publié était *Chrysanthemum segetum* (maintenant *Glebionis segetum*). Théoriquement, le premier nom publié l'emporte dans le choix d'un nom botanique, raison pour laquelle il a fallu transférer le très populaire chrysanthème des fleuristes à un nouveau genre : *Dendranthema*. Ce changement a cependant tellement choqué le monde horticole que les autorités responsables du Code international de nomenclature botanique ont dû revenir sur leur décision et remettre le chrysanthème des fleuristes dans le genre *Chrysanthemum*. Il n'y avait plus de place dans le genre pour les espèces annuelles, qui ne sont finalement pas des parentes très proches du chrysanthème des fleuristes, et on a dû créer un nouveau genre à leur intention : *Glebionis*.

## CLÉOME

- **Autres noms communs :** cléome épineux, fleur araignée
- **Nom botanique :** *Cleome hassleriana*, syn. *C. spinosa*
- **Famille :** Capparidacées
- **Hauteur :** 90 à 150 cm
- **Largeur :** 45 à 90 cm
- **Exposition :** soleil, mi-ombre
- **Sol :** bien drainé, légèrement humide
- **Floraison :** début de l'été jusqu'aux gels

Cette jolie grande annuelle n'est pas très rare mais n'est pas assez utilisée. Le cléome (*Cleome hassleriana*) crée tout un effet dans le jardin, avec ses fleurs si aérées et sa grande taille, comme un brouillard dans la plate-bande. N'est-ce pas que ce géant est plus beau qu'une annuelle hybride quelconque en boule dense et artificielle ?

*Cleome hassleriana* 'Sparkler Blush' | Photo : HortiCom

**DESCRIPTION** Le cléome est une annuelle différente de presque toutes les autres au sens où il est indéterminé. Quand un œillet d'Inde (*Tagetes patula*) ou un cosmos (*Cosmos bipinnatus*),

LES ANNUELLES ••• 279

## CLÉOME

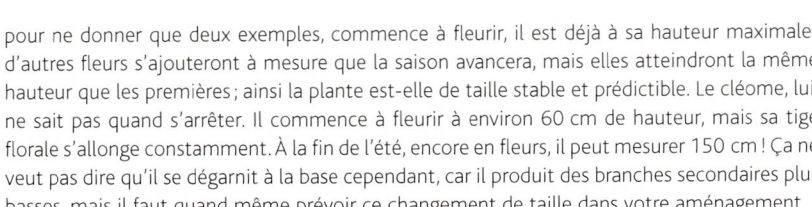

pour ne donner que deux exemples, commence à fleurir, il est déjà à sa hauteur maximale ; d'autres fleurs s'ajouteront à mesure que la saison avancera, mais elles atteindront la même hauteur que les premières ; ainsi la plante est-elle de taille stable et prédictible. Le cléome, lui, ne sait pas quand s'arrêter. Il commence à fleurir à environ 60 cm de hauteur, mais sa tige florale s'allonge constamment. À la fin de l'été, encore en fleurs, il peut mesurer 150 cm ! Ça ne veut pas dire qu'il se dégarnit à la base cependant, car il produit des branches secondaires plus basses, mais il faut quand même prévoir ce changement de taille dans votre aménagement.

La plante produit une tige solide, presque ligneuse, et ne bascule pas au vent (du moins à condition de la planter quand elle est encore jeune). Elle est un peu visqueuse et cache de vilaines épines.

Les feuilles palmées aux pétioles longs ont cinq à sept folioles lancéolées et rappellent les feuilles de cannabis, mais elles ont une odeur désagréable de mouffette quand on les froisse, ce qui explique sans doute pourquoi personne ne semble intéressé à les fumer !

Les fleurs sont portées en verticilles au sommet de la plante et se composent de quatre pétales blancs, roses ou pourpres qui donnent leur couleur à la fleur. Cependant, l'effet aéré, arachnéen, qui a valu au cléome le nom de « fleur araignée », vient des très longues étamines qui dépassent nettement des pétales. De plus, les capsules de graines longues, étroites et très nombreuses qui remplacent les fleurs fanées renforcent cette image de fleur araignée. Les fleurs sont légèrement parfumées.

**CULTURE** Repiquez les plants de cléome en pleine terre quand il n'y a plus de danger de gel. Préférez le plein soleil ou la mi-ombre et un sol bien drainé, riche ou pauvre. Il faut planter les cléomes quand ils sont jeunes, sinon ils n'arrivent pas à produire des racines assez solides pour résister aux vents forts. La plante est très résistante à la chaleur, à la sécheresse et au vent une fois bien établie.

Un jardinier m'a déjà dit qu'il n'aimait pas les cléomes parce que supprimer toutes les fleurs fanées demandait trop d'efforts. Or, sachez qu'il n'est pas nécessaire de vous acharner sur les cléomes pour supprimer les fleurs fanées : non seulement cela ne vous donnera pas la moindre fleur supplémentaire, mais les capsules font partie de leur charme ! Parfois, les jardiniers forcenés me sidèrent avec leurs efforts pour chercher du travail partout dans le jardin. Ne comprennent-ils pas qu'en général leurs plantes *n'ont pas besoin d'eux* pour pousser ?

**MULTIPLICATION** Il est possible d'acheter des cléomes en caissette (ils sont disponibles partout), mais moins coûteux de les produire soi-même. Et ce n'est pas difficile non plus.

Commencez environ 8 à 10 semaines avant le dernier gel. Semez les graines en caissette sans les recouvrir de terreau et scellez le contenant dans un sac de plastique transparent. Maintenant, au frigo pour deux semaines, car les graines germent mieux après une exposition au froid. Ensuite, on sort le plateau, on le place au soleil… et le reste, c'est comme d'habitude.

On peut aussi semer les cléomes en pleine terre (d'ailleurs, ils se ressèment spontanément), mais alors la floraison est considérablement retardée et les plantes n'arrivent pas à atteindre leur splendeur habituelle.

**UTILISATIONS** Le cléome est une grande annuelle pour l'arrière-plan des plates-bandes et les massifs. Elle fait aussi une excellente haie ou un brise-vent temporaire, et on peut l'employer dans de gros bacs. N'oubliez pas qu'elle fait une excellente fleur coupée. Écartez tout simplement les feuilles à l'eau de mouffette et vous découvrirez, surprise, qu'en fait les fleurs des cléomes sont agréablement parfumées !

**ASSOCIATIONS**   Le cosmos (*Cosmos bipinnatus*), avec ses grosses fleurs et son feuillage très découpé, fait un excellent compagnon pour le cléome, qui met aussi les hémérocalles (*Hemerocallis* spp.) en valeur.

**PROBLÈMES**   Peu fréquents.

**CULTIVARS**

*C. hassleriana* 'Colour Fountain': mélange de rose, rosé, lilas, pourpre, carmin et blanc. 1 m.

*C. hassleriana* 'Helen Campbell': blanc. 120 à 150 cm.

*C. hassleriana* série Queen: c'est la lignée la plus populaire. De tous les cléomes, je préfère 'Cherry Queen' pour ses fleurs rose cerise très éclatant. Il y a aussi 'Pink Queen' (syn. 'Rose Queen'), à fleurs rose moyen, 'Mauve Queen', à fleurs mauves, et 'Violet Queen', à fleurs rouge pourpré, parfois aussi à feuilles teintées de pourpre. Il n'y a pas de blanc dans la série, car 'Helen Campbell' remplit déjà ce rôle. 120 à 150 cm.

*Cleome hassleriana* 'Helen Campbell'  |  Photo : HortiCom

*C. hassleriana* série Sparkler: ces cléomes sont plus compacts que les autres, aux fleurs plus denses, et conviennent donc aux emplacements plus étroits. 'Sparkler Blush', le premier de la série, a remporté un prix Sélection All-America en 2002. Les boutons sont roses, alors que les pétales sont rose pâle et blancs. Il y a aussi 'Sparkler Lavender', le premier cléome lavande, 'Sparkler Rose', rose vif, et 'Sparkler White', entièrement blanc, même en bouton. 75 à 90 cm x 90 cm.

**AUTRES CLÉOMES**   D'autres cléomes ont été introduits sur le marché, notamment *C. serrulata* 'Solo', mais je les trouve peu intéressants comparativement à *C. hassleriana*.

*Cleome hassleriana* 'Pink Queen'  |  Photo : HortiCom

## COLÉUS

*Solenostemon scutellarioides* 'Freckles' | Photo : HortiCom

> **Nom botanique** : *Solenostemon scutellarioides*, syn. *Coleus blumei*
>
> **Famille** : Labiées
>
> **Hauteur** : 20 à 90 cm
>
> **Largeur** : 20 à 30 cm
>
> **Exposition** : soleil à ombre
>
> **Sol** : bien drainé, humide et riche
>
> **Floraison** : sans intérêt
>
> **Zone de rusticité** : 10

**C'est la révolution!** Le petit coléus, cette plante d'intérieur au feuillage coloré qui égayait les rebords de fenêtre de nos grands-parents, s'est métamorphosé en « superannuelle », une plante passe-partout aux coloris extraordinaires. Non seulement nos coléus nouvelle génération sont-ils plus compacts que les hauts coléus aux tiges dégarnies d'autrefois, mais la forme des feuilles s'est multipliée et les couleurs du feuillage aussi. Imaginez à peu près n'importe quelle couleur et vous la trouverez chez le coléus, le paon du monde végétal.

**DESCRIPTION** Le coléus de nos grands-parents était une plante aux feuilles relativement petites mais quand même bien colorées : vert foncé aux nervures rouges avec une belle tache rose au centre et un peu de blanc à la base. Peu porté à se ramifier si on ne le pinçait pas, il produisait une tige dressée, carrée en coupe transversale, qui montait vers le haut. Il produisait régulièrement des épis minces de petites fleurs bleues qu'il fallait supprimer pour ne pas qu'il se dégrade.

Pendant plus de 150 ans, il n'a presque pas changé, puis, dans les années 1960, on a commencé à voir des semences de coléus de couleurs plus variées apparaître sur le marché, d'abord la série Rainbow, puis les Wizard, plus compacts, puis les Sabre au feuillage découpé.

# COLÉUS

C'est au milieu des années 1990 que, subitement, le coléus, cette grande vedette des plates-bandes au XIXe siècle, est redevenu la coqueluche de tous les horticulteurs modernes. De nouvelles variétés sont apparues avec une telle rapidité que personne ne pouvait suivre leur évolution accélérée. Des centaines de cultivars existent aujourd'hui : 500 et plus, probablement.

On peut noter quelques caractéristiques communes chez les coléus modernes :

> une vaste gamme de couleurs de feuillage, comprenant les couleurs suivantes : vert, rouge, pourpre, orange, rose, saumon, blanc, jaune, beige et brun ; la feuille peut être unicolore, mais elle est le plus souvent bicolore ou multicolore ;

> un plus vaste choix de formes de feuille ; la forme d'origine, plutôt ovale aux marges crénelées, existe toujours, mais il y a maintenant des feuilles irrégulièrement découpées ou en lanière ;

> un plus grand choix de tailles de feuille ; certaines sont grosses comme une pièce de 10 cents, d'autres comme une assiette à tarte ;

> un port très ramifié, donnant des plants compacts au port en dôme ; n'en déplaise aux amateurs de fortes couleurs, c'est le changement le plus important chez le coléus, car on n'a plus besoin de le pincer constamment pour lui donner une belle forme ;

> une plus grande tolérance au soleil ; les vieux coléus ne toléraient que l'ombre ou la mi-ombre ; or, presque tous les cultivars modernes supportent le plein soleil.

Il y a désormais deux grandes catégories de coléus : les variétés produites par semences et les variétés multipliées végétativement. Les premières sont bon marché, qu'on achète des plants (qui auront été produits par des pépinières locales) ou des semences. Leurs défauts sont des couleurs et des combinaisons moins saisissantes que les coléus multipliés végétativement et une tendance à monter en fleurs très rapidement. Cela vous oblige à les pincer souvent, encore et encore, car il ne faut pas laisser les coléus monter en graines, sinon ils dépérissent.

C'est chez les coléus multipliés végétativement qu'on trouve les couleurs les plus extraordinaires. On pourrait les appeler coléus de collection, tant leurs amateurs tiennent à les garder d'une année à l'autre.

*Solenostemon scutellarioides* 'Swinging Linda' | Photo : HortiCom

*Solenostemon scutellarioides* 'Big Blond' | Photo : HortiCom

## COLÉUS

La plupart, bien qu'il y ait des exceptions, sont peu portés à fleurir, et quand un épi apparaît et qu'on la supprime, il n'y a pas une multitude d'autres qui apparaissent à leur place. C'est un détail très aimé des jardiniers paresseux. Leur grand défaut est leur fort prix : on les achète en pots individuels à des prix bien supérieurs à ceux des coléus en caissette.

**CULTURE** Le coléus moderne va au soleil ou à l'ombre. Il préfère un sol riche et humide mais quand même bien drainé. Malgré ses tiges succulentes, qui laissent présupposer une certaine tolérance à la sécheresse, le coléus se fane rapidement quand l'eau manque. Il récupère bien quand on l'arrose de nouveau, mais si on le laisse sécher de façon répétée ou si l'on n'agit pas quand on trouve un plant fané, il finit par en mourir. Sauf exception, le pinçage n'est plus nécessaire pour maintenir une croissance dense. Par contre, la vieille règle exigeant de toujours supprimer les fleurs des coléus, soit ses épis minces qui s'élèvent du feuillage, dès qu'on les voit vaut toujours. Après avoir fleuri, le coléus dépérit ; pas toujours au point d'en mourir, mais assez pour perdre considérablement en apparence. C'est pourquoi, personnellement, je préfère les variétés multipliées végétativement : la plupart fleurissent peu, certaines jamais.

*Solenostemon scutellarioides* 'Molten Lava'
Photo : HortiCom

Plantez les coléus en pleine terre quand le sol est bien réchauffé, qu'il n'y a plus de danger de gel et que les températures nocturnes demeurent au-dessus de 10 °C : c'est une plante de climat tropical qui tolère peu le froid. Même un gel léger la rabat aussitôt au sol, quand il ne la tue pas carrément.

À l'automne, on peut « sauver » les plantes du froid en les rentrant pour l'hiver. Idéalement, on rentrerait une bouture, car les vieux plants sont moins vigoureux que les jeunes. Le coléus fait une excellente plante d'intérieur… pour autant qu'on n'oublie pas de l'arroser régulièrement.

**MULTIPLICATION** Le coléus se multiplie très facilement par bouturage de tige. C'est même l'une des plantes qui prend racine le plus rapidement, en seulement quelques jours. Les semences germent rapidement aussi. Semez-les 8 à 10 semaines avant la date du dernier gel, à la chaleur. Les feuilles sont vertes au début, mais elles prennent rapidement leurs couleurs définitives.

**UTILISATIONS** Le coléus sert à presque toutes les sauces : en plate-bande, en contenant, comme plante d'intérieur, etc. On peut aussi faire de magnifiques mosaïques en plantant des coléus de plusieurs couleurs ensemble.

**ASSOCIATIONS** Avec ses couleurs uniques, le coléus n'a vraiment pas besoin d'aide pour créer un bel effet. L'idéal est d'en planter par dizaines en massif pour qu'ils fassent un beau tapis multicolore. Quand même, on peut utiliser les coléus à feuillage jaune lumineux pour mettre en valeur les plantes à feuillage foncé, comme les heuchères pourpres (*Heuchera* spp.), le physocarpe Summer Wine (*Physocarpus opulifolius* 'Seward') ou l'if du Japon (*Taxus cuspidata*). Ou faites l'inverse en utilisant les coléus à feuillage pourpre foncé (plusieurs ont des feuilles presque noires) pour faire ressortir les plantes à feuilles vert lime, comme les hostas jaunes

On peut faire de magnifiques mosaïques avec le coléus. | Photo : HortiCom

(*Hosta* spp.), les heuchères jaunes (*Heuchera* spp.) ou le physocarpe 'Nugget' (*Physocarpus opulifolius* 'Nugget').

**PROBLÈMES**  Peu fréquents à l'extérieur, sauf la prédation par les cerfs, qui peut être sévère. Attention aux cochenilles quand la plante séjourne dans la maison !

**CULTIVARS**  Il existe plus de 500 cultivars de coléus et en choisir un comme préféré est une question de goût. Je ne voudrais pas trop vous influencer, mais sachez que les coléus de collection, qui coûtent peut-être plus cher et sont plus difficiles à trouver (souvent il faut les faire venir par la poste), valent souvent l'investissement.

Et si vous tenez tant que ça à savoir, sachez que parmi mes préférés du moment il y a 'Rustic Orange', 'Fine Line' et 'Alabama Sunset'.

**ENCORE PLUS**  Quelle journée triste quand le comité du Code international de nomenclature botanique a décidé que le bon vieux coléus, connu depuis des générations sous le nom de *Coleus blumei*, n'était pas un *Coleus* mais un *Solenostemon* ! Pour une fois que tout le monde, même les gens qui prétendent ne pas être capables de retenir un seul nom botanique, connaissaient une plante par son vrai nom ! *Solenostemon* ne passera pas, je pense, dans le langage populaire, du moins pas de mon vivant. Je suis habituellement très pointilleux sur la nomenclature, mais moi-même je continue à appeler cette plante coléus.

*Solenostemon scutellarioides* 'Rustic Orange' | Photo : HortiCom

## COQUELICOT

*Papaver rhoeas* | Photo : HortiCom

> Autres noms communs : coquelicot des champs, pavot annuel, pavot des champs

> Nom botanique : *Papaver rhoeas*

> Famille : Papavéracées

> Hauteur : 25 à 90 cm

> Largeur : 25 à 30 cm

> Exposition : soleil

> Sol : bien drainé, voire sablonneux

> Floraison : début à fin de l'été

Curieusement, peu de jardiniers semblent cultiver le coquelicot (*Papaver rhoeas*)! Pourtant, je vous jure que quand je voyage avec des gens, c'est l'une des plantes qui les émerveillent le plus. Combien de fois en Europe ou en Afrique du Nord, où cette plante pousse spontanément, ai-je entendu crier «Arrêtez l'autobus!», car quelqu'un en avait vus le long de la route. Alors, on arrête et tout le monde se précipite dehors pour prendre une photo. Or, dans ces pays, on regarde le coquelicot avec autant d'intérêt qu'un vulgaire pissenlit, car on le considère comme une mauvaise herbe. En Amérique, où il n'est pas une fleur sauvage mais cultivée, j'entends toujours les cliquetis des appareils photo quand on visite un jardin où ils abondent. De toute évidence, tout le monde les adore. Mais quand j'explique qu'on ne peut pas acheter des plants mais seulement des semences, les gens ont l'air déçus. On dirait qu'ils croient que la culture à partir de semences est incroyablement compliquée. Pourtant, peu de plantes dans le monde sont plus faciles à cultiver que les coquelicots.

# COQUELICOT

**DESCRIPTION**  Tout le monde a vu des coquelicots artificiels portés sur un manteau ou une chemise vers le 11 novembre, le Jour du souvenir. C'est que les coquelicots rappellent les soldats morts à la guerre, une idée inspirée du poème célèbre *In Flanders Fields*, écrit par le Montréalais anglophone John McCrae. Malheureusement, le coquelicot ne fleurit pas en novembre (peu de plantes le font) et l'on utilise donc des coquelicots en plastique ou en tissu.

Le coquelicot est une plante très simple. Quelques feuilles plus ou moins pennées vert moyen légèrement couvertes de poils et une tige un peu ramifiée, mince mais résistante, également couverte de poils courts. À l'extrémité de la tige se forme une bouton floral vert oblong et penché, tout aussi hirsute que le reste. Les sépales verts tombent quand la fleur se redresse, révélant des pétales froissés, minces et soyeux, un peu comme un papier crêpé très fin, qui forment une coupe un peu aplatie autour d'un ovaire arrondi au sommet plat et de nombreuses étamines.

À l'état sauvage, la fleur est rouge orangé avec des taches noires à la base. Les fleurs sont assez grosses, mesurant environ 6 à 9 cm de diamètre. En culture, on trouve des fleurs roses, orange, blanches, lilas, lavande et même gris pâle. Ces fleurs peuvent aussi être semi-doubles ou doubles. Les fleurs se succèdent pendant quelques semaines en plein été, mais la floraison se termine avant l'automne. Le coquelicot n'est *pas* une de ces annuelles qui fleurit sans arrêt de mai à octobre !

Quand les pétales tombent, la capsule de graines reste. Elle ressemble à une salière : de petits trous en son sommet lancent les graines fines partout quand le vent la fait danser.

Sa hauteur est variable. À l'état sauvage, le coquelicot atteint généralement 60 à 90 cm de hauteur ; les variété cultivées se tiennent entre 25 et 75 cm.

Les coquelicots multicolores que nous cultivons ont été développés par un pasteur britannique, le Révérend W. Wilkes, de Shirley en Angleterre. Un jour il a remarqué, dans un champ de coquelicots, un plant aux fleurs ourlées de blanc. À partir de cette plante, il a travaillé pendant plus de 20 ans à créer une lignée aux couleurs diverses et sans trace de noir, la lançant en 1901 sous de nom de 'Shirley Mix'.

**CULTURE**  Le coquelicot demande le plein soleil, à tel point qu'il est facilement étouffé par les plantes plus hautes. Un bon drainage est vital : il réussira mieux dans un sol sablonneux ou même pierreux que dans un sol glaiseux qui reste détrempé après chaque pluie.

Le coquelicot est une vraie annuelle qui ne peut être reproduit que par semences. Il paraît qu'on peut prolonger sa floraison en supprimant les fleurs fanées, mais je ne l'ai jamais essayé. Sa façon normale de pousser me convient très bien, merci, et quand il disparaît, il laisse la place à d'autres plantes.

*Papaver rhoeas* à l'état sauvage | Photo : HortiCom

**MULTIPLICATION**  Comme le coquelicot ne tolère pas le repiquage, on le sème habituellement directement en pleine terre, là où on veut le voir pousser, tôt au printemps ou même à l'automne pour une floraison au début de l'été. On peut aussi faire un deuxième semis à la fin de juin, ce qui donne une deuxième génération pour prolonger la floraison jusqu'à l'automne.

LES ANNUELLES

## COQUELICOT

*Papaver rhoeas* | Photo : HortiCom

Faire des semis est facile : ouvrez le sachet, lancez les graines à la volée et allez-vous-en. Il ne faut surtout pas enterrer les graines fines. Le seul entretien consiste à éclaircir un peu (à environ 30 cm) si les plants sont trop denses.

D'ailleurs, le coquelicot se ressème spontanément. La plupart du temps, vous n'avez qu'à le semer une seule fois : ensuite, il reviendra tous les ans tout seul. Évitez cependant de pailler le sol où vous voulez le voir se ressemer, sinon vous allez le perdre, car il ne peut pas germer à travers un paillis. Chez moi, il se sème le long des sentiers, oui, dans le gravier fin, pour un bel effet.

Vous pouvez tout de même semer des coquelicots dans la maison si vous y tenez vraiment, mais sachez que cela ne fera que devancer la floraison, pas la prolonger ! Faites-le environ six à huit semaines avant la date du dernier gel, en godet de tourbe et sans recouvrir les graines de terreau.

**UTILISATIONS** On peut cultiver le coquelicot dans une plate-bande, notamment en bordure, et dans une rocaille. Il est superbe dans les prés fleuris et est d'ailleurs souvent inclus dans les mélanges de semences pour « fleurs sauvages » destinés justement à de tels prés. Si vous coupez une fleur en bouton avancé et que vous passez l'extrémité de la tige sous une flamme pour faire coaguler le latex blanc qui s'en écoule, elle fera une bonne fleur coupée.

**ASSOCIATIONS** Le coquelicot, avec son habitude d'apparaître spontanément dans les espaces vides de la plate-bande et son apparence si délicate, se marie parfaitement avec la plupart des annuelles et des vivaces basses.

**PROBLÈMES** Peu fréquents. Résistant aux cerfs.

*Papaver rhoeas* 'Cedric Morris' | Photo : Thompson & Morgan

### CULTIVARS

*P. rhoeas* 'American Legion', 'Flanders Fields', 'Field Poppy', etc. : ces lignées ressemblent au coquelicot sauvage, donnant des fleurs rouge orangé avec des taches noires au centre. 60 à 90 cm.

*P. rhoeas* 'Angels Choir' : fleurs doubles et semi-doubles dans des teintes de rose, blanc, lavande, lilas, abricot et orange doux, mais sans « couleurs fortes ». 60 à 75 cm.

*P. rhoeas* 'Cedric Morris' : fleurs simples pastel, surtout dans des teintes de rose, de lavande et de blanc. 45 à 60 cm.

*P. rhoeas* 'Falling in Love' : fleurs semi-doubles et doubles bicolores dans différentes teintes de rose et de rouge. 45 à 60 cm.

*P. rhoeas* 'Mother of Pearl' : fleurs simples pastel, dont un gris souris superbe. Mon préféré ! 60 cm.

*P. rhoeas* 'Picotee Mixed' : pétales bicolores ou ourlés de couleurs plus sombres. Fleurs semi-doubles et doubles. 60 à 75 cm.

*P. rhoeas* 'Shirley Double Mixed' : toutes les couleurs possibles chez les coquelicots. Fleurs semi-doubles et doubles. 60 cm.

*P. rhoeas* 'Reverend Wilks Shirley Mixture' : mélange à fleurs simples répliquant les couleurs des premiers coquelicots en mélange du début du XX$^e$ siècle. 60 cm.

**AUTRES COQUELICOTS**  Il existe plusieurs autres espèces de pavot (*Papaver*) assimilables aux coquelicots, étant de la même couleur, port, hauteur, etc., et qu'on ne peut presque pas distinguer de *P. rhoeas*, notamment *P. argemum*, *P. dubium* et *P. arenarium*. Par contre, seul le cultivar suivant est à peu près disponible dans le commerce.

*Papaver rhoeas* 'Mother of Pearl'  |  Photo : HortiCom

*P. commutatum* 'Ladybird' (coquelicot commun 'Ladybird') : très semblable au coquelicot, mais à fleurs plus petites et plus nombreuses de couleur rouge cramoisi vif aux taches noires très proéminentes. Ces fleurs ressemblent davantage aux coquelicots artificiels du Jour du souvenir, car elles sont rouges, et non pas orangés comme les formes sauvages de *P. rhoeas*.

**ENCORE PLUS**  La couleur écarlate du coquelicot a longtemps intrigué les botanistes. C'est que les insectes ne voient pas le rouge et que cette couleur est normalement limitée aux plantes pollinisées par les colibris et d'autres oiseaux nectarivores. Or, il n'y a aucun oiseau nectarivore en Europe, d'où vient le coquelicot, qui est d'ailleurs la seule fleur rouge indigène de ce continent. On a fini par découvrir que ce sont les taches noires à l'intérieur de la fleur qui attirent les insectes pollinisateurs. Non pas qu'ils aiment le noir, cependant. En fait, les taches ne sont pas noires, elles sont ultraviolettes. Nos pauvres yeux d'humain ne voient pas l'ultraviolet, qui nous paraît noir, mais les insectes voient en ces taches si ternes à nos yeux une couleur des plus séduisantes !

*Papaver commutatum* 'Ladybird'  |  Photo : HortiCom

## ••• HIBISCUS ROUGE

*Hibiscus acetosella* 'Red Shield' | Photo : HortiCom

> **Autre nom commun :** fausse roselle

> **Nom botanique :** *Hibiscus acetosella* 'Red Shield', syn. *H. sabdariffa*, *H. eetveldeanus*

> **Famille :** Malvacées

> **Hauteur :** 90 à 150 cm

> **Largeur :** 60 à 90 cm

> **Exposition :** soleil

> **Sol :** riche, humide, bien drainé

> **Floraison :** automne

> **Zone de rusticité :** 10

**Un hibiscus qu'on cultive pour son feuillage et non pas pour ses fleurs ?** C'est presque le monde à l'envers, mais c'est vrai. Avec son beau feuillage rouge pourpré très foncé, cette grande annuelle (en fait, un arbuste tropical) à croissance rapide remplit le rôle d'un érable japonais à une trentième du prix (si vous le démarrez par semences, du moins). De plus, il fait une très jolie plante d'intérieur l'hiver. Je pense que vous allez « tripper » sur l'hibiscus rouge (*Hibiscus acetosella* 'Red Shield'), si joli et si facile.

**DESCRIPTION** Ce grand arbuste tropical croît rapidement à partir de semences ou de boutures, permettant ainsi son utilisation comme plante annuelle. Il produit des tiges ligneuses droites, peu ramifiées, portant des feuilles assez coriaces, généralement à cinq lobes en forme de feuille d'érable. Leur caractéristique la plus notable est leur coloration rouge pourpré qui se maintient autant à l'extérieur que dans la maison (bon, il est un peu moins coloré à l'intérieur mais quand même bien rouge).

Les fleurs sont très rares dans le jardin et il ne faut pas compter sur leur présence, car notre saison de croissance n'est en général pas assez longue. Parfois vous aurez quelques fleurs à

## HIBISCUS ROUGE

l'automne. Si vous rentrez la plante pour l'hiver, par contre, les fleurs sont presque garanties. Chez moi, notamment, cette plante est presque toujours en pleine floraison vers le temps des Fêtes. Sa floraison semble être saisonnière, stimulée par le raccourcissement des jours, ce qui expliquerait son absence durant les mois d'été.

Les fleurs sont typiques des fleurs d'hibiscus : en forme de coupe et de couleur rose, rouge pourpré ou jaune, à cœur pourpre. Elles ne mesurent qu'environ 4 à 6 cm de diamètre, très peu pour un hibiscus. Elles sont belles, mais très honnêtement, pas très visibles ! Chez cette plante, c'est vraiment le feuillage qui prime.

**CULTURE** L'hibiscus rouge préfère un emplacement au plein soleil et un sol riche et humide mais quand même bien drainé. C'est une plante tropicale qui adore les étés chauds et humides ; évitez de la sortir trop tôt au printemps : il ne doit plus y avoir le moindre soupçon de gel, et la terre et l'air doivent être bien réchauffés. Cette plante peut se cultiver aussi bien en pleine terre qu'en pot : dans les deux cas, paillez abondamment et surveillez les arrosages, car elle tolère difficilement la sécheresse. En pot, fertilisez aussi avec assiduité : il est gourmand, l'hibiscus rouge. En pleine terre, en plus de le planter dans un sol naturellement riche, rajoutez du compost, soit à la plantation soit au cours de l'été.

N'hésitez pas à tailler ou à pincer pour stimuler une meilleure ramification, notamment au moment de la sortie en pleine terre ou quand les plants atteignent environ 60 cm de hauteur. Cela ralentit seulement un peu sa croissance mais stimule la ramification, donnant donc une plante plus arrondie : si on le laissait pousser à sa guise, on aurait un fouet ! D'ailleurs, la hauteur suggérée, soit de 90 à 150 cm, s'applique à la culture en pleine terre. Dans la maison durant l'hiver, il produirait sans problème des branches de 2,5 m si on ne le taillait pas !

**MULTIPLICATION** Par bouturage des tiges, surtout au printemps, ou par semences. Les boutures prennent rapidement si on applique un peu d'hormone d'enracinement (je tiens à souligner leur facilité de culture, car plusieurs autres hibiscus sont plutôt difficiles à réussir à partir de boutures). N'oubliez pas de les pincer jeunes pour stimuler une première ramification.

Pendant longtemps, cette annuelle, pourtant fidèle au type à partir de semences, n'était plus disponible que sous forme de plants produits par bouturage, ce qui en faisait une annuelle coûteuse. Les semences sont de retour dans certains catalogues (Park Seed, notamment). Leur croissance est lente au départ, mais elle s'accélère rapidement quand il y a cinq à six feuilles. Néanmoins un départ hâtif, environ 12 semaines avant la date du dernier gel, est recommandé si vous voulez des plantes de bonne taille durant l'été. Faites tremper les graines très dures dans de l'eau tiède : quand elles coulent au fond, elles sont prêtes à semer. Avec les semis aussi, il faut pincer de temps en temps.

Cet *Hibiscus acetosella* 'Red Shield' a produit des feuilles plus découpées que la norme. Il vaut la peine de maintenir de telles plantes par bouturage. | Photo : HortiCom

**UTILISATIONS** Cette grande annuelle à feuillage coloré fait une excellente plante-vedette pour les bacs et les îlots. Utilisez aussi l'hibiscus rouge là où vous avez rêvé de cultiver un bel érable du Japon rouge (*Acer palmatum*) sans pouvoir le faire ou avec des résultats très mitigés (puisqu'il est

## HIBISCUS ROUGE

peu rustique sous notre climat); il ne se fait pas mieux comme remplaçant. L'hibiscus fait aussi un excellent écran ou haie temporaire, et, bien sûr, une superbe plante d'intérieur.

**ASSOCIATIONS**   Utilisez l'hibiscus rouge avec des épines-vinettes à feuillage doré (*Berberis thunbergia* 'Bogoazam' et autres), une combinaison vraiment tout feu tout flamme !

**PROBLÈMES**   Peu fréquents. L'hibiscus n'est pas vulnérable aux araignées rouges quand on le cultive à l'intérieur, contrairement à son cousin l'hibiscus rose-de-Chine (*H. rosa-sinensis*).

**CULTIVARS**   L'espèce (*H. acetosella*), à feuillage vert et à fleurs jaunes, est rarement disponible. Habituellement on nous vend le cultivar 'Red Shield' (syn. 'Red Leaf') qui est une lignée assez variable produite par semences, mais dont la caractéristique est de produire fidèlement des plantes à feuillage rouge. Le feuillage des semis varie un peu en forme (certains sont plus cordiformes, d'autres plus nettement palmés), et les fleurs peuvent être jaunes, roses ou rouges.

*Hibiscus acetosella* 'Haight Ashbury'
Photo : Norsecoo

*H. acetosella* 'Maple Sugar', une lignée produite par bouturage, est très semblable sinon identique à 'Red Shield'.

*H. acetosella* 'Haight Ashbury' est une variante de 'Red Shield' à feuillage panaché. Sur un fond rouge bordeaux, il y a des striures et des macules irrégulières de blanc, de rose et de vert. Unique !

### AUTRES HIBISCUS SEMBLABLES

On confond parfois *H. acetosella* avec la roselle (*H. sabdariffa*), un arbuste fruitier tropical utilisé dans la fabrication de jus. D'ailleurs, dans certains pays on appelle *H. acetosella* fausse roselle ! Pourtant, la vraie roselle n'a qu'un peu de rouge dans ses feuilles autrement vertes, notamment dans les pétioles. Ses fleurs sont plus grosses, plus dressées et jaunes avec un cœur rouge. C'est cependant au moment de la fructification que la différence entre les deux devient évidente : *H. acetosella* produit des capsules sèches, la vraie roselle (*H. sabdariffa*) produit un joli fruit rouge juteux.

**ENCORE PLUS**   L'épithète *acetosella* veut dire « à feuilles acides ». Goûtez à une feuille de votre hibiscus rouge et vous comprendrez pourquoi. Cette plante est cultivée comme plante comestible dans les pays chauds où ses feuilles crues ou cuites servent de légumes. Essayez-en en salade pour ajouter de la couleur et du goût !

Fruits de roselle (*H. sabdariffa*).   Photo : HortiCom

# IMPATIENTE JAUNE

*Impatiens auricoma* 'Jungle Gold' | Photo : HortiCom

Je n'ai rien contre l'impatiente des jardins (*Impatiens walleriana*), qui est présentement la plus populaire de toutes les annuelles, oui, même plus que le pétunia, et probablement aussi la plante la plus vendue dans nos régions. Qu'une plante d'ombre soit en tête des plantes les plus vendues est très révélateur, vous ne trouvez pas ? D'ailleurs, j'aurais dû lui accorder un coup de cœur, car c'est vrai que je l'aime beaucoup. Mais il y a une usurpatrice, une nouvelle venue chez les impatientes qui est venue détourner mon coup de cœur : l'impatiente jaune (*I. auricoma*). Croyez-le ou non, elle performe encore mieux que l'impatiente des jardins dans les coins les plus ombragés. Je l'ai expérimentée plusieurs fois : à la mi-ombre, l'impatiente des jardins est superbe et florifère, mais à l'ombre, vraiment à l'ombre, elle n'est pas si forte, surtout quand vous le comparez à l'impatiente jaune qui brille à la noirceur comme une étoile dans un firmament de jais. Quelle belle plante !

> - **Nom botanique** : *Impatiens auricoma*, syn. *I. comorense*
> - **Famille** : Balsaminacées
> - **Hauteur** : 35 à 80 cm
> - **Largeur** : 30 à 50 cm
> - **Exposition** : mi-ombre à ombre
> - **Sol** : bien drainé, humide et riche
> - **Floraison** : début de l'été à automne
> - **Zone de rusticité** : 10

**DESCRIPTION** L'impatiente jaune (*I. auricoma*) vient des îles Comores où elle pousse dans la jungle dense. Elle forme des tiges charnues et succulentes qui se ramifient pour former un

## IMPATIENTE JAUNE

*Impatiens auricoma* 'Jungle Gold' | Photo : HortiCom

dôme dans le jardin. Le feuillage est plus gros et plus long que celui des impatientes des jardins plus courantes, d'un vert riche et joliment nervuré, ondulé en marge, parfois avec un peu de rouge dans la veine principale. Il est attrayant à lui tout seul.

Les fleurs ne s'ouvrent pas grandes comme celles de l'impatiente des jardins, elles ressemblent plutôt à de petites orchidées, grâce au capuchon très développé qui rappelle un minaret, aux pétales inférieurs qui forme un pseudo labelle et à l'ovaire au centre qui joue le rôle de colonne. La couleur varie entre l'orange et le jaune, avec des striures jaunes à l'intérieur de la fleur.

La plante produit une capsule de graines pointue verte. Comme chez toutes les impatientes, il suffit d'y toucher pour qu'elle éclate, projetant ses graines au loin, d'où le nom « impatiente » !

**CULTURE** La culture de l'impatiente jaune est identique à celle de l'impatiente des jardins, à la différence qu'elle est plus tolérante à la sécheresse et moins au soleil. Le spécimen que j'avais planté au soleil a bien fleuri, mais le feuillage était jauni et peu appétissant. Par contre, au voisinage d'impatientes des jardins sous le surplomb d'un toit, où peu de pluie tombe, c'est l'impatiente jaune qui était la plus belle.

Si vous ne connaissez pas du tout la culture des impatientes, ma comparaison est inutile ; voici donc quelques précisions. Il faut à l'impatiente jaune un sol riche en matières organiques et bien drainé, plutôt humide aussi, même si elle tolère un peu les écarts d'arrosage. Un paillis sera utile pour maintenir le sol un peu humide. L'emplacement sera à la mi-ombre ou à l'ombre. S'il faut la cultiver au soleil, assurez-vous qu'elle soit au moins à l'ombre en après-midi, quand le soleil est le plus chaud et le plus intense.

On peut obtenir des plants d'impatiente jaune en caissette au printemps sans trop de problèmes : la plupart des marchands offrent au moins un cultivar. Repiquez les plants en pleine terre à 20 cm d'espacement quand le sol est réchauffé et qu'il n'y a plus de risque de gel. À part des arrosages en période de sécheresse et des fertilisations pour les plantes cultivées en pot, l'impatiente jaune exige peu de soins.

## IMPATIENTE JAUNE

**MULTIPLICATION**   Semez les graines à l'intérieur environ 12 semaines avant le dernier gel, en recouvrant les graines très légèrement de vermiculite. Placez le contenant dans un sac de plastique transparent dans un endroit éclairé (la lumière stimule la germination) et chaud, mais pas au plein soleil. Maintenez le terreau légèrement humide, mais pas détrempé pour éviter la pourriture. Enlevez le sac après la germination et traitez les semis comme tout autre semis d'annuelle.

Les cultivars disponibles sont des hybrides $F_1$ (c'est-à-dire de première génération – rien à voir avec les bolides de la course automobile) et ne seront pas fidèles au type par semences. On peut toutefois faire des boutures de tige à l'automne ou encore rentrer un plant pour l'hiver.

**UTILISATIONS**   C'est une superbe plante pour les plates-bandes et les sous-bois ombragés, ainsi que pour la culture en pot. Les fleurs attirent les colibris.

**ASSOCIATIONS**   On peut obtenir un très bel effet avec des épimèdes (*Epimedium* spp.) et des fougères, ainsi qu'avec des hostas (*Hosta* spp.).

**PROBLÈMES**   Peu fréquents. Sujette aux araignées rouges quand on la cultive à l'intérieur durant l'hiver.

**CULTIVARS**   L'espèce (*I. auricoma*), de 50 à 80 cm, semble peu disponible dans le commerce. On vous offre plutôt deux cultivars de taille plus compacte :

*I. auricoma* 'African Queen' : fleurs jaunes. Très striée de rouge à l'intérieur. 40 cm.

*I. auricoma* 'Jungle Gold' : fleur de la couleur dite « dorée » en horticulture, soit jaune orangé. Striures rouges moins évidentes. 45 cm.

**IMPATIENTES HYBRIDES**   Il y a eu plusieurs tentatives de croisement entre l'impatiente jaune et l'impatiente des jardins, car les pépiniéristes voulaient ajouter du jaune à la gamme des couleurs des impatientes des jardins, qui comprend presque toutes les teintes de rose, de blanc, de rouge et de pourpre, mais aucune couleur « ensoleillée ». Malheureusement, les deux sont génétiquement incompatibles : le croisement « prend », mais les graines avortent avant la maturation. Après maints échecs, on a toutefois réussi à récolter les graines immatures et à les faire germer en éprouvette, ce qui a donné une plante intermédiaire entre ses deux parents appelée pour l'instant impatiente hybride (*I.* x *hybrida*). Je trouve cependant que ce nom est trop général et pourrait causer de la confusion avec d'autres impatientes hybrides à venir. Ainsi les fleurs sont plus largement ouvertes que chez l'impatiente jaune, mais pas autant que chez l'impatiente des jardins, et elles gardent un petit air d'orchidée. Toutefois, la plupart des gens qui les achètent les prennent pour des impatientes des jardins, j'en suis sûr. Les teintes à ce jour sont justement dans la gamme manquant aux impatientes des jardins : dans les jaunes, orange et teintes saumon.

*Impatiens* x *hybrida* 'Fusion Glow'   |   Photo : Simply Beautiful

## IMPATIENTE JAUNE

*Impatiens* x *hybrida* 'Fusion Heat'
Photo : Simply Beautiful

*Impatiens* x *hybrida* 'Fusion Peach Frost'
Photo : HortiCom

*Impatiens* x *hybrida* 'Seashell Yellow'
Photo : Proven Winners

Ces plantes stériles sont uniquement multipliées dans le commerce par culture *in vitro*, ce qui ne vous empêche pas de les multiplier par bouturage chez vous. Je connais deux séries : Fusion et Seashell. Notez qu'elles coûtent beaucoup plus cher que les impatientes jaunes (*I. auricoma*), car elles doivent être multipliées végétativement, alors que les impatientes jaunes sont faciles à reproduire par semences.

*I.* x *hybrida* 'Fusion Glow' : jaune avec un centre marqué d'orange. 40 x 40 cm.

*I.* x *hybrida* 'Fusion Heat' : orange doux à cœur jaune. 40 x 40 cm.

*I.* x *hybrida* 'Fusion Infrared' : corail foncé, presque rouge, marqué d'orange et de jaune. 40 x 40 cm.

*I.* x *hybrida* 'Fusion Peach Frost' : orange crème rehaussé de rose. Feuillage vert marginé de crème. 40 x 40 cm.

*I.* x *hybrida* 'Fusion Radiance' : corail à cœur rouge rouille. 40 x 40 cm.

*I.* x *hybrida* 'Fusion Sunset' : abricot, centre rouge marron. 40 x 40 cm.

*I.* x *hybrida* 'Seashell Apricot' : fleurs jaune abricot. 20 à 30 cm x 30 cm.

*I.* x *hybrida* 'Seashell Papaya' : fleurs jaune pêche. 20 à 30 cm x 30 cm.

*I.* x *hybrida* 'Seashell Tangerine' : fleurs jaune orangé. 20 à 30 cm x 30 cm.

*I.* x *hybrida* 'Seashell Yellow' : fleurs jaunes. C'est la plus disponible des Seashell sur le marché. 20 à 30 cm x 30 cm.

# LAVATÈRE À GRANDES FLEURS

> Autre nom commun : lavatère annuelle
> Nom botanique : *Lavatera trimestris*
> Famille : Malvacées
> Hauteur : 60 à 150 cm
> Largeur : 45 à 60 cm
> Exposition : soleil
> Sol : bien drainé, plutôt pauvre
> Floraison : début de l'été jusqu'à l'automne

**Il faut croire que même les botanistes ont été impressionnés par la longue période de floraison** de la lavatère à grandes fleurs (*Lavatera trimestris*), car son épithète *trimestris* veut dire trois mois. Les cultivars modernes fleurissent toujours autant… et quelle floraison superbe !

*Lavatera trimestris* 'Beauty Pink' | Photo : HortiCom

**DESCRIPTION** Vous allez avoir de la difficulté à croire que cette plante est une annuelle. Sous sa forme originale, elle atteint jusqu'à 1,5 m de hauteur et ressemble davantage à un arbuste. Mais elle est bel et bien annuelle, mourant à la fin de l'année. Rien ne sert d'essayer de la sauver.

Les tiges semi-ligneuses, ramifiées surtout à la base, portent des feuilles inférieures arrondies ; elles sont lobées et davantage en forme de feuille d'érable vers le sommet. Elles sont vert moyen et légèrement duveteuses. Mais ce sont les fleurs qui nous intéressent : de grosses fleurs satinées de 5 à 7,5 cm de diamètre, en forme de soucoupe. Chaque fleur ne dure que deux ou trois jours, mais la plante a prévu des remplacements, des centaines de remplacements, et habituellement elle fait ses trois mois pleins. Parfois, presque toute la plante est couverte de fleurs.

Je dois admettre que je préfère les grandes lavatères d'autrefois, comme 'Silver Cup', 'Mont Blanc' et 'Pink Beauty', qui faisaient office d'arbuste, mais la mode, tristement à mes yeux, est aux petites lavatères en boule d'à peine 30 cm de hauteur. Comme si on avait encore besoin d'une autre annuelle écrasée au sol ! Pourtant, même les « lavatères écrasées » sont de très jolies plantes. Heureusement que les grandes variétés sont encore disponibles, mais si vous achetez des plants en jardinerie plutôt que des semences, vous allez probablement obtenir des variétés naines.

**CULTURE** Cultivez la lavatère à grandes fleurs au soleil dans un sol bien drainé et plutôt pauvre. Qui aurait cru qu'un sol trop riche pouvait réduire la durée de la floraison ? Pourtant, c'est bien le cas de la lavatère. Elle va mieux dans les sols ordinaires ou même pauvres. Les sols trop riches donnent des plantes plus feuillues et moins florifères.

Assez tolérante à la sécheresse, la lavatère n'a pas besoin de soins. Il y a, bien sûr, des énergumènes qui insistent pour supprimer toute fleur fanée sous prétexte de faire plus propre,

## LAVATÈRE À GRANDES FLEURS

mais si vous avez une vie en dehors du jardinage, vous n'aurez pas besoin de le faire. C'est vraiment un cas de « travailler pour travailler », et d'autant plus que les fleurs fanées sont cachées et difficiles à trouver. Un vrai travail de moine !

Pourquoi la floraison de certaines lavatères ne se rend-elle pas jusqu'à l'automne ? C'est habituellement parce que vous les avez achetées déjà en fleurs. La floraison dure environ trois mois, ai-je besoin de vous rappeler. Si vous achetez un plant en fleurs, vous ne savez pas depuis quand il fleurit : peut-être depuis deux ou trois semaines déjà. C'est d'autant moins de durée de floraison chez vous. Pour une très longue floraison, il faut toujours acheter soit des lavatères en vert (sans fleurs), soit les semer soi-même, à l'intérieur ou à l'extérieur.

**MULTIPLICATION** Par semences, idéalement en pleine terre assez tôt en saison, dès que le sol peut être travaillé, ou même à l'automne. À condition de laisser un peu de terre sans paillis, les lavatères se ressèment spontanément. Les graines germent à basse température, donc sont déjà bien en croissance en mai et en fleurs avant la fin de juin ou au début de juillet.

On peut aussi les semer en godets de tourbe (elles n'apprécient pas les dérangements) à l'intérieur environ six à huit semaines avant la date du dernier gel.

**UTILISATIONS** Les grandes variétés vont bien à l'arrière-scène des plates-bandes et peuvent servir d'écran ou de haie temporaire. On peut aussi les naturaliser dans un pré fleuri. Elles font d'excellentes fleurs coupées. Les petits cultivars peuvent décorer les bordures de plate-bande et les bacs à fleurs.

**ASSOCIATIONS** Les grandes lavatères sont des compagnes idéales pour les cosmos (*Cosmos bipinnatus*) et les cléomes (*Cleome hassleriana*). On peut marier les variétés basses avec presque toute autre annuelle compacte.

**PROBLÈMES** Peu fréquents… sauf dans les régions où les scarabées japonais sévissent. Je vous suggère de ne pas y cultiver de lavatères.

**CULTIVARS** La lavatère était une plante vraiment méconnue quand j'ai commencé à jardiner sérieusement il y a 30 ans. Il n'y avait alors que deux ou trois cultivars. Maintenant, il y en a des dizaines.

*Lavatera trimestris* 'Novella' | Photo : HortiCom

## LAVATÈRE À GRANDES FLEURS

*Lavatera trimestris* 'White Cherub' | Photo : HortiCom

*L. trimestris* 'Beauty Mixture' : mélange de fleurs roses et blanches. 60 cm.

*L. trimestris* 'Loveliness' : fleurs rose foncé. 90 à 120 cm.

*L. trimestris* 'Loveliness Mix' : fleurs roses et blanches. 90 à 120 cm.

*L. trimestris* 'Mont Blanc' : cette plante à fleurs blanches et sa compagne rose 'Silver Cup' ont relancé la mode des lavatères quand elles ont remporté des médailles d'or au concours Fleurosélect en 1979, ce qui a propulsé une annuelle jusqu'alors peu connue au rang d'une vedette. Elle demeure une plante solide et populaire presque 30 ans plus tard. 60 cm.

*L. trimestris* 'Novella' : variété très compacte à fleurs roses. Médaille d'or Fleurosélect 2004. 35 cm.

*L. trimestris* 'Parade' : mélange de plusieurs roses, cerise et blancs. 60 cm.

*L. trimestris* 'Pink Beauty' : rose pâle. 60 cm.

*L. trimestris* 'Ruby Regis' : fleurs rose cerise. 75 à 90 cm.

*L. trimestris* 'Salmon Beauty' : fleurs saumon aux nervures rose foncé. 75 à 90 cm.

*L. trimestris* 'Silver Cup' : le nom un peu trompeur (la fleur n'est pas « argentée » mais rose aux nervures foncées) cache une plante remarquable qui a remporté un prix Fleurosélect en 1979. Excellente sélection. 60 à 75 cm.

*L. trimestris* 'Tangara' : grande variété à fleurs satinées rose carmin. 1 à 1,2 m.

*L. trimestris* 'Twins Cool White' : la plus basse des lavatères, avec sa compagne 'Twins Hot Pink'. Fleurs blanches. 30 cm.

*L. trimestris* 'Twins Hot Pink' : fleurs roses. Très compacte. Médaille d'or Fleurosélect 2005. 30 cm.

*L. trimestris* 'White Cherub', syn. 'Dwarf White Cherub' : variété compacte à fleurs blanches. 30 à 40 cm.

**AUTRES LAVATÈRES** Peu d'autres lavatères annuelles sont cultivées, mais il y a de magnifiques lavatères vivaces, décrites à la page 138.

## PAVOT À OPIUM

*Papaver somniferum* | Photo : HortiCom

> **Autre nom commun :** pavot somnifère
> **Nom botanique :** *Papaver somniferum*
> **Famille :** Papavéracées
> **Hauteur :** 60 à 120 cm
> **Largeur :** 40 cm
> **Exposition :** soleil
> **Sol :** riche, humide, bien drainé
> **Floraison :** début au milieu de l'été (jusqu'à l'automne si on ressème)

**Saviez-vous que les graines de pavot que vous mangez avec vos bagels au déjeuner** ou que matante Armande mettait sur ses petits gâteaux dont elle vous gâtait quand vous étiez enfant viennent de la plante qui donne l'opium, la morphine et la très redoutable héroïne ? Non pas que votre matante essayait de vous droguer (même si on prétend que ces graines calment les enfants turbulents), mais c'est une drôle de coïncidence. Malgré ce que l'on pourrait croire, la vente de graines de pavot à opium (*Papaver somniferum*) n'est pas illégale au Canada (sinon tous les propriétaires de bageleries seraient en prison) et la culture du pavot à opium à des fins ornementales non plus. La production d'opium, qui est en fait dérivé de la sève, un latex blanc qui se forme sur la capsule de graines après la floraison, est d'ailleurs presque impossible dans nos régions : nos pluies abondantes et nos températures trop fraîches diluent les alcaloïdes (les ingrédients actifs), ce qui a pour effet que l'opium produit manque de punch. De plus, les variétés cultivées pour leurs fleurs ornementales contiennent peu d'alcaloïdes de toute façon. Vous pouvez donc cultiver des pavots à opium tout autour de votre maison et je ne pense pas que la GRC vienne vous importuner ! Et il vaut la peine de le faire, car les fleurs sont très, très belles.

**DESCRIPTION**    Le pavot à opium est une annuelle à croissance très rapide qui produit des feuilles bleu-vert et irrégulièrement découpées, ondulées sur les marges. Il produit de solides tiges de la même couleur coiffées d'un bouton inversé qui se redresse à la floraison. La plupart des cultivars ornementaux n'atteignent que 60 à 90 cm de hauteur, tandis que le vrai pavot des champs d'opium mesure souvent 1,2 m.

La fleur est grosse, très grosse : de 10 à 12 cm de diamètre, parfois plus. Sous sa forme « primitive » (au sens de « proche de l'espèce sauvage »), la fleur est en forme de coupe et les pétales sont entiers. Cependant, beaucoup de cultivars ornementaux ont des fleurs très doubles (certains marchands les appellent alors *P. paeoniflorum* ou pavots à fleurs de pivoine) ou à pétales très découpés (*P. lacinatum*). Mais ni l'un ni l'autre de ces noms n'est légitime. J'ai toujours présumé que c'était une façon de se protéger contre toute réprimande des autorités qui pourraient croire à une activité illégale en plaidant l'ignorance. « Mais, M. le juge, je pensais que mon pavot était un pavot à fleurs de pivoine (*P. paeoniflorum*) ; je ne savais pas que c'était un pavot à opium (*P. somniferum*) ! » Or, ces plantes sont manifestement toutes des pavots à opium, et d'ailleurs elles s'entre-croisent allégrement.

Côté couleur, le pavot à opium d'origine avait des fleurs violet pâle à grosses taches pourpres au centre, mais les cultivars peuvent être de toute teinte de rose, de rouge, de violet, de lavande ou blancs, même pourpre très noir, vert très pâle ou crème dit jaune, ainsi que bicolores, avec ou sans taches de diverses couleurs à la base des pétales. La floraison est relativement brève pour une annuelle, quatre à six semaines en juillet et août, mais on peut faire un deuxième semis en juin pour la prolonger jusqu'à la fin de septembre.

*Papaver somniferum* de type *lanciatum* | Photo : HortiCom

Après la floraison, il reste une capsule arrondie à sommet plat typique, souvent utilisée dans les arrangements floraux. On peut alors laisser le pavot debout dans la plate-bande comme élément décoratif. Il faut quand même l'avoir planté en deuxième ou en arrière-plan, derrière d'autres végétaux, car le feuillage dépérit à mesure que la capsule mûrit, ce qui est moins beau à voir.

Les graines s'épandent sur le sol à partir des capsules et une nouvelle génération commence. Certains jardins voient encore des pavots à opium réapparaître annuellement depuis 40 ans et plus.

**CULTURE**   Quand on voit à la télévision des images de champs de pavot à opium en Turquie ou en Afghanistan, le milieu semble si aride qu'on est porté à croire que le pavot aime brûler au soleil dans un sol de brique, mais sachez que ces images sont prises après la floraison, quand l'été chaud et sec s'est bien installé. En fait, dans les pays eurasiatiques d'où il provient, où la saison de croissance est bien plus longue que la nôtre, le pavot à opium amorce sa floraison au printemps à des températures plutôt fraîches et à une humidité de sol constante. En culture, il est vrai que le plein soleil est nécessaire (d'ailleurs, cette plante disparaît rapidement des jardins où d'autres végétaux créent le

Capsule de *Papaver somniferum* | Photo : HortiCom

## PAVOT À OPIUM

moindrement d'ombre), mais ce pavot préfère un sol humide et assez riche. On peut toutefois le cultiver avec succès dans presque tous les sols, acides comme alcalins, et il tolérera une certaine sécheresse.

Ne cherchez pas des plants de pavot à opium en jardinerie, il n'y en a pas. Il faut plutôt y chercher des sachets de semences. Personne ne vend de plants de cette plante va-vite qui en outre déteste le repiquage. Le plaisir des pavots annuels, comme le pavot à opium, est strictement réservé aux gens qui osent encore semer leurs propres plants.

Laissez toujours le sol au pied des pavots à opium libre de paillis, sinon ils ne pourraient plus se ressemer.

**MULTIPLICATION**   Par semences semées en pleine terre à l'automne ou tôt au printemps, quand les nuits sont encore froides (fin avril, début mai). En effet, les graines germent mieux à la fraîcheur et tolèrent un peu de gel. Faites un deuxième semis à la mi-juin pour assurer une floraison jusqu'à la fin de la saison.

Habituellement, on sème les graines de pavot à la volée sur une surface libre de végétation, sans les enterrer. Aucune préparation du sol n'est nécessaire. On peut toutefois arroser légèrement pour les fixer au sol. Dame Nature s'occupera du reste.

Il est théoriquement possible de faire des semis en godet de tourbe à l'intérieur pour hâter la saison un peu… mais je ne connais personne qui le fait.

**UTILISATIONS**   On intègre habituellement le pavot à opium dans les plates-bandes mixtes de style anglais où il peut se ressemer librement, ou encore dans le potager où on le cultive pour ses graines comestibles. Évidemment, la capsule est souvent utilisée dans des arrangements floraux séchés.

**ASSOCIATIONS**   Le pavot à opium est un excellent compagnon pour les bulbes à floraison printanière, comme les tulipes et les narcisses, car le feuillage du pavot pousse rapidement et cache les emplacements laissés vides par les bulbes après leur floraison.

*Papaver somniferum* 'Black Peony' | Photo : HortiCom

**PROBLÈMES**   Peu fréquents.

**CULTIVARS**   On se perd facilement dans le monde des cultivars de pavot à opium, car il y en a des centaines dont plusieurs ont trois, quatre ou cinq noms! Je n'essaierai pas de démêler ce méli-mélo, me contentant de décrire quelques variétés que j'ai particulièrement aimées.

*P. somniferum* 'Apple Green' (*P. paeoniflorum* 'Apple Green'): fleur double vert très pâle. 60 à 90 cm.

*P. somniferum* 'Black Peony' (*P. paeoniflorum* 'Black Peony'): fleur rouge très foncé presque noir. Très double. Il y a des dizaines d'autres noms pour ce pavot populaire. 60 à 90 cm.

*P. somniferum* 'Crimson Feathers' (*P. laciniatum* 'Crimson Feathers'): fleur double rouge aux pétales frangés. 60 à 90 cm.

## PAVOT À OPIUM

*Papaver somniferum* 'Danebrög' | Photo : HortiCom

*P. somniferum* 'Danebrög' (syn. 'Danish Flag') : fleur simple très frangée aux couleurs du drapeau danois : écarlate et blanc. 75 cm.

*P. somniferum* 'Flemish Antique' (*P. paeoniflorum* 'Flemish Antique') : fleur double blanche striée de rouge saumon. 60 à 90 cm.

*P. somniferum* 'Giganteum' : grosse fleur simple lavande aux taches pourpres, ressemblant à celle du pavot à opium sauvage, mais mesurant souvent 17 cm de diamètre. On le cultive surtout pour ses capsules aussi grosses qu'une balle de tennis, très populaires dans les arrangements floraux. 120 cm.

*Papaver somniferum* 'Rose Feathers' | Photo : HortiCom

*P. somniferum* 'Hens and Chickens' : fleur simple rose aux taches violettes. Sa caractéristique principale est cependant qu'il se forme, tout autour de la capsule principale, une foule de capsules miniatures satellites, ce qui crée un bel effet une fois la plante séchée. 60 cm.

*P. somniferum* 'Pink Peony' (*P. paeoniflorum* 'Pink Peony') : fleur rose double. 60 à 90 cm.

*P. somniferum* 'Rose Feathers' (*P. laciniatum* 'Rose Feathers') : fleur double rose aux pétales découpés. 60 à 90 cm.

*P. somniferum* 'Swansdown' (*P. laciniatum* 'Swansdown') : fleur double blanche aux pétales très découpés. 60 à 90 cm.

LES ANNUELLES

## RICIN

*Ricinus communis* 'Zanzibarensis' | Photo : HortiCom

> **Autres noms communs :** ricin commun, ricin sanguin, palma christi
>
> **Nom botanique :** *Ricinus communis*
>
> **Famille :** Euphorbiacées
>
> **Hauteur :** 90 à 400 cm
>
> **Largeur :** 60 à 120 cm
>
> **Exposition :** soleil
>
> **Sol :** bien drainé, fertile et riche
>
> **Floraison :** tout l'été
>
> **Zone de rusticité :** 9

Êtes-vous prêt à vivre dangereusement ? Le ricin a récemment défrayé les manchettes en tant que poison très virulent dont la moindre trace pouvait tuer un humain. Est-il possible que cette populaire géante de la plate-bande, une plante d'allure si tropicale qu'il suffit d'en planter une seule pour métamorphoser votre aménagement en jardin hawaïen, soit si dangereuse ? Oui... et non. Oui, c'est la plante à l'origine du poison qu'on appelle ricin ; non, vous n'allez pas vous intoxiquer à la toucher ou à la manipuler. Le poison est un produit raffiné, concentré, produit en laboratoire : il y a loin de la plante gigantesque à la fine poudre blanche.

Il n'en demeure pas moins que les grosses graines en forme de scarabée représentent un danger pour les enfants. Comme elles sont joliment colorées et très toxiques, les petits pourraient les prendre pour des bonbons et les avaler. Donc, il faut mettre le sachet à l'abri des jeunes enfants, mais la plante elle-même ne constitue pas un danger. Triste, non ? On aime tant vivre sur le fil du rasoir !

**DESCRIPTION** Le ricin, un classique des jardins victoriens, est un arbuste tropical pouvant atteindre 12 m de hauteur dans les pays chauds, mais chez nous les plus gros atteignent un modeste 4 m avec un tronc qui ne mesure pas plus de 8 cm de diamètre. C'est quand même très impressionnant pour une plante que nous cultivons comme annuelle. La plupart des cultivars sont cependant de taille plus modeste, n'atteignant pas plus que 1,8 m. Si jamais vous voulez semer un bosquet et obtenir des résultats probants dès la première année, le ricin est pour vous.

La tige du ricin est peu ou pas ramifiée, du moins les branches n'arrivent pas à se développer pendant notre saison si courte. On voit plutôt une tige épaisse, avec des nœuds très évidents, comme chez un bambou, et de longs pétioles qui partent de part et d'autre de la tige, chacun se terminant en une feuille palmée. La tige peut être verte ou rouge, le pétiole aussi.

# RICIN

La feuille est grosse, parfois très grosse, pouvant mesurer de 15 cm à plus de 60 cm. Elle est peltée, c'est-à-dire en forme de bouclier, le pétiole rejoignant la feuille en son milieu, ce qui, avec ses 5 à 13 lobes, lui donne une apparence de grosse étoile. La feuille peut être verte, rehaussée de rouge, ou carrément pourpre ; les nervures peuvent être de la même couleur que le feuillage ou d'une couleur contrastante.

Le ricin porte un épi floral terminal de fleurs assez anodines, car il est généralement de la même couleur que les tiges et les feuilles sur la plante sauvage et les cultivars victoriens. Chez les variétés modernes cependant, il y a beaucoup de variantes et certains épis sont assez colorés pour être remarqués. Il n'en demeure pas moins que les pétioles des feuilles sont longs et que l'épi compact ne dépasse pas du feuillage. Ainsi est-il presque toujours un peu camouflé.

Les fleurs femelles se changent en capsules piquantes, parfois de la même couleur que les fleurs, parfois non, donc visibles ou peu visibles selon qu'elles sont ou non de couleurs contrastantes. Dans les pays chauds, ces capsules mûrissent, éclatent et projettent avec force les grosses graines à de bonnes distances, d'où un danger que les enfants les ramassent et les avalent. D'où aussi la consigne qu'il faut à tout prix supprimer les fleurs du ricin pour ne pas que cela se produise. Sous notre climat, les graines, si elles arrivent à mûrir, ce qui est loin d'être certain, ne sont pas éjectées. De plus, les capsules sont non seulement piquantes mais hors de portée des enfants, ce qui élimine tout danger de consommation. Le danger, je le répète, n'est pas dans la plante, mais dans les graines laissées à leur portée.

**CULTURE**  On plante le ricin au plein soleil dans un emplacement protégé des vents froids, habituellement vers la mi-juin, quand le sol et l'air sont bien réchauffés et qu'il n'y a plus de risque de gel. Il tolère tous les sols bien drainés et est même assez résistant à la sécheresse, mais pour une belle croissance, préférez un sol riche en matières organiques et toujours un peu humide. Un paillis serait utile pour assurer que le sol reste également humide.

On peut cultiver le ricin en contenant, mais seulement dans de gros bacs, car il exige beaucoup d'espace pour ses racines qui descendent à 45 cm dans le sol : toute contrainte à leur croissance limitera son développement. Les plus gros spécimens ont presque toujours été plantés en pleine terre.

Habituellement, le ricin est très solide et n'exige aucun tuteurage, ni aucun autre entretien que des arrosages en période de sécheresse et des fertilisations pour les plantes cultivées en pot.

**MULTIPLICATION**  On peut trouver des plants de ricin sur le marché, mais ils sont souvent dans des pots trop petits et refusent donc de bien se développer lorsqu'ils ont été transplantés chez vous. Mieux vaut alors les cultiver par semences vous-même. Vous aurez une meilleure qualité de plante et à meilleur prix.

Il est possible de semer les ricins en pleine terre quand le sol est bien réchauffé, mais alors la plante n'a pas le temps de se développer complètement… car les conditions extérieures sont rarement acceptables avant la mi-juin. Mieux vaut les semer dans la maison. Il n'est pas nécessaire de les démarrer très tôt dans la maison : il suffit de les semer quatre ou cinq semaines avant le dernier gel. En fait, votre but n'est pas de créer un gros plant à l'intérieur mais d'activer les graines à la chaleur. Une fois bien amorcés, les plants seront plus tolérants aux écarts de température.

Faites tremper les graines dans un thermos d'eau tiède pendant 24 heures avant de les semer dans des godets de tourbe. Ne prenez pas les petits godets de 5 cm habituels, car il faudra aux plants de l'espace très rapidement pour leurs longues racines. Préférez de gros godets de 10 cm. Recouvrez les graines de terreau et placez les pots dans un emplacement chaud (environ 24 °C). Les graines peuvent prendre deux ou trois semaines à germer. Quand les

## RICIN

semis apparaissent, transférez-les dans un emplacement ensoleillé : une température normale d'intérieur est alors très acceptable. Si la germination est plutôt lente, la croissance après la germination est rapide, et les plants seront prêts à repiquer en pleine terre deux à trois semaines plus tard, dès qu'une première vraie feuille apparaîtra.

Il n'est pas évident de récolter des graines de ricin produites chez soi : sous notre climat, elles n'arrivent pas à leur maturation complète. Même si elles ont l'air mûres, très souvent elles ne germent pas. Il faut alors acheter de nouvelles semences tous les ans.

**UTILISATIONS** Le ricin est toujours une plante-vedette, à planter isolément ou entourée de plantes de moindre taille. On peut le cultiver en gros bac ou en pleine terre. Il peut également servir d'écran ou de haie temporaire. Abasourdissez vos voisins en plantant une forêt de ricins bien espacés.

**ASSOCIATIONS** Exploitez un thème tropical en entourant votre ricin de taros (*Colocasia esculenta*), de taros géants (*Alocasia macrorrhiza*), de cannas (*Canna* spp.) et de fougères (elles ont toujours l'air tropicales, même les variétés rustiques), plus un palmier en pot ou deux sortis pour l'été.

**PROBLÈMES** Peu fréquents. Les plants qui restent rabougris ou qui résistent mal au vent ont probablement été cultivés trop à l'étroit dans leur pot de semis. Il n'y a rien à faire pour les aider à reprendre leur forme normale. Évitez tout simplement de ne pas faire cette erreur l'année suivante.

**CULTIVARS** Le ricin, qui était considéré comme très dépassé durant presque tout le XX$^e$ siècle, est devenu une énorme vedette au début du XXI$^e$. Ce regain d'intérêt a beaucoup stimulé les hybrideurs et favorisé l'apparition de nouveaux cultivars régulièrement… mais il y a aussi des cultivars du XIX$^e$ siècle qui ont refait surface ! Voici quelques exemples :

*R. communis* 'Carmencita' (syn. 'Carmencita Red') : nouveauté populaire aux feuilles bronze et aux fleurs et aux fruits rouge vif. 1,5 à 1,8 m.

*R. communis* 'Carmencita Pink' : encore plus populaire que son frère. Feuilles vertes. Les fleurs et fruits roses sont particulièrement voyants. 1,5 à 1,8 m.

*Ricinus communis* 'New Zealand Purple' | Photo : HortiCom

*Ricinus communis* 'Sanguinea' | Photo : HortiCom

*R. communis* 'Gibsonii' : variété centenaire très compacte (pour un ricin) aux feuilles pourprés et lustrées et aux tiges pourpre foncé. 1,2 m.

*R. communis* 'Impala' : vieille variété aux feuilles vert bronzé et aux tiges rouges. C'est le seul ricin à fleurs jaunes. Fruits marron. 1,5 m.

*R. communis* 'Sanguineus' : variété ancienne aux feuilles rouges. 1,5 à 1,8 m.

*R. communis* 'New Zealand Purple' : le plus foncé des ricins. Cette nouveauté est pourpre très foncé partout : feuilles, tiges, fleurs et capsules. Les feuilles sont luisantes comme un miroir. 1,5 m.

*R. communis* 'Zanzibarensis' : le plus grand des ricins, très populaire à l'ère victorienne, avec des feuilles allant jusqu'à 60 cm de diamètre. Plante variable, à feuilles vertes, parfois veinées de blanc, et à tiges et à pétioles verts ou rouges. 2,5 à 4 m.

**AUTRES RICINS** Il n'y en a pas. Le ricin commun (*Ricinus communis*) est « monotypique », c'est-à-dire tout seul en son genre.

**ENCORE PLUS** Attention ! On dit que certaines personnes sont allergiques au ricin au toucher, que ce soit les feuilles, les tiges ou les graines. Si c'est votre cas, portez toujours des gants quand vous les manipulez.

Et au cas où vous vous poseriez la question, oui, c'est bien du ricin qu'on tire l'huile de ricin, ce purgatif efficace au goût d'enfer que tant de mères bienveillantes administraient à leurs enfants constipés (et dégoûtés) jusqu'aux années 1960 environ.

# RUDBECKIE HÉRISSÉE

*Rudbeckia hirta* 'Indian Summer' | Photo : Selections All-America

> **Autre nom commun :** marguerite jaune
>
> **Nom botanique :** *Rudbeckia hirta*
>
> **Famille :** Composées
>
> **Hauteur :** 20 à 90 cm
>
> **Largeur :** 25 à 45 cm
>
> **Exposition :** soleil, mi-ombre
>
> **Sol :** bien drainé
>
> **Floraison :** début de l'été jusqu'aux gels

Bien sûr que j'accorde un coup de cœur à la rudbeckie hérissée : c'est la toute première plante que j'ai jamais essayée de semer à l'intérieur. Je devais avoir dans les 10 ou 11 ans. Peu importe si j'ai un peu raté cette première tentative (la fonte des semis m'a ravi les trois quarts des plants), j'étais tellement fier des quelques survivants. Évidemment, si j'avais choisi de semer des graines de rudbeckie hérissée, c'est que j'étais déjà entiché de cette plante, et je le suis toujours. Le plus curieux est que, à cette époque, la rudbeckie hérissée n'était pas très estimée comme fleur annuelle ; on aimait mieux les œillets d'Inde (*Tagetes patula*) ! Aujourd'hui, d'ailleurs depuis le milieu des années 1990, la rudbeckie hérissée est en pleine ascension dans le monde des annuelles et s'apprête même à dépasser le sacro-saint œillet d'Inde. Tant mieux, car, à mon avis, c'est une plante bien supérieure.

**DESCRIPTION** La rudbeckie hérissée est une plante qui porte bien son nom, car presque tout, des feuilles jusqu'aux tiges et même aux sépales, est recouvert de poils drus (hérissé, comme *hirta*, veut dire garni de poils). Les feuilles sont lancéolées et vert moyen. Les tiges florales portent une inflorescence composée d'un cercle de rayons jaune d'or entourant un disque central brun foncé ou noir (d'où le très joli nom anglais de « black-eyed Susan » ou « Suzanne aux yeux noirs ») en forme de cône. Les variétés horticoles ajoutent un peu plus de choix de couleurs et une plus grande variété de hauteurs, mais elles sont en général très proches de l'espèce sauvage.

Chez les rudbeckies hérissées sauvages de notre région, la floraison est déterminée par la durée du jour. Elles commencent à fleurir en juillet sous l'influence des jours longs, mais elles cessent à la fin d'août quand les jours raccourcissent. Les formes cultivées sont surtout dérivées de souches venant du sud de l'aire naturelle de la rudbeckie hérissée et qui ne sont pas influencées

# RUDBECKIE HÉRISSÉE

par la durée du jour. Ainsi non seulement la floraison peut-elle commencer plus tôt, mais aussi se prolonger beaucoup, jusqu'aux gels sévères. Si on les démarre de bonne heure à l'intérieur, il est possible d'obtenir des fleurs dès le début de l'été jusqu'à la fin d'octobre, et même novembre si les gels sont légers.

**CULTURE** La rudbeckie hérissée provient à l'origine des Prairies, ainsi que du Midwest et du sud-est américains, mais elle est abondamment présente dans l'est du Canada maintenant, dont presque partout au Québec, car elle a suivi le défrichement des terres vers l'est. Nos campagnes ressemblent maintenant davantage aux champs à perte de vue des Prairies que la rudbeckie hérissée connaissait autrefois qu'à la forêt vierge que nos premiers colons ont connue.

Chez nous, les rudbeckies hérissées sont surtout annuelles ou bisannuelles; plus au sud, certaines lignées sont vivaces. Les variétés horticoles offertes comme annuelles ont été surtout développées à partir des formes annuelles. Il ne faut cependant pas être surpris si quelques plants reviennent pendant deux ou trois ans à l'occasion.

À cause de son amour des Prairies, on peut présumer que la rudbeckie hérissée aimera le soleil et tolérera les sols secs, ce qui est assez vrai. Mais elle pousse bien aussi à la mi-ombre et dans tout sol bien drainé. Évitez les sols très riches, car ils stimulent une croissance des feuilles au détriment des fleurs. Cette plante n'exige pratiquement aucun entretien une fois qu'elle est établie.

Les formes horticoles de rudbeckie hérissée sont abondamment disponibles en jardinerie sous forme de plants en caissette, mais on peut aussi produire des plantes par semences.

**MULTIPLICATION** On peut semer les graines en pleine terre à l'automne, dès le mois d'août ou en septembre. Elles germent pour former de petites rosettes qui survivent au froid ce premier hiver (leur petit côté bisannuel ressort). Ainsi les plants sont bien placés pour fleurir tôt l'été suivant. On peut aussi traiter cette plante en « vraie annuelle » en la semant tôt au printemps, quelques semaines avant la date du dernier gel, pour une floraison à partir du milieu de l'été. Pour une floraison la plus hâtive, semez les graines à l'intérieur six à huit semaines avant la date du denier gel, ce qui peut hâter le début de la floraison de plusieurs semaines. Ne recouvrez pas les graines de terreau : elles ont besoin de lumière pour germer.

La rudbeckie hérissée se reproduit facilement par semences spontanées si on laisse des espaces non paillés. Les semis ne sont cependant pas toujours fidèles au type.

**UTILISATIONS** La rudbeckie hérissée est un classique pour les prés fleuris et, pendant longtemps, elle fut utilisée de cette façon presque exclusivement; elle était notamment très présente dans les mélanges à semences pour la naturalisation dans les champs et le long des routes. Mais depuis quelques années, on l'utilise abondamment en plate-bande, en bordure comme en deuxième plan (selon la hauteur du cultivar), et aussi en contenant. C'est une excellente fleur coupée fraîche qui durera souvent un mois en vase (non, je n'exagère pas) si on change l'eau souvent. Quand les rayons tombent, on peut employer le cône noir restant comme fleur séchée. Durant l'été, les papillons, les abeilles et toute une faune arthropode la visitent. À l'automne, ce sont les oiseaux granivores comme les chardonnerets qui viennent s'empiffrer de ses graines.

**ASSOCIATIONS** Plantez la rudbeckie hérissée avec les agérates (*Ageratum houstonianum*), les gaillardes (*Gaillardia* spp.) et la grande marguerite (*Leucanthemum* x *superbum*). Cette plante des Prairies est aussi une compagne naturelle des graminées.

**PROBLÈMES** Peu fréquents.

## RUDBECKIE HÉRISSÉE

**CULTIVARS** Il y a présentement un grand choix de cultivars. En voici quelques-uns :

*R. hirta* 'Autumn Colors' : fleurs simples de 12 cm dans un mélange de couleurs jaunes, orangées et rouge marron, presque toutes bicolores. Cône brun foncé. 70 cm.

*R. hirta* 'Cherokee Sunset' : mélange à grandes fleurs semi-doubles à doubles dans des teintes chaudes de jaune, d'orange et de marron. Sélections All-America *et* Fleurosélect 2002. 60-75 cm.

*Rudbeckia hirta* 'Cherokee Sunset' | Photo : Sélections All-America

*R. hirta* 'Cordoba' : variété naine à grosses fleurs à cône brun foncé et à rayons rouge marron aux pointes jaunes. 45 à 50 cm.

*R. hirta* 'Indian Summer' : rudbeckie à grosses fleurs typiques de l'espèce : jaune à cône noir de 15 cm de diamètre. Plante compacte et très, très florifère. Cette gagnante du prix Sélections All-America de 1995 est déjà un classique. 75 cm.

*R. hirta* 'Irish Spring' : fleurs jaune orangé à cône vert. 80 cm.

*R. hirta* 'Maya' : fleurs jaune très doubles, presque comme des zinnias. Très compacte. Gagnante Fleurosélect. 30 cm.

*R. hirta* 'Prairie Sun' : superbe fleur à cône vert et aux rayons jaune doré à la base et jaune fluorescent à l'extrémité. Une double gagnante : Sélections All-America *et* Fleurosélect 2003. 90 cm.

*Rudbeckia hirta* 'Prairie Sun' | Photo : HortiCom

*R. hirta* 'Toto Gold' : la série Toto combine de très petites fleurs (5 cm de diamètre) avec une toute petite plante. 'Toto Gold' offre des fleurs jaune d'or. 20 cm.

*R. hirta* 'Toto Lemon' : petites fleurs jaune citron à cône brun foncé. Fleurosélect 2002. 20 cm.

*R. hirta* 'Toto Rustic' : petites fleurs rouge marron à pointes jaunes. Cône brun foncé. Fleurosélect 2002. 20 cm.

**AUTRES RUDBECKIES HÉRISSÉES** Il faut mentionner qu'il y a une forme vivace de *R. hirta*, parfois appelée rudbeckie gloriosa. Il s'agit de plantes tétraploïdes, qui ont donc une double copie des chromosomes, ce qui leur donne notamment une plus longue vie. Ainsi elles peuvent survivre plusieurs années dans le jardin. Dans ce groupe, il y a des cultivars comme *R. hirta* 'Irish Eyes', à fleurs jaune orangé à cône vert, 60-75 cm, *R. hirta* 'Goldilocks', à fleurs jaunes doubles, 60 cm, et 'Gloriosa Daisy', à fleurs simples de diverses couleurs, 60 à 75 cm.

# STROBILANTHÈS

*Strobilanthes dyerianus* | Photo : HortiCom

J'ai longtemps cultivé cette plante uniquement comme plante d'intérieur, sans jamais penser à l'utiliser dans le jardin estival. Je la plaçais bien à l'extérieur pendant l'été, mais c'était au milieu des centaines d'autres plantes d'intérieur qui séjournent d'office à l'extérieur chez moi tous les ans, tassées les unes sur les autres, sans véritable souci de les utiliser comme plantes ornementales. Un été, j'ai aperçu cette plante dans un aménagement extérieur, puis dans un autre, puis dans un autre…

> Nom botanique : *Strobilanthes dyerianus*
> Famille : Acanthacées
> Hauteur : 30 à 120 cm
> Largeur : 30 à 90 cm
> Exposition : mi-ombre
> Sol : bien drainé, humide
> Floraison : fin de l'automne et hiver
> Zone de rusticité : 10

On aurait dit que tout le monde avait soudainement pris conscience que le vrai rôle de cette plante consiste à servir de plante annuelle dans l'aménagement extérieur, car subitement le strobilanthès (*Strobilanthes dyerianus*) était partout… Il est désormais offert dans le rayon des annuelles des jardineries sous forme de boutures enracinées ou de jeunes plants en pot prêts à repiquer en pleine terre. Et c'est vrai que cette plante au feuillage si coloré fait vraiment une bien plus belle plante dans le jardin extérieur que dans la maison.

**DESCRIPTION** Le strobilanthès est en fait un sous-arbrisseau tropical d'origine birmane qui peut atteindre 1,2 m de hauteur et presque autant de diamètre. Il atteint toutefois rarement ces

## STROBILANTHÈS

dimensions lorsqu'on l'emploie comme annuelle. Il peut alors mesurer un maximum de 90 cm de hauteur sur autant de diamètre, mais c'est souvent beaucoup moins.

La plante produit de longues feuilles lancéolées de 15 à 25 cm de longueur, sans pétiole et légèrement dentées sur la marge. C'est cependant la coloration et la texture de la feuille qui vous surprendront. Sa surface supérieure, joliment nervurée et vert foncé, est envahie par une tache métallique qui court de haut en bas, allant de rose argenté iridescent sur les feuilles les plus âgées à pourpre brillant sur les plus jeunes. Le dos est entièrement pourpre. L'effet est des plus saisissants : c'est vraiment une plante qui ressort du lot.

*Strobilanthes dyerianus* | Photo : HortiCom

Mais est-ce que le strobilanthès fleurit ? Oui, mais pas dans le jardin. Sa floraison s'amorce durant les jours courts (de moins de 12 heures). Si vous rentrez un strobilanthès à l'automne, sans le pincer, vous allez remarquer que les nouvelles feuilles qui poussent ne sont plus aussi colorées sur le dessus, mais tout simplement vert rehaussé d'argent ou même entièrement vertes. C'est que le feuillage si coloré du strobilanthès est la forme juvénile. Le feuillage adulte est moins coloré. Les fleurs violettes en trompette s'épanouissent à partir d'un dense épi terminal de novembre à février, puis la plante commence graduellement, grâce à la formation de nouvelles tiges juvéniles, à prendre ses coloris estivaux. Pour une plante surtout connue pour son beau feuillage, il est surprenant de constater à quel point les fleurs sont attrayantes.

**CULTURE** Choisissez un emplacement bien éclairé mais protégé du soleil direct – autrement dit, à la mi-ombre – pour le séjour estival de votre plante. Vous pouvez cultiver le strobilanthès en pot ou en pleine terre, selon votre choix. Il s'adapte à une vaste variété de sols pour autant qu'ils soient bien drainés, mais au moins un peu humides en même temps : la plante n'a aucune tolérance à la sécheresse. Pour de meilleurs résultats, préférez un sol riche en matières organiques et paillez pour maintenir une humidité du sol constante.

Pincez votre plante à la plantation, ce qui aidera à stimuler la ramification et ne retardera pas la croissance, assez vigoureuse. Durant l'été, arrosez au besoin pour tenir le sol un peu humide en tout temps. N'attendez pas que la plante commence à flétrir avant d'arroser ; si vous attendez trop, elle va commencer à dépérir. Fertilisez-la régulièrement si elle pousse en pot ; les plantes en pleine terre réussiront bien sans ces fertilisations. Il peut aussi être nécessaire de la pincer encore de temps en temps au cours de l'été si certaines branches menacent de dépasser des autres.

À l'automne, trois choix : vous laissez geler votre strobilanthès, vous rentrez des boutures ou vous rentrez la plante. Si vous voulez le voir fleurir, rentrez-le et arrêtez de le pincer. Si vous ne tenez qu'à conserver la plante pour l'année suivante, vous pouvez rentrer des boutures, qui garderont alors l'apparence qu'elle avait dans le jardin : des feuilles fortement marquées de rose argenté et de pourpre argenté.

Dans la maison, il lui faut un bon éclairage et même du soleil direct (n'oubliez pas que c'est désormais l'automne et bientôt l'hiver : le soleil est *beaucoup* moins fort durant ces périodes) et une bonne humidité de l'air ; un humidificateur serait utile. Il vous faudra peut-être augmenter la fréquence des arrosages si l'air est très sec et que, par conséquent, la plante perd beaucoup d'eau à l'évaporation. Conservez le terreau légèrement humide en tout temps. Si vous voulez des fleurs, ne pincez pas tant que la floraison n'est pas terminée; si elles vous importent peu, pincez au besoin pour obtenir un plant égal et bien ramifié.

**MULTIPLICATION**  Par bouturage des tiges non fleuries en toute saison.

**UTILISATIONS**  Le strobilanthès est une excellent plante-vedette d'extérieur pour les coins un peu sombres, soit en pleine terre soit en pot. Si vous en bouturez suffisamment, vous pourriez créer un couvre-sol iridescent temporaire pour un sous-bois ouvert. Évidemment, il est traditionnellement cultivé comme plante d'intérieur, un rôle qu'il peut toujours reprendre.

**ASSOCIATIONS**  Vous pouvez combiner le strobilanthès avec d'autres plantes annuelles, ou encore recherchez un effet tropical en utilisant pour voisines des plantes d'allure exotique comme le taro (*Colocasia esculenta*), le canna (*Canna* spp.) ou des palmiers en pot sortis pour l'été.

**PROBLÈMES**  Peu fréquents. Le feuillage se décolore naturellement vers la période de floraison.

**AUTRES STROBILANTHÈS**  Il existe plus de 350 *Strobilanthes*, incluant certaines vivaces assez rustiques. Aucun n'est cependant aussi facilement disponible et aussi coloré que *S. dyerianus*.

## TABAC SYLVESTRE

*Nicotiana sylvestris* | Photo : HortiCom

> **Autres noms communs :** nicotine sylvestre, tabac odorant
> **Nom botanique :** *Nicotiana sylvestris*
> **Famille :** Solanacées
> **Hauteur :** 120 à 150 cm
> **Largeur :** 45 à 60 cm
> **Exposition :** soleil, mi-ombre
> **Sol :** bien drainé, humide
> **Floraison :** début de l'été à début de l'automne

## TABAC SYLVESTRE

**La mode revient toujours, dit-on.** Ainsi le tabac sylvestre (*Nicotiana sylvestris*), qui fut introduit de l'Argentine en 1899 et qui connut alors une carrière horticole fulgurante comme annuelle dans les plates-bandes d'annuelles très à la mode, disparut presque du marché pendant plus de 70 ans pour redevenir une (modeste) vedette des jardins dans les années 1990 avec l'introduction du cultivar 'Only the Lonely'. Je le cultive depuis : c'est une belle plante aux fleurs intrigantes — et parfumées — qui ne laissent jamais les visiteurs indifférents.

**DESCRIPTION** Le tabac sylvestre est en fait un des parents, avec *N. tomentosiformis*, du tabac à fumer (*N. tabacum*), qui serait un hybride naturel. Paraît-il qu'on peut fumer ses feuilles, mais personnellement, je le cultive uniquement pour son beau port et ses belles fleurs parfumées.

*Nicotiana sylvestris* | Photo : HortiCom

C'est une plante sculpturale, portant sur de hautes tiges ramifiées de nombreuses grandes feuilles oblongues sans pétiole, vert moyen et un peu ondulées, et au sommet, des épis denses et souvent ramifiés de longues fleurs blanches. Le tube de la fleur peut mesurer 10 cm de longueur, s'ouvrant en son extrémité en cinq pétales très courts, ce qui donne à la fleur l'apparence d'une trompette très longue et mince. Les fleurs sont penchées vers le bas, ce qui est rarement un trait très ornemental, mais c'est un atout ici en raison du grand nombre de fleurs.

Les fleurs sont à moitié fermées le jour, ne s'ouvrant complètement que le soir. Elles émettent alors un parfum suave très apprécié. Certes, des fleurs à moitié fermées au moment où on visite le plus un jardin ne paraît pas très prometteur, mais encore une fois c'est la masse qui sauve la mise : il y a tellement de ces fleurs minces et curieusement pendantes que, fermées ou non, elle nous paraissent très belles.

La floraison est très durable aussi. En bonne annuelle, la plante fleurit pratiquement tout l'été.

**CULTURE** L'épithète « sylvestris » veut dire « des forêts », mais il ne faut peut-être pas le prendre trop littéralement. Oui, le tabac sylvestre résiste un peu à l'ombre, mais ce n'est quand même pas un bon sujet pour l'ombre profonde. Je n'ai jamais vu cette plante dans son milieu d'origine en Argentine, mais je présume qu'elle pousse à *l'orée* des forêts plutôt qu'en plein centre. En culture, préférez la mi-ombre ou même le plein soleil.

Côté sol, le tabac sylvestre semble assez adaptable, poussant dans presque tous les sols bien drainés. Pour obtenir les meilleurs résultats, préférez un sol assez riche et plutôt humide. Malgré tout, il tolère bien les sécheresses pas trop extrêmes.

Évitez les engrais, ou du moins les engrais chimiques riches en azote (le premier chiffre) : c'est quasiment une invitation ouverte aux pucerons.

**MULTIPLICATION** Par semences semées à l'intérieur environ huit semaines avant le dernier gel. Ne les recouvrez pas : il leur faut de la lumière pour germer. Il est peu croyable que des graines aussi fines puissent donner des plantes aussi gigantesques en seulement deux mois, mais c'est le cas.

## TABAC SYLVESTRE

On peut aussi semer les graines en pleine terre au début du printemps, ce qui donnera une floraison plus tardive et des plantes moins hautes (rarement plus de 90 cm). Le tabac sylvestre se ressème spontanément si on lui laisse un peu d'espace sans paillis… mais il fleurira plus tardivement et sur un plant plus bas.

**UTILISATIONS**  Cette grande annuelle est intéressante en arrière-plan et en massif, et elle peut être naturalisée dans un pré fleuri. À cause de son parfum nocturne, il est judicieux de la placer près d'une terrasse qu'on utilise en soirée ou près d'une fenêtre qui est souvent ouverte le soir. Le tabac sylvestre attire les papillons de nuit, dont le fabuleux sphinx.

**ASSOCIATIONS**  Cette annuelle est superbe avec les grandes graminées et les annuelles de bonne taille, comme la verveine bonne à rien (*Verbena bonariensis*) et le cléome (*Cleome hassleriana*).

**PROBLÈMES**  Peu de problèmes de maladies. Cette plante est souvent infestée de pucerons si on la fertilise avec des engrais chimiques riches en azote. On peut chasser ces bestioles avec un fort jet d'eau. Des aleurodes (mouches blanches) sont parfois présents, mais ne causent pas de véritable problème. Le tabac sylvestre est toxique pour les mammifères, qui préfèrent ne pas le brouter.

**CULTIVARS**  On voit souvent le cultivar *N. sylvestris* 'Only The Lonely', mais il me semble identique à l'espèce et je considère que ce n'est qu'un nom commercial pour *N. sylvestris*. S'il y a des différences, elles sont sûrement minimes. Le nom de cultivar 'White Shooting Stars' aussi semble illégitime. Toute plante nommée *N. sylvestris* donnera à peu près la même chose.

**AUTRES TABACS ORNEMENTAUX**  Il y a plusieurs autres tabacs ornementaux annuels, mais mon préféré demeure *N. sylvestris*.

**ENCORE PLUS**  Pauvre M. Nicot ! Votre nom sera toujours associé au tabagisme, maintenant considéré comme un des pires fléaux de l'humanité. Pourtant, Jean Nicot était médecin, et quand il expédia les premiers plants de tabac en France en 1560, une initiative en l'honneur de laquelle le genre fut nommé *Nicotiana*, c'était parce qu'il croyait… aux qualités curatives du tabac. De nos jours, le tabac est rarement utilisé pour guérir : il rend plutôt malade… et tue.

*Nicotiana sylvestris* | Photo : HortiCom

## TOURNESOL

*Helianthus annuus* 'Ring of Fire' | Photo : HortiCom

> Autre nom commun : soleil
> Nom botanique : *Helianthus annuus*
> Famille : Composées
> Hauteur : 30 à 400 cm
> Largeur : 60 à 75 cm
> Exposition : soleil
> Sol : bien drainé
> Floraison : milieu de l'été jusqu'aux gels

Qui ne connaît pas le tournesol ? Quand on demande à un enfant de dessiner une fleur, c'est presque toujours un tournesol (ou une tulipe) qu'il gribouille. Les grosses graines des tournesols sont faciles à manipuler pour des petits doigts, et la plante pousse rapidement et fait une floraison impressionnante. Pour bien des enfants, c'est donc la première fleur qu'ils cultivent eux-mêmes.

Je me souviens d'avoir semé, quand j'étais petit, le tournesol géant 'Mammoth' (syn. 'Mammoth Russian', 'Giant Mammoth'), plutôt cultivé pour ses graines que pour sa beauté, dans l'espoir d'obtenir le tournesol le plus haut du monde (le record actuel est de 7,76 m). Les miens n'ont pas fait plus de 3 m, mais la fleur énorme m'avait beaucoup impressionné.

Par la suite, j'ai découvert les tournesols ornementaux à fleurs multiples et colorées : ils sont devenus mon fétiche. J'en ai semés partout sur le terrain chez mes parents, et tous les ans j'en récoltais les graines pour les ressemer au printemps. On ne pouvait alors regarder dehors sans voir à travers un rideau de fleurs de tournesol. C'était un peu ma façon de marquer mon territoire, de dire qu'on était bien chez Larry, ce que mon frère avait très bien compris. Quand je suis parti étudier à l'extérieur, il a aussitôt arraché tous les tournesols, comme pour dire : « C'est moi le fils majeur maintenant ! »

DESCRIPTION  Si pour vous le tournesol est une plante à tige unique de 2 m et plus qui produit une seule fleur gigantesque nécessairement jaune, c'est que vous n'êtes pas allé dans une jardinerie depuis *très* longtemps. Les tournesols modernes sont très variables et peuvent aussi bien mesurer moins de 30 cm que plus de 3 m, et ils sont offerts dans une gamme de couleurs comprenant toutes les teintes de jaune, mais aussi le rouge, le brun, l'orange et le blanc ; plusieurs sont bicolores ou tricolores. Les fleurs peuvent être doubles, semi-doubles ou

# TOURNESOL

simples, et de toute taille à partir de 7 cm de diamètre jusqu'à plus de 80 cm. Le tournesol classique à tige unique et portant seulement une fleur est encore populaire, mais beaucoup de cultivars sont maintenant multiflores, pouvant compter jusqu'à une trentaine de fleurs.

Voilà pour les différences, mais il y a quand même des ressemblances. Le tournesol a une tige épaisse et assez rigide, creuse, et des feuilles plus ou moins cordiformes, habituellement vertes (il existe aussi des tournesols panachés). La « fleur » (en fait, une inflorescence combinée), qui dans sa plus simple expression est réellement en forme de soleil, présente un cœur assez large, brun, jaune ou vert, entouré de rayons. Le nom botanique, *Helianthus*, le souligne : « helios » veut dire soleil, « anthus » fleur. Le tournesol est célèbre pour son « héliotropisme » : ses fleurs suivent le soleil. En fait, ce sont les boutons floraux qui suivent le soleil, orientés vers l'est le matin, vers l'ouest le soir. Mais en général la tige florale s'endurcit, faisant généralement face à l'est, avant que la fleur s'épanouisse, ce qui fait que les fleurs ne suivent plus le soleil.

Le centre de la fleur se remplit de graines de forme, de taille et de couleur variable : étroites ou larges, blanches, grises, noires ou striées.

**CULTURE** L'origine d'une plante donne souvent bien des indications sur ses besoins culturaux. Le tournesol nous vient des Prairies américaines, un milieu ensoleillé et parfois sec. Justement, en culture, le tournesol préfère avoir beaucoup de soleil. Il peut tolérer un tout petit peu d'ombre mais vraiment très peu, et il y fleurira avec moins de vigueur. Il pousse dans tous les sols bien drainés, mais si votre but est de concourir pour le tournesol le plus haut au monde, préférez un sol riche et plutôt humide. L'utilisation d'un paillis serait utile pour réduire les risques de sécheresse.

Derrière les petits fleurons fertiles du tournesol se forment les graines que nous récoltons. | Photo : HortiCom

Normalement on sème les tournesols en pleine terre (voir *Multiplication*), mais en jardinerie on voit parfois de petits tournesols en pot déjà en fleurs. Est-ce un choix logique pour la plantation en pleine terre ? Je ne pense pas. D'abord, ils coûtent très cher (difficile d'imaginer une plate-bande composée de ces annuelles qui coûtent aussi cher qu'un arbuste). Il faut savoir aussi, si vous n'êtes pas au courant, que ces tournesols sont déjà au faîte de leur seule et unique floraison et que le spectacle sera bientôt terminé, dans deux ou trois semaines selon que la floraison est avancée ou non. En somme, le résultat risque de vous décevoir beaucoup. Je pense que la seule façon logique de cultiver des tournesols demeure encore de les semer soi-même !

**MULTIPLICATION** Semez les graines de tournesol au printemps deux ou trois semaines avant la date du dernier gel. Les semis peuvent tolérer des gels légers. Enterrez les graines à 6 mm de profondeur et à environ 15 cm d'espacement. Éclaircissez plus tard à 30 cm d'espacement. Même si vous n'êtes pas un habitué des paillis organiques, une application de 2 ou 3 cm de compost entre les plants après la germination aidera à combler les besoins en éléments nutritifs.

La floraison des tournesols est normalement assez tardive : habituellement à la fin de l'été et au début de l'automne. Il ne sert pas à grand-chose de les semer plus tôt dans la maison dans le but de hâter la floraison, car ce sont les jours longs de l'été qui la ralentissent. Ce n'est que quand les jours commencent à raccourcir pour la peine que la floraison s'amorce. Certaines variétés ne sont pas influencées par la durée du jour (on dit qu'elles sont à jours neutres) et sont souvent offertes comme « variétés hâtives ». Vous pouvez semer ces variétés à l'intérieur, en godets de tourbe, environ deux à trois semaines avant le dernier gel et ainsi gagner un peu de temps.

LES ANNUELLES ••• 317

## TOURNESOL

*Champ de tournesols* | Photo : HortiCom

Malheureusement, à cause de leur croissance très rapide, il est difficile de semer les tournesols beaucoup plus que trois semaines d'avance. Le temps gagné n'est donc pas très significatif.

**UTILISATIONS** On peut utiliser les grands tournesols comme plantes d'arrière plan, comme écran ou comme haie temporaire. On peut aussi les naturaliser dans un champ fleuri. Les variétés plus petites conviennent au milieu de la plate-bande ou même en bordure, et sont de bons sujets pour la culture en contenant. Ce sont aussi d'excellentes fleurs coupées, notamment les variétés à fleurs multiples (peu de gens ont le courage de couper la fleur unique des variétés uniflores). Les tournesols attirent les papillons l'été et les oiseaux granivores l'automne et l'hiver (à condition de ne pas les couper à l'automne, bien sûr).

**ASSOCIATIONS** Les tournesols se marient bien avec les graminées ornementales et diverses vivaces, selon leur taille.

**PROBLÈMES** Peu fréquents. Souvent les graines sont infestées de petits vers, mais à moins de vouloir produire des graines pour la consommation, cela n'est pas un problème, car l'infestation n'est pas visible. Mieux encore, les oiseaux raffolent autant des vers que des graines… ce qui leur donne quelques protéines de plus. Où donc est le problème ?

**CULTIVARS** Il y a, paraît-il, car je n'ai pas fait le décompte, plus de 2 000 cultivars de tournesol. Impossible de les décrire tous ici ! Je propose de vous donner une idée des différentes catégories avec quelques exemples, mais libre à vous de choisir dans ce smorgasborg.

Notez les mentions suivantes qui accompagnent les descriptions :

> *jours neutres :* tournesols généralement à floraison plus hâtive que les autres ;

> *sans pollen :* ces tournesols ne sont pas vraiment « sans pollen », mais celui-ci ne mûrit pas et reste collé sur l'inflorescence. Ils sont très populaires auprès des fleuristes et des autres amateurs d'arrangements floraux, car le pollen jaune des tournesols est abondant et salissant. Ainsi ces variétés apparaissent-elles fréquemment dans les catalogues de semences. Mais voulez-vous vraiment d'un tournesol qui n'attire pas les papillons et qui, produisant peu de graines, n'attire pas d'oiseaux ?

> *uniflore :* ne produit qu'une seule fleur par plant ;

> *multiflore :* produit plusieurs fleurs par plant.

## TOURNESOL

**TOURNESOLS HAUTS** (plus de 1,5 m) :

*H. annuus* 'Autumn Beauty Mix', 'Color Fashion Mix,, 'Large Flowered Mix', etc. : il existe de nombreux mélanges de tournesols de couleur comme ceux-ci, à fleurs simples, semi-doubles ou doubles. Fleurs multiples. 1,5 à 2 m.

*H. annuus* 'Helianthus annuus 'Double Santa Fe': fleur jaune orangé très double de 12 à 15 cm. Sans pollen. Multiflore. 1,5 m.

*H. annuus* 'King Kong': énorme fleur de 30 cm, jaune. Uniflore. L'un des tournesols les plus hauts. 2 à 5 m.

*H. annuus* 'Mammoth' (syn. 'Mammoth Russian', 'Giant Mammoth') : bonne vieille variété surtout utilisée pour la production de ses graines riches en huile, mais aussi comme plante ornementale. C'est *le* tournesol pour la majorité des gens. Grosse fleur jaune penchée de 30 cm. Uniflore. 2,5 m.

*H. annuus* 'Monet Mixture': mélange aux couleurs pastel. Multiflore. Sans pollen. 12 à 15 cm. 2 m.

*H. annuus* 'Moulin Rouge': fleur rouge marron de 12 à 15 cm. Multiflore. 2 m.

*H. annuus* 'Soraya': fleur jaune orangé de 12 à 15 cm. Multiflore et même très prolifique dans sa production de fleurs. Gagnant Sélections All-America. 1,8 m.

*H. annuus* 'Sunburst Panache': fleur semi-double jaune à cœur rouge de 10 à 15 cm. Multiflore. Sans pollen. 1,5 à 1,8 m.

*H. annuus* 'Sunrich Lemon': fleur simple jaune citron de 10 à 15 cm. Multiflore. Sans pollen. 1,5 à 1,8 m.

*H. annuus* 'Sunrich Orange': fleur simple orange de 10 à 15 cm. Multiflore. Sans pollen. 1,5 à 1,8 m.

*H. annuus* 'The Joker': fleur semi-double jaune à auréole rouge de 15 à 20 cm. Sans pollen. 2 m.

*H. annuus* 'Valentine': fleur jaune citron de 12 cm. Multiflore. 1,5 m.

*Helianthus annuus* 'Double Santa Fe' | Photo : HortiCom

*Helianthus annuus* 'Sunburst Panache' | Photo : HortiCom

*Helianthus annuus* 'Valentine' | Photo : HortiCom

## TOURNESOL

**TOURNESOLS MOYENS** (entre 90 et 150 cm) :

*H. annuus* 'Chianti' : fleur rouge de 9 à 12 cm. Multiflore. Sans pollen. 1,2 m.

*H. annuus* 'Moonshadow' : fleur blanc crème de 9 à 12 cm. Multiflore. 1,2 m.

*H. annuus* 'Prado Red' : fleur simple rouge très foncé de 10 à 12 cm. Multiflore. Sans pollen. 1,2 m.

*H. annuus* 'Prado Yellow' : fleur simple rouge très foncé de 10 à 12 cm. Multiflore. Sans pollen. 1,2 m.

*H. annuus* 'Ring of Fire' : fleurs jaune d'or à centre brun et auréole rouge. 13 à 15 cm. Multiflore. Gagnant Sélections All-America. 1,2 m.

*Helianthus annuus* 'Munchkin' | Photo : HortiCom

**PETITS TOURNESOLS** (moins de 90 cm) :

*H. annuus* 'Big Smile : fleur jaune à disque rouge brun de 12 à 15 cm. Très hâtif. 75 cm.

*H. annuus* 'Munchkin' : fleur jaune de 10 à 12 cm. Multiflore. Sans pollen.. 60 cm.

*H. annuus* 'Music Box' : mélange de couleurs sur des plants de 60 à 90 cm.

*H. annuus* 'Pacino Cola' : fleur jaune or à centre noir de 12 cm. Multiflore. 30 à 40 cm.

*H. annuus* 'Pacino Gold' : fleur jaune or à centre pâle de 12 cm. Multiflore. 30 à 40 cm.

*H. annuus* 'Pacino Lemon' : fleur jaune citron à centre noir de 12 cm. Multiflore. 30 à 40 cm.

*H. annuus* 'Teddy Bear' : fleur jaune double de 9 à 12 cm. Multiflore. 45 cm.

*H. annuus* 'Tinies' : mélange de fleurs pastel de 12 cm. Multiflore. 45 cm.

**AUTRES TOURNESOLS ANNUELS** La vaste majorité des quelque 50 espèces d'*Helianthus* sont des vivaces. Vous découvrirez justement une de ces dernières à la page 100. Il existe toutefois deux autres espèces annuelles qu'on trouve assez souvent dans les catalogues :

*H. argyrophyllus* (tournesol à feuilles argentées) : très semblable à *H. annuus*, mais aux feuilles couvertes de poils blancs, ce qui donne un effet argenté à l'ensemble de la plante. Les fleurs multiples sont jaunes avec un disque brun et mesurent environ 10 à 12 cm de diamètre. On le vend souvent sous le nom de cultivar 'Gold and Silver'. 1,5 à 1,8 cm

*H. debilis* 'Italian White' : pendant de nombreuses années, c'était le seul tournesol

*Helianthus argyrophyllus* | Photo : HortiCom

# TOURNESOL

blanc et on le trouve souvent dans les mélanges d'*H. annuus*. Les fleurs sont blanches ou ivoire avec un cœur foncé. Fleurs multiples. 1,5 à 2 m.

**ENCORE PLUS** Évidemment, si pour nous le tournesol est une plante ornementale, la vaste majorité des tournesols cultivés dans le monde le sont à des fins agricoles : production de graines, de farine, mais surtout d'huile de tournesol. Les graines que vous récoltez, même chez les tournesols ornementaux, sont comestibles. Vous pouvez aussi les récolter pour remplir vos mangeoires d'oiseaux l'hiver… mais pourquoi ? Les tournesols restés debout l'hiver dans la plate-bande font d'excellentes mangeoires naturelles… et si bon marché.

## VERVEINE BONNE À RIEN

*Verbena bonariensis* | Photo : HortiCom

**Bien sûr que cette verveine n'est pas bonne à rien,** mais prononcez son nom latin, *Verbena bonariensis* et vous ne pourrez manquer de le penser. Même si l'épithète bonariensis veut dire plutôt « de Buenos Aires » et que le nom commun correct est sans aucun doute « verveine de Buenos Aires », je ne peux m'empêcher de penser « bonne à rien » chaque fois que je vois cette plante. Rien ne nous oblige à prendre le jardinage au sérieux, n'est-ce pas ?

> **Nom commun :** verveine de Buenos Aires
> **Nom botanique :** *Verbena bonariensis*
> **Famille :** Verbénacées
> **Hauteur :** 60 à 120 cm
> **Largeur :** 45 cm
> **Exposition :** soleil
> **Sol :** bien drainé
> **Floraison :** début de l'été jusqu'aux gels
> **Zone de rusticité :** 8

LES ANNUELLES

## VERVEINE BONNE À RIEN

**DESCRIPTION**   Quelle superbe plante! Très aérienne, presque sans substance, cette annuelle d'allure arbustive est totalement dominée par ses fleurs. Il y a bien des feuilles longues et étroites, vert foncé, à la base de la plante, mais ses tiges minces, robustes et très ramifiées, qui dansent si joliment au vent, n'ont que quelques petites feuilles insignifiantes. Sa structure transparente est plutôt couverte de dizaines de petites ombelles de fleurs violet pâle. Chaque fleur à tube pourpre et à cinq pétales violet pâle à cœur pourpre est assez insignifiante en soi, mais massée avec ses consœurs en un bouquet en demi-lune, elle crée un très bel effet. Et il y a en beaucoup de ces bouquets sur chaque plante.

La floraison est particulièrement durable: la plante est souvent aussi jolie à la fin d'octobre qu'à la mi-juillet.

**CULTURE**   Les villes et les jardins publics plantent maintenant la verveine bonne à rien, pourtant inconnue avant la fin des années 1990, en grandes quantités et un peu partout, ce qui devrait, il me semble, inciter les jardineries à l'offrir abondamment, mais on a encore beaucoup de difficulté à l'obtenir. La raison est facile à comprendre: ce n'est pas une bonne plante pour la culture en caissette. Pourtant, il serait facile de vendre de jeunes plants en vert, sans fleurs, prêts à repiquer, mais les clients veulent, ou du moins les jardineries sont convaincues que les clients veulent, des plantes en fleurs. Il faut admettre que, avec ses tiges longues et entremêlées, presque sans feuilles et seulement un soupçon de fleurs, la verveine bonne à rien qui commence à fleurir a l'air de la broche à foin. On peut difficilement imaginer une plante qui ressemble moins aux autres annuelles denses et compactes, couvertes de fleurs, qui sont sur le marché. Avec son air «bonne à rien» à ce stade, il est normal de douter que cette verveine puisse se vendre. Actuellement, partout dans le monde, les hybrideurs travaillent sur cette plante majestueuse pour essayer de développer des cultivars courts et compacts qui pourraient rivaliser avec les œillets d'Inde (*Tagetes patula*) et les pensées (*Viola* x *wittrockiana*) dans la vente en caissette. Ce sera une journée très triste dans le monde de l'horticulture quand cela arrivera. Vous avez donc deux choix: soit trouver des marchands qui vendent des plants de verveine bonne à rien, soit les semer vous-même. Pour cette dernière option, voir *Multiplication*.

Cultivez la verveine bonne à rien au soleil dans un sol bien drainé, même sec. Toute qualité de sol semble suffisante. Les sols trop riches sont même à éviter, car ils provoquent souvent une

*Verbena bonariensis* | Photo: HortiCom

## VERVEINE BONNE À RIEN

croissance trop haute et moins solide. La capacité de cette plante à s'adapter aux conditions difficiles la rend très populaire auprès des administrations publiques, qui peuvent la planter dans les terre-pleins centraux des routes, au milieu de la pollution des véhicules, du macadam asséchant et du sol contaminé à l'huile à moteur et aux sels de déglaçage, et quand même obtenir un succès fou.

C'est réellement une plante qui n'a besoin d'aucun entretien.

La verveine bonne à rien n'est pas une vraie annuelle mais une vivace insuffisamment rustique pour notre climat (elle est de zone 8). Cela explique sans doute sa résistance aux froids de l'automne. Il arrive parfois, mais rarement, qu'un plant survive à un hiver particulièrement doux pour fleurir de nouveau une deuxième année.

*Verbena bonariensis* | Photo : HortiCom

Si elle ne survit pas à l'hiver, la verveine bonne à rien se ressème spontanément… et trop abondamment au goût de certains. Si vous ne voulez pas qu'elle le fasse, paillez, tout simplement. Problème réglé ! Mais si vous voulez qu'elle se ressème, vous n'obtiendrez pas le même effet qu'avec des plants repiqués. Avec nos printemps tardifs, c'est à peine si les plants commencent à pousser au début de juillet ; la floraison ne survient qu'en août et sur des plants très petits. Ce n'est tout simplement pas une plante qui fleurit adéquatement à partir de semis spontanés sous notre climat.

**MULTIPLICATION** Semez la verveine bonne à rien à l'intérieur 8 à 10 semaines avant la date du dernier gel, en recouvrant à peine les graines de terreau. Scellez le contenant de semis dans un sac de plastique et placez-le au réfrigérateur pour deux semaines, car elle germent mieux après une exposition au froid. Ensuite, donnez aux graines de la chaleur et un éclairage fort.

**UTILISATIONS** La verveine bonne à rien est à son meilleur quand elle pousse en groupe. On peut planter trois à cinq plantes ensemble, par-ci par-là dans une plate-bande de vivaces ou en vastes masses dans une aire plus ouverte. Elle est superbe en arrière-plan de la plate-bande, mais pensez aussi à elle pour *l'avant-plan*. Cela paraît illogique car elle est de bonne taille, mais comme elle est pratiquement transparente, comme un rideau qui adoucit la vue sans la bloquer, vous verrez votre plate-bande à travers un rideau violet pâle : superbe ! La verveine bonne à rien est intéressante en pré fleuri. Elle fait aussi une excellent fleur coupée, et attire les papillons et les colibris.

**ASSOCIATIONS** Cette verveine crée un superbe effet avec les rosiers. Essayez-la aussi avec les graminées ornementales, le tabac sylvestre (*Nicotiana sylvestris*) et presque n'importe quelle autre grande annuelle ou vivace.

**PROBLÈMES** Peu fréquents. Résistante aux cerfs de Virginie. Notez bien que cette verveine n'est pas sujette au blanc, un problème majeur avec d'autres verveines ornementales.

**CULTIVARS** Il n'y a présentement aucun cultivar de *V. bonariensis*.

**AUTRES VERVEINES ORNEMENTALES** Il existe beaucoup de verveines ornementales, mais la plupart n'ont aucun lien, ni en termes d'apparence ni en mode de culture, avec la verveine bonne à rien. L'exception est la verveine du Canada (*V. canadensis*), qui pourrait passer pour une version rampante de la verveine bonne à rien.

# ZINNIA À FEUILLES ÉTROITES

*Zinnia angustifolia* 'Crystal White' | Photo : HortiCom

> **Nom botanique** : *Zinnia angustifolia* et *Z.* x *hybrida*
>
> **Famille** : Composées
>
> **Hauteur** : 20 à 40 cm
>
> **Largeur** : 25 à 30 cm
>
> **Exposition** : soleil
>
> **Sol** : fertile, bien drainé
>
> **Floraison** : début de l'été jusqu'aux gels

**Le petit monde du zinnia a été profondément ébranlé en 1997** quand le cultivar d'un petit zinnia jusqu'alors inconnu des jardiniers, le zinnia à feuilles étroites (*Zinnia angustifolia*), a remporté le prestigieux prix Sélections All-America. C'était presque un désaveu de tout ce qu'on avait fait depuis 100 ans avec le plus populaire zinnia élégant (*Z. elegans*), soit des plantes à grosses fleurs très doubles et très colorées. Au contraire, le gagnant, 'Crystal White', était une petite plante presque couvre-sol à toutes petites fleurs simples et blanches. Mais c'est un atout inattendu qui a fait de 'Crystal White' une plante primée : il est résistant au blanc, cette maladie qui détruit presque tous les autres zinnias, les faisant blanchir puis noircir dès la mi-août. 'Crystal White', lui, fleurit sans peine jusqu'en septembre et même octobre sans la moindre tache sur ses feuilles. Désormais, le zinnia à feuilles étroites, malgré sa petitesse, serait le chouchou de tous les jardiniers.

**DESCRIPTION** Le zinnia à feuilles étroites (*Z. angustifolia*) est une petite plante aux feuilles vert foncé linéaires, avec une ébauche de pétiole à la base, donc très différent des zinnias élégants réputés pour leurs feuilles larges qui engainent la tige à la base. Il se ramifie abondamment,

## ZINNIA À FEUILLES ÉTROITES

créant l'effet d'un petit buisson arrondi de 20 à 40 cm de hauteur sur 30 cm de diamètre quand on le plante seul ou celui d'un tapis quand on le plante en massif. Les fleurs sont petites, généralement moins de 5 cm, mais autrement elles sont typiques d'un zinnia avec un nombre variable de rayons larges et presque arrondis autour d'un disque surélevé orange. Les fleurs de la forme sauvage sont orange; en culture, on a développé des lignées à fleurs blanches et jaunes.

La floraison débute assez tôt dans la saison, souvent dans les six semaines suivant le semis, et continue jusqu'à l'automne. Contrairement au zinnia élégant, il n'y a pas de problèmes de taches foliaires ni de blanc chez le zinnia à feuilles étroites.

**CULTURE** Le zinnia à feuilles étroites est facile à cultiver pour autant que vous avez du soleil à lui offrir. Tous les sols bien drainés, riches ou pauvres, lui conviennent, et il est très résistant à la sécheresse. Pour une très belle apparence, préférez quand même les conditions typiques des plates-bandes: un sol riche et toujours un peu humide. Un paillis serait utile pour maintenir une humidité de sol moins irrégulière.

On peut obtenir des plants de zinnia à feuilles étroites dans certaines jardineries, sinon il faut procéder par semences. Recherchez des plants en alvéoles individuelles et pas trop fleuris, car il réagit mal au repiquage quand on dérange ses racines, et davantage s'il est en fleurs. Supprimer les fleurs au repiquage aidera beaucoup à l'établir. Attention en repiquant les plants: il ne faut pas enterrer leur base. Plantez-les au même niveau qu'ils étaient dans leur pot. Un espacement de 15 cm donnera une couverture presque instantanée, mais 25 cm garantira un tapis égal en seulement quelques semaines et vous coûtera moins cher.

*Zinnia angustifolia* | Photo: National Garden Bureau

Cette plante préfère un sol réchauffé. Il est donc inutile de la planter trop tôt. Attendez la date du dernier gel ou même plus tard, selon la saison.

Habituellement, le zinnia à feuilles étroites ne demande aucun entretien estival, sinon un ou deux arrosages en période de sécheresse profonde. Comme les fleurs fanées sont cachées par les nouvelles, il n'est pas nécessaire de les supprimer.

**MULTIPLICATION** Les graines des zinnias germent facilement et rapidement: leur croissance ultrarapide permet de les semer directement à l'extérieur vers la date du dernier gel et de profiter quand même d'une floraison abondante de juillet à octobre.

Plus probablement, vous voudrez les semer à l'intérieur pour gagner du temps sur la saison de floraison. Leur croissance rapide en fait une bonne plante pour expérimenter cette technique: vous n'avez pas à les semer plus de quatre à six semaines d'avance, car les zinnias reprennent mieux quand on les repique encore jeunes. Je vous suggère de

## ZINNIA À FEUILLES ÉTROITES

faire vos semis en godets de tourbe ou du moins dans des plateaux à alvéoles, plutôt qu'en caissette ou en tout autre pot communautaire, car leurs racines sont fragiles aux dérangements qui se produisent inévitablement quand vous sortez des plants individuels d'une motte commune. Aucun pinçage n'est requis.

*Zinnia angustifolia* 'Star Orange' | Photo : HortiCom

**UTILISATIONS** Utilisez ces petits zinnias colorés en bordure de plate-bande, en massif, en rocaille ou en contenant. Ils attirent les papillons au jardin.

**ASSOCIATIONS** On peut mélanger les zinnias à feuilles étroites entre eux pour un très joli effet ou avec d'autres annuelles basses, comme l'alysse odorante (*Lobularia maritima*) ou le zinnia rampant (*Sanvitalia* spp.).

**PROBLÈMES** Peu fréquents.

**CULTIVARS** La victoire surprise de 'Crystal White' en 1997 aux Sélections All-America a fait ressortir d'autres zinnias à feuilles étroites des catalogues les plus obscurs pour les mettre en vedette. Voici quelques possibilités :

Z. *angustifolia* 'Classic Golden Orange', syn. 'Classic Gold and Orange': fleurs orange moyen. 30 à 35 cm x 30 cm.

Z. *angustifolia* 'Classic White': fleurs blanches. 30 à 35 cm x 30 cm.

Z. *angustifolia* 'Crystal Orange': fleurs orange. 20 à 40 cm x 30 cm.

Z. *angustifolia* 'Crystal White': fleurs blanches. Gagnant d'un prix Sélections All-America en 1997. 20 à 40 cm x 30 cm.

Z. *angustifolia* 'Crystal Yellow': fleurs jaunes. 20 à 40 cm x 30 cm.

Z. *angustifolia* 'Star Gold': fleurs jaune orangé moins denses, mettant en vedette les belle feuilles linéaires. 30 à 35 cm x 30 cm.

Z. *angustifolia* 'Star Orange': fleurs orange. 30 à 35 cm x 30 cm.

Z. *angustifolia* 'Star White': fleurs blanches. 30 à 35 cm x 30 cm.

Z. *angustifolia* 'Starbright Mix', syn. 'Star Mix': mélange des trois variétés précédentes. 30 à 35 cm x 30 cm.

*Zinnia* x *hybrida* 'Profusion Cherry' | Photo : Selections All-America

## ZINNIA À FEUILLES ÉTROITES

**AUTRES ZINNIAS À PETITES FLEURS** Mon coup de cœur couvre aussi les superbes hybrides développés en croisant le zinnia à feuilles étroites décrit ci-dessus et le zinnia élégant (*Z. elegans*), ce populaire zinnia à grosses fleurs multicolores. Le résultat, appelé pour l'instant *Z.* x *hybrida*, est une plante très semblable au zinnia à feuilles étroites par son port et la taille et la forme des fleurs, mais il présente des petites feuilles intermédiaires, ni étroites ni très larges, dans une plus vaste gamme de couleurs.

Il n'y a qu'une seule série de zinnias hybrides, du moins au moment où j'écris ce texte : la série Profusion. Elle donne des plantes buissonnantes, résistantes aux maladies et presque couvertes de fleurs de 5 à 6 cm de diamètre. Je vous la recommande fortement.

*Z.* x *hybrida* 'Profusion Apricot' : fleurs orange abricot. 25 à 30 cm x 25 à 30 cm.

*Z.* x *hybrida* 'Profusion Cherry' : fleurs rouge cerise. Gagnant de prix Fleuroselect et Sélections All-America en 2001. 25 à 30 cm x 25 à 30 cm.

*Z.* x *hybrida* 'Profusion Coral Pink' : fleurs rose foncé devenant rose moyen. 25 à 30 cm x 25 à 30 cm.

*Zinnia* x *hybrida* 'Profusion Double Cherry' | Photo : HortiCom

*Z.* x *hybrida* 'Profusion Double Cherry' : le premier double de la série (il y en aura sûrement d'autres). Fleurs rouge cerise. 25 à 30 cm x 25 à 30 cm.

*Z.* x *hybrida* 'Profusion Fire Bronze' : fleurs rouge orangé vif. 25 à 30 cm x 25 à 30 cm.

*Z.* x *hybrida* 'Profusion Orange' : fleurs orange. Sélections All-America en 2001. 25 à 30 cm x 25 à 30 cm.

*Z.* x *hybrida* 'Profusion White' : fleurs blanc pur. 25 à 30 cm x 25 à 30 cm.

*Zinnia* x *hybrida* 'Profusion Orange' | Photo : Selections All-America

LES ANNUELLES ••• 327

# Les
# BULBES

Un bulbe, qui désigne aussi en langage horticole un rhizome, un cormus ou un tubercule, est un organe souterrain d'emmagasinage d'énergie. Les plantes bulbeuses accumulent les surplus d'énergie durant les périodes d'abondance et les mettent de côté pour mieux survivre aux périodes de disette. La majorité disparaissent carrément de vue pendant des mois entiers, puis réapparaissent comme si de rien n'était.

C'est ainsi que les bulbes ont acquis la réputation d'être « les plus faciles de toutes les fleurs », une réputation d'ailleurs largement méritée. Quand vous achetez un bulbe, la fleur est généralement déjà en son centre, n'attendant que les bonnes conditions pour éclore. Vous n'avez qu'à planter votre bulbe à la bonne saison (à l'automne pour les bulbes à floraison printanière ou automnale, au début de l'été pour les bulbes à floraison estivale) et il fleurira sans autres soins. Vous pouvez même planter votre bulbe à l'envers, soit la pointe vers le bas plutôt que vers le haut, et il fleurira. Essayez cela avec un arbre et vous m'en reparlerez !

## Beaux, bons, pas chers

Premier avantage des bulbes, ils sont pour la plupart bon marché, très bon marché même. Rarement penserais-je à acheter 150 vivaces pour faire un massif ! J'aurais plutôt tendance à acheter *une seule* vivace et à la multiplier peu à peu par la suite. J'aurai un jour mon massif, mais dans quatre ou cinq ans. Or, au prix que les bulbes coûtent, je ne me gêne pas pour acheter 150 cormus de crocus ou bulbes de scille à planter dans mon gazon. Mon massif, je l'aurai immédiatement… ou du moins au printemps suivant.

Pourquoi les bulbes sont-ils si bon marché ? Parce qu'ils sont en dormance au moment de l'achat. Ainsi on peut les vendre à sec, sans pot ni terreau, d'où une économie énorme de frais de préparation et de transport. Au magasin, il n'y a aucun entretien : on dispose les étalages et on vend les bulbes, voilà tout. Alors que les plantes en pot ont besoin d'arrosages fréquents, de fertilisations et de toilettage, à la fois avant l'expédition à partir de la pépinière de production et après, chez le détaillant ; le danger de les perdre est grand si on ne les surveille pas constamment. De leur côté, les bulbes (enfin, pas tous) peuvent passer un, deux, voire trois mois sans le moindre entretien. Voilà pourquoi ils coûtent souvent le cinquième ou même moins du prix d'une plante en pleine croissance.

Même chez vous, vous n'avez pas à les entretenir au début. Quand vous achetez une plante, vous vous empressez de la planter et de l'arroser. Or, vous pouvez souvent laisser traîner vos bulbes dans leur sac ou dans leur boîte pendant plusieurs semaines, surtout si vous les avez achetés tôt dans la saison. Par contre, si le bulbe a déjà passé deux mois à sec dans un magasin, mieux vaut probablement le planter – donc l'entretenir – sans trop tarder.

## Deux groupes, quatre saisons

On peut diviser les bulbes en deux catégories principales : les *bulbes rustiques* et les *bulbes tendres*. Ce n'est pas une division naturelle, car elle est déterminée uniquement par le climat qui prévaut chez vous, mais c'est une division pratique. Les bulbes rustiques sont ceux qui peuvent passer l'hiver en pleine terre : on les plante une fois et on les oublie (parfait pour le jardinier paresseux). Habituellement, on les plante à l'automne. Les bulbes tendres n'ont pas la capacité de survivre au froid de l'hiver dans une région donnée : il faut les rentrer au chaud dans la maison l'hiver ; ordinairement, on les plante à l'extérieur au printemps, ou encore on les cultive en pot à l'année, et l'on rentre le pot pour l'hiver.

Nos deux groupes ne sont pas nécessairement liés à la saison de floraison, mais presque. En effet, la vaste majorité des bulbes rustiques que l'on plante à l'automne sont à floraison printanière, seuls quelques-uns fleurissent à l'été ou à l'automne. Les bulbes tendres, au contraire, plantés à l'extérieur au printemps, sont surtout à floraison estivale et automnale. Enfin, l'hiver, les seuls bulbes qui fleurissent sont les bulbes tendres, et de plus, seulement dans la maison.

## Entretien des bulbes rustiques

Il faut d'abord comprendre le cycle de croissance des bulbes rustiques. La vaste majorité sont des plantes à dormance estivale. Ils commencent donc à croître à l'automne, tout de suite après la plantation, mais dans le sol, et produisent ainsi des racines quand la température du sol baisse. Leur croissance invisible continue tout l'hiver sous la neige. Au printemps, ces plantes ont donc déjà un système racinaire complet et leur pointe de croissance pour la saison est déjà formée. Dès que la température se réchauffe le moindrement, souvent dès la fonte des neiges, les bulbes entrent en croissance, et produisent feuilles et fleurs très rapidement. Après la floraison, les feuilles persistent encore quelques semaines, puis sèchent. C'est la dormance estivale. Durant les mois d'été, ces plantes dorment dur et ne réagissent pas aux conditions climatiques. Quand arrivent les températures plus fraîches de l'automne, de nouvelles racines apparaissent et le cycle recommence.

L'entretien des bulbes ne pourrait être plus facile. On les plante habituellement à l'automne, entre septembre et la fin d'octobre (jusqu'en novembre si vous pouvez être certain que le sol ne sera pas gelé). Et planter des bulbes rustiques est si facile. On n'a même pas besoin de penser… ou si peu. Pour connaître la profondeur du trou de plantation, prenez la hauteur du bulbe et multipliez par trois. Un bulbe de 5 cm de hauteur aura donc besoin d'un trou de 15 cm de profondeur. L'espace de plantation? Même règle : prenez le diamètre du bulbe et multipliez par trois : c'est la largeur requise. Évidemment, pas besoin de règle, car ce n'est pas une science exacte, tout cela se fait à l'œil.

La plupart des bulbes rustiques seront plantés dans des emplacements qui sont au soleil au printemps. Comme les arbres et les arbustes décidus sont sans feuilles à ce moment, on peut planter les bulbes presque partout sur le terrain, sauf à l'ombre permanente des conifères. Généralement, ils vont préférer des sols assez riches et surtout bien drainés, humides au printemps et plus secs l'été.

Malgré la croyance persistante qu'il faut déterrer les bulbes rustiques au printemps pour les replanter à l'automne, Ils réussissent en réalité *beaucoup* mieux si on les laisse en terre toute l'année.

Enfin, un petit truc. Le feuillage des bulbes rustiques jaunit après la floraison, ce qui n'est pas particulièrement esthétique. Des générations de jardiniers ont donc reçu comme instructions de « couper le feuillage quand il jaunit » afin de protéger l'intégrité de la plate-bande. Pourtant, il est plus facile de planter les bulbes au deuxième ou même au troisième plan et de laisser leur feuillage disparaître tout naturellement derrière le feuillage des autres végétaux. Au faîte de leur floraison, les petits bulbes, comme les crocus, les éranthes et les anémones, seront quand même très visibles, car à ce moment la plate-bande est vide de toute autre végétation. La combinaison de bulbes rustiques et de couvre-sols aussi est très attrayante : les bulbes traversent les plantes tapissantes, fleurissent puis disparaissent, leur feuillage se fondant dans le tapis de vert. Facile, n'est-ce pas ? On peut même planter les bulbes rustiques, du moins ceux à floraison très hâtive, carrément dans la pelouse. Pour plus de renseignements sur cette technique, appelée « naturalisation dans la pelouse », voir *Le jardinier paresseux : Les bulbes rustiques*.

## Bulbes tendres

En général, je préfère les bulbes permanents, c'est-à-dire ceux que l'on plante une fois et qui sont là pour la vie. C'est le cas de la plupart de mes bulbes « coups de cœur ». Mais j'ai quand même le béguin pour certains bulbes tendres, c'est-à-dire ces plantes à bulbes d'origine tropicale qui ne peuvent passer l'hiver en pleine terre.

Il y a au moins trois façons de traiter les bulbes tendres.
- 1 > On peut aussi les planter en pleine terre et les déterrer à l'automne, à la fin de leur période d'intérêt, et les entreposer, secs, dans la maison durant l'hiver.
- 2 > On peut les planter en pot, sortir le pot l'été et le rentrer à l'automne, et mettre ainsi le *pot* en dormance (c'est ma technique préférée).

**3 >** Enfin, on peut les considérer comme des annuelles : plantez-les à l'extérieur où ils vous émerveilleront par leur floraison estivale, puis laissez-les geler à l'automne. Après tout, ne coûtent-ils pas souvent *moins cher* que les annuelles ? Si c'est un bulbe peu coûteux et facile à remplacer au printemps, pourquoi pas ?

Comme je l'ai mentionné, j'ai tendance à cultiver les bulbes tendres en pot, ce qui me permet de les activer tôt dans la maison (vers le mois de mars) pour une floraison plus hâtive. L'été, je place les pots à l'extérieur, après avoir acclimaté les bulbes aux conditions de jardin, bien sûr, soit dans des cache-pots, des jardinières ou des bacs… ou je place tout simplement la potée dans la plate-bande, sans l'enterrer, derrière des plantes qui cacheront le pot. Ça ne pourrait être plus facile.

Si vous décidez de « sauver » vos bulbes tendres, vous devrez les rentrer à l'automne. Mais comme ils sont à l'abri sous la terre, il n'y a pas d'urgence : habituellement, on peut laisser passer plusieurs gels avant de les rentrer. Quand les nuits sont résolument sous 5 °C, il est temps de les rentrer. Déterrez-les avec une fourche à jardin et étalez-les dans un garage, un cabanon ou un sous-sol pour les laisser sécher un peu durant quatre ou cinq jours. Coupez le feuillage s'il n'est pas tombé de lui-même. Maintenant, versez les bulbes dans une boîte en carton ajouré (il faut un tout petit peu de circulation d'air) et recouvrez-les de tourbe (« peat moss »), de feuilles mortes déchiquetées, de copeaux de bois ou d'un autre produit qui réduira la circulation d'air. Si vous rentrez des potées plutôt que des bulbes déterrés, coupez tout simplement le feuillage et arrêtez de les arroser une fois qu'elles sont dans la maison.

La croyance veut qu'il faille hiverner les bulbes tendres au frais. En fait, ce n'est pas obligatoire. Heureusement, car ce n'est pas tout le monde qui dispose d'une chambre froide. Vous pouvez très bien les entreposer à la température de la pièce. Évitez le réfrigérateur, trop froid. Dans tous les cas, arrêtez les arrosages durant l'hiver.

Au printemps, réamorcez le cycle en plantant les bulbes tendres en pleine terre ou en sortant les potées pour les placer sur le rebord d'une fenêtre. Dans les deux cas, commencez à les arroser pour stimuler leur reprise.

## Des bulbes qui ne veulent pas dormir

Il y a une autre possibilité : ne pas mettre les bulbes tendres au repos durant l'hiver ! En effet, certains bulbes tendres n'ont pas de période de dormance obligatoire. Dans la nature, ils entrent en dormance quand il y a une sécheresse, mais ils poussent toute l'année s'il y a de l'eau. On peut donc, si l'on veut, les garder en croissance toute l'année. Il suffit de les rentrer à l'automne et de continuer de les arroser. Ainsi ces « bulbes d'été » deviennent des plantes d'intérieur pour l'hiver. Ce groupe sélect comprend surtout des bulbes qui vivent dans les marécages tropicaux à l'état sauvage, comme les cannas, le caladium nain et les oreilles d'éléphant.

## ALLIUM DE HOLLANDE 'PURPLE SENSATION'

*Allium* x *hollandicum* 'Purple Sensation' | Photo : HortiCom

> **Autre nom commun :** ail ornemental 'Purple Sensation'

> **Nom botanique :** *Allium* x *hollandicum* 'Purple Sensation', syn. *A. aflatunense* 'Purple Sensation'

> **Famille :** Liliacées

> **Hauteur :** 60 à 100 cm

> **Largeur :** 25 cm

> **Exposition :** soleil, mi-ombre

> **Sol :** riche à pauvre, bien drainé

> **Floraison :** fin du printemps, début de l'été

> **Zone de rusticité :** 4

Si vous aimez voir les « boules pourpres » des alliums apparaître çà et là dans votre aménagement à la toute fin du printemps, vous avez trouvé la plante toute désignée. Non seulement 'Purple Sensation' est-il une plante fiable et attrayante, il est également bon marché : on peut obtenir cinq bulbes de 'Purple Sensation' pour le prix d'un seul bulbe d'allium géant (*Allium giganteum*), et 15 ou même plus pour le prix d'un bulbe de 'Globemaster' (page 336). Ainsi on peut et on devrait planter 'Purple Sensation' partout, créant de la sorte une féerie pourpre qui assurera une transition sans peine entre le printemps et l'été.

**DESCRIPTION** Ce bulbe d'origine mystérieuse est connu depuis longtemps, mais ce n'est que récemment que les taxonomistes l'ont placé dans une espèce créée spécialement pour lui, *A*. x *hollandicum*. Autrefois, et dans bien des catalogues encore, il se vend sous le nom d'*A. aflatunense* 'Purple Sensation'.

Sa rosette de feuilles rubanées vert moyen grisâtre se forme tôt au printemps et est en plein dépérissement au moment où la floraison débute. Elle consiste en une tige solidement

## ALLIUM DE HOLLANDE 'PURPLE SENSATION'

dressée portant une boule de fleurs étoilées pourpres de 10 cm de diamètre. Contrairement à ce que l'on pourrait croire d'un allium, proche parent de l'ail et de l'oignon, les fleurs sont agréablement parfumées. Comme il se multiplie bien, avec le temps on obtient une belle touffe de ces grandes boules pourpres. Époustouflant !

**CULTURE** 'Purple Sensation' est un allium de culture réellement facile et un bon choix pour les débutants : c'est une plante difficile à rater. Plantez-le à 15 à 20 cm de profondeur dans un emplacement au soleil ou à la mi-ombre, et tout sol bien drainé, riche ou pauvre, convient. N'oubliez pas de le placer en deuxième ou même en troisième plan, là où son feuillage, déjà jaunissant au moment de la floraison, ne sera pas visible. Le tuteurage n'est jamais nécessaire.

**MULTIPLICATION** Par division après la floraison. 'Purple Sensation' est un bulbe prolifique qui produit des dizaines de bulbes secondaires avec le temps. Il génère parfois des semis spontanés, mais ils ne sont pas fidèles au type.

*Allium* x *hollandicum* 'Purple Sensation' | Photo : HortiCom

**UTILISATIONS** Plantez-le çà et là dans la plate-bande par groupes de trois ou plus, ou naturalisez-le dans un pré fleuri. Il fait une excellente fleur coupée fraîche ou séchée. Le bulbe est comestible.

**ASSOCIATIONS** Des touffes d'alliums de Hollande 'Purple Sensation' mélangées à des tulipes tardives créent un très bel effet. 'Purple Sensation' est très beau aussi lorsqu'on le plante à travers un couvre-sol comme l'armoise de Steller (*Artemisia stelleriana*).

**PROBLÈMES** Peu fréquents. Il est résistant aux écureuils et aux cerfs.

**AUTRES GRANDS ALLIUMS** Il existe une foule d'alliums apparentés en apparence – et parfois génétiquement – à 'Purple Sensation', mais il demeure inégalé dans sa catégorie en raison de son excellent prix. On peut ainsi l'utiliser à profusion, alors qu'on doit employer les autres au compte-gouttes. Cependant, si votre budget le permet, vous voudrez peut-être essayer les alliums suivants :

*A.* 'Lucy Ball' : comme 'Purple Sensation', mais plus haut et à fleurs parfumées. Les fleurs sont lavande foncé. 120 cm x 25 cm.

*A.* 'Mount Everest' : comme 'Purple Sensation', mais à fleurs blanches. Il coûte passablement plus cher cependant, nous forçant à l'utiliser avec parcimonie. Curieusement, de toutes les plantes dans mes plates-bandes (plus de 2 000 espèces), c'est la seule que mangent

*Allium* 'Mount Everest' | Photo : HortiCom

LES BULBES ••• 333

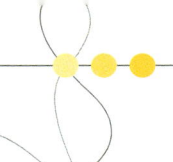

## ALLIUM DE HOLLANDE 'PURPLE SENSATION'

les escargots de jardin (les limaces, c'est une autre histoire!). Normalement, ces mollusques bénéfiques se chargent de faire le ménage en digérant les feuilles jaunies ou mortes, mais pour une fois ils croquent dans le vert. Ils ne consomment que l'extrémité des feuilles… donc il est préférable que vous placiez ce bulbe plus au fond de la plate-bande où les feuilles mangées ne seront pas visibles. 100 à 120 cm x 25 cm.

## ALLIUM ÉTOILE DE PERSE

*Allium christophii* | Photo : HortiCom

> **Autres noms communs :** étoile de Perse, allium de Cristophe, ail de Cristophe

> **Nom botanique :** *Allium cristophii*, syn. *A. christophii*, *A. albopilosum*

> **Famille :** Liliacées

> **Hauteur :** 30 cm à 50 cm

> **Largeur :** 35 cm

> **Exposition :** soleil, mi-ombre

> **Sol :** riche à pauvre, bien drainé

> **Floraison :** fin du printemps, début de l'été

> **Zone de rusticité :** 4

Comment passer outre à ce bulbe dont l'inflorescence métallique gigantesque brille littéralement au soleil ? L'étoile de Perse est une des fleurs les plus spectaculaires du jardin et si facile à cultiver !

**DESCRIPTION** Assez tôt au printemps, l'étoile de Perse produit une rosette de feuilles rubanées vert moyen, duveteuses à l'envers, qui s'arquent vers l'extérieur. Ce n'est cependant qu'à la fin du printemps, au moment où les feuilles elles-mêmes commencent à dépérir à partir de la pointe, que l'épaisse tige florale se forme. Elle porte une inflorescence gigantesque : une boule de 25 à 30 cm de diamètre portant jusqu'à 80 fleurs étoilées sur

## ALLIUM ÉTOILE DE PERSE

des pédicelles de longueur très égale. C'est la couleur des fleurs qui me fascine le plus, je pense. Le cœur est vert, mais les cinq pétales sont violet pâle métallique, comme s'ils étaient fait d'aluminium. Je ne crois pas avoir vu couleur semblable chez aucun autre végétal.

Les fleurs durent deux à trois semaines, puis elle sèchent sur place, laissant une structure beige parfaitement ronde qui me fait beaucoup penser au dôme géodésique de l'île Sainte-Hélène à Montréal. On peut laisser cette plante sur place tout l'été, puis récolter la fleur à l'automne en guise de fleur coupée.

**CULTURE** Plantez le gros bulbe à environ 15 cm de profondeur sur environ 15 cm de largeur entre le moment où il arrive sur le marché (en septembre) et celui où le sol gèle définitivement en novembre. Un emplacement au soleil ou à la mi-ombre conviendra. Il n'est pas très exigeant quant au sol : les sols riches ou pauvres, acides ou alcalins font l'affaire. Par contre, le drainage doit être excellent, car il ne tolère pas les sols détrempés. Sa résistance à la sécheresse estivale est par contre excellente.

Si vous devez le déplacer, le moment idéal se situe immédiatement après la floraison. Autrement il peut rester en terre des années.

Il faut toujours prévoir une plantation derrière des vivaces en développement pour cacher son feuillage peu esthétique au moment de la floraison.

**MULTIPLICATION** Les bulbes se divisant avec le temps, on peut alors les déterrer et les séparer. Vous trouverez peut-être des petits bulbes supplémentaires, qu'on appelle caïeux. Replantez-les à une profondeur égale à trois fois leur hauteur. Ils peuvent prendre trois ans ou plus avant d'arriver à la floraison. On peut récolter et semer les graines, qui sont aussi disponibles commercialement. Elles aussi prennent environ trois ans avant d'aboutir à la floraison.

**UTILISATIONS** Avec sa grosse inflorescence et sa hauteur relativement faible, l'étoile de Perse peut facilement aller au centre ou même au fond d'une plate-bande (qui n'a pas encore beaucoup de hauteur au moment de la floraison). Essayez-la aussi en rocaille ou dans un pré fleuri. Elle fait une excellente fleur coupée fraîche ou séchée. Enfin, si cela vous tente de manger un légume inhabituel, sachez que son bulbe est comestible et sert d'oignon dans son Asie centrale d'origine.

**ASSOCIATIONS** L'étoile de Perse s'associe très bien avec des géraniums comme *G.* 'Rozanne' et des couvre-sols comme la waldsteinie (*Waldsteinia* spp.).

**PROBLÈMES** Peu fréquents. Les écureuils et les cerfs ne la dérangent pas.

*Allium christophii* | Photo : HortiCom

LES BULBES ••• 335

# ALLIUM 'GLOBEMASTER'

*Allium* 'Globemaster' | Photo : HortiCom

> Autre nom commun : ail ornemental 'Globemaster'

> Nom botanique : *Allium* 'Globemaster'

> Famille : Liliacées

> Hauteur : 80 à 95 cm

> Largeur : 30 cm

> Exposition : soleil

> Sol : riche à pauvre, bien drainé

> Floraison : fin du printemps, début de l'été

> Zone de rusticité : 4

**Cet allium remporte haut la main le prix du meilleur grand allium.** Il n'est pas *le* plus grand allium (l'allium géant ou ail géant, *Allium giganteum*, peut atteindre entre 90 et 150 cm), mais au moins 'Globemaster' est solidement vivace, revenant fidèlement année après année, alors que l'allium géant tend à être à floraison unique. De toute façon, au printemps, votre plate-bande est encore tellement bidimensionnelle qu'une plante de 85 à 95 cm fait œuvre de géant : 150 cm, ce serait exagéré !

DESCRIPTION 'Globemaster' est un hybride de l'étoile de Perse (*A. cristophii*) et du grand allium (*A. elatum*). Il produit une rosette basale de feuilles rubanées vert moyen assez basse. Contrairement à la majorité des alliums, son feuillage demeure vert durant toute la floraison, ne s'asséchant qu'après.

La tige florale verte, épaisse et solide, s'élève parfaitement droite à la toute fin du printemps. Elle porte une grosse inflorescence de 20 à 25 cm de diamètre aux fleurs étoilées violet pourpré. Chez cet hybride, il y a des floraisons multiples : une première est portée sur des pédicelles courtes, puis d'autres générations de fleurs, portées sur des pédicelles légèrement plus longues

## ALLIUM 'GLOBEMASTER'

viennent les remplacer. Ainsi la « boule » ne cesse de grossir ! Au total, chaque inflorescence peut produire jusqu'à 1100 fleurons… et en outre les fleurs sont agréablement parfumées. Cette floraison prolongée dure jusqu'à un mois, plus longtemps que tout autre allium. Ensuite, on peut laisser la tige florale sécher sur place. La tige et l'inflorescence prennent une jolie teinte beige et dureront tout le reste de l'été. Le feuillage, par contre, disparaît rapidement une fois la floraison terminée.

**CULTURE** Il faut du soleil à cet allium pour bien fleurir. Il n'est cependant pas exigeant quant au sol. Tant que le drainage est bon, ça va. Plantez le bulbe à environ 15 cm de profondeur, la pointe vers le haut.

**MULTIPLICATION** On peut uniquement multiplier 'Globemaster' par division, car il est stérile et ne produit pas de graines. On y procède tout de suite après la floraison, puis on replante immédiatement.

**UTILISATIONS** Une plante aussi impressionnante est presque nécessairement une plante-vedette. Plantez 'Globemaster' par groupes de trois bulbes (plus si votre budget le permet) et tout le voisinage en parlera. Il peut aller au milieu ou au fond d'une plate-bande à l'anglaise ou classique. C'est une bonne fleur coupée fraîche ou séchée.

**ASSOCIATIONS** Cette plante est intéressante avec les tulipes tardives dont elle aide à terminer la saison. Ou faites-la émerger d'un tapis de lamiers maculés (*Lamium maculatum*).

**PROBLÈMES** Peu fréquents. Résistant aux écureuils et aux cerfs.

**AUTRES GRANDS ALLIUMS** Dans le genre « grand allium », il y a beaucoup de jolies plantes, mais aucune n'est l'équivalent de 'Globemaster', tout simplement la meilleure de sa catégorie. C'est toutefois un bulbe coûteux. Si vous le trouvez trop cher, je vous suggère de consulter la fiche précédente sur l'allium de Hollande 'Purple Sensation', un autre excellent grand allium, mais qui se vend très bon marché.

*Allium* 'Globemaster' | Photo : HortiCom

# ANÉMONE DES BOIS

*Anemone nemorosa* 'Vestal' est la forme la plus souvent trouvée naturalisée dans les sous-bois québécois.
Photo : HortiCom

> Autre nom commun : anémone sylvie
> Nom botanique : *Anemone nemorosa*
> Famille : Renonculacées
> Hauteur : 10 cm
> Largeur : 10 cm
> Exposition : mi-ombre, ombre
> Sol : riche, bien drainé, humide
> Floraison : début du printemps
> Zone de rusticité : 4

**La première fois que j'ai vu cette petite plante, c'était dans le jardin de la Villa Bagatelle à Sillery,** à l'époque où celle-ci était complètement abandonnée (la villa et son jardin ont été restaurés depuis). Dans la forêt dense qui avait envahi les anciennes plates-bandes, on y voyait au printemps des milliers de petites fleurs blanches que je ne connaissais pas, comme des étoiles claires brillant dans l'obscurité. J'ai fini par savoir que c'étaient des anémones des bois, mais j'ignorais où je pourrais m'en procurer dans le commerce. L'anémone des bois, d'origine européenne, est bien établie dans plusieurs vieux jardins du Québec, les Jardins de Métis notamment, ainsi que dans les forêts à proximité d'anciens jardins, signe qu'elle a déjà dû connaître une certaine popularité auprès des jardiniers, mais on n'en trouve pas trace dans les jardineries modernes. Heureusement qu'il y a des spécialistes sur la côte Ouest qui en offrent par la poste !

**DESCRIPTION** L'anémone des bois (*Anemone nemorosa* veut dire « anémone de l'ombre ») est une petite plante des sous-bois sombres. Elle fleurit assez tôt au printemps, mais pas autant

## ANÉMONE DES BOIS

que sa cousine, l'anémone grecque (*A. blanda*). La plante produit des rhizomes longs et minces, et crée donc assez rapidement des colonies. Son feuillage vert foncé est fortement découpé et persiste assez longtemps après la floraison, produisant un beau couvre-sol dans la forêt. Malheureusement, l'anémone des bois disparaît quand même avant la fin de l'été; c'est donc un couvre-sol temporaire!

Chaque plante consiste normalement en une tige unique, trois feuilles et une seule fleur. La fleur est blanc rosé chez l'espèce d'origine, mais la plante a donné lieu à de nombreuses mutations: des formes simples, semi-doubles et doubles, de couleur blanche, rose, violette, bleue ou verte, sont disponibles, davantage que la forme sauvage. La floraison dure très longtemps pour un bulbe à floraison printanière: au moins un mois.

**CULTURE** Pour cultiver l'anémone des bois, il faut d'abord savoir où la trouver. Jusqu'à maintenant du moins, je n'ai jamais vu cette plante sur le marché au Québec, même si on la retrouve fréquemment dans les jardins plus anciens. Par contre, on peut facilement la dénicher chez les spécialistes qui vendent des bulbes par la poste, comme Fraser's Thimble Farms. Ou si vous avez des amis qui en cultivent, demandez leur des divisions.

Quand vos rhizomes d'anémone des bois arriveront par la poste, il est certain que vous vous sentirez floué. N'est-ce pas un petit sac de sciure de bois qu'on vous a livré? Ce fil mince qui ressemble à une racine de gazon avec des nodules çà et là n'est certainement pas le rhizome promis. Mais oui! Il n'y a rien qui ressemble moins à l'idée qu'on se fait d'un bulbe que le rhizome filamenteux et tordu d'une anémone des bois.

L'extrême minceur et la fragilité des rhizomes font qu'il n'est pas possible de les conserver à sec longtemps. Plantez-les donc dès leur arrivée (ou dans les jours qui suivent). Cette plante des sous-bois denses ne craint ni l'ombre ni les racines d'arbres, du moins s'il s'agit d'arbres caducs qui laissent passer un peu de soleil tôt au printemps. Sous les conifères, il faut la placer là où le soleil pénètre au moins un peu. Les sols riches en matières organiques et plutôt humides au printemps conviennent mieux, mais la plante s'adapte presque partout, tolérant très bien la sécheresse en été.

**MULTIPLICATION** La plante se multiple abondamment par rhizomes qui courent partout… lentement: le rhizome n'avance que de 2 à 3 cm par année. Cela paraît très peu, mais avec le temps, l'anémone des bois peut gagner toute une forêt! La plante se multiplie spontanément par semences, mais plusieurs cultivars sont stériles et ne produisent pas de semences, notamment les variétés doubles comme 'Vestal'.

Voilà pour la multiplication spontanée, mais comment obtenir des plants à placer ailleurs? Les rhizomes sont si discrets qu'ils sont difficiles à repérer, à moins de passer au tamis une pelletée de terre. Le plus facile consiste tout simplement à prendre une pelletée de terre dans un secteur d'anémones et à la déposer ailleurs, car dans cette terre il y aura sûrement des rhizomes. C'est lorsque le feuillage jaunit à la mi-été qu'il vaut mieux transférer une pelletée de terre, car on sait alors exactement où les bulbes sont situés. Ou encore marquez l'emplacement et prenez votre pelletée au début de l'automne.

**UTILISATIONS** Évidemment, cette plante des sous-bois est dans son plus bel éclat… dans un sous-bois! On peut facilement l'y naturaliser. On peut aussi l'employer dans les plates-bandes et les rocailles ombragées. Elle fait un excellent couvre-sol saisonnier.

**ASSOCIATIONS** Cette plante se marie à merveille avec les hostas (*Hosta* spp.) et les fougères, car elle sort tôt et aide à donner de la couleur à l'emplacement en attendant que ses compagnons apparaissent. Et elle tient compagnie aux épimèdes (*Epimedium* spp.).

**PROBLÈMES** Peu fréquents.

## ANÉMONE DES BOIS

**CULTIVARS**  Il y a plus de 50 cultivars d'anémone des bois, mais au Canada le choix est limité où l'on ne trouve qu'une dizaine de variétés, uniquement par la poste. Voici les plus populaires :

*A. nemorosa* 'Albo Plena' : fleurs blanches doubles. 10 cm x 10 cm.

*Anemone nemorosa* | Photo : HortiCom

*A. nemorosa* 'Allenii' : grande variété assez populaire… pour une anémone des bois ! Les fleurs lavande argenté apparaissent tardivement. 15 à 20 cm x 10 cm.

*A. nemorosa* 'Bowles Purple' : bleu pâle. 10 cm x 10 cm.

*A. nemorosa* 'Green Fingers.' : fleurs vertes aux pointes blanches. 10 cm x 10 cm.

*A. nemorosa* 'Robinsoniana.' : fleurs bleu lavande pâle, plus grosses que la normale. Feuillage un peu pourpré. 10 cm x 10 cm.

*A. nemorosa* 'Rosea' : fleurs simples roses. 10 cm x 10 cm.

*A. nemorosa* 'Vestal' : fleurs doubles blanches en forme de pompon entouré d'une collerette de sépales blancs. C'est la forme que l'on retrouve le plus souvent dans les anciens jardins du Québec. 10 cm x 10 cm.

*A. ranunculoides* : cette plante est très semblable à *A. nemorosa*, mais elle porte des fleurs jaune bouton d'or. 10 cm x 10 cm. Zone 3.

*A.* x *lipsiensis*, syn. *A. seemannii* : hybride de *A. nemorosa* et *A. ranunculoides*. Fleurs jaune soufre pâle. 10 cm x 10 cm.

**ENCORE PLUS**  L'anémone des bois a une longue histoire d'utilisation dans la pharmacopée européenne, mais comme elle est légèrement toxique, son usage interne est déconseillé.

*Anemone nemorosa* 'Rosea' | Photo : HortiCom

*Anemone ranunculoides* | Photo : HortiCom

# ANÉMONE GRECQUE 'WHITE SPLENDOUR'

> **Nom botanique :** *Anemone blanda* 'White Splendour'
> **Famille :** Renonculacées
> **Hauteur :** 10 à 15 cm
> **Largeur :** 8 à 10 cm
> **Exposition :** ensoleillement printanier, mi-ombre
> **Sol :** riche, bien drainé, humide
> **Floraison :** début du printemps
> **Zone de rusticité :** 4

*Anemone blanda* 'White Splendour' | Photo : HortiCom

De la deuxième vague de fleurs printanières (elle fleurit environ une semaine après la fonte des neiges), l'anémone grecque est probablement la plus spectaculaire, car ses fleurs sont si grosses et si voyantes. De plus, elles sont très durables. Si le printemps est frais ou froid, la floraison durera plus d'un mois. Toutes les anémones grecques sont attrayantes, mais 'White Splendour' est particulièrement jolie. Ses fleurs blanches sont les plus grosses de toutes les anémones grecques et c'est une plante particulièrement prolifique, créant avec le temps de vastes tapis de blanc.

**DESCRIPTION** L'anémone grecque 'White Splendour' (*Anemone blanda* 'White Splendour') est une petite plante avec une grosse fleur. Alors que ses trois feuilles vert foncé et fortement découpées mesurent au total environ 5 à 6 cm de diamètre, l'unique fleur mesure jusqu'à 5 cm, cachant parfois le feuillage complètement. La fleur ressemble à une marguerite, mais contrairement à cette dernière, c'est une vraie fleur, non pas une inflorescence composée de fleurs regroupées. Son cœur est jaune et ses pétales arrondis à l'extrémité sont blanc pur. La fleur se referme et se penche la nuit et par temps gris, révélant un revers blanc rosé.

Après la longue floraison, le feuillage persiste un certain temps, créant un superbe couvre-sol bas, puis disparaît avec l'arrivée des chaleurs de l'été.

Même si l'anémone des bois (*Anemone nemorosa* – fiche précédente) et l'anémone grecque appartiennent toutes les deux au genre *Anemone* et sont de petites plantes à floraison printanière, elles ne sont pas de si proches parentes. Les différences les plus évidentes au moment de la floraison sont que l'anémone grecque est un peu plus hâtive et produit des fleurs beaucoup plus grosses que l'anémone des bois. C'est cependant au moment de la plantation que la différence est la plus flagrante. L'anémone des bois produit, en guise de rhizomes, de longs fils à peine visibles ; l'anémone grecque donne des tubercules un peu difformes, mais

## ANÉMONE GRECQUE 'WHITE SPLENDOUR'

néanmoins reconnaissables comme quelque chose de végétal… du moins quand ils sont en pleine terre.

**CULTURE**   Achetez les tubercules d'anémone grecque tôt à l'automne, si possible, dès leur arrivée en magasin et plantez-les sans trop tarder, car ils ne sont pas viables très longtemps une fois qu'ils ont été déterrés. On les a faits séjourner dans un séchoir avant de les emballer pour l'expédition afin de faciliter leur transport, mais les tubercules séchés sont alors méconnaissables comme entités vivantes. On dirait des crottes de chat asséchées! Faites-les tremper dans de l'eau 2 à 24 heures avant la plantation et ils reprendront leur forme, redevenant… des crottes humides.

Les rhizomes tubéreux regonflés sont bruns et irréguliers : il n'y a pas de « haut » ni de « bas » très évident. À la plantation, vous pouvez les placer dans n'importe quelle position.

Plantez les tubercules à 8 à 10 cm de profondeur dans un sol riche et plutôt humide, mais quand même bien drainé. Comme la plante croît au printemps, elle préfère une bonne humidité durant cette saison, mais elle tolère la sécheresse estivale.

L'anémone grecque a besoin de soleil au moment de sa feuillaison printanière, mais quand elle est en dormance l'été, elle tolère très bien l'ombre estivale. On peut donc la planter dans des emplacements au soleil ou à la mi-ombre au printemps, mais à l'ombre plus tard, comme dans des plates-bandes remplies de vivaces, sous des arbres et des arbustes, etc.

Après la floraison, le feuillage dure plusieurs semaines, puis sèche doucement.

**MULTIPLICATION**   L'anémone grecque s'étend d'elle-même, en partie par ses rhizomes tubéreux qui voyagent lentement dans les environs, mais surtout par semences spontanées. Les graines donnent des plants qui fleurissent en aussi peu que deux ans. On peut récupérer les tubercules quand le feuillage se fane pour les transplanter ailleurs. Il n'est *pas* nécessaire de les faire sécher avant de les planter : remettez-les en terre dès que possible. Et il faut mentionner que les tubercules sont bon marché : si vous ne tenez pas à diviser les tubercules, vous pouvez en acheter d'autres.

**UTILISATIONS**   L'anémone grecque 'White Splendour' est superbement adaptée à la naturalisation, que ce soit dans le gazon, dans un pré fleuri ou dans un sous-bois d'arbres caducs. On peut également la planter, bien sûr, en plate-bande ou en rocaille.

*Anemone blanda* 'White Splendour'  |  Photo : HortiCom

## ANÉMONE GRECQUE 'WHITE SPLENDOUR'

**ASSOCIATIONS** La combinaison d'anémones grecques et du gazon va de soi. On peut aussi les planter par-dessus des tulipes hâtives à mi-saison pour une floraison à deux étages.

**PROBLÈMES** Peu fréquents.

**AUTRES ANÉMONES GRECQUES** Les cultivars *A. blanda* 'Violet Star', aux fleurs bleu violet, et *A. blanda* 'Blue Shades', aux différentes teintes de violet et lavande, sont très jolis, mais leurs fleurs sont plus petites que celles de 'White Splendour'. En général, les anémones grecques à fleurs roses, comme 'Radar', sont peu persistantes sous notre climat, mais la variété *A. blanda rosea* est relativement solide. Ses fleurs sont rose pâle.

*Anemone blanda* 'Blue Shades' | Photo : HortiCom

## ARISÈME DE SHIKOKU

*Arisaema sikokianum* variegated | Photo : HortiCom

> Nom botanique : *Arisaema sikokianum*

> Famille : Aracées

> Hauteur : 30 à 75 cm

> Largeur : 30-45 cm

> Exposition : soleil ou ombre

> Sol : riche, bien drainé, humide

> Floraison : printemps

> Zone de rusticité : 6 (4 sous couvert de neige)

LES BULBES ••• 343

## ARISÈME DE SHIKOKU

**Il y a environ 150 espèces d'arisèmes dans le monde et presque toutes sont des objets de collection.** On les apprécie surtout pour leurs fleurs très curieuses, réellement uniques au monde, qui ont un petit côté sinistre dû aux coloris souvent sombres. Mais si l'arisème de Shikoku (*A. sikokianum*) partage un extérieur pourpre sombre avec beaucoup des plantes de son genre, son intérieur est tout le contraire : un blanc tellement lumineux qu'on le dirait phosphorescent. C'est une plante qu'on remarque immédiatement dans les forêts sombres de son origine, sur l'île de Shikoku au Japon, par sa coloration si éclatante. Vous la trouverez aussi spectaculaire dans les coins ombragés de votre propre aménagement.

DESCRIPTION   À partir d'un tubercule enfoui loin dans le sol, l'arisème de Shikoku produit une tige dressée et ce qui semble être une profusion de feuilles simples. Si vous regardez de près cependant, vous remarquerez que cette « masse » de feuilles provient de seulement deux feuilles divisées en six folioles vert moyen, souvent rehaussé d'argent. Déjà le feuillage est très attrayant… et c'est tant mieux, car la plante est en feuilles pendant environ cinq mois et en fleur seulement pendant un mois.

Un détail à noter est que le feuillage est parfois panaché d'argent. Ce trait n'est pas fiable et les plants produits par semences, même provenant des plants les plus panachés, peuvent aussi bien être verts ou légèrement panachés d'argent que fortement panachés. Souvent les marchands vendent les plants panachés sous le nom d'*A. sikokianum* variegated. Notez bien que ce nom n'est pas un nom de cultivar, puisque le trait n'est pas fixé ; il n'est donc pas inséré dans des guillemets simples comme l'aurait été un vrai cultivar.

Les feuilles ne sont rien en comparaison avec la « fleur » ! Cette floraison complexe n'est pas en fait une fleur, mais une inflorescence, un regroupement de fleurs. Il y a d'abord une spathe (feuille enveloppante) pourpre foncé en forme de trompette coiffée au sommet d'un capuchon

*Arisaema sikokianum* variegated | Photo : HortiCom

## ARISÈME DE SHIKOKU

pourpre foncé strié de blanc légèrement penché vers l'avant qui se termine en une pointe mince dressée. L'ensemble est un peu en forme de point d'interrogation. Là où la spathe s'ouvre en trompette, soit en son milieu, elle s'enroule un peu vers l'extérieur, révélant un blanc pur à l'intérieur. Du centre de la trompette sort donc… une ampoule électrique incandescente! D'accord, ce n'est pas une véritable ampoule électrique, mais un spadice, une excroissance blanche généralement en forme de bâton, mais ici, à l'extrémité arrondie comme une ampoule. Vous pourriez peut-être y voir un pilon. Cet étrange bâton est en fait la véritable inflorescence, composée de centaines de petites fleurs.

La hauteur de cette plante est variable, surtout en fonction de son âge. Les jeunes plants qui commencent à fleurir ont environ

*Arisaema sikokianum* variegated | Photo : HortiCom

30 cm de hauteur, puis ils croissent régulièrement avec les années pour atteindre 75 cm. J'ai même entendu dire que l'arisème de Shikoku pouvait atteindre 90 cm à pleine maturité, mais je ne peux le confirmer : je n'ai jamais vu de spécimen si gros. Il reste quand même que cette plante est une nouveauté relative : rares sont les jardiniers qui en ont un spécimen depuis plus de quatre ou cinq ans! Nous n'avons donc pas vraiment vu ce qu'elle peut faire à sa pleine maturité.

Les fruits ne se forment que s'il y a d'autres arisèmes dans le secteur, soit des arisèmes de Shikoku soit d'autres espèces, puisque ces plantes s'entrecroisent assez facilement. C'est que l'arisème produit toujours des inflorescences unisexes. Curieusement, sur la même plante, les fleurs sont de sexes différents à divers stades de sa vie. Ainsi, les jeunes plants sont presque toujours mâles, mais arrivés à pleine maturité, ils deviennent femelles. Après avoir produit des graines, ils redeviennent mâles pendant encore plusieurs années. Puis le cycle recommence.

Comme il y a rarement des fleurs mâles et femelles en même temps pour permettre une pollinisation croisée, les fruits sont très rares, mais ils sont intéressants quand ils apparaissent : on dirait des épis de maïs, avec des grains vert très foncé. À l'automne, les fruits deviennent rouge orangé.

**CULTURE** Sans doute la première chose à dire au sujet de la culture de cette plante est qu'elle peut être assez coûteuse. Au moment où je l'ai découverte, les tubercules se vendaient 100 $ US! Le prix est beaucoup plus bas maintenant, mais il ne faut pas être surpris de voir un prix de 30 $ le tubercule pour une plante en âge de fleurir ou 15 $ pour un jeune plant à trois ou quatre ans de la floraison. Il est vrai que la production des tubercules de cette plante est lente et difficile. Évidemment, ces prix-là découragent les marchands locaux, qui ont de la difficulté à imaginer que quiconque paierait un tel prix pour un « simple bulbe » (ah, ils ne connaissent pas la convoitise des collectionneurs de plantes). Cette plante est donc disponible uniquement par la poste ; du moins, c'était le cas au moment où j'écrivais ce livre.

L'arisème de Shikoku a la réputation d'être « capricieux », mais, selon mon expérience, il faut tout simplement trouver les conditions qui lui conviennent. Il est surtout important de savoir que le bulbe ne tolère pas un sol détrempé durant l'hiver.

## ARISÈME DE SHIKOKU

Le truc pour réussir avec cette plante superbe est de trouver un emplacement bien drainé, mais au sol riche en matières organiques. Et le tubercule doit être planté à une bonne profondeur pour le mettre à l'abri du gel. De préférence, la plate-bande devrait être surélevée pour favoriser le drainage… comme une plate-bande de jardinier paresseux, aménagée en déposant du papier journal sur le gazon et en recouvrant le papier journal de bonne terre. Un autre bon emplacement est une pente : le drainage y sera toujours bon.

Contrairement à la plupart des bulbes rustiques, les tubercules de l'arisème de Shikoku sont surtout disponibles au printemps, ou parfois très, très tard à l'automne, puisque cette plante est en croissance durant l'été. Plantez le tubercule à environ 20 à 30 cm de profondeur dans un sol riche et meuble. Pour assurer le drainage nécessaire, posez une couche de sable de 5 cm au fond du trou avant d'y placer le tubercule.

Côté lumière, la plante préfère l'ombre ou la mi-ombre (une ombre très dense peut lui convenir pour autant qu'elle reçoive un peu de soleil au printemps, quand les arbres sont sans feuilles), mais elle tolère le soleil si son sol demeure au moins un peu humide. En effet, contrairement à la majorité des bulbes, qui entrent en dormance l'été, perdant leur feuillage et n'ayant plus besoin d'eau, les feuilles de l'arisème de Shikoku persistent tout l'été, et ne se fanent qu'à l'automne ; la plante a donc besoin d'eau tout l'été.

**MULTIPLICATION**   Difficile à réussir à la maison. La plante est peu portée à se diviser du pied, sauf après bien des années, et à moins d'avoir deux plantes de sexe opposé qui fleurissent en même temps, les graines sont difficiles à obtenir. Vous n'aurez d'autre choix que d'acheter de nouveaux tubercules si vous voulez enrichir votre collection.

**UTILISATIONS**   C'est une plante très intéressante pour les plates-bandes ombragées et pour la naturalisation dans un sous-bois. Tel que mentionné, elle peut aussi avoir sa place dans les jardins en pente.

**ASSOCIATIONS**   Cette plante spectaculaire est à l'aise avec d'autres plantes de sous-bois, comme les fougères et les épimèdes (*Epimedium* spp.).

**PROBLÈMES**   Peu fréquents. L'arisème de Shikoku ne semble pas vulnérable aux maladies, aux insectes et à la déprédation par les mammifères. Il a la réputation de disparaître après quelques années sans raison apparente. Ce phénomène semble surtout survenir dans les conditions de chaleur et de sécheresse estivale. Je vous suggère de planter vos arisèmes plutôt à l'ombre,

La curieuse fleur enroulée de l'*Arisaema ringens*   |   Photo : HortiCom

## ARISÈME DE SHIKOKU

d'employer un bon paillis pour garder le sol frais et d'arroser en cas de sécheresse, ce qui devrait vous éviter une telle déception.

**AUTRES ARISÈMES**  La liste des arisèmes intéressants à cultiver est longue, et si vous aimez les plantes à fleurs curieuses, il y a de quoi surprendre. Je trouve cependant que l'arisème de Shikoku est tellement original qu'il ressort nettement du lot : comment ne pas lui accorder un coup de cœur ? Quelques autres variétés à recommander pour notre climat sont nos deux espèces indigènes, soit l'arisème petit-prêcheur (*Arisaema triphyllum*, zone 3) et l'arisème-dragon (*A. dracontium*, zone 4), ainsi que l'arisème ouvert (*A. ringens*, zone 4) et l'arisème de Farges (*Arisaema fargesii*, zone 6 d'après les autorités, mais parfaitement à l'aise chez moi en zone 4b). Je les trouve particulièrement « faciles » dans un genre réputé plutôt pour son comportement capricieux.

## BULBOCODE PRINTANIER

*Bulbocodium vernum* | Photo : HortiCom

Certaines lecteurs m'accuseront peut-être d'avoir une nette préférence pour les gros végétaux. Ils ont un peu raison : il est difficile de soustraire une grosse plante majestueuse à son regard… et à son cœur. Mais je peux aussi apprécier les petites choses dans la vie, comme le bulbocode printanier.

**DESCRIPTION**  Tôt au printemps, en même temps que les crocus, quand la nature est encore dans un profond sommeil, les

> **Autre nom commun** : crocus rouge
> **Nom botanique** : *Bulbocodium vernum*
> **Famille** : Liliacées
> **Hauteur** : 10 à 12 cm
> **Largeur** : 10 à 12 cm
> **Exposition** : soleil printanier, mi-ombre
> **Sol** : ordinaire à riche, bien drainé, humide au printemps, sec à l'été
> **Floraison** : début du printemps
> **Zone de rusticité** : 1

## BULBOCODE PRINTANIER

boutons floraux de ce petit bulbe (en fait, un cormus) sortent subitement de terre. Les fleurs étoilées qu'ils produisent sont rose violacé, avec de longs pétales presque en lanière et pour toute tige un court tube blanc à la base de la fleur, qui pousse donc directement du niveau du sol, sans tige. Elles sont de bonne taille pour une si petite plante : 10 à 12 cm de hauteur. D'ailleurs, elles sont si pressées de sortir qu'elles n'attendent pas le feuillage : les fleurs sortent en premier et, pendant qu'elles se pavanent, les feuilles étroites, pointues, vert foncé avec une teinte pourprée, viennent les rejoindre.

*Bulbocodium vernum* | Photo : HortiCom

Même si dans son Europe natale, où c'est une plante de haute montagne, on l'appelle couramment « crocus rouge », il n'y a pas beaucoup de ressemblance avec un crocus (*Crocus* spp.) ; d'ailleurs, les deux n'appartiennent pas à la même famille : le bulbocodium est une Liliacée, le crocus, une Iridacée. Par contre, le bulbocodium printanier ressemble *beaucoup* à un colchique (*Colchicum*, page 357), la différence principale étant qu'il fleurit au printemps alors que le colchique s'épanouit à l'automne. Mais c'est une différence minime du point de vue botanique et je ne serais pas surpris de voir cette plante transférée au genre *Colchicum* tôt ou tard.

Chaque cormus ne produit que deux ou trois fleurs, mais les cormus se divisent rapidement et forment de petites colonies avec le temps, créant des masses de fleurs.

La floraison est de durée variable, mais toujours plus longue que ces éphémères que sont les crocus, habituellement deux à trois semaines. C'est lorsque le printemps est frais ou même froid que la floraison est la plus durable. Les feuilles persistent quelques semaines de plus que les fleurs avant de disparaître elles aussi pour l'été.

**CULTURE**   Comme tant de bulbes à floraison hâtive, le bulbocode printanier se plaît partout où il y a du soleil ou de la mi-ombre au printemps, même si l'emplacement devient ombragé durant l'été. Le sol doit être bien drainé, mais autrement sa qualité n'a que peu d'importance. Évidemment, comme le cormus est entièrement en dormance durant l'été, la sécheresse estivale ne le dérange nullement. Il n'est pas non plus affecté par les étés pluvieux. Disons que, l'été, il est complètement indifférent à la météo.

Les cormus sont disponibles à l'automne. Plantez-les en septembre ou en octobre à environ 10 à 12 cm de profondeur et réservez-lui autant d'espace en largeur.

C'est un bulbe plutôt rare, donc plus coûteux que la plupart des petits bulbes à floraison printanière, mais on le trouve dans les jardineries à l'occasion. Il est cependant plus facile à trouver dans les catalogues de commande postale.

Il faut noter la rusticité extrême de ce cormus, qui est de zone 1. Même la scille de Sibérie (*Scilla siberica*, page 393) n'est pas aussi rustique. Donc, un excellent choix pour les jardiniers nordiques !

**MULTIPLICATION**   Je présume qu'on peut le multiplier par semences, mais chez moi, j'ai plutôt compté sur la prolifération naturelle des cormus, qui produisent de nombreux caïeux arrivant rapidement à la floraison à leur tour. On peut donc diviser et replanter les cormus quand le feuillage jaunit à la fin du printemps. D'ailleurs, cette plante est si prolifique, autant que tout crocus ou scille, que je me demande toujours pourquoi elle coûte si cher.

## BULBOCODE PRINTANIER

**UTILISATIONS** Une si petite plante offre beaucoup de possibilités : on peut l'utiliser dans la plate-bande, la rocaille, le jardin de sous-bois, ou la naturaliser dans le gazon. Évidemment, étant donné son origine montagnarde, c'est un excellent choix pour les jardins alpins.

**ASSOCIATIONS** On peut facilement marier le bulbocode printanier avec d'autres petits cormus qui fleurissent en même temps, comme les crocus (*Crocus* spp.) et les anémones (*Anemone* spp.). Évidemment, il faut prévoir des plantes à floraison estivale pour compenser sa dormance estivale.

**PROBLÈMES** Peu fréquents. Les mammifères (cerfs, marmottes, lapins, etc.) n'y touchent pas.

**AUTRES BULBOCODIUMS** On dit qu'il existe un bulbocode printanier à fleurs blanches (*B. vernum* 'Album'), mais je ne l'ai jamais vu, pas plus que cette autre espèce (*B. versicolore*) qui, dit-on, lui ressemble beaucoup. Autrement dit, il n'y a que le bulbocode printanier (*B. vernum*) sur le marché.

**ENCORE PLUS** Ne remisez pas les cormus de bulbocode dans le tiroir à légumes du frigo : ils ressemblent peut-être à des petits oignons, mais ils sont *très* toxiques. D'ailleurs, beaucoup de recherches se font en vue d'une utilisation médicinale de cette plante.

## CALADIUM HYBRIDE

- Autre nom commun : oreilles d'éléphant
- Nom botanique : *Caladium* x, syn. *Caladium bicolor*, *Caladium hortulanum*
- Famille : Aracées
- Hauteur : 30-90 cm
- Largeur : 30-60 cm
- Exposition : mi-ombre, ombre
- Sol : riche, moyennement humide à détrempé
- Floraison : sans importance
- Zone de rusticité : 10

*Caladium* 'Red Blush' | Photo : HortiCom

Comment ne pas « tomber en amour » avec les magnifiques feuilles si colorées du caladium? C'est presque une insulte de l'appeler « oreilles d'éléphant », pourtant l'un de ses noms communs. Avez-vous déjà vu des éléphants aux oreilles si

LES BULBES • • • 349

## CALADIUM HYBRIDE

joliment marbrées, nervurées et colorées? Si oui, vous avez peut-être un petit problème de stupéfiants! Ce n'est pas une plante «facile» si vous la traitez comme tout autre bulbe, mais quand vous aurez compris ses exigences, qui ne sont pas difficiles à satisfaire, vous pourrez avoir un énorme succès; cette plante d'allure tropicale... est réellement tropicale.

**DESCRIPTION** À partir d'un tubercule légèrement enfoui dans le sol, la plante forme une touffe de feuilles généralement assez grosses sur des pétioles de longueur variable, selon le cultivar. Les feuilles sont généralement en forme de tête de flèche ou de coeur (ou d'oreille d'éléphant si vous insistez), mais on trouve aussi des cultivars à feuilles plus étroites, notamment dans les collections. Ce qui est merveilleux avec le feuillage des caladiums n'est cependant pas leur forme, mais leur coloration et leur texture. Les feuilles sont fortement marquées de rose ou de rose et blanc, à tel point qu'il ne reste presque pas de vert. Souvent la feuille est multicolore: des nervures rouges, un limbe rose, des taches blanches et une marge verte représentent une combinaison typique. De plus, la feuille est si mince que la lumière semble la traverser, lui donnant une luminosité extraordinaire que peu de plantes peuvent égaler. L'effet est saisissant: ce n'est pas le genre de plante à passer inaperçue.

Les fleurs, par contre, passent justement inaperçues, du moins la plupart du temps. L'inflorescence est typique des fleurs des Aracées: une spathe (feuille enroulée) avec en son centre un épi couvert de fleurs minuscules (le spadice). Si les fleurs des arisèmes (page 343), qui sont de la même famille, sont séduisantes, les fleurs verdâtres des caladiums n'ont vraiment aucun attrait. Habituellement, on les supprime lorsqu'elles apparaissent.

**CULTURE** Le caladium vous offre plusieurs possibilités, commençant à l'achat. Les jardineries et les fleuristes vendent des caladiums en pot en pleine feuillaison, prêts à rapporter à la maison. Vous vous épargnez tout effort de plantation, mais la plante vous coûte beaucoup plus cher. Vous pourriez acheter des dizaines de tubercules de caladium pour le prix d'une seule potée.

*Caladium* 'Florida Sweetheart' | Photo: HortiCom

## CALADIUM HYBRIDE

*Caladium* 'Aaron' | Photo : HortiCom

L'autre option d'achat consiste donc à vous procurer des tubercules secs, habituellement à la fin de l'hiver ou au début du printemps. Non seulement cette option est-elle beaucoup plus économique, mais vous aurez plus de choix.

Les caladiums sont des plantes très tropicales qui n'apprécient même pas un soupçon de froid. Il n'est donc pas convenable de planter les bulbes en pleine terre sous notre climat, car la terre prend trop de temps à se réchauffer ; la saison sera très avancée quand les plantes sortiront. On cultivera plutôt les caladiums en pot, les activant à la chaleur de la maison, de façon à ce que les plantes soient déjà développées avant de les placer à l'extérieur pour l'été.

Un tubercule de caladium est assez difforme et ressemble à une motte de terre noueuse. Le haut et le bas ne sont pas très discernables quand il est en pleine dormance… mais quand vient la saison de plantation, le tubercule produit des pointes de croissance, soit les futures feuilles, ce qui indique le haut à coup sûr. Empotez vos caladiums vers le mois d'avril si vous désirez les exposer dans le jardin extérieur – vous pouvez le faire en toute saison une fois que les pointes sont apparues pour utilisation à l'intérieur –, à raison d'un gros tubercule ou de deux ou trois petits tubercules par pot de 20 cm. Employez un terreau riche en matières organiques et placez les tubercules à environ 5 cm de profondeur. Commencez les arrosages et gardez les tubercules enfouis à la chaleur (la température de la pièce ou plus chaud) sous un éclairage modéré pour amorcer leur croissance. Quand les températures le permettent, notamment quand les nuits sont supérieures à 15 °C, soit rarement avant la mi-juin, vous pouvez placer ou planter la potée à l'extérieur, à l'abri du soleil et des vents ; les feuilles de cette plante d'ombre ou de mi-ombre seraient brûlées par trop de soleil et pourraient être déchirées par les vents forts.

Le caladium aime un sol humide durant sa période de croissance. Une fois qu'il est en pleine croissance, on peut même placer le pot avec sa base dans l'eau, mais un niveau d'humidité « normale » convient aussi très bien. Évitez que le sol ne se dessèche durant la période de croissance, car la plante pourrait entrer en période de dormance prématurément.

Quand les feuilles commencent à se faner, habituellement à la toute fin de l'été, c'est qu'elle est en train de vous indiquer qu'elle a fini sa saison de croissance. Rentrez le pot, cessez complètement les arrosages, coupez ou arrachez le feuillage quand il est complètement séché et laissez la plante dormir pour les mois suivants à la température du lieu ou un peu plus

## CALADIUM HYBRIDE

frais (13 à 24 °C). Je préfère laisser les tubercules dormir dans leur pot, mais vous pouvez les déterrer et les entreposer dans une boîte de carton pour l'hiver, après les avoir recouverts de feuilles déchiquetées, de sciure de bois, de tourbe, etc.

On peut cultiver le caladium comme plante d'intérieur. Dans ce cas, vous pourriez vous amuser à le faire pousser à différentes saisons. Le truc, c'est tout simplement de retarder le début des arrosages. Si, par exemple, vous laissez les tubercules au sec tout l'été plutôt que de les arroser, puis commencez les arrosages à l'automne, il poussera en automne et en hiver. Habituellement, il a une période de croissance d'environ six mois, après laquelle, malgré tout effort pour l'en empêcher, il s'endormira.

À l'intérieur, il s'accommode davantage du soleil direct que dans le jardin, mais évitez-le en plein été. Par contre, l'ombre dans la maison est une ombre très profonde, trop pour cette plante. Un éclairage moyen, par exemple devant une fenêtre orientée à l'est, est parfait.

**MULTIPLICATION** Par division, habituellement à la fin de la période de dormance. Les tubercules « bourgeonnent » avec les années, produisant des sections latérales que vous pouvez couper. Laissez-les sécher environ une semaine, le temps que la blessure se cicatrise, avant de les empoter.

**UTILISATIONS** Le caladium est un ajout saisissant aux plates-bandes, aux bacs et aux plans d'eau… s'ils sont au moins un peu ombragés. Il fait aussi une excellente plante d'intérieur.

**ASSOCIATIONS** En pleine terre, on peut le marier avec d'autres plantes ombrophiles, comme l'impatiente (*Impatiens walleriana*) et les fougères.

**PROBLÈMES** Peu fréquents. Les jeunes feuilles sont sujettes aux dommages par les limaces quand la plante pousse en pleine terre… mais quand on la sort déjà en feuilles, ces bestioles n'y trouvent ordinairement plus aucun attrait. Les cerfs, les lièvres, les lapins et les autres mammifères ne mangent pas cette plante qui, en raison de son taux élevé d'acide oxalique, est toxique.

**AUTRES CALADIUMS** Il ne sert pas à grand-chose de vous donner des listes de cultivars de caladium : la plupart sont vendus sans nom. Les tubercules ont beau avoir une étiquette d'identification, il y a plus de 1 000 cultivars et qui sait lequel vous trouverez en magasin ?

J'aimerais toutefois mentionner une autre espèce de caladium : le caladium nain (*Caladium humboldtii*). Ce ravissant caladium miniature produit de petites feuilles vertes fortement panachées de blanc et de pas plus de 10 à 14 cm de longueur. Contrairement au caladium hybride, la dormance n'est pas obligatoire chez cette espèce. Si vous continuez de l'arroser, il va rester en croissance permanente. On peut donc facilement en faire une plante d'intérieur l'hiver et une plante d'extérieur l'été. 10-25 cm x 10 à 20 cm. Zone 10.

*Caladium humboldtii* | Photo : HortiCom

**ENCORE PLUS** Habituellement, on plante les tubercules de caladium à l'endroit, la pointe de croissance vers le haut, ce qui donne la plante aux grandes feuilles qu'on connaît. Il est toutefois possible de produire une plante aux feuilles beaucoup plus petites mais beaucoup plus nombreuses en plantant les tubercules à l'envers, soit la pointe de croissance vers le bas. Pour maintenir cette « forme naine », il faut toutefois invertir le tubercule tous les ans, sinon il s'adaptera à sa nouvelle position.

# CANNA 'AUSTRALIA'

> Autre nom commun : balisier 'Australia'

> Nom botanique : *Canna* 'Australia'

> Famille : Cannacées

> Hauteur : 1,2-1,8 m

> Largeur : 40-60 cm

> Exposition : soleil

> Sol : riche, moyennement humide à détrempé

> Floraison : été, automne

> Zone de rusticité : 8 (sous un épais paillis)

*Canna* 'Australia' | Photo : Wayside Gardens

*Que calor*! Les cannas sont-ils les ultimes plantes pour donner un effet tropical ? En tout cas, quand j'en vois un, je me mets tout de suite à suer, peu importe la saison ! Avec leurs grandes feuilles en forme de bananier et leurs fleurs souvent flamboyantes (ce n'est pas pour rien que dans les Îles on les appelle « balisiers »). J'en cultive des dizaines et je les aime tous, mais c'est 'Australia' qui mérite mon coup de cœur. Pourquoi ? Si les photos ne vous le disent pas, lisez plus loin.

DESCRIPTION   Le canna 'Australia' se distingue des autres cannas par son feuillage épais très foncé, un pourpre foncé presque noir, d'apparence laquée, avec une nervure centrale rouge bordeaux. Il y a beaucoup de cannas à feuillage pourpre, parfois pourpre assez foncé, mais celui-ci est vraiment le plus noir. De plus, avec ses grandes feuilles larges et lancéolées, aux nervures parallèles, portées sur une « tige » épaisse (en fait, une pseudo-tige composée des bases imbriquées et enroulées des feuilles), on dirait presque un bananier… mais un bananier noir. Toute confusion avec un bananier disparaît cependant quand, en fin d'été ou à l'automne, 'Australia' se met à fleurir : de grosses fleurs rouge vif et très voyantes produites en épi à son sommet. Il peut atteindre 1,8 m de hauteur en pleine terre, mais lorsque son rhizome est confiné à un pot, la hauteur est moindre, environ 1,2 m.

Ce canna a été lancé récemment comme grande nouveauté par l'hybrideur néo-zélandais Johnny K. Johnson, mais je viens d'apprendre que ce n'est pas un de ses hybrides et même que le nom 'Australia' est incorrect. Ce n'est d'ailleurs pas une nouveauté, mais un vieux cultivar allemand de 1922 du nom de 'Feuerzauber', créé par Pfitzer. De plus, il est offert en France depuis plus de 80 ans sous le nom de 'Feu Magique' ! J'ai cru bon de conserver le nom 'Australia' pour ce livre, car non seulement c'est sous ce nom que la plante est présentement distribuée, mais les autorités taxonomiques n'ont pas encore donné leur avis. Je pense bien que, d'ici un

## CANNA 'AUSTRALIA'

an ou deux, elles vont nous faire changer nos étiquettes pour 'Feuerzauber'. L'un des critères de la taxonomie n'est-il pas que le premier nom publié est le nom légitime? Mais 'Feuerzauber' a-t-il été publié de façon officielle? C'est ce que nous attendons de savoir.

Le feuillage du Canna 'Australia' est tellement spectaculaire que les fleurs sont presque inutiles. | Photo : HortiCom

**CULTURE** Afin de voir fleurir 'Australia' avant la fin de notre saison de jardinage si court, il faut nécessairement l'activer, comme les autres cannas, dans la maison. Si vous avez l'intention de le cultiver en pot, vous pouvez placer déjà le rhizome dans son pot estival, un gros pot (30 cm ou plus) ou un bac. Si vous voulez tout simplement le démarrer dans la maison pour le repiquer en pleine terre plus tard, un pot de 15 cm suffira. Plantez le rhizome à l'horizontale, la pointe de croissance vers le haut. Une profondeur d'environ 7 à 10 cm convient si vous plantez le rhizome dans son pot estival, mais si vous l'activez dans un petit pot en vue de le repiquer plus tard, vous n'avez qu'à recouvrir le rhizome d'une mince couche de terreau. Quand viendra le moment de le repiquer en pleine terre, vous pourrez rajuster la profondeur. Arrosez modérément au début, juste assez pour que le terreau soit un peu humide, mais abondamment quand les premières feuilles apparaissent.

La plante pousse rapidement sous un éclairage intense et pourra mesurer déjà 75 cm quand vous la sortirez en juin pour l'acclimater. Il ne faut toutefois pas la sortir avant que tout risque de gel soit écarté. Évidemment, comme toute plante qu'on sort pour l'été, il faut l'acclimater peu à peu au soleil, sur une semaine ou plus, sinon son si joli feuillage pourrait brûler. Mais en définitive, c'est au plein soleil qu'elle doit aller.

Dans la nature, le canna est une plante de marécage qui peut pousser avec son rhizome sous l'eau. Il peut donc avoir sa place dans les jardins d'eau durant l'été. Comme il tolère très bien les niveaux d'humidité normaux des sols, il peut aussi convenir à la plate-bande ou à la culture en bac. Il faut cependant l'arroser régulièrement quand la pluie manque sérieusement. Un bon paillis aidera à garder la terre plus humide. Il est presque impossible de trop arroser un canna.

C'est une plante très gourmande. Appliquez des mycorhizes sur ses racines au moment de l'empotage ou de la mise en terre pour améliorer son absorption des minéraux et appliquez une bonne couche de compost tous les ans. Pour la culture en pot, où les minéraux sont encore plus rares, des fertilisations régulières avec un engrais biologique peuvent aider à stimuler une meilleure floraison. Chaque pseudo-tige ne fleurit qu'une seule fois, mais porte néanmoins plusieurs fleurs dans son épi terminal; la floraison peut ainsi durer plusieurs semaines. Par contre, le rhizome se divise et donne d'autres tiges qui fleuriront à leur tour, ce qui assure une floraison réellement durable.

Habituellement, j'attends que le gel ait détruit les feuilles avant de rentrer un canna pour l'hiver, car la plante est presque toujours encore en fleurs assez tardivement à l'automne. On n'a par la suite qu'à l'arracher et à couper le feuillage pour la rentrer au chaud. On peut

## CANNA 'AUSTRALIA'

conserver les rhizomes à nu dans une boîte, recouverts de sciure de bois ou de tourbe, ou encore, si la plante poussait en pot, les conserver dans leur pot. Certains conservent leurs rhizomes de canna dans des sacs de plastique pour mieux conserver l'humidité.

Si vous avez suffisamment d'espace dans la maison et un bon éclairage, il vous est possible de rentrer un canna cultivé en pot comme plante d'intérieur. Habituellement, on choisit une plante qui n'a pas encore fleuri ou dont plusieurs tiges n'ont pas fleuri ; en prolongeant sa saison de croissance, elle fleurira dans la maison. Il y a presque toujours un canna en fleurs chez moi à Noël ! La dormance n'est pas obligatoire : tant que le sol reste humide, que la température est plutôt chaude (15 °C et plus) et que la plante peut profiter d'un soleil intense, la croissance peut se poursuivre à l'année, avec des rhizomes secondaires fleurissant tour à tour.

**MULTIPLICATION**   Le canna 'Australia', comme tous les cannas, est un producteur prolifique de rhizomes épais qui poussent à l'horizontale dans le sol. Ainsi un plant unique en produit rapidement plusieurs et même beaucoup. Une division s'impose donc presque tous les ans, normalement juste avant d'empoter les rhizomes pour le démarrage dans la maison, et ce, même si vous n'avez pas besoin d'autres rhizomes. Vous donnerez vos surplus à des amis.

**UTILISATIONS**   Les grands cannas comme 'Australia' sont surtout utilisés à l'arrière-plan des plates-bandes et servent à la culture dans de gros bacs. Les cannas nains, qui atteignent tout de même 60 cm de hauteur, peuvent aller au centre d'une plate-bande ou dans des pots plus petits. Grands et petits se plaisent également dans les jardins d'eau.

**ASSOCIATIONS**   On peut cultiver le canna 'Australia' avec des cannas à feuillage vert ou vert strié jaune pour faire ressortir sa superbe coloration. Ou cultivez-le avec, en fond de scène, de grandes plantes à feuillage « doré », comme le physocarpe doré (*Physocarpus opulifolius* 'Dart's Gold').

**PROBLÈMES**   Peu fréquents.

**AUTRES CANNAS**   Le choix de cannas ornementaux est énorme avec environ 1 000 cultivars, mais nos jardineries ne nous en proposent généralement qu'une demi-douzaine, souvent des variétés peu performantes. J'ai appris que si je voulais des cannas intéressants et surtout pas toujours les mêmes vieux cultivars, il fallait les commander par la poste.

Il y a des cannas de toutes les tailles, de 50 cm à 5 m, avec des fleurs de plusieurs couleurs : rouge, jaune, orange, rose, blanc. Beaucoup sont bicolores. Quant au feuillage, il peut être vert, pourpre ou diversement strié. Je vous laisse choisir, avec quelques suggestions.

*C.* 'Phasion' : aussi offert sous le nom de 'Durban', cette magnifique variété sud-africaine, une mutation du vieux cultivar 'Wyoming', n'est pas nouvelle, mais elle a été relancée comme grande nouveauté en 1997 sous le nom de Tropicanna™ par la compagnie australienne Anthony Tesselaar

Comme tous les cannas, *Canna* 'Phasion' peut pousser dans l'eau.   Photo : HortiCom

## CANNA 'AUSTRALIA'

International Pty. Ltd. Son vrai nom de cultivar demeure nébuleux, mais puisque le Royal Horticultural Society Plant Finder renvoie à la fois 'Durban' et Tropicanna™ à 'Phasion', j'ai cru bon d'utiliser ce nom. Son trait le plus intéressant est la superbe coloration du feuillage : rouge pourpré joliment strié de rose, de jaune et de vert le long des nervures, une combinaison réellement très originale. Les fleurs aussi sont très belles : un orange un peu rosé. 120-160 cm x 40-60 cm.

C. Tropicanna Black™ : je dois admettre que j'entretiens beaucoup de doutes à propos de cette plante. Ne serait-ce pas une usurpation de nom, procédé que la compagnie Anthony Tesselaar International, qui a relancé 'Phasion' sous le nom de Tropicanna™ (voir le paragraphe précédent) en prétendant que c'était quelque chose d'original, a la réputation d'employer ? En tout cas, je vous laisse voir la photo : s'il y a une différence avec 'Australia', elle est très, très minime ! 120-180 cm x 40-60 cm.

C. musifolia : c'est un canna géant aux feuilles qui ressemblent vraiment à celles d'un bananier. Même les botanistes sont d'accord, puisqu'ils l'ont appelé C. musifolia, qui se traduit par « canna à feuilles de bananier ». C'est une très

*Canna* Tropicanna Black™ | Photo : Monrovia Nurseries

grande plante, de 3 à 5 m de hauteur, aux énormes feuilles de 90 cm de longueur et de 30 cm de diamètre. Les feuilles sont vertes avec une marge et des nervures bordeaux. La pseudo-tige aussi est bordeaux. On me dit que la plante produit des fleurs orange aux pétales étroits… mais je ne les ai jamais vues. C'est que ce canna demande au moins neuf mois pour fleurir, un peu trop pour notre climat. On le cultive donc uniquement pour son feuillage et son port. Juste par sa taille, il y a sûrement de quoi épater le voisinage ! 3-5 m x 1 m.

**ENCORE PLUS** Sachez que les cannas font de piètres fleurs coupées : elles se flétrissent presque immédiatement après la récolte.

*Canna musifolia* | Photo : Monrovia Nurseries

# COLCHIQUE 'LILAC WONDER'

*Colchicum* 'Lilac Wonder' | Photo : HortiCom

Les colchiques surprennent toujours : les fleurs sortent subitement à l'automne, apparemment de nulle part, sans feuilles pour les cacher. Et il y en a tellement, car les colchiques sont si prolifiques ! Mon préféré est l'une des variétés les plus courantes : l'hybride 'Lilac Wonder'.

> Autre nom commun : safran des prés
> Nom botanique : *Colchicum* 'Lilac Wonder'
> Famille : Liliacées
> Hauteur (fleur) : 12 cm
> Hauteur (feuillage) : 40 cm
> Largeur : 12-15 cm
> Exposition : soleil au printemps, mi-ombre
> Sol : ordinaire à riche, bien drainé, humide
> Floraison : automne
> Zone de rusticité : 4

**DESCRIPTION** Le colchique 'Lilac Wonder' est typique des colchiques hybrides à grosses fleurs. À l'automne, vers la mi-septembre et pendant environ un mois, de grosses fleurs en forme de coupe sortent du sol. Elles ressemblent aux fleurs des crocus (*Crocus* spp.), mais sont plusieurs fois plus grosses. La couleur est censée tirer sur le lilas, mais c'est seulement vers la fin de la floraison ; à leur apogée, les fleurs sont rose magenta, soit la couleur habituelle des colchiques. Les fleurs peuvent être très nombreuses, notamment après quatre ou cinq ans, car les cormus se multiplient avec le temps, créant un véritable tapis de rose.

Mais où est le feuillage ? Curieusement, il n'est pas présent lors de la floraison. Les colchiques fleurissent « à nu », c'est-à-dire sans feuillage. Les feuilles, longues, rubanées, dressées et légèrement arquées aux extrémités sont vert foncé luisant. Elles paraissent au printemps et

## COLCHIQUE 'LILAC WONDER'

disparaissent à l'arrivée de l'été. Quand un colchique est en fleur, il n'y a donc rien pour bloquer la vue !

**CULTURE** Les colchiques poussent à partir d'un cormus à tunique brune papyracée, un *énorme* cormus... et coûteux ! Le poids du « bulbe » fait augmenter son prix, car il coûte beaucoup plus cher d'expédier des cormus de colchique des Pays-Bas en Amérique que des bulbes de tulipe. Comme il coûte plus cher, il s'en vend moins ; comme il s'en vend moins, les marchands en commandent peu ; et comme il y en a peu sur le marché, les clients ne les connaissent pas et en achètent encore moins... Il en résulte que les cormus de colchique sont difficiles à trouver et rarement bon marché. Attendez-vous de payer environ 7 $ le cormus. Heureusement qu'un seul cormus aura créé une masse de fleurs de 45 cm de diamètre dans 10 ans !

Le feuillage printanier de *Colchicum* 'Lilac Wonder'
Photo : HortiCom

Les colchiques arrivent sur le marché au début de septembre... et il faut les planter tout de suite si vous voulez les voir fleurir *in situ* la première année. En effet, cette plante a tellement hâte de fleurir qu'elle peut fleurir dans son sac si on ne la plante pas tout de suite. Vous pouvez cependant placer le cormus dans un panier ou sur le rebord d'une fenêtre, à l'endroit ou à l'envers. Peu importe le sens, peu importe l'absence de terre et d'arrosage, ses longs boutons étroits s'élèveront vers le ciel et s'épanouiront. Il est quand même assez curieux de voir un bulbe fleurir complètement exposé. Fleurir hors terre ne nuit pas au cormus : il reprendra son cycle naturel une fois planté, refleurissant l'automne suivant. Par contre, les fleurs ne durent pas plus que quelques jours dans la maison, comparativement à deux semaines dans la fraîcheur du jardin automnal.

Plantez les bulbes tôt au mois de septembre si vous voulez voir les fleurs s'épanouir dans la plate-bande la première année, ou avant la fin d'octobre pour une floraison en pleine terre l'automne suivant. Plantez-les dans un sol bien drainé riche ou de qualité moyenne, de préférence plutôt humide. Si la plupart des bulbes préfèrent sécher complètement durant l'été, le colchique ne déteste pas un peu d'humidité en tout temps, tolérant donc bien les arrosages et l'irrigation durant l'été.

Côté ensoleillement, il leur faut du soleil ou de la mi-ombre au printemps ; peu importe la lumière le reste de l'année ! Ainsi, les emplacements ombragés uniquement par les arbres à feuilles caduques leur conviennent parfaitement.

Théoriquement, la pointe va vers le haut et la partie aplatie vers le bas... mais ce n'est pas grave si vous vous trompez. Une plantation à 15 cm de profondeur et à autant d'espacement conviendra.

Au printemps, les longues feuilles sortent du sol, de même que la capsule de graines. Les feuilles sont très présentables quand elles sont vertes, mais elles s'écrasent au sol quand elles jaunissent, comme une masse de grosses nouilles trop cuites. Mieux vaut placer les colchiques là où cette courte période de décrépitude ne dérangera pas trop, comme en deuxième plan d'une plate-bande, derrière d'autres végétaux.

## COLCHIQUE 'LILAC WONDER'

**MULTIPLICATION**  Les cormus se multiplient assez rapidement, créant de grosses touffes de fleurs. Or, figurez-vous que sous ces grosses touffes de fleurs, il y a de grosses touffes de cormus ! Déterrez-les délicatement quand le feuillage se fane au début de l'été et replantez-les sans tarder.

**UTILISATIONS**  Le colchique 'Lilac Wonder' est très populaire pour la naturalisation dans les prés fleuris (autrement si vides à l'automne) et les sous-bois ouverts. Vous pouvez aussi le planter dans la pelouse, mais alors il vous faudra tondre autour des feuilles pendant plusieurs semaines au printemps. Il reste que c'est ainsi que plusieurs grands jardins, comme le jardin de Monet à Giverny, utilisent les colchiques. Évidemment, ils sont superbes en plate-bande.

**ASSOCIATIONS**  Pendant sa floraison, le colchique mérite d'être en vedette. L'idéal est donc de le planter sous un couvre-sol plutôt bas (ou plutôt de planter le couvre-sol par-dessus), comme la petite pervenche (*Vinca minor*), le thym (*Thymus* spp.) ou le raisin d'ours (*Arctostaphylos uva-ursi*). Ainsi les fleurs des colchiques semblent-elles sortir d'un tapis de vert… où les couvre-sols absorbent et cachent rapidement leur feuillage dépérissant.

On peut naturaliser les colchiques dans des couvre-sols à très bel effet : ici, du thym (*Thymus* spp.). | Photo : HortiCom

**PROBLÈMES**  Peu fréquents. La toxicité de la plante (voir *Encore plus* ci-dessous) rebute les mammifères.

**AUTRES COLCHIQUES**  Il existe plus de 75 espèces de *Colchicum* et autant de cultivars, et en Europe ils sont de tous les jardins. En Amérique, cherchez-les ! Une recherche diligente pourrait toutefois vous révéler quelques colchiques parmi les suivants, tous des variétés de « bonne disponibilité ».

C. 'Autumn Queen' : fleur pourpre marquée de faibles carreaux blancs. Gorge blanche. 15 cm x 15 cm. Zone 4.

C. *autumnale* 'Album' : plus petit que les hybrides, le colchique automnal blanc produit des fleurs blanc pur de seulement 5 à 10 cm de hauteur. Zone 3.

C. 'The Giant' : très grosse fleur rose pâle à gorge blanche. 25-30 cm x 20 cm. Zone 4.

C. 'Waterlily' : très prisée, cette variété produit de grosses fleurs rose magenta qui sont complètement doubles. Malheureusement, les fleurs sont si lourdes qu'elles s'écrasent souvent au sol sous les pluies d'automne. 20 cm x 20 cm. Zone 4.

*Colchicum* 'Waterlily' | Photo : HortiCom

**ENCORE PLUS**  Les colchiques sont toxiques en toutes leurs parties : fleurs, feuilles, cormus. On tire de cette plante la colchicine, un médicament très puissant pour traiter la goutte.

# COLOCASE NOIRE

*Colocasia esculenta* 'Black Magic' | Photo : HortiCom

> **Autres noms communs :** oreille d'éléphant, taro, chou de Chine
> **Nom botanique :** *Colocasia esculenta* 'Black Magic', syn. *C. esculenta* 'Jet Black Wonder'
> **Famille :** Aracées
> **Hauteur :** 40 à 180 cm
> **Largeur :** 30 à 100 cm
> **Exposition :** soleil ou mi-ombre
> **Sol :** riche en matières organiques, humide à détrempé.
> **Floraison :** sans importance
> **Zone de rusticité :** 9

Cette plante d'allure tropicale (qui *est* d'ailleurs tropicale) était cultivée comme légume à l'origine. Son tubercule, pourtant toxique, est un aliment de base ancestral en Asie du sud-est (son aire d'origine), en Polynésie, en Amérique du Sud et, depuis moins longtemps, en Afrique. Mais comment une plante toxique peut-elle être un aliment de base ? La cuisson détruit la propriété toxique du tubercule, qui non seulement se mange comme une pomme de terre mais en a aussi la texture farineuse. L'un des noms communs de cette plante, taro, est un mot hawaïen. Dans les Caraïbes, on l'appelle plutôt « chou de Chine », sa culture ayant été introduite par les Chinois.

Mais vous ne voudrez certainement pas manger le tubercule de *Colocasia esculenta* 'Black Magic' ! Avec son feuillage en forme de tête de flèche, qui lui a mérité le nom d'oreille d'éléphant, qu'il partage avec le caladium et l'oreille

## COLOCASE NOIRE

d'éléphant géante (*Alocasia*), et sa belle coloration foncée, c'est vraiment une plante à traiter en vedette plutôt qu'en légume.

**DESCRIPTION** Sur de hauts pétioles engainés à la base sont portées de grandes feuilles inclinées vers le bas. Elles sont en forme de tête de flèche légèrement arrondie et aux nervures un peu enfoncées. Il n'y a pas de tige.

C'est la couleur des feuilles et des pétioles qui nous impressionne le plus : pourpre foncé mat, presque noir sous certains éclairages. De plus, la feuille a un curieux reflet bleuté qui résulte de la mince couche de pruine blanche qui recouvre la feuille. L'envers de la feuille est blanc bleuté aux nervures pourpres.

On cultive surtout la colocase 'Black Magic' pour ses belles feuilles, mais c'est quand même une plante à fleurs qui fleurira probablement au cours de l'été. L'inflorescence se compose d'un ovaire vert arrondi surplombé d'un spadice (bractée) blanc en forme de cornet qui entoure partiellement un spadice en forme de bâton crème où se trouvent les minuscules fleurons. Cette « fleur » est partiellement cachée par le feuillage et est jugée sans attrait particulier : habituellement on la supprime.

**CULTURE** Il faut savoir que cette plante est semi-aquatique dans la nature, poussant dans les marécages avec les racines dans l'eau. Cela ne veut pas dire qu'on ne peut pas la cultiver comme toute autre plante terrestre, mais mieux vaut ne *pas* louper les arrosages ! On peut aussi la cultiver dans un jardin d'eau, avec le tubercule plongé dans l'eau jusqu'à 15 cm.

Le plein soleil est préférable, mais la mi-ombre est tolérée (ce cultivar perd toutefois sa belle coloration pourpre dans les emplacements ombragés). L'emplacement sera de préférence à l'abri du vent et assez chaud (deux facteurs qui vont souvent ensemble, d'ailleurs). C'est que la colocase est réellement tropicale, habituée à des températures de 35 °C et plus, et ne prend sa pleine expansion que dans un endroit où la chaleur s'accumule. Elle peut rester à 40 cm de

*Colocasia esculenta* 'Black Magic' | Photo : HortiCom

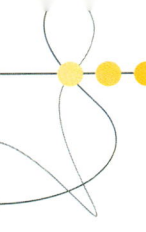

## COLOCASE NOIRE

hauteur là où c'est plutôt frais, mais elle n'atteindra sa hauteur maximale de 1,8 m que dans des conditions chaudes.

On pourrait théoriquement planter le tubercule directement à l'extérieur quand la terre s'est réchauffée, mais je suggère de considérer la colocase comme une plante intéressante surtout pour la culture en pot. C'est plus commode, notamment au moment de sortir la plante au début de l'été et de la rentrer à l'automne.

Plantez le tubercule dans un terreau pour plantes d'intérieur. Le pot doit être deux fois plus large que le tubercule, car même si celui-ci était de petite taille à l'achat, il grossit avec le temps, pouvant atteindre plus de 30 cm de longueur et peser plusieurs kilos dans le cas des vieux sujets. Il ressemble à un rutabaga brun écailleux. Il est facile de trouver l'extrémité qui va vers le haut, car la partie supérieure est pointue et l'on peut discerner, même au moment de la dormance, la pointe de croissance, alors que la partie inférieure est arrondie ou même bombée et que l'on aperçoit toujours quelques racines séchées qui s'y sont fixées. Vous pouvez recouvrir les petits tubercules de terreau, mais laissez le tiers supérieur exposé chez les gros sujets ; ainsi, vous n'aurez pas besoin de chercher un pot assez profond pour recevoir un tubercule si long. Démarrez le tubercule dans la maison à la mi-avril pour une croissance estivale.

Placez le pot dans un emplacement chaud (24 °C et plus) pour bien amorcer la croissance. Arrosez légèrement au début, davantage quand les feuilles sortent. À ce moment, déplacez le pot vers une fenêtre ensoleillée. Quand les nuits sont assez chaudes, habituellement à la mi-juin, sortez le pot pour acclimater la plante à l'ombre d'abord, puis à la mi-ombre et enfin au soleil. Vous pouvez placer le pot dans un bassin d'eau ou dans un joli cache-pot sans trous de drainage ; après les arrosages, le surplus d'eau restera dans le cache-pot et la plante aura toujours un terreau très humide, ce qu'elle préfère. On peut aussi la cultiver dans un sol « normalement humide », donc bien drainé, comme toute autre plante, mais toute sécheresse risque de la plonger dans une dormance hâtive.

C'est une plante gourmande de nature, et si en plus on la cultive en pot, son besoin de minéraux augmente. Une fertilisation régulière avec un engrais tout usage est donc de mise durant toute la période de croissance.

À la fin de l'été ou au début de l'automne, rentrez le pot. La colocase n'a pas besoin de « subir du froid » à l'automne : mieux vaut la rentrer quand les températures sont encore assez chaudes. À partir de là, vous avez deux possibilités : la mettre en dormance ou la garder en croissance, car elle n'a pas de dormance obligatoire.

Pour la mettre en dormance, arrêtez de l'arroser tout simplement. Le feuillage séchera (vous le supprimerez) et vous pourrez mettre le pot dans un emplacement à la température de la pièce ou plus frais (jamais moins que 5 °C) jusqu'au printemps suivant. Ou sortez le tubercule du pot et entreposez-le à sec dans une boîte de carton, après l'avoir recouvert de paillis, de sciure de bois, de tourbe ou autre.

Pour garder la colocase en croissance à l'année, placez le pot devant une fenêtre ensoleillée et continuez les arrosages.

**MULTIPLICATION** Par division des tubercules, au printemps, au moment de la mise en croissance.

**UTILISATIONS** Habituellement, on utilise la colocase 'Black Magic' comme plante-vedette dans le jardin d'eau ou le bac. Elle est superbe aussi en massif entourée d'annuelles de moindre taille. Ou dans l'assiette, si vous savez la cuisiner !

**ASSOCIATIONS** La colocase 'Black Magic' n'a pas besoin de compagnie pour être attrayante : on l'utilise souvent toute seule, notamment dans un petit bassin d'eau, et l'effet est superbe. On

## COLOCASE NOIRE

peut cependant l'entourer de plantes plus basses, notamment à feuilles jaune-vert, comme certains coléus (*Solenostemon scutellarioides*) et la patate douce 'Margarita' (*Ipomoea batatas* 'Margarita'), car le jaune met en valeur le pourpre des feuilles de 'Black Magic'. En jardin d'eau, essayez-la en compagnie de laitues d'eau (*Pistia stratiotes*), de *Salvinia* ou d'*Azolla*, trois plantes flottantes à feuillage vert tendre.

**PROBLÈMES**   Peu fréquents. Des araignées rouges peuvent s'attaquer au feuillage lorsque la plante est à l'intérieur, notamment si l'air est trop sec. Rincez chaque semaine le feuillage pour les enlever… et augmentez l'humidité pour les empêcher de revenir.

**AUTRES COLOCASES**   Il n'y a qu'une espèce de colocase, *Colocasia esculenta* (l'épithète veut dire « comestible »), mais il y a des centaines de cultivars, la plupart utilisés strictement comme plantes comestibles. N'empêche que même les formes « utilitaires » font de très jolies plantes. Leur feuillage est habituellement vert, parfois avec des nervures ou pétioles pourprés. Le plus facile, c'est d'aller dans un marché chinois au printemps et d'y acheter des tubercules. 40-180 cm x 30-100 cm. Zone 9.

Il existe aussi plusieurs cultivars plus ornementaux, mais leur distribution est faible. On trouve surtout sur le marché *C. esculenta* 'Illustris', aux feuilles pourprées, bien que moins foncées que celles de 'Black Magic', et aux nervures vertes. Les feuilles sont habituellement très vertes avec seulement un peu de marbrure pourpre au début de l'été, mais de plus en plus pourprées à mesure que la saison avance. Dans la maison l'hiver, si on les laisse en croissance, elles retournent à leur forme « plus verte que pourpre ».

**ENCORE PLUS**   Il paraît que les feuilles de cette plante sont également comestibles, mais attention, elles contiennent de l'acide oxalique qui peut être très irritant. Je suggère de ne manger que des variétés reconnues spécifiquement pour leur feuillage comestible : sans doute qu'elles contiennent moins d'acide oxalique !

*Colocasia esculenta* 'Illustris'   |   Photo : HortiCom

## CROCOSMIA 'LUCIFER'

*Crocosmia* 'Lucifer' | Photo : HortiCom

> **Autres noms communs :** crocosmie 'Lucifer, montbrétia 'Lucifer'

> **Nom botanique :** *Crocosmia* 'Lucifer'

> **Famille :** Iridacées

> **Hauteur :** 1 à 1,2 m

> **Largeur :** 30 à 60 cm

> **Exposition :** soleil, mi-ombre

> **Sol :** riche, humide, bien drainé

> **Floraison :** milieu de l'été

> **Zone de rusticité :** 6 (4 sous couvert de neige)

On m'avait dit que je ne pouvais cultiver des crocosmias au Québec sans rentrer les cormus pour l'hiver, une étape qui me « tanne » royalement. Ces plantes ne viennent-elles pas d'Afrique du Sud où le climat est torride à l'année ? Un instant, le climat d'Afrique du Sud n'est pas si chaud que ça : dans le sud du pays, il fait froid l'hiver et il peut même y avoir de la neige. De plus, à l'époque des dernières glaciations, il y a « seulement » 10 000 ans (ce qui est très peu, géologiquement et botaniquement parlant), ce pays était partiellement recouvert de glace ; ne resterait-il pas quelques plantes qui ont conservé des gènes de protection contre le froid ? Il faut croire que oui, car le crocosmia 'Lucifer' (*Crocosmia* 'Lucifer') pousse maintenant chez moi depuis 12 ans, prolifère, fleurit abondamment… et n'a jamais été rentré pour l'hiver.

**DESCRIPTION** Chaque cormus produit un petit éventail aplati de feuilles longues et pointues, en forme d'épée, plissées sur une bonne partie de leur longueur. Si cela vous fait penser au feuillage d'un glaïeul (*Gladiolus*), vous avez vu juste : le glaïeul est un proche parent du crocosmia. Les feuilles sortent relativement tôt au printemps et restent debout jusqu'à l'automne.

Une tige florale pourprée, ramifiée, en zigzag, sort de chaque éventail de feuilles au début de l'été. À la mi-été, chacune est pleinement épanouie, avec des centaines de fleurs rouge vif en entonnoir courbé, s'ouvrant en cinq lobes bien définis à l'extrémité. La couleur est très vive, enflammant toute la plate-bande. La floraison dure un bon mois.

## CROCOSMIA 'LUCIFER'

**CULTURE**  Le traitement du crocosmia dépend du climat local. Si la couverture de neige n'est pas importante et fiable, comme c'est souvent le cas en zone 5, ou si vous vivez dans les zones 1, 2 ou 3, vous devrez peut-être planter les cormus au printemps pour les rentrer à l'automne. Plantez-les dès la fin de mai pour les rentrer après les premiers gels sévères de l'automne. Malgré tout, je vous suggère d'acheter plusieurs cormus et d'expérimenter en en laissant la moitié en terre sous une épaisse couche de paillis juste pour voir. Il est tellement plus plaisant de laisser cette plante prolifique courir librement que de devoir la planter et la déterrer chaque année.

Si vous devez rentrer les cormus, ils se conserveront facilement à la température de la pièce ou plus fraîche mais libre de gel dans une boîte de carton, bien recouverts de tourbe, de vermiculite ou de copeaux de bois. Notez que les crocosmias plantés au printemps fleuriront plus tardivement que les crocosmias laissés en terre pendant l'hiver.

Si vous profitez de beaucoup de neige et que la couche de neige reste en place durant les mois les plus froids de l'hiver, janvier et février, vous pouvez planter les cormus à demeure. C'est vrai en zone 4, et parfois en zone 3. Un paillis est toujours apprécié, au cas où !

Dans les deux cas, plantez les cormus (qui ressemblent aux cormus de glaïeul, en un peu plus petit) au printemps, quand ils arrivent sur le marché, à 15 cm de profondeur et à autant d'espacement dans un sol bien drainé et plutôt humide (une autre raison pour laquelle le crocosmia aime bien les paillis est qu'ils aident à maintenir son sol plus humide). Vous aurez de meilleurs résultats dans un sol riche. Et même si le crocosmia tolère la mi-ombre, vous aurez une floraison plus généreuse au plein soleil.

Il est possible d'acheter des plants de crocosmia déjà en pot, souvent vendus dans le rayon des vivaces. Évidemment, ils coûtent beaucoup plus cher que des cormus secs : on peut souvent acheter une vingtaine de cormus pour le prix d'un seul plant en pot !

Les feuilles et les tiges florales des crocosmias tendant à pencher dans le sens du soleil le plus intense, et c'est encore plus frappant chez les grands crocosmias comme 'Lucifer'. Ce phénomène fait paniquer les jardiniers forcenés qui sortent les redresser avec des dizaines de tuteurs, chacun plus laid que son voisin. Le jardinier paresseux apprend à ne pas se battre contre la nature, mais à en profiter. Plantez donc cette plante là où cette propension à pencher vers le soleil sera le plus appréciée. N'allez pas planter vos crocosmias dans une plate-bande faisant face au nord, car toutes les fleurs vous tourneraient le dos, ce qui est un peu triste. Si la plate-bande fait face au sud, par contre, les fleurs viendront vous voir !

**MULTIPLICATION**  Les crocosmias sont très prolifiques, s'étendant par rhizomes, et après quelques années, il faut parfois arracher quelques cormus égarés pour les replanter ailleurs ou faire des cadeaux. On peut aussi déterrer et diviser les cormus au printemps ou tard à l'automne. 'Lucifer' et les autres crocosmias hybrides ne sont pas fidèles au type par semences.

**UTILISATIONS**  Le crocosmia 'Lucifer' est surtout utilisé en plate-bande, notamment en arrière-plan. Dans les régions où il se naturalise bien, on peut l'utiliser en pré fleuri. 'Lucifer' est un peu gros pour la jardinière ou le bac, mais la plupart des autres crocosmias, qui ne dépassent guère les 60 cm, conviennent bien à cette utilisation. C'est une excellente fleur coupée. Enfin, le crocosmia 'Lucifer' est très populaire auprès des colibris qu'il peut attirer au jardin.

**ASSOCIATIONS**  Essayez cette plante avec la campanule lactiflore 'Pritchard's Variety'

*Crocosmia* 'Lucifer' | Photo : HortiCom

LES BULBES ••• 365

## CROCOSMIA 'LUCIFER'

(*Campanula lactiflora* 'Pritchard's Variety') ou le pigamon à feuilles d'ancolie (*Thalictrum aquilegifolium*) : vous aurez un vrai feu d'artifice !

**PROBLÈMES**   Peu fréquents. Les araignées rouges peuvent faire jaunir le feuillage si l'été est chaud et sec. Quelques bons jets de tuyau d'arrosage suffisent pour les faire tomber le cas échéant.

**AUTRES CROCOSMIAS**   La faible rusticité des crocosmias en général a été beaucoup exagérée. Après mon succès avec 'Lucifer', j'ai essayé plusieurs autres crocosmias hybrides courants et je les ai trouvés tous rustiques, bien que plus petits et plus tardifs (essentiellement à floraison automnale). Avec leur petite taille, ils sont souvent noyés dans les grandes vivaces de la fin de l'été. Non seulement 'Lucifer' fleurit-il tôt mais il est très grand ; il ressort donc de la foule et je le considère comme le meilleur crocosmia, du moins jusqu'à maintenant, pour notre climat.

Cela dit, il paraît que la grande rusticité et la floraison hâtive de 'Lucifer' vient d'un de ses parents, un grand crocosmia sauvage qu'on dit très rustique, le crocosmia paniculé (*C. paniculata*). J'aimerais bien l'essayer sous notre climat, mais je ne l'ai jamais vu offert dans le commerce. Il produit des fleurs rouge orangé au milieu de l'été sur une tige très zigzagante. 1,5 m.

## CROCUS DE TOMMASSINI

*Crocus tommasinianus* naturalisé dans une pelouse  |  Photo : HortiCom

> **Nom botanique :** *Crocus tommasinianus*
> **Famille :** Iridacées
> **Hauteur :** 8 cm
> **Largeur :** 6 cm
> **Exposition :** soleil au printemps
> **Sol :** ordinaire à riche, bien drainé, humide au printemps, sec l'été
> **Floraison :** début du printemps
> **Zone de rusticité :** 4

## CROCUS DE TOMMASSINI

**En quoi ce petit crocus est-il meilleur que les autres crocus?** En deux mots: *pas d'écureuils*! Et pas de campagnols (mulots) non plus. En effet, tous les crocus sont sujets aux ravages des écureuils et des campagnols, sauf une espèce: le crocus de Tommassini (*Crocus tommassinianus*). Il paraît que ses cormus sont légèrement toxiques, alors que tous les autres crocus ont des cormus non seulement comestibles, mais dé-li-cieux! Pourquoi alors partir à la chasse aux écureuils, déployer leurres, répulsifs et effaroucheurs quand on a un crocus auquel ils ne veulent même pas toucher?

**DESCRIPTION** Le crocus de Tommasssini est un petit crocus de la catégorie des crocus botaniques, soit des crocus peu ou pas améliorés par l'homme. Il fleurit très tôt au printemps, presque aussitôt que la neige a disparue, et pour bien des gens, c'est le crocus le plus hâtif. En Europe, il est classé parmi les crocus d'hiver puisqu'il fleurit habituellement en janvier ou février. Chez nous, c'est plutôt en avril…

La petite fleur est en forme de coupe et composée de six tépales: trois pétales violet moyen à l'intérieur, trois sépales lavande à l'extérieur. Au centre, il y a un stigmate orange très voyant. La fleur est suavement parfumée… un détail qu'on ne remarque normalement qu'après avoir cueilli une fleur. Par contre, si vous la plantez en grand nombre (je l'achète par boîtes de 150 cormus), le parfum vous sautera au nez même à 15 pas.

Les feuilles étroites, courtes et vert moyen avec une nervure centrale blanche, apparaissent en même temps que les fleurs, mais persistent plus longtemps. Elles disparaissent néanmoins bien avant le début de l'été. Ainsi vous pourrez tondre en paix si vous l'avez planté dans la pelouse.

**CULTURE** Le crocus de Tommassini préfère le plein soleil printanier (on peut toutefois le cultiver sous des arbres à feuilles caduques), et un sol très bien drainé et pas compacté; il ne faut pas que le cormus passe l'hiver dans un sol détrempé. L'été, il préfère un emplacement sec. Ainsi est-il facile à cultiver dans les jardins et les pelouses des jardiniers paresseux, qui arrosent peu, mais il demande un peu plus d'attention de la part des jardiniers forcenés qui passent leur été à arroser. Dans ce cas, il pourrait mieux réussir dans une pente.

Plantez les cormus, qui ressemblent à des petits bulbes tuniqués, à l'automne, entre septembre et la fin d'octobre, à environ 10 cm de profondeur et 8 cm d'espacement. Il n'est pas rare que la floraison de la première année soit retardée par rapport à la normale et que le bulbe fleurisse plutôt tardivement. La deuxième année, il se sera adapté à votre climat et fleurira tôt, dans la deuxième vague de floraison, les perce-neiges (*Galanthus* spp.) et les éranthes (*Eranthis hyemalis*) commençant un peu plus tôt.

**MULTIPLICATION** Ce bulbe a la réputation de s'étendre bien via semences… mais pas chez moi, tristement. Peut-être auriez-vous plus de chance! C'est plutôt par division que la colonie grossit. On peut donc déterrer

*Crocus tommassinianus* | Photo: HortiCom

## CROCUS DE TOMMASSINI

les cormus quand le feuillage jaunit et replanter les nombreux petits caïeux (bébés bulbes) ailleurs. Faites-le tout de suite : il n'est pas nécessaire d'attendre l'automne pour les replanter, malgré une croyance tenace. Évidemment, ce crocus est si bon marché que vous préférerez peut-être simplement en acheter de nouveaux.

**UTILISATIONS**   Ce crocus est particulièrement recommandé pour la naturalisation dans la pelouse et sous les couvre-sols bas, deux milieux où il profite réellement. On peut aussi l'utiliser dans les plates-bandes, les prés fleuris, les sous-bois ouverts et, bien sûr, les rocailles.

**ASSOCIATIONS**   Le crocus de Tommassini est un excellent compagnon pour les bulbes à floraison hâtive, comme les autres crocus, les gloires des neiges (*Chionodoxa* spp.) et les puschkinias (*Puschkinia scilloides*).

**PROBLÈMES**   Peu fréquents. Ce crocus peut toutefois disparaître avec le temps dans les pelouses et les plates-bandes trop abondamment arrosées.

**AUTRES CROCUS**   Le crocus de Tommassini a donné naissance à plusieurs cultivars, tous à fleurs plus grosses. Tous sont rustiques en zone 3.

*C. tommassinianus* 'Barr's Purple' est essentiellement identique à l'espèce, avec des pétales violets et des sépales violet plus pâle, mais aux fleurs plus grosses. 10 cm.

*C. tommassinianus* 'Ruby Giant' est pourpre rougeâtre, plus foncé à la pointe des tépales et à la base. 10 cm.

*C. tommassinianus* 'Whitewell Purple' : fleurs pourpre rougeâtre. 10 cm.

*C. sieberi sublimis* 'Tricolor' : c'est le célèbre crocus tricolore, un petit crocus botanique aux fleurs nombreuses de couleur exceptionnelle. La fleur est pourpre foncé avec un cœur jaune orangé ; un anneau blanc sépare nettement les deux couleurs. Ce crocus n'est *pas* résistant aux écureuils. Je l'ai inclus parce que je l'aime... et que je n'ai pas de problèmes d'écureuils chez moi ! 8 cm. Zone 4.

*Crocus sieberi sublimis* 'Tricolor' dans la pelouse de l'auteur  |  Photo : HortiCom

# ÉRANTHE COMMUNE

*Eranthis hyemalis* | Photo : HortiCom

Une plante qui fait fondre la neige ? Qui vous fait gagner ainsi quelques journées de printemps ? Il me semble que s'il y a bien une région au monde où une telle fleur serait appréciée, ce serait chez nous. Mais non, l'éranthe commune (*Eranthis hyemalis*), malgré ses fleurs hâtives très voyantes, malgré une bonne disponibilité des tubercules (en fait, ce sont des rhizomes tubéreux), malgré un prix ridiculement bas, demeure inconnue de la majorité de jardiniers. Il me semble que le temps est venu de la faire découvrir.

> Autres noms communs : aconit d'hiver, helléborine, hellébore jaune
> Nom botanique : *Eranthis hyemalis*
> Famille : Renonculacées
> Hauteur : 5 à 8 cm
> Largeur : 5 cm
> Exposition : soleil du printemps, mi-ombre
> Sol : bien drainé, humide, glaiseux ou riche
> Floraison : début du printemps
> Zone de rusticité : 4

**DESCRIPTION** Notre éranthe est une toute petite plante, rarement plus de 5 cm de hauteur au moment de la floraison (son feuillage monte souvent à 8 cm par la suite), composée d'une courte tige rougeâtre, de deux feuilles sans pétioles et très frangées placées dos à dos pour former une collerette, et d'une seule fleur jaune à six sépales. Mais le jaune est un jaune saisissant, surtout un jaune bouton d'or (les boutons d'or sont d'ailleurs de proches parents), et petite ou pas, la plante est si prolifique qu'elle crée des tapis de fleurs avec le temps ; on la remarque donc très facilement. De surcroît, c'est souvent la première fleur du printemps, ex æquo avec le perce-neige (*Galanthus nivalis*), ce qui fait qu'elle vaut son pesant d'or. Enfin, la

## ÉRANTHE COMMUNE

floraison est particulièrement durable : environ un mois, un peu plus si le printemps est froid, un peu moins s'il est chaud.

Après la floraison, il reste la collerette de feuilles coiffée maintenant de capsules de graines formant un cercle vert, puis brun au centre de l'ancienne fleur quand elles mûrissent. Tout disparaît avec l'arrivée des beaux jours, laissant le tubercule endormi, bien caché dans le sol, jusqu'au printemps suivant.

*Eranthis hyemalis* crée de jolis tapis de fleurs avec le temps. | Photo : HortiCom

**CULTURE** Il y a cependant un hic avec l'éranthe. Elle est difficile à établir. Non pas difficile à cultiver (ce sont deux choses très différentes), mais la démarrer du bon pied est plus complexe que pour la plupart des bulbes. Les gens qui achètent des tubercules d'éranthe (encore faut-il faire confiance au marchand, car les tubercules desséchés ont l'air sans vie) au mois d'octobre et qui les plantent sans autre préparation risquent fort de ne rien voir pousser au printemps.

Le problème est le traitement qu'on administre aux tubercules aux Pays-Bas. C'est que l'éranthe n'aime pas sécher, même durant sa période de dormance estivale. Elle préfère un sol au moins un peu humide en tout temps. Et voilà que les méchants Néerlandais la déterrent, font tomber la terre qui la protège et, pire encore, passent ses tubercules dans une sécheuse industrielle pour les « préparer pour la vente ». Quel choc ! Mais c'est nécessaire si vous voulez vendre ces tubercules à sec, dans des sacs de plastique ou des boîtes de carton. Si on ne « préparait » pas le tubercule, qu'on l'ensachait encore humide, il pourrirait tout simplement.

Les Européens ont d'autres options d'achat que nous, car là-bas on vend aussi des éranthes en pot. Les plants n'ont jamais subi le choc d'un dessèchement total et sont donc faciles à transplanter. Leur reprise est facile et sans complications. Chez nous, on ne trouve que des tubercules secs à l'article de la mort… mais tout espoir n'est pas perdu. Il y a moyen de les récupérer. Mais il faut faire vite !

Et voici le premier et le plus important des trucs avec l'éranthe : il faut planter les tubercules tôt. Quand ils arrivent sur le marché en septembre, il y a déjà plusieurs semaines qu'ils sont au sec, un état qu'ils n'apprécient guère. Pourquoi prolonger davantage leur calvaire ? Oui, vous pouvez attendre au mois d'octobre pour planter vos crocus, vos tulipes ou les narcisses, mais plantez vos tubercules d'éranthe dès qu'ils arrivent sur le marché, dès le début de septembre donc, avec d'ailleurs vos anémones grecques (*Anemone blanda*) et vos anémones des bois (*A. nemorosa*), qui ont besoin du même traitement.

Le deuxième truc, c'est de les réhydrater avant la plantation en les faisant tremper dans l'eau pendant 24 heures. C'est facile à faire… et si vital. Je dois admettre que moi-même je doutais de la capacité des éranthes de pousser au Québec après plusieurs échecs cuisants, mais depuis qu'on m'a expliqué les deux trucs, j'ai un succès fou avec cette plante. Je n'ai planté que quelques dizaines d'éranthes chez moi, et il y en a maintenant des centaines… et de plus en plus tous les ans.

## ÉRANTHE COMMUNE

Comme bien des bulbes très hâtifs, l'éranthe dépend du soleil du printemps pour sa croissance. Tout emplacement au soleil ou à la mi-ombre au printemps lui conviendra, même s'il est très ombragé l'été. D'ailleurs, les éranthes se comportent particulièrement bien dans les forêts d'arbres à feuilles caduques, créant un tapis de fleurs jaune vif qui perce sans problème l'épaisse litière forestière.

Le sol doit être bien drainé sans être sec. Même en été, quand elle est profondément endormie dans le sol, cette plante préfère une certaine humidité ; un paillis est donc utile, qui remplace la litière forestière de son milieu d'origine. Ce n'est donc pas un de ces bulbes qui craint les arrosages estivaux et l'irrigation. C'est une plante qui aime un sol riche en minéraux grâce à des apports réguliers de compost, ou encore un sol naturellement riche, comme c'est le cas de la glaise.

Il est vrai que l'éranthe s'étend avec le temps, davantage grâce à ses graines qu'aux déplacements de ses rhizomes tubéreux, mais elle est trop petite et délicate pour être considérée comme envahissante.

**MULTIPLICATION**  Vous pouvez récolter et semer les graines. Autrement, déterrez les tubercules à la fin du printemps, quand le feuillage jaunit, et divisez-les.

**UTILISATIONS**  L'éranthe commune est une superbe plante pour la naturalisation dans les sous-bois caducs et le gazon, où elle crée un joli couvre-sol saisonnier. On peut aussi la planter par touffes en plate-bande et en rocaille. Les bulbes sont également faciles à forcer.

**ASSOCIATIONS**  On plante souvent les perce-neiges (*Galanthus* spp.), à fleurs blanches, et les éranthes, à fleurs jaunes, ensemble, car les deux fleurissent en même temps, ce qui crée un tapis blanc et jaune. On peut aussi combiner l'éranthe avec des bulbes un peu plus tardifs, comme les crocus (*Crocus* spp.), car sa floraison persistera tout au long de la floraison de ces derniers.

**PROBLÈMES**  Peu fréquents. Les limaces et les escargots peuvent attaquer le feuillage quand il commence à jaunir, mais cela fait partie du recyclage naturel et n'est pas un véritable ennui.

**AUTRES ÉRANTHES**  Oui, il existe d'autres éranthes. Non, elles ne sont pas couramment disponibles. D'ailleurs, elles ressemblent tellement à l'éranthe commune qu'il ne vaut pas vraiment la peine de les rechercher.

**ENCORE PLUS**  Au printemps, au moment où la plante commence à pousser, le tubercule de l'éranthe dégage de la chaleur et est donc capable de faire fondre la neige environnante (ce n'est pas la seule plante qui a cette capacité : le chou puant de nos bois, *Sympiocarpus foetidus*, fait exactement la même chose). Ainsi, parfois on voit un tapis de neige blanche percé de trous, une belle fleur jaune au centre de chacun. Chouette !

*Eranthis hyemalis* a une caractéristique surprenante : il dégage de la chaleur et fait fondre la neige. | Photo : HortiCom

# FICAIRE 'BRAZEN HUSSY'

*Ranunculus ficaria* 'Brazzen Hussy' | Photo : HortiCom

> - **Autre nom commun** : ficaire fausse renoncule 'Brazen Hussy'
> - **Nom botanique** : *Ranunculus ficaria* 'Brazen Hussy'
> - **Famille** : Renonculacées
> - **Hauteur** : 8 à 15 cm
> - **Largeur** : 8 à 18 cm
> - **Exposition** : soleil ou mi-ombre au printemps, ombre l'été
> - **Sol** : riche, bien drainé, plutôt humide
> - **Floraison** : début du printemps
> - **Zone de rusticité** : 3

**La ficaire a connu des hauts et des bas de popularité au cours de son histoire.** La première description d'un cultivar date des années 1590. En 1792, un catalogue publié en Angleterre en offrait 800 variétés. Puis la plante a connu un important déclin : à la fin du XIX$^e$ siècle, il ne restait plus qu'une vingtaine de cultivars et même ceux-là étaient menacés de disparition. Mais la popularité de la ficaire a repris du poil de la bête. On connaît de nos jours presque 150 variétés, la plupart très nouvelles, comme *Ranunculus ficaria* 'Brazzen Hussy', parce que la plante semble produire des mutations à tour de bras. Il reste quand même que cette popularité n'a pas atteint ce trou perdu de l'horticulture qu'on appelle le Québec, où cette plante est présentement introuvable. Ça viendra sans doute un jour : quand une plante fait la page couverture de plusieurs des meilleures revues horticoles du monde, ça stimule le marché !

## FICAIRE 'BRAZEN HUSSY'

**DESCRIPTION** Tant d'intérêt pour une si petite plante, et une plante si éphémère de surcroît ! Mais quand vous aurez vu 'Brazen Hussy' de vos propres yeux, vous comprendrez pourquoi elle fait battre le cœur de tant de jardiniers. Cette petite plante sort très tôt au printemps, avec des feuilles presque rondes qui me font toujours penser à des feuilles de nymphéa, mais en beaucoup plus petit. Et quelle couleur ! Le feuillage est pourpre si foncé qu'il paraît presque noir. Et luisant comme un miroir ! Il faut le voir pour le croire.

Ce fond de feuillage noir met parfaitement en valeur les fleurs d'un jaune particulièrement brillant, la même couleur que les fleurs de bouton d'or (*Ranunculus acris*), d'ailleurs un proche parent. C'est cette apparence si voyante qui lui a valu son nom de cultivar : 'Brazen Hussy' veut dire quelque chose comme « putain trop fardée » ! La floraison dure deux ou trois semaines. Par la suite, le feuillage persiste encore deux ou trois semaines, puis tout disparaît. C'est réellement regrettable : l'un des plus beaux feuillages du monde végétal et il dure si peu.

**AVIS IMPORTANT** Si vous recherchez la ficaire (*Ranunculus ficaria*), vous la trouverez classée dans bien des documents de référence parmi les mauvaises herbes, donc considérée comme une plante à éliminer à tout coup. D'ailleurs, la forme sauvage de la ficaire a envahi presque le quart du jardin de sous-bois du Jardin botanique de Montréal et semble en voie d'en prendre entièrement le contrôle. Ce n'est pas très encourageant et vous demanderez sans doute pourquoi je vous recommande si fortement une plante aussi pernicieuse. Mais les ficaires ne sont pas toutes également envahissantes.

Depuis déjà 400 ans, on sait que certaines ficaires produisent des bulbilles à la base des feuilles et qu'il y en d'autres qui n'en portent pas. Ces bulbilles sont tellement petites que, une fois tombées par terre, elles sont projetées partout par les gouttes de pluie qui leur tombent dessus, et transportées par les pelles de jardinier auxquelles elles collent, les fourmis et les petits animaux qui les ramassent pour les manger. Les ficaires à bulbilles sont donc détestées des jardiniers et ne sont pas considérées comme des plantes ornementales.

Regardez bien le centre de la fleur de *Ranunculus ficaria* 'Brazzen Hussy' : elle est remplie de staminoïdes, sans le moindre stigmate : la fleur est donc stérile. | Photo : HortiCom

Ce sont les ficaires *sans* bulbilles que les jardiniers cultivent si assidûment. Mais même-là, il y a des risques d'envahissement… via les semences. Or, plusieurs variétés ornementales de ficaire sont stériles… c'est même le cas de la majorité des cultivars. En effet, l'homme a toujours préféré les fleurs mutées, notamment doubles, aux fleurs simples des plantes sauvages, et chez beaucoup de plantes, dont les ficaires, on a choisi surtout ces formes. Les fleurs doubles des ficaires sont donc stériles, et 'Brazen Hussy' est de ce groupe. Ces fleurs paraissent simples, mais si vous regardez de près (très près), vous verrez que le centre de la fleur ne présente pas les étamines jaunes filamenteuses et les stigmates verts typiques des boutons d'or, mais uniquement des étamines curieusement renflées. Ce sont en fait des staminoïdes (des étamines mutées devenues stériles, assurant uniquement une fonction ornementale). 'Brazen Hussy' est ainsi stérile à presque tous les niveaux, ne produisant ni semences ni bulbilles. Son potentiel d'envahissement est donc très, très réduit.

Il reste quand même que, comme toutes les ficaires, 'Brazen Hussy' produit de petits tubercules souterrains en forme de doigts et que la touffe s'élargit avec le temps. De plus, il est facile de déplacer accidentellement des tubercules en jardinant (quand la plante est dormante, on ne la

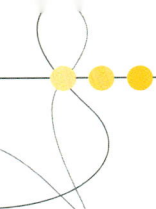

## FICAIRE 'BRAZEN HUSSY'

voit pas). Autrement, 'Brazzen Hussy', comme d'ailleurs la majorité des formes ornementales de ficaire, n'est pas envahissante pour deux sous.

**CULTURE** À moins d'un changement dans la distribution des ficaires, vous allez devoir commander vos ficaires par la poste ; je n'ai jamais vu cette plante offerte localement. Et même par la poste, la trouver, c'est du sport ! Il n'y a pas si longtemps, The Perennial Gardens (maintenant Red Barn Plants), une pépinière de la Colombie-Britannique, l'offrait en même temps que plusieurs autres ficaires… mais cette compagnie vend maintenant exclusivement en gros : les particuliers ne peuvent plus commander chez eux. Cela rend une plante rare encore beaucoup plus rare. Ne connaissant pas d'autres vendeurs de cette plante, je vous suggère de fouiller sur Internet, notamment sur e-Bay. Bonne chance !

Comme les tubercules des ficaires ne tolèrent pas le dessèchement total, ils doivent toujours rester en terre. On ne vous enverra donc pas un tubercule nu, mais une plante dans un petit pot. Pourtant, quand la plante vous parvient au printemps, elle est déjà en dormance ou presque. Vous penserez que le pot est vide ou que la plante est en train de pourrir. Ne paniquez pas ! C'est normal pour cette plante, qu'on transplante habituellement au moment où elle perd ses feuilles. Plantez le contenu du pot de 3 à 5 cm de profondeur, marquez bien l'emplacement pour ne pas le déranger… et patientez, car il ne se passera rien avant le printemps suivant. Presque dès la fonte des neiges, de nouvelles feuilles sortiront de terre par magie… et le cycle de croissance et de floraison débutera.

La ficaire préfère la fraîcheur en toute saison, craignant le soleil estival asséchant. Plantez-la donc sous des arbres à feuilles caduques qui permettront le passage d'un peu de soleil au printemps, mais la garderont à l'ombre pour le reste de la saison. Un sol riche en matières organiques, couvert de paillis ou de litière forestière, conviendra parfaitement. La ficaire ne craint pas les racines des arbres ; son ancêtre, la ficaire sauvage, est une plante de sous-bois, aussi courante dans les forêts d'Europe que les érythrones (*Erythronium americanum*) dans nos bois.

**MULTIPLICATION** Par division, après la floraison, quand les feuilles jaunissent, donc normalement en juin.

**UTILISATIONS** On peut utiliser des touffes de ficaire 'Brazzen Hussy' pour donner de la couleur hâtive à nos plates-bandes et rocailles ombragées, mais sa vraie place est naturalisée dans un sous-bois, où elle fait un couvre-sol saisonnier absolument remarquable.

**ASSOCIATIONS** C'est la compagne idéale des petits bulbes. Imaginez à quel point elle pourrait mettre en valeur des crocus (*Crocus* spp.) blancs, jaunes ou violets, ou des iris histrioïdes bleu-vert (*Iris* 'Katharine Hodgkin') qui perceraient à travers son feuillage si foncé et si lustré. L'effet serait hallucinant ! Autre idée : plantez-la avec la ligulaire dentée 'Britt Marie Crawford' (*Ligularia dentata* 'Britt Marie Crawford', page 141) dont le feuillage estival pourpre foncé luisant et rond est le sosie, en beaucoup plus grand, des feuilles de 'Brazzen Hussy'.

**PROBLÈMES** Peu fréquents.

**AUTRES FICAIRES** Tel que mentionné dans l'introduction de cette fiche, il y a plus de 100 cultivars de cette plante – aux fleurs blanches, jaunes, oranges ou vertes, simples, semi-doubles ou doubles, frangées ou non, et aux feuilles vertes, pourpres, bicolores, panachées, etc. –, mais aucun n'est vendu au Québec ! Je ne vous ferai pas courir partout à leur recherche. Quand vous aurez trouvé un marchand qui vend la plus courante, 'Brazzen Hussy', que vous aurez découvert sa beauté extraordinaire, vous trouverez bien des descriptions et des sources pour ses frères et ses sœurs.

FICAIRE 'BRAZEN HUSSY'

**ENCORE PLUS** Selon la doctrine des signes, les feuilles enroulées rougeâtres de la ficaire ressemblaient à des hémorroïdes, donc la plante devait nécessairement servir à traiter cette maladie. Je ne vous mens pas, les gens croyaient vraiment à de telles choses dans les siècles passés. Porter un collier de ficaires autour du cou pouvait aider, prétendait-on. Encore aujourd'hui, il paraît qu'on vend des onguents anti-hémorroïdes qui contiennent des dérivés de ficaire. Décidément, quand on s'y met, on peut vendre n'importe quoi à n'importe qui!

On peut manger les ficaires: leurs feuilles et leurs fleurs sont comestibles une fois cuites et font un bon substitut aux épinards. Et les boutons floraux marinés peuvent remplacer les câpres.

## IRIS HISTRIOÏDE HYBRIDE 'KATHARINE HODGKIN'

*Iris* 'Katharine Hodgkin' | Photo : HortiCom

Je suis tellement content que cet iris commence enfin à être grandement disponible. J'ai dû le faire venir d'Angleterre il y a seulement une dizaine d'années, car il n'était pas offert en Amérique du Nord. Maintenant, on le trouve dans tous les catalogues de bulbes et même dans les magasins. Et tant mieux, car je ne pense pas avoir vu un aussi joli iris de ma vie… et en plus sa culture est incroyablement facile.

> **Nom botanique:** *Iris* 'Katharine Hodgkin', syn. *I. reticulata* 'Katharine Hodgkin', *I. histrioides* 'Katharine Hodgkin'
> **Famille:** Iridacées
> **Hauteur:** 15 cm
> **Largeur:** 10 cm
> **Exposition:** soleil du printemps
> **Sol:** riche, bien drainé
> **Floraison:** début du printemps
> **Zone de rusticité:** 3

LES BULBES

## IRIS HISTRIOÏDE HYBRIDE 'KATHARINE HODGKIN'

**DESCRIPTION** Cette plante fait partie d'un groupe sélect d'iris, les iris bulbeux à floraison hâtive, une section dominée présentement par deux iris : l'iris réticulé (*I. reticulata*), à fleur violette, et l'iris nain ou iris de Danford (*I. danfordiae*), à fleur jaune. Mais 'Katharine Hodgkin' n'appartient pas à une espèce quelconque. C'est un hybride de deux iris plutôt obscurs : *Iris histrioides* et *I. winogradowii*. Dans les catalogues, on l'identifie souvent sous les noms *I. reticulata* 'Katharine Hodgkin' (ce qui ne pourrait être plus faux, puisqu'il n'a pas une goutte de « sang » de cette espèce) ou *I. histrioides* 'Katharine Hodgkin', qui est en partie vrai vu qu'*I. histrioides* est l'un des parents. Comme on aime bien attribuer un nom concis à une plante (surtout un iris, où il y a des milliers de cultivars), je propose de l'appeler iris histrioïde hybride 'Katharine Hodgkin', ce qui indique au moins qu'il ne s'agit pas d'un iris des jardins ou d'un iris de Sibérie. Officiellement, son nom latin demeure tout simple : *Iris* 'Katharine Hodgkin' !

*Iris* 'Katharine Hodgkin' | Photo : HortiCom

N'imaginez pas que vous allez cueillir de grosses brassées de fleurs à tige longue avec l'iris 'Katharine Hodgkin' (*Iris* 'Katharine Hodgkin'). Il ne s'agit pas d'un de ces grands iris de fin du printemps, mais d'un des tout petits iris du début du printemps. Il y a une foule de ces petits iris, toujours superbement colorés, et d'une grosseur de fleur surprenante quand on considère que la fleur est presque aussi large que la plante est haute : environ 10 cm !

Malgré sa petite taille, la fleur est facilement reconnaissable comme iris, ayant la forme caractéristique de toutes les plantes du genre : trois pétales dressés appelés étendards et trois sépales horizontaux, les limbes. Chez 'Katharine Hodgkin', les étendards sont étroits et relativement peu développés, alors que limbes sont larges, plus longs et plus colorés.

La couleur de la fleur est difficile à décrire et est d'ailleurs très variable : selon les conditions climatiques, les fleurs peuvent paraître bleu-vert pâle ou foncé. De proche, on voit que l'ensemble de la fleur est blanc crème diffusé de bleu pâle, avec de nombreuses nervures plus foncées. De plus, le limbe porte une tache jaune et des picots pourpre foncé. Le jaune de la tache se confondant avec le bleu pâle du reste du limbe, on a une fleur qui paraît presque turquoise, une couleur très, très rare chez les fleurs.

C'est la fleur, portée sur une courte tige, qui sort en premier, suivie de la pointe des feuilles. Elles s'allongent peu à peu, mais demeurent toujours plus basses que la fleur, donc ne bloquent pas la vue. Quand la floraison se termine, par contre, les feuilles s'allongent assez rapidement pour atteindre jusqu'à 30 cm de hauteur. Elle disparaissent au début de l'été.

La fleur est très hâtive, apparaissant en même temps que les crocus (*Crocus* spp.) et les gloires des neiges (*Chionodoxa* spp.), soit à une période où il y a peu de végétation dans la plate-bande pour la cacher à la vue. Comme la plante produit rapidement des rejets, le sol disparaît sous un tapis de fleurs après seulement deux ou trois ans.

**CULTURE** Non seulement l'iris histrioïde hybride 'Katharine Hodgkin' est-il très joli, il est de culture très facile. Je dirais même que c'est le plus facile des iris à bulbes à floraison printanière. Si vous avez été déçu dans le passé par l'iris nain (*I. danfordiae*) qui n'a fleuri qu'une seule fois (ce qui est normal), il vaut la peine d'essayer de nouveau, mais cette fois avec 'Katharine Hodgkin'.

## IRIS HISTRIOÏDE HYBRIDE 'KATHARINE HODGKIN'

Notre iris préfère le plein soleil au printemps, mais est indifférent au soleil et à l'ombre l'été, durant sa dormance. Plantez les bulbes à 6 cm de profondeur et environ 10 cm d'espacement dans un sol bien drainé et plutôt riche. L'un des avantages de l'iris 'Katharine Hodgkin' par rapport à ses congénères est qu'il est très tolérant à l'humidité du sol durant l'été ; il peut donc pousser facilement dans les plates-bandes bien arrosées et même irriguées (il a hérité ce trait de sa mère, *I. winogradowii*, l'un des rares iris à bulbes qui pousse dans les marécages). Beaucoup des autres iris à bulbes à floraison printanière exigent un sol chaud et sec l'été pour revenir fidèlement, ce qui est difficile à assurer dans une plate-bande de fleurs.

**MULTIPLICATION**  Par division après que le feuillage a séché à la fin du printemps. Il y a souvent des dizaines et même des centaines de bulbilles autour de chaque bulbe, de quoi amorcer une production industrielle en peu de temps. D'ailleurs, je ne suis pas surpris de voir ce bulbe passer de l'obscurité à une si grande disponibilité aussi rapidement : je ne connais aucun bulbe aussi prolifique… par division du moins. Sa multiplication sexuelle est en effet impossible : l'iris 'Katharine Hodgkin' est stérile et ne produit pas de semences.

**UTILISATIONS**  L'iris 'Katharine Hodgkin' est un excellent choix pour la plate-bande mixte et la rocaille, et on peut facilement le naturaliser dans les prés fleuris et les sous-bois ouverts. Il ne convient toutefois pas à la naturalisation dans le gazon, car son feuillage se développe tardivement et constituerait un obstacle à la tonte. C'est un excellent choix pour le forçage.

**ASSOCIATIONS**  Cet iris est très joli en mélange avec les différents hybrides d'*Iris reticulata* ainsi qu'avec les autres bulbes très hâtifs, comme les crocus (*Crocus* spp.) et les gloires des neiges (*Chionodoxa* spp.).

**PROBLÈMES**  Peu fréquents.

*Iris* 'Katharine Hodgkin' | Photo : HortiCom

## IRIS HISTRIOÏDE HYBRIDE 'KATHARINE HODGKIN'

*Iris* 'Frank Elder'  |  Photo : HortiCom

**AUTRES IRIS HISTRIOÏDES HYBRIDES**   Pendant 40 ans, l'iris 'Katharine Hodgkin', qui est en fait un vieux cultivar malgré son arrivée récente sur le marché, était tout seul de son groupe, et, comme il était stérile, il n'était pas possible de l'utiliser dans des croisements. Pourtant, des hybrideurs ont refait récemment le même croisement (*I. histrioides* x *I. winogradowii*) avec les heureux résultats suivants, tous assez proches de 'Katharine Hodgkin' en apparence.

*I.* 'Frank Elder' : comme 'Katherine Hodgkin', il produit une grosse fleur et est de culture très facile. La fleur est bleu violet très pâle avec des rayures plus foncées et une tache jaune marquée de points pourpres. 10 à 15 cm. Zone 3.

*I.* 'Sheila Anne Germaney' : encore similaire à 'Katharine Hodgkin', mais de couleur plus subtile. La fleur est gris-bleu pâle aux nervures plus foncées avec une tache jaune orangé marquée de blanc et tachetée de bleu moyen. 10 à 15 cm. Zone 3.

Il y a aussi une vaste sélection de cultivars et d'hybrides de l'iris réticulé (*Iris reticulata*) qui sont très intéressants et surtout faciles à trouver sur le marché, comme 'Cantab' (bleu moyen), 'Harmony' (bleu royal), 'J. S. Dijt' (rouge pourpre) et 'Lady Beatrix Stanley' (bleu velouté moyen à foncé). Tous les hybrides d'*I. reticulata* ont de plus une tache jaune et blanche sur le limbe. Ils sont très beaux plantés avec l'iris 'Katharine Hodgkin' dont ils ont la même période de floraison très hâtive et à peu près les mêmes dimensions. 15 cm. Zone 4.

Je déconseille fortement l'iris nain (*I. danfordiae*), du moins sous la forme présentement commercialisée, car il est peu fiable sous notre climat. 10-12 cm. Zone 4.

*Iris reticulata* 'Harmony'  |  Photo : HortiCom

# JACINTHE DU CAP

- > Autre nom commun : galtonia blanc
- > Nom botanique : *Galtonia* candicans
- > Famille : Liliacées
- > Hauteur : 1,2 m
- > Largeur : 30 cm
- > Exposition : soleil, mi-ombre
- > Sol : riche, bien drainé
- > Floraison : fin de l'été, début de l'automne
- > Zone de rusticité : 6 (4 sous couvert de neige)

*Galtonia candicans* | Photo : HortiCom

J'aime tant déjouer les prédictions. Quelle chance auriez-vous donné à la jacinthe du Cap (*Galtonia candicans*) de survivre l'hiver à l'extérieur en zone 4b ? C'est une plante du KwaZulu-Natal, une province d'Afrique du Sud où règne l'un des climats les plus constants du pays et où les températures inférieures à 18 °C sont rares. Pourtant, la jacinthe du Cap semble très bien croître chez moi, et depuis plusieurs années. Elle peut réussir tout aussi bien chez vous... si vous lui donnez les conditions qu'il faut.

**DESCRIPTION** Le nom « jacinthe du Cap » est passablement justifié. Au début, les botanistes l'avaient carrément inclus dans le genre *Hyacinthus* (jacinthe), sous le nom de *H. candicans* (candicans, pour blanc, fait référence à ses fleurs blanches). Plus tard, d'autres botanistes ont déterminé que cette plante était trop différente des autres *Hyacinthus* pour mériter le même nom et lui ont donné son propre genre, *Galtonia candicans*, auquel sont venues se greffer quelques autres espèces. Pourtant les fleurs en clochette ont une forme similaire aux vraies jacinthes et ont même un parfum similaire bien que moins intense. Oui, elle a vraiment un peu l'allure d'une « jacinthe sauvage ».

Mais c'est aussi une jacinthe plutôt aérienne ! La plante produit une solide tige florale, et les 20 à 30 clochettes sont très espacées sur l'épi (elles sont tassées les unes contre les autres chez les vraies jacinthes). Les clochettes pendantes sont blanc pur avec un calice vert. Le bulbe produit plus d'une tige florale, plus ou moins en succession, ce qui donne une floraison d'environ six semaines au total, à la fin de l'été et au début de l'automne.

Les feuilles rubanées vert moyen poussent en rosette et sont plutôt dressées, jusqu'à 60 cm de hauteur environ, un effet qui peut vaguement faire penser à un jeune yucca (*Yucca* spp.).

## JACINTHE DU CAP

**CULTURE** C'est par accident que j'ai appris que la jacinthe du Cap était rustique. J'en avais planté quelques-unes dans une plate-bande... et avais négligé de les rentrer à l'automne, voilà tout. Quand elles sont réapparues au printemps suivant, j'ai été très étonné. En consultant d'autres maniaques de plantes inhabituelles, j'ai découvert que j'étais loin d'être le seul à avoir découvert une rusticité surprenante chez cette plante. Sa rusticité n'est pas parfaite, loin de là : si le bulbe gèle en profondeur, c'en sera fait de votre jacinthe du Cap, mais il n'est pas si difficile d'empêcher un bulbe de geler.

*Galtonia candicans* | Photo : HortiCom

Le premier secret est une plantation plus profonde que la normale. Si on se fiait à la règle de base qui dit qu'on plante un bulbe à une profondeur égale à trois fois sa hauteur, on devrait planter ce bulbe à environ 15 cm de profondeur... où il y a un danger de gel. Je suggère donc une plantation extra-profonde, à 25 ou même 30 cm. Pour réussir une plantation en profondeur cependant, le sol doit être très, très bien drainé, sinon l'eau s'accumulera... et résider dans une eau stagnante peut être mortel pour cette plante. Idéalement, vous la planterez dans une plate-bande surélevée ou dans une pente, deux emplacements où le drainage est toujours bon. Mais si vous craignez le moindrement que votre sol soit trop humide à cette profondeur, creusez 5 cm plus profondément et ajoutez une couche de sable sous le bulbe pour au moins drainer le sol dans son environnement immédiat.

Le deuxième secret, c'est de pailler l'emplacement de plantation à l'automne en le recouvrant d'un bon 7 à 10 cm de matières organiques (feuilles déchiquetées, sciure de bois, paillis forestier,

*Galtonia candicans* | Photo : HortiCom

etc.). Vous dresserez ainsi une barrière entre l'air froid et le sol comparativement chaud. Le sol sous un paillis est souvent de 10 °C plus chaud que l'air au-dessus, du moins lors des périodes de grand froid. Comme je paille toujours abondamment, partout et en toute saison (pas nécessairement pour protéger mes plantes du froid mais parce qu'elles poussent mieux ainsi), cela ne me posait aucune difficulté : c'était l'état normal de mes plates-bandes. Les gens qui n'ont pas l'habitude de pailler pourraient au moins déposer des branches de conifère sur la plate-bande à la fin de l'automne.

Le troisième secret ? Une bonne couche de neige ! Pour moi, c'est encore du gâteau : je n'ai jamais, en plus de 30 ans de jardinage dans ma région, manqué de neige l'hiver (c'est plutôt le contraire : j'en ai un peu trop). Si vous résidez dans une région où la neige n'est pas aussi fiable, le paillis mentionné ci-dessus aura

## JACINTHE DU CAP

encore plus d'importance, et une couche de branches de conifère par-dessus le paillis de base (un double paillis, en fait) ne serait pas exagérée.

Vous trouvez vos conditions trop risquées pour tenter la culture de la jacinthe du Cap en pleine terre à l'année? Je vous suggère de la cultiver en pot. Sortez le pot au printemps et recommencez les arrosages. À l'automne, à la fin de la floraison, rentrez le pot, arrêtez l'arrosage, et coupez la tige florale et les feuilles quand elles se fanent. Durant l'hiver, le bulbe peut séjourner dans son pot, à sec, à la température de la pièce ou plus fraîche. N'oubliez pas que les plantes en pot ont besoin de plus d'engrais que les plantes en pleine terre.

Ce n'est pas une bonne idée de planter le bulbe en pleine terre l'été pour l'arracher à l'automne comme on fait avec tant d'autres «bulbes d'été». La jacinthe du Cap n'apprécie pas les déplacements et préfère être dérangée le moins souvent possible.

À part que ces trucs pour prévenir que le sol gèle en profondeur, il n'y a rien de très compliqué dans la culture de la jacinthe du Cap: du soleil ou la mi-ombre, un bon sol riche et meuble, un peu de compost tous les ans pour enrichir le sol, etc. Autrement dit, traitez-la comme 90% des autres plantes de votre terrain.

**MULTIPLICATION** Cette plante est peu portée à se diviser et s'endommage facilement lorsqu'on la déterre. On peut risquer une division quand il y a plusieurs tiges qui partent de la même zone, mais… il est encore plus facile de produire cette plante par semences. C'est ainsi qu'on la produit en pépinière aussi.

**UTILISATIONS** C'est une bonne plante pour les plates-bandes mixtes ensoleillées ou moyennement ensoleillées, et aussi très jolie dans un pot ou une jardinière sur la terrasse ou le balcon. Et elle fait une excellente fleur coupée.

**ASSOCIATIONS** La jacinthe du Cap est une belle plante qui paraît mieux plantée en groupes de cinq bulbes et plus dans une plate-bande mixte avec des plantes diverses qui fleurissent à la même saison, comme les aconits (*Aconitum* spp.) et le véronicastre de Virginie (*Veronicastrum virginicum*).

**PROBLÈMES** La jacinthe du Cap est peu vulnérable aux insectes et aux maladies, et elle n'attire pas les mammifères comme les écureuils, les cerfs et les campagnols. Par contre, elle peut être endommagée par les limaces. Un paillis d'aiguilles de pin autour des plantes devrait décourager ces dernières.

**AUTRES JACINTHES DU CAP** Il n'y a que quatre espèces dans le genre *Galtonia*… et les trois que j'ai pu essayer se sont toutes avérées rustiques chez moi, en zone 4b. Il s'agit de *G. candicans* et des deux espèces suivantes:

*G. regalis* (jacinthe du Cap majestueuse): plante plus basse que la jacinthe du Cap ordinaire, aux fleurs jaune crème avec un tube vert crème. Cette espèce tolère mieux un sol humide que les deux autres. 80 cm. Zone 6 (4 sous couvert de neige).

*G. viridiflora* (jacinthe du Cap à fleurs vertes): oui, les fleurs sont réellement vertes, un beau vert pâle. Préfère un sol non seulement bien drainé, mais sec. Pour cette raison, elle réussit souvent mieux dans les pentes où l'eau ne s'accumule jamais. 1 m. Zone 6 (4 sous couvert de neige).

*Galtonia regalis* | Photo: HortiCom

# MUSCARI 'VALERIE FINNIS'

*Muscari* 'Valerie Finnis' | Photo : HortiCom

> Autre nom commun : jacinthe à grappes 'Valerie Finnis'
> Nom botanique : *Muscari* 'Valerie Finnis'
> Famille : Liliacées
> Hauteur : 10 à 15 cm
> Largeur : 10 cm
> Exposition : soleil, mi-ombre
> Sol : ordinaire à riche, bien drainé
> Floraison : milieu du printemps
> Zone de rusticité : 3

Si vous connaissez les muscaris, vous savez qu'ils sont habituellement d'un bleu violacé assez foncé, d'où l'originalité de ce cultivar unique, *Muscari* 'Valerie Finnis', aux fleurs bleu poudre. La première fois que je l'ai vu dans un catalogue de bulbes, j'étais certain que l'imprimeur s'était trompé de teinte. Une telle couleur n'était sûrement pas possible. Pourtant, ses fleurs sont réellement d'un beau bleu pâle. Même si on trouve maintenant 'Valerie Finnis' dans plusieurs catalogues, c'est encore un peu une nouveauté, mais qui d'après moi ira loin.

DESCRIPTION  Le muscari 'Valerie Finnis' est d'origine mystérieuse, étant apparu comme ça dans le jardin de la célèbre jardinière anglaise du même nom. Était-ce une plante que son mari, Sir David Scott, lui aussi illustre collectionneur de plantes, aurait rapporté d'une de ses expéditions ? Il est décédé peu avant que sa femme ne découvre le petit muscari bleu poudre et on ne peut pas lui demander. Était-ce un hybride naturel des muscaris dans son jardin – elle avait une collection d'une quarantaine de variétés – ou une mutation de l'une des variétés ? Personne ne sait. Il y a d'ailleurs des divergences d'opinion au sujet de sa nomenclature. Le muscari 'Valerie Finnis' est-il

## MUSCARI 'VALERIE FINNIS'

un pur *M. armeniacum*, l'espèce à laquelle il ressemble le plus, couleur en moins? Dans ce cas, il devrait s'appeler *M. armeniacum* 'Valerie Finnis'. Ou est-ce un hybride (on suggère *M. armeniacum* x *M. neglectum*)? Dans ce cas, son nom serait *M.* 'Valerie Finnis' tout court. Sa stérilité militerait pour cette dernière possibilité, car les hybrides de deux espèces sont souvent stériles. Sans doute un jour quelqu'un fera-t-il une analyse génétique et nous saurons le fond de l'histoire.

Comme la majorité des muscaris, 'Valerie Finnis' commence sa croissance à l'automne. Il forme une première génération de feuilles étroites juste au moment où les autres plantes entrent en dormance et ses feuilles passent l'hiver, bien que parfois un peu brisées par le froid. Au printemps, de nouvelles feuilles apparaissent, plus longues cette fois, cachant les autres et formant une rosette quelque peu dépeignée. La floraison suit.

Ce bulbe fleurit au milieu du printemps: une floraison très durable d'ailleurs, au moins trois semaines, parfois six si le printemps est plutôt froid. Chaque bulbe ne produit qu'une seule tige florale; l'impression qu'il y en a plusieurs vient de la multiplication des bulbes avec le temps. La tige florale est dressée et porte quelques dizaines de petites fleurs presque en forme de billes, soit des clochette rondes pratiquement fermées à leur extrémité, laissant seulement une petite ouverture pour les insectes pollinisateurs. Ces fleurs arrondies, groupées serrées sur la tige, donnent l'impression d'une grappe de raisins, d'où le nom de jacinthe à grappes. Les fleurons sont légèrement parfumés. Leur couleur bleu poudre, comme je l'ai mentionné, est très originale pour un muscari. Presque tous les autres ont des fleurs bleu-violet foncé.

Presque tous les autres muscaris, comme ces *Muscari armeniacum*, sont de couleur bleu-violet. | Photo: HortiCom

**CULTURE**  La grande popularité des muscaris auprès des jardiniers révèle généralement une grande adaptabilité: presque tout le monde les réussit. Sauf les emplacements réellement ombragés ou désespérément détrempés, tout lui convient. Le muscari 'Valerie Finnis' s'épanouit particulièrement bien dans les sols riches et humides au printemps, mais plus secs l'été, et il tolère très bien la sécheresse estivale. Comme tant de bulbes hâtifs, il tolère bien l'ombre estivale pour autant qu'il reçoive au moins un soleil indirect au printemps. Donc les emplacements sous les arbres à feuilles caduques conviennent bien.

*Muscari* 'Valerie Finnis' | Photo: HortiCom

Plantez les bulbes à l'automne, en septembre ou en octobre, à 10 cm de profondeur et environ 8 à 10 cm d'espacement. Il n'y a vraiment pas d'entretien pour cette plante: elle pousse toute seule!

**MULTIPLICATION**  Comme le muscari 'Valerie Finnis' est stérile et ne produit pas de graines, on le multiplie exclusivement par division des bulbes, idéalement à la fin de la période de croissance (début de l'été).

MUSCARI 'VALERIE FINNIS'

**UTILISATIONS** C'est un excellent choix pour les plates-bandes et les rocailles, ainsi que pour la naturalisation dans les sous-bois. Il fleurit trop tardivement pour être un bon sujet pour la naturalisation dans la pelouse, à moins que ça ne vous dérange pas de tondre autour des touffes de fleurs ! C'est aussi un bon bulbe pour le forçage.

**ASSOCIATIONS** Excellent compagnon pour les bulbes plus hauts, comme les tulipes (*Tulipa* spp.) et les narcisses (*Narcissus* spp.), et pour les arbustes à fleurs.

**PROBLÈMES** Peu fréquents.

**AUTRES MUSCARIS** Il y a un vaste choix d'autres muscaris, mais vraiment rien qui égale 'Valerie Finnis'.

## NARCISSE FAUX-CYCLAMEN 'FEBRUARY GOLD'

*Narcissus* 'February Gold' | Photo : Centre d'information des bulbes à fleurs

> **Nom botanique :** *Narcissus* 'February Gold'
> **Famille :** Liliacées
> **Hauteur :** 25 cm
> **Largeur :** 10 cm
> **Exposition :** ensoleillement printanier, soleil à ombre l'été
> **Sol :** ordinaire à riche, bien drainé, humide au printemps
> **Floraison :** début du printemps
> **Zone de rusticité :** 4

**Les narcisses sont particulièrement bien adaptés à notre climat,** poussant et même proliférant là où les tulipes (*Tulipa* spp.), les jacinthes (*Hyacinthus orientalis*) et les crocus (*Crocus spp.*) disparaissent peu à peu. De plus, les écureuils ne les mangent pas. Il y a tellement de jolis narcisses que vous auriez pu croire qu'il me serait difficile de choisir un coup de cœur... mais pas du tout. Mon préféré est un tout petit narcisse qui a aussi la caractéristique d'être l'un des plus hâtifs de la plate-bande : *Narcissus* 'February Gold' !

**DESCRIPTION** C'est un petit narcisse très hâtif, souvent en fleurs en même temps que les crocus. Il porte une tige courte mais assez épaisse pour une si petite plante, très solide, et quelques feuilles linéaires vert moyen de pas plus de 20 cm de hauteur. Elles sortent du sol

## NARCISSE FAUX-CYCLAMEN 'FEBRUARY GOLD'

en éventail à la fonte des neiges, s'arquant dans tous les sens pour former une touffe très ouverte.

Les fleurs sont de parfaites petites jonquilles. La couronne jaune or est assez longue, un peu ondulée à l'extrémité, et le périanthe (le cercle de sépales à la base de la fleur) est jaune soufre, donc juste un peu plus pâle que la couronne. Il n'y a qu'une fleur par tige, mais le bulbe se multiplie assez rapidement et la floraison augmente d'année en année. D'ailleurs on le vend souvent avec deux ou même trois « nez » (divisions), ce qui donne une touffe aux bulbes multiples – donc à fleurs multiples – dès le premier printemps.

Le périanthe est légèrement arqué vers l'arrière, signe, avec la petite taille de la plante et la floraison hâtive, de l'appartenance de 'February Gold' aux narcisses faux-cyclamens, un groupe hybride basé sur *N. cyclamineus*.

*Narcissus* 'February Gold' | Photo : Centre d'information des bulbes à fleurs

Le nom 'February Gold' suggère une floraison dès le mois de février (« February » en anglais), mais cela n'arrivera pas de sitôt sous notre climat. Prévoyez plutôt une floraison au début du printemps, soit en avril dans la plupart des régions.

**CULTURE** Plantez les bulbes de narcisse 'February Gold' en septembre ou octobre à environ 8 cm de profondeur et autant d'espacement. Il tolère presque tous les sols, même les sols glaiseux (que beaucoup d'autres bulbes détestent), mais il demande quand même un bon drainage. Il peut y avoir de l'eau en permanence, mais elle doit être en mouvement et non stagnante. On parle ici du printemps, car l'été, durant la dormance, le bulbe tolère les sécheresses extrêmes. Contrairement à bien des bulbes cependant, les narcisses en général, dont celui-ci, n'ont pas forcément besoin d'un sol sec durant l'été ; ils peuvent donc séjourner dans des plates-bandes où il y a d'abondants arrosages estivaux.

Parfois le feuillage des narcisses persiste trop longtemps au goût des jardiniers, soit jusqu'à la fin de juillet. Or, sachez que, cinq semaines après la floraison, il a déjà fait son travail et que vous pouvez le couper s'il vous dérange. Personnellement, je plante mes narcisses toujours en deuxième ou même en troisième plan, même les petits comme 'February Gold', de sorte que le feuillage des autres plantes de la plate-bande cache à la vue celui des narcisses. Je n'ai donc pas à le couper, et il peut jaunir et disparaître à la vitesse qui lui plaît.

Malheureusement, ce feuillage persistant ne fait pas des narcisses les meilleurs sujets pour la naturalisation dans un gazon sévèrement tondu, car il est encore là au moment où il faut commencer à faire la tonte et il est même encore présent pour les trois ou quatre tontes suivantes. Mais s'il vous importe peu de laisser une section de gazon « en friche » un mois de plus, vous pourriez créer un magnifique pelouse parsemée de narcisses comme on en voit dans les photos printanières des grands domaines européens. Le Jardin des Quatre Vents, près de la Malbaie, possède une célèbre « pelouse aux narcisses ».

Habituellement, 'February Gold' est une plante permanente. Vous la plantez et vous l'oubliez. On ne la dérange que pour la multiplier.

## NARCISSE FAUX-CYCLAMEN 'FEBRUARY GOLD'

**MULTIPLICATION**  Par division des bulbes, quand le feuillage sèche au début de l'été.

**UTILISATIONS**  'February Gold' est superbe naturalisé dans un pré fleuri, un sous-bois ouvert ou un gazon à premières tontes différées. On peut aussi l'établir dans une plate-bande, et vu sa petite taille, il a tout naturellement sa place dans une rocaille. C'est aussi une bonne fleur coupée pour les mini bouquets. Les bulbes sont faciles à forcer pour une floraison dans la maison.

**ASSOCIATIONS**  Le narcisse 'February Gold' se marie parfaitement avec les jacinthes (*Hyacinthus orientalis*) et les tulipes hâtives (*Tulipa* spp.).

**PROBLÈMES**  Les narcisses sont toxiques, ce qui semble rebuter énormément les mammifères (écureuils, campagnols, cerfs, etc.), qui n'y touchent pas. Idem pour la plupart des insectes, mais il y a une exception : la mouche du narcisse. Cet insecte, qui ressemble à un bourdon en beaucoup plus bruyant, pond ses œufs sur les feuilles des narcisses. Les larves descendent dans le sol et mangent les bulbes. Un désastre ? Pas autant que vous pourriez le penser. Le passage de la mouche du narcisse est cyclique : on peut ne pas la voir pendant 7 ou 10 ans, puis tout d'un coup elle apparaît pour faire ses dégâts. L'année après sa visite, il y a peu de fleurs, car elle a mangé les bulbes les plus gros. Mais son activité a favorisé la production de plusieurs petits bulbes qui vont grossir et fleurir à leur tour. Ainsi, à long terme, il y aura plus de fleurs.

**AUTRES NARCISSES FAUX-CYCLAMENS**  Le narcisse faux-cyclamen lui-même, *N. cyclamineus*, n'est que rarement disponible. On trouve plutôt des cultivars comme 'February Gold'.

*Narcissus* 'February Silver' : c'est un excellent compagnon pour 'February Gold', car il est de mêmes dimensions et forme et fleurit à la même période. Ses fleurs sont blanc crème avec une couronne jaune pâlissant graduellement pour devenir crème. 25 cm x 10 cm. Zone 4.

**ENCORE PLUS**  Jonquille ou narcisse ? Les deux noms sont couramment utilisés pour désigner les mêmes plantes et il ne vaut plus la peine d'en faire la distinction. Sachez pourtant que le terme « narcisse » convient à toute plante du genre *Narcissus*. À l'origine, le terme « jonquille » s'appliquait uniquement à la vraie jonquille (*N. jonquilla*), une espèce aux fleurs jaunes dont les feuilles tubulaires ressemblaient à celles du jonc (d'où le nom). C'est d'ailleurs encore le sens que le dictionnaire donne à jonquille. Donc, théoriquement, une jonquille est un narcisse, mais les narcisses ne sont pas tous des jonquilles.

*Narcissus* 'February Silver' | Photo : Centre d'information des bulbes à fleurs

Au Canada, les vraies jonquilles sont très, très rares (j'en ai seulement vues dans mes propres plates-bandes), mais nous cultivons des narcisses divers à la pelletée. On devrait donc utiliser exclusivement le mot « narcisse ». Dans le langage populaire cependant, le mot jonquille s'emploie pour indiquer un narcisse à fleurs jaunes en trompette. À vous de décider du terme à employer, mais personnellement j'utilise toujours « narcisse » pour tous les *Narcissus*, blancs ou jaunes… ou bicolores ! Je n'ai donc pas à me demander de quelle couleur est la fleur.

# OREILLE D'ÉLÉPHANT GÉANTE

*Alocasia macrorrhiza* | Photo : HortiCom

**Ai-je vraiment besoin de dire que cette plante n'est pas rustique ?** La photo crie « tropicale » quand on la regarde : des feuilles aussi grosses et aussi joliment découpées n'existent tout simplement pas dans les pays froids. Mais comme cette plante pousse à partir d'un bulbe, on peut facilement l'endormir à la fin de la saison et le garder au chaud et au frais en attendant la belle saison suivante. Un si petit prix à payer pour avoir l'impression d'être dans les îles Hawaï chaque fois que vous regardez dehors !

> **Autre nom commun :** taro géant
> **Nom botanique :** *Alocasia macrorrhiza*, syn. *A. macrorrhizos*
> **Famille :** Aracées
> **Hauteur :** 90 à 450 cm
> **Largeur :** 30 à 150 cm
> **Exposition :** soleil, mi-ombre, ombre
> **Sol :** riche, détrempé à humide
> **Floraison :** rare
> **Zone de rusticité :** 10

**DESCRIPTION** L'oreille d'éléphant géante (*Alocasia macrorrhiza*) s'appelle ainsi parce que ses feuilles sont beaucoup plus grosses que les feuilles des autres oreilles d'éléphant, *Caladium* et *Colocasia*, décrites ailleurs dans ce chapitre. C'est vrai qu'elles sont gigantesques : elles peuvent mesurer jusqu'à 1,8 m de hauteur et 1 m de diamètre. Ça, mes amis, c'est de la feuille ! Elles n'atteignent cependant de telles dimensions que sous les tropiques ; dans nos conditions, elles mesurent rarement plus de 1 m… ce qui est tout de même impressionnant.

Elles sont en forme de flèche (ou d'oreille d'éléphant si vous préférez), avec une marge ondulée. Le limbe est vert foncé luisant et les nervures saillantes sont vert plus pâle. La feuille

## OREILLE D'ÉLÉPHANT GÉANTE

est dressée, la pointe vers le haut, ce qui est anormal pour une Aracée mais permet de la distinguer rapidement des autres oreilles d'éléphant dont les feuilles pointent vers le sol.

La plante pousse à partir d'un gros bulbe qui peut être enterré ou partiellement exposé. À la différence de presque tous les autres bulbes, un « tronc » se forme au sommet du bulbe. Ce n'est pas un tronc véritable, mais une tige solide, épaisse et brune qui augmente en hauteur et en dimension avec le temps. Il peut théoriquement monter jusqu'à 4,5 m de hauteur, bien que cela ne se voie pas souvent en dehors des pays chauds. Une hauteur de 2 m « en captivité » est déjà beaucoup. Cela fait très original, car les autres bulbes, même ceux d'origine tropicale, perdent toute leur croissance hors terre, feuilles et tiges, à tous les ans; il ne reste que le bulbe à la fin de la saison. Chez l'oreille d'éléphant géante, la tige est une structure permanente: quand vous rentrez le bulbe pour l'hiver, vous rentrez le « tronc » aussi. Comme ce tronc peut avoir plus de 1 m après quelques années de culture, il faut prévoir une longue boîte pour le remisage hivernal.

Vous aurez peut-être la surprise de voir votre oreille d'éléphant fleurir un jour. Elle produit une grosse inflorescence typique d'une Aracée, la famille du petit prêcheur: une spathe (comme une grande feuille blanc crème partiellement enroulée) entourant un spadice blanc, structure tubulaire qui est en fait composée de fleurs minuscules. Souvent on supprime l'inflorescence de l'oreille d'éléphant géante sous prétexte qu'elle affaiblit le plant et qu'elle n'est pas belle. Quant à affaiblir le plant… écoutez, cette plante est un monstre avec plus d'énergie qu'il n'en faut. Qu'elle mette un peu d'énergie à fleurir ne fera que retarder un peu sa croissance. Et contrairement à ceux qui trouvent son inflorescence « pas belle », je la trouve très originale, comme une fleur de lis de la paix (*Spathiphyllum* spp.). Et elle est énorme, pouvant facilement mesurer 20 cm de hauteur et 15 cm de diamètre.

*Alocasia macrorrhiza* | Photo: HortiCom

Si vous laissez la fleur tranquille, la plante produira un fruit vert. Pas très intéressant, me direz-vous, et vous avez raison… mais quand ce fruit s'ouvre et révèle une masse de graines rouge vif, c'est une autre histoire!

**CULTURE** Originaire des jungles torrides de l'Asie, cette plante réussit néanmoins très bien dans nos conditions, pour autant qu'on ne la laisse pas exposée au gel. Il est possible de la planter en pleine terre, mais avant qu'elle ait eu le temps de prendre son élan, l'été tire déjà à sa fin. Je suggère plutôt de la cultiver en pot. Empotez le bulbe, partie aplatie vers le bas, en mars ou avril, dans un pot d'environ un tiers plus gros que le diamètre du bulbe. Utilisez un terreau pour plantes d'intérieur ou pour contenants. Vous pouvez enterrer le bulbe ou le laisser partiellement exposé. Arrosez bien et placez-le dans un endroit chaud. Quand la croissance débute, placez-le devant une fenêtre; toute exposition convient. Continuez les arrosages, humidifiant le sol quand il est sec.

Au début de l'été, quand les nuits se sont réchauffées, acclimatez la plante aux conditions d'extérieur en la plaçant à l'ombre au début, puis à la mi-ombre. Après une semaine, elle pourra même aller au plein soleil.

Durant l'été, vous avez le choix pour son entretien, car cette plante passe-partout tolère le soleil ou l'ombre, les sols très humides à moyennement secs. On peut même la cultiver dans un jardin d'eau! Évitez toutefois de la laisser sécher complètement, sinon les marges des feuilles pourraient sécher ou brunir.

## OREILLE D'ÉLÉPHANT GÉANTE

À l'automne, quand les nuits commencent à fraîchir, il est temps de rentrer votre oreille d'éléphant. Elle tolère un peu de gel, mais au risque d'être abîmée : mieux vaut éviter complètement les températures fraîches.

Habituellement, on coupe le feuillage et on déterre le bulbe, en le laissant sécher quelques jours avant de le ranger dans un boîte de carton, recouvert de tourbe, de sciure de bois, de vermiculite, etc., pour l'hiver. Vous pouvez aussi le laisser dormir dans son pot pendant l'hiver. Il n'est pas nécessaire de le conserver au froid : la température de la pièce est bien acceptable. Au printemps, on replante le bulbe… et le cycle recommence.

Un secret : la dormance hivernale est optionnelle pour cette plante, qui a la capacité de pousser à l'année. Dans la nature, elle croît tant qu'il y a de l'eau. Les années où l'eau est abondante, elle croît à l'année. Quand l'eau manque, elle entre en dormance. Vous avez donc une autre option pour conserver votre oreille d'éléphant géante : vous pouvez la garder en croissance tout l'hiver comme plante d'intérieur. C'est ce que je fais. Dans une pièce moyennement à très éclairée, vous pouvez continuez les arrosages et gardez votre oreille d'éléphant géante en beauté toute l'année. Elle fait une excellente et très impressionnante plante d'intérieur… pour peu que vous ayez assez d'espace pour une si grosse plante !

**MULTIPLICATION**   L'oreille d'éléphant géante produit des rejets à son pied qu'on peut diviser et empoter individuellement. Si la vôtre commence à être trop haute, vous pouvez couper son « tronc » en sections, chacun portant au moins un œil, et les bouturer, et aussi bouturer la tête. La base produira de nouvelles tiges. Vous pouvez également semer les graines qu'elle produit.

**UTILISATIONS**   Si vous vous voulez créer un effet tropical, ajoutez une potée d'oreille d'éléphant à votre aménagement, un palmier ou deux, et le tour est joué. Vous pouvez la placer sur une terrasse ou dans un jardin japonais, ou enterrer le pot dans une plate-bande. Sa tolérance à l'ombre en fait un beau choix pour les jardins de sous-bois, et comme elle peut pousser dans l'eau, on peut placer la potée dans un étang.

**ASSOCIATIONS**   On peut créer un joli coin tropical en combinant l'oreille d'éléphant géante avec des potées d'hibiscus (*Hibiscus rosa-sinensi*), de cannas (*Canna* spp.) et de strobilanthes (*Strobilanthes dyerianus*).

*Alocasia macrorrhiza* 'Variegata'  |  Photo : HortiCom

## OREILLE D'ÉLÉPHANT GÉANTE

**PROBLÈMES**  Peu fréquents. Pour avoir un beau feuillage, assurez-vous que la plante ne manque pas d'eau.

Attention, toutes les parties de cette plante sont légèrement toxiques. Comme les graines rouges pourraient attirer les enfants, mieux vaut les supprimer quand il y a de jeunes enfants dans le coin.

**AUTRES OREILLES D'ÉLÉPHANT GÉANTES**   Il y a plusieurs espèces et cultivars d'*Alocasia* très similaires à *A. macrorrhiza*, comme *A. odora*, *A. portei*, *A.* 'Portodora', etc., mais justement, elles sont tellement similaires qu'il n'est pas vraiment nécessaire de les cultiver ; vous verriez peu de différence. Et si le bulbe d'*A. macrorrhiza* est coûteux, le prix des autres est encore plus élevé. Par contre, les variantes d'*A. macrorrhiza* comme 'Variegata', au feuillage superbement et irrégulièrement panaché de blanc pur et de vert pâle, et 'Lutea', aux feuilles « dorées » (vert lime), sont réellement très intéressantes ; elles valent presque leur pesant d'or.

## ••• SANGUINAIRE DU CANADA DOUBLE

*Sanguinaria canadensis* 'Multiplex'  |  Photo : HortiCom

> **Nom botanique :** *Sanguinaria canadensis* 'Multiplex'
> **Famille :** Papavéracées
> **Hauteur :** 15 à 30 cm
> **Largeur :** 30 cm

> **Exposition :** soleil à ombre
> **Sol :** riche, humide, bien drainé
> **Floraison :** printemps
> **Zone de rusticité :** 3

## SANGUINAIRE DU CANADA DOUBLE

Belle indigène sous une forme nouvelle, la sanguinaire double est une petite plante coûteuse à floraison éphémère, lente à se multiplier… mais mautadit qu'elle est belle ! Il faut avoir le cœur en acier pour ne pas en tomber instantanément amoureux.

**DESCRIPTION** La sanguinaire (*Sanguinaria canadensis*) est une jolie fleur printanière de nos sous-bois, qu'on trouve un peu partout dans l'est de l'Amérique du Nord, notamment au Québec, dans les forêts d'arbres caducs. Sa forme double a une longue histoire en horticulture, mais cette plante était peu disponible jusqu'à récemment… et très coûteuse : je me souviens qu'il n'y pas si longtemps, elle coûtait 300 $ US le rhizome. Heureusement le nombre de plants a augmenté et le prix a diminué : on trouve maintenant des plants, pas juste des rhizomes, à moins de 15 $… et sans doute que le prix va baisser encore. Depuis quelques années, on la trouve dans presque tous les catalogues de bulbes, mais pas encore dans les jardineries.

La caractéristique la plus évidente de cette plante est son extraordinaire fleur d'un blanc très pur (littéralement immaculé : aucune saleté ou poussière ne réussit à y adhérer) avec un nombre incroyable de pétales. Elle n'est pas juste double, elle est presque quadruple. Cette fleur est étonnamment grosse pour une si petite plante : souvent 10 ou 12 cm de diamètre.

Chaque fleur ne dure qu'environ 10 jours (ce qui est déjà mieux que l'espèce dont les fleurs durent rarement plus de cinq à sept jours), mais quand votre plant sera plus développé (il s'étend peu à peu mais la colonie grossit quand même), le nombre de fleurs augmentera, et il y a toujours quelques fleurs plus hâtives et d'autres plus tardives pour étirer la saison d'une semaine ou deux.

En dehors de la floraison, à la fois avant et après, le feuillage prend la place d'honneur. Et il est très joli. Chaque plante ne produit qu'une seule feuille (autre raison pour laquelle l'apparence de cette plante s'améliore vraiment quand elle se multiplie), mais elle est belle. Tôt au printemps, elle sort enroulée, montrant son envers attrayant : bleu-blanc avec des nervures saillantes et une texture superbe. En se déployant, elle se montre de forme inhabituelle : plus ou moins réniforme, mais avec une marge profondément et joliment découpée et une belle texture légèrement bosselée. Elle est aussi de bonne taille, environ 15 à 30 cm de diamètre, et ne passe donc pas inaperçue. Les feuilles persistent une bonne partie de l'été, jusqu'à l'automne dans un milieu plutôt humide, mais plutôt vers la mi-été dans un emplacement sec.

Comme vous n'avez sûrement pas l'habitude de briser vos plantes pour voir leur sève, sachez que la sève de la sanguinaire est réellement unique : c'est un latex rouge sang d'où, vous l'aurez deviné, proviennent ses noms commun et botanique.

**CULTURE** En général, ce « bulbe » (en fait, un épais rhizome) est vendu en pot au printemps, comme si c'était une vivace, car il ne tolère pas l'assèchement, surtout pas au printemps. On peut le trouver dans des pépinières spécialisées et lors d'événements spéciaux comme le Rendez-vous horticole au Jardin botanique de Montréal, mais pas encore dans les jardineries locales.

On peut dénicher des rhizomes nus à l'automne, mais pas dans les magasins. Il faut les commander par la poste et les planter sans trop tarder. Il n'y a pas nécessairement une grosse différence de prix, car la plante se paie encore au prix d'une « rareté » plutôt qu'à celui d'un simple rhizome. De toute façon, il n'y a encore qu'un nombre limité de rhizomes ou de plants disponibles par année et ils se vendent tous.

Plantez les rhizomes à 10 cm de profondeur. Théoriquement, on les espace de 15 cm… mais rarement a-t-on les moyens d'en planter plus qu'un ! La plupart des jardiniers, comme moi, achètent un rhizome et le laissent se reproduire pour créer, avec le temps, un beau tapis de feuillage et de fleurs. Ça va plus vite que l'on le pense, car les rhizomes se dédoublent tous les ans. Ainsi un rhizome n'en fait que deux la deuxième année, mais quatre l'année suivante, puis 8, 16, 32, 64… n'est-ce pas que c'est rapide ? Et au prix auquel cette plante se vend, vous

## SANGUINAIRE DU CANADA DOUBLE

n'avez qu'à vous départir d'un rhizome pour récupérer vos frais. Qui sait ? Peut-être pourriez-vous mettre sur pied une pépinière spécialisée avec les fruits de vos récoltes !

La sanguinaire pousse dans des forêts souvent très denses, à travers les racines des arbres, profitant toutefois de quelques rayons de soleil printaniers. L'ombre et la mi-ombre ne lui font donc pas peur. Le soleil non plus, pour autant qu'on puisse conserver ses rhizomes un peu humides en été. Les feuilles et les fleurs sont conçues pour percer une épaisse litière forestière, ce qui veut dire que la plante n'a aucune difficulté à se frayer un chemin à travers un paillis organique. En fait, la sanguinaire adore les paillis et les sols riches, meubles, frais et humides qu'ils produisent. Par contre, elle supporte presque tous les sols et tolère même, sans nécessairement l'aimer, la sécheresse estivale ; il lui faut toutefois une humidité sans faille durant sa période de croissance printanière.

Attention ! Cette plante ne tolère pas très bien les dérangements. Souvenez-vous qu'elle n'a qu'une seule feuille. Si cette seule feuille est sectionnée trop tôt dans la saison, le rhizome va probablement mourir. Il ne faut surtout pas sarcler à ses côtés : un faux mouvement et vous l'avez tuée !

*Sanguinaria canadensis* 'Multiplex' | Photo : HortiCom

**MULTIPLICATION**  Par division des rhizomes à la fin de la floraison, même si la plante est encore en feuilles, ou quand les feuilles disparaissent au milieu ou à la fin de l'été. Coupez les rhizomes en sections comprenant au moins une feuille ou un bourgeon et replantez-les sans trop tarder. 'Multiplex' est stérile, ne produisant pas de semences.

**UTILISATIONS**  Normalement, on naturalise la sanguinaire double dans un milieu forestier ou un jardin de sous-bois. On peut bien sûr l'utiliser aussi en plate-bande ou en rocaille.

**ASSOCIATIONS**  Personnellement, je n'essaie pas trop de planter la sanguinaire près d'autres végétaux qui fleurissent en même temps. À quoi bon ? Elle attire tellement les regards que les autres fleurissent pour rien ! Par contre, on peut lui adjoindre des fougères et des petits hostas pour plus d'intérêt estival.

**PROBLÈMES**  Peu fréquents.

**AUTRES SANGUINAIRES**  La forme « normale » de cette plante, la sanguinaire du Canada (*S. canadensis*), à fleurs simples blanches, est depuis relativement peu assez disponible dans le commerce, vendue surtout au printemps dans les sections « Plantes indigènes » qu'on trouve de plus en plus souvent dans les jardineries. 15 à 30 cm x 30 cm. Zone 3.

Il y a un deuxième cultivar double de *S. canadensis* : 'Flore Pleno'. On dit que sa fleur est un peu moins ordonnée que celle de 'Multiplex'. Par contre, la différence est si minime qu'il n'est certainement pas nécessaire d'acheter les deux. 15 à 30 cm x 30 cm. Zone 3.

Enfin, la très rare 'Armstrong's Pink', aux boutons roses et aux fleurs rose pâle qui blanchissent malheureusement trop rapidement, est disponible depuis peu… à fort prix. Son feuillage aussi a une teinte rougeâtre. Elle fleurit un peu plus tardivement que les autres. 15 à 30 cm x 30 cm. Zone 3.

**ENCORE PLUS**  La sanguinaire du Canada a une longue histoire d'utilisations médicinales, tant chez les autochtones que chez les Européens. Elle est néanmoins toxique et il faut en faire usage avec précaution.

# SCILLE DE SIBÉRIE

*Scilla siberica* | Photo : HortiCom

**S'il fallait donner un prix pour la facilité de culture à un bulbe sous notre climat,** il irait sûrement à la scille de Sibérie. Peu de bulbes, même peu de végétaux, ont besoin d'aussi peu de soins. La preuve que cette scille est bien adaptée à notre climat est qu'elle s'y naturalise si bien. En effet, 10 bulbes en deviennent bientôt 100, puis 500, puis 1000… et bien davantage. Dans d'autres circonstances, on la traiterait sûrement d'envahissante, mais elle est si éphémère, sort rapidement au printemps et disparaît complètement à l'été, passe à travers les autres végétaux encore endormis comme s'ils n'étaient pas là (en fait, ils sont visuellement absents si tôt au printemps), qu'elle ne dérange jamais. Dans certaines parties de notre province, il y a des scilles tellement bien naturalisées qu'elles se sont reproduites par milliers et que la pelouse devient carrément bleue de leurs fleurs au printemps. Et cela sans nuire le moindrement à la santé ou à la performance du gazon ! Je les vois proliférer dans mon propre gazon à mon très grand plaisir. Je ne comprends vraiment pas qu'on puisse lever le nez sur un gazon bleu au printemps et vert à l'été : tous les gazons devraient être ainsi.

> Nom botanique : *Scilla siberica*
> Famille : Liliacées
> Hauteur : 10 à 15 cm
> Largeur : 10 à 12 cm
> Exposition : soleil ou mi-ombre au printemps, soleil à ombre l'été
> Sol : ordinaire à riche, bien drainé
> Floraison : début du printemps
> Zone de rusticité : 2

## SCILLE DE SIBÉRIE

**DESCRIPTION**   Toute seule, la scille de Sibérie n'est pas si impressionnante : quelques feuilles linéaires vert moyen, une ou deux tiges florales, quelques fleurs pendantes, bleu moyen avec une barre bleu foncé au dos et mêmes des étamines bleues, le tout sur un plant d'à peine 10 cm de hauteur. Ça ne paraît pas si séduisant. Heureusement la plante se multiplie à profusion, et bientôt vous n'avez plus « quelques fleurs pendantes » mais bien un tapis de milliers de fleurs pendantes. Et ça, ça a de l'effet !

La scille de Sibérie n'est pas le plus hâtif des bulbes à floraison printanière, ni même de la deuxième vague, mais elle fleurit « tôt au printemps », un peu après les crocus. Sa floraison dure deux ou trois semaines ; quand elle se termine, nous sommes déjà à la fin du printemps. D'ailleurs, il sera bientôt temps de commencer à tondre le gazon. La scille de Sibérie est en fait le dernier à fleurir des « bulbes à naturalisation dans la pelouse ». Le muscari (*Muscari armeniacum*), qui fleurit juste un peu plus tard, est trop tardif pour bien se naturaliser dans la pelouse.

**CULTURE**   Plantez les petits bulbes en septembre ou en octobre à environ 8 à 10 cm de profondeur et autant d'espacement. Ils sont bon marché et encore moins chers quand on les achète en quantité. J'ai découvert que, quand j'achète chez le bon marchand, je peux parfois obtenir une boîte de 150 bulbes pour le prix d'un sac de 25 ! Tant mieux ! C'est le genre de bulbe que l'on devrait planter par centaines.

On peut presque dire que tout sol convient : même les sols lourds et glaiseux qui étoufferaient des crocus conviendront à la scille de Sibérie. Et elle ne rouspète pas dans les sols sablonneux ou pierreux non plus, ni riches, pauvres, acides ou alcalins. Seule exception : les sols mal drainés. Elle peut tolérer la sécheresse estivale, mais pas un sol toujours détrempé.

Tant que le bulbe reçoit du soleil direct ou indirect au printemps, tout va bien. L'ombre estivale, même profonde, n'est pas un problème. Les emplacements sous les arbres à feuilles caduques lui conviennent donc parfaitement. La preuve en est qu'elle forme de vastes tapis bleus dans des forêts qui sont très sombres l'été.

*Scilla siberica* | Photo : HortiCom

## SCILLE DE SIBÉRIE

*Scilla siberica* | Photo : HortiCom

**MULTIPLICATION**   Cette plante se multiplie si rapidement, par division des bulbes et par semences, que sa reproduction est un jeu d'enfant. Prenez une pelletée de terre dans un emplacement où elle pousse, brassez la terre un peu et des bulbes en sortiront par dizaines. La meilleure période pour la multiplier se situe entre le moment où le feuillage jaunit et la fin de septembre. On peut aussi récolter et semer les graines immédiatement après leur mûrissement, indiqué quand la capsule arrondie, verte à l'origine, commence à pâlir. Les premières fleurs paraîtront le deuxième printemps, presque un record de vitesse pour un bulbe.

**UTILISATIONS**   C'est le bulbe parfait pour la naturalisation, que ce soit dans une pelouse, un pré fleuri ou un sous-bois. On peut aussi le planter par touffes d'au moins 25 bulbes (certains experts disent 100 bulbes minimum) dans les plates-bandes et les rocailles. Enfin, pour une floraison hivernale dans la maison, on peut forcer les bulbes en pot.

**ASSOCIATIONS**   La scille de Sibérie est une excellente compagne pour les bulbes à floraison printanière de la troisième vague (de la fin du début du printemps, si vous préférez), comme les gloires des neiges (*Chionodoxa* spp.), les puschkinias (*Puschkinia scilloides*) et les tout premiers narcisses et tulipes. On peut la planter parmi des couvre-sols, comme le gazon, la petite pervenche (*Vinca minor*) et le lamier maculé (*Lamium maculatum*).

**PROBLÈMES**   Peu fréquents.

### AUTRES SCILLES DE SIBÉRIE

*Scilla siberica alba* : à petites fleurs planches. Aussi prolifique que l'espèce. 15 cm x 10-12 cm. Zone 2.

*S. siberica* 'Spring Beauty' : comme l'espèce et tout aussi prolifique, mais plus haute aux fleurs bleu plus foncé. 20 cm x 10-12 cm. Zone 2.

# TRILLE GRANDIFLORE DOUBLE

*Trillium grandiflorum* 'Snowbunting' | Photo : HortiCom

> **Autre nom commun :** trille à grandes fleurs doubles
>
> **Nom botanique :** *Trillium grandiflorum* 'Snowbunting'
>
> **Famille :** Liliacées
>
> **Hauteur :** 20 à 45 cm
>
> **Largeur :** 30 cm
>
> **Exposition :** mi-ombre, ombre (soleil dans emplacements frais)
>
> **Sol :** riche et humide
>
> **Floraison :** fin du printemps, début de l'été
>
> **Zone de rusticité :** 3

**Sortez votre portefeuille.** Le trille grandiflore double (*Trillium grandiflorum* 'Snowbunting') est parmi les bulbes (en fait, les rhizomes) les plus chers au monde. Et sa multiplication lente fait que le prix ne baisse pas très rapidement. La première fois que j'ai vu cette plante en vente, il y a 30 ans, elle valait 75 $ le tubercule. C'est encore le prix aujourd'hui ! (Évidemment, avec le taux d'inflation, le prix a baissé considérablement). C'est beaucoup d'argent pour un petit bout de tige souterraine, mais quand vous verrez la fleur, si superbement blanche et si double, comme une fleur dans une fleur dans une fleur, comment ne pas en tomber amoureux ? J'admets avoir succombé à son charme après des années d'hésitation (75 $ c'est de l'argent)… et je ne regrette rien. Ma petite colonie est ma grande fierté et je passe des heures chaque printemps à admirer chaque fleur. Ça, mes amis, c'est jardiner !

**DESCRIPTION** Le mot trille (*Trillium*) veut dire trois. Théoriquement, tout chez cette plante est triple – trois pétales, trois sépales, trois feuilles, etc. –, mais le trille double fait mentir son nom car les pétales sont nombreux. Et blancs. Si blancs ! Vers la fin de la floraison, ils prennent cependant une touche de rose, qui s'intensifie. À la toute fin de la floraison, la fleur a complètement changé de couleur.

Les fleurs s'épanouissent vers la fin du printemps, à peu près en même temps que les tulipes, et elles durent un bon trois semaines, soit jusqu'au début de l'été. Selon votre climat, le trille grandiflore double fleurira entre avril (si vous habitez *vraiment* dans le sud) et la fin de juin.

La hauteur de la plante varie selon ses conditions, mais aussi son âge. Un jeune trille fleurira à 20 cm de hauteur, puis augmentera de taille tous les ans pour monter jusqu'à 45 cm… plusieurs années plus tard.

## TRILLE GRANDIFLORE DOUBLE

Les feuilles sont larges, pointues et vertes. Elles persistent une bonne partie de l'été, mais sèchent habituellement avant l'automne

**CULTURE** Le trille grandiflore double préfère être laissé tranquille. Plantez-le dans un milieu convenable et n'allez plus le déranger, compris ? Les jardiniers méticuleux, qui aiment sarcler et retourner la terre à longueur de jour, et qui tiennent à ce que leur terrain soit propre, propre, propre tuent inévitablement leurs trilles. Je leur suggère de planter des pissenlits : ils leur donneront bien plus de plaisir, car ils tolèrent *toutes* les intrusions. Le trille double est une plante pour *paresseux*. Moins vous vous en occuperez, plus il sera beau ! Idéalement, on le plante dans un sous-bois et on laisse faire la nature. Quand vous savez comment le prendre (ou plutôt comment ne *pas* le prendre), il compte parmi les plantes les plus faciles à cultiver.

Mais pour cultiver le trille double, il faut d'abord l'obtenir ; or, vous n'avez pas le choix (du moins jusqu'à maintenant) : cette plante est disponible uniquement par la poste. Vous pouvez la commander au printemps, en croissance, ou à l'automne, en rhizome. Le rhizome est fragile, ne pouvant tolérer une longue exposition à l'air libre. On le plante donc peu après la livraison.

Plantez le rhizome à environ 10 cm de profondeur. L'espacement, au cas où vous seriez millionnaire et en auriez acheté quelques douzaines, est de 20 à 30 cm.

Le trille grandiflore sauvage est une plante des forêts feuillues de l'est de l'Amérique du Nord, qui partage notamment l'aire de l'érable à sucre (*Acer saccharum*). Ceux qui connaissent les érables et leurs racines superficielles et nombreuses savent combien il est difficile de cultiver quoi que ce soit sous ces arbres. Pourtant le trille y réussit à merveille.

Sa préférence va aux sols riches en matières organiques et plutôt humides. Une abondance de litière forestière (qu'on peut remplacer par du paillis en culture) a pour effet que le trille grandiflore double se sent réellement chez lui. Il peut toutefois tolérer la sécheresse estivale et compose bien avec des sols de qualité ordinaire. Dans la nature, il tend à pousser dans des sols plutôt neutres ou même alcalins, mais en culture, il s'adapte parfaitement aux sols plus acides.

Le *Trillium grandiflorum* 'Snowbunting' devient peu à peu rose à la fin de sa floraison. | Photo : HortiCom

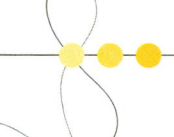

## TRILLE GRANDIFLORE DOUBLE

Côté ensoleillement, cette plante pousse dans les forêts très, très denses. On se demande d'ailleurs comment elle réussit à capter assez de lumière pour pousser, sans parler de fleurir. Mais elle sort tôt au printemps, captant sa maigre ration lumineuse pendant que les feuilles sont encore absentes des arbres.

Va pour le soleil printanier, mais l'été ? En été, le trille se contente de l'ombre et de la mi-ombre, mais il supporte bien le soleil pour autant que son sol demeure toujours humide et frais. La litière forestière (ou son substitut le paillis) aide à garder le sol frais, une autre condition que le trille affectionne.

Ne récoltez pas les fleurs pour des arrangements floraux : prenez assez long de tige pour insérer une fleur dans un vase entraînera la suppression de ses trois feuilles. Or, sans feuilles, la plante ne peut capter son quota de lumière et se trouve condamnée.

**MULTIPLICATION** Uniquement par division des rhizomes, car la fleur double est stérile et ne produit pas de semences. On peut y procéder quand la plante entre en dormance à la fin de l'été. Elle se multiplie lentement mais sûrement.

**UTILISATIONS** Imaginez un sous-bois bondé des superbes fleurs doubles de *T. grandiflorum* 'Snowbunting' ! C'est pourquoi on le naturalise souvent dans des forêts plus ou moins naturelles. On peut aussi le cultiver en plate-bande ou en rocaille.

**ASSOCIATIONS** Dans la nature, la forme sauvage du trille grandiflore partage son royaume avec des fougères, des érythrones (*Erythronium americanum*) et des ulvulaires (*Ulvularia grandiflora*) : c'est une bonne combinaison en culture aussi.

**PROBLÈMES** Peu fréquents. Les cerfs de Virginie peuvent manger les feuilles.

**AUTRES TRILLES GRANDIFLORES** Le trille grandiflore normal (*T. grandiflorum*), donc à trois pétales, indigène dans la région des Grands Lacs et du fleuve Saint-Laurent jusqu'à la hauteur de Trois-Rivières environ, est considéré comme le plus joli de tous les trilles sauvages. Vous verrez ainsi cette petite plante de chez nous cultivée dans les jardins d'ornement du monde entier : Europe, Asie, Nouvelle-Zélande, etc. La forme sauvage a l'avantage de faire voir le contraste entre les trois pétales blancs et les étamines jaunes au centre de la fleur ('Snowbunting' n'a pas d'étamines). 20 à 45 cm x 30 cm. Zone 3.

*T. grandiflorum* 'Flore Pleno' : on ne sait pas très bien si cette variété double est la même que 'Snowbunting' ou légèrement différente. Chose certaine, elle vaut aussi cher ! 20 à 45 cm x 30 cm. Zone 3.

**ENCORE PLUS** La première fois que j'ai vu un trille double, je devais avoir sept ou huit ans. Mon père connaissait une petite colonie de trilles grandiflores doubles dans la forêt d'un parc provincial ontarien et l'on y allait tous les ans pour la voir. C'était notre rituel du printemps. Mon père nous a appris que cueillir la fleur pouvait tuer la plante (très vrai, malheureusement) et qu'il fallait la laisser là pour que d'autres puissent l'admirer. Un printemps, tristement, la colonie n'était plus là : il y avait un gros trou à la place. J'ose espérer que les plantes volées ont au moins survécu. Qui sait, le trille double que je cultive si précieusement dans mon petit sous-bois est peut-être un descendant de cette colonie de mon enfance ?

# TULIPE HOSTA

*Tulipa praestans* 'Unicum' | Photo : HortiCom

Non elle n'est pas grosse, mais la petite tulipe hosta (*Tulipa praestans* 'Unicum') vous en donne pour votre argent. Une floraison flamboyante très tôt dans la saison, une bonne quantité de fleurs par bulbe et un feuillage si joli qu'on en vient presque à oublier les fleurs… du moins quand elles sont parties ! C'est une tulipe qui mérite bien un prix coup de cœur !

> Nom botanique : *Tulipa praestans* 'Unicum'
> Famille : Liliacées
> Hauteur : 25 cm
> Largeur : 20 cm
> Exposition : soleil
> Sol : ordinaire à riche, très bien drainé, sec en été
> Floraison : milieu du printemps
> Zone de rusticité : 4

DESCRIPTION  La tulipe hosta résulte d'une mutation de la tulipe præstans 'Fusilier' (*T. praestans* 'Fusilier'), une tulipe tout aussi remarquable (voir *Autres tulipes præstans*), mais à feuillage entièrement vert. Les deux produisent de toutes petites fleurs en forme de coupe, mais elles sont d'un rouge orangé si flamboyant qu'on en vient vite à oublier leur petite taille. De toute façon, elles fleurissent très tôt pour une tulipe (pas aussi tôt que certaines autres tulipes botaniques, mais bien avant les grandes tulipes de la fin du printemps) et ont donc tout le loisir de nous épater. Une couleur aussi forte, si tôt dans la saison, quand il n'y a pas encore d'autres végétaux pour les cacher, on la voit de très, très loin. Attention d'en planter trop ! Les pompiers penseront que votre plate-bande a pris feu !

Il y a une autre raison pour laquelle les fleurs sont si visibles : il y en a beaucoup. Nous avons l'habitude des tulipes classiques (hâtives simples, triomphe, tardives doubles, etc.) qui

## TULIPE HOSTA

produisent une seule fleur par bulbe. Mais la tulipe hosta est une tulipe multiflore : elle produit trois à cinq fleurs par bulbe ! D'où l'effet réellement saisissant.

L'intérêt de la tulipe hosta est loin de s'arrêter quand la dernière fleur est tombée. Son feuillage bleu-vert est largement bordé de blanc et forme une belle rosette, ce qui donne l'impression d'un petit hosta… mais un petit hosta *très* hâtif, car les vrais hostas ne sont que des petites pousses pointues quand cette plante est à son apogée foliaire. Le feuillage dure encore quatre ou cinq semaines, jusqu'au moment où le feuillage des vrais hostas commence enfin à se placer, puis, en 24 heures, il sèche et disparaît. Cela surprend, car le feuillage des tulipes classiques jaunit peu à peu pendant une semaine et plus et on l'accuse souvent d'enlaidir la plate-bande pendant cette phase « vilain petit canard ». Mais avec la tulipe hosta, tout est terminé si vite qu'on n'a pas le temps de se plaindre.

**CULTURE** Plantez les bulbes entre septembre et novembre, à environ 10 cm de profondeur et autant d'espacement dans un sol riche et bien drainé, humide au printemps, mais plutôt sec à très sec l'été. Le soleil est obligatoire : les tulipes ne sont *pas* des plantes d'ombre ! Notre plante peut toutefois tolérer la mi-ombre l'été pour autant qu'il y ait eu beaucoup de soleil au printemps. On peut donc la cultiver sous des arbres ou des arbustes à feuilles caduques.

Plantez les bulbes par groupes de 10 bulbes et plus pour un effet plus intéressant.

Il ne faut pas s'inquiéter des capsules de graines qui se forment après la floraison. Les laisser mûrir ne nuit pas à la floraison de l'année suivante, contrairement aux tulipes hybrides.

Eh non, malgré un mythe très tenace, il n'est *pas* nécessaire de déterrer les bulbes de tulipe comme *T. praestans* 'Unicum' après la floraison (donc en juillet) pour les replanter à l'automne. Vraiment, je me demande où les gens vont pêcher des idées aussi bizarres !

**MULTIPLICATION** Cette plante est peu portée à se multiplier sous notre climat. Si vous voulez d'autres tulipes hostas, achetez de nouveaux bulbes.

**UTILISATIONS** C'est un excellent sujet pour la rocaille, la plate-bande ou la bordure de la plate-bande. On peut en faire un beau tapis de verdure. On peut également l'utiliser en forçage.

*Tulipa praestans* 'Unicum' | Photo : HortiCom

## TULIPE HOSTA

Sans fleurs, *Tulipa praestans* 'Unicum' montre pourquoi on l'appelle la tulipe hosta. | Photo : HortiCom

**ASSOCIATIONS** Très belle en association avec les jacinthes (*Hyacinthus orientalis*), les narcisses (*Narcissus* spp.) et les muscaris (*Muscari* spp.). Plantez-en aussi autour de vos hostas panachés pour donner un peu de couleur en attendant que leurs feuilles sortent.

**PROBLÈMES** La tulipe hosta n'est pas très vulnérable aux insectes et aux maladies. Par contre, elle est *très* aimée des écureuils, qui mangent goulûment ses bulbes fraîchement plantés. Il y a des dizaines de trucs pour les distraire au moment de la plantation des tulipes (j'en présente plusieurs dans le livre *Les 1500 trucs du jardinier paresseux*). Juste une idée ici : plantez vos tulipes plus tardivement, en novembre, au moment où le sol commence à geler. Cassez la croûte de sol gelé, plantez les bulbes, puis arrosez. Le sol gèlera rapidement et les écureuils ne pourront plus toucher aux bulbes. Notez que ce problème n'affecte que les bulbes fraîchement plantés : les écureuils ne dérangent pas les bulbes de deux ans et plus.

Cette tulipe n'est pas éternelle : après quatre ou cinq ans, quand il n'y a plus de fleurs, plantez de nouveaux bulbes.

*Tulipa praestans* 'Fusilier' | Photo : HortiCom

**AUTRES TULIPES PRAESTANS** L'espèce (*T. praestans*) est rarement disponible. On trouve plutôt des sélections aux fleurs plus grosses et plus abondantes, comme *T. praestans* 'Fusilier'. C'est l'ancêtre directe de *T. praestans* 'Unicum', qui offre les mêmes fleurs rouge orangé vif, trois à cinq bulbes. La différence est que le feuillage n'est pas panaché mais bleu vert. C'est un bulbe spectaculaire qui, contrairement à la tulipe hosta, est très durable. De plus, il se multiplie avec le temps, créant de plus en plus d'effet plutôt que de moins en moins. 25 cm et 20 cm. Zone 4.

# TULIPE TARDIVE

*Tulipa tarda* | Photo : HortiCom

> **Nom commun :** tulipe tardive
> **Nom botanique :** *Tulipa tarda*, syn. *T. dasystemon*, *T. tarda dasystemon*
> **Famille :** Liliacées
> **Hauteur :** 10 à 15 cm
> **Largeur :** 10 à 15 cm
> **Exposition :** soleil
> **Sol :** ordinaire à riche, très bien drainé, sec en été
> **Floraison :** milieu du printemps
> **Zone de rusticité :** 4

**Premier prix : tulipe qui ressemble le moins à une tulipe.** En effet, avec sa rosette de feuillage luisant et étroit et ses fleurs petites et étoilées, la tulipe tardive ne ressemble pas à une « vraie » tulipe à première vue. Quand ses fleurs sont fermées, comme elles le sont le soir et par temps gris, on peut cependant apercevoir dans le bouton arrondi et pointu un mini bouton de tulipe. Je lui accorde un coup de cœur pour son abondante et saisissante floraison, son entretien minimal et sa capacité de produire, avec le temps, de vrais tapis de fleurs.

**DESCRIPTION** Réglons d'abord le cas du nom *tarda*, qui cause tant de confusion. Cette épithète, reflétée dans le nom commun « tulipe tardive », semble indiquer que *Tulipa tarda* serait une des dernières de son espèce à s'épanouir. Pourtant, la tulipe tardive n'est pas tardive… dans la saison. C'est même une des premières tulipes à fleurir, au milieu du printemps, juste après les crocus. Elle est cependant tardive… dans la journée ! Les fleurs de toutes les tulipes se referment le soir et s'ouvrent le matin. La tardive est la moins rapide à s'ouvrir, voilà tout !

Donc, *tôt* au printemps, mais plutôt vers 10 heures que 9 heures, les petites fleurs s'ouvrent. Elles sont jaune bouton d'or avec des pointes blanches, et chaque bulbe en produit trois à six. Mais après quelques années, vous ne verrez plus trois à six fleurs, mais des dizaines, même des centaines si

# TULIPE TARDIVE

vous avez eu la bonne idée de planter plusieurs bulbes ensemble. C'est que la tulipe tardive, comme beaucoup de tulipes botaniques (tulipes non hybrides), se multiplie avec le temps, alors que les tulipes hybrides, au contraire, tendent à disparaître au fil des années. Avec le temps, on obtient donc un vaste tapis jaune et blanc où l'on voit à peine le feuillage. L'effet est réellement très beau.

Du côté négatif, la fleur fermée est moins jolie que certaines tulipes, plutôt jaune verdâtre à l'extérieur alors que beaucoup de tulipes ont des boutons très colorés (par exemple, la tulipe hosta, décrite précédemment, est rouge orangé flamboyant en bouton, donc presque aussi jolie fermée qu'ouverte); de plus, les tulipes tardives sont fermées non seulement le soir et tôt le matin, mais aussi par temps gris. Si la saison est maussade, vos tulipes tardives risquent de faire pitié. Si la réputation de cette tulipe est sauve, c'est que nous sortons généralement admirer nos tulipes quand il fait beau... et que le mauvais temps a tendance à étirer la floraison (quand il fait frais, les fleurs des bulbes durent plus longtemps).

Le feuillage de cette tulipe est quand même assez curieux. La plupart des tulipes ne produisent que quelques feuilles par bulbe, insuffisamment pour former une rosette, et elles sont larges et assez dominantes: pas vraiment très jolies. Or, notre sujet donne des feuilles étroites, vert moyen, luisantes et nombreuses, jusqu'à sept par bulbe, formant une véritable rosette. Sans fleurs, on dirait non pas une tulipe, mais une gloire des neiges (*Chionodoxa* spp.). Sans dire qu'elle est « aussi belle sans fleurs qu'en pleine floraison », disons que l'effet du feuillage après la floraison est quand même plus intéressant que chez la plupart des tulipes.

**CULTURE** Plantez les bulbes de septembre à novembre à 10 cm de profondeur et autant d'espacement dans un sol bien drainé, de préférence riche, mais un sol ordinaire convient aussi. Cette plante est très avide de soleil: ses fleurs ne s'ouvriront même pas si elles sont à l'ombre. On peut néanmoins la cultiver au pied des arbres et des arbustes à feuillage caduc.

Une bonne humidité du sol est utile au printemps (habituellement *tous* les sols sont humides au printemps), mais en dormance profonde dans son bulbe durant l'été, la plante tolère sans peine les pires sécheresses estivales. Par contre, contrairement aux tulipes hybrides, cette variété n'exige pas un sol sec l'été et s'accommode même des systèmes d'irrigation qui nuisent tant aux bulbes ordinaires.

*Tulipa tarda* | Photo: HortiCom

Après la floraison, le bulbe gardera son feuillage quelque temps, puis il s'asséchera. Les feuilles très étroites disparaissent de vue d'elles-mêmes et il n'y a pas de « ménage » à faire. Les capsules de graines restent encore un peu plus longtemps, mais comme elles ne nuisent pas à la santé du bulbe, il n'est pas nécessaire de les supprimer. La plante est essentiellement permanente et reviendra d'année en année, se multipliant peu à peu via des stolons souterrains et des semis spontanés.

**MULTIPLICATION** Cette tulipe botanique produit des graines et est fidèle au type. On pourrait la produire par semis mais... elle fournit des bulbes secondaires si abondamment que presque personne ne la multiplie d'une autre façon que par division des bulbes. On y procède au moment où le feuillage jaunit, replantant les bulbes aussitôt.

## TULIPE TARDIVE

**UTILISATIONS**   C'est une jolie petite tulipe pour la rocaille ou la plate-bande, facile aussi à naturaliser sous un couvre-sol… où elle peut *devenir* le couvre-sol au printemps, puis se retirer sous son compagnon de tapis durant l'été. On peut aussi en faire des mini bouquets de fleurs coupées.

**ASSOCIATIONS**   Très belle avec la scille de Sibérie (*Scilla siberica*) et la gloire des neiges (*Chionodoxa* spp.), qui fleurissent simultanément avec elle. En couvre-sol, utilisez-la avec la bugle rampante (*Ajuga reptans* et autres), l'aspérule odorante (*Galium odoratum*), la petite pervenche (*Vinca minor*) et d'autres.

*Tulipa tarda*  |  Photo : HortiCom

**PROBLÈMES**   Peu fréquents… sauf que les écureuils viennent volontiers manger les bulbes… s'ils les trouvent. On peut les plonger dans du Ropel, un répulsif, pour les en dissuader.

**AUTRES TULIPES**   La tulipe tardive ressemble peu dans son ensemble aux autres tulipes, même les autres tulipes de son groupe, les tulipes botaniques. Elle a une seule proche parente, la tulipe d'Urumi (*T. urumensis*), aux fleurs étoilées jaune citron, donc une couleur moins vive que celle de la tardive et sans pointe blanche (parfois l'extrémité de la pointe est blanche). Les boutons sont vert olive à nervures rougeâtres. 10 cm x 10 cm. Zone 4.

## TULIPE VIRIDIFLORA

> Autre nom commun : tulipe à fleurs vertes
> Nom botanique : *Tulipa* X
> Famille : Liliacées
> Hauteur : 30 à 55 cm
> Largeur : 30 cm
> Exposition : soleil
> Sol : ordinaire à riche, très bien drainé, sec en été
> Floraison : fin du printemps, début de l'été
> Zone de rusticité : 4

Les amateurs de grandes tulipes à grosses fleurs sont souvent déçus des résultats à long terme. Les tulipes hybrides habituelles, comme les

*Tulipa* 'Green Spot'  |  Photo : HortiCom

# TULIPE VIRIDIFLORA

tulipes triomphe, les tulipes simples tardives, les tulipes doubles hâtives, les tulipes à fleurs de lis, etc., tendent à faire une première très belle floraison, vraiment à couper le souffle, mais la deuxième année, les fleurs sont moins grosses, et la troisième, encore plus petites. La quatrième année, il n'y en a presque plus. C'est un peu voulu par les hybrideurs : une plante permanente n'a jamais besoin d'être renouvelée, alors qu'une plante qui est génétiquement programmée pour dégénérer… eh bien, il faut la remplacer, n'est-ce pas ? Leur excuse habituelle ? « On les avait développées comme fleurs coupées, alors la persistance dans le jardin n'a jamais été une préoccupation. » Pas pour les vendeurs, non, mais les jardiniers, eux, sont de plus en plus exigeants à ce sujet. Et c'est pourquoi j'attribue un gros coup de cœur aux tulipes viridiflora, les plus persistantes, permanentes, pérennes de toutes les « grandes tulipes ».

Mais pourquoi les tulipes viridiflora sont-elles plus pérennes que les autres ? C'est à cause du vert dans leur fleur (« viridiflora » veut dire « à fleurs vertes »). Cette tache n'est pas seulement une question de coloris, mais aussi de chlorophylle : elle fait de la photosynthèse comme toute partie verte de la plante (même la tige florale verte de la tulipe fait de la photosynthèse). Plutôt que de saper l'énergie du bulbe, comme le font les grosses fleurs extravagantes des autres tulipes hybrides, les fleurs des tulipes viridiflora *contribuent* à donner de l'énergie au bulbe, qui reste gros et dodu plutôt que de rapetisser tous les ans comme les bulbes de ses consoeurs. Ainsi une plantation de tulipes viridiflora sera aussi belle dans 10 ou 15 ans que l'année de sa plantation ! Si vous voulez jardiner en toute paresse, vous avez intérêt à découvrir les tulipes viridiflora.

**DESCRIPTION** Il y a des dizaines de cultivars de tulipe viridiflora, mais tous partagent la même caractéristique : elles ont du vert sur les fleurs et pas seulement sur le feuillage. La tache verte suit la nervure médiane et est large à la base et mince au sommet. Elle est souvent vert clair (« vert printemps », nous disent les vendeurs de bulbes) sur les variétés à fleurs de couleur claire et vert sombre sur les tulipes à fleurs sombres, comme les tulipes rouges. Aussi, mais ce n'est pas une règle, la plupart des tulipes viridiflora ont des pétales un peu plus pointus que la norme chez les tulipes hybrides : presque comme chez les tulipes à fleurs de lis. Toutefois, tache verte ou non, pétales pointus ou pas, on reconnaît tout de suite ces plantes comme des tulipes : elles ont le port classique des grandes tulipes hybrides que nous aimons tant.

Les fleurs sont aussi plus durables que les fleurs de tulipes normales… et c'est encore à cause de la tache verte. La plante « considère » les tépales de ces tulipes comme des feuilles plutôt que comme des pétales et des sépales. Un pétale, un sépale, ça ne sert à rien pour une plante une fois que la fleur a été pollinisée, et la plante s'empresse de s'en débarrasser, mais une feuille apporte de l'énergie, de la vigueur, elle est donc à conserver longtemps. Les fleurs des tulipes viridiflora durent ainsi une fois et demie, parfois deux fois plus longtemps que celles des autres tulipes. Imaginez ! Elles sont parfois encore en fleurs au mois de juillet.

Comme les tulipes viridiflora sont toutes à floraison tardive, elles embellissent nos jardins au moment du changement de saison entre le printemps et l'été : à la toute fin de mai ou en juin, pour la plupart des lecteurs. Elles ne sont toutefois pas toutes de la même hauteur : il existe des viridiflora basses, pour l'avant-plan de la plate-bande, et des viridiflora hautes, pour le second plan.

## TULIPE VIRIDIFLORA

Le feuillage des tulipes viridiflora est typique des grandes tulipes hybrides : large, vert moyen, un peu ondulé, irrégulier, plutôt grossier… pas trop intéressant, en somme. Par contre, plusieurs ont aussi un feuillage panaché, ce qui rehausse de beaucoup leur attrait au jardin.

Vous trouverez une description de plusieurs cultivars de tulipe viridiflora à la fin de cette fiche.

**CULTURE** Plantez les bulbes de tulipe viridiflora profondément, beaucoup plus profondément que ce qu'on recommande sur l'emballage, soit à 30 cm. C'est qu'une plantation profonde empêche les bulbes de gaspiller leur énergie à produire des bulbilles. La plante concentre plutôt ses forces à produire un seul gros bulbe.

*Tulipa* 'China Town' | Photo : HortiCom

Le sol doit être très bien drainé, car en profondeur l'eau peut stagner, ce qui provoquera de la pourriture. Une plate-bande surélevée ou une plantation en pente sont donc préférables, car il est certain que le drainage y sera excellent. Un sol riche est idéal, mais les tulipes viridiflora composent bien avec les sols ordinaires. Un ajout annuel de compost à la saison de votre choix assurera l'apport de minéraux qu'il leur faut pour une bonne floraison annuelle.

Le sol doit être humide au printemps, mais plus sec l'été. Le bulbe peut même tolérer un été sans la moindre goutte d'eau. Les tulipes viridiflora sont plus tolérantes à l'humidité constante que les autres tulipes hybrides, mais néanmoins réussissent mieux dans une plate-bande que vous n'arrosez pas que dans une plate-bande irriguée (probablement le pire endroit pour planter des tulipes de quelque sorte que ce soit). Donc, notre « tulipe à fleurs vertes » sera un bon choix pour le jardin xérophyte (jardin de plantes préférant un sol sec).

*Tulipa* 'Esperanto' | Photo : HortiCom

Côté luminosité, c'est du soleil, du soleil et encore du soleil, même en été quand le bulbe est dormant. Pourquoi un soleil fort estival aide-t-il à pérenniser les tulipes dont les bulbes sont bien endormis dans le sol, loin du moindre rayon lumineux ? Je ne sais pas, mais essayez pour voir !

Il n'est pas nécessaire de supprimer le feuillage fané des tulipes viridiflora si vous le cachez derrière d'autres plantes, mais il serait sage de casser l'ovaire (la future capsule de graines) de la fleur à sa base quand les pétales tombent. Contrairement aux tulipes botaniques, qui ne sont pas affaiblies par la production de graines, les tulipes hybrides comme les viridiflora peuvent l'être. Laissez toutefois la tige florale sur place : tant qu'elle est verte, elle fait de la photosynthèse et contribue donc au développement d'un gros bulbe pour la saison suivante.

**MULTIPLICATION** Pratiquement impossible pour le commun des mortels. Si vous voulez d'autres tulipes viridiflora, achetez d'autres bulbes.

## TULIPE VIRIDIFLORA

**UTILISATIONS**  La plate-bande ensoleillée et surélevée, la rocaille ou le jardin xérophyte lui conviennent toutes très bien. C'est une excellente fleur coupée (les tulipes viridiflora rendent les fleuristes gagas par leurs combinaisons de couleurs inhabituelles), qui est même comestible. L'idée de tulipes farcies au crabe ne vous met-elle pas l'eau à la bouche ?

**ASSOCIATIONS**  Évidemment, c'est une excellente compagne pour les autres tulipes tardives, simples ou doubles. Des touffes de 10 à 15 bulbes de tulipes de toutes sortes, plantées çà et là dans une plate-bande volent la vedette à presque toute autre plantation printanière. Plantez les bulbes à côté de vivaces à déploiement lent, comme les hostas (*Hosta* spp.) et les graminées, qui viendront cacher le trou laissé par les tulipes quand leur feuillage se sera asséché et aura disparu au début de l'été.

**PROBLÈMES**  Les insectes posent rarement des problèmes, les maladies non plus ne sont pas courantes, mais les écureuils ! Ils aiment toutes les tulipes et viendront creuser aussitôt que vous aurez fini de planter vos bulbes. Mais un instant ! Vous venez de planter vos bulbes de tulipe viridiflora à *30 cm de profondeur*. C'est beaucoup trop pour un tout petit écureuil. Il va falloir qu'il aille manger les bulbes des tulipes de vos voisins à la place.

**CULTIVARS**  Voici quelques cultivars facilement disponibles. Vous en trouverez d'autres si vous cherchez un peu.

*T.* 'Artist' : fleur pourpre et rose striée de vert. 30 cm.

*T.* 'China Town' (syn. 'Chinatown') : rose lilas à tache jaune. Feuillage panaché de blanc. 30 cm.

*T.* 'Esperanto' : fleur rose fuchsia foncé, tache vert très foncé. Feuillage panaché à marges blanches. 30 cm.

*T.* 'Green Spot' : fleur blanche fortement striée de vert. Le cœur de la fleur est bleu. 55 cm.

*T.* 'Groenland' (syn. 'Greenland') : avec 'Spring Green', la tulipe viridiflora classique. Vert à marge rose. 55 cm.

*T.* 'Red Spring Green' : mutation de 'Spring Green' à fleurs rouge feu striées de vert. 50-55 cm.

*T.* 'Spring Green' : l'autre tulipe viridiflora classique : blanc ivoire strié de vert clair. 55 cm.

**ENCORE PLUS**  Les bulbes de tulipe sont comestibles. Les Néerlandais ont dû manger des bulbes de tulipe durant la Première Grande Guerre pour échapper à la famine. C'est bon à savoir en cas de disette !

*Tulipa* 'Red Spring Green' | Photo : HortiCom

# Les
# FOUGÈRES

Quand on pense à des fougères, des images de vallée fraîche, de ruisseau ombragé ou de forêt dense nous viennent à l'esprit. Calme et tranquillité : voilà ce que les fougères inspirent.

Avec leurs feuilles découpées habituellement pennées (disposées de chaque côté d'un axe central, comme les barbes d'une plume) qui s'arquent gracieusement tout autour d'une couronne, elles font penser à des petits palmiers. D'ailleurs, on appelle les feuilles de fougère frondes, comme celles des palmiers. Elles ont l'air primitives… et elles le sont.

Les fougères furent parmi les premières plantes vertes à sortir de la mer il y a 300 millions d'années. Au carbonifère, vers la fin de l'ère primaire, elles dominaient la planète, atteignant la taille des arbres. D'ailleurs, les fougères arborescentes existent toujours, mais seulement dans les pays chauds.

La caractéristique la plus visible des fougères est sans doute leur feuillage en crosse. En effet, les jeunes frondes sont enroulées comme la crosse d'un violon et s'allongent en se déroulant. Peu, parmi les végétaux ont une croissance semblable. Si vous voyez des feuilles enroulées en crosse, vous pouvez être presque certain que c'est une fougère.

Avec les fougères, on peut s'attendre à un beau feuillage mais jamais à des fleurs. Car les fougères ont évolué avant qu'il y ait des insectes pollinisateurs : les fleurs ne leur auraient pas été utiles. Elles se reproduisent par spores, des corpuscules encore plus fins que la plupart des poussières. Chez la plupart des fougères, les sporanges, ces organes qui produisent des fougères, sont placées à l'envers de certaines frondes, appelées frondes fertiles. Les sporanges ressemblent à des bosses ou à des lignes brunes. Les spores ne sont pas des graines : elles ne contiennent pas de réserves nutritives et ne donnent pas naissance à de jeunes fougères. Elles produisent plutôt des prothalles, des petits végétaux en forme de cœur. C'est sur ces prothalles, en présence d'eau, que la fécondation a lieu. Un gamète mâle nage jusqu'au gamète femelle, et voilà ! Une nouvelle fougère est née.

Cette multiplication en deux étapes rend les fougères délicates à reproduire en culture. Je ne dis pas qu'il est impossible de les multiplier par spores – en fait, c'est la même méthode que pour faire des semis avec toute graine fine – , mais c'est complexe et lent, et les jeunes plants sont très fragiles au départ. La plupart des jardiniers préfèrent diviser les fougères pour les multiplier… ou en acheter d'autres!

La plupart des fougères produisent des rhizomes, soit des tiges rampantes souterraines. Parfois ces rhizomes sont très longs, et ainsi la plante s'étend toute seule. Dans d'autres cas, ils sont courts, et les nouveaux plants se forment au pied de la plante-mère. Dans ce cas, les touffes grossissent avec le temps, et pour obtenir d'autres plants, on tranche dans la touffe un peu à l'aveuglette pour prélever des divisions, car il y a rarement des couronnes individuelles très évidentes. Certaines fougères n'ont pas de rhizomes mais seulement des tiges dressées, et elles ne se reproduisent végétativement qu'à l'occasion, en produisant des rejets à la base de la tige qu'il faut généralement découper avec beaucoup de soin. Vous pouvez procéder à la division au printemps ou à l'automne.

Enfin, les fougères produisent des racines minces et plutôt fibreuses qui courent généralement en surface. Elles n'ont jamais de longues racines épaisses et pivotantes comme beaucoup d'autres vivaces et sont donc plus vulnérables aux dérangements ; elles ne tolèrent pas le passage des pieds ni le sarclage.

## Des vivaces comme les autres… ou presque

Les fougères satisfont à tous les critères pour être des plantes vivaces : ce sont des plantes herbacées (sans bois) qui vivent plus de deux ans. D'accord, elles ne fleurissent pas, mais la floraison ne fait pas partie de la définition d'une vivace.

Les fougères poussent dans toutes sortes d'environnements, mais surtout dans le milieu que la plupart des vivaces trouvent le plus difficile : l'ombre. D'ailleurs, si vous êtes « pris » avec de l'ombre, notez bien ce que tous les autres jardiniers vont vous suggérer : plantez des hostas et des fougères ! Malgré tout, les fougères poussent très bien à la mi-ombre et la plupart peuvent aller aussi au plein soleil. C'est qu'elles *dominent* dans les coins sombres où elles croissent plus vigoureusement que les autres plantes. À la mi-ombre et au soleil, elles ne sont que des participants parmi tant d'autres.

Les fougères exigent toutes de l'humidité pour se reproduire, mais leur survie n'est pas nécessairement aussi reliée à l'eau qu'on pourrait le penser une fois qu'elles sont bien établies. Plusieurs peuvent tolérer des sols assez secs… mais pour la plupart, une certaine humidité du sol permanente est nécessaire. Plusieurs fougères peuvent même pousser dans les sols détrempés, notamment les sols inondés au printemps.

Les fougères ont la réputation d'aimer les sols acides, et c'est généralement le cas. Par contre, certaines sont adaptées aux sols alcalins.

Généralement présentes dans les forêts, les fougères ont eu des millions d'années pour apprivoiser la litière forestière, soit les feuilles d'arbres et d'autres résidus végétaux en décomposition qui recouvrent le sol. Même qu'elles en dépendent. La majorité apprécieront donc les sols riches en matières organiques. En culture, peu de plantes profitent autant des paillis décomposables et du compost que les fougères. Aucune fertilisation ne sera nécessaire si vous appliquez du compost ou du paillis régulièrement.

## ASPIDIE DE FORTUNE

*Cyrtomium fortunei* | Photo : HortiCom

> **Autre nom commun :** fougère-houx de Fortune

> **Nom botanique :** *Cyrtomium fortunei*

> **Famille :** Dryoptéridacées

> **Hauteur :** 30 à 60 cm

> **Largeur :** 40 à 50 cm

> **Exposition :** mi-ombre, ombre

> **Sol :** humide, frais, bien drainé

> **Zone de rusticité :** 5 (4 sous couvert de neige)

**Comme les aspidies ou fougères-houx ont la réputation d'être des fougères tropicales,** il est peut-être surprenant que je vous recommande d'en essayer à l'extérieur. D'ailleurs, en autant que je sache, je suis la seule personne qui en cultive à l'extérieur au Québec. Mais quelques espèces se sont montrées très adaptées à notre climat, et, en raison de leur forme très originale et de leur allure tropicale, ce sont des fougères à découvrir. Mon plus grand succès parmi les aspidies est l'aspidie de Fortune (*Cyrtomium fortunei*) : elle s'est montrée parfaitement rustique et est même à feuillage persistant sous notre climat. Et ça, c'est exceptionnel !

**DESCRIPTION** L'aspidie de Fortune vient de Chine et du Japon, ce qui explique sans doute sa rusticité supérieure à celle des autres aspidies, pour la plupart originaires de régions plus au sud en Asie. Elle forme une rosette très égale à partir d'une couronne couverte de grosses écailles noires. Les frondes pennées à 8 à 15 paires de folioles sont remarquables. Les folioles sont larges à la base, pointues à l'extrémité, très différentes des folioles des autres fougères rustiques. Et leur texture est encore plus originale : la plupart des fougères ont des folioles

## ASPIDIE DE FORTUNE

minces comme du papier et très fragiles, tandis que celles de l'aspidie de Fortune sont coriaces et charnues, ressemblant presque à des feuilles de houx. Leur couleur est aussi inhabituelle pour une fougère : vert gris plutôt mat. Tel que mentionné, elle survit à l'hiver en parfait état, ce qui en fait l'une des rares fougères rustiques avec le polystic faux-acrostic (*Polystichum acrostichoides*), décrite à la page 424, à feuillage persistant.

**CULTURE**  L'aspidie de Fortune pousse à la mi-ombre, à l'ombre, et même l'ombre dense. Elle préfère un sol riche en matières organiques, plutôt acide et bien drainé. Sans dire qu'elle supporte des sécheresses extrêmes, il est vrai que cette fougère est moins dépendante d'un sol humide que la plupart des fougères. On peut ainsi la cultiver plus facilement dans les emplacements en pente que la plupart des autres. Il n'en demeure pas moins qu'une certaine humidité du sol est toujours bienvenue. Un paillis et l'application occasionnelle de compost, deux techniques qui aident à maintenir un peu plus d'humidité dans le sol, lui conviennent parfaitement.

Officiellement sa cote zonière est la zone 6, mais je le cultive en zone 4 depuis une décennie sans le moindre problème. Là où elle est placée, bien entourée d'autres végétaux et complètement cachée du soleil hivernal, la neige s'accumule sans problème. Je suggère fortement de l'établir justement dans un sous-bois où il y a une bonne couche de feuilles mortes et où la couverture de neige est fiable, au cas où.

Cette fougère n'était pas disponible commercialement au Québec au moment d'écrire ce texte, mais elle était facile à trouver au Canada via Internet.

**MULTIPLICATION**  Par division des rejets occasionnels ou par spores.

**UTILISATIONS**  L'aspidie de Fortune fait un excellent couvre-sol dans les endroits très ombragés grâce à son feuillage persistant toujours beau, et elle se naturalise très bien dans un sous-bois ombragé. Ses frondes sont très populaires au Japon dans les arrangements floraux.

**ASSOCIATIONS**  L'aspidie de Fortune se marie très bien avec les hostas (*Hosta* spp) et les épimèdes (*Epimedium* spp.).

**PROBLÈMES**  Peu fréquents.

**AUTRES ASPIDIES**  L'aspidie la plus connue est l'aspidie en faux ou fougère-houx (*C. falcatum*), aux frondes similaires en forme à celles de l'aspidie de Fortune, mais vert foncé et d'apparence cirée, et plus d'une fois et demie plus longues. C'est cependant une plante de climat subtropical surtout vendue comme plante d'intérieur dans nos régions. Il existe, paraît-il, des variantes de climat tempéré de cette espèce très largement répandue dans la nature, mais je n'en ai jamais vues en vente en Amérique. 60 à 90 cm x 60 à 90 cm. Zone 8.

Depuis quelques années, j'expérimente avec succès deux autres aspidies : l'aspidie à feuilles de caryota (*C. caryotideum*), 30 à 60 cm x 40 à 60 cm, à seulement trois à six paires de folioles plus découpées, et l'aspidie à grosses folioles (*C. macrophyllum*), 30 à 75 cm x 50 à 60 cm, dont les folioles (mais pas la fronde) sont plus grosses que celles de l'aspidie de Fortune. À ce jour, c'est le succès total, mais comme les autorités leur donnent une cote zonière 7, ce qui indique qu'elles les jugent moins rustiques que l'aspidie de Fortune, je n'ose pas encore les recommander généralement. Mais il vaut la peine de les expérimenter.

# CAPILLAIRE DU CANADA

*Adiantum pedatum* | Photo : HortiCom

> **Nom commun** : adiante pédalé, adiante du Canada

> **Nom botanique** : *Adiantum pedatum*

> **Famille** : Ptéridacées

> **Hauteur** : 30 à 60 cm

> **Largeur** : 30 à 60 cm

> **Exposition** : ombre, mi-ombre (soleil)

> **Sol** : humide, riche, bien drainé

> **Zone de rusticité** : 3

Bien des gens considèrent le capillaire du Canada (*Adiantum pedatum*) comme la plus belle de nos fougères indigènes... et je peux difficilement les contredire. Il est superbe, le petit capillaire, et tout délicat d'apparence. Une délicatesse que dément sa constitution coriace. C'est une fougère qui mérite sûrement une place dans tout aménagement.

**DESCRIPTION** Le capillaire du Canada pousse à partir de rhizomes courts qui forment une touffe dense composée de couronnes individuelles à peine perceptibles. La touffe s'élargit avec le temps.

Le rhizome et la couronne sont noirs, et le pétiole aussi est noir et mince comme un cheveu... d'où le nom « capillaire ». Malgré son apparence délicate, le pétiole est en fait très coriace. Il est dressé d'abord, puis s'arque à l'horizontale, se divisant curieusement en « Y » ; chaque division forme une demi-lune courbée vers l'arrière, comme les guidons incurvés d'une bicyclette : c'est une forme dite « pédalée », qui est à l'origine de l'épithète « *pedatum* ». Les ramifications qui portent les folioles sont toutefois orientées vers l'avant selon leur place sur la demi-lune, comme les rayons d'une roue. Mais il faut pratiquement cueillir une fronde pour voir à quel point elle est curieusement formée, car les frondes nombreuses du capillaire se mélangent pour former une masse où les traits individuels ne sont pas très évidents.

## CAPILLAIRE DU CANADA

Les folioles sont typiques d'un adiante – et inhabituelles pour une fougère –, soit en forme d'aile d'oiseau et légèrement dentées sur un côté. On peut aussi y voir aussi une ressemblance avec les feuilles de ginkgo (*Ginkgo biloba*). Les folioles sont minces comme de la soie et vert bleuté. Comme elles sont supportées par des « fils noirs » qui sont presque invisibles quand on ne regarde pas de près, elles ont l'air de flotter dans l'air, comme une volée massive de petits oiseaux verts.

Remarquez que les frondes repoussent l'eau : elle perle à leur surface puis tombe rapidement. Ainsi le capillaire, malgré son apparence délicate, peut-il supporter les pluies les plus fortes sans être écrasé. Le nom « adiantum » vient d'ailleurs du grec *a*, sans, et *diaino*, se mouiller.

Les frondes de cette fougère sont caduques et disparaissent avec les premiers gels de l'automne. Il n'y a rien à ramasser, d'ailleurs cette plante n'exige pratiquement aucun entretien.

**CULTURE**   Le capillaire du Canada est plus robuste qu'il en a l'air, et supporte sans difficulté les sols qui s'assèchent un peu l'été. Malgré tout, il préfère un sol humide mais bien drainé : dans la nature, on le retrouve souvent dans les érablières au cœur ou autour d'une dépression qui reste humide. Tous les sols lui conviennent (c'est l'une des rares fougères qui tolèrent les sols calcaires), mais il préfère les sols riches en matières organiques. Ce sont ses folioles archiminces qui constituent son point faible : elles sèchent à l'air sec. C'est important à savoir pour les lecteurs de l'ouest du Canada, où l'air est souvent aride l'été ; ils ne pourront cultiver cette fougère que près d'un cours d'eau. Dans l'est, l'air n'est jamais assez sec pour assécher les folioles et la plante pousse sans difficulté.

Le capillaire préfère la mi-ombre et l'ombre. Si on veut le cultiver au soleil, que ce soit un soleil du matin ! Et paillez abondamment.

**MULTIPLICATION**   Par division des touffes au printemps ou à l'automne. Les touffes s'élargissent avec le temps et il suffit de trancher à travers la masse entremêlée pour diviser la plante. Vous pourriez aussi la reproduire par spores.

**UTILISATIONS**   Cette fougère toute légère donne une note de délicatesse à tout aménagement. On peut la naturaliser très joliment dans un sous-bois, par petits groupes ou en masse, ou l'employer dans une rocaille ou une plate-bande ombragée. Elle fait un excellent couvre-sol si on la plante assez densément (aux 20 cm environ).

**ASSOCIATIONS**   Le capillaire se marie bien avec l'asaret du Canada (*Asarum canadense*), avec les trilles (*Trillium* spp.) et avec d'autres fougères.

**PROBLÈMES**   Peu fréquents. Le capillaire serait résistant aux cerfs.

**AUTRES ADIANTES**   Le genre *Adiantum* est surtout tropical et subtropical. De ses quelque 200 espèces, seulement quelques-unes peuvent prétendre être rustiques, et parmi ces dernières, seuls le capillaire du Canada et l'espèce suivante sont à la fois assez rustiques pour notre climat et relativement disponibles.

*A. aleuticum*, syn. *A. pedatum aleuticum* (adiante des Aléoutiennes) : cette plante est

*Adiantum pedatum* | Photo : HortiCom

## CAPILLAIRE DU CANADA

indigène au Québec et presque partout dans le nord de l'Amérique, jusqu'aux îles Aléoutiennes, comme le nom le suggère. Dans nos régions, c'est une fougère rare, qu'on trouve presque uniquement sur de la serpentine, une roche calcaire très faible en éléments nutritifs et toxique pour plusieurs plantes. Dans l'ouest par contre, c'est l'adiante le plus commun. L'adiante des Aléoutiennes est très semblable au capillaire du Canada, mais ses rameaux sont dressés plutôt qu'étalés, et les folioles sont plus minces et plus découpées. Aussi, il est souvent de taille légèrement inférieure. 30 à 45 cm x 30 à 45 cm. Zone 3.

*A. aleuticum* 'Imbricatum', syn. *A. pedatum* 'Imbricatum': variété semi-naine. 15 à 30 cm x 30 cm. Zone 3.

*A. aleuticum* 'Japonicum', syn. *A. pedatum* 'Japonicum': petite variante japonaise de l'espèce. Les nouvelles frondes sont rose orangé. 40 cm x 30 cm. Zone 3.

*A. aleuticum* 'Miss Sharples', syn. *A. pedatum* 'Miss Sharples': folioles « dorées » (jaune lime). Selon mon expérience, la couleur n'est pas aussi jaune qu'on le dit, mais plutôt vert pomme. 30 à 45 cm x 40 cm. Zone 3.

*A. aleuticum* 'Subpumilium', syn. *A. pedatum subpumilum* : le plus petit des adiantes rustiques et, je dois l'admettre, mon préféré ! Feuillage très dense. Superbe en couvre-sol ! 7 à 15 cm x 20 cm. Zone 3.

**ENCORE PLUS** Attention ! Les adiantes indigènes sont menacés au Québec… en bonne partie par les jardiniers qui les déterrent à l'état sauvage sans penser au tort qu'ils peuvent commettre. J'ai vu toute une colonie de cette fougère disparaître après qu'un membre d'une société d'horticulture locale eut expliqué aux membres où la trouver. Ne touchez pas à cette plante à l'état sauvage, surtout qu'elle est facilement disponible dans le commerce.

*Adiantum aleuticum* 'Subpumilium' | Photo : HortiCom

# FOUGÈRE À L'AUTRUCHE

*Matteuccia struthiopteris* tôt au printemps, au déferlement des frondes | Photo : HortiCom

**Sans doute la plus majestueuse de nos fougères indigènes**, la fougère à l'autruche (*Matteuccia struthiopteris*) est aussi l'une des plus populaires des fougères dans nos aménagements en raison de sa luxuriance qui évoque les tropiques. C'est une grande fougère avec le port que nous attendons d'une fougère : très égal, en pyramide inversé, avec des frondes qui s'arquent vers l'extérieur. C'est aussi la fougère qui produit la célèbre tête-de-violon, ce légume indigène qui se retrouve dans nos assiettes au printemps.

> **Autres noms communs :** fougère plume d'autruche, fougère d'Allemagne, matteuccie à l'autruche

> **Nom botanique :** *Matteuccia struthiopteris*, syn. *M. pensylvanica*

> **Famille :** Dryoptéridacées

> **Hauteur :** 90 à 160 cm

> **Largeur :** 90 cm

> **Exposition :** ombre, mi-ombre (soleil)

> **Sol :** riche, humide, bien drainé

> **Zone de rusticité :** 2

**DESCRIPTION** La fougère à l'autruche, appelée fougère d'Allemagne en France, pousse dans les régions tempérées fraîches de l'hémisphère nord, dans une large bande qui traverse l'Europe, l'Asie et l'Amérique du Nord. Certains botanistes distinguent la population nord-américaine de l'européenne en lui attribuant le nom *M. pensylvanica*, mais on convient généralement que, malgré ces deux populations séparées, cette plante est si homogène qu'il n'est pas nécessaire d'en faire deux espèces. Les plants nord-américains seraient simplement d'environ 30 cm plus grands que les eurasiatiques.

Cette fougère produit une longue fronde stérile caduque en forme de plume d'autruche, d'où ses noms communs et botaniques (*struthiopteris* veut dire… autruche-fougère). Les frondes,

## FOUGÈRE À L'AUTRUCHE

*Matteuccia struthiopteris* | Photo : HortiCom

couvertes d'écailles brunes au début, se déroulent à la fin du printemps, généralement toutes en même temps, et forment un cercle parfait autour de la couronne. Elles sont bipennées, c'est-à-dire composées de segments placés de part et d'autre du pétiole, comme une plume, mais chaque foliole est elle-même découpée en segments pennés à son tour. Regardez de près et vous verrez que chaque segment primaire ressemble, en fait, à une mini fronde de fougère ! La couleur est vert clair au printemps, vert moyen l'été.

Voilà pour la fronde stérile. C'est la plus visible et la plus abondante sur chaque plante. Par contre, à l'été, la fougère à l'autruche produit aussi des frondes fertiles. Elles poussent droites près du centre de la couronne et deviennent vite brunes, ressemblant à des frondes inachevées. Elles portent les spores de la prochaine génération.

Les frondes stériles meurent à l'automne, alors que les frondes fertiles restent debout, se trouvant même souvent encore là au printemps. On peut déjà distinguer à l'automne, tout autour de la couronne mais cachées par des écailles, les crosses des frondes de l'année suivante.

La fougère à l'autruche se multiplie abondamment par stolons souterrains, produisant des plantes secondaires à environ 30 à 45 cm de la plante-mère.

**CULTURE** On retrouve la fougère d'autruche presque partout dans la nature, au plein soleil et à l'ombre profonde, sur la terre ferme et le pied dans l'eau, dans les sols riches et les sols pauvres. Par contre, elle pousse seulement au soleil dans les sols détrempés en permanence. En culture, sauf si vous avez créé un jardin de marécage, il faut la considérer comme une plante de mi-ombre ou d'ombre. La qualité du sol a peu d'importance, sauf pour deux détails : les sols organiques et argileux retiennent plus d'eau, ce qu'elle aime beaucoup. Dans un sol sablonneux, qui se draine instantanément après la pluie, il faudrait que la nappe phréatique soit très près de la surface pour convenir à la fougère à l'autruche. Enfin, elle est intolérante aux sols alcalins, mais se plaît beaucoup dans les sols assez acides.

Un mot sur sa résistance à la sécheresse. Une fois que la fougère est bien établie, sa capacité de tolérer les sols secs est quand même bonne… mais vous n'aimerez pas les résultats. C'est que, en cas de sécheresse, elle entre en dormance, et ses belles frondes jaunissent et sèchent en plein milieu de l'été, ce qui n'est pas très agréable à voir. Et même si la pluie revient, elle ne repoussera pas avant le printemps suivant. Pour de belles fougères à l'autruche pendant tout l'été et jusqu'à l'automne, la règle est donc : sol humide en tout temps !

## FOUGÈRE À L'AUTRUCHE

Les rejets de la fougère à l'autruche, toujours à bonne distance de la plante-mère, sont très appréciés quand vous voulez un couvre-sol ou un autre massif de verdure, mais ils peuvent être un problème si vous voulez simplement une ou deux plantes isolées. La solution est facile : insérez la plante à l'intérieur d'une barrière infranchissable d'au moins 15 cm de profondeur (un gros pot en plastique dont le fond a été coupé, par exemple), et ses rejetons ne pourront plus vagabonder.

**MULTIPLICATION**  Par division des rejets au printemps ou à l'automne. Par spores.

**UTILISATIONS**  D'abord, c'est une plante merveilleuse à naturaliser dans un sous-bois, et c'est peut-être là son utilisation la plus intéressante. Elle crée aussi un magnifique couvre-sol vert pour les coins ombragés. Certains tiqueront peut-être devant la hauteur du couvre-sol ainsi créé (1 m et plus), mais il n'y a pas nécessairement de limite de hauteur pour un couvre-sol : tout dépend de vos besoins. Vous pouvez la mettre en vedette en pot ou la mélanger à d'autres végétaux dans une plate-bande mixte ombragée. Pensez à elle pour les coins humides, même au soleil, comme à proximité d'un jardin d'eau. On peut en faire une bordure haute, un mini-écran, une belle arrière-scène, ou encore la faire joliment longer un sentier. Et n'oubliez pas que c'est un légume !

**ASSOCIATIONS**  Personnellement, j'aime surtout cette fougère en massif ou en couvre-sol, sous de grands arbres, et sans autres végétaux pour compromettre son allure. Dans un aménagement plus traditionnel aux plantes mélangées, essayez-la avec de gros hostas (*Hosta* spp.). Le contraste des formes et des feuillages est remarquable.

**PROBLÈMES**  Peu fréquents. Légèrement toxique, elle n'intéresse pas les cerfs de virginie.

**AUTRES MATTEUCIES**  Il n'y a qu'une seule autre espèce de *Matteuccia* : *M. orientalis*, la fougère à l'autruche orientale. Elle ressemble à notre fougère indigène, mais elle est plus courte et plus évasée avec des frondes plus larges. 30 à 45 cm x 120 cm. Zone 4.

**ENCORE PLUS**  La crosse de la fougère d'autruche est comestible… mais elle est aussi légèrement toxique, ce qui explique pourquoi il est prudent de bien la faire bouillir avant de la servir. On récolte les crosses au milieu du printemps, avant que la fronde ait atteint plus de 20 cm de hauteur. Ne récoltez jamais plus que trois crosses par plant pour ne pas l'affaiblir.

Bien contenue, *Matteuccia struthiopteris* remplit l'espace qui lui est accordé sans devenir envahissante. | Photo : HortiCom

LES FOUGÈRES

## FOUGÈRE PEINTE

*Athyrium niponicum pictum* | Photo : HortiCom

> **Autre nom commun :** fougère du Japon peinte
>
> **Nom botanique :** *Athyrium niponicum pictum*, syn. *A. niponicum metallicum*
>
> **Famille :** Dryoptéridacées
>
> **Hauteur :** 30 à 45 cm
>
> **Largeur :** 30 à 60 cm
>
> **Exposition :** ombre, mi-ombre (soleil)
>
> **Sol :** humide, riche, bien drainé
>
> **Zone de rusticité :** 4

**Qui a dit que les fougères ne peuvent pas être colorées ?** La fougère peinte est la preuve du contraire. Avec ses frondes rehaussées d'argent et de rouge foncé, c'est vraiment une fougère remarquable. De plus, depuis la fin des années 1990, elle s'est enrichie de nouvelles sélections et de nouveaux hybrides, ce qui vous donne tout un choix de fougères peintes pour décorer votre cour.

**DESCRIPTION** N'eût été de sa coloration, la fougère peinte serait sûrement passée inaperçue dans le monde des fougères, car elle est vraiment « typique ». Une petite plante aux frondes caduques, arquées, bipennées (deux fois découpées), dessinant un triangle et disposées dans une belle rosette ne correspond-elle pas parfaitement à la définition même d'une fougère ? Or, il y a des centaines de fougères qui répondent aussi à cette définition. Pourtant la fougère peinte déjoue nos attentes, car son pétiole est rouge pourpré, une couleur qui déteint aussi un peu sur les segments, alors que les folioles sont rehaussées d'argent. L'intensité de la coloration est très variable, selon la luminosité : les plantes très éclairées sont très colorées, les plantes très ombragées, peu.

Que cette fougère ait été la première à être nommée « Vivace de l'année » par la Perennial Plant Association, en 2004, est une indication de son intérêt… et de sa facilité de culture.

## FOUGÈRE PEINTE

**CULTURE** La fougère peinte est de culture facile et vit longtemps sans le moindre soin. Elle préfère les sols riches en humus et toujours un peu humides, et elle boude quand le sol est sec. Un bon paillis est toujours utile pour maintenir le sol plus frais et plus humide.

Côté luminosité, elle tolère très bien l'ombre, mais n'y est pas très colorée. L'idéal est un emplacement mi-ombragé, de préférence qui reçoit du soleil direct le matin. Ainsi les couleurs seront-elles à leur plus intense. La plante tolère le soleil dans un sol humide, notamment si elle est protégée du soleil chaud de l'après-midi.

Sa croissance est lente : si vous voulez un effet rapide, plantez-la densément ou achetez des plantes assez bien développées. Notez aussi que cette plante démarre très lentement au printemps. Marquez bien son emplacement pour ne pas l'endommager accidentellement pendant son long sommeil.

**MULTIPLICATION** Par division à l'automne (elle est difficile à trouver au printemps). Elle est relativement fidèle au type par spores.

**UTILISATIONS** On peut utiliser cette petite fougère colorée en bordure d'une plate-bande ombragée ou dans une rocaille, aussi comme couvre-sol (espacez les plants d'environ 20 cm). Elle est très jolie en bac.

**ASSOCIATIONS** La fougère peinte se marie joliment avec les hostas (*Hosta* spp.), le cœur saignant du Pacifique (*Dicentra formosa*), les astilbes (*Astilbe* spp.) et les tiarelles (*Tiarella cordifolia*).

**PROBLÈMES** Peu fréquents.

**CULTIVARS** Il y a seulement quelques années, il n'y avait pas de cultivars, seulement l'espèce (*A. niponicum*) et sa sœur maquillée, la fougère peinte (*A. niponicum pictum*). Mais les cultivars sont maintenant légion. En voici quelques-uns :

*A. niponicum* (athyrie du Japon) : son feuillage est entièrement vert, parfois avec une touche de rouge dans le pétiole, mais autrement identique à celui de la fougère peinte. Je ne mentionne cette fougère qu'en passant, car elle n'est pas très disponible commercialement, mais c'est quand même l'espèce derrière toutes les fougères peintes. 30 à 45 cm x 30 à 60 cm. Zone 4.

*A.* x 'Branford Beauty' : fougère hybride issue d'un croisement entre la fougère peinte et la fougère femelle (*A. filix-femina*). C'est une plante plus grande et plus dressée aux mêmes teintes rouges et argentées que la fougère peinte, mais plus accentuées. Croissance en touffe. 50 cm x 50 cm.

*A.* x 'Branford Rambler' : cette fougère est issue du même croisement que la précédente, mais elle a hérité d'une croissance très différente, car plutôt que de former des touffes, elle s'étend rapidement via ses stolons, comme quoi les enfants d'un même lit ne sont pas forcément identiques ! Les frondes sont vert jaune au printemps, vert argenté l'été ; le pétiole est rouge. 45 cm x 60 cm. Zone 4.

*A. niponicum* x 'Ghost' : il s'agit encore d'un hybride de la fougère peinte et de la fougère femelle (*A. filix-femina*). Son feuillage est gris-vert et nettement plus dressé que chez les autres plantes décrites ici. Cette fougère

*Athyrium niponicum pictum* | Photo : HortiCom

## FOUGÈRE PEINTE

se développe plus rapidement que la fougère peinte et forme de jolies colonies. 75 à 90 cm x 45 cm. Zone 3.

*A. niponicum metallicum*, syn. *A. goeringianum pictum* : il y a eu beaucoup de confusion entre *A. niponicum metallicum* et *A. niponicum pictum*, et dans bien des cas les plantes vendues sous le nom d'*A. niponicum metallicum* sont souvent bel et bien *A. niponicum pictum*. Par contre, j'ai vu une plante vendue sous le nom d'*A. niponicum metallicum* qui semblait différente : plus verte avec moins d'argent qu'*A. niponicum pictum*, et surtout peu de traces de rouge. En somme, elle a l'air plus « métallique », comme son nom le suggère, que « peinte ». 50 cm x 30 cm. Zone 4.

*Athyrium niponicum pictum* 'Pewter Lace' | Photo : Terra Nova Nursies

*A. niponicum pictum* 'Apple Court' : très semblable à la fougère peinte, mais avec la pointe des frondes fourchue. 30 à 45 cm x 30 cm. Zone 4.

*A. niponicum pictum* 'Burgundy Lace' : chez ce cultivar, les nouvelles frondes sont très pourprées avec du rose métallique sur les folioles. Quand elles mûrissent, le rouge vin prend le dessus, notamment avec une large bande le long du pétiole, mais la fronde est quand même bien argentée aussi. 30 à 45 cm x 30 cm. Zone 4.

*Athyrium niponicum pictum* 'Silver Falls' | Photo : Terra Nova Nursies

*A. niponicum pictum* 'Crisatatoflabellatum' : fougère peinte aux couleurs habituelles et aux extrémités allongées et crêtées. Je la distingue difficilement de 'Apple Court'. 30 à 45 cm x 30 cm. Zone 4.

*A. niponicum pictum* 'Pewter Lace' : les frondes ont une touche de rouge vin le long des nervures, mais elles sont surtout dominées par une coloration gris argenté, d'où son nom, qui veut dire « dentelle à l'étain ». 30 à 45 cm x 30 cm. Zone 4.

*Athyrium niponicum pictum* 'Ursula's Red' | Photo : Terra Nova Nursies

*A. niponicum pictum* 'Red Beauty' : version plus grosse et plus dressée de la fougère peinte, avec les mêmes coloris. 45 à 60 cm x 30 à 45 cm. Zone 4.

*A. niponicum pictum* 'Silver Falls' : cette fougère est très argentée, notamment quand les frondes mûrissent, avec du rouge dans le pétiole et les ramifications. 30 à 45 cm x 30 cm. Zone 4.

## FOUGÈRE PEINTE

*A. niponicum pictum* 'Soul Mate' : comme la fougère peinte, mais l'extrémité des frondes est fortement crêtée, plus que 'Apple Court'. 30 à 45 cm x 30 cm. Zone 4.

*A. niponicum pictum* 'Ursula's Red' : c'est la première des sélections de fougère peinte qui est arrivée sur le marché et qui est donc disponible à moindre frais que les nouveautés. Le feuillage est davantage marqué de rouge que chez son illustre cousine, et il paraît plus argenté aussi, puisque le rouge vin avoisinant est si contrastant. 30 à 50 cm x 30 cm. Zone 4.

*A. niponicum pictum* x 'Wildwood Twist' : fougère hybride aux frondes légèrement tordues à l'extrémité, gris argenté, pétiole pourpré. La couleur s'intensifie chez les plantes matures. Généralement plus haute que la fougère peinte. 45 cm x 30 cm. Zone 4.

### AUTRES ATHYRIES COLORÉES

*A. ctophorum okanum* (fougère auriculée argentée) : cette fougère est l'une des rares autres fougères aux frondes colorées. C'est une plante plus dressée et plus grande que la fougère peinte, mais similaire en forme. Ses frondes sont gris argenté avec une touche de rouge sur le pétiole. Elles persistent longtemps, souvent jusqu'aux premières neiges. 60 à 75 cm x 60 cm. Zone 5.

## OSMONDE ROYALE

> Autres noms communs : fougère fleurie, fougère aquatique
> Nom botanique : *Osmunda regalis*
> Famille : Osmundacées
> Hauteur : 1,2 à 2 m
> Largeur : 1,2 m
> Exposition : soleil, mi-ombre, ombre
> Sol : riche, humide à détrempé
> « Floraison » : été
> Zone de rusticité : 3

Cette très grande fougère mérite le prix de la « fougère qui ressemble le moins à une fougère ». Après tout, où sont les frondes arquées ? Et ne sont-ce pas des fleurs qu'elle porte au-dessus de ses « branches » ? En fait, elle n'a presque rien d'une fougère. Pourtant c'est bel et bien une fougère, et une très belle fougère, de surcroît !

*Osmunda regalis* | Photo : HortiCom

## OSMONDE ROYALE

**DESCRIPTION** L'osmonde royale (*Osmunda regalis*) est l'une des fougères les plus largement distribuées au monde : on la retrouve sur tous les continents sauf en Australie et en Antarctique. C'est une grande fougère de forme unique : ses frondes sont entièrement dressées, sans la moindre courbe, alors que presque toutes les autres fougères ont des frondes arquées. La fronde est en fait bipennée (deux fois divisée), mais ce n'est pas ce que vous voyez. À moins de l'examiner de très proche, vous allez prendre le pétiole dressé brun vert pour une branche et les segments pennés vert moyen qui partent du pétiole pour des frondes individuelles…. ou même pour des rameaux avec des feuilles ! Ainsi l'osmonde royale ressemble-t-elle davantage à un arbuste qu'à une fougère. On pourrait probablement vendre cette fougère comme sorbier arbustif (*Sorbus* spp.) sans éveiller le moindre doute chez l'acheteur. Et cet effet arborescent est rehaussé par les fleurs…

Vous vous rappelez sans doute que les fougères ne produisent jamais de fleurs. Pourtant, si cette plante s'est vu attribuer le nom commun de « fougère fleurie », ce n'est pas pour rien. Certaines frondes sont mi-stériles, mi-fertiles, avec des segments verts normaux sur leur moitié inférieure, mais leur sommet se termine en un bouquet de segments étroits et dressés, verts au début, devenant rapidement brun roux. On dirait un épi floral d'astilbe (*Astilbe* spp.) après la floraison ! La présence de ce « panache » au-dessus des tiges si dressées parachève l'allure arbustive de l'ensemble.

Cette fougère est caduque. Les nouvelles frondes, poilues lorsqu'elles sont encore en crosse serrée, sont parfois vertes en début de saison, parfois pourprées.

La fougère royale forme une touffe d'environ 10 frondes, puis se divise pour former des colonies habituellement assez restreintes. Le rhizome est très gros, formant, dans des colonies âgées, des masses brunes tordues qui dépassent du sol et qui me font toujours penser aux troncs à moitié enterrés de certaines cycadées tropicales. Chez les plantes de jardin, par contre, les rhizomes sont généralement enterrés et donc peu ou pas visibles.

**CULTURE** Dans la nature, on trouve parfois l'osmonde royale dans des forêts apparemment bien drainées, mais la plupart du temps c'est une fougère de marécage. On la trouve fréquemment dans des emplacements complètement inondés au printemps mais d'humidité normale l'été, ou encore dans la boue tout l'été. Elle peut même pousser avec ses rhizomes sous 15 cm d'eau en tout temps… mais pas plus profond !

En culture, l'osmonde royale s'adapte très bien aux terres de jardins ordinaires, car elles sont habituellement maintenues humides et sont riches en matières organiques, mais elle préfère des lieux encore plus humides : jardin de marécage, dépressions, sites inondables, etc. En forêt, où le soleil direct est rare, donc où il y a moins d'évaporation, elle peut réussir dans les sols détrempés au printemps mais plutôt secs l'été, mais même là, il vaut mieux fournir un bon paillis pour empêcher le dessèchement total. Plus le milieu est éclairé, plus il faut d'humidité.

Contrairement à beaucoup de fougères, l'osmonde royale est parfaitement bien au plein soleil… quand elle a les pieds dans l'eau. Ailleurs, elle est mieux à la mi-ombre ou à l'ombre où la présence constante de l'eau n'est pas obligatoire. Mais si vous voulez obtenir de très grandes osmondes royales, il faut les tenir très humides, voire détrempées, en permanence.

**MULTIPLICATION** Par division au printemps ou à l'automne (munissez-vous d'une hache ou d'une scie). Par spores en été ; les spores de cette fougère, par exception, doivent être semées très rapidement, car elles ne se conservent pas.

**UTILISATIONS** Il faut laisser de l'espace autour d'une osmonde royale pour vraiment profiter de toute sa prestance. Dans l'aménagement, utilisez-la comme si c'était un arbuste plutôt qu'une vivace, encore moins une fougère, en l'entourant de plantes couvre-sol basses ou juste de paillis. Vous pouvez l'utiliser comme écran ou arrière-scène, ou même comme haie estivale. Elle convient

## OSMONDE ROYALE

à la plate-bande, probablement en arrière-scène, mais encore plus aux prés fleuris et aux jardins de sous-bois, où on peut la naturaliser. Enfin, il est évident que c'est une plante de choix pour les coins humides, comme les jardins de marécage, les bassins, le long des ruisseaux, etc.

**ASSOCIATIONS** On peut associer l'osmonde royale à d'autres plantes aimant les sols humides ou détrempés, comme le myrique baumier (*Myrica gale*), la spirée à larges feuilles (*Spiraea latifolia*) et le caltha des marais (*Caltha palustris*).

**CULTIVARS** Il y a deux formes d'*O. regalis* sur le marché, la forme européenne (*O. regalis regalis*), qui est plus grande et aux folioles plus coriaces, et la forme nord-américaine (*O. regalis spectabilis*), habituellement plus petite et aux folioles minces. On trouve quelques cultivars d'*O. regalis regalis*.

*O. regalis regalis* 'Cristata' : folioles crêtées. Plante plus compacte. 1,2 m x 1,2 m. Zone 3.

*O. regalis regalis* 'Purpurascens' : les frondes sont très pourprées en début de saison, avec des folioles vertes et un pétiole qui demeure pourpré durant tout l'été. Les frondes sont joliment colorées à l'automne. 1,2 à 2 m x 1,2 m. Zone 3.

*O. regalis regalis* 'Undulata' : folioles ondulées sur un plant plus compact. 90 à 150 cm x 1 m. Zone 3.

**PROBLÈMES** Peu fréquents. Résistante aux cerfs.

**AUTRES OSMONDES** Il y a deux autres osmondes indigènes très jolies, l'osmonde cannelle (*O. cinnamomea*) et l'osmonde de Clayton (*O. claytoniana*), qui se cultivent beaucoup comme l'osmonde royale, mais leur port évasé aux frondes arquées est très « fougéresque »; l'osmonde royale est la seule qui peut garder ses prétentions d'arbuste.

**ENCORE PLUS** Les gros rhizomes de l'osmonde, quasiment des troncs couchés, étaient autrefois récoltés et utilisés pour la culture des orchidées : on les coupait en plaques sur lesquelles on faisait pousser les orchidées épiphytes ou on les réduisait en fibres pour la culture des orchidées en pot. Les ressources en « osmonde », comme on appelle le substrat, sont toutefois extrêmement limitées, car il faut 100 ans et plus pour qu'un plant d'osmonde soit prêt à la récolte. De nos jours, on utilise plutôt le « bois » des fougères arborescentes à cette fin.

*Osmunda regalis* | Photo : HortiCom

## POLYSTIC FAUX-ACROSTIC

*Polystichum acrostichoides* | Photo : www.perennialresource.com

> **Autres noms communs**: polystic de Noël, fougère à faucilles
>
> **Nom botanique**: *Polystichum acrostichoides*
>
> **Famille**: Dryoptéridacées
>
> **Hauteur**: 30 à 45 cm
>
> **Largeur**: 30 cm
>
> **Exposition**: ombre, mi-ombre
>
> **Sol**: riche, bien drainé
>
> **Zone de rusticité**: 3

**Quoi de mieux qu'une fougère très résistante qui conserve son feuillage toute l'année?** Le polystic faux-acrostic (*Polystichum acrostichoides*) est toujours attrayant, même à l'automne quand le sol de sa forêt d'origine est devenu brun, même quand la neige fond au printemps, laissant ses frondes écrasées au sol, mais toujours intactes… et toujours vertes. Cette longue persistance des frondes a d'ailleurs un côté utile. On cueille les frondes très résistantes pour en faire des guirlandes et des couronnes de Noël, d'où son joli sobriquet de « polystic de Noël ».

**DESCRIPTION** Le polystic faux-acrostic est une fougère indigène de l'est de l'Amérique du Nord qui atteint la limite nord de son aire au Québec. Il forme une rosette symétrique de frondes pennées longues et étroites, un peu en forme d'épée, avec des folioles également longues et étroites, vert foncé luisant, de texture coriace. Elles sont munies, à la base, d'une excroissance pointant vers le haut : c'est un des traits qu'on utilise pour identifier cette espèce dans la nature. Les frondes sont plutôt dressées l'été, mais elles se couchent au sol l'hiver.

Les frondes fertiles sont presque identiques aux frondes stériles, mais elles sont presque couvertes de sporanges orangés sur leur face inférieure. Comme elles sont presque dressées, ce qui permet de voir les sporanges, notamment quand la plante pousse dans un emplacement surélevé, cette coloration estivale ajoute aux attraits de la plante.

Les nouvelles frondes sont vert pâle et couvertes d'écailles blanches. Elles paraissent tôt au printemps, au centre de la ronde formée par les feuilles de l'années précédente.

**CULTURE** On retrouve normalement le polystic faux-acrostic dans les érablières, dans un sol riche en humus mais quand même bien drainé. Comparativement aux autres fougères de nos forêts, il semble préférer les pentes et autres lieux plus secs : son besoin d'humidité est donc moindre que celui de la plupart des autres fougères. En culture aussi, il est parmi les meilleures fougères pour les coins qui ne sont pas parfaitement humides, notamment là où il y a de la compétition racinaire. Cela n'empêche pas qu'un peu de paillis de temps en temps, juste pour empêcher le sol de se dessécher complètement, puisse être utile. Sa tolérance accrue à la sécheresse en fait l'une des fougères les plus faciles et les plus adaptables pour nos jardins.

# POLYSTIC FAUX-ACROSTIC

Le soleil n'est pas nécessaire, ni souhaitable. Le polystic faux-acrostic réussit très bien à la mi-ombre et à l'ombre, même sous les épinettes.

S'il a un défaut cultural, c'est d'être à croissance lente. Achetez des plants de bonne taille si vous voulez obtenir un effet immédiat.

**MULTIPLICATION**  Le polystic faux-acrostic produit des rejets occasionnellement (il ne fait rien très rapidement), qu'on peut prélever, au printemps ou à l'automne, pour fins de multiplication. Ou encore on peut le multiplier par spores.

**UTILISATIONS**  Le polystic faux-acrostic est une superbe fougère pour la naturalisation dans les forêts, et il fait un excellent couvre-sol persistant si on le plante à environ 10 cm d'espacement. Essayez-le dans les rocailles ombragées : son effet est magique ! On peut même le cultiver dans les interstices des murailles. Et il enjolive les pots par son feuillage toujours vert. Enfin, son feuillage frais ajoute une note bienvenue de verdure aux arrangements floraux et aux décorations de Noël.

**ASSOCIATIONS**  On peut naturaliser le polystic faux-acrostic avec les fleurs de printemps de nos sous-bois, comme les trilles (*Trillium* spp.) et la sanguinaire (*Sanguinaria canadensis*). Ou encore, plantez des bulbes à floraison printanière, comme des narcisses (*Narcissus* spp.), des perce-neiges (*Galanthus* spp.) et des scilles (*Scilla* spp.), dans les espaces entre les fougères : leur floraison sera mise en valeur par le feuillage vert allongé au sol du polystic faux-acrostic, puis ses frondes nouvelles, dressées, cacheront leurs feuilles quand elles jauniront après la floraison.

Les sporanges orangés au dos des frondes fertiles rendent *Polystichum acrostichoides* particulièrement attrayant durant l'été. | Photo : HortiCom

**PROBLÈMES**  Peu fréquents. Comme pour la plupart des fougères, les cerfs n'y touchent habituellement pas.

**AUTRES POLYSTICS**  Il existe plus de 200 espèces de fougères dans le genre *Polystichum*, et la plupart sont originaires de climats tempérés... mais elles ne sont pas toujours assez rustiques pour notre climat. Le superbe polystic à épées (*P. munitum*) de la côte Ouest, qui ressemble à une version géante de notre polystic indigène, ne s'est pas montré rustique sous notre climat. Il est probablement de zone 6. Il reste d'autres polystics d'intérêt, dont le plus facile et le plus rustique est probablement l'espèce suivante.

*P. braunii* (polystic de Braun) : cette fougère, indigène en Europe, en Asie et en Amérique du Nord, dont presque partout au Canada sauf dans les Prairies, ne ressemble pas beaucoup au polystic faux-acrostic, car ses frondes sont bipennées et même caduques sous notre climat (persistantes sous des climats aux hivers plus doux). Il se caractérise davantage par sa grande pilosité brune, notamment sur les crosses et le pétiole, qui donne un reflet roux au feuillage luisant. Les nouvelles crosses sont très argentées. 30 à 45 cm x 30 cm. Zone 3.

*Polystichum braunii* | Photo : HortiCom

**ENCORE PLUS**  Vous vous demandez peut-être d'où vient le nom *acrostichoides*, souligné aussi par le nom commun faux-acrostic ? L'acrostic (*Acrostichum aureum*) est une fougère géante des tropiques qui a des frondes pennées, tout simplement. Notre faux-acrostic lui ressemble... en miniature !

# Les GRAMINÉES ORNEMENTALES

Je dois le confesser : j'ai été très lent à m'intéresser aux graminées. Vers le milieu des années 1980, quand le monde horticole commença vraiment à s'allumer au sujet des graminées ornementales, j'étais encore dans les vivaces par-dessus la tête. Je ne comprenais pas l'engouement pour ces plantes qui ne faisaient même pas des fleurs très colorées. Les graminées ornementales n'étaient pour moi que des herbes sauvages vendues en pot. Avec leurs feuilles étroites et arquées, n'est-ce pas qu'elles se ressemblaient toutes ?

Mon amour pour ces plantes est venu peu à peu, à force d'essayer d'abord une espèce, puis une autre, puis encore une autre. J'ai découvert que c'étaient des plantes faciles à cultiver et attrayantes pendant une longue saison, parfois jusqu'à 10 mois par année. Et si toutes les graminées étaient pareilles pour moi au début, j'ai fini par me rendre compte qu'en réalité elles sont très, très variées. Maintenant, les graminées occupent une place de choix sur mon terrain et je ne comprends plus ma réticence passée à m'y intéresser.

Un des facteurs qui m'a « converti » aux graminées est… le son ! Peu de vivaces font un bruit quelconque, mais les graminées émettent un bruissement audible quand on les plante en masse et que la brise les fait bouger, un peu comme un froissement de papier. On peut l'entendre en toute saison, mais c'est l'hiver qu'il est le plus remarquable. Ce n'est pas un bruit fort, mais il y a si peu de plantes qui chantent qu'on est tout à fait charmé quand cela se produit.

## Qu'est-ce une graminée ornementale?

Il y a des vraies graminées, membres de la famille des Poacées, et il y a d'autres plantes apparentées aux graminées, non pas botaniquement mais par leur apparence, qui sont aussi vendues comme graminées, comme les Cypéracées et les Joncacées. On peut appeler ces dernières « graminiformes ». Il n'est pas nécessaire de faire une distinction majeure entre les deux, vu leurs ressemblances physiques et culturales. C'est pourquoi je préconise l'utilisation de l'expression « graminée ornementale » pour désigner à la fois les véritables graminées et les plantes graminiformes. C'est un peu comme le terme « bulbe », qui dans son sens général décrit non seulement les bulbes, mais aussi les rhizomes, les tubercules, les racines tubéreuses, etc. Donc, dans ce chapitre, le terme « graminée ornementale » indique les plantes qui sont des graminées ou des plantes graminiformes.

Sous les climats froids, les graminées ornementales sont presque toujours membres des Poacées (vraies graminées), des Cypéracées (*Carex*, *Scirpus*, etc.) ou des Joncacées (*Juncus*, *Luzula*, etc.). Leur floraison peut être attrayante, mais elle est rarement vivement colorée. Leurs fleurs sont petites, en épis ou en panicules (des épis ramifiés, si vous voulez). Il en faut beaucoup pour créer de l'effet, et plusieurs produisent justement des panicules belles à couper le souffle. Chez beaucoup de graminées ornementales cependant, les fleurs sont soit insignifiantes, soit attrayantes, mais d'intérêt secondaire.

Il est intéressant de noter que, chez les vraies graminées du moins, l'inflorescence glisse peu à peu de la floraison vers la production de graines sans vraiment changer d'allure. Quand on dit que telle ou telle graminée a une « longue période de floraison », il est très probable que la dernière moitié de cette période, sinon les deux tiers, soit en fait la période de formation ou de distribution des graines.

Toutes les graminées ornementales présentent un feuillage et un port décoratifs. Les feuilles sont presque toujours linéaires et étroites, et elles peuvent être dressées, arquées ou couchées, vertes ou bleutées, jaunes ou panachées.

Les graminées peuvent être vivaces ou annuelles, certaines sont les deux : vivaces sous d'autres climats, mais cultivées comme annuelles chez nous. Leur feuillage peut être persistant ou caduc, selon l'espèce, mais leurs tiges sont toujours caduques sous notre climat (à l'exception des bambous, qui sont un peu les arbustes du monde des graminées).

## Sédentaires et coureuses

On peut diviser les graminées en deux groupes selon leur comportement : les graminées cespiteuses et les graminées traçantes.

Les graminées cespiteuses poussent en touffes denses qui s'élargissent peu à peu. Ce sont généralement les meilleurs choix pour le jardinier paresseux, car elles restent à leur place. D'accord, elles s'étendent graduellement et il peut être nécessaire de les diviser pour ne pas qu'elles deviennent trop dominantes, mais on parle d'une fois aux 10 ans maximum : ce n'est pas une si grosse tâche.

Les graminées traçantes ont des rhizomes souterrains (dans les pays chauds, ce sont parfois des stolons aériens). Elles ne poussent pas en touffes, mais produisent des tiges individuelles bien espacées le long des rhizomes. Elles sont donc souvent trop envahissantes pour la plate-bande. Et leur croissance est souvent très dispersée : on n'a pas l'effet de végétation dense qu'on recherche. Le chiendent (*Agropyron repens*) est un cas typique de graminée traçante. Vous pouvez imaginer que je n'ai pas inclus beaucoup de graminées traçantes dans ce livre !

Évidemment, il y a une question de degré d'envahissement. Une graminée traçante qui produit des rhizomes courts et donne des tiges rapprochées ne sera pas très envahissante, et elle pourrait même faire un excellent couvre-sol. Cependant, une graminée qui produit de longs rhizomes s'étendant à la queue leu leu ne sera jamais très intéressante pour un paresseux : vous passerez votre vie de jardinier à essayer de la contrôler !

Certes, on peut toujours planter les graminées traçantes envahissantes à l'intérieur d'une barrière de plantation. Malheureusement, ces plantes sont de nature si envahissante qu'elles arrivent presque toujours à surmonter leur barrière d'une façon ou d'une autre. Les graminées traçantes à rhizomes courts sont plus faciles à contenir : elles restent facilement à l'intérieur de leur enclos.

Soit dit en passant, la division des graminées en variétés cespiteuses et traçantes n'est pas si nette. Certaines graminées peuvent appartenir aux deux groupes, en commençant par les variétés les plus populaires de toutes : les graminées de pelouse. Elles sont cespiteuses, puisqu'elles poussent en touffes denses, mais elles produisent aussi des rejets au bout de rhizomes qui les aident à combler tout espace vide.

## Les graminées en hiver

Un atout intéressant des graminées, notamment celles de grande taille, est leur attrait hivernal. Or, ce charme vient rarement d'un feuillage persistant. En effet, la majorité des rares graminées ornementales à feuillage persistant sont des variétés basses vite cachées par la neige. D'accord, dans les régions souvent libres de neige l'hiver, la verdure de leur feuillage peut créer un effet intéressant sur l'habituel fond gris de l'hiver, mais ailleurs elles sont invisibles. Non, les graminées les plus belles l'hiver sont, curieusement, à feuilles caduques.

Les feuilles de beaucoup de graminées caduques sèchent à l'automne, devenant d'un beau beige, mais elles restent sur les tiges tout aussi desséchées tout l'hiver, émergeant de la neige. Leurs épis de fleurs résistent aussi, devenant blanc argenté. Avec leurs grands épis qui se balancent au vent et leurs feuilles qui dessinent des tracés dans la neige, l'effet est tout à fait charmant. D'ailleurs, c'est l'intérêt hivernal des graminées ornementales qui a causé leur présente vague de popularité.

## Conditions de culture

Quand on pense aux graminées, habituellement on songe aux Prairies canadiennes où les céréales poussent à perte de vue, aux pampas de l'Argentine avec leurs énormes touffes d'herbe des pampas (*Cortaderia selloana*) ou aux savanes africaines où les graminées beiges brûlées par le soleil sont broutées par les gnous et les antilopes. Ce sont tous des milieux secs et pleinement ensoleillés. Mais s'il est vrai qu'une majorité des grandes graminées proviennent de milieux ensoleillés, différentes graminées ornementales poussent dans presque tous les environnements: des tropiques jusqu'au-delà du cercle arctique, au soleil et à l'ombre, dans les sols riches ou pauvres, organiques ou sablonneux, secs ou humides (ou même dans l'eau!). Impossible de donner quelque détail que ce soit sur les exigences culturales générales des graminées ornementales : il faut voir la situation cas par cas.

On peut toutefois dire sans se tromper que les graminées ornementales ont besoin de peu d'entretien. Même que les graminées de petite taille n'ont souvent *aucun* besoin d'entretien! Les grandes graminées sont cependant plus jolies si on les rabat presque au sol annuellement, sinon les nouvelles feuilles colorées se perdront au milieu des feuilles sèches de l'année précédente. Il faut donc les rabattre annuellement à environ 10 cm de hauteur, un peu plus pour les miscanthus. Pas à l'automne, bien sûr, sinon vous manquerez tout leur intérêt hivernal, mais au printemps, à la fonte des neiges. N'attendez pas qu'elles commencent à pousser, sinon vous vous trouveriez à supprimer aussi des feuilles vertes. Cette opération réplique ce qui se passe dans leur milieu naturel, car les graminées sauvages sont habituellement rabattues par le feu ou les animaux brouteurs. Comme dans nos jardins de ville et de banlieue on n'ose plus mettre le feu à nos plantes et qu'il est difficile de louer des chèvres pour les brouter, il ne reste que nos propres mains.

Je vous suggère d'oublier le sécateur quand vient le temps de rabattre les grandes graminées : se pencher pour les tailler est dur pour le dos, et plusieurs graminées ont des feuilles qui, même si elles sont très minces, peuvent couper les doigts aussi efficacement et douloureusement que du papier. De plus, les tiges sont souvent difficiles à sectionner. Je recommande plutôt d'employer un coupe-bordure au fil de nylon, un taille-haie ou même une tronçonneuse: ainsi le travail se fera rapidement et sans peine.

## Note sur la hauteur des graminées

Plusieurs graminées sont cultivées autant pour leur feuillage que pour leur floraison. Or, le feuillage est souvent dense et bloque la vue, alors que les fleurs sont très aériennes, voire vaporeuses, et laissent voir le paysage derrière elles. Pour les besoins de la planification, il est donc utile de connaître à la fois la hauteur des feuilles et celle des fleurs. Lorsque c'est important, ces hauteurs sont indiquées dans la fiche signalétique. Dans les descriptions, j'indique la hauteur du feuillage et celle des fleurs en plaçant la deuxième mesure entre parenthèses. Ainsi, 120 cm (170 cm) x 80 cm veut dire que la plante en feuilles mesure 120 cm de hauteur sur 80 cm de diamètre, alors que, en fleurs, elle atteint 170 cm.

# AVOINE BLEUE

*Helictotrichon sempervirens* | Photo : HortiCom

- **Autre nom commun :** herbe bleue
- **Nom botanique :** *Helictotrichon sempervirens*
- **Famille :** Graminées
- **Hauteur (feuillage) :** 40 cm
- **Hauteur (floraison) :** 90 cm
- **Largeur :** 40 cm
- **Exposition :** soleil, mi-ombre
- **Sol :** bien drainé, tolère sec et pauvre
- **Floraison :** été
- **Zone de rusticité :** 4

L'avoine bleue est une superbe graminée cultivée surtout pour son feuillage bleuté et sa symétrie parfaite. Le fait qu'elle reste pratiquement identique durant les quatre saisons est aussi très apprécié dans l'aménagement paysager.

**DESCRIPTION** L'avoine bleue est une graminée cespiteuse qui forme une boule presque parfaite de feuilles pointues longues et étroites de couleur bleu vert métallique. Cette coloration vient d'une couche de pruine blanche qui recouvre ses feuilles. Son feuillage est si séduisant qu'il est presque regrettable qu'elle fleurisse, car sa floraison, qui débute avec l'été, est plutôt insipide : de minces tiges bleutées aux fleurs blanc crème qui doublent la hauteur de la plante. L'épi est arqué et aéré, de faible substance. La tige florale et l'épi deviennent rapidement jaune de lin. Je suggère de cultiver cette plante selon les dimensions de son feuillage.

Personnellement, je ne serais pas déçu que l'on découvre une mutation qui ne fleurit pas. Je ne vais pas jusqu'à couper les fleurs, que je trouve insignifiantes, mais j'essaie d'en faire abstraction quand j'admire la plante.

**CULTURE** Cette plante eurasiatique préfère le plein soleil où elle atteint sa plus belle coloration, mais elle s'adaptera à la mi-ombre. Elle semble tolérante à presque tous les sols, même les

## AVOINE BLEUE

sols sablonneux ou pauvres, à une condition : le drainage doit être parfait. Si votre sol est très argileux ou si la nappe phréatique est près de la surface, mieux vaut la cultiver dans une plate-bande surélevée ou dans une pente. Comme elle semble préférer les situations où il y a une bonne circulation d'air, évitez de trop la tasser contre les plantes avoisinantes. Sa tolérance à la sécheresse est bonne et elle résiste bien au sel, ce qui en fait un excellent choix pour les bords de mer et le long des chemins où l'on applique des déglaçants.

**MULTIPLICATION** Par division au printemps ou à l'automne, ou par semences.

**UTILISATIONS** Avec son feuillage toujours bleu et sa texture si fine, l'avoine bleue ajoute une note stable de légèreté à la plate-bande mixte. Elle est idéale aussi en bordure de plate-bande, ainsi que dans la rocaille. Ou employez-la, espacée d'environ 30 cm, pour créer des massifs ou des couvre-sols. C'est un excellent choix pour le jardin xérophyte.

**ASSOCIATIONS** Cette plante est facile à associer à d'autres végétaux : elle semble se marier avec presque toutes les plantes qui aiment un sol bien drainé. Par exemple, avec les sédums d'automne (*Sedum* spp.) et la sauge russe (*Perovskia* x *hybrida*).

**PROBLÈMES** Peu fréquents. Pourriture dans les situations mal drainées. Cette plante est rarement endommagée par les cerfs.

**CULTIVARS** Il n'y en a qu'un seul pour le moment, 'Saphirsprudel', identique à l'espèce mais plus bleuté.

*Helictotrichon sempervirens* | Photo : HortiCom

La floraison d'*Helictotrichon sempervirens* n'est ni très intéressante ni très dérangeante. | Photo : www.perennialresource.com

LES GRAMINÉES ORNEMENTALES

# CALAMAGROSTIDE 'KARL FOERSTER'

*Calamagrostis* x *acutiflora* 'Karl Foerster' | Photo : HortiCom

> **Nom botanique :** *Calamagrostis* x *acutiflora* 'Karl Foerster', syn. *C. arundinacea* 'Karl Foerster'

> **Famille :** Graminées

> **Hauteur (feuillage) :** 60 à 75 cm

> **Hauteur (floraison) :** 120-170 cm

> **Largeur :** 50-75 cm

> **Exposition :** soleil

> **Sol :** normal, bien drainé

> **Floraison/fructification :** début de l'été jusqu'au printemps suivant

> **Zone de rusticité :** 3 (2)

Fabuleuse graminée parfaitement dressée, la calamagrostide 'Karl Foerster' (*Calamagrostis* x *acutiflora* 'Karl Foerster') n'a pas son égale pour définir des lignes en toute légèreté. Elle sort rapidement au printemps, fleurit tôt, et ses fleurs persistent jusqu'au printemps suivant, ce qui donne une période d'intérêt extrêmement longue. C'est une graminée exceptionnelle qui ajoutera beaucoup de charme à votre aménagement.

DESCRIPTION Les graminées sont reconnues pour leur port évasé et arqué. C'est pourquoi une plante parfaitement droite surprend tant. La calamagrostide 'Karl Foerster', un hybride de *C. arundinacea* et de *C. epigejos*, ressemble pourtant à toute autre graminée cespiteuse en début de saison : une touffe dense de feuilles étroites vertes qui s'arquent aux extrémités. C'est quand les nombreuses tiges florales apparaissent au début de l'été que sa forme change. Elles sont rigidement droites, portant à leur extrémité un épi jaune blé également étroit et dressé. On en vient à oublier les feuilles arquées à la base : désormais notre sujet est aussi droit qu'un gratte-ciel !

L'apparente rigidité de la plante ne veut toutefois pas dire qu'elle est sans mouvement. Bien au contraire, elle se balance doucement sous la brise et penche carrément lors des tempêtes, mais elle reprend toujours sa forme dressée par la suite. Cette plante reste debout même dans les pires tempêtes de neige, ce qui assure un bel effet tout l'hiver, du moins dans les régions où la neige ne la recouvre pas entièrement.

Les coloris aussi sont assez remarquables. La plante est verte durant sa phase feuillue printanière, mais elle devient bicolore au début de l'été quand les feuilles, dans la moitié inférieure de la plante, sont vertes et que les épis et les tiges florales, dans la moitié supérieure, sont jaune blé.

## CALAMAGROSTIDE 'KARL FOERSTER'

À l'automne, le feuillage devient brun roux, alors que les fleurs affichent maintenant un beige clair, un effet qui dure jusqu'au printemps.

Cette graminée a créé une onde de choc quand la prestigieuse Perennial Plant Association l'a nommée vivace de l'année en 2001. Personne ne se doutait qu'une graminée puisse rafler ce prix, parce que jusqu'à ce jour on l'avait toujours attribué à une vivace traditionnelle aux fleurs colorées. On a pu voir dans cette attribution une confirmation que les graminées étaient bel et bien « arrivées » en tant que plantes ornementales.

**CULTURE**   Les deux parents de la calamagrostide 'Karl Foerster' sont des graminées des lieux humides et des marécages, ce qui en dit long sur ses besoins en humidité. Non pas qu'elle ne peut pas bien pousser dans un sol de jardin ordinaire, mais il ne faut pas exagérer : elle préférera toujours un sol qui retient un peu d'eau. Ainsi, un sol riche en humus (la matière organique agit comme une éponge) et bien paillé lui conviendra parfaitement. Elle tolère quand même un peu de sécheresse estivale (après tout, bien des marécages s'assèchent l'été), mais il ne faut pas aller trop loin. Lors des grandes sécheresses, cette plante aura besoin d'arrosage.

La calamagrostide 'Karl Foerster' tolère tous les sols sauf les sols très sablonneux et secs, mais elle préfère les sols riches. Un apport annuel de compost aidera à maintenir un environnement idéal. Elle aime le plein soleil, mais tolère de bonne grâce la mi-ombre. Elle a hérité d'un de ses parents, *C. epigejos*, qui pousse souvent dans les marécages saumâtres, une bonne résistance au sel.

L'entretien est simple : il suffit de couper ou de brûler la calamagrostide 'Karl Foerster' près du sol au printemps, à la fonte des neiges, pour permettre aux nouvelles feuilles de sortir sans encombre.

Sa rusticité est excellente : on dit zone 3, mais je connais des gens en zone 2 qui disent qu'elle y pousse à merveille.

**MULTIPLICATION**   Uniquement par division, au printemps ou à l'automne, car elle est stérile. Il n'y a donc aucun danger qu'elle se ressème spontanément.

**UTILISATIONS**   Avec son port sculptural, on peut utiliser la calamagrostide 'Karl Foerster' isolément, comme plante-vedette, ou la planter par petits groupes dans une plate-bande fleurie. Son port très dressé et étroit en fait l'une des meilleures graminées pour les écrans visuels et les haies, une utilisation qui se répand énormément dans les aménagements des grandes villes, où on l'utilise abondamment dans les plantations le long des chemins et même dans les terre-pleins des rues. Évidemment, sa bonne tolérance aux produits de déglaçage favorise aussi cet usage. On voit trop peu souvent cette plante dans les jardins d'eau ou à proximité, tout simplement parce que peu de

*Calamagrostis* x *acutiflora* 'Karl Foerster'   |   Photo : HortiCom

gens semblent savoir qu'elle peut y pousser, je crois, mais l'effet est magique. Les épis floraux, frais ou séchés, sont très ornementaux dans les arrangements.

**ASSOCIATIONS**   On peut marier cette plante si rigide aux feuilles si minces avec les plantes à croissance plus lâche ou au feuillage plus gros, ce qui assure un beau contraste. Pensez par

## CALAMAGROSTIDE 'KARL FOERSTER'

exemple aux coréopsis 'Moonbeam' (*Coreopsis verticillata* 'Moonbeam'), à la barbe-de-bouc (*Arunucus dioicus*), aux rodgersies (*Rodgersia* spp.), etc.

**PROBLÈMES** Peu fréquents.

*Calamagrostis* x *acutiflora* 'Avalanche'
Photo : www.perennialresource.com

*Calamagrostis* x *acutiflora* 'Overdam'
Photo : www.perennialresource.com

### CULTIVARS

*C.* x *acutiflora* 'Avalanche' : mutation de 'Karl Foerster' à feuilles blanches avec une bande étroite de vert de chaque côté. C'est la seule variété panachée de cette plante digne de ce nom, car au moins sa coloration bicolore est visible à quelques pas. La coloration automnale est toutefois strictement identique à celle de 'Karl Foerster'. Un peu plus compacte que l'espèce : 60 à 70 cm (130 cm) x 50 à 70 cm. Zone 3.

*C.* x *acutiflora* 'Overdam' : très populaire, mais c'est assez injustifié selon moi, car on la vend comme plante panachée et sa panachure (de minces bandes blanches de chaque côté de la feuille) ne se voit que lorsqu'on est tout près. Autrement, elle paraît entièrement verte. D'ailleurs, il n'y a que vous qui pourrez apprécier sa panachure, car vos visiteurs ne remarqueront rien. Si vous voulez une version panachée de 'Karl Foerster', 'Avalanche' vous satisfera davantage. Si vous l'avez achetée comme version plus *petite* de 'Karl Foerster', par contre, là elle joue bien son rôle. 50 à 70 cm (100 cm) x 50 à 60 cm. Zone 3.

*C.* x *acutiflora* 'Stricta' : ce cultivar, le premier du genre hybride *C.* x *acutiflora*, est identique à 'Karl Foerster' en apparence, mais sous les climats plus chauds, il fleurit deux à trois semaines plus tard. Sous notre climat, il fleurit à la même date et il n'y a donc « strictement » aucune différence. 60 à 75 cm (120-170 cm) x 50 à 75 cm. Zone 3.(2).

### AUTRES CALAMAGROSTIDES

*C. brachytricha*, syn. *C. arundinacea*, *Stipa brachytricha*, *Achnatherum brachytricha* (calamagrostide de Corée) : avec ses nombreux synonymes latins, vous comprendrez que les taxonomistes ont eu beaucoup de difficulté à bien classer cette graminée, qui a fini par aboutir dans le genre *Calamagrostis*… pour l'instant. Elle ressemble en fait assez peu à *C.* x *acutiflora* 'Karl Foerster', car elle pousse sous la forme évasée de la plupart des graminées cespiteuses. Ses épis

CALAMAGROSTIDE 'KARL FOERSTER'

floraux sont différents aussi : plus ouverts et aérés, presque en queue-de-renard, et de couleur un peu pourprée avant de devenir blanc argenté. Elle pousse au soleil ou à l'ombre, où sa croissance est encore plus évasée (même que ses tiges florales finissent souvent par terre). La floraison débute à la toute fin de l'été pour s'étendre sur tout l'automne. La plante devient beige à l'automne avec des épis argentés, et même si elle est réputée avoir une belle apparence hivernale, la première neige la moindrement lourde aplatira la plante, qui ne sera plus bonne qu'à couper au printemps. Excellente fleur coupée ! 80 à 120 cm (100 à 150 cm) x 50 cm. Zone 4.

## CHASMANTHIUM

*Chasmanthium latifolium* | Photo : HortiCom

**Jolie plante qui offre un feu roulant d'effets**, le chasmanthium (*Chasmanthium latifolium*) offre une touffe de verdure au printemps, un port dressé proche du bambou au début de l'été, de délicates capsules vertes qui dansent au vent au milieu de l'été, des coloris cuivrés à l'automne et des teintes de brun l'hiver. Vraiment, le chasmanthium tient à nous distraire en toute saison !

DESCRIPTION   Cette graminée cespiteuse produit des tiges dressées très robustes décorées de feuilles pointues vert moyen, assez larges pour une graminée. Les feuilles, d'abord

> Autre nom commun : avoine sauvage
> Nom botanique : *Chasmanthium latifolium*, syn. *Uniola latifolia*
> Famille : Graminées
> Hauteur (feuillage) : 80 à 100 cm
> Hauteur (floraison) : 90 à 150 cm
> Largeur : 40 cm
> Exposition : soleil à ombre
> Sol : humide
> Floraison/fructification : milieu de l'été jusqu'au printemps suivant
> Zone de rusticité : 4

LES GRAMINÉES ORNEMENTALES   435

## CHASMANTHIUM

dressées, finissent par pousser presque à angle droit par rapport aux tiges, ce qui donne l'effet d'une touffe de bambous. Vers la mi-été, des tiges florales très minces sortent du sommet de la plante, d'abord dressées, puis arquées. Elles portent des fleurs insignifiantes vite changées en des capsules aplaties vertes en forme de grelots. Portées sur des pédicelles encore plus minces, les capsules dansent au moindre vent, semblant suspendues dans le vide. Leur poids combiné fait pencher encore plus la tige florale, comme une canne à pêche à lignes multiples chargées de petit poissons volants.

Les capsules sont vertes au début, mais elles prennent une teinte cuivrée avant la fin de l'été, puis elles sèchent sur place et persistent l'hiver, maintenant gris pâle. Le feuillage reste vert jusqu'au premier gel, puis devient brun cuivré, pâlissant à beige l'hiver.

La hauteur de la plante varie selon l'emplacement : elle atteint 1,5 m à l'ombre, environ 1,2 m à la mi-ombre et seulement 90 cm au soleil.

**CULTURE** Pour de meilleurs résultats, plantez le chasmanthium dans un sol riche et plutôt humide mais bien drainé. Il tolère toutefois les sols de moindre qualité. Côté ensoleillement, la mi-ombre donne les meilleurs résultats, mais il pousse bien à l'ombre aussi. Il peut très bien pousser au soleil si le sol demeure toujours un peu humide. Utilisez un paillis pour maintenir le sol frais et humide, comme il se doit. Malgré tout, il risque d'être passablement moins haut au soleil qu'à l'ombre. La pointe des feuilles tend à brûler si la plante manque d'eau.

Jusqu'à ce que les graines se forment, *Chasmanthium latifolium* conserve un port rigidement dressé, similaire à un bambou. | Photo : HortiCom

L'entretien est minimal : il suffit de rabattre la plante à la fonte des neiges, voilà tout.

Le paillis mis au sol pour maintenir un bon niveau d'humidité sert à une autre fin : empêcher le chasmanthium de se ressemer trop agressivement. C'est en fait son grand défaut : il a tendance à se répandre un peu partout grâce aux graines répandues par le vent. Au début, c'est tout à fait charmant – il n'y a rien de plus beau que des traînées de chasmanthiums au milieu d'une plate-bande –, mais bientôt il y en a trop et ils commencent à étouffer les autres plantes. Une plantation dense et l'utilisation d'un paillis aideront à civiliser ce beau vagabond.

**MULTIPLICATION** Par division au printemps ou par semences. Habituellement, si on a besoin de plus de chasmanthiums, on se contente de déplacer des plants spontanés.

**UTILISATIONS** On peut planter le chasmanthium par petits groupes ou en masse dans la plate-bande, ou encore en contenant. Il est superbe en bordure d'un jardin d'eau, avec ses capsules suspendues qui se mirent dans l'eau. On peut aussi l'utiliser en bord de mer ou le long des routes traitées aux déglaçants, car il est très tolérant aux conditions salines. Enfin, quelle merveilleuse fleur coupée fraîche ou séchée !

**ASSOCIATIONS** Le chasmanthium est magnifiquement mis en valeur par un arrière-plan d'arbustes ou en compagnie de graminées plus petites.

**PROBLÈMES** Peu fréquents.

# HAKONÉCHLOA DORÉ

*Hakonechloa macra* 'Aureola'  |  Photo : HortiCom

C'est par l'hakonéchloa doré (*Hakonechloa macra* 'Aureola') que la lumière est arrivée, pour moi du moins. Jusqu'à ce que je voie cette graminée dans un jardin torontois, j'étais complètement indifférent aux graminées. Mais quand j'ai vu cette plante, j'ai su que je devais l'essayer. Avec son feuillage dense, parfaitement orienté à partir du centre de la touffe comme s'il avait été peigné, fortement strié de jaune, elle était trop belle pour que je puisse passer à côté. Malgré les avertissements qui prétendaient qu'elle n'était peut-être pas assez rustique, je l'ai plantée chez

> Autre nom commun : herbe du Japon dorée
> Nom botanique : *Hakonechloa macra* 'Aureola'
> Famille : Graminées
> Hauteur : 30 cm
> Largeur : 45 cm
> Exposition : soleil, mi-ombre
> Sol : humide, riche, bien drainé
> Floraison : sans intérêt
> Zone de rusticité : 6 (4 avec protection)

nous. Et elle y est devenue aussi jolie que dans le jardin où je l'avais vue. Puisque cette graminée était si belle, peut-être qu'une autre serait aussi intéressante, puis une autre… C'est ainsi qu'on devient accroché aux plantes !

DESCRIPTION    L'hakonéchloa doré est l'une des graminées qui constitue une exception à la règle voulant que les graminées soient cespiteuses ou traçantes. Il n'est pas tout à fait une graminée cespiteuse, malgré sa croissance apparente en touffe, car il a des rhizomes courts qui courent dans tous les sens. Ou devrais-je dire : qui marchent… lentement ! Car sa croissance

## HAKONÉCHLOA DORÉ

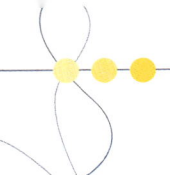

n'est pas du tout rapide. Donc pas vraiment traçant, non plus. On peut toutefois le planter comme si c'était une graminée cespiteuse, car il n'envahira pas tout votre terrain.

Il forme un superbe monticule de courtes tiges arquées abondamment couvertes de feuilles étroites, minces et fortement striées de jaune, au point où le vert est seulement représenté par quelques striures çà et là. Avec une telle coloration, il illumine les coins sombres comme un feu de joie. À l'automne, certaines feuilles prennent une jolie teinte rose. Le feuillage n'est pas persistant et disparaît au cours de l'hiver.

Les fleurs sont portées sur des tiges très minces à la fin de l'été et sont elles-mêmes très clairsemées. Et comme elles sont partiellement cachées par le feuillage, leur effet est presque nul. Je suis certain que la plupart des jardiniers qui cultivent l'hakonéchloa doré ne les ont jamais remarquées.

Les fleurs d'*Hakonechloa macra* 'Aureola' sont insignifiantes. | Photo : HortiCom

**CULTURE** L'espèce, *H. macro*, est une graminée des forêts japonaises. Vous pouvez donc imaginer que plus votre jardin ressemblera à une forêt japonaise, plus la plante sera belle… et c'est bien le cas. L'hakonéchloa doré préfère la mi-ombre, mais tolère le soleil si le sol reste assez humide. On peut aussi le cultiver à l'ombre, mais sa croissance, déjà lente, y sera bien plus ralentie. Il préfère un sol riche en matières organiques, bien drainé et humide. Il semble indifférent aux sols acides et alcalins. Un bon paillis serait utile pour maintenir une humidité convenable. Une fois qu'il est bien établi, il peut tolérer une certaine sécheresse… mais pas trop.

La complication avec cette plante est sa faible rusticité. En effet, exposée au vent et sans le moindre brin de neige, sa rusticité ne va pas au-delà de la zone 6. Pourtant, des milliers

On peut obtenir de beaux massifs d'*Hakonechloa macra* 'Aureola' en espaçant les plantes de 30 cm. | Photo : HortiCom

## HAKONÉCHLOA DORÉ

de jardiniers cultivent l'hakonéchloa au Québec, où il n'y a pas de zone 6, sans la moindre complication. Le secret est très facile: l'hakonéchloa doré doit absolument être planté à l'abri du vent, habituellement là où la neige s'accumule, et, encore plus important, il ne faut *pas* supprimer ses feuilles à l'automne. Dans chaque cas que je connais où cette plante n'a pas réussi, ce fut toujours la même histoire. Son propriétaire avait rabattu les feuilles au sol pour « faire propre ». En effet, c'est très propre, puisqu'au printemps il n'y a plus de plante: le sol est nu ! L'hakonéchloa doré est donc une plante qui nous apprend une belle leçon: il ne faut jamais « faire le ménage » de nos plantes à l'automne.

Si ce n'est de sa faible résistance à l'hiver quand on le dépouille de son manteau d'hiver, l'hakonéchloa doré est de culture facile et n'a presque pas besoin de soins.

Un dernier détail cependant, comme cette plante est à croissance lente, vous serez plus satisfait des résultats si vous achetez un plant mature qui donnera un bel effet dès le premier été. Les petits plants chétifs qu'on nous vend parfois dans des petits pots vont paraître fins et clairsemés pendant deux ou trois ans, plus encore si l'emplacement est très ombragé.

**MULTIPLICATION**   Par division au printemps ou à l'automne. Si vous le divisez à l'automne, un bon paillis sera très utile le premier hiver pour prévenir son déchaussement.

**UTILISATIONS**   L'hakonéchloa doré est une plante superbe pour l'utilisation en massif ou en couvre-sol dans un coin ombragé, mais il convient aussi parfaitement à la plate-bande ombragée ou à la rocaille. On peut également le naturaliser dans un sous-bois. Pour un effet de cascade lumineux, plantez des hakonéchloas dorés en méandres dans une pente: super ! Enfin, quand vous aurez de grosses touffes qui ont besoin de division, profitez de la manne pour en mettre en pot l'été. L'effet est superbe, mais il y a peu de chances que la plante survive à l'hiver dans un contenant sous notre climat ; c'est pourquoi il vaut mieux y aller avec les divisions superflues.

*Hakonechloa macra*  |  Photo : HortiCom

**ASSOCIATIONS**   L'hakonéchloa doré ajoute une note lumineuse à tout emplacement ombragé, mais encore plus quand il est entouré de plantes à feuillage foncé, comme l'if (*Taxus* spp.), les heuchères à feuilles pourpres (*Heuchera* spp.) et la pachysandre du Japon (*Pachysandre terminalis*).

**PROBLÈMES**   Peu fréquents. Dommages hivernaux dans les emplacements exposés.

### CULTIVARS

*H. macra* (hakonéchloa): c'est l'espèce d'origine, mais curieusement, l'hakonéchloa doré, qui en est une mutation, a été introduit à l'horticulture bien avant l'espèce et demeure le préféré. La forme d'origine a les feuilles toutes vertes l'été. Elles prennent une jolie coloration rosée à l'automne. Je trouve que cette forme a un petit côté bambou très agréable. 30 cm x 45 cm. Zone 6 (4 avec protection).

*H. macra* 'Alboaurea': feuilles striées de jaune, blanc et vert. 30 cm x 45 cm. Zone 6 (4 avec protection).

*H. macra* 'Albovariegata': comme 'Aureola', mais à feuillage strié de blanc au lieu du jaune. Aussi efficace dans l'aménagement. Bonne disponibilité. 30 cm x 45 cm. Zone 6 (4 avec protection).

## HAKONÉCHLOA DORÉ

*H. macra* 'All Gold' : cultivar plus récent au feuillage entièrement jaune. De proche, il est spectaculaire. De loin, on ne voit aucun différence avec *H. macra* 'Aureola'. 30 cm x 45 cm. Zone 6 (4 avec protection).

*H. macra* 'Mediovariegata' : feuilles vertes à bande centrale jaune. Peut-être le plus rare des hakonéchloas. 30 cm x 45 cm. Zone 6 (4 avec protection).

*Hakonechloa macra* 'All Gold' | Photo : HortiCom

## LAÎCHE À FEUILLES DE PALMIER

*Carex muskingumensis* | Photo : HortiCom

> **Nom botanique** : *Carex muskingumensis*

> **Famille** : Cypéracées

> **Hauteur (feuillage)** : 60 cm

> **Hauteur (floraison)** : 80 cm

> **Largeur** : 40 cm

> **Exposition** : soleil à ombre

> **Sol** : humide, fertile, bien drainé

> **Floraison/fructification** : milieu de l'été, automne

> **Zone de rusticité** : 3

## LAÎCHE À FEUILLES DE PALMIER

**Un palmier rustique dans votre cour ?** Pas tout à fait, mais la laîche à feuilles de palmier est une imitation miniature pas mal réussie.

**DESCRIPTION** Cette plante graminiforme n'est pas une graminée mais un membre de la famille des Cypéracées. La laîche à feuilles de palmier (*Carex muskingumensis*) n'est qu'une parmi plus de 2 000 espèces qu'on retrouve partout dans le monde et sur tous les continents sauf l'Antarctique. Malgré son apparence tropicale, elle n'est pas d'origine tropicale, mais plutôt de climat tempéré froid, car elle est indigène dans le centre des États-Unis et du Canada jusqu'en Ontario et au Manitoba.

La laîche à feuilles de palmier produit des tiges dressées couvertes de feuilles étroites et pointues, courbées et vert luisant, groupées par trois. C'est une forme inhabituelle pour une plante de climat tempéré, et c'est ce qui lui donne son apparence de palmier ; moi, je trouve qu'elle ressemble davantage à un pandanus (*Pandanus* spp.), mais comme les gens des régions nordiques ne connaissent pas cette plante, peu importe !

C'est une plante à rhizomes traçants… relativement courts. Elle va donc créer un tapis uniforme à partir d'un seul plant, mais seulement après bien des années.

En été, elle produit une inflorescence brune à son sommet. Celle-ci n'est pas particulièrement attrayante en soi, mais elle fait quand même un beau contraste avec le feuillage.

À l'automne, le feuillage devient jaune, mais il persiste parfois jusqu'au printemps, surtout sous la neige.

**CULTURE** Cette plante, qui vient de milieux marécageux, préfère ce type d'environnement en culture aussi. On peut même la cultiver avec les pieds dans 7 à 10 cm d'eau. Elle s'habitue néanmoins très facilement aux conditions de jardin ordinaires. Il faut seulement éviter la sécheresse. À cette fin, un sol riche en matières organiques, recouvert d'un paillis, aidera à assurer une bonne humidité en tout temps. Dans une situation naturellement humide, la laîche à feuilles de palmier tolère tous les types de sol.

Elle pousse au soleil ou à l'ombre, mais la mi-ombre donne les meilleurs résultats. Au plein soleil, le feuillage tend à jaunir, alors que les tiges peuvent plier si on la cultive trop à l'ombre.

Même là où il y a une bonne couche de neige pour protéger le feuillage l'hiver et si celui-ci persiste jusqu'au printemps, il est souvent un peu défraîchi et jauni, avec la pointe des feuilles brunies, mais tout se corrige rapidement quand la croissance recommence. Si vous avez trop hâte de voir des résultats, vous pouvez tondre les tiges à 5 cm du sol au printemps : quand les nouvelles poussent apparaîtront, la couverture sera plus égale plus rapidement.

On peut également utiliser cette plante comme gazon, notamment dans les sols marécageux ou ombragés où le gazon ne réussit pas. Une seule tonte annuelle suffit pour lui donner fière allure, mais on peut la tondre trois ou quatre fois si on veut un gazon plus classique.

**MULTIPLICATION** Facile à multiplier par division au printemps ou à l'automne, ou par semences.

**UTILISATIONS** Excellent choix comme plante couvre-sol, de massif ou de pelouse dans les coins humides ou ombragés. Très jolie en pot, où elle fait office de mini-jungle de palmiers, ou encore placez-la dans le jardin d'eau. Vous pouvez aussi l'utiliser pour réduire l'érosion des berges ou la naturaliser dans un milieu boisé.

**ASSOCIATIONS** Très intéressant avec les hostas et les fougères, ainsi qu'avec les plantes qui aiment un milieu humide, comme le catha des marais (*Caltha palustris*).

## LAÎCHE À FEUILLES DE PALMIER

**PROBLÈMES** Peu fréquents.

**CULTIVARS**

*C. muskingumensis* 'Ice Fountains': feuilles panachées de blanc. Un peu plus compacte que l'espèce. 60 à 80 cm x 30 cm. Zone 3.

*C. muskingumensis* 'Little Midge': pas seulement une variété naine mais miniature: toutes les parties sont réduites, même la longueur et la largeur des feuilles. 20 cm x 30 cm. Zone 3.

*C. muskingumensis* 'Oehme': variété naine aux feuilles bordées de jaune. Très populaire comme couvre-sol auprès des professionnels de l'aménagement paysager. 20 cm x 30 cm. Zone 3.

*Carex muskingumensis* 'Ice Fountains'
Photo : Terra Nova Nurseries

**AUTRES LAÎCHES** Il y a des milliers d'autres laîches, la plupart ornementales en théorie, et il y a probablement plus de 100 variétés présentement disponibles sur le marché. Pour ne pas vous enterrer dans les descriptions, je ne présente qu'une seule autre laîche parmi mes préférées, à la fiche suivante.

*Carex muskingumensis* 'Oehme'
Photo : www.perennialresource.com

# LAÎCHE DE FER PANACHÉE

*Carex siderosticha* 'Variegata' | Photo : HortiCom

La première fois que j'ai vu la laîche de fer panachée (*Carex siderosticha* 'Variegata'), je pensais que c'était une plante araignée (*Chlorophytum comosum* 'Vittatum') que quelqu'un avait plantée en pleine terre. Mais j'ai constaté que les feuilles étaient trop courtes et trop larges pour une plante araignée et j'ai cru que ce devait être un petit hosta aux feuilles étroites. Imaginez ma surprise quand on m'a dit que c'était une graminée ornementale !

> Nom botanique : *Carex siderosticha* 'Variegata'
> Famille : Cypéracées
> Hauteur : 20 cm
> Largeur : 30 cm
> Exposition : ombre, mi-ombre
> Sol : riche et humide
> Floraison : sans intérêt
> Zone de rusticité : 4 (3 sous couvert de neige)

**DESCRIPTION** Cette fausse graminée (membre de la famille des Cypéracées) est très inhabituelle pour une graminée ornementale, fausse ou non. Et même très inhabituelle pour une laîche. Dans un groupe dominé par les plantes aux feuilles effilées, dressées et arquées, cette plante aux feuilles larges et prostrées fait figure de rebelle. Cultivée depuis des siècles par les Japonais, qui la considèrent avec encore plus d'estime que les hostas, elle n'est connue en Occident que depuis environ 20 ans et, malgré une popularité croissante parmi les amateurs de graminées, elle demeure peu connue des jardiniers ordinaires.

Elle forme une rosette basse aux feuilles presque elliptiques, joliment bordées de blanc. N'est-ce pas qu'elle ressemble à un petit hosta (*Hosta* spp.) ? Mais un hosta qui serait rampant, car elle se répand peu à peu via des rhizomes courts. Ainsi elle crée un tapis vert et blanc plutôt

## LAÎCHE DE FER PANACHÉE

*Carex siderosticha* 'Variegata'  |  Photo : HortiCom

qu'une tache de couleur unique comme le fait le hosta. Non pas qu'elle soit envahissante (ses rhizomes sont trop courts), mais elle grossit quand même tous les ans.

Côté floraison… oubliez ça! Ses fleurs sont insignifiantes et vous ne les remarquerez même pas.

Si le monde était parfait, la laîche de fer panachée aurait des feuilles persistantes et serait donc aussi jolie en toute saison que l'été… mais le monde n'est pas parfait et, après le premier gel sévère, son feuillage jaunit et, mince comme il l'est, est vite décomposé. Au moins son absence durant l'hiver vous fait l'apprécier davantage au printemps, où vous aurez le plaisir de la voir renaître, sortie apparemment de nulle part. Les feuilles qui déferlent à cette saison sont vertes, blanches et roses. Wow !

**CULTURE**   La laîche de fer panachée préfère un sol riche et humide, et peut même tolérer les sols inondés au printemps ou détrempés tout l'été. Elle tolère un peu de sécheresse une fois qu'elle est bien établie, mais si vous la plantez dans un sol réellement sec, elle ne sera pas du tout heureuse.

Elle peut pousser au soleil ou à l'ombre, mais habituellement on l'utilise à l'ombre ou à la mi-ombre. Au soleil, il est doublement important de maintenir le sol humide en tout temps.

Pour obtenir un beau tapis en couvre-sol ou en massif, plantez la laîche de fer panachée à environ 15 cm d'espacement.

**MULTIPLICATION**   Cette plante panachée n'est pas fidèle au type par semences. On peut toutefois la multiplier facilement par division au printemps ou à l'automne.

**UTILISATIONS**   C'est un superbe couvre-sol et une belle plante de massif pour tous les sols un peu humides, même en bordure d'un jardin d'eau. Elle est jolie en rocaille et en bordure de plate-bande. Ou naturalisez-la dans un sous-bois. Vous pouvez aussi la cultiver en contenant où son beau feuillage panaché sera vraiment mis en valeur.

**ASSOCIATIONS**   La laîche de fer panachée fait une excellente compagne pour les épimèdes (*Epimedium* spp.), les hostas (*Hosta* spp.) et les fougères.

**PROBLÈMES**   Peu fréquents.

## LAÎCHE DE FER PANACHÉE

**CULTIVARS** Toute une série de cultivars proviennent du Japon ces temps-ci, où la laîche de fer panachée est une plante de collection depuis longtemps. En voici quelques exemples :

*C. siderosticha* (laîche de fer) : c'est l'espèce d'origine, à feuillage vert. Elle fait un excellent couvre-sol pour les coins ombragés, idéale si vous recherchez un effet plus discret. Elle est cependant peu disponible dans le commerce. 20 cm x 30 cm. Zone 4.

*C. siderosticha* 'Banana Boat', syn. 'Golden Fountains' : nouveauté aux feuilles plus arquées et plus étroites que les autres, vertes avec une large bande jaune crème au centre. 25 cm x 30 cm. Zone 4.

*C. siderosticha* 'Kisokaido', syn. 'Spring Snow' : les feuilles sont blanches au printemps, puis verdissent l'été, laissant quelques striures blanches. Les Japonais l'adorent. 20 cm x 30 cm. Zone 4.

*Carex siderosticha* | Photo : HortiCom

*C. siderosticha* 'Lemon Zest' : variété à feuillage entièrement jaune. Lumineuse ! 20 cm x 30 cm. Zone 4.

**AUTRES LAÎCHES À FEUILLES LARGES** La laîche de fer a quelques proches (ou lointaines) parentes qui ont le même type de feuillage large tapissant le sol. En voici deux :

*C. ciliatomarginata* 'Shima Nishiki', syn. *C. ciliatomarginata* 'Island Brocade', *C. siderosticha* 'Shima Nishiki', syn. 'Island Brocade' : la laîche à marges ciliées est une proche parente de la laîche de fer, à tel point que les deux ont été confondues quand cette espèce a été introduite du Japon au milieu des années 2000. Elle en diffère surtout par ses feuilles plus arquées… et aux petits cils, presque invisibles à l'œil nu, autour des feuilles. L'espèce n'est pas cultivée, mais on connaît quelques variétés panachées, dont cette variété à marge jaune, parfois avec des striures au centre de la feuille. 20 cm x 30 cm. Zone 4.

*Carex siderosticha* 'Lemon Zest' | Photo : Terra Nova Nurseries

*Carex ciliatomarginata* 'Shima Nishiki' | Photo : HortiCom

*C. ciliatomarginata* 'Island Fantasy' : comme 'Shima Nishiki', mais à feuilles encore plus fortement marquées de jaune, laissant seulement une bande étroite verte au centre de la feuille. 20 cm x 30 cm. Zone 4.

## LAÎCHE DE FER PANACHÉE

*Carex ciliatomarginata* 'Treasure Island'
Photo : Terra Nova Nurseries

*C. ciliatomarginata* 'Treasure Island', syn. *C. siderosticha* 'Treasure Island' : feuilles vertes abondamment striées de blanc. 20 cm x 30 cm. Zone 5.

*C. plantaginea* (laîche plantain) : cette espèce indigène dans l'est de l'Amérique du Nord, dont le Québec, est un peu le pendant américain de la laîche de fer avec ses feuilles larges assez similaires, mais plus arquées et très nervurées. Contrairement à sa cousine japonaise, son feuillage est persistant et sa floraison printanière est au moins intéressante sinon super attrayante : comme des écailles noires sur une tige arquée. Un excellent couvre-sol... dont j'espère qu'un jour on aura une forme panachée. 30 cm x 30 cm. Zone 3.

*Carex plantaginea*   Photo : HortiCom

# MAÏS ORNEMENTAL

*Zea mays japonica* 'Quadricolor' | Photo : HortiCom

Un maïs ornemental ? Vous pensez sûrement que je veux dire un de ces maïs qui produisent les épis de blé d'Inde colorés qu'on nous vend séchés comme décorations d'intérieur à l'automne, mais non. Ces variétés ne sont vraiment décoratives qu'une fois séchées. Je parle plutôt de maïs à feuillage décoratif. Même si l'idée vous paraît originale, ce n'est rien de nouveau. Le maïs ornemental (*Zea mays japonica*) était déjà très populaire à l'époque victorienne. On le cultivait souvent en pot afin de pouvoir le placer dans le jardin aux endroits un peu défraîchis. Avec une plante si spectaculaire qui dominait le paysage, personne ne remarquait la défaillance dans la floraison !

> Autre nom commun : blé d'Inde panaché, maïs à feuilles panachées
> Nom botanique : *Zea mays japonica*, syn. *Z. mays variegata*
> Famille : Graminées
> Hauteur (feuillage) : 120 à 150 cm
> Hauteur (floraison) : 150 à 180 cm
> Largeur : 90 cm
> Exposition : soleil, mi-ombre
> Sol : riche et humide
> Floraison : fin de l'été

**DESCRIPTION** Il est surprenant de constater à quel point le maïs fait une plante très attrayante, presque d'allure tropicale, quand on cesse de le cultiver en rangs droits. Et il est encore plus attrayant quand son feuillage est joliment coloré.

Le maïs ornemental forme une grande plante dressée aux feuilles rubanées larges et très arquées. Elles sont vert moyen lisse avec des rayures blanches. Contrairement à la plupart

LES GRAMINÉES ORNEMENTALES

## MAÏS ORNEMENTAL

*Zea mays japonica* 'Quadricolor' | Photo: HortiCom

des graminées, la tige est pleine et elle ne talle pas, ou rarement. Elle est très épaisse, parfois jusqu'à 5 cm de diamètre.

Tout comme le maïs sucré (*Z. mays saccharata*, notre célèbre « blé d'Inde »), la plante est coiffée d'une panicule de fleurs mâles aux segments nettement séparés, un ou deux dressés, mais les autres à angle droit, ce qui donne une forme plus ou moins en croix. Les fleurs femelles sont cachées dans l'enveloppe de l'épi portée à l'aisselle des feuilles : seules les soies (stigmates) dépassent pour attraper le pollen tombant des fleurs mâles. C'est une structure originale parmi les graminées, car la plupart ont des fleurs bisexuées. En général, chaque plant de maïs ornemental ne porte qu'un seul épi.

Évidemment, à l'intérieur de son enveloppe, l'épi, petit et mince en début d'été, devient un gros épi lourd de grains : c'est l'épi de blé d'Inde, bien connu de tous. Les grains des variétés ornementales prennent souvent 120 jours et plus pour mûrir et n'ont pas toujours assez de temps pour le faire dans nos saisons courtes.

**CULTURE** Si vous avez déjà cultivé du maïs, vous savez qu'il est incroyablement facile à réussir ; or, le maïs ornemental est encore plus facile, car les insectes et les maladies qui s'attaquent parfois au maïs sucré s'intéressent surtout aux grains de son épi. Dans la forme ornementale, peu importe que l'épi soit attaqué ou même vidé, nous ne nous intéressons qu'au port de la plante et à ses coloris. D'aucuns suppriment même les épis quand ils sont jeunes pour favoriser un plus beau feuillage.

Le maïs ornemental a besoin d'un sol riche et bien drainé. Il peut quand même bien pousser dans un sol lourd s'il est riche en minéraux et humide. Il ne faut pas se gêner pour appliquer abondamment du compost au pied de cette plante gourmande. Le plein soleil ou juste un peu de mi-ombre est de mise : après tout, il faut convaincre cette plante qu'elle pousse encore sous un climat tropical !

Les racines du maïs sont peu profondes, ce qui fait qu'il peut souffrir de sécheresse assez rapidement. Un bon paillis aidera à conserver une humidité du sol acceptable.

Le maïs ornemental est une plante annuelle qui meurt à la fin de la saison, même sous les climats chauds. On ne peut donc pas le conserver d'une année à l'autre.

**MULTIPLICATION** On peut semer le maïs ornemental directement en pleine terre comme on le fait généralement pour le maïs sucré, mais comme le but est d'obtenir un beau feuillage décoratif, pourquoi attendre, surtout si vous n'avez besoin que de quelques plants ? Semez trois à cinq graines par godet de tourbe environ trois à quatre semaines avant la date du dernier gel, mais pas plus tôt ! Le maïs pousse très vite et de gros plants se repiquent mal. Repiquez les pots en pleine terre quand il n'y a plus de risque de gel et que l'air est bien réchauffé.

Sinon, semez les graines en pleine terre. Normalement on sème le maïs sucré en carrés de quatre rangs ou plus afin d'assurer une bonne pollinisation. La pollinisation se fait par le vent ;

## MAÏS ORNEMENTAL

or, dans un rang unique, le pollen est souvent emporté ailleurs par le vent sans féconder les fleurs femelles. On plante donc plusieurs rangs de façon que chacun puisse féconder son voisin et ainsi assurer des épis bien remplis. Mais votre but avec le maïs ornemental est de produire de beaux plants, pas des épis pleins. Pour un bel effet ornemental, semez-le plutôt par groupes de trois à cinq graines. Cela donnera de belles touffes denses et attrayantes. Commencez environ une semaine avant la date du dernier gel.

Les grains du maïs ornemental sont comestibles, mais ils sont durs et farineux, riches en amidon plutôt qu'en sucre. On peut les faire sécher et les réduire en farine. De toute façon, les grains ne mûrissent que lorsque l'été est long et chaud. De plus, la plantation ornementale du maïs en touffes plutôt qu'en rangs serrés, un procédé qui ne favorise pas la pollinisation, n'est pas propice à la production d'épis très chargés. On peut sécher les épis pour les utiliser comme éléments décoratifs : les grains du maïs ornemental sont habituellement rouges avec quelques grains pourpres.

**UTILISATIONS** Le maïs ornemental est une superbe plante-vedette pour la plate-bande ou la culture en contenant. On peut aussi en faire un bon écran ou une haie… ou encore un labyrinthe estival à croissance rapide !

**ASSOCIATIONS** Superbe avec des annuelles à fleurs colorées, comme les zinnias (*Zinnia* spp.) et les verveines (*Verbena* spp.).

**PROBLÈMES** Peu fréquents.

**CULTIVARS** *Z. mays japonica*, aux feuilles striées de blanc, est disponible occasionnellement, mais la forme qu'on voit le plus souvent est *Z. mays japonica* 'Quadricolor', qui combine des rayons jaunes, roses et blancs sur un fond vert. 150 à 180 cm x 90 cm.

*Z. mays japonica* 'Tiger Cub White' est une nouvelle variété naine aux feuilles striées de blanc crème. 60 à 120 cm x 90 cm.

**AUTRES MAÏS ORNEMENTAUX** *Z. mays praecox* 'Red Stalker' est un grand maïs à farine au feuillage vert, mais dont la tige et la nervure centrale de la feuille sont rouge pourpré. L'enveloppe de l'épi est de la même couleur que la tige. L'épi séché est ornemental, avec des graines de couleurs mélangées : pourpre, rouge vin, crème et blanc. Les grains peuvent servir à la fabrication de farine. 220 cm x 90 cm.

*Z. mays saccharata* 'Double Red' est un maïs sucré passablement ornemental, avec une tige rouge foncé et une enveloppe de la même couleur ; il ressemble alors à 'Red Stalker'. Même les soies sont pourpres. Mais il diffère de 'Red Stalker' en ce que vous pouvez manger les grains directement sur l'épi, car c'est un maïs sucré. Épis prêts à manger 80 jours après le semis. 300 cm x 90 cm.

*Zea mays praecox* 'Red Stalker' | Photo : HortiCom

# MILLET ORNEMENTAL 'PURPLE MAJESTY'

*Pennisetum setaceum* 'Purple Majesty'
Photo : Sélections All-America

> Autre nom commun : millet perle
> Nom botanique : *Pennisetum glaucum* 'Purple Majesty'
> Famille : Graminées
> Hauteur (feuillage) : 80 à 120 cm
> Hauteur (floraison) : 1,2 à 1,5 m
> Largeur : 1,2 m
> Exposition : soleil, mi-ombre
> Sol : humide, bien drainé
> Floraison/fructification : été, automne

**En visitant les jardins d'essai d'HortiClub en 2001**, j'ai vu une plante extraordinaire, une grande graminée à feuillage pourpre qui ressemblait à un plant de maïs, mais avec un épi dressé noir à sa tête. Mais qu'est-ce que c'était ? Impossible de le savoir. La plante était « en évaluation » pour un prix Sélections All-America et on ne divulgue aucun renseignement sur ces plantes tant que l'évaluation n'est pas terminée. J'ai pris des photos… et mon mal en patience. Je ne pouvais même pas classer la photo : mon système de classement demande un nom botanique et « graminée pourpre » ne fait pas l'affaire.

En 2003, à l'annonce des gagnantes Sélections All-America, j'ai tout de suite reconnu ma plante, mais son nom m'a complètement bouleversé. *Pennisetum glaucum* ? N'est-ce pas une simple céréale, le millet perle ? Depuis quand une céréale est-elle une plante ornementale ? Depuis l'annonce des gagnantes Sélections All-America en 2003 ! En effet, le millet ornemental 'Purple Majesty' (*Pennisetum glaucum* 'Purple Majesty') était une toute nouvelle plante ornementale. D'ailleurs, il n'a pas simplement gagné un prix Sélections All-America, mais une médaille d'or. Or, la médaille d'or de Sélections All-America n'a été accordée que cinq fois en 75 ans. Nous avons affaire à une plante réellement très prisée.

DESCRIPTION  Avec ses feuilles rubanées longues et larges qui s'arquent gracieusement tout autour d'une tige dressée, on dirait un plant de maïs, mais d'un maïs à feuillage pourpre foncé,

## MILLET ORNEMENTAL 'PURPLE MAJESTY'

presque noir. En plus de la tige principale, la plante produit plusieurs tiges secondaires, ce qui donne une silhouette bien remplie.

La tige se termine en un épi solide et épais de couleur noire, comme une inflorescence de quenouille (*Typha* spp.), donc à mille lieues des « plumes » de tant d'autres graminées. De petites fleurs jaune or arpentent la surface de l'épi, qui ne change guère d'apparence même quand la floraison est terminée et que la production de graines commence, soit à la fin de l'été. Toute la plante brunit avec les premiers gels, mais elle reste debout jusqu'aux neiges, parfois une partie de l'hiver.

**CULTURE** Le millet ornemental 'Purple Majesty' est une graminée annuelle à croissance rapide. Plantez-le au plein soleil dans un sol bien drainé. À la mi-ombre, il pousse bien mais son feuillage est moins coloré. Il semble indifférent à la qualité du sol pour autant que le drainage soit bon, et, une fois établi, il est très résistant à la sécheresse. Pour un effet de masse, plantez-le à 25 à 30 cm d'espacement.

Faites attention de ne pas sortir cette plante trop tôt au printemps. Elle est d'origine tropicale et n'apprécie pas les températures fraîches. Une seule nuit à moins de 15 °C peut retarder son développement pendant plusieurs semaines.

**MULTIPLICATION** On multiplie le millet ornemental 'Purple Majesty' par semis faits à l'intérieur environ six à huit semaines avant le dernier gel. À moins que le printemps ne soit particulièrement chaud et précoce, il est inutile de le semer à l'extérieur, car il fait rarement assez chaud pour le faire avant la fin de juin, et alors il ne reste plus assez de temps pour qu'il arrive à la floraison.

*Pennisetum glaucum* 'Purple Majesty' | Photo : HortiCom

Semez les graines en godets de tourbe en les pressant dans le terreau mais sans les recouvrir, car elles ont besoin de lumière pour germer. Il faut maintenir une température de 20 à 25 °C. La germination est rapide, seulement 3 à 10 jours. Vous découvrirez que les semis ont des feuilles entièrement vertes au début, puis, quand il y a environ huit feuilles, les tiges et la nervure centrale s'empourprent. Ce n'est cependant que lorsque la plante est exposée aux rayons ultraviolets du soleil direct de l'extérieur que la coloration pourprée gagne les feuilles au complet.

Les semis ne doivent jamais manquer d'eau ni d'espace pour leurs racines, sinon ils pourraient rester rabougris. Heureusement, une fois qu'ils sont plantés en pleine terre, ils prennent rapidement leur élan.

**UTILISATIONS** Avec sa coloration unique et sa grande taille, le millet ornemental 'Purple Majesty' fait une excellente plante-vedette, que ce soit pour la plate-bande, les

## MILLET ORNEMENTAL 'PURPLE MAJESTY'

bacs ou en solo. Plantez-le en ligne droite pour créer une haie ou un écran temporaire. C'est une véritable mangeoire vivante pour la gent ailée : ne le rabattez pas à l'automne, car vous priveriez les oiseaux d'un bon festin.

**ASSOCIATIONS**   La couleur pourpre foncé du millet ornemental 'Purple Majesty' se marie très bien avec les fleurs de couleur pâle et les feuillages jaunes ou argentés, comme les coléus jaunes (*Solenostemon scutellarioides*), la sauge argentée (*Salvia argentea*) et les armoises (*Artemisia* spp.).

**PROBLÈMES**   Une fois que la plante est établie, elle est étonnamment facile, mais toute négligence de ses besoins quand elle est jeune peut amener un développement décevant.

**AUTRES CULTIVARS**

*P. glaucum* 'Jester' : cultivar plus petit et plus dense aux feuilles vert jaune au début, puis rouges et bronzées avant de devenir pourpre foncé, comme chez 'Purple Majesty', à la fin de la saison. 105 cm x 90 cm.

*P. glaucum* 'Purple Baron' : version plus compacte de 'Purple Majesty' aux feuilles encore plus foncées et portant plus d'épis floraux. 90 cm x 100 cm.

**AUTRES MILLETS ORNEMENTAUX**   Il existe plusieurs *Pennisetum* ornementaux (voyez notamment la description du pennisétum rouge [*P. setaceum* 'Rubrum'] à la page 465), mais aucun autre ne ressemble au millet ornemental 'Purple Majesty' et à son clan.

**ENCORE PLUS**   Le millet perle (*P. glaucum*) est très peu connu chez nous autrement que comme ingrédient des mélanges de graines pour oiseaux. Pourtant, c'est la sixième céréale en importance sur la planète et la nourriture principale de plus de 500 millions de personnes, surtout en Inde et en Afrique. Vous pouvez récolter les graines de votre millet ornemental 'Purple Majesty' pour les manger, soit cuites comme du riz ou du couscous (dans certains pays, le millet perle sert à préparer le couscous), soit réduites en farine. Il est plus riche en protéines que la plupart des autres céréales.

*Pennisetum glaucum* 'Jester'
Photo : HortiCom

# MISCANTHUS DE CHINE SÉRIE HURON

*Miscanthus sinensis* 'Huron Sunrise' | Photo : www.perennialresource.com

**Les miscanthus\* sont les graminées par qui la vague de popularité des graminées ornementales est arrivée.** Dites-vous bien que, sans les miscanthus, les graminées seraient encore aussi ignorées comme plantes ornementales que dans les années 1970. Mais c'est à force de voir encore et encore de magnifiques miscanthus dans les plus beaux jardins du monde qu'on a commencé à se dire : « Coudon, il doit bien y avoir quelque intérêt chez ces graminées ornementales-là ! »

> **Nom commun** : roseau de Chine, eulalie de Chine
>
> **Nom botanique** : *Miscanthus sinensis* série Huron
>
> **Famille** : Graminées
>
> **Hauteur (feuillage)** : 90 cm
>
> **Hauteur (floraison)** : 120 cm
>
> **Largeur** : 90 cm
>
> **Exposition** : soleil
>
> **Sol** : tout sol
>
> **Floraison/fructification** : fin de l'été jusqu'au printemps suivant
>
> **Zone de rusticité** : 4 (3 sous couvert de neige)

\* *Vous me pardonnerez d'utiliser le terme « miscanthus » comme nom commun dans cette fiche, mais je n'arrive pas à avaler le nom « roseau de Chine », même s'il semble être le « nom commun d'office » pour les plantes du genre Miscanthus. Dans ma petite tête, « roseau » indique nécessairement le roseau commun ou phragmite (Phragmites australis), cette jolie mais si envahissante graminée que l'on trouve le long des routes partout au Québec et qui donne une mauvaise réputation aux graminées en général et aux Miscanthus en particulier, car il y est très semblable. Personne ne voudrait avoir cette plante dans sa cour ! Ainsi je grince des dents chaque fois qu'on dit « roseau de Chine ». De toute façon, miscanthus, il me semble que ça se dit si bien !*

## MISCANTHUS DE CHINE SÉRIE HURON

*Miscanthus sinensis* 'Huron Sunrise'  |  Photo : HortiCom

Ce qui a surtout excité l'imagination du public jardinier n'est pas le beau feuillage arqué de l'été des miscanthus, ni même leurs fleurs plumeuses rosées de l'automne, mais plutôt l'effet hivernal de cette plante. En effet, même si le feuillage et les tiges florales sont mortes, séchées et devenues jaune blé, ils restent encore debout l'hiver, se dressant au-dessus de la neige et créant un effet hivernal superbe. C'est par les miscanthus que plusieurs jardiniers sont enfin parvenus à comprendre que faire le ménage d'automne de leurs vivaces n'est pas bon, car si les miscanthus survivent mieux à l'hiver avec leur feuillage, pourquoi ne serait-ce pas le cas d'autres vivaces ?

Les miscanthus ont cependant deux gros défauts, ce qu'on n'a pas nécessairement bien expliqué au public. Primo, leur rusticité est très quelconque. Nous avons l'habitude de penser, généralement avec raison, que tous les cultivars d'une même plante ont une rusticité identique, mais ce n'est certainement pas le cas des miscanthus de Chine (*Miscanthus sinensis*). Il y a des *M. sinensis* de zone 6, d'autres de zone 5 et d'autres de zone 4. On ne peut donc acheter n'importe quel miscanthus et s'attendre à ce qu'il survive à l'hiver. Pourtant, on peut acheter n'importe quel miscanthus en jardinerie !

Secundo, ce ne sont pas tous les miscanthus qui fleurissent fidèlement dans nos régions. Oui, tous les miscanthus fleurissent plus au sud, mais quand leur saison de floraison normale est novembre et qu'il y a des gels au mois

## MISCANTHUS DE CHINE SÉRIE HURON

d'octobre dans votre secteur, vous comprendrez que, à moins que la saison ne soit exceptionnellement longue et douce, il y a peu de chances de les voir fleurir chez vous. Évidemment, les miscanthus sont très jolis en feuilles, mais, et je ne sais pas si vous êtes d'accord avec moi, je tiens à avoir des fleurs aussi. Pourquoi ne pas pouvoir avoir le beurre et l'argent du beurre ? Sur l'étiquette couleur des « miscanthus qui ne fleurissent pas chez nous », on aperçoit souvent une jolie plante tout en fleurs. C'est choquant !

C'est pourquoi je promeus les miscanthus de la série Huron. Enfin nous avons non seulement des miscanthus qui sont entièrement rustiques (zone 4, même zone 3 sous couvert de neige) et qui fleurissent fidèlement tous les ans parce que leur floraison est très hâtive, car de telles variétés ont toujours existé, mais on le sait juste à voir le nom. Sans farce, il fallait, il n'y a pas si longtemps encore, emporter un livre de référence sur les graminées au magasin ou encore faire une liste avant de partir en pépinière, mais c'est si simple maintenant : retenez tout simplement le nom « Huron ». Tous les miscanthus de la série Huron conviennent à notre climat : c'est garanti !

Je suis encore plus encouragé à vous recommander les miscanthus Huron en ce que, à mon avis, 'Huron Sunrise' est le meilleur miscanthus pour climat froid qui ait jamais existé. Essayez-le et vous verrez : quelle plante extraordinaire !

*Miscanthus sinensis* 'Huron Blush'
Photo : www.perennialresource.com

**DESCRIPTION** Les miscanthus de Chine (*M. sinensis*), à la fois ceux de la série Huron et les autres, sont de taille et de port variables selon le cultivar, pouvant être grands ou petits, plutôt érigés ou très évasés, avoir différentes couleurs de feuillage et de fleurs, etc. Par contre, ils partagent certains traits.

D'abord, ce sont des graminées cespiteuses : ils poussent tous en touffe dense, très dense. Et souvent aussi très large, mais ils ne courent pas. Il faut le souligner, car, et je ne sais pas pourquoi, le bruit court que les miscanthus de Chine sont envahissants, ce qui fait que beaucoup de jardiniers hésitent à en cultiver. Eh bien, cette rumeur est fausse. Il est vrai que certains autres miscanthus, notamment *M. sacchariflorus* (eulalie), ont de longs rhizomes et sont très envahissants, mais

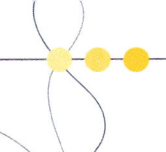

## MISCANTHUS DE CHINE SÉRIE HURON

ils sont rarement offerts. Il ne faut donc pas avoir peur qu'un miscanthus convertisse toute votre cour en une prairie de graminées.

Autre trait commun, les miscanthus de Chine forment de grosses touffes basales de feuilles rubanées arquées et des tiges multiples dressées, cachées sur presque toute leur hauteur sous d'autres feuilles arquées. Les feuilles sont vertes ou panachées l'été, mais elles virent au jaune ou à l'orangé à l'automne, puis au jaune paille à l'hiver.

Ceux qui fleurissent sous nos climats (c'est le cas de tous les miscanthus Huron) produisent des inflorescences plumeuses au sommet des tiges. Les plumeaux sont d'abord dorés, roses, rougeâtres ou gris argenté, mais ils deviennent tous blanc argenté et très duveteux quand la vraie floraison éclate. Ils conservent cette coloration et cette texture durant l'automne pour devenir jaune paille, tout comme les feuilles, durant l'hiver.

Notez bien que même les plus hâtifs des miscanthus demandent une longue saison pour mûrir leurs graines, donc celles-ci sont rarement produites chez nous. Cela nous épargne le problème d'envahissement des miscanthus de Chine qu'on rencontre dans les régions plus au sud (les zones 7 et 8 en général), où leurs graines prennent les marécages d'assaut. Si vous voyez des graminées qui ressemblent à des miscanthus dans un marécage près de chez vous, ce ne sont pas des miscanthus mais des roseaux communs (*Phragmites australis*, voir la note en pied de page 453), car les miscanthus de Chine, sans graines ni rhizomes traçants, ne peuvent aller bien loin.

Les miscanthus Huron sont l'œuvre de Martin Quinn, un pépiniériste de l'Ontario qui vit dans la péninsule Bruce, baignée de chaque bord par les eaux du lac Huron, d'où le nom de la série. Il effectue nécessairement ses croisements en serre (sur son terrain de zone 4, les graines de miscanthus ne mûrissent pas), mais il fait ses essais en pleine terre, en zone 4, sans protection aucune. Comme la neige n'est pas fiable dans sa région, ses miscanthus doivent pouvoir subir les pleins effets d'un hiver de zone 4. Exposer une plante au courroux de l'hiver sans même un brin de neige isolante est vraiment une bonne façon de séparer l'ivraie du bon grain.

**CULTURE** Dans la nature, les miscanthus de Chine sont des plantes des marécages ensoleillés, mais leur capacité d'adaptation aux autres conditions est remarquable. En fait, ils peuvent pousser dans les sols détrempés ou secs (il faut toutefois bien les arroser le premier été si vous voulez qu'ils profitent dans des sols toujours secs), riches ou pauvres, argileux, sablonneux, organiques ou pierreux, acides ou alcalins, ou toute combinaison de ces conditions. Par contre, pour une belle croissance solide, mieux vaut un bon sol de jardin riche en humus et toujours un peu humide. Un bon paillis décomposable ou l'application annuel de compost (ou les deux) aideront le sol à rester dans cet état.

Préférez le plein soleil si vous voulez une belle floraison et un effet hivernal, car les tiges ont tendance à s'affaisser sous les assauts du vent quand la plante pousse à la mi-ombre. Si vous pouvez vous contenter juste du feuillage, recherchez des miscanthus qui ne fleurissent pas : ils réussissent parfaitement à la mi-ombre.

Si on ne taille pas les miscanthus à l'automne, c'est non seulement pour profiter de leur effet hivernal, mais aussi pour leur permettre de passer l'hiver. Leur « coiffe » de feuilles mortes sert en effet de paillis naturel qui protège du froid les pousses tendres, lesquelles ne sont pas complètement enfouies sous le sol comme chez d'autres graminées. Même les miscanthus Huron peuvent mourir si on les rabat à l'automne sans les protéger d'un épais paillis.

Au printemps, à la fonte des neiges, rabattez les feuilles et les tiges mortes à 20 cm du sol (pas trop court, car le début des tiges de l'année hiverne dans la base des tiges), ou mettez-y le feu. Ce ménage ne sert toutefois qu'à empêcher les nouvelles feuilles et tiges vertes

## MISCANTHUS DE CHINE SÉRIE HURON

de se mélanger aux anciennes feuilles et tiges brunes. Si vous ne le faites pas, la croissance de la plante n'en sera pas affectée et les nouvelles pousses cacheront quand même assez rapidement les anciennes.

Notez que les miscanthus sont lents à lever au printemps. Selon la région, il peut ne pas y avoir de signe de vie avant le début de juin.

On divise les miscanthus au printemps de préférence, mais surtout pour fins de multiplication (voir la rubrique suivante) ou pour réduire des touffes devenues trop larges. Les miscanthus n'ont pas besoin de division pour profiter et peuvent rester intacts 15, 40 et même 75 ans.

**MULTIPLICATION**   Par division au printemps, de préférence. Il vous faudra sans doute une hache ou une scie, car les racines des miscanthus sont très résistantes.

Comme les miscanthus ne produisent normalement pas de semences viables sous notre climat, on ne peut les multiplier par semences. De toute façon, les cultivars ne sont pas fidèles au type par semences. Les sachets commerciaux de semences de *M. sinensis* ne donnent que rarement des plants assez résistants au froid pour notre climat.

**UTILISATIONS**   Avec leur grande taille et leur longue saison d'intérêt (presque 10 mois), les miscanthus font d'excellentes plantes-vedettes pour la plate-bande ou isolément. Ils font aussi un excellent écran visuel ou haie, supérieur même à bien des « arbustes à haie ». Si vous avez beaucoup d'espace à combler, ils font de bonnes plantes à massif ; les municipalités s'en servent souvent de cette façon. On peut aussi les utiliser pour obtenir des fleurs coupées fraîches ou séchées.

**ASSOCIATIONS**   Il est intéressant d'associer les miscanthus avec les bulbes à floraison printanière – narcisses (*Narcissus* spp.), tulipes (*Tulipa* spp.), crocus (*Crocus* spp.), etc. –, car ces plantes comblent exactement les deux seuls mois dans l'année où les miscanthus ne montrent aucune signe de vie.

**PROBLÈMES**   Peu fréquents. Même les cerfs n'apprécient pas leurs feuilles coriaces.

Les miscanthus font d'excellentes haies été comme hiver.   |   Photo : HortiCom

LES GRAMINÉES ORNEMENTALES

## MISCANTHUS DE CHINE SÉRIE HURON

**CULTIVARS**

*M. sinensis* 'Huron Blush' : variété naine aux feuilles vertes étroites à nervure centrale blanche proéminente ; les feuilles deviennent jaune blé l'hiver. À la fin de l'été, il produit des panicules de fleurs rosées devenant blanc argenté plus tard en automne. 90 cm (120 cm) x 60 cm. Zone 4 (3 sous couvert de neige).

*Miscanthus sinensis* 'Huron Sentinel'
Photo : www.perennialresource.com

*M. sinensis* 'Huron Sentinel' : le plus grand des miscanthus de la série Huron et le meilleur choix pour les régions où la neige est très profonde. Port plus dressé que la plupart des miscanthus de Chine. Le feuillage est vert l'été et blond l'hiver. Les fleurs bronzées arrivent tardivement pour un miscanthus Huron, seulement vers la fin de septembre. 1,5 m (2 m) x 1,5 m. Zone 4 (3 sous couvert de neige).

*M. sinensis* 'Huron Sunrise' : le feuillage vert forme d'abord une touffe très dense, puis des tiges dressées portant des fleurs apparaissent déjà peu après la mi-été, plusieurs semaines avant la majorité des autres miscanthus. C'est le plus florifère des miscanthus que je connaisse, et aussi l'un de plus hâtifs, produisant des masses des fleurs rouge vin devenant argentées l'hiver. 1,2 m (1,5 m) x 1,2 m. Zone 4 (3 sous couvert de neige).

*M. sinensis* 'Huron Sunset' : feuilles vertes l'été, beiges l'hiver, sur une plante relativement naine. Fleurs bordeaux portées sur des tiges arquées. Elles deviennent jaune blé l'hiver. 90 cm (120 cm) x 90 cm. Zone 4 (3 sous couvert de neige).

**AUTRES MISCANTHUS DE CHINE**  Il y a plus de 100 cultivars de *M. sinensis*, mais plusieurs ne sont pas assez fiables pour notre région à cause d'une rusticité faible, ou encore ils n'y fleurissent pas assez régulièrement pour me satisfaire. Voici cependant quelques cultivars qui ne sont pas dans la série Huron et qui m'ont donné de bons résultats au cours des années :

*M. sinensis* 'Berlin' : plante plus dressée et étroite que les autres, verte l'été, jaune blé l'hiver. Fleurs dorées. 1,7 m (2 m) x 1 m. Zone 4 (3 sous couvert de neige).

*M. sinensis* 'Kleine Fontäne' : joli « petit » miscanthus à feuilles vertes très étroites. Il fleurit très tôt, aussi tôt que 'Huron Sunrise', soit en août. Fleurs gris soyeux. 1,2 m (1,5 m) x 60 cm. Zone 4 (3 sous couvert de neige).

*M. sinensis* 'Goliath' : probablement le plus grand des miscanthus convenant aux climats froids. Feuilles beaucoup plus larges que la moyenne, de couleur vert moyen, devenant beiges l'hiver. Fleurs plumeuses pourprées devenant argentées. 2 à 2,5 m (2,5 à 2,75 m) x 1,2 m. Zone 4 (3 sous couvert de neige).

*M. sinensis* 'Graziella' : cette plante a reçu son nom parce qu'elle ressemble au cultivar 'Gracillimus', souvent vendu mais rarement vu en fleurs. Je le considère comme un 'Gracillimus' amélioré,

## MISCANTHUS DE CHINE SÉRIE HURON

avec le même beau feuillage fin formant un dôme parfait, mais fleurissant abondamment dès le mois d'août. Fleurs rosées devenant argentées. Feuillage d'un beau rouge orangé l'automne. Excellent choix pour les espaces restreints. 1,5 m (1,8 m) x 50 à 80 cm. Zone 4 (3 sous couvert de neige).

*M. sinensis* 'Malepartus' : abondantes feuilles vertes très arquées qui prennent de beaux coloris automnaux jaunes et verts avant de devenir jaune blé pour l'hiver. La floraison hâtive (en septembre) commence brune, puis devient pourpre avant de s'argenter l'hiver. 1,8 m (2,2 m) x 1 m. Zone 4 (3 sous couvert de neige).

*M. sinensis* 'Nippon' : plante compacte et étroite, utile dans les endroits exigus. Floraison hâtive et abondante. 1,2 m (1,5 m) x 50 à 80 cm. Zone 4 (3 sous couvert de neige).

*M. sinensis* 'November Sunset' : le mot « novembre » rattaché au mot « miscanthus » fait peur aux jardiniers, qui présument que la saison de floraison normale sera en novembre, comme chez tant d'autres miscanthus, et qu'ils ne verront jamais l'ombre d'une fleur, vu notre saison de croissance si courte, mais ce n'est pas le cas. Les fleurs rouge brillant devenant argentées commencent quand même assez tôt (fin septembre) pour s'épanouir sous notre climat. C'est plutôt son feuillage large qui reste vert très longtemps, jusqu'au mois de novembre, qui lui a valu son nom. 1,5 m (1,8 m) x 1 m. Zone 4 (3 sous couvert de neige).

*M. sinensis* 'Silberfeder', syn. *M. sinensis* 'Silver Feather' : on peut le traiter de vieux, de classique, de déjà vu… mais certainement pas de plante inférieure ! Ce cultivar, l'un des premiers à connaître une certaine popularité en Amérique, donne toujours une performance solide. C'est une grande graminée robuste que rien ne dérange. Ses fleurs argentées sont portées sur des tiges arquées très gracieuses et apparaissent quand même assez tôt (septembre) pour bien s'épanouir sous notre climat. 1,5 à 2 m (2 à 2,5 m) x 1,5 m. Zone 4 (3 sous couvert de neige).

*Miscanthus sinensis* 'Silberfeder' | Photo : HortiCom

## MISCANTHUS DE CHINE SÉRIE HURON

*M. sinensis* 'Undine': plante à port évasé et à feuillage étroit qui devient rouge orangé l'automne, beige l'hiver. Très jolie inflorescence rosée et soyeuse au début de l'automne, devenant argentée en hiver. 1,5 m (1,8 m) x 1 m. Zone 4 (3 sous couvert de neige).

*Miscanthus sinensis* 'Undine' | Photo : HortiCom

### AUTRES MISCANTHUS

*M.* 'Purpurascens', syn. *M. purpurascens, M, sinensis purpurascens* (miscanthus pourpre, roseau pourpre) : cette plante est souvent vendue comme un miscanthus de Chine, mais elle est en fait d'origine inconnue. Certains botanistes soupçonnent que le miscanthus pourpre est un enfant illégitime issu d'une liaison non protégée entre *M. sinensis* et *M. oligostachyus*. Peu importe ses origines nébuleuses, car c'est une plante très robuste et très jolie. C'est mon miscanthus préféré, après *M. sinensis* 'Huron Sunrise'. Son plus grand atout est une spectaculaire et durable coloration rouge cuivré l'automne. Fleurs très argentées apparaissant tôt : dès septembre. 1,2 m (1,5 m) x 75 à 90 cm. Zone 4 (3 sous couvert de neige).

### ENCORE PLUS

On étudie la possibilité d'utiliser les miscanthus comme source de bioénergie. Ils sont prolifiques, productifs, poussent dans presque toutes les conditions – même sous presque tous les climats si on inclut les hybrides plus rustiques –, et ils peuvent être récoltés annuellement avec de simples faucheuses. On peut s'en servir pour produire de l'électricité ou de la chaleur, ou les convertir en éthanol pour utilisation dans l'essence.

*Miscanthus* 'Purpurascens' | Photo : HortiCom

# PANIC RAIDE

*Panicum virgatum* 'Rotstrahlbusch' est peut-être la graminée rustique la plus rouge qui existe. | Photo : HortiCom

N'est-ce pas qu'il serait superbe d'avoir une graminée à feuilles rouges qui résiste bien à notre climat ? Évidemment, vous allez me dire, il y a la célèbre graminée rouge japonaise (*Imperata cylindrica* 'Red Baron', syn. *I. cylindrica* 'Rubra'), vendue partout dans nos régions. Mais cette plante, si elle survit à l'hiver en zone 5b, soit la zone que lui attribuent les pépiniéristes, ce qu'elle fait rarement, est alors en si piteux état au printemps suivant, poussant par petites touffes « feluettes » çà et là, qu'on a envie de l'achever par pitié. Je la considère comme tout juste digne d'être une plante annuelle sous notre climat. Non, ce qu'on veut est une vraie graminée rouge *permanente*, qui revient d'année en année, fidèlement.

> Autre nom commun : panic effilé
> Nom botanique : *Panicum virgatum*
> Famille : Graminées
> Hauteur (feuillage) : 60 à 170 cm
> Hauteur (floraison) : 90 à 200 cm
> Largeur : 60 à 90 cm
> Exposition : soleil (mi-ombre)
> Sol : tous les sols
> Floraison/fructification : fin de l'été, automne
> Zone de rusticité : 3 (peut-être 2)

Eh bien, nous l'avons presque avec les meilleurs cultivars de panic raide (*Panicum virgatum*). Non, ils ne sont pas rouges tout l'été, mais au début de l'automne ils prennent de jolies teintes rouges pendant plusieurs semaines.

## PANIC RAIDE

Et ils sont jolis longtemps, de l'été jusqu'au printemps, puisqu'ils comptent parmi ces grandes graminées qui sèchent sur place à l'automne et qui offrent ainsi un beau spectacle hivernal.

**DESCRIPTION** Cette graminée est indigène au Québec… mais à peine (on ne trouve le panic raide que sur quelques îles du Saint-Laurent près de la frontière de l'Ontario). Son milieu de prédilection se trouve dans les Prairies canadiennes et américaines, plus à l'ouest. C'est une grande graminée cespiteuse de forme assez variable, parfois plutôt dressée, parfois très évasée. Son feuillage est toujours long et étroit, parfois arqué, parfois érigé, et de couleur variable, de vert foncé à bleu-gris l'été et de vert à rouge vif l'automne. Toute la plante devient jaune blé l'hiver.

La floraison, qui débute tôt pour une grande graminée, au cœur de l'été plutôt qu'à l'automne, est très légère et diffuse, vaporeuse pourrait-on dire. C'est que les inflorescences sont très ouvertes, avec de petits épillets bien espacés se mêlant toujours à leurs voisins pour créer un véritable nuage. Leur couleur varie grandement, non seulement d'un cultivar à l'autre, mais tout au long de la saison. Les fleurons peuvent être verts, bruns ou pourprés à l'ouverture, puis s'intensifier au cours de l'automne pour aboutir en mûrissant à leur coloration hivernale jaune blé.

La hauteur de la plante est très variable, de 60 cm à plus de 3 m à l'état sauvage, mais la plupart des cultivars n'atteignent qu'environ 90 à 200 cm lorsqu'ils sont en fleurs.

**CULTURE** Peu de graminées sont aussi magnanimes dans leur adaptation aux conditions culturales : déjà, à l'état sauvage on trouve le panic raide dans les prairies sèches comme les pieds dans l'eau, au soleil comme à la mi-ombre, et dans les sols argileux comme sablonneux. Va pour la nature, mais pour une belle performance au jardin, préférez le plein soleil (la plante tend à s'affaisser si on la plante à la mi-ombre, notamment une mi-ombre plus près de la définition de l'ombre) et un sol de jardin plutôt organique, et assurez une certaine humidité en tout temps. Les plantes établies peuvent toutefois tolérer des sécheresses assez prolongées s'il le faut. Comme le panic raide semble indifférent aux engrais, une application annuelle de compost ou l'utilisation d'un paillis décomposable lui fournira tous les minéraux dont il a besoin.

Même si ce panic est considéré comme cespiteux (à croissance en touffe), il produit des rhizomes rampants mais qui courent lentement. Néanmoins, une division aux cinq à six ans peut être nécessaire pour épargner ses voisins de sa croissance en rouleau compresseur.

Notez que la plupart des fournisseurs accordent une zone 4 à cette plante, mais selon mon expérience elle est bien plus rustique. Sachant qu'elle pousse à l'état sauvage jusqu'au 55$^e$ parallèle dans les Prairies (c'est au niveau de l'extrémité nord de la baie James) où il n'y a pas nécessairement de couche de neige protectrice, je pense qu'on peut s'attendre à une croissance tout à fait normale partout en zone 3 et probablement souvent en zone 2. Mes amis en zone 3 m'assurent que cette plante est parfaitement rustique.

**MULTIPLICATION** Par division au printemps ou à l'automne. Les variétés horticoles ne sont pas fidèles au type par semences.

**UTILISATIONS** Le panic raide sert principalement de plante à massif sur les grandes surfaces, car son effet vaporeux est plus efficace quand on le plante en quantité. Il fait un fort joli écran ou une haie translucide, ou encore une arrière-scène pour la plate-bande. Malgré sa hauteur, il déborde si joliment sur une entrée ou un sentier qu'on peut l'utiliser comme plante de bordure. Une certaine résistance aux produits de déglaçage favorise cet emploi. Enfin, naturalisez-le dans un pré fleuri pour créer un effet de prairie naturelle. C'est une excellente fleur coupée fraîche ou séchée, et les graines, qui restent sur la plante tout l'hiver, attirent les oiseaux.

## PANIC RAIDE

**ASSOCIATIONS**   Le panic raide constitue une excellente arrière-scène pour les annuelles et les vivaces, comme les lavatères (*Lavatera trimestris*) et les hémérocalles (*Hemerocallis* spp.).

**PROBLÈMES**   Peu fréquents. Les cerfs ne l'apprécient pas, ce qui est surprenant quand on sait que c'est un aliment de base des bisons des Prairies qui sert encore de nos jours de graminée fourragère pour les vaches !

### CULTIVARS

*P. virgatum* 'Cloud Nine' : l'un de plus grands des panics raides en culture. Feuillage gris-vert. Fleurs dorées très aérées. Port évasé. 150 à 175 cm (175 à 200 cm) x 100 cm. Zone 3.

*P. virgatum* 'Blue Tower' : autre très grande variété. Feuillage bleuté. Port dressé. 150 à 175 cm (175 à 200 cm) x 60 à 90 cm. Zone 3.

*P. virgatum* 'Dallas Blues' : très jolie graminée à feuilles plus larges que celles des autres panics raides et d'un beau bleu-gris. Port nettement évasé. Grosses panicules blanc pourpré, plus denses. 120 cm (180 cm) x 60 à 90 cm. Zone 3.

*P. virgatum* 'Hänse Herms', syn. *P. virgatum* 'Haense Hermes' : variété compacte à feuillage vert au début, puis teinté de rouge et de pourpre, enfin rouge à l'automne. Fleurs grises contrastantes. Port érigé et compact. 90 cm (120 cm) x 45 cm. Zone 3.

*P. virgatum* 'Heavy Metal' : probablement le panic raide le plus populaire, et avec raison, car c'est l'un des rares panics qui associent deux couleurs très appréciées : un feuillage estival bleuté avec une belle coloration rouge automnale. C'est un cultivar à port étroit. Ses énormes mais diffuses panicules florales sont rosées l'été et cuivrées l'automne. 70 à 125 cm (125 à 150 cm) x 50 cm. Zone 3.

*Panicum virgatum* 'Dallas Blues'   |   Photo : HortiCom

*P. virgatum* 'Northwind' : forme très verticale, feuilles vert-olive à vert-bleu l'été, jaune beige à l'automne. Fleurs jaunes devenant beiges. 120 à 150 cm (180 cm) x 60 à 75 cm. Zone 3.

*P. virgatum* 'Prairie Sky' : sélection à feuillage bleu métallique devenant cuivré à l'automne. Fleurs rosées devenant brunes. Port très dressé, presque colonnaire. Extra-rustique. Certaines autorités le disent plus nain que 'Heavy Metal', mais il atteint une très bonne hauteur chez moi. 100 à 150 cm (125 à 175 cm) x 60 cm. Zone 2.

*Panicum virgatum* 'Hänse Herms'   |   Photo : HortiCom

*P. virgatum* 'Rehbraun' : feuillage vert l'été, rouge brun à l'automne. Port dressé. Fleurs roses devenant brunes, puis beiges. « Rehbraun » veut dire « brun chevreuil », par référence à la coloration rouge-brun du feuillage. 90 cm (120 cm) x 90 cm. Zone 3.

## PANIC RAIDE

*Panicum virgatum* 'Heavy Metal'  |  Photo : HortiCom

*P. virgatum* 'Rotstrahlbusch' : son nom veut dire « arbuste aux rayons rouges », ce qui explique bien sa coloration automnale, peut-être le rouge le plus pur de tous les panics. Même l'été, son feuillage vert est teinté de rouge. Les fleurs sont rouge vin. Variété plutôt compacte et dressée. C'est mon préféré parmi les panics raides. 90 à 120 cm (120 à 140 cm) x 60 cm. Zone 3.

*P. virgatum* 'Shenandoah' : feuille vertes au début de l'été, mais les pointes des feuilles deviennent rouge foncé après quelques semaines. Couleur automnale rouge vin. Fleurs teintées de rose. 100 à 120 cm (125 à 150 cm) x 50 cm. Zone 3.

*P. virgatum* 'Squaw' : feuillage vert foncé devenant rouge vin à l'automne. Fleurs rougeâtres. 120 à 125 cm (125 à 150 cm) x 50 à 75 cm. Zone 3.

*P. virgatum* 'Strictum' : feuilles bleu-vert devenant jaunes à l'automne. Port dressé. Fleurs vertes devenant dorées. L'un des premiers cultivars. 100 à 125 cm (175 cm) x 75 cm. Zone 3.

*P. virgatum* 'Warrior' : feuillage vert devenant rouge à l'automne. Inflorescence vaporeuse pourpre. Port érigé. 110 cm (150 à 160 cm) x 60 cm. Zone 3.

**ENCORE PLUS**   En plus d'être utilisé comme plante fourragère, le panic raide est un excellent stabilisateur pour les berges. Ses racines peuvent descendre jusqu'à 3 m dans le sol.

*Panicum virgatum* 'Prairie Sky'  |  Photo : HortiCom

*Panicum virgatum* 'Strictum'  |  Photo : HortiCom

# PENNISÉTUM ROUGE

- **Nom botanique :** *Pennisetum setaceum* 'Rubrum', syn. *Pennisetum setaceum* 'Cupreum'
- **Famille :** Graminées
- **Hauteur (feuillage) :** 100 cm
- **Hauteur (floraison) :** 120 cm
- **Largeur :** 45 à 90 cm
- **Exposition :** soleil, mi-ombre
- **Sol :** bien drainé
- **Floraison/fructification :** été, automne
- **Zone de rusticité :** 9

*Pennisetum setaceum* 'Rubrum' | Photo : HortiCom

**Cette graminée annuelle superbe est si séduisante qu'on ne peut s'empêcher d'en tomber amoureux.** Avec ses feuilles délicates pourpre si foncé et ses inflorescences rose pâle en forme de queue de renard portée, plus sa capacité de danser à la moindre brise, c'est une plante exceptionnelle qui attirera tous les regards.

**DESCRIPTION** Le pennisétum rouge (*Pennisetum setaceum* 'Rubrum') est une graminée cespiteuse originaire d'Afrique qui produit des feuilles rubanées très étroites et fortement arquées, souvent jusqu'au sol. Elles sont rouge vin. La plante produit des épis longs et étroits, très, très plumeux, de couleur rouge rosé au début, devenant rose pâle vers la fin de l'été. Ils sont portés sur des tiges presque aussi arquées que le feuillage. Avec ses feuilles, ses tiges et ses épis tous arqués, le pennisétum rouge conserve toujours un très gracieux port en dôme, même durant la floraison.

Celle-ci peut commencer au début de l'été ou plus vers le milieu, selon les conditions, mais elle se poursuit jusqu'aux gels. Toute la plante meurt au premier gel et prend une teinte beige, mais le squelette reste encore attrayant jusqu'aux neiges.

**CULTURE** La coloration et la solidité de la plante dépendent en partie de la luminosité. On peut cultiver le pennisétum rouge à la mi-ombre, mais si on voit le feuillage verdir ou les tiges commencer à s'écraser au sol, on a été trop loin. Le plein soleil donne les plantes les plus solides et les plus colorées.

Le pennisétum rouge s'adapte à presque tous les sols, pour autant qu'ils soient bien drainés mais pas tout à fait secs. Cela vaut même pour la glaise, le sable ou les pierres, pour autant qu'il y ait toujours une trace d'humidité. Il donnera toutefois les meilleurs résultats dans un sol riche en matières organiques, où il se montrera encore plus résistant à la sécheresse. Malgré ses tiges et ses feuilles apparemment faibles qui se balancent sous la moindre brise, il tolère très bien

## PENNISÉTUM ROUGE

les pires vents, reprenant sa forme en dôme dès que le vent cesse, même si ce dernier l'avait littéralement couché par terre. On aurait pu l'utiliser dans la fable de Lafontaine, *Le chêne et le roseau* (dans le rôle du roseau, évidemment, qui plie mais ne rompt point).

Cette graminée est une vivace… dans le sud. Dans le nord, elle pousse et fleurit tout l'été comme si elle s'attendait à ce que la saison dure toujours. Quelle mauvaise surprise donc quand le gel la frappe! La plante est tuée sur le coup, car elle ne tolère nullement les températures prolongées inférieures à 0 °C; il suffit même de quelques minutes à −3 °C pour tuer le feuillage.

Vous avez donc deux possibilités: soit le traiter comme une annuelle et le laisser crever à l'automne, soit rentrer la plante (ou des divisions ou des boutures) dans la maison pour l'hiver. Et là encore vous avez deux choix, car vous pouvez garder la plante en croissance ou la mettre en dormance.

Dans le premier cas, placez le pennisétum rouge devant une fenêtre ensoleillée. Il faut le rabattre à la rentrée, sinon il y aura bientôt plus de feuilles mortes que de feuilles vivantes, car les feuilles de la saison estivale commencent rapidement à s'assécher une fois dans la maison. De nouvelles feuilles sortiront bientôt cependant. Dans la maison, même sous un éclairage intense, la belle coloration pourpre disparaîtra et bientôt vous aurez une potée qui ressemble à du gazon tout simplement. Par contre, quand vous la sortirez à l'extérieur au printemps suivant et qu'elle sera à nouveau exposée aux rayons ultraviolets, sa belle coloration reviendra. Il peut être nécessaire de rabattre la plante une deuxième fois avant de la sortir pour l'été.

Si vous disposez d'une chambre froide ou d'une autre pièce peu chauffée où la température reste à 4 °C sans atteindre le niveau de gel, vous pouvez le mettre en dormance après l'avoir rentré. Il s'agit encore une fois de rabattre la plante, mais vous couperez les arrosages. Le pennisétum commencera à se réveiller lorsque les températures dépasseront 4 °C, normalement vers le mois d'avril; trouvez-lui alors un emplacement éclairé et recommencez les arrosages.

**MULTIPLICATION** Le pennisétum rouge est presque stérile, produisant peu de graines. Celles qui sont produites ne donnent pas des plantes à feuillage rouge, mais plutôt vert ou vert un peu rougeâtre. Pour cette raison, on ne le multiplie pas par semis comme la plupart des annuelles, mais plutôt par division ou par bouturage à l'automne ou, pour les sujets hivernés dans la maison, au printemps. Pour le bouturage, il faut choisir des tiges florales, puis supprimer l'inflorescence. Aux moins deux nœuds doivent être enterrés pour que l'enracinement se fasse bien. Quand on inclut les nœuds de la base de la plante, près de la couronne, le taux de succès est de presque 100 %.

*Pennisetum setaceum* 'Rubrum' | Photo: HortiCom

**UTILISATIONS** Le pennisétum rouge est une superbe plante-vedette pour la plate-bande et ferait une superbe bordure haute le long d'un sentier, mais malheureusement il est un peu trop coûteux pour qu'on l'achète par dizaines… À moins que vous le reproduisiez vous-même par bouturage ou par division. La plupart des jardiniers se contentent d'acheter deux ou trois plantes et de les utiliser judicieusement en contenant pour créer un maximum d'effet au moindre coût. C'est aussi une excellente fleur coupée fraîche ou séchée.

# PENNISÉTUM ROUGE

**ASSOCIATIONS** Comme le pennisétum rouge volera la vedette de toute façon, on peut tout simplement l'entourer de plantes qui rehausseront son apparence, comme des annuelles basses à fleurs aux couleurs pâles, par exemple des pensées (*Viola* x *wittrockiana*) ou des pétunias (*Petunia* x *hybrida*), ou encore des plantes couvre-sol à feuillage argenté, comme l'armoise de Steller naine (*Artemisa stelleriana* 'Boughton Silver').

**PROBLÈMES** Peu fréquents.

**CULTIVARS** *P. setaceum* 'Rubrum' est de loin le plus populaire des pennisétums rouges, mais il y en a un autre : *P. setaceum* 'Eaton Canyon', syn. *P. setaceum* 'Rubrum Dwarf', qui est une sélection miniature très semblable à 'Rubrum'. Il est particulièrement utile lorsque l'espace est exigu. 60 à 75 cm x 60 cm.

Ou essayez la forme originale, soit le pennisétum soyeux (*P. setaceum*), aux feuilles vertes et aux épis arqués roses devenant blancs. Il a l'avantage de pouvoir se cultiver par semences, ce qui réduit de beaucoup son coût. 90 à 120 cm x 45 à 90 cm

### AUTRES PENNISÉTUMS

*P. macrostachyum* 'Burgundy Giant' est une plante mystère. On l'a trouvée comme telle dans le Jardin Marie Selby à Tampa, en Floride, sans pouvoir y mettre un nom. Les taxonomistes la classifient maintenant dans l'espèce *P. macrostachyum*, mais rien n'est moins certain. C'est essentiellement un *P.* 'Rubrum' géant, aux feuilles plus larges et aussi pourprées, et aux épis roses encore plus longs, toujours en queue de renard plumeuse. 120 à 140 cm (150 à 180 cm) x 90 cm. Zone 9.

**ENCORE PLUS** Avec de si jolis pennisétums rouges tropicaux, on se prend à rêver qu'il puisse exister des variétés rustiques de pennisétum d'une aussi belle coloration. Eh bien, cela pourrait arriver. Je connais des hybrideurs américains qui ont croisé *P. setaceum* 'Rubrum' avec l'herbe aux écouvillons (*P. alopecuroides*), une espèce relativement rustique (zone 5b), et qui ont réussi à transférer la couleur rouge à une plante plus rustique. Il leur reste à l'intensifier par des croisements plus poussés. Le problème est que ces hybrideurs résident en zone 7 et considéreront leurs plants rustiques s'ils survivent sous *leur* climat. Il faudra peut-être attendre encore bien longtemps avant d'avoir des pennisétums rouges assez rustiques pour nos régions !

*Pennisetum setaceum* | Photo : HortiCom

*Pennisetum* 'Burgundy Giant' | Photo : HortiCom

LES GRAMINÉES ORNEMENTALES

# SPODIOPOGON DE SIBÉRIE

*Spodiopogon sibericus* | Photo : HortiCom

> Nom botanique : *Spodiopogon sibericus*
> Famille : Poacées
> Hauteur (feuillage) : 100 cm
> Hauteur (floraison) : 150 cm
> Largeur : 90 cm
> Exposition : soleil, mi-ombre (ombre)
> Sol : fertile, bien drainé
> Floraison : été, automne et hiver
> Zone de rusticité : 4 (probablement moins)

**Je vous le jure : le mot « sibericus » m'allume.** Quand je le vois, je suis certain qu'il décrit une plante toute faite pour moi. Car je vois ma cour arrière comme une annexe occidentale de la Sibérie. Tout y est : épinettes, cornouillers, neige, rennes… bien, peut-être pas des rennes, mais du moins des écureuils gris. Pourtant, la première fois que j'ai vu cette plante, on lui avait accordé une zone 7… américaine ! Ce qui montre bien que, quand une plante arrive sur le marché, il n'est pas évident de connaître sa vraie zone. La zone a été rapidement repoussée à 5, puis maintenant à 4. J'ai l'impression qu'elle va finir à 3 ou même à 2. Après tout, la Sibérie…

J'adore cette graminée, que je trouve parmi les plus belles, mais force est de constater qu'elle est peu connue du public jardinier. J'espère que ce texte aidera à provoquer plus d'intérêt.

DESCRIPTION  Le spodiopogon (n'est-ce pas que c'est un joli nom ? Je pense que je vais appeler mon prochain chien Spod) de Sibérie est sûrement l'une des graminées les plus symétriques qui existent. C'est une graminée dite cespiteuse (elle a bien des rhizomes mais ils sont très courts) qui forme une touffe parfaitement arrondie qui grossit de façon très égale avec le

# SPODIOPOGON DE SIBÉRIE

temps. Les tiges sont très dressées, portant des feuilles de 15 à 20 cm de long et de 6 mm à 2,5 cm de large. Les feuilles se redressent à l'horizontale, ce qui donne à la plante une allure de bonsaï. Quand les tiges achèvent leur croissance, le spodiopogon forme une colonne érigée au sommet légèrement arrondi. Curieusement, à ce stade, il ressemble beaucoup au chasmanthium (*Chasmanthium latifolium*), une graminée qui n'est pas une proche parente.

C'est quand la plante fleurit qu'on voit la différence. Les inflorescences sont portées très haut par rapport à la taille de la plante, se présentant sous forme de panicules dressées, étroites et aérées. Les fleurs sont d'abord pourprées, puis brunes à l'automne. Elles persistent l'hiver.

Au premier gel sévère, toute la plante devient brun pourpré. Du givre a tendance à se former sur les petits poils de la feuille, ce qui donne un très bel effet blanc cristallin sur fond brun riche, ainsi que sur les fleurs maintenant beiges. D'ailleurs, en anglais, on appelle cette plante « Siberian frostgrass » (« frost » veut dire « givre »).

*Spodiopogon sibericus* | Photo : HortiCom

**CULTURE** Cultivez le spodiopogon de Sibérie au soleil ou à la mi-ombre (il pousse aussi à l'ombre mais a alors tendance à s'affaisser) dans un sol riche en matières organiques et bien drainé. Il tolère un peu de sécheresse, mais croît mieux lorsque le sol est toujours un peu humide.

La croissance est assez lente : achetez de gros plants si vous voulez obtenir un effet rapide. Par contre, l'entretien est minimal. On peut pratiquement le laisser pousser à sa guise.

**MULTIPLICATION** Par division au printemps ou à l'automne.

**UTILISATIONS** Si cette plante est très populaire dans les jardins japonais au Japon, pourquoi pas dans votre propre jardin japonais ou asiatique ? Elle est un excellent substitut pour les bambous plutôt fragiles sous notre climat. Vous pouvez aussi en faire une haie ou un écran, ou lui faire longer un sentier. Ou mettez-la en vedette : elle n'a pas peur d'être seule !

*Spodiopogon sibericus* 'Westport' | Photo : HortiCom

**ASSOCIATIONS** Essayez le spodiopogon de Sibérie avec des vivaces et des annuelles de taille moyenne, comme des hémérocalles (*Hemerocallis* spp.) et la lavatère à grandes fleurs (*Lavatera trimestris*).

**PROBLÈMES** Peu fréquents.

**CULTIVARS** Cette plante peu connue n'a qu'un seul cultivar, pour autant que je sache. C'est 'West Lake', plus haut et moins rigidement dressé que l'espèce et aux fleurs brun plus foncé. 120 cm (180 cm) x 90 cm.

# SOURCES DE PLANTES

Ne pensez pas que vous allez trouver toutes les plantes décrites dans ce livre dans votre jardinerie locale. Les plantes que je vous ai présentées sont les meilleures de leur catégorie, du moins en ce qui concerne la facilité de culture. Or, la préoccupation des jardineries est rarement la facilité de culture. La preuve en est qu'elles vendent toujours, en cette époque où il existe des centaines de cultivars de hostas résistants aux limaces, surtout des hostas qui ne le sont pas. Et elles offrent des dizaines d'autres plantes qui « n'ont pas de bons sens » aux yeux d'un jardinier paresseux. Par ailleurs, d'excellentes plantes n'ont jamais été disponibles dans les jardineries classiques et ne le seront jamais.

Heureusement, il n'a jamais été aussi facile de trouver des plantes « inhabituelles ». Naguère, il fallait se procurer par la poste des dizaines de catalogues méconnus et fouiller (ce qu'on peut d'ailleurs toujours faire : j'adore fouiller dans les catalogues à la recherche de plantes inhabituelles tout autant que ces gens qui adorent magasiner en personne). Mais de nos jours, avec Internet, vous n'avez qu'à inscrire le nom d'une plante (le nom botanique, s'entend) dans un moteur de recherche et « fouiller » dans quelques pages, et vous la trouvez. Comme il reste cependant compliqué d'importer des plantes, il vaut mieux chercher une pépinière située au Canada si vous êtes en quête de végétaux. Si vous cherchez des semences par contre, il n'y a aucune restriction d'importation et vous pourrez les faire venir d'où bon vous semble.

Voici quelques « pistes » pour vous aider à partir sur le bon pied.

Bonne recherche !

### ALPINES MONT ÉCHO
1182, chemin Parmenter
Sutton (Qc) J0E 2K0
Tél. : 450-243-5354
www.alpinemtecho.com

### AU JARDIN DE JEAN PIERRE
1070, Rang 1 Ouest
Sainte-Christine (Qc)
J0H 1H0
Tél. : 819-858-2142
www.jardinjp.com

### BLUESTEM ORNAMENTAL GRASSES
1949 Fife Rd
Christian Lake (BC)
V0H 1E3
Tél. : 250-447-6363
www.bluestem.ca

### BOTANUS
2489 Wayburne Crescent
Langley (BC) V2Y 1B6
Tél. : 800-672-3413
www.botanus.com

### CANADA'S BAMBOO WORD
Box 71025,
125-8115 120 St.
Delta (BC) V4C 8E6
Tél : 604-596-2090
www.bambooworld.com

### CANNING PERENNIALS
955309 Canning Rd.
RR 22 Paris (On)
N3L 3E2
Tél. : 519-458-4271
www.canningperennials.com

# SOURCES DE PLANTES

**CHILTERN SEEDS**
Bortree Stile
Ulverston, Cumbria
LA12 7PB England
Tél.: (011-44)1229-58.11.37
www.chilternseeds.co.uk

**CHUCK CHAPMAN IRIS**
RR 1  8790 WR 124
Guelph (On) N1H 6H7
Tél.: 519-856-4424
www.chapmaniris.com

**FERME LES CHAMPS FLEURIS**
993, chemin Iberville
Saint-Lambert-de-Lauzon (Qc)
G0S 2W0
Tél.: 418-889-9014
www.champsfleuris.com

**FRASER'S THIMBLE FARMS**
175 Arbutus Road
Salt Spring Island (BC)
V8K 1A3
Tél.: 250-537-5788
www.thimblefarms.com

**GARDENIMPORT**
PO Box 760
135 West Beaver Creek Rd
Richmond Hill (On)
L4B 1C6
Tél.: 800 339-8314
www.gardenimport.com

**GARDENS NORTH**
5984 Third Line Road North
North Gower (On)
K0A 2T0
Tél.: 613-489-0065
www.gardensnorth.com

**HOLE'S**
101 Bellerose Drive
St. Albert (Ab) T8N 8N8
Tél.: 888-884-6357
www.holesonline.com

**HORTICLUB**
2914, boul. Curé-Labelle
Laval (Qc) H7P 5R9
Tél.: 800-723-9071
www.horticlub.com

**JARDIN LAC BROME**
2612, chemin du Mont Écho, Sutton,
Québec J0E 1V0
Tél.: 450-243-1528
www.jardinlacbrome.com

**JEFFRIES NURSERIES**
PO Box 402 Portage la Prairie (MB)
R1N 3B7
Tél.: 204-857-5288
www.jeffriesnurseries.com

**JOHNNY'S SELECTED SEEDS**
955 Benton Avenue
Winslow Maine
04901-2601
Tél.: 207-861-3901
www.johnnyseeds.com

**LA PIVOINERIE D'AOUST**
CP 220
Hudson Heights (Qc) J0P 1J0
Tél.: 450-458-2759
www.paeonia.com

**LES VIVACES DE L'ISLE**
16 200, boul. Bécancour
Bécancour (QC) G9H 2M1
Tél.: 819-222-9768
www.vivaces.net

# SOURCES DE PLANTES

**MCCONNELL NURSERIES**
Box 248 Strathroy
(On) N7G 3J2
Tél.: 800-461-9445
www.mcconnell.ca

**PARK SEED**
1 Parkton Avenue
Greenwood South Carolina
29647-0001 USA
Tél.: 800-213-0076
www.parkseed.com

**PIVOINES CAPANO**
599, chemin du Golf
Chicoutimi (Qc) G7H 5A7
Tél.: 418-545-4124
www.pivoinescapano.com

**RICHTERS**
357 Highway 47
Goodwood (On) L0C 1A0
Tél : 905-640-6677
www.richters.com

**SEPI**
120-3, rue Marengère
Gatineau (Qc) J8T 6Y9
Tél.: 819-246-5111
www3.sympatico.ca/vivaces

**SOCIÉTÉ DES AMIS DU JARDIN VAN DEN HENDE**
2480, boul. Hochelaga
Université Laval
Pavillon Envirotron local 1246,
(Qc) G1K 7P4
Tél.: 418-656-3410

**STOKES SEEDS**
296 Collier Road PO Box 10
Thorold (On) L2V 5E9
Tél.: 800-396-9238
www.stokeseeds.com

**SUZANNE TAILLON**
907, rue des Saules
St-Nicolas (Qc) G7A 3Y7
Tél.: 418-831-3308

**THE PLANT FARM**
177 Vesuvius Bay Rd
Salt Spring Island (BC)
V8K 1K3
Tél.: 250-537-5995
www.theplantfarm.ca

**THOMPSON &MORGAN**
PO Box 1308
Jackson New Jersey 08527-0308 USA
Tél.: 800 274-7333
www.thompson-morgan.com

**VESEYS**
PO Box 9000
Charlottetown (PEI)
C1A 8K6
Tél.: 800-363-7333
www.veseys.com

**VIVACES NORDIQUES**
2400, chemin Principal
Saint-Mathieu-du-Parc (Qc)
G0X 1N0
Tél.: 819-532-3275
www.vivacesnordiques.com

**WRIGHTMAN ALPINES**
1503 Napperton Drive, RR 3
Kerwood (On)
N0M 2B0
Tél.: 519-247-3751
www.wrightmanalpines.com

## VOYAGES HORTICOLES

Si vous êtes intéressé à participer à des voyages horticoles avec l'auteur, Larry Hodgson, veuillez visiter le site web :

www.jardinierparesseux.com

# GLOSSAIRE

**BIPENNÉ :**
deux fois penné, comme plusieurs fougères.

**BRACTÉE :**
feuille différente des autres qui accompagne une fleur et aide souvent à attirer les pollinisateurs.

**CAÏEU :**
petit bulbe.

**COROLLE :**
ensemble des pétales d'une fleur.

**ÉPI :**
inflorescence où les fleurs sont étroitement serrées sur un axe.

**ÉPILLET :**
petit épi.

**FIDÈLE AU TYPE :**
plante qui donne une réplique complète d'elle-même lorsqu'elle est multipliée sexuellement. Se dit d'une semence qui produit une réplique exacte du plant mère.

**FLEURIR À NU :**
fleurir sans feuillage.

**FOLIOLE :**
petite feuille faisant partie d'une feuille composée.

**FORCER :**
action entreprise pour faire fleurir des plantes avant leur période normale de floraison.

**HÉLIOPHILE :**
se dit d'un organisme qui recherche la lumière.

**LITIÈRE FORESTIÈRE :**
partie du sol (d'une forêt) composée de débris organiques plus ou moins décomposés.

**MONOCARPE :**
qui ne fleurit qu'une seule fois et qui meurt par la suite.

**MYCORRHIZES :**
association symbiotique entre un champignon et les racines d'une plante supérieure.

**OMBROPHILE :**
qui aime l'ombre.

**PAILLIS :**
couche de matériau appliquée sur la surface du sol pour diverses raisons.

**PELTÉ :**
se dit d'une feuille fixée par le centre.

**PENNÉ :**
feuille composée, en forme de plume.

**PÉTALOÏDE :**
qui ressemble à un pétale.

**REMONTANT :**
se dit des plantes dont la floraison se répète au cours de la saison.

**SÉPALE :**
foliole qui compose le calice (partie extérieure) de la fleur. Elle peut être verte ou ressembler à un pétale.

**SOUS-ARBRISSEAU :**
plante mi-herbacée, mi-arbuste présentant des parties herbacées et des parties ligneuses.

**STAMINOÏDES :**
étamines stériles qui ne portent ni anthère ni pollen.

**TÉPALE :**
pétale ou sépale; terme utilisé lorsque les deux se ressemblent au point qu'il n'est pas utile de les distinguer.

**TÉTRAPLOÏDE :**
se dit d'une plante ayant quatre ensemble de chromosomes.

**XÉROPHYTE :**
plante habitant les lieux très secs.

# BIBLIOGRAPHIE

## LIVRES

Armitage, Allan M., ***Armitage's Manual of Annuals, Biennials, and Half-Hardy Perennial***. Timber Press, Portland, 2001, 539 p.

Armitage, Allan M., ***Herbaceous Perennial Plants***, 2<sup>e</sup> éd. Stipes Publishing, Champaign, 1997, 1141 p.

Barone, Sandra & F. Oehmichen, ***Les graminées: au jardin et dans la maison***. Les Éditions de l'Homme, Montréal, 2001, 204 p.

Bryan, John E., ***Bulbs***. Timber Press, Portland, 2002, 524 p.

Coll., ***Guide des bulbes à fleurs de printemps et d'automne***. Horticolor, Lyon, 2000, 196 p.

Coll., ***Répertoire des arbres et arbustes ornementaux***, 3<sup>e</sup> éd. Hydro-Québec, 2005, 547 p.

Coll., ***The New Royal Horticultural Society Dictionary of Gardening***, tomes 1-4. Grove's Dictionaries inc, New York, 1999, 3240 p.

Coll., ***Toutes les plantes***, collection L'Encyclopédie visuelle bilingue. Éditions Gallimard, Paris, 1992, 63 p.

Dirr, Michael A., ***Manual of Woody Landscape Plants***, 3<sup>e</sup> éd. Stipes Pub., Champaign, 1983, 826 p.

Dirr, Michael A., ***Manual of Woody Landscape Plants***, 5<sup>e</sup> éd. Stipes Pub., Champaign, 1998, 1187 p.

Giguère, Rock & coll., ***Botanique et horticulture dans les jardins du Québec***. Éditions MultiMondes, Sainte-Foy, 2002, 214 p.

Giguère, Rock & coll., ***Botanique et horticulture dans les jardins du Québec***, volume 2. Éditions MultiMondes, Sainte-Foy, 2003, 174 p.

Giguère, Rock, ***Les pivoines***. Les Éditions de l'Homme, 2006, 311 p.

Greenlee, John, ***The Encyclopedia of Ornamental Grasses – How to Grow and Use Over 250 Beautiful and Versatile Plants***. Rodale Press, Emmaus, 1992, 186 p.

Gusman, Guy & Liliane, ***The Genus Arisaema – A Monograph for Botanists and Nature Lovers***. A.R.G. Gantner Verlag KG, Ruggell, 438 p.

Hinkley, Daniel J., ***The Explorer's Garden: Rare and Unusual Perennials***. Timber Press, Portland, 1999, 380 p.

Hodgson, Larry, ***Les annuelles***, collection Le jardinier paresseux. Broquet, Boucherville, 1999, 550 p.

Hodgson, Larry, ***Les arbustes***, collection Le jardinier paresseux. Broquet, Saint-Constant, 2002, 616 p.

Hodgson, Larry, ***Les bulbes rustiques***, collection Le jardinier paresseux. Broquet, Saint-Constant, 2004, 760 p.

Hodgson, Larry, ***Les vivaces***, collection Le jardinier paresseux. Broquet, Saint-Constant, 1997, 542 p.

Hodgson, Larry, ***Making the Most of Shade***. Rodale, 2005, 407 p.

# BIBLIOGRAPHIE

Hodgson, Larry, **Perennials for Every Purpose**. Rodale, Emmaus, 2000, 502 p.

Hodgson, Larry, **Pots et jardinières**, collection Le jardinier paresseux. Broquet, Boucherville, 2000, 408 p.

Hoshizaki, Barbara Joe & R.C. Moran, **Fern Grower's Manual - Revised and Expanded Edition**. Timber Press, Portland, 2001, 604 p.

Lamoureux, Gisèle, S. Lamoureux, R.F. Gauthier, S. Banville & M.-E. Charbonneau, **Fougères, prêles et lycopodes, Guide d'identification Fleurbec**. Fleurbec, Saint-Henri-de-Lévis, 1993, 511 p.

Laramée, Louisette, **Plantes vivaces – Guide pratique – Répertoire illustré**. La Maison des Fleurs Vivaces, Saint-Eustache, 1999, 512 p.

Laramée, Louisette & I. Langlois, **Symphonie Jardin – Plantes vivaces et fines herbes – Les 4 saisons – Guide de référence**. La Maison des Fleurs Vivaces, Saint-Eustache, 2004, 82 p.

MacKenzie, David S., **Perennial Ground Covers**. Timber Press, Portland, 1997, 379 p.

Marie-Victorin, Frère, **Flore Laurentienne**, 3e éd. Gaëtan Morin Éditeur, Boucherville, 2002, 1093 p.

Millette, Réjean D., **Les hémérocalles.** Les Éditions de l'Homme, Montréal, 2005, 347 p.

Millette, Réjean D., **Les hostas**. Les Éditions de l'Homme, Montréal, 2003, 348 p.

Mondor, Albert, **Le grand livre des vivaces – Guide pratique**. Les Éditions de l'Homme, Montréal, 2001, 390 p.

Mondor, Albert, **Le guide des fleurs parfaites**. Les Éditions de L'Homme, Montréal, 2005, 447 p.

Quinn, Martin & C. Macleod, Grass scapes – Gardening with ornamental grasses. Whitecap Books, North Vancouver, 2003, 191 p.

Reilly, Ann, **Park's Success with Seeds**. Geo W. Park Seed Co., Greenwood, 1978, 364 p.

Ross, Marty & coll., **All About Bulbs**. Ortho Books (Meredith Books), Des Moines, 1999, 96 p.

Sutton, John, **The Gardener's Guide to Growing Salvias**, Timber Press, Portland, 1999, 160 p.

Van Dijk, Hanneke & M. Kurpershoek, **L'encyclopédie des plantes à bulbes**. Maxi-Livre, 2003, 335 p.

### CATALOGUES CONSULTÉS

Gardens North - 2005. 5984 Third Line Road North, North Gower (ON) K0A 2T0, Canada.

Terra Nova Nurseries - 2006. PO Box 23938, Tigard, Oregon, 97281-3938, USA.

# INDEX

**A**

Acanthe à feuilles molles, voir *Acanthus mollis*
  à feuilles souples, voir *Acanthus mollis*
  de Bulgarie, voir *Acanthus hungaricus*
  de Hongrie, voir *Acanthus hungaricus*
  épineuse, voir *Acanthus spinosus*
*Acanthus bulgaricus*, 12
  *hungaricus*, 12-13
  *mollis*, 12, 14
  *spinosus*, 14
*Acer palmatum*, 291
  *saccharum*, 397
*Achillea* 'Coronation Gold', 99
  *filipendula*, 14
  'Moonbeam', 14
  'Terracotta', 134
  x 'Schwellenburg', 14
Achillée jaune, voir *Achillea filipendula*
  'Schwellenburg', 14
  'Terracotta', 134
*Achnatherum brachytricha*, 434
Acide acétylsalicylique, 194
Aconit, voir *Aconitum*
  à épis, voir *Aconitum spicatum*
  bicolore *Aconitum* x *cammarum* 'Bicolor'
  d'hiver, voir *Eranthis hyemalis*
  'Ivorine', 16
  'Stainless Steel', 18
*Aconitum*, 381
  x *cammarum* 'Bicolor', 19
  *lycoctonum lycoctonum*, 16, 18
  *septentrionale* 'Ivorine', 16-18
  *spicatum*, 19

'Stainless Steel', 18-19, 231
Acore aromatique panaché, voir *Acorus calamus* 'Variegatus',
*Acorus calamus* 'Variegatus', 127
Acrostic, voir *Acrostichum aureum*
*Acrostichum aureum*, 425
*Actaea pachypoda*, 20
  *rubra*, 22
  *spicata*, 22
Actée à gros pédicelles, 20
  blanche, 22
  en épi, 22
  rouge, 22
Adiante des Aléoutiennes, voir *Adiantum aleuticum*
  du Canada, voir *Adiantum pedatum*
  pédalé, voir *Adiantum pedatum*
*Adiantum*, 413
  *aleuticum*, 413
  *aleuticum* 'Imbricatum', 414
  *aleuticum* 'Japonicum', 414
  *aleuticum* 'Miss Sharples', 414
  *aleuticum* 'Subpumilium', 414
  *pedatum*, 412-413
  *pedatum aleuticum*, 413
  *pedatum* 'Imbricatum', 414
  *pedatum* 'Japonicum', 414
  *pedatum* 'Miss Sharples', 414
  *pedatum subpumilum*, 414
*Agastache* 'Black Adder', 24
  'Blue Fortune', 23
  fenouil, 23

*foeniculum*, 23
*foeniculum* 'Golden Jubilee', 24
  'Golden Jubilee', 24
  *rugosa*, 23
Agérate, voir *Ageratum houstonianum*
*Ageratum houstonianum*, 163, 266-267, 274, 309
  *houstonianum* 'Blue Bouquet', 267
  *houstonianum* 'Blue Horizon', 266, 267
  *houstonianum* 'Blue Leilani', 267
  *houstonianum* 'Florist Blue', 267
  *houstonianum* 'High Tide Blue', 267
  *houstonianum* 'High Tide White', 267
  *houstonianum* 'Red Sea', 267
*Agropyron repens*, 427
Ail de Cristophe, voir *Allium cristophii*
  ornemental 'Globemaster', voir *Allium* 'Globemaster'
  ornemental 'Purple Sensation', voir *Allium* x *hollandicum* 'Purple Sensation'
*Ajuga reptans*, 404
*Alcea ficifolia*, 252-253
  *ficifolia* 'Antwerp Mixed', 253
  *ficifolia* 'Happy Lights Mix', 253
  *pallida*, 252
  *rugosa*, 251-252
*Alchemilla conjuncta*, 27
  *ellenbeckii*, 27
  *erythropoda*, 27
  *glaucescens*, 27
  *mollis*, 25-27

# INDEX

*mollis* 'Auslese', 27
*mollis* 'Improved Form', 27
*mollis* 'Robusta', 27
*mollis* 'Senior', 27
*mollis* 'Thriller', 27
Alchémille, 25
 à folioles soudées, 27
 d'Ellenbeck, 27
 molle, 25
 pubescente, 27
Allium aflatunense 'Purple Sensation', voir *Allium* x *hollandicum* 'Purple Sensation'
 *albopilosum*, voir *Allium cristophii*
 *christophii*, voir *Allium cristophii*
 *cristophii*, 334-336
 de Cristophe, voir *Allium cristophii*
 de Hollande 'Purple Sensation, voir *Allium* x *hollandicum* 'Purple Sensation'
 *elatum*, 336
 étoile de Perse, voir *Allium cristophii*
 géant, voir *Allium giganteum*
 *giganteum*, 332
 'Globemaster', 332, 336-337
 x *hollandicum* 'Purple Sensation', 332-333, 337
 'Lucy Ball', 333
 'Mount Everest', 333
*Alocasia macrorrhiza*, 306, 387-389
 *macrorrhiza* 'Variegata', 390
 *macrorrhizos*, voir *Alocasia macrorrhiza*
 *odora*, 390
 *portei*, 390
 'Portodora', 390

*Aloe vera*, 217
Aloès, 217
Alysse odorante, voir *Lobularia maritima*
Amarante queue-de-renard, 268
*Amaranthus caudatus*, 268-270
 *caudatus* 'Dreadlocks', 269
 *caudatus* 'Fat Spike', 269, 270
 *caudatus* 'Pony Tails', 270
 *caudatus* 'Viridis', 270
 *cruentus* 'Velvet Curtains', 269
 *paniculata* 'Red Cathedral', 269
*Amsonia* 'Blue Ice', 29
 *hubrichtii*, 29
 *illustris*, 29
 *salicifolia*, 29
 *tabernaemontana*, 28-29
 *tabernaemontana salicifolia*, 29
Amsonie à feuilles de saule, 29
 bleue, 28
 d'Arkansas, 29
 du Texas, 29
Ancolie, 172
*Anemone*, 349
 *blanda*, 339, 341-342
 *blanda* 'Blue Shades', 343
 *blanda* 'Violet Star', 343
 *blanda* 'White Splendour', 341, 342
 x *lipsiensis*, 340
 *nemorosa*, 339-341
 *nemorosa* 'Albo Plena', 340
 *nemorosa* 'Allenii', 340
 *nemorosa* 'Bowles Purple', 340
 *nemorosa* 'Green Fingers', 340

 *nemorosa* 'Robinsoniana', 340
 *nemorosa* 'Rosea', 340
 *nemorosa* 'Vestal', 338, 340
 *ranunculoides*, 340
 *seemannii*, 340
Anémone des bois, voir *Anemone nemorosa*
 grecque, voir *Anemone blanda*
 sylvie, voir *Anemone nemorosa*
Anis hysope, 23
Annuelles, 262
 en contenant, 265
*Antirrhinum*, 166
*Arisaema dracontium*, 347
 *fargesii*, 347
 *ringens*, 347
 *sikokianum*, 343-345
 *sikokianum* variegated, 343-345
 *triphyllum*, 347
Arisème de Farges, voir *Arisaema fargesii*
 de Shikoku, voir *Arisaema sikokianum*
 ouvert, voir *Arisaema ringens*
 petit-prêcheur, voir *Arisaema triphyllum*
Arisème-dragon, voir *Arisaema dracontium*
Armoise, voir *Artemisia*
 de Steller, voir *Artemisia stelleriana*
Arroche, 207
*Artemisia*, 452
 *stelleriana*, 134, 249
 *stelleriana* 'Boughton Silver', 272
*Aruncus dioicus*, 28, 38-39, 434
*Asarum canadense*, 18, 413
Asclépiade des marais, 124
*Asclepias incarnata*, 124, 231

478 ••• INDEX

# INDEX

Aspérule odorante, voir
  *Galium odoratum*
Aspidie à feuilles de caryota,
  voir *Cyrtomium
  caryotideum*
  à grosses folioles, voir
    *Cyrtomium
    macrophyllum*
  de Fortune, voir
    *Cyrtomium fortunei*
Aspirine, 194
*Aster* x *dumosus* 'Purple
  Dome', 30
  *novae-angliae*, 30
  'Purple Dome', 30
  *novae-angliae* 'Kiestrbl', 31
  *novae-angliae* 'Purple
    Dome', 30-31
  *novae-angliae* 'Wood's
    Light Blue', 31
  *novae-angliae*
    Sapphire™, 31
  *novae-angliae* 'Wood's
    Pink', 31
  *novae-angliae* 'Wood's
    Purple', 31
*Astilbe*, 419, 422
  x *arendsii* 'Darwin's
    Margot', 33
  x *arendsii*
    'Ellie van Veen', 34
  x *arendsii* 'Ellie', 34
  x *arendsii* 'Fanal', 33, 34
  x *arendsii* 'Rock and Roll',
    34
  x *arendsii* 'Sister Theresa',
    34
  x *arendsii* 'Zuster
    Theresa', 34
  *chinensis*, 33
  *chinensis pumila*, 34
  *chinensis taquetii* 'Purple
    Candles', 34
  *chinensis taquetii*
    'Purpurkerze', 34
  *chinensis*
    'Vision in Pink', 34

*chinensis*
  'Vision in Red', 34
*chinensis* 'Visions', 32-33
chinois, 33
*japonica* 'Red Sentinel', 34
*japonica* 'Rheinland', 34
*japonica* 'Rhineland', 34
'Visions', 32-33
Astrance radiaire, 35
*Astrantia* 'Hadspen Blood',
  37
*major*, 35-37
*major* 'Abbey Road', 37
*major involucrata*
  'Majorie Fish', 37
*major involucrata*
  'Shaggy', 35, 36, 37
*major* 'Lars', 37
*major* 'Moulin Rouge', 37
*major* 'Pink Pride', 37
*major* 'Roma', 37
*major* 'Rosensymphonie',
  37
*major* 'Ruby Wedding', 37
*major* 'Sunningdale
  Variegated', 37
Athyrie du Japon, 419
*Athyrium filix-femina*, 419
  x 'Branford Beauty', 419
  x 'Branford Rambler', 419
  *goeringianum pictum*, 420
  *niponicum*, 419
  *niponicum* x 'Ghost', 419
  *niponicum metallicum*,
    420
  *niponicum pictum*, 49,
    418-419
  *niponicum pictum* 'Apple
    Court', 420
  *niponicum pictum*
    'Burgundy Lace', 420
  *niponicum pictum*
    'Pewter Lace', 420
  *niponicum pictum* 'Red
    Beauty', 420
  *niponicum pictum* 'Silver
    Falls', 420

  *niponicum pictum* 'Soul
    Mate', 420
  *niponicum pictum*
    'Ursula's Red', 421
  *niponicum pictum* x
    'Wildwood Twist', 421
  *otophorum okanum*, 421
*Atriplex hortensis*, 207
Avoine bleue, voir
  *Helictotrichon
  sempervirens*

## B

Balisier, voir *Canna*
Baltimore, 89
Bambous, 427
Baptisia, 28
Barbe-de-bouc, voir
  *Arunucus dioicus*
Baromètre, 54
Bégonia des plates-bandes,
  264
*Begonia* x *semperflorens-
  cultorum*, 264
*Bergenia*, 40-42
  'Autumn Glory', 42
  'Autumn Magic', 42
  *cordifolia*, 40
  *cordifolia* 'Purple Bells', 42
  *cordifolia*
    'Purpurglocken', 42
  *cordifolia* 'Tubby
    Andrews', 42
  *cordifolia* 'Winterglow',
    42
  *cordifolia* 'Winterglut',
    40, 42
  *crassifolia*, 40
  'Herbstblute', 42
  'Morgenröte', 42
  'Morning Red', 42
  *purpurascens*, 40
  remontant, 40
  'Rosi Ruffles', 42
Bétoine de Monier, 43
  Monier 'Hummelo', 43
  officinale, 46

# INDEX

Bisannuelles, 232
Blé d'Inde panaché, voir
   *Zea mays japonica*
Bonne plante au bon
   endroit, 11
Bouillon blanc, 250
Bouton d'or, voir
   *Ranunculus acris*
*Bracteantha bracteata*, 54
British Stachys Society, 45
*Brunnera*, 51
   argenté 'Jack Frost', 47
   *macrophylla*, 50
   *macrophylla* 'Aluminium
     Spot', 50
   *macrophylla* 'Betty
     Bowring', 51
   *macrophylla* 'Dawson's
     White', 51
   *macrophylla* 'Gordano
     Gold', 51
   *macrophylla* 'Hadspen
     Cream', 51
   *macrophylla* 'Jack Frost',
     47, 48, 49
   *macrophylla* 'Langtrees',
     50
   *macrophylla* 'Look Glass',
     50
   *macrophylla* 'Marley's
     White', 51
   *macrophylla* 'Silver
     Wings', 50
   *macrophylla* 'Variegata',
     50, 51
Brunneras à feuillage vert, 50
   argentés, 50
   panachés, 51
Bugle rampante, voir
   *Ajuga reptans*
Buglosse de Sibérie, 47
   Sibérie 'Jack Frost', 47
Bulbes, 328
   rustiques, 329
   tendres, 329, 330
Bulbocode printanier, voir
   *Bulbocodium vernum*

*Bulbocodium vernum*,
   347-349
*vernum* 'Album', 349
*versicolore*, 349

## C

*Caladium*, 349-352, 387
   'Aaron', 352
   'Florida Sweetheart', 350
   *humboldtii*, 352
   hybride, voir *Caladium* x
   nain, voir *Caladium*
     *humboldtii*
   'Red Blush', 349
Calamagrostide de Corée,
   voir *Calamagrostis*
     *brachytricha*
   'Karl Foerster', voir
     *Calamagrostis* x
     *acutiflora* 'Karl Foerster'
*Calamagrostis x acutiflora*
   'Avalanche', 434
   x *acutiflora* 'Karl Foerster',
     31, 91, 432-433
   x *acutiflora* 'Overdam',
     434
   x *acutiflora* 'Stricta',
     434
   *arundinacea*, 432, 434
   *brachytricha*, 434
   *epigejos*, 432, 433
   'Cabaret Lavender', 270
   'Cabaret Pink Light', 271
   x *hybrida*, 270-271, 274
   hybride, 270
   Million Bells Terra Cotta,
     272
   'Sunbelkist', 272
Caltha des marais, voir
   *Caltha palustris*
*Caltha palustris*, 423, 441
*Campanula carpatica*, 52
   *lactiflora*, 252
   *lactiflora* 'Favourite', 53
   *lactiflora* 'Loddon Anna',
     53
   *lactiflora* 'Pouffe', 54

   *lactiflora* 'Pritchard's
     Variety', 52-53, 366
   *lactiflora* 'White Pouffe',
     54
   *portenschlagiana*, 52
   *poscharskyana*, 52
Campanule à fleurs
   laiteuses, 52
   des Carpates, 52
   lactiflore, 52
   lactiflore 'Pritchard's
     Variety', voir *lactiflora*
     'Pritchard's Variety'
*Campylomma verbasci*, 249
*Canna*, 306, 354-355, 389
   à feuilles de bananier,
     voir *Canna musifolia*
   'Australia', 353-355
   'Durban', voir
     *Canna* 'Phasion'
   'Feu Magique', voir
     *Canna* 'Australia'
   'Feuerzauber', voir
     *Canna* 'Australia'
   'Phasion', 355
   'Wyoming', 355
   *musifolia*, 356
   Tropicanna Black™, 356
   Tropicanna™, voir
     *Canna* 'Phasion'
Capillaire du Canada, voir
   *Adiantum pedatum*
*Capsicum annuum*, 274
*Carex*, 427
   *ciliatomarginata*
     'Island Brocade', 445
   *ciliatomarginata*
     'Island Fantasy', 445
   *ciliatomarginata*
     'Shima Nishiki', 445
   *ciliatomarginata*
     'Treasure Island', 446
   *muskingumensis*, 441
   *muskingumensis*
     'Ice Fountains', 442
   *muskingumensis*
     'Little Midge', 442

# INDEX

muskingumensis
  'Oehme', 442
plantaginea, 446
siderosticha, 445
siderosticha
  'Banana Boat', 445
siderosticha
  'Golden Fountains',
    voir Carex siderosticha
    'Golden Fountains'
siderosticha
  'Island Brocade', voir
    Carex ciliatomarginata
    'Shima Nishiki'
siderosticha 'Kisokaido',
  445
siderosticha 'Lemon Zest,
  445
siderosticha 'Spring Snow',
  voir Carex siderosticha
  'Kisokaido'
siderosticha
  'Treasure Island', voir
    Carex ciliatomarginata
    'Treasure Island'
siderosticha 'Variegata',
  443, 444
Carlina acaulis, 54
  acaulis simplex 'Bronze',
    55
  acaulis simplex, 55
Carline à tige courte, 55
  acaule, 54
Casque de Jupiter, voir
  Aconitum
Cassia angustifolia,
  220
  hebecarpa, 220
  marilandica, 218
Celosia cristata plumosa,
  273-275
  cristata plumosa
    'Apricot Brandy', 274
  cristata plumosa
    'Century Cream', 274
  cristata plumosa
    'Century Flame', 274

cristata plumosa
  'Century Pink', 274
cristata plumosa
  'Century Red', 274
cristata plumosa
  'Century Yellow', 274
cristata plumosa
  'Forest Fire', 274
cristata plumosa
  'Fresh Look Gold', 275
cristata plumosa 'Fresh
  Look Orange', 275
cristata plumosa
  'Fresh Look Red', 275
cristata plumosa 'Fresh
  Look Yellow', 275
cristata plumosa
  'Geisha', 274
cristata plumosa
  'Gloria', 274
cristata plumosa
  'Kimono', 274
cristata plumosa
  'New Look', 275
cristata plumosa
  'Pampas Plume',
    274
cristata plumosa série
  'Century', 273, 274
cristata plumosa série
  'Fresh Look', 275
Célosie à panache, 273
Centaurea, 56
  macrocephala, 56
  pulchra major, 57
Centaurée, 56
  à grosse tête, 56
  à grosses fleurs, 56
  élégante, 57
Centranthus ruber, 132
Chardon à feuilles
  d'acanthe, 236
  aux ânes, 236
  des champs, 236
  écossais, 236
  laiteux, 238
Chardon-Marie, 240

Chasmanthium latifolium,
  435, 436
Chasmanthium, voir
  Chasmanthium
  latifolium
Chélidoine majeure, 157
Chelidonium majus, 157
  glabra, 89
  lyonii, 89
  lyonii 'Hot Lips', 89
  obliqua, 87, 88, 124
Chélone oblique, 87
Chiendent, voir
  Agropyron repens
Chionodoxa, 368, 378, 395,
  403, 404
Chlorophytum comosum
  'Vittatum', 443
Chou de Chine, voir
  Colocasia esculenta
Chou marin, 61
Chrysanthème à carène,
  voir Chrysanthemum
  carinatum
  des jardins, voir Chrysan
    themum coronarium
  tricolore, voir Chrysan
    themum carinatum
Chrysanthemum, 99
  carinatum, 276-277
  carinatum
    'Coconut Ice', 278
  carinatum 'Dunnettii', 278
  carinatum 'German Flag',
    278
  carinatum
    'Merry Mixture', 278
  carinatum 'Monarch
    Court Jesters', 278
  carinatum 'Northern
    Star', 278
  carinatum 'Polar Skies',
    278
  carinatum 'Rainbow
    Mixture', 278
  carinatum 'Single Mixed',
    278

# INDEX

x *superbum*, voir *Leucanthemum* x *superbum*
*Cimicifuga racemosa* 'Atropurpurea', 72
*Cirsium arvense*, 236
Cléome, voir *Cleome hassleriana*
 épineux, voir *Cleome hassleriana*
*Cleome hassleriana*, 279-281, 298, 315
*Cleome hassleriana* 'Cherry Queen', 281
 *hassleriana* 'Colour Fountain', 281
 *hassleriana* 'Helen Campbell', 281
 *hassleriana* 'Mauve Queen', 281
 *hassleriana* 'Pink Queen', 281
 *hassleriana* 'Rose Queen', 281
 *hassleriana* série Queen, 281
 *hassleriana* série Sparkler, 281
 *hassleriana* 'Sparkler Blush', 279, 281
 *hassleriana* 'Sparkler Lavender', 281
 *hassleriana* 'Sparkler Rose', 281
 *hassleriana* 'Sparkler White', 281
 *hassleriana* 'Violet Queen', 281
 *serrulata* 'Solo', 281
 *spinosa*, voir *Cleome hassleriana*
Cœur saignant doré, 58-59
 saignant du Pacifique, 58
 saignant remarquable, 58
*Colchicum*, 348, 357-359
 'Autumn Queen', 359

*Colchicum autumnale* 'Album', 359
 'Lilac Wonder', 357-358
 'The Giant', 359
 'Waterlily', 359
Colchique, voir *Colchicum*
Coléus, voir *Solenostemon scutellarioides*
*Coleus blumei*, voir *Solenostemon scutellarioides*
Colocase noire, voir *Colocasia esculenta* 'Black Magic'
*Colocasia*, 387
 *esculenta*, 306, 360-362
 *esculenta* 'Black Magic', 360-363
 *esculenta* 'Illustris', 363
 *esculenta* 'Jet Black Wonder', voir *Colocasia esculenta* 'Black Magic'
Coquelicot, voir *Papaver rhoeas*
 commun, voir *Papaver commutatum*
 des champs, voir *Papaver rhoeas*
*Coreopsis verticillata* 'Moonbeam', 207, 434
Coréopsis verticillé 'Moonbeam', 207, 434
*Cortaderia selloana*, 428
*Coryphantha vivipara*, 152
Cosmos, voir *Cosmos bipinnatus*
*Cosmos bipinnatus*, 175, 263, 298
*Crambe cordifolia*, 62
 du Caucause, 62
 *maritima*, 61, 62
 maritime, 61
*Crocosmia* 'Lucifer', 364-366
 *paniculata*, 366
Crocosmie, voir *Croscomia*

*Crocus*, 348, 371, 378, 384, 457
 de Tommassini, voir *tommassinianus*
 rouge, voir *Bulbocodium vernum*
 *sieberi sublimis* 'Tricolor', 368
 *tommassinianus*, 366-368
 *tommassinianus* 'Barr's Purple', 368
 *tommassinianus* 'Ruby Giant', 368
 *tommassinianus* 'Whitewell Purple', 368
 tricolore, voir *sieberi sublimis* 'Tricolor'
Crosse de Fougère, 408
Cypéracées, 427
*Cyrtomium caryotideum*, 411
 *fortunei*, 410, 411
 *macrophyllum*, 411

**D**

Définition - vivace, 10
*Delosperma nubigena*, 261
Délosperme des nuages, 261
*Delphinium*, 16
 *grandiflorum*, 16
*Dianthus* 'Feuerhexe', 86
 *gratianopolitanus*, 78
*Dicentra formosa*, 58, 118
 *spectabilis*, 58, 60
 *spectabilis* 'Gold Heart', 58-60
*Dictamnus albus purpureus*, 79-81
*Dictamnus albus*, 28, 79, 81
Digitale pourpre, 241
 *purpurea*, 241-242
 *purpurea* 'Alba', 243
 *purpurea albiflora*, 243
 *purpurea* 'Camelot Cream', 243

# INDEX

*purpurea* 'Camelot Lavender', 243
*purpurea* 'Camelot Rose', 243
*purpurea* 'Camelot White', 243
*purpurea* 'Candy Mountain', 243
*purpurea* 'Excelsior Hybrids Mixed', 243
*purpurea* 'Foxy', 244
*purpurea* 'Glittering Prizes Mixed', 244
*purpurea heywoodii* 'Silver Fox', 244
*purpurea* 'Pam's Choice', 244
*purpurea* 'Primrose Carousel', 244
*purpurea* série Camelot, 243
*purpurea* 'Sutton's Apricot', 244

## E

*Echinacea*, 63-70
   'Art's Pride', 63, 69
   Big Sky™, 68, 69
   Big Sky™ Harvest Moon', 68
   Big Sky™ Sundown™, 69
   Big Sky™ 'Sunrise', 68
   'CB Cone3', 68
   'Evan Saul', 69
   'Harvest Moon', 68
   'Kim's Knee High', 65
   Mango Meadowbrite™, 68
   'Matthew Saul', 68
   Orange Meadowbrite™, 63, 69
   *paradoxa*, 67
   *paradoxa* 'Yellow Mellow', 67
   'Pink Double Delight', 67
   *purpurea*, 64
   *purpurea* 'Coconut Lime', 67
   *purpurea* 'Doppelganger', 66
   *purpurea* 'Doubledecker', 66
   *purpurea* 'Fragrant Angel', 65
   *purpurea* 'Green Envy', 70
   *purpurea* 'Indiaca', 66
   *purpurea* 'Jade', 70
   *purpurea* 'Kim's Mophead', 65
   *purpurea* 'Magnus', 64
   *purpurea* 'Pink Sorbet', 67
   *purpurea* 'Prairie Frost', 70
   *purpurea*, 'Sparkler', 70
   'Razzmatazz', 66
   'Sunset', 69

Échinacée, 63
*Elaeagnos* 'Quicksilver', 219
Éphémère de Virginie doré, 71
Éphémérine dorée, 71
*Epilobium canum*, 81
Épimède, voir *Epimedium*
*Epimedium*, 339, 346, 411, 444
Érable à sucre, voir *Acer saccharum*
Japon, voir *Acer palmatum*
Éranthe commune, voir *Eranthis hyemalis*
*Eranthis hyemalis*, 369-370
*Eryngium agavifolium*, 154
   *bromeliifolium*, 154
   *yuccifolium*, 153-154
Érythrone, voir *Erythronium*
*Erythronium americanum*, 398
*Escobaria vivipara*, 152
Étoile de Perse, voir *Allium cristophii*
Eulalie, voir *Miscanthus sacchariflorus*
Eulalie de Chine, voir *Miscanthus sinensis*
maculée, 73
maculée 'Atropurpurea', 73
pourpre, 76
*Eupatoriadelphus*, 75
   *dubium*, 75
   *fistulosum*, 75
   *maculatum*, 75
   *purpureum*, 75
*Eupatorium dubia* 'Little John', 75
   *fistulosum* 'Bartered Bride', 75
   *maculatum*, 73-75, 231
   *maculatum* 'Atropurpureum', 73, 76
   *maculatum* 'Bartered Bride', 75
   *maculatum* 'Carin', 75
   *maculatum* 'Gateway', 75
   *maculatum* 'Joe White', 76
   *maculatum* 'Little Joe', 75
   *maculatum* 'Little Red', 76
   *purpureum*, 76
   *purpureum* 'Carin', 75
   *purpureum* 'Gateway', 75
   *purpureum* 'Joe White', 76
   *purpureum* 'Little Red', 76
Euphorbe coussin, 24, 76-77
   coussin 'First Blush', 76-77
   polychrome 'First Blush', 76-77
*Euphorbia epithymoides*, voir *Euphorbia polychroma*
   *polychroma*, 24, 77
   *polychroma* 'Candy', 78
   *polychroma* 'First Blush', 76-77
   *polychroma* 'Purpurea', 78
*Euphrydras phaeton*, 89

## F

*Fallopia japonica*, 196
Fausse roselle, voir *Hibiscus acetosella* 'Red Shield'

# INDEX

Fausse véronique de Virginie, 229
*Festuca glauca*, 15, 62
Fétuque bleue, 15, 62
Ficaire 'Brazen Hussy, voir *Ranunculus ficaria* 'Brazen Hussy'
fausse renoncule, voir *Ranunculus ficaria*
*Filipendula rubra*, 194
  *purpurea*, 194
  *rubra* 'Venusta', 140
  *ulmaria*, 193-194
  *ulmaria* 'Aurea', 192-193
  *ulmaria* 'Flore Pleno', 194
  *ulmaria* 'Variegata', 194
  *vulgaris*, 194
Filipendule des prés dorée, 192
Fleur araignée, voir *Cleome hassleriana*
Fougère à faucilles, voir *Polystichum acrostichoides*
  à l'autruche orientale, voir *Matteuccia orientalis*
  à l'autruche, voir *Matteuccia struthiopteris*
  aquatique, voir *Osmunda regalis*
  auriculée argentée, 421
  d'Allemagne, voir *Matteuccia struthiopteris*
  du Japon peinte, voir *Athyrium niponicum pictum*
  femelle, 419
  fleurie, voir *Osmunda regalis*
  peinte, voir *Athyrium niponicum pictum*
  plume d'autruche, voir *Matteuccia struthiopteris*

Fougère-houx de Fortune, voir *Cyrtomium fortunei*
Fraxinelle, 28, 79
Fuchsia de Californie, 81

## G

Gaillarde, voir *Gaillardia*
*Gaillardia aristata*, 86
  *aristata* 'Arizona Sun', 87
  *aristata* 'Oranges and Lemons', 87
  'Fanfare', 84-87
  x *grandiflora*, 86
  x *grandiflora* 'Baby Cole', 87
  x *grandiflora* 'Burgunder', 87
  x *grandiflora* 'Burgundy', 87
  x *grandiflora* 'Goblin', 87
  x *grandiflora* 'Kobold', 87
  x *grandiflora* 'Tokajer', 87
  *pulchella*, 86
  'Summer's Kiss', 87
*Galactites tomentosa*, 239, 240
Galane de Lyon, 89
  glabre, 89
  oblique, 87
*Galanthus*, 425
*Galeobdolon luteum*, 135, 137
*Galium odoratum*, 404
Galtonia blanc, voir *Galtonia candicans*
*Galtonia candicans*, 379, 380
  *regalis*, 381
  *viridiflora*, 381
*Geranium* 'Anne Folkard', 92
  'Anne Thompson', 92
  *armenum*, 90
  'Bressingham Flair', 92
  'Brookside', 94, 95
  *clarkei* 'Kashmir Purple', 94
  d'Arménie, 90
  'Dragon Heart', 92

*endressi*, 92
*himalayense*, 94
*himalayense* 'Gravetye', 95
'Johnson's Blue', 93
'Jolly Bee', 94
'Nova', 94
'Orion', 94, 95
'Patricia', 92
*pratens*, 94
*procurrens*, 92
*psilostemon*, 90, 91, 92
'Rozanne', 93
'Sweet Heidy', 95
*wallichianum* 'Buxton's Variety', 94
*Gillenia stipulata*, 96
  *trifoliata*, 95
  *trifoliata* 'Pixie', 96
Gillénie stipulée, 96
  trifoliée, 95
Gingembre sauvage, 18, 22
*Gladiolus*, 364
Glaïeul, voir *Gladiolus*
*Glebionis carinatum*, voir *Chrysanthemum carinatum*
  *coronarium*, voir *Chrysanthemum coronarium*
  *segetum*, voir *Chrysanthemum segetum*
Gloire des neiges, voir *Chiondoxa*
Graminée rouge japonaise, voir *Imperata cylindrica* 'Red Baron'
Graminées ornementales, 426
Graminiformes, 426
Grand allium, voir *Allium elatum*
  népéta, 99
Grande astrance, 35
  bétoine, 45
  marguerite, voir *Leucanthemum x superbum*

# INDEX

Gueule-de-loup, 166
*Gypsophila paniculata*, 62, 209

## H

Hakonéchloa, voir *Hakonechloa macra*
doré, voir *Hakonechloa macra* 'Aureola'
*Hakonechloa macra*, 438, 439
   *macra* 'Alboaurea', 439
   *macra* 'Albovariegata', 439
   *macra* 'All Gold', 440
   *macra* 'Aureola', 110, 437, 438, 439
   *macra* 'Mediovariegata', 440
Hélianthe à belles fleurs, 100
   à belles fleurs 'Lemon Queen', 31, 100
   à feuilles de saule, 102
   rigide, 100
*Helianthus annuus*, 100, 316-319
   *annuus* 'Autumn Beauty Mix', 319
   *annuus* 'Big Smile', 320
   *annuus* 'Chianti', 320
   *annuus* 'Color Fashion Mix', 319
   *annuus* 'Double Santa Fe', 319
   *annuus* 'Giant Mammoth', 319
   *annuus* 'King Kong', 319
   *annuus* 'Large Flowered Mix', 319
   *annuus* 'Lemon Queen', 102
   *annuus* 'Mammoth', 319
   *annuus* 'Mammoth Russian', 319
   *annuus* 'Monet Mixture', 319
   *annuus* 'Moonshadow', 320
   *annuus* 'Moulin Rouge', 319
   *annuus* 'Munchkin', 320
   *annuus* 'Music Box', 320
   *annuus* 'Pacino Cola', 320
   *annuus* 'Pacino Gold', 320
   *annuus* 'Pacino Lemon', 320
   *annuus* 'Prado Red', 320
   *annuus* 'Prado Yellow', 320
   *annuus* 'Ring of Fire', 316, 320
   *annuus* 'Soraya', 319
   *annuus* 'Sunburst Panache', 319
   *annuus* 'Sunrich Lemon', 319
   *annuus* 'Sunrich Orange', 319
   *annuus* 'Teddy Bear', 320
   *annuus* 'The Joker', 319
   *annuus* 'Tinies', 320
   *annuus* 'Valentine', 319
   *argyrophyllus*, 320
   *debilis* 'Italian White', 320
   x *laetiflorus*, 100
   x *laetiflorus* 'Lemon Queen', 31, 100-101
   *pauciflorus subrhomboideus*, 100
   *salicifolius*, 102-103
   *tuberosus*, 100
*Helichrysum bracteatum*, 54
*Helictotrichon sempervirens*, 24, 430-431
   *sempervirens* 'Saphirsprudel', 431
Héliotropisme, 317
Hellébore jaune, voir *Eranthis hyemalis*
Helléborine, voir *Eranthis hyemalis*
Hémérocalle, 104
*Hemerocallis*, 104-107
   'Big Time Happy', 107
   'Golden Zebra', 107
   'Happy Returns', 104, 107
   'Malija', 107
   'On and On', 105, 107
   'Pardon Me', 107
   'Purple d'Oro', 107
   'Rosy Returns', 107
   'Stella de Oro', 107
Herbe aux ânes, 236
Herbe-à-la-coupure, 217
Herbe-aux-charpentiers, 217
Herbe aux écouvillons, voir *Pennisetum alopecuroides*
Herbe-aux-écus dorée, 110
Herbe bleue, voir *Helictotrichon sempervirens*
des pampas, voir *Cortaderia selloana*
du Japon dorée, voir *Hakonechloa macra* 'Aureola'
*Hesperis matronalis*, 245-247
   *matronalis albiflora*, 247
*Heuchera*, 108
   *americana* 'Green Spice', 110
   'Amethyst Mist', 110
   x *brizoides* 'Pluie de Feu', 113
   'Caramel', 111
   'Chinook', 114
   'Cinnabar Silver', 114
   'Citronelle', 111
   'Crimson Curls', 111
   Dolce Key Lime Pie™, 112
   Dolce Peach Melba™, 112
   'Frosted Velvet', 109
   'Frosted Violet', 111
   'Gypsy Dancer', 114
   'Hollywood', 113, 114
   'Marmalade', 111
   'Obsidian', 112, 137
   'Plum Pudding', 112
   'Rave On', 115
   'Silver Scrolls', 115
   'Silver Veil', 115
   'Snow Angel', 115
   'Sparkling Burgundy', 112

# INDEX

'Stormy Seas', 112
'Venus', 112
'Vesuvius', 115
*micrantha diversifolia*
   'Palace Purple', 108, 111
*sanguinea*, 113
*villosa*, 111
*villosa* 'Brownies', 112
Heuchère, 108
  velue, 111
Heuchères à feuillage coloré, 108
  à fleurs, 113
*Hibiscus acetosella*, 292
  *acetosella* 'Haight Ashbury', 292
  *acetosella* 'Maple Sugar', 292
  *acetosella* 'Red Leaf', 292
  *acetosella* 'Red Shield', 290-291
  *eetveldeanus*, voir
    *Hibiscus acetosella*
    'Red Shield'
  *rosa-sinensis*, 292
  rose-de-Chine, voir
    *Hibiscus rosa-sinensis*
  *sabdariffa*, 292
*Hosta*, 116-122, 419, 443
  'Blue Angel', 119
  'Blue Mammoth', 119
  *fluctuans* 'Variegated', 121
  'Fragrant Bouquet', 119
  'Fried Bananas', 119
  'Guacamole', 120
  'Invincible', 120
  'June', 120
  'Krossa Regal', 120
  'Patriot', 120
  *plantaginea*, 120
  'Praying Hands', 120
  'Regal Splendor', 121
  'Sagae', 121
  *sieboldiana* 'Elegans', 121
  *sieboldiana* 'Frances Williams', 121
  'Spilt Milk', 121
  'Stained Glass', 122
  'Sum and Substance', 116, 122
*Hyacinthus candicans*, voir
  *Galtonia candicans*
  *orientalis*, 384, 386, 401
*Hylotelephium*, 212
  'Autumn Fire', 211

## I

If du Japon, voir
  *Taxus cuspidata*
Immortelle, 54
*Impatiens auricoma*, 293-296
  *auricoma*
    'African Queen', 295
  *auricoma* 'Jungle Gold', 295
  *comorense*, 293
  x *hybrida*, 295
  x *hybrida* 'Fusion Glow', 295, 296
  x *hybrida* 'Fusion Heat', 296
  x *hybrida*
    'Fusion Infrared', 296
  x *hybrida* 'Fusion Peach Frost', 296
  x *hybrida* 'Fusion Radiance', 296
  x *hybrida* 'Fusion Sunset', 296
  x *hybrida*
    'Seashell Apricot', 296
  x *hybrida*
    'Seashell Papaya', 296
  x *hybrida* 'Seashell Tangerine', 296
  x *hybrida* 'Seashell Yellow', 296
  *walleriana*, 293
Impatiente des jardins, voir
  *Impatiens walleriana*
  hybride, voir
    *Impatiens x hybrida*
  jaune, voir
    *Impatiens auricoma*
*Imperata cylindrica*
  'Red Baron', 461
  *cylindrica* 'Rubra', voir
    *Imperata cylindrica*
    'Red Baron'
Introduction, 7
*Iris*, 123-127, 376-378
  à parfum panaché, 126
  à parfum, 127, 128
  barbu, 126
  x *californica*, 123
  dalmatien, 127
  dalmatien panaché, 126
  *danfordiae*, 376
  de Californie, 123
  de Danford, voir
    *Iris danfordiae*
  de Louisiane, 123
  de Sibérie, 122
  des jardins, 123, 127
  *florentina*, 128
  'Frank Elder', 378
  x *germanica*, 123, 126
  histrioïde hybride
    'Katharine Hodgkin',
    voir *Iris* 'Katharine Hodgkin'
  *histrioides* 'Katharine Hodgkin', voir
    'Katharine Hodgkin'
  *histrioides*, 376
  'Katharine Hodgkin', 374, 375-378
  *louisiana*, 123
  pâle, 127
  pâle panaché, 126
  *pallida* 'Argentea Variegata', 126, 127
  *pallida* 'Variegata', 127
  *pallida*, 127

# INDEX

*reticulata*, 376
*reticulata* 'Cantab', 378
*reticulata* 'Harmony', 378
*reticulata* 'Katharine Hodgkin', voir 'Katharine Hodgkin'
*reticulata* 'Lady Beatrix Stanley', 378
*reticulata* J. S. Dijt', 378
réticulé, voir *Iris reticulata* 'Sheila Anne Germaney', 378
*sibirica*, 91, 122-124
*sibirica* 'Butter and Sugar', 125
*sibirica* 'Caesar's Brother', 125
*sibirica* 'Chartreuse Bounty', 125
*sibirica* 'Dance Ballerina Dance', 123
*sibirica* 'Gatineau', 125
*sibirica* 'Gulls Wings', 125
*sibirica* 'Harpswell Happiness', 125
*sibirica* 'Lady Vanessa', 125
*sibirica* 'Pansy Purple', 122, 125
*sibirica* 'Pink Haze', 125
*sibirica* 'Rimouski', 125
*sibirica* 'Ruffled Velvet', 125
*sibirica* 'Shirley Pope', 125
*sibirica* 'Silver Edge', 125
*sibirica* 'Sparkling Rose', 124, 125
*sibirica* 'Welcome Return', 125
*sibirica* 'White Swirl', 125
*winogradowii*, 376
*Isa isabellea*, 187

## J

Jacinthe, voir
 *Hyacinthus orientalis*
à grappes 'Valerie Finnis', voir *Muscari* 'Valerie Finnis'
du Cap, voir
 *Galtonia candicans*
du Cap à fleurs vertes, voir *Galtonia regalis*
du Cap majestueuse, voir *Galtonia regalis*
John McCrae, 287
Joncacées, 427
Jonquille, voir
 *Narcissus jonquilla*
Julienne des dames, 245
*Juncus*, 427

## K

Kirengeshoma à feuilles palmées, 128
*Kirengeshoma koreana*, 129
 *palamata*, 128, 129, 130
 *palmata koreana*, 129
Kitaïbéla, 131
*Kitaibela vitifolia*, 131
*Knautia macedonica*, 132, 133-135
 *macedonica* 'Mars Midget'., 135
 *macedonica* 'Melton Pastels', 135
Knautie de Macédoine, 133
 macédonienne, 133

## L

Laîche à feuilles de palmier, voir *Carex muskingumensis*
de fer, voir
 *Carex siderosticha*
de fer panachée, voir
 *Carex siderosticha* 'Variegata'
lantain, voir
 *Carex plantaginea*
*Lamiastrum galeobdolon*, 135, 137
Lamier galéobdolon 'Hermann's Pride', 135
 jaune 'Hermann's Pride', 135
 maculé, voir
 *Lamium maculatum*
*Lamium galeobdolon*, 135, 137
 *galeobdolon* 'Hermann's Pride', 135, 136, 137
 *galeobdolon* 'Petit Point', 137
 *luteum*, 135, 137
 *maculatum*, 395
Lavande, 205
*Lavandula angustifolia*, 205
*Lavatera cachemirana*, 140
 x *clementii*, 139
 x *clementii* 'Barnsley', 140
 *olbia*, 139, 140
 *thuringiaca*, 138, 139, 140
 *trimestris*, 297-298, 469
 *trimestris* 'Beauty Mixture', 299
 *trimestris* 'Beauty Pink', 297
 *trimestris* 'Dwarf White Cherub', 299
 *trimestris* 'Loveliness Mix', 299
 *trimestris* 'Loveliness', 299
 *trimestris* 'Mont Blanc', 297, 299
 *trimestris* 'Novella', 299
 *trimestris* 'Parade', 299
 *trimestris* 'Pink Beauty', 299
 *trimestris* 'Ruby Regis', 299
 *trimestris* 'Salmon Beauty', 299

# INDEX

*trimestris* 'Silver Cup', 297, 299
*trimestris* 'Tangara', 299
*trimestris* 'Twins Cool White', 299
*trimestris* 'Twins Hot Pink', 299
*trimestris* 'White Cherub', 299
Lavatère à grandes fleurs, voir *Lavatera trimestris*
annuelle, voir *Lavatera trimestria*
arborescente, 139
de Thuringe, 138
du Cachemire, 140
vivace, 138
*Leucanthemum*, 98
*lacustre*, 97
*maximum* 'Becky', 97
*maximum*, , 99
*maximum*, 97
x *superbum*, 97, 309
x *superbum* 'Becky', 20, 97-98
x *superbum* 'Brightside', 99
x *superbum* 'Broadway Lights', 99
x *superbum* 'Sonnenschein', 99
*vulgare*, 97
Ligulaire à épis étroits, 142
de Hodgson, 143
de Prezwalski, 143
dentée 'Britt Marie Crawford', 141
*Ligularia dentata*, 141
*dentata* 'Britt Marie Crawford', 141-142
*dentata* 'Desdemona', 141
*dentata* 'Othello', 141
*hodgsonii*, 143
*prezwalskii*, 143
*stenophylla* 'The Rocket', 142
Lis d'un jour, 104

*Lobelia cardinalis*, 124
*erinus*, 163
Lobélie cardinale, 124
*Lobularia maritima*, 326
Luther Burbank, 97
*Luzula*, 427
*Lysimachia nummularia* 'Aurea', 110

## M

Maïs à feuilles panachées, voir *Zea mays japonica*
ornemental, voir *Zea mays japonica*
*Malva moschata*, 139
Mamillaire vivipare, 152
Manteau de Notre-Dame, 25
Mantelet de dame, 25
Marguerite des champs, 97
des Pyrénées, 97
du Portugal, 97
jaune, voir Marguerite jaune
*Matteuccia orientalis*, 417
*pensylvanica*, voir *Matteuccia struthiopteris*
*struthiopteris*, 415-417
Matteuccie à l'autruche, voir *Matteuccia struthiopteris*
Mauve en arbre, 139
musquée, 139
Ménage automnal, 11
Menthe-réglisse coréenne, 23
*Mertensia maritima*, 143, 144, 145
Mertensie maritime, 143
Millet ornemental 'Purple Majesty', voir *Pennisetum glaucum* 'Purple Majesty'
perle, voir *Pennisetum glaucum*
Million Bells, 270

Miscanthus de Chine série Huron, voir *Miscanthus sinensis* série Huron
de Chine, voir *Miscanthus sinensis*
*Miscanthus oligostachyus*, 460
pourpre, voir *Miscanthus* 'Purpurascens'
'Purpurascens', 460
*purpurascens*, 460
*sacchariflorus*, 455
*sinensis*, 74, 252, 453-457
*sinensis* 'Berlin', 458
*sinensis* 'Goliath', 458
*sinensis* 'Graziella', 458
*sinensis* 'Huron Blush', 455, 458
*sinensis* 'Huron Sentinel', 458
*sinensis* 'Huron Sunrise', 453, 455, 458
*sinensis* 'Huron Sunset', 458
*sinensis* 'Kleine Fontäne', 458
*sinensis* 'Malepartus', 459
*sinensis* 'Nippon', 459
*sinensis* 'November Sunset', 459
*sinensis purpurascens*, 460
*sinensis* série Huron, 453
*sinensis* 'Silberfeder', 459
*sinensis* 'Silver Feather', 459
*sinensis* 'Undine', 460
Misère, 72
Molène commune, 250
olympique, 250
soyeuse, 248
*Monarda* 'AChall', 147
'ACrade', 148
*didyma*, 147-148
Grand Marshall®, 147
Grand Parade®, 148
'Petite Delight', 146-147

# INDEX

Monarde naine
 'Petite Delight', 146
Monocarpe, 262
Montbrétia, voir *Croscomia*
Muflier, 166
*Muscari armeniacum*, 382, 383, 394
 *neglectum*, 383
 'Valerie Finnis', 382-384
Myosotis, 247
 du Caucase, 47
 du Caucase 'Jack Frost', 47
*Myosotis sylvatica*, 247

## N

Narcisse faux-cyclamen, voir *Narcissus cyclamineus*
 faux-cyclamen 'February Gold', voir *Narcissus* 'February Gold'
*Narcissus*, 401, 425, 457
 *cyclamineus*, 386
 'February Gold', 384, 385
 'February Silver', 386
Nerprun à feuilles de capillaire, 91
*Nicotiana sylvestris*, 313-315
 *sylvestris* 'Only The Lonely', 315
 *tabacum*, 314
 *tomentosiformis*, 314
Nicotine sylvestre, voir *Nicotiana sylvestris*

## O

Oeillet d'Inde, voir *Tagetes*
 de Grenoble, 78
*Onopordum acanthium*, 236-237, 249
Opuntia à plusieurs aiguilles, 152
*Opuntia compressa*, 149
 *fragile*, 148
 *fragilis*, 148-151
 *humifusa*, 149
 *macrorhiza*, 151, 152
 *polyacantha*, 152
 'Rutilans', 152
 *tubéreux*, 152
Oreille d'agneau, 43
 d'éléphant, voir *Caladium*
 d'éléphant, voir *Colocasia esculenta*
 d'éléphant géante, voir *Alocasia macrorrhiza*
Orme, 193
Ortie jaune 'Hermann's Pride', 135
Osmonde cannelle, voir *Osmunda cinnamomea*
 de Clayton, voir *Osmunda claytoniana*
 royale, voir *Osmunda regalis*
*Osmunda cinnamomea*, 423
 *claytoniana*, 423
 *regalis*, 421-423
 *regalis regalis* 'Cristata', 423
 *regalis regalis* 'Purpurascens', 423
 *regalis regalis* 'Undulata', 423
 *regalis spectabilis*, 423

## P

Pachysandre du Japon, voir *Pachysandre terminalis*
*Pachysandre terminalis*, 439
*Paeonia* 'Belle Center', 183
 'Coral Charm', 181, 183
 'Crazy Daisy', 183
 'Dandy Dan', 183
 'Ellen Cowley', 183
 'Friendship', 177, 183
 'Garden Treasure', 183
 'Gold Standard', 183
 'Illini Warrior', 182, 183
 *lactiflora* 'Angel Cheeks', 183
 *lactiflora* 'Bowl of Beauty', 183
 *lactiflora* 'Charles Burgess', 183
 *lactiflora* 'Cheddar Gold', 183
 *lactiflora* 'Cora Stubbs', 183
 *lactiflora* 'Krinkled White', 183
 *lactiflora* 'Lancaster Imp', 178, 184
 *lactiflora* 'Madame de Verneville', 184
 *lactiflora* 'Maestro', 184
 *lactiflora* 'Nice Gal', 184
 *lactiflora* 'Petite Elegance', 184
 *lactiflora* 'Petite Porcelaine', 184
 *lactiflora* 'Philippe Rivoire', 184
 *lactiflora* 'Rosalie', 185
 *lactiflora* 'Sea Shell', 185
 *lactiflora* 'Sparkling Star', 185
 *lactiflora* 'Spiffy, 185
 *lactiflora* 'Spiffy', 184
 *lactiflora*, 177-185
 'Laddie', 183
 'Lemon Dream', 184
 *mlokosewitschii*, 176
 'Montezuma', 184
 *obovata*, 176
 *officinalis*, 177-185
 *pelegrina*, 176
 'Smouthi', 176
 *tenuifolia*, 174-176
 *tenuifolia* 'Itoba', 176
 *tenuifolia* 'Plena', 176
 *tenuifolia* 'Rosea', 176
 *tenuifolia* 'Rubra Plena', 175-176
 *veitchii*, 176
 'Viking Full Moon', 185
 'Zuzu', 185

# INDEX

Palma christi, voir
  *Ricinus communis*
*Pandanus*, 441
Panic raide, voir
  *Panicum virgatum*
Panicaut à feuilles de yucca, 153
*Panicum virgatum*, 461-464
  *virgatum* 'Blue Tower', 463
  *virgatum* 'Cloud Nine', 463
  *virgatum* 'Dallas Blues', 463
  *virgatum* 'Hänse Herms', 463
  *virgatum* 'Heavy Metal', 463
  *virgatum* 'Northwind', 463
  *virgatum* 'Prairie Sky', 463
  *virgatum* 'Rehbraun', 463
  *virgatum* 'Rotstrahlbusch', 461, 464
  *virgatum* 'Shenandoah', 464
  *virgatum* 'Squaw', 464
  *virgatum* 'Strictum', 464
  *virgatum* 'Warrior', 464
*Papaver*, 289, 300
  *arenarium*, 289
  *argemum*, 289
  *commutatum* 'Ladybird', 289
  *commutatum*, 289
  *dubium*, 289
  *lacinatum*, voir
    *Papaver somniferum*
  *orientale*, 118, 156
  *paeoniflorum*, voir
    *Papaver somniferum*
  *rhoeas*, 286-289
  *rhoeas* 'American Legion', 288
  *rhoeas* 'Angels Choir', 288
  *rhoeas* 'Cedric Morris', 288
  *rhoeas* 'Falling in Love', 288
  *rhoeas* 'Field Poppy', 288
  *rhoeas* 'Flanders Fields', 288
  *rhoeas* 'Mother of Pearl', 289
  *rhoeas* 'Picotee Mixed', 289
  *rhoeas* 'Reverend Wilks Shirley Mixture, 289
  *rhoeas* 'Shirley Double Mixed', 289
  *rhoeas* 'Shirley Mix', 287
  *somniferum*, 300-303
  *somniferum* 'Apple Green', 302
  *somniferum* 'Black Peony', 302
  *somniferum* 'Crimson Feathers', 302
  *somniferum* 'Danebrög', 303
  *somniferum* 'Danish Flag', 303
  *somniferum* 'Flemish Antique', 303
  *somniferum* 'Giganteum', 303
  *somniferum* 'Hens and Chickens', 303
  *somniferum* 'Pink Peony', 303
  *somniferum* 'Rose Feathers', 303
  *somniferum* 'Swansdown', 303
Pavot à fleurs de pivoine, voir
  *Papaver somniferum*
à opium, voir
  *Papaver somniferum*
d'Orient, 118, 156
des bois aux fruits laineux, 157
des bois, 155
des champs, voir
  *Papaver rhoeas*
somnifère, voir
  *Papaver somniferum*
Pélargonium, 92
*Pelargonium x hortorum*, 92
*Pennisetum alopecuroides*, 467
  'Burgundy Giant', 467
  *glaucum*, 452
  *glaucum* 'Jester', 452
  *glaucum* 'Purple Baron', 452
  *glaucum* 'Purple Majesty', 450-452
  *macrostachyum*, 467
  *macrostachyum* 'Burgundy Giant', 467
Pennisétum rouge, voir
  *Pennisetum setaceum* 'Rubrum'
  *setaceum*, 467
  *setaceum* 'Cupreum', voir
    *Pennisetum setaceum* 'Rubrum'
  *setaceum* 'Eaton Canyon', 467
  *setaceum* 'Purple Majesty', 451
  *setaceum* 'Rubrum', 465-467
  *setaceum* 'Rubrum Dwarf', 467
Perce-neige, voir *Galanthus*
*Perovskia abrotanoides*, 207
  *atriplicifolia*, 62, 205, 207
  *x hybrida*, 205-207
  *x hybrida* 'Blue Spire', 207
  *x hybrida* 'Filigran', 207
  *x hybrida* 'Little Spire', 207
  *x hybrida* 'Longin', 207
*Persicaria polymorpha*, 195-198
Petite pervenche, voir
  *Vinca minor*
Petit-prêcheur, voir
  *Arisaema triphyllum*
Petunia, 271
*Phalaenopsis*, 79
Phlomis de Russell, 158

# INDEX

*Phlomis russelliana*, 158-159
Phlomis tubéreux, 160
*Phlomis tuberosa*, 160-161, 173
  *tuberosa* 'Amazone', 161
Phlox de Drummond, voir *Phlox drummondii*
des jardins, 162
*Phlox drummondii*, 278
  *paniculata* 'André', 163, 164
  *paniculata* 'Becky Towe', 164
  *paniculata* 'Blue Paradise, 164
  *paniculata* 'Bright Eyes', 164
  *paniculata* 'Darwin's Choice', 164
  *paniculata* 'Darwin's Joyce', 164
  *paniculata* 'David', 162-163
  *paniculata* 'David's Lavender', 164
  *paniculata* 'Delta Snow', 164
  *paniculata* 'Eden's Crush', 164
  *paniculata* 'Eva Cullum', 164
  *paniculata* 'Franz Schubert', 164
  *paniculata* 'Laura', 164
  *paniculata* 'Lilac Time', 164
  *paniculata* 'Little Boy', 164
  *paniculata* 'Nicky', 164
  *paniculata* 'Norah Leigh', 164, 165
  *paniculata* 'Orange Perfection', 165
  *paniculata* 'Peppermint Twist', 165

*paniculata* 'Prime Minister', 165
*paniculata* 'Red Magic', 165
*paniculata* 'Robert Poore', 165
*paniculata* 'Rubymine', 165
*paniculata* 'Shortwood', 165
*paniculata* 'Speed Limit 45', 165
*paniculata* 'Starfire', 165
Phragmite, voir *Phragmites australis*
*Phragmites australis*, 453, 456
Physocarpe doré, voir *Physocarpus opulifolius* 'Dart's Gold'
Summer Wine, voir *Physocarpus opulifolius* 'Seward'
*Physocarpus opulifolius* 'Dart's Gold', 355
  *opulifolius* 'Monlo', 127, 194
  *opulifolius* 'Nugget', 20, 39
  *opulifolius* 'Seward', 284
*Physostegia virginiana*, 166
  *virginiana* 'Miss Manners', 166-168
  *virginiana* 'Variegata', 166
Physostégie 'Miss Manners', 166
*Phytolacca acinosa*, 171
  *americana*, 168, 169
Phytolaque d'Amérique, 168
*Picea pungens* 'St. Mary's Broom', 15
Pigamon, 174
  à feuilles d'ancolie, voir *Thalictrum aquilegifolium*
Piment d'ornement, 274
Pivoine à feuilles de Fougère, 174

commune, 178
intersectionnelle, 178
Itoh, 178
officinale, 178
Pivoines herbacées hybrides, 177
*Plantago asiatica* 'Variegata', 188
  *major* 'Atropurpurea', 188
  *major* 'Bowles Variety', 188
  *major* 'Frills', 188
  *major* 'Rosularis', 188
  *major* 'Rubrifolia', 188
  *major* 'Variegata', 188
  *major*, 186-187
  *media*, 186-187
Plantain majeur, 186
moyen, 186
Plante araignée, voir *Chlorophytum comosum* 'Vittatum'
Poacées, 426
*Polygonum polymorphum*, 195
Polystic de Braun, voir *Polystichum braunii*
de Noël, voir *Polystichum acrostichoides*
faux-acrostic, voir *Polystichum acrostichoides*
*Polystichum acrostichoides*, 411, 424-425
  *braunii*, 425
*Portularia grandiflora*, 274
Poudre de riz, 128
Prothalle, 408
Pulmonaire à feuilles étroites, 190
  rouge 'David Ward', 189
*Pulmonaria angustifolia*, 190
  'Excalibur', 190
  'Glacier', 190
  'Majesté', 191
  'Milchstrasse', 191

# INDEX

'Milky Way', 191
'Pierre's Pure Pink', 191
'Roy Davidson', 191
*rubra* 'David Ward',
   189, 190
'Sissinghurst White', 190
'Trevi Fountain', 191
Punaise de la molène, 249
*Puschkinia scilloides*, 368,
   395

## Q

Quenouille, voir *Typha*

## R

*Ranunculus acris*, 373
   *ficaria* 'Brazen Hussy',
      142, 372-374
   *ficaria*, 372-374
Raquette à plusieurs
      aiguilles, 152
   fragile, 148
   tubéreuse, 152
Reine-des-prairies, 140
Reine-des-prés dorée, 192
Renouée du Japon, 196
   polymorphe, 195
*Rhamnus frangula*
      'Ron Williams', 91
Ricin, voir *Ricinus communis*
   commun, voir
      *Ricinus communis*
   sanguin, voir
      *Ricinus communis*
*Ricinus communis*, 304-307
   *communis* 'Carmencita',
      306
   *communis* 'Carmencita
      Pink', 307
   *communis* 'Carmencita
      Red', 306
   *communis* 'Gibsonii', 307
   *communis* 'Impala', 307
   *communis* 'New Zealand
      Purple', 307
   *communis* 'Sanguineus',
      307

*communis* 'Zanzibarensis',
   304, 307
*Robinia pseudoacacia*, 219
Robinier, 219
*Rodgersia*, 434
   à feuilles en pied de
      canard, 199
   *podophylla*, 199-200
   *podophylla* 'Braunlaub',
      200
   *podophylla* 'Rotlaub', 200
   *podophylla* 'Smaragd',
      200
   podophyllé, 199
Rodgersie podophyllée,
   199
Rose trémière à feuilles de
      figuier, 252
   trémière commune, 251
   trémière pâle, 252
   trémière rugueuse, 251
Roseau commun, voir
      *Phragmites australis*
   de Chine, voir
      *Miscanthus sinensis*
   pourpre, voir *Miscanthus*
      'Purpurascens'
Roselle, voir
      *Hibiscus sabdariffa*
*Rudbeckia fulgida sullivantii*
      'Goldsturm', 201, 203
   *hirta*, 308
   *hirta* 'Autumn Colors', 310
   *hirta* 'Cherokee Sunset',
      310
   *hirta* 'Cordoba', 310
   *hirta* 'Gloriosa Daisy', 310
   *hirta* 'Goldilocks', 310
   *hirta* 'Indian Summer',
      308, 310
   *hirta* 'Irish Eyes', 310
   *hirta* 'Irish Spring', 310
   *hirta* 'Maya', 310
   *hirta* 'Prairie Sun', 310
   *hirta* 'Toto Gold', 310
   *hirta* 'Toto Lemon', 310
   *hirta* 'Toto Rustic', 310

   *maxima*, 201-202
   *triloba*, 24, 203-204
Rudbeckie à feuilles bleues,
   201
   'Goldsturm', 201
   hérissée, voir
      *Rudbeckia hirta*
   pourpre, 63, 64
   trilobée, 24, 203

## S

Sabot de la vierge, 171
Safran des prés, voir
      *Colchicum*
*Salvia aethiopis*, 208, 256
   *argentea*, 208,
      253-255, 452
   *argentea* 'Artemisia', 256
   *argentea* 'Hobbit's Foot',
      256
   *candidissima*, 256
   *farinacea*, 208, 272
   *nemerosa*, 209-210
   *nemerosa* 'Marcus', 210
   *officinalis*, 208
   *sclarea*, 208, 257-259
   *sclarea turkestanica alba*,
      259
   *sclarea turkestanica*, 259
   *splendens*, 208, 209
   x *superba*, 209
   x *sylvestris*, 209
   x *sylvestris* 'Blauhügel',
      210
   x *sylvestris* 'Blue Hill', 210
   x *sylvestris* 'Schneehugel',
      210
   x *sylvestris* 'Snow Hill',
      210
   *verticillata*, 208
   *verticillata* 'Purple Rain',
      208-209
Sanguinaire, voir
      *Sanguinaria canadensis*
   du Canada double, voir
      *Sanguinaria canadensis*
      'Multiplex'

# INDEX

*Sanguinaria canadensis*, 391-392, 425
   *canadensis* 'Armstrong's Pink', 392
   *canadensis* 'Flore Pleno', 392
   *canadensis* 'Multiplex', 390-392
*Sanvitalia*, 326
Sauge, 208
   argentée, voir
      *Salvia argentea*
   blanche, 256
   d'Éthiopie, 256
   écarlate, 208
   farineuse, 208
   odorante, 256
   officinale, 208
   russe hybride, 205
   russe, 62, voir
      *Perovskia x hybrida*
   sclarée, 257
   verticillée 'Purple Rain', 208
*Scabiosa rumelica*, 133
*Scilla*, 425
   *siberica* 'Spring Beauty', 395
   *siberica*, 393-395, 404
   *siberica alba*, 395
Scille de Sibérie, voir
   *Scilla siberica*
*Scirpus*, 427
*Sedum alboroseum*
      'Mediovarigatum', 214
   Autumn Charm'™, 215
   'Autumn Fire', 211-212
   'Autumn Joy', 212
   'Citrus Twist', 213
   'Cloud Walker', 213
   *divergens*, 261
   *eryrthrostictum*
      'Frosty Morn', 214
   *eryrthrostictum*
      'Variegatum', 214
   'Garnet Brocade', 216

'Herbstfreude', 99, 212, 214
'Indian Chief', 214
'Lajos', 215
'Lynda Windsor', 216
'Picolette', 216
'Postman's Pride', 216
'Purple Emperor', 216, 217
'Samuel Oliphant', 215
*spectabile*, 211, 212
*spectabile* 'Brilliant', 214
*spectabile* 'Carmen', 214
*spectabile* 'Iceberg', 214
*spectabile* 'Mediovariegatum', 214
*spectabile* 'Meteor', 214
*spectabile* 'Neon', 214
*spectabile* 'Pink Chablis', 215
*spectabile* 'Stardust', 214
*telephium*, 211, 212, 217
*telephium* 'Black Jack', 216
*telephium* 'Matrona', 215, 217
*telephium maximum* 'Atropurpureum', 216
*telephium* 'Morchen', 216
'Xenox', 216
Sédum d'automne, 211
   divergent, 261
Séné, 220
   américain, 218
*Senna hebecarpa*, 220
   *marilandica*, 218, 219, 220
Séséli gommifère, 260
*Seseli gummiferum*, 260, 261
Shungiku, voir *Chrysanthemum coronarium*
*Silybum marianum*, 240
Soleil, voir *Helianthus annus*
   à feuilles de saule, 102
   vivace 'Lemon Queen', 100

*Solenostemon scutellarioides*, 262, 282-285, 452
   *scutellarioides* 'Alabama Sunset', 285
   *scutellarioides* 'Big Blond', 283
   *scutellarioides* 'Fine Line', 285
   *scutellarioides* 'Freckles', 282
   *scutellarioides* 'Molten Lava', 284
   *scutellarioides* 'Rustic Orange', 285
   *scutellarioides* 'Swinging Linda', 283
Souffle de bébé, 62
*Spigelia marilandica*, 220-222
Spigélie du Maryland, 220
*Spiraea*, 193
   *latifolia*, 423
   *ulmaria*, 194
Spirée à larges feuilles, voir
   *Spiraea latifolia*
Spodiopogon de Sibérie, voir
   *Spodiopogon sibericus*
*Spodiopogon sibericus*, 468-469
   *sibericus* 'West Lake', 469
Spore, 408
*Stachys byzantina*, 43
   *densiflora* 'Hummelo', 43
   *grandiflora*, 45
   *macrantha* 'Alba', 45
   *macrantha* 'Robusta', 46
   *macrantha* 'Superba', 46
   *macrantha*, 45
   *monieri*, 43-45
   *monieri* 'Hummelo', 43-45
   *officinalis*, 46
   *officinalis* 'Alba', 46
   *officinalis* 'Rosea', 46
*Stemmacantha*
   *centauriodes*, 57
*Stipa brachytricha*, 434

# INDEX

Strobilanthès, voir
　　*Strobilanthes dyerianus*
*Strobilanthes dyerianus*,
　　311, 312, 313, 389
*Stylophorum diphyllum*,
　　155, 156
　　*lasiocarpum*, 157
*Symphotrichum novae-angliae*
　　'Purple Dome', 31
Synéilésis à feuilles
　　d'aconit, 222
*Syneilesis aconitifolia*, 222,
　　223, 224
　　*palmata*, 224
Synéilésis palmé, 224

## T

Tabac à fumer, voir
　　*Nicotiana tabacum*
du diable, 250
odorant, voir
　　*Nicotiana sylvestris*
sylvestre, voir
　　*Nicotiana sylvestris*
Tagète, voir *Tagetes*
Taro, voir
　　*Colocasia esculenta*
géant, voir
　　*Alocasia macrorrhiza*
*Taxus*, 439
　　*cuspidata*, 284
*Thalictrum*, 174
　　*actaeifolium brevistylum*,
　　　173
　　*actaeifolium* Perfume
　　　Star™, 173
　　*aquilegifolium*, 171-172,
　　　366
　　*aquilegifolium* 'Alba', 172
　　*aquilegifolium*
　　　'Atropurpureum', 172
　　*aquilegifolium*
　　　'Purpureum', 172
　　*aquilegifolium* 'Roseum',
　　　172
　　*aquilegifolium* 'Sparkler',
　　　172

　　*aquilegifolium*
　　　'Thundercloud', 172
　　'Black Stockings', 173
　　*kiusianum*, 174
Thym, voir *Thymus*
*Thymus*, 359
*Tiarella cordifolia*, 419
Tiarelle, voir
　　*Tiarella cordifolia*
Topinambour, 100
Tournesol, voir
　　*Helianthus annus*
à belles fleurs
　　'Lemon Queen', 100
à feuilles argentées,
　　voir *Helianthus
　　argyrophyllus*
à feuilles de saule, 102
Toute bonne, 257
*Tradescantia fluminensis*, 72
　　*virginiana* 'Sweet Kate', 71
　　x *andersoniana*
　　　'Blue and Gold', 71
　　x *andersoniana*
　　　'Sweet Kate', 71, 72
Trèfle blanc, 225
　　jaunâtre, 226
　　rouge, 225
　　rougeâtre, 225
*Trifolium ochroleucon*,
　　226
　　*pratense*, 225
　　*repens*, 225
　　*rubens*, 225, 226
Trille à grandes fleurs, voir
　　*Trillium grandiflorum*
　　à grandes fleurs doubles,
　　　voir *Trillium grandi-
　　　florum* 'Snowbunting'
　　grandiflore, voir
　　　*Trillium grandiflorum*
　　grandiflore double,
　　　voir *Trillium grandiflo-
　　　rum* 'Snowbunting'
*Trillium*, 396, 413, 425
　　*grandiflorum*, 22,
　　　396-398

　　*grandiflorum*
　　　'Flore Pleno', 398
　　*grandiflorum*
　　　'Snowbunting',
　　　396-397
Trolle 'Alabaster', 227
　　'Cheddar', 227
*Trollius* x *cultorum*
　　'Alabaster', 227-228
　　x *cultorum* 'Cheddar',
　　　227-228
*Tulipa*, 386, 457
　　'Artist', 407
　　'China Town', 406, 407
　　'Chinatown', 407
　　*dasystemon*, voir
　　　*Tulipa tarda*
　　'Esperanto', 406, 407
　　'Green Spot', 404, 407
　　'Greenland', 407
　　'Groenland', 407
　　'Red Spring Green', 407
　　*praestans*, 401
　　*praestans* 'Fusilier',
　　　399, 401
　　*praestans* 'Unicum',
　　　399
　　'Spring Green', 407
　　*tarda*, 402-404
　　*tarda dasystemon*,
　　　voir *Tulipa tarda*
　　*urumensis*, 404
Tulipe à fleurs vertes, voir
　　Tulipe viridiflora
　　d'Urumi, voir
　　　*Tulipa urumensis*
　　hosta, voir *Tulipa
　　　praestans* 'Unicum'
　　præstans 'Fusilier',
　　　399, 401
　　tardive, voir *Tulipa tarda*
　　viridiflora, 404-407
*Typha*, 451

## U

Ulmaire dorée, 192
*Ulmus*, 193

494 ··· INDEX

# INDEX

Ulvulaire, voir *Ulvularia grandiflora*
*Ulvularia grandiflora*, 398
*Uniola latifolia*, voir *Chasmanthium latifolium*

## V

Valériane rouge, 132
*Verbascum*, 250
    *bombyciferum*, 248-249
    *bombyciferum* 'Arctic Summer', 249
    *bombyciferum* 'Polar Summer', 249
    *bombyciferum* 'Silver Lining', 249
    *olympicum*, 250
    *thapsus*, 250
*Verbena bonariensis*, 132, 272, 315, 321-323
    *canadensis*, 323
*Vernonia noveboracensis*, 74
Vernonie de New York, 74
*Veronica virginica*, voir *Veronicastrum virginianum*
Véronicastre de Virginie, voir *Veronicastrum virginicum*
*Veronicastrum sibiricum*, 230, 231
    *virginicum*, 229, 230, 381
    *virginicum* 'Album', 229, 231
    *virginicum* 'Apollo', 231
    *virginicum* 'Erica', 231
    *virginicum* 'Fascination', 231
    *virginicum* 'Lavendelturm', 230, 231
    *virginicum* 'Lavender Towers', 231
    *virginicum* 'Pink Glow', 231
    *virginicum* 'Roseum', 231
    *virginicum* 'Spring Dew', 231
    *virginicum* 'Temptation', 231
Verveine bonne à rien, voir *Verbena bonariensis*
de Buenos Aires, voir *Verbena bonariensis*
du Canada, voir *Verbena canadensis*
*Vinca minor*, 359, 395, 404
Vivaces, 10
Vraie jonquille, voir *Narcissus jonquilla*

## W

*Waldsteinia*, 269
Waldsteinie, voir *Waldsteinia*

## Z

*Zauschneria californica*, 81-82
    *californica cana*, 83
    *californica garrettii*, 83
*Zea mays japonica*, 447-449
    *mays japonica* 'Quadricolor', 447-449
    *mays japonica* 'Tiger Cub White', 449
    *mays praecox* 'Red Stalker', 449
    *mays saccharata*, 448
    *mays saccharata* 'Double Red', 449
*Zinnia* 'Profusion', 272
à feuilles étroites, voir *Zinnia angustifolia*
*angustifolia*, 325
*angustifolia* 'Classic Gold and Orange', 326
*angustifolia* 'Classic Golden Orange', 326
*angustifolia* 'Classic White', 326
*angustifolia* 'Crystal Orange', 326
*angustifolia* 'Crystal White', 324
*angustifolia* 'Crystal Yellow', 326
*angustifolia* 'Star Gold', 326
*angustifolia* 'Star Mix', 326
*angustifolia* 'Star Orange', 326
*angustifolia* 'Star White', 326
*angustifolia* 'Starbright Mix', 326
*elegans*, 324, 327
élégant, voir *Zinnia elegans*
x *hybrida*, 324
x *hybrida* 'Profusion Apricot', 327
x *hybrida* 'Profusion Cherry', 326, 327
x *hybrida* 'Profusion Coral Pink', 327
x *hybrida* 'Profusion Double Cherry', 327
x *hybrida* 'Profusion Fire Bronze', 327
x *hybrida* 'Profusion Orange', 327
x *hybrida* 'Profusion White', 327
Zinnia rampant, voir *Sanvitalia*

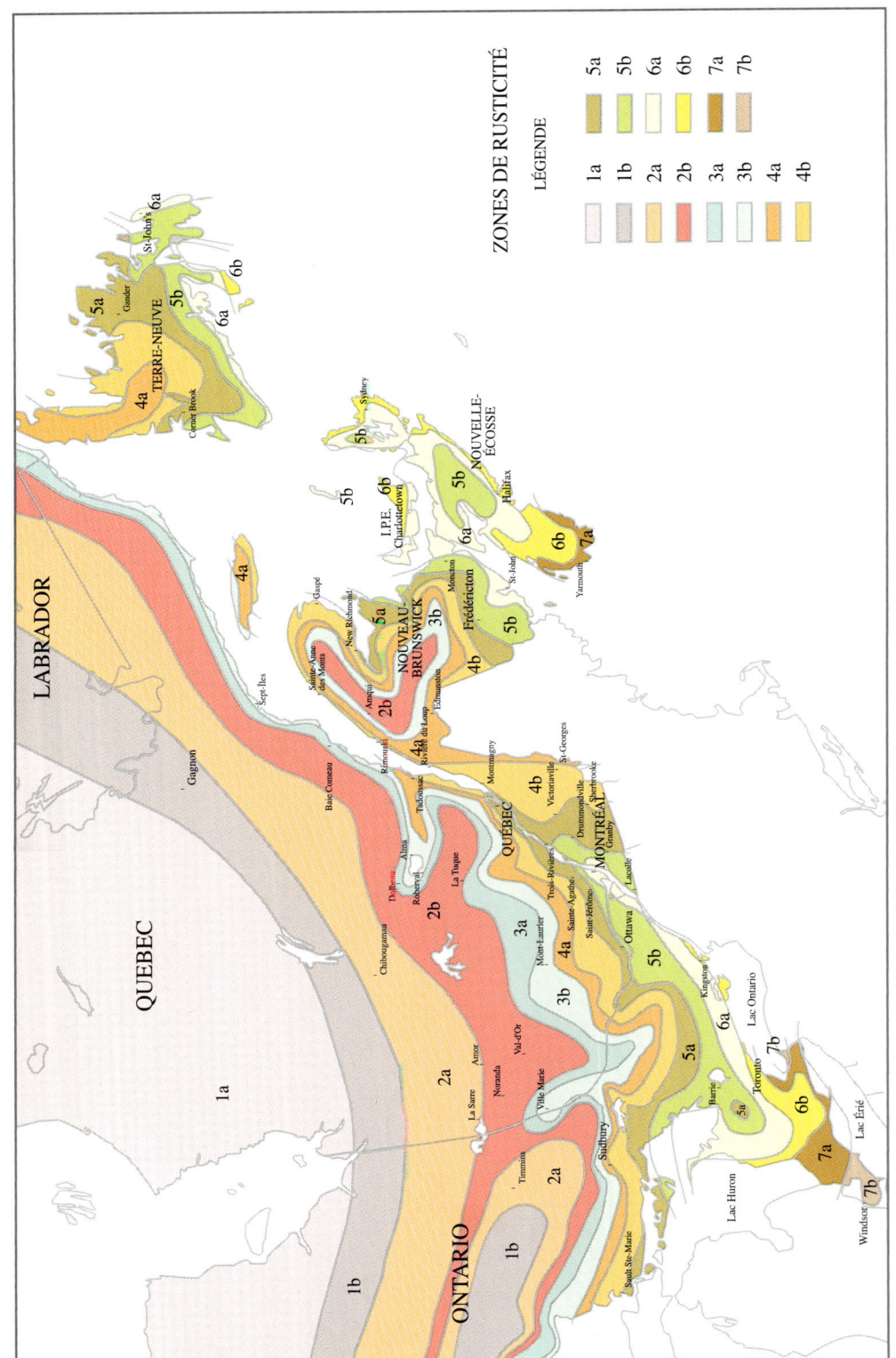